Springer-Lehrbuch

**Prof. Dr.-Ing. Dietmar Gross**
studierte Angewandte Mechanik und promovierte an der Universität Rostock. Er habilitierte an der Universität Stuttgart und ist seit 1976 Professor für Mechanik an der TU Darmstadt. Seine Arbeitsgebiete sind unter anderen die Festkörper- und Strukturmechanik sowie die Bruchmechanik. Hierbei ist er auch mit der Modellierung mikromechanischer Prozesse befasst. Er ist Mitherausgeber mehrerer internationaler Fachzeitschriften sowie Autor zahlreicher Lehr- und Fachbücher.

**Prof. Dr. Werner Hauger**
studierte Angewandte Mathematik und Mechanik an der Universität Karlsruhe und promovierte an der Northwestern University in Evanston/Illinois. Er war mehrere Jahre in der Industrie tätig, hatte eine Professur an der Universität der Bundeswehr in Hamburg und wurde 1978 an die TU Darmstadt berufen. Sein Arbeitsgebiet ist die Festkörpermechanik mit den Schwerpunkten Stabilitätstheorie, Plastodynamik und Biomechanik. Er ist Autor von Lehrbüchern und Mitherausgeber internationaler Fachzeitschriften.

**Prof. Dr. Peter Wriggers**
studierte Bauingenieur- und Vermessungswesen, promovierte 1980 an der Universität Hannover und habilitierte 1986 im Fach Mechanik. Er war Gastprofessor an der UC Berkeley, USA, Professor für Mechanik an der TH Darmstadt und Direktor des Darmstädter Zentrums für Wissenschaftliches Rechnen. Seit 1998 ist er Professor für Baumechanik und Numerische Mechanik sowie Direktor des Zentrums für Computational Engineering Sciences an der Universität Hannover. Er ist Mitherausgeber von 11 internationalen Journals und Editor-in-Chief der Zeitschrift Computational Mechanics.

D. Gross · W. Hauger · W. Schnell · P. Wriggers

# Technische Mechanik

## Band 4: Hydromechanik
## Elemente der Höheren Mechanik
## Numerische Methoden

5. Auflage

Mit 213 Abbildungen

Springer

Prof. Dr.-Ing. Dietmar Gross
Prof. Dr. Werner Hauger
Prof. Dr. rer. nat. Dr.-Ing. E.h. Walter Schnell †
Institut für Mechanik
Technische Universität Darmstadt
Hochschulstraße 1
64289 Darmstadt

Prof. Dr.-Ing. Peter Wriggers
Institut für Baumechanik und Numerische Mechanik
Universität Hannover
Appelstraße 9a
30167 Hannover

ISBN 3-540-22099-2 Springer Berlin Heidelberg New York

Bibliografische Information Der Deutschen Bibliothek
Die Deutsche Bibliothek verzeichnet diese Publikation in der Deutschen Nationalbibliografie; detaillierte bibliografische Daten sind im Internet über <http://dnb.ddb.de> abrufbar.



Springer ist ein Unternehmen von Springer Science+Business Media
springer.de



Satzherstellung mit LaTeX: PTP-Berlin Protago-TeX-Production GmbH, Germany
Umschlag: design & production GmbH, Heidelberg
Gedruckt auf säurefreiem Papier 7/3020hu - 5 4 3 2 1 0 -

# Vorwort

Der vorliegende vierte Band schließt das mehrbändige Lehrbuch der Technischen Mechanik ab. Behandelt werden in ihm die Grundlagen und wichtige Elemente der Hydromechanik, der Elastizitätstheorie, der Tragwerkslehre, der Schwingungen von Kontinua, der Stabilitätstheorie, der Plastizität und Viskoelastizität sowie der Numerischen Methoden in der Mechanik. Es handelt sich dabei um Gebiete, die vollständig oder einführend an vielen deutschsprachigen Hochschulen im Grundstudium gelehrt werden. Beispiele hierfür sind die Stromfadentheorie, spezielle Tragwerke wie das Seil und die Platte oder die Einführung in die Elastizitätstheorie und die Plastizität. In Teilen der einzelnen Kapitel schlägt der dargestellte Stoff aber auch schon die Brücke zum Fachstudium. Dies trifft unter anderem auf die Schwingungen von Balken und Platten, auf die Stabilität von Tragwerken oder auf die Methode der Finiten Elemente zu.

Das Buch wendet sich an Ingenieurstudenten aller Fachrichtungen, für welche die genannten Gebiete gelehrt werden. Unser Ziel ist es, den Leser an das Verstehen der wesentlichen Grundlagen heranzuführen und ein solides Fundament zu legen, das ein tieferes Eindringen in die einzelnen Fachdisziplinen erleichtert. In diesem Sinn ist auch der Praktiker in der Industrie angesprochen, dem das Buch einen einfachen Einstieg in die entsprechenden Gebiete ermöglichen soll.

Wie in den vorhergehenden Bänden haben wir uns um eine möglichst einfache aber präzise Darstellung des Stoffs bemüht. Diesem Anliegen dienen auch die zahlreichen durchgerechneten Beispiele. Sie sollen das Verständnis unterstützen und eine Anleitung zur Behandlung ähnlicher Probleme bilden.

Die freundliche Aufnahme, welche dieses Buch gefunden hat, macht eine Neuauflage erforderlich. Wir haben sie genutzt, um einige Verbesserungen und Ergänzungen vorzunehmen.

Wir danken dem Springer-Verlag für das Eingehen auf unsere Wünsche und für die ansprechende Ausstattung des Buches.

Darmstadt und Hannover, im Herbst 2004

*D. Gross*
*W. Hauger*
*P. Wriggers*

# Inhaltsverzeichnis

# 1 Hydromechanik

## 1.1 Eigenschaften einer Flüssigkeit

Die *Hydromechanik* ist die Lehre vom Gleichgewicht und von der Bewegung der Flüssigkeiten. Nach der Erfahrung unterscheiden sich Flüssigkeiten – und auch Gase – von den festen Körpern hauptsächlich dadurch, daß sie Formänderungen, die langsam und ohne Volumenänderung vor sich gehen, nur sehr geringen Widerstand entgegensetzen. Eine solche Formänderung erfährt zum Beispiel eine Flüssigkeit, die sich zwischen zwei Platten befindet, an diesen haftet und einer scherenden Belastung unterworfen wird (Abb. 1.1a). Das Verschieben der Teilchen gegeneinander erfolgt unter dem Einfluß von Schubspannungen (Abb. 1.1b) und dauert an, solange die Schubspannungen wirken. Eine Flüssigkeit ist daher ein Stoff, der einer scherenden Beanspruchung unbegrenzt nachgibt. Dies bedeutet insbesondere, daß in einer ruhenden Flüssigkeit keine Schubspannungen auftreten können.

Die Schubspannungen hängen von der zeitlichen Änderung $\dot{\gamma}$ des Winkels $\gamma$ ab: $\tau = f(\dot{\gamma})$. Dabei gilt $f(0) = 0$. Bei manchen Flüssigkeiten stellt man im Experiment einen linearen Zusammenhang

$$\tau = \eta\dot{\gamma} \tag{1.1}$$

fest. Solche Flüssigkeiten nennt man *Newtonsche Flüssigkeiten*. Die Größe $\eta$ heißt *dynamische Viskosität* (*dynamische Zähigkeit, Scherzähigkeit*) und wird zum Beispiel in Ns/m$^2$ angegeben. Sie ist ein Materialparameter und hängt u.a. von der Temperatur der Flüssigkeit ab.

Wenn man den Schubversuch nach Abb. 1.1a mit einem elastischen Festkörper statt mit einer Flüssigkeit durchführt, dann stellt sich ein zeitunabhängiger Winkel $\gamma$ ein. Dabei gilt anstelle von (1.1) das Hookesche Gesetz (Band 2, Gl. (3.10)) $\tau = G\gamma$.

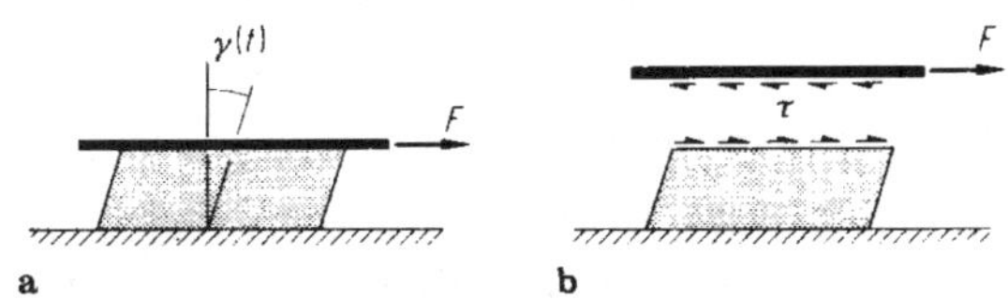

**Abb. 1.1**

In vielen Fällen ist es zulässig, die bei der Bewegung einer Flüssigkeit auftretenden Schubspannungen zu vernachlässigen. Dies stellt eine Idealisierung der wirklichen Vorgänge dar und vereinfacht die Behandlung von praktischen Problemen beträchtlich. Man spricht dann von einer *reibungsfreien Flüssigkeit*. Dagegen nennt man eine Flüssigkeit, bei der die Schubspannungen berücksichtigt werden, eine *zähe* (*viskose*) *Flüssigkeit*.

Flüssigkeiten erfahren selbst unter hohem Druck nur eine sehr geringe Volumenänderung. Man kann sie daher bei fast allen praktisch wichtigen Vorgängen als *inkompressibel* betrachten. Dann ist die Dichte vom Druck unabhängig; sie kann aber bei inhomogenen Flüssigkeiten vom Ort und von der Zeit abhängen. Für homogene, inkompressible Flüssigkeiten ist die Dichte $\varrho$ räumlich und zeitlich konstant:

$$\boxed{\varrho = \text{const}}\,. \tag{1.2}$$

Eine reibungsfreie Flüssigkeit mit konstanter Dichte nennt man *ideale Flüssigkeit*. Wir wollen im folgenden immer voraussetzen, daß (1.2) gilt.

Wie bereits erwähnt, setzen auch Gase einer scherenden Beanspruchung nur sehr geringen Widerstand entgegen. Im Gegensatz zu Flüssigkeiten besitzen Gase aber keine freie Oberfläche. Sie füllen jeden ihnen zur Verfügung stehenden Raum – gegebenenfalls unter Änderung ihrer Dichte – vollständig aus. Die Dichte hängt dabei stark vom Druck und von der Temperatur ab. Die Erfahrung zeigt allerdings, daß die Dichteänderung in Sonderfällen auch bei Gasen gering sein kann und dann vernachlässigbar ist. Dies gilt zum Beispiel, wenn die Strömungsgeschwindigkeit des Gases klein gegen die Schallgeschwindigkeit im Gas ist und wenn keine großen Druck- und Temperaturunterschiede vorhanden sind. Dann kann man auch bei einem Gas die Dichte als konstant ansehen und das Gas wie eine Flüssigkeit behandeln. Strömungsvorgänge, die mit großen Volumen- bzw. Dichteänderungen verbunden sind, werden in der *Gasdynamik* untersucht.

Das Unterscheidungsmerkmal zwischen Flüssigkeiten und Gasen wird durch den Begriff *tropfbar* charakterisiert. Als Oberbegriff für beide Aggregatzustände hat sich die Bezeichnung *Fluid* eingebürgert: tropfbare Fluide sind Flüssigkeiten, nicht tropfbare Fluide sind Gase.

## 1.2 Hydrostatik

Die *Hydrostatik* ist die Lehre vom Verhalten ruhender Flüssigkeiten. Von besonderem Interesse sind hierbei die Verteilung des Drucks in einer Flüssigkeit sowie die Kräfte, die von einer Flüssigkeit auf in ihr schwimmende Körper oder auf sie begrenzende Flächen ausgeübt werden. Zu deren Ermittlung verwenden wir das Schnittprinzip (Band 1, Abschn. 1.4) sowie die Gleichgewichtsbedingungen. Beide gelten nicht nur bei festen, sondern auch bei flüssigen Stoffen.

Da die Schubspannungen in beliebigen ruhenden Flüssigkeiten Null sind, gelten die folgenden Überlegungen gleichermaßen für reibungsfreie und für zähe Flüssigkeiten.

### 1.2.1 Druck in einer ruhenden Flüssigkeit

Nach Abschnitt 1.1 treten in einer ruhenden Flüssigkeit nur Normalspannungen auf. Bei Vorgängen von technischer Bedeutung sind dies Druckspannungen. Sie können nach dem Schnittprinzip veranschaulicht und einer Berechnung zugänglich gemacht werden.

Wir wollen im folgenden zeigen, daß die Druckspannungen in einem beliebigen Punkt der Flüssigkeit unabhängig von der Orientierung des Schnittes sind. Dazu denken wir uns dort einen kleinen Keil der Dicke $\Delta z$ aus der Flüssigkeit geschnitten; er ist in Abb. 1.2 in der Seitenansicht dargestellt. Der Winkel $\alpha$ ist dabei beliebig gewählt. Die auf die Schnittflächen wirkenden Spannungen sind im Bild als Druckspannungen eingezeichnet und mit $p$, $p_x$ und $p_y$ bezeichnet. Außerdem wird das Element durch eine Volumenkraft $\boldsymbol{f}$ mit den Komponenten $f_x$, $f_y$ und $f_z$ belastet.

Das Kräftegleichgewicht in $x$- und in $y$-Richtung liefert

$$\rightarrow: \; p_x \Delta y \Delta z - p \Delta s \Delta z \cos\alpha + f_x \frac{1}{2} \Delta x \Delta y \Delta z = 0\,,$$

$$\uparrow: \; p_y \Delta x \Delta z - p \Delta s \Delta z \sin\alpha + f_y \frac{1}{2} \Delta x \Delta y \Delta z = 0\,.$$

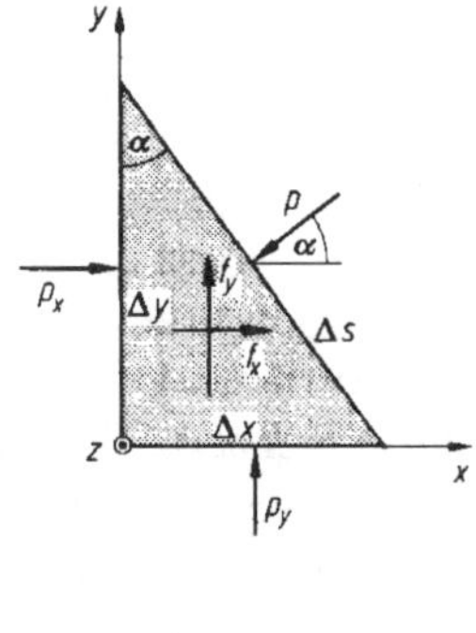


Abb. 1.2

Mit $\Delta x = \Delta s \sin\alpha$ und $\Delta y = \Delta s \cos\alpha$ folgt daraus

$$p_x = p - f_x \Delta x/2\,, \quad p_y = p - f_y \Delta y/2\,.$$

Wir lassen nun das Volumen des Keils gegen Null gehen. Mit $\Delta x \to 0$ und $\Delta y \to 0$ erhalten wir dann

$$p_x = p_y = p\,.$$

Mit Hilfe eines Tetraeders (vgl. Abschn. 2.1.1) läßt sich zeigen, daß insgesamt gilt:

$$\boxed{p_x = p_y = p_z = p}\,. \tag{1.3}$$

Die Druckspannung $p$ nennt man kurz den *Druck*. Nach (1.3) ist in einer ruhenden Flüssigkeit der Druck in einem Punkt in allen Richtungen gleich. Diese Erkenntnis geht auf den Mathematiker und Physiker Blaise Pascal (1623–1662) zurück. Somit hängt der Druck nur vom Ort ab: $p = p(x, y, z)$. Er hat die Dimension Kraft/Fläche und wird in der nach Pascal benannten Einheit 1 Pa = 1 N/m$^2$ oder in der Einheit 1 bar = 10$^5$ Pa angegeben (1 MPa = 1 N/mm$^2$).

Da in einer ruhenden Flüssigkeit keine Schubspannungen auftreten und die Normalspannungen nach (1.3) gleich groß sind, ist der Spannungstensor durch

$$\boldsymbol{\sigma} = \begin{bmatrix} -p & 0 & 0 \\ 0 & -p & 0 \\ 0 & 0 & -p \end{bmatrix} \tag{1.4}$$

gegeben (vgl. Abschn. 2.1.4). Ein solcher Spannungszustand heißt *hydrostatischer Spannungszustand*.

Eine Flüssigkeit, auf die als einzige Volumenkraft die Schwerkraft wirkt, nennt man *schwere Flüssigkeit*. Um die Druckverteilung in einer schweren Flüssigkeit zu bestimmen, schneiden wir zunächst einen Zylinder (Querschnittsfläche $\Delta A$) mit horizontaler Achse (Abb. 1.3a) aus der Flüssigkeit (die vertikalen Kräfte sind im Freikörperbild nicht eingezeichnet). Aus der Gleichgewichtsbedingung $p_1 \Delta A - p_2 \Delta A = 0$ folgt, daß an den Stellen ① und ② in gleicher Tiefe der gleiche Druck herrscht. Der Druck kann daher nur von der Tiefe abhängen. Um diese Abhängigkeit zu ermitteln, betrachten wir eine vertikale Flüssigkeitssäule (Querschnittsfläche $A$) nach Abb. 1.3b (hier sind die horizontalen Kräfte nicht eingezeichnet). Die Oberseite der Säule befindet sich an der Oberfläche der Flüssigkeit. Dort herrscht der Luftdruck $p_0$. An der Unterseite, d.h.

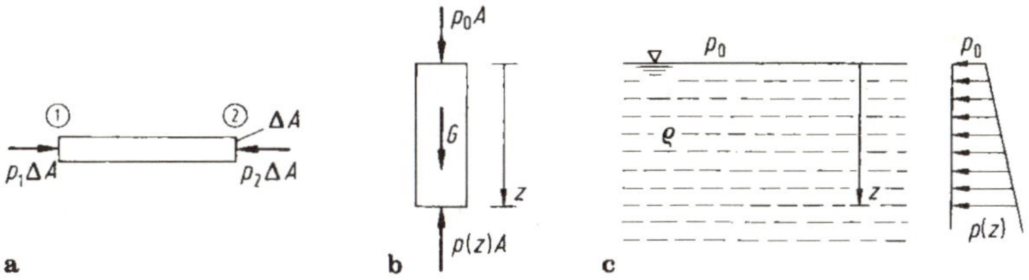


**Abb. 1.3**

in der Tiefe $z$, gilt $p = p(z)$. Mit dem Gewicht $G = \varrho g A z$ der Säule folgt somit aus dem Kräftegleichgewicht

$$\uparrow: \ p(z)A - G - p_0 A = 0 \ \rightarrow \ \boxed{p(z) = p_0 + \varrho g z}\ . \qquad (1.5)$$

In einer schweren Flüssigkeit wächst demnach der Druck linear mit der Tiefe (Abb. 1.3c).

Die Gleichung (1.5) kann auch dann zur Bestimmung der Druckverteilung verwendet werden, wenn mehrere Flüssigkeiten mit verschiedenen Dichten in horizontalen Schichten angeordnet sind. So herrscht zum Beispiel in der Trennfläche zwischen den beiden in Abb. 1.4 dargestellten Flüssigkeiten mit den Dichten $\varrho_1$ und $\varrho_2$ der Druck $p_1 = p_0 + \varrho_1 g h$, und in der Tiefe $z$ unterhalb der Trennfläche lautet der Druck $p(z) = p_1 + \varrho_2 g z$.

Nach (1.5) ist der Druck in einer schweren Flüssigkeit an allen Stellen gleicher Tiefe gleich groß. Somit ist der Druck am Boden eines Gefäßes unabhängig von der Gefäßform. Wenn die Bodenflächen $A$ verschiedener Gefäße gleich groß sind (Abb. 1.5), dann wird – unabhängig vom jeweiligen Gesamtgewicht der Flüssigkeit – jeweils die gleiche Kraft $F$ von der Flüssigkeit auf den Boden ausgeübt. Dies nennt man das *Pascalsche* oder *hydrostatische Paradoxon*.

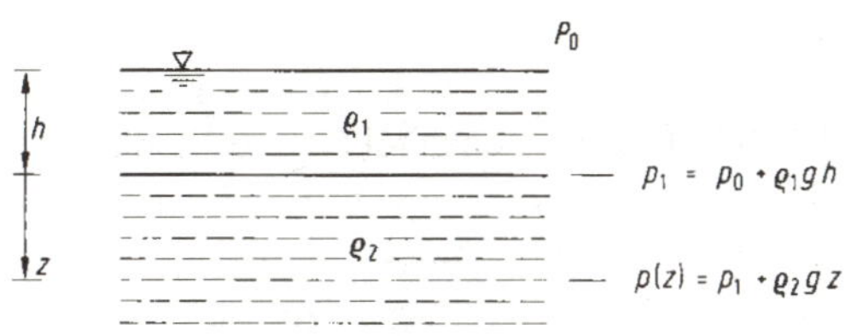


**Abb. 1.4**

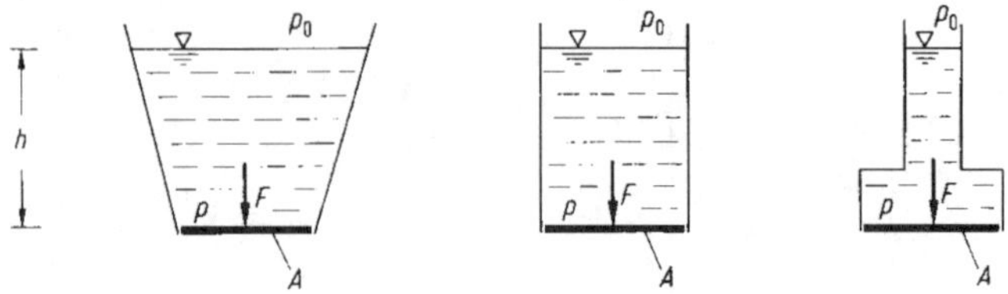


**Abb. 1.5**

In den *kommunizierenden Röhren* nach Abb. 1.6a ist der Druck an den Flüssigkeitsspiegeln gleich dem Umgebungsdruck $p_0$. Daher stehen die Flüssigkeitsspiegel in den beiden Schenkeln des Rohres gleich hoch. Wenn die beiden Schenkel dagegen zum Beispiel an Druckbehälter angeschlossen sind und unterschiedliche Drücke $p_1$ und $p_2$ and den Flüssigkeitsspiegeln herrschen, dann stellt sich ein Höhenunterschied $\Delta h$ ein (Abb. 1.6b). Da der Druck im rechten Schenkel in der Höhe des linken Flüssigkeitsspiegels ebenfalls gleich $p_1$ ist, gilt nach (1.5) die Beziehung

$$p_1 = p_2 + \varrho\, g\, \Delta h\,. \tag{1.6}$$

Danach kann zum Beispiel bei bekanntem Druck $p_2$ der Druck $p_1$ durch Messen des Höhenunterschiedes $\Delta h$ bestimmt werden. Dies wird bei *Flüssigkeitsmanometern* angewendet.

Mit einem *Barometer* mißt man den Druck in der Erdatmosphäre. Wenn der eine Schenkel abgeschlossen und die Luft oberhalb der Flüssigkeit entfernt worden ist (Abb. 1.6c), dann stellt sich nach (1.6) unter der Wirkung des Luftdrucks $p_0$ ein Höhenunterschied

$$\Delta h = \frac{p_0}{\varrho\, g}$$

ein. Der Druck $p_0$, der bei Verwendung von Quecksilber mit der Dichte $\varrho = 13,594 \cdot 10^3$ kg/m$^3$ beim Normwert $g = 9,80665$ m/s$^2$ der Erdbeschleunigung zu einer Höhendifferenz von $\Delta h = 760$ mm führt, wird Normalluftdruck genannt. Er ergibt sich zu $p_0 = 1,0132$ bar $=$ $1013,2$ mbar $= 1013,2$ hPa (Hektopascal).

In Wasser ($\varrho = 10^3$ kg/m$^3$) herrscht nach (1.5) in einer Tiefe von $z = 10$ m der Druck $p = p_0 + 0,980665$ bar $\approx 2p_0$. Er ist somit ungefähr doppelt so groß wie der Luftdruck.

Bei einer *hydraulischen Presse* (Abb. 1.6d) wirken die Kräfte $F_1$ und $F_2$ auf die in die Schenkel eingepaßten Kolben mit den Flächen $A_1$ und $A_2$. Diese Kräfte erzeugen die Drücke $p_1$ und $p_2$ an den Kolben. Bei praktischen Anwendungen ist meist $\varrho\, g\, \Delta h \ll p_1, p_2$, so daß aus (1.6) näherungsweise

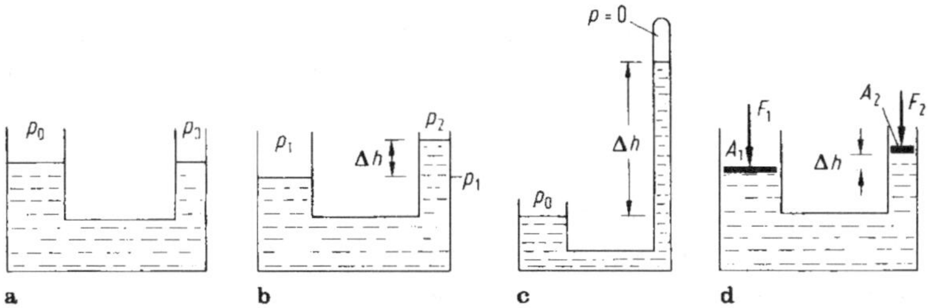


**Abb. 1.6**

$$p_1 = p_2 \quad \rightarrow \quad \frac{F_1}{A_1} = \frac{F_2}{A_2} \quad \rightarrow \quad \frac{F_1}{F_2} = \frac{A_1}{A_2}$$

folgt. Wählt man zum Beispiel $A_1 \gg A_2$, so gilt $F_1 \gg F_2$, d.h., man braucht nur eine sehr kleine Kraft $F_2$, um $F_1$ das Gleichgewicht zu halten.

Wir betrachten nun eine Flüssigkeit, auf die eine beliebige Volumenkraft wirkt. Zwischen der Volumenkraft $\boldsymbol{f}$ und dem Druck $p$ besteht ein Zusammenhang. Um ihn herzuleiten, denken wir uns den in Abb. 1.7 in der Seitenansicht dargestellten infinitesimalen Quader (Kantenlängen $\mathrm{d}x$, $\mathrm{d}y$, $\mathrm{d}z$) aus der Flüssigkeit herausgeschnitten. Da der Druck vom Ort abhängt, ist er auf gegenüberliegenden Flächen i.a. nicht gleich groß. So wirkt auf der linken Schnittfläche der Druck $p$ und auf der rechten Fläche der infinitesimal geänderte Druck $p + \frac{\partial p}{\partial x}\mathrm{d}x$.

Das Kräftegleichgewicht in $x$-Richtung liefert

$$p\,\mathrm{d}y\mathrm{d}z + f_x\mathrm{d}x\mathrm{d}y\mathrm{d}z - \left(p + \frac{\partial p}{\partial x}\mathrm{d}x\right)\mathrm{d}y\mathrm{d}z = 0 \quad \rightarrow \quad \frac{\partial p}{\partial x} = f_x\,.$$

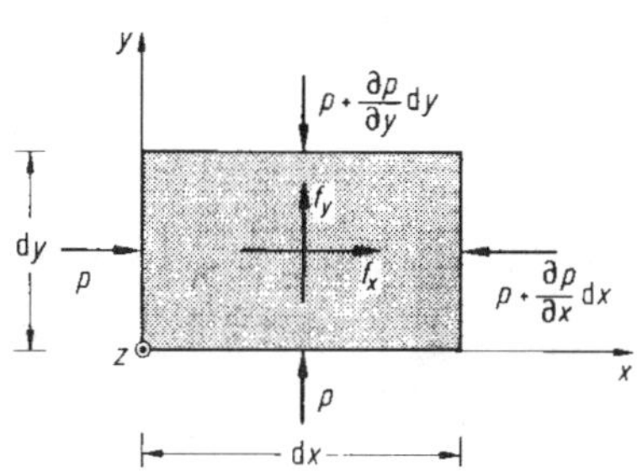


**Abb. 1.7**

Wenn wir entsprechend auch das Kräftegleichgewicht in $y$- und in $z$-Richtung bilden, so erhalten wir insgesamt den gesuchten Zusammenhang

$$\boxed{\frac{\partial p}{\partial x} = f_x\,, \quad \frac{\partial p}{\partial y} = f_y\,, \quad \frac{\partial p}{\partial z} = f_z}\,. \tag{1.7}$$

Mit Hilfe des Gradientenvektors (Band 3, Abschn. 1.2.7) kann (1.7) auch in der vektoriellen Form

$$\boxed{\operatorname{grad} p = \boldsymbol{f}} \tag{1.8}$$

geschrieben werden. Die Punkte, in denen der gleiche Druck $p = \text{const}$ herrscht, bilden Flächen, die man *Niveauflächen* nennt.

Ein konservatives Kraftfeld ist aus einem Potential (potentielle Energie) $E_p$ herleitbar: $\boldsymbol{f} = -\operatorname{grad} E_p$. Da $\boldsymbol{f}$ eine Volumenkraft ist, stellt $E_p$ eine potentielle Energie pro Volumeneinheit dar. Durch Vergleich mit (1.8) erhält man einen Zusammenhang zwischen der potentiellen Energie der Volumenkraft und der Druckverteilung in der Flüssigkeit:

$$p\,(x, y, z) = -E_p(x, y, z) + C\,. \tag{1.9}$$

Dabei ist $C$ eine beliebig wählbare Konstante. Demnach sind die Flächen gleichen Drucks (Niveauflächen) identisch mit den Flächen gleichen Potentials (*Äquipotentialflächen*). Da der Gradientenvektor (1.8) normal zur Niveaufläche steht, ist diese (bzw. die Äquipotentialfläche) in einem Punkt orthogonal zur Richtung der dort wirkenden Volumenkraft. Bei einer schweren Flüssigkeit stellen diese Flächen horizontale Ebenen dar.

**Beispiel 1.1:** Ein offenes U-Rohr enthält zwei sich nicht mischende Flüssigkeiten mit verschiedenen Dichten (Abb. 1.8a). Gegeben sind $p_0$, $\varrho_1$, $h_2$ und $\Delta h$. Man bestimme $\varrho_2$.

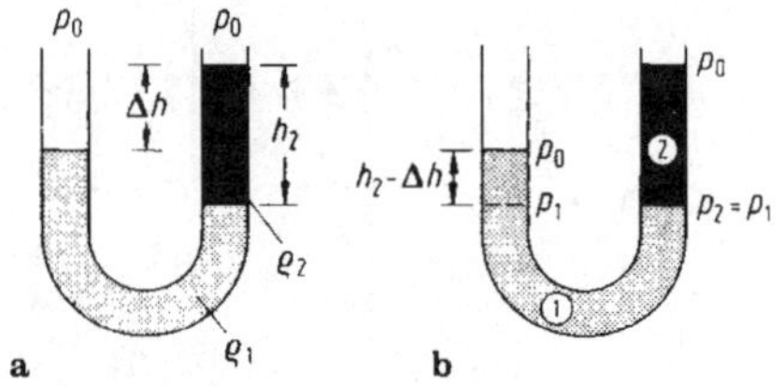


**Abb. 1.8**

*Lösung:* In der Flüssigkeit ② ist der Druck an der Trennfläche nach (1.5) durch $p_2 = p_0 + \varrho_2\, g\, h_2$ gegeben. Der Druck in der Flüssigkeit ① an der Trennfläche stimmt mit dem im linken Schenkel auf gleicher Höhe herrschenden Druck $p_1 = p_0 + \varrho_1\, g(h_2 - \Delta h)$ überein (Abb. 1.8b). Gleichsetzen der Drücke liefert

$$p_1 = p_2 \quad \rightarrow \quad \underline{\underline{\varrho_2 = \left(1 - \frac{\Delta h}{h_2}\right) \varrho_1}}\,.$$

**Beispiel 1.2:** Ein Behälter mit Flüssigkeit (Dichte $\varrho$) rotiert als Ganzes mit konstanter Winkelgeschwindigkeit $\omega$ um eine feste, vertikale Achse (Abb. 1.9a).

Gesucht sind die Druckverteilung in der Flüssigkeit und die Form der freien Oberfläche.

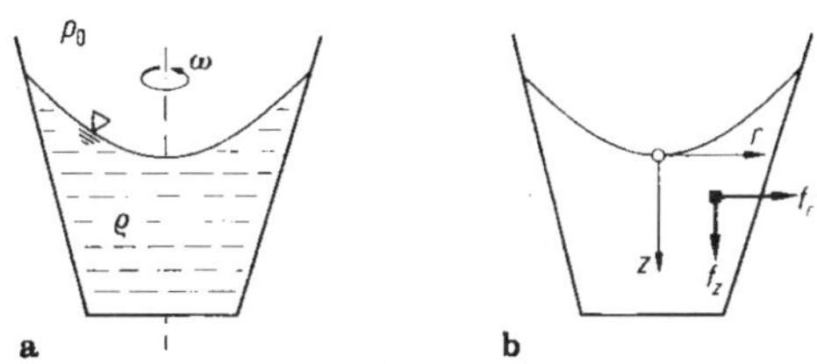


**Abb. 1.9**

*Lösung:* Wir führen die Aufgabe auf ein statisches Problem zurück und bestimmen die Druckverteilung aus den Volumenkräften nach (1.7). In radialer Richtung wirkt die d'Alembertsche Trägheitskraft $f_r = \varrho\, r\, \omega^2$ (Band 3, Abschn. 4.1), in vertikaler Richtung wirkt die Gewichtskraft $f_z = \varrho\, g$ (Abb. 1.9b). Aus

$$\frac{\partial p}{\partial r} = f_r \qquad \text{bzw.} \qquad \frac{\partial p}{\partial z} = f_z$$

folgt durch Integration

$$p\,(r,z) = \frac{1}{2}\varrho\,\omega^2\, r^2 + \varphi(z) \qquad \text{bzw.} \qquad p\,(r,z) = \varrho\, g z + \psi(r)\,.$$

Dabei sind $\varphi(z)$ bzw. $\psi(r)$ zunächst unbekannte Funktionen von $z$ bzw. $r$. Durch Vergleich der beiden Ausdrücke für $p$ erkennt man, daß

$$p\,(r,z) = \frac{1}{2}\,\varrho\,\omega^2\, r^2 + \varrho\, g z + C$$

gilt, wobei $C$ eine Konstante ist. Da bei dem gewählten Koordinatensystem (Abb. 1.9b) an der Stelle $r = 0$, $z = 0$ der Druck gleich dem Luftdruck $p_0$ sein muß, folgt $C = p_0$. Die Druckverteilung in der Flüssigkeit ergibt sich damit zu

$$\underline{\underline{p\,(r, z) = p_0 + \frac{1}{2}\varrho\,\omega^2\,r^2 + \varrho\,g z\,.}} \tag{a}$$

In vertikaler Richtung nimmt hiernach der Druck wie in einer nichtrotierenden Flüssigkeit linear mit der Tiefe zu, in horizontaler Richtung steigt er mit dem Quadrat der Entfernung von der Drehachse.

An der freien Oberfläche gilt $p = p_0$. Damit erhält man aus (a) die Gleichung der Oberfläche:

$$\underline{\underline{z = -\frac{\omega^2}{2g}\,r^2\,.}}$$

Die freie Oberfläche ist somit ein Rotationsparaboloid.

### 1.2.2 Auftrieb

Wenn man einen an eine Federwaage gehängten Körper in eine ruhende Flüssigkeit eintaucht, stellt man an der Waage eine scheinbare Gewichtsverminderung fest. Sie entsteht dadurch, daß von der Flüssigkeit flächenhaft verteilte Kräfte auf den Körper ausgeübt werden, deren Resultierende vertikal nach oben gerichtet ist. Diese resultierende Kraft nennt man *Auftrieb*.

Um den Auftrieb zu bestimmen, betrachten wir einen beliebig geformten Körper mit dem Volumen $V$, der zunächst vollständig eingetaucht sein soll. Wir denken uns den Körper aus vertikalen Elementarzylindern aufgebaut. Ein solcher Zylinder mit der Querschnittsfläche $\mathrm{d}A$ und der Höhe $h$ ist in Abb. 1.10a dargestellt. Auf seine schräge Oberseite $\mathrm{d}A_1$ bzw. Unterseite $\mathrm{d}A_2$ wirken die Kräfte $p_1\,\mathrm{d}A_1$ bzw. $p_2\,\mathrm{d}A_2$. Mit den Winkeln $\alpha_1$ und $\alpha_2$ gilt nach Abb. 1.10b der Zusammenhang $\mathrm{d}A = \mathrm{d}A_1 \cos\alpha_1 = \mathrm{d}A_2 \cos\alpha_2$. Damit erhalten wir die Vertikalkomponente der resultierenden Kraft der Flüssigkeit auf den Elementarzylinder (positiv nach oben gezählt) zu

$$\mathrm{d}F_A = p_2\,\mathrm{d}A_2 \cos\alpha_2 - p_1\,\mathrm{d}A_1 \cos\alpha_1 \;\rightarrow\; \mathrm{d}F_A = (p_2 - p_1)\mathrm{d}A\,.$$

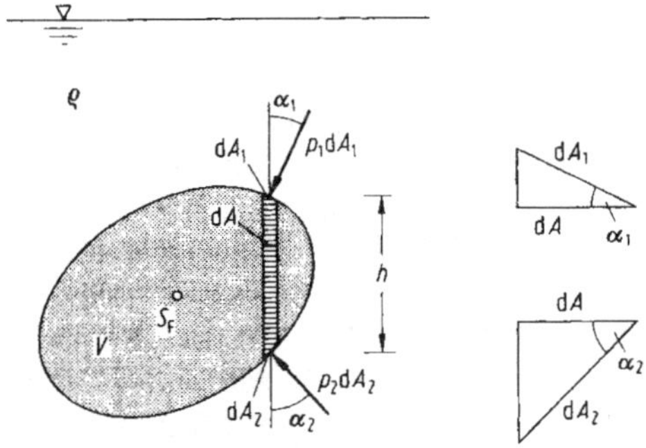


**Abb. 1.10** a b

Nach der hydrostatischen Druckgleichung (1.5) gilt $p_2 - p_1 = \varrho\, g\, h$, wobei $\varrho$ die Dichte der Flüssigkeit ist. Mit dem Volumen $\mathrm{d}V = h\,\mathrm{d}A$ des Zylinders ergibt sich daher

$$\mathrm{d}F_A = \varrho\, g\, \mathrm{d}V\,.$$

Die gesamte resultierende Kraft nach oben – d.h. der Auftrieb – folgt durch Integration über den Körper:

$$F_A = \int\limits_V \varrho\, g\, \mathrm{d}V\,.$$

Da $\varrho$ und $g$ konstant sind, erhält man daraus mit $\int\limits_V \mathrm{d}V = V$ schließlich

$$\boxed{F_A = \varrho\, g V}\,. \tag{1.10}$$

Der Auftrieb ist somit gleich dem Gewicht der verdrängten Flüssigkeitsmenge. Dieser Zusammenhang wurde bereits von Archimedes (287–212) gefunden und wird daher *Archimedisches Prinzip* genannt. Die Wirkungslinie des Auftriebs geht wie die Wirkungslinie der Gewichtskraft durch den Schwerpunkt $S_F$ der verdrängten Flüssigkeitsmenge.

Um zu zeigen, daß die Horizontalkomponente der von der Flüssigkeit auf den Körper ausgeübten Kraft Null ist, denken wir uns den Körper aus horizontalen Elementarzylindern aufgebaut. Die Endflächen eines Zylinders mit beliebiger Orientierung befinden sich jeweils in gleicher Tiefe. Daher herrscht dort jeweils der gleiche Druck, und die in Richtung der Zylinderachse wirkenden Kraftkomponenten sind im Gleichgewicht. Somit ist auch die resultierende Kraft in beliebiger horizontaler Richtung Null.

Der Auftrieb kann auch auf anschauliche Weise bestimmt werden. Dazu denkt man sich den Körper aus der Flüssigkeit entfernt und den von ihm vorher eingenommenen Raum (Volumen $V$, Oberfläche $O$) mit der Flüssigkeit selbst ausgefüllt. Da die Flüssigkeit in Ruhe ist, müssen die an der Oberfläche $O$ angreifenden Flächenkräfte mit der Gewichtskraft $G = \varrho\, g\, V$, deren Wirkungslinie durch den Schwerpunkt geht, im Gleichgewicht sein. Die Resultierende aus den Flächenkräften – d.h. der Auftrieb – ist demnach dem Betrag nach gleich dem Gewicht der Flüssigkeitsmenge, geht durch deren Schwerpunkt $S_F$ und ist nach oben gerichtet. Da die an der Oberfläche $O$ wirkenden Flächenkräfte nicht davon abhängen, welches Material sich im Innern von $O$ befindet, gilt diese Aussage auch für einen eingetauchten Körper.

Wenn der Körper nicht vollständig, sondern nur teilweise eingetaucht ist, dann ist der Auftrieb ebenfalls gleich dem Gewicht der verdrängten Flüssigkeitsmenge und geht durch deren Schwerpunkt.

**Beispiel 1.3:** Eine unten offene, zylindrische Taucherglocke (Querschnittsfläche $A$, Höhe $h$, Gewicht $G$) wird über ein Seil in einen See langsam nach unten gelassen (Abb. 1.11a). Dabei ändern sich Druck und Volumen der Luft in der Glocke nach dem Gesetz $pV = \text{const}$.

In welcher Tiefe $t$ ist das Volumen der Luft auf die Hälfte des ursprünglichen Wertes abgesunken? Wie groß ist dann die Seilkraft?

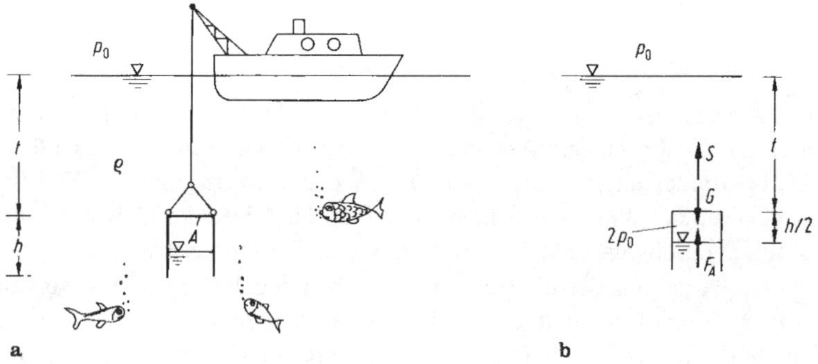


**Abb. 1.11**

*Lösung:* Wenn das Luftvolumen auf die Hälfte abgesunken ist, dann hat sich wegen $pV = \text{const}$ der Druck verdoppelt, und die Taucherglocke hat sich bis zur Hälfte mit Wasser gefüllt (Abb. 1.11b). Die Trennfläche zwischen der Luft und dem Wasser befindet sich in der Tiefe $t + h/2$. Somit gilt

$$p_0 + \varrho\, g\,(t + h/2) = 2p_0 \quad \rightarrow \quad \underline{\underline{t = \frac{p_0}{\varrho\, g} - \frac{h}{2}}}\,.$$

Aus der Gleichgewichtsbedingung

$$\uparrow: \quad S - G + F_A = 0$$

folgt mit der Auftriebskraft $F_A = \varrho\, g\, A\, h/2$ die Seilkraft zu

$$\underline{\underline{S = G - \varrho\, g\, A\, h/2}}\,.$$

**Beispiel 1.4:** Ein Träger ruht nach Abb. 1.12a auf zwei gleichen Schwimmern (Grundfläche $A$). Um welchen Winkel ist der Träger geneigt, wenn eine Last (Gewicht $G$) im Abstand $a$ vom linken Ufer aufgebracht wird?

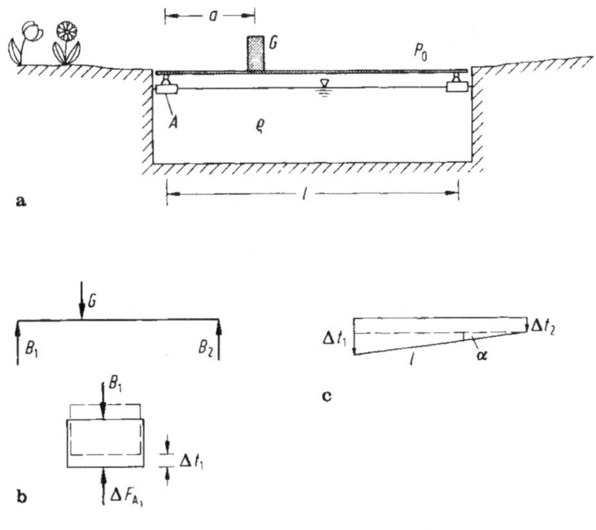


**Abb. 1.12**

*Lösung:* Wenn die Last aufgebracht wird, sinken die Schwimmer im Vergleich zur unbelasteten Ausgangslage tiefer ein. Wir betrachten im folgenden nur diese zusätzlichen Eintauchtiefen sowie die entsprechenden Kräfte.

Wir denken uns den Träger von den Schwimmern getrennt. Die auf die Teilkörper wirkenden Kräfte sind im Freikörperbild Abb. 1.12b dargestellt. Aus den Gleichgewichtsbedingungen am Träger sowie an den Schwimmern folgt:

$$\overset{\curvearrowright}{B_2}: \quad B_1 l - G(l-a) = 0 \quad \rightarrow \quad B_1 = \frac{l-a}{l} G ,$$

$$\overset{\curvearrowleft}{B_1}: \quad B_2 l - Ga = 0 \quad \rightarrow \quad B_2 = \frac{a}{l} G ,$$

$$\uparrow: \quad \Delta F_{A_1} = B_1 , \quad \Delta F_{A_2} = B_2 .$$

Außerdem gilt nach der Archimedischen Auftriebsformel (1.10):

$$\Delta F_{A_1} = \varrho g A \Delta t_1 , \quad \Delta F_{A_2} = \varrho g A \Delta t_2 .$$

Auflösen liefert die zusätzlichen Eintauchtiefen

$$\Delta t_1 = \frac{(l-a)G}{\varrho g A l} , \quad \Delta t_2 = \frac{aG}{\varrho g A l} .$$

Daraus folgt der Neigungswinkel $\alpha$ (Abb. 1.12c):

$$\sin\alpha = \frac{\Delta t_1 - \Delta t_2}{l} \quad \rightarrow \quad \underline{\underline{\sin\alpha = \frac{(l-2a)G}{\varrho g A l^2}}} .$$

**Beispiel 1.5:** Ein homogener Stab (Länge $l$, Querschnittsfläche $A$, Dichte $\varrho_S$) ist an seinem Ende in $B$ drehbar gelagert (Abb. 1.13a) und taucht mit dem anderen Ende in eine Flüssigkeit (Dichte $\varrho_F > \varrho_S$).

Gesucht sind die Eintauchlänge $x$ und der Neigungswinkel $\alpha$.

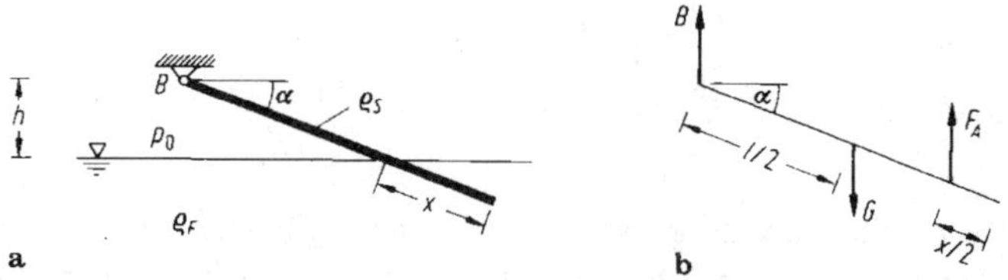


**Abb. 1.13**

*Lösung:* Auf den eingetauchten Stab wirken das Gewicht $G = \varrho_S \, g \, A \, l$, der Auftrieb $F_A = \varrho_F \, g \, Ax$ und die Lagerreaktion $B$ (Abb. 1.13b). Aus dem Momentengleichgewicht

$$\overset{\curvearrowright}{B}: \quad G\frac{l}{2}\cos\alpha - F_A\left(l - \frac{x}{2}\right)\cos\alpha = 0$$

ergibt sich eine quadratische Gleichung für die Eintauchlänge:

$$\varrho_S l^2 - \varrho_F x(2l - x) = 0 \quad \to \quad \underline{\underline{x = l\left[1 \overset{(+)}{-} \sqrt{1 - \frac{\varrho_S}{\varrho_F}}\right]}} \,. \qquad \text{(a)}$$

Das positive Vorzeichen vor der Wurzel ist wegen $x < l$ auszuschließen. Der Neigungswinkel folgt aus der Geometrie:

$$\sin\alpha = \frac{h}{l - x} \quad \to \quad \underline{\underline{\sin\alpha = \frac{h}{l\sqrt{1 - \varrho_S/\varrho_F}}}} \,. \qquad \text{(b)}$$

Im Fall $h = l\sqrt{1 - \varrho_S/\varrho_F}$ nimmt der Stab eine vertikale Lage ein $(\sin\alpha = 1)$. Für $h > l\sqrt{1 - \varrho_S/\varrho_F}$ gilt ebenfalls $\alpha = \pi/2$ (die Gleichungen (a) und (b) gelten dann nicht mehr).

### 1.2.3 Der schwimmende Körper

Wir betrachten einen teilweise in eine Flüssigkeit eingetauchten, symmetrischen Körper mit dem Gewicht $G$, der in Abb. 1.14a im Schnitt dargestellt ist. Die von der $x, y$-Ebene aus dem Körper geschnittene Fläche $A$ heißt Schwimmfläche. Damit der Körper in der dargestellten Lage

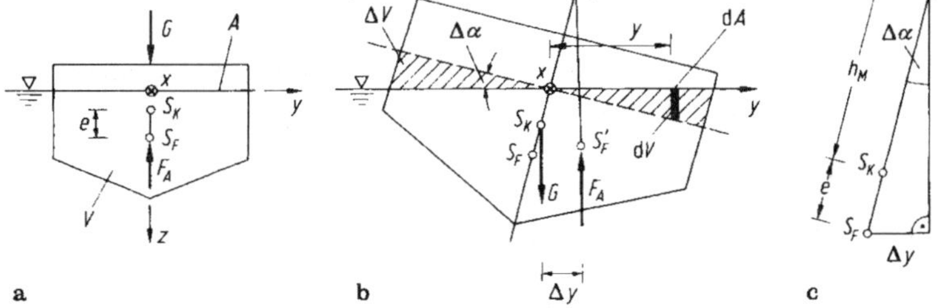


**Abb. 1.14**

schwimmen kann, müssen sowohl das Kräftegleichgewicht als auch das Momentengleichgewicht erfüllt sein. Das Kräftegleichgewicht lautet

$$G - F_A = 0\,. \tag{1.11}$$

Der Körper taucht daher so tief ein, bis das Gewicht der verdrängten Flüssigkeit gleich seinem eigenen Gewicht ist. Wegen der vorausgesetzten Symmetrie liegen der Schwerpunkt $S_K$ des Körpers und der Schwerpunkt $S_F$ der verdrängten Flüssigkeitsmenge auf der $z$-Achse. Somit fallen die Wirkungslinien der beiden Kräfte $G$ und $F_A$ zusammen, und das Momentengleichgewicht ist erfüllt.

Um die Stabilität der Gleichgewichtslage in Bezug auf eine Drehung um die $x$-Achse zu untersuchen, betrachten wir eine um einen kleinen Winkel $\Delta\alpha$ gedrehte benachbarte Lage (Abb. 1.14b). Wenn wir mit $\mathrm{d}A$ ein Flächenelement in der Schwimmfläche mit dem Abstand $y$ von der Drehachse bezeichnen, dann ist die Änderung $\Delta V$ des Volumens $V$ der verdrängten Flüssigkeit durch

$$\Delta V = \int y\,\Delta\alpha\,\mathrm{d}A = \Delta\alpha \int y\,\mathrm{d}A$$

gegeben. Dabei ist die Integration über die gesamte Schwimmfläche zu erstrecken. Da die $x$-Achse eine Schwerachse der Schwimmfläche ist, gilt $\Delta V = 0$. Somit ändert sich bei einer kleinen Drehung der Betrag der Auftriebskraft nicht. Dagegen verschiebt sich deren Wirkungslinie, da sich die Lage des Schwerpunkts der verdrängten Flüssigkeitsmenge ändert: der Punkt $S_F$ geht in den Punkt $S_F'$ über. Dann bilden $G$ und $F_A$ ein Kräftepaar mit dem Moment

$$\Delta M = \Delta y F_A\,. \tag{1.12}$$

Dieses Moment wird durch die verteilten Kräfte in den schraffierten Bereichen erzeugt:

$$\Delta M = \int y\,\varrho\,g\,\mathrm{d}V\,.$$

Mit dem Volumenelement $\mathrm{d}V = y\,\Delta\alpha\,\mathrm{d}A$ und dem Flächenträgheitsmoment $I_x = \int y^2\,\mathrm{d}A$ folgt

$$\Delta M = \varrho\,g\,I_x\,\Delta\alpha\,.$$

Durch Vergleichen mit (1.12) erhält man daraus

$$\Delta y\,F_A = \varrho\,g\,I_x\,\Delta\alpha\,. \tag{1.13}$$

Da zwischen dem Hebelarm $\Delta y$ und dem Drehwinkel $\Delta\alpha$ nach Abb. 1.14c der Zusammenhang

$$\Delta y = (e + h_M)\Delta\alpha$$

besteht, ergibt sich mit $F_A = \varrho\, g\, V$ aus (1.13)

$$\boxed{h_M = \frac{I_x}{V} - e} \,. \tag{1.14}$$

Der Schnittpunkt der Wirkungslinie von $F_A$ mit der Geraden durch die Punkte $S_F$ und $S_K$ heißt *Metazentrum M*. Seine Lage wird durch die Höhe $h_M$ bestimmt. Wenn das Metazentrum oberhalb von $S_K$ liegt ($h_M > 0$), dann bildet $\Delta M$ ein Rückstellmoment, und die Gleichgewichtslage nach Abb. 1.14a ist stabil. Befindet sich $M$ dagegen unterhalb von $S_K (h_M < 0)$, dann ist die Gleichgewichtslage instabil.

Als einfaches Beispiel betrachten wir ein in einer Flüssigkeit (Dichte $\varrho_F$) schwimmendes, homogenes Brett (Länge $l$, Breite $b$, Höhe $h$, Dichte $\varrho_B$), das die Eintauchtiefe $t$ hat (Abb. 1.15). Mit dem Gewicht $G = \varrho_B\, g\, l\, b\, h$ des Bretts und dem Auftrieb $F_A = \varrho_F g\, l\, b\, t$ folgt nach (1.11)

$$\frac{t}{h} = \frac{\varrho_B}{\varrho_F} \,.$$

Da $t < h$ sein muß, kann das Brett somit nur dann schwimmen, wenn seine Dichte kleiner als die Dichte der Flüssigkeit ist. Mit $I_x = l\, b^3/12$, $V = l\, b\, t$ und $e = (h - t)/2$ erhält man aus (1.14)

$$h_M = \frac{b^2}{12\, t} - \frac{1}{2}(h - t) \,.$$

An der Stabilitätsgrenze $h_M = 0$ folgt daraus

$$b^2 = 6\, t(h - t) \,.$$

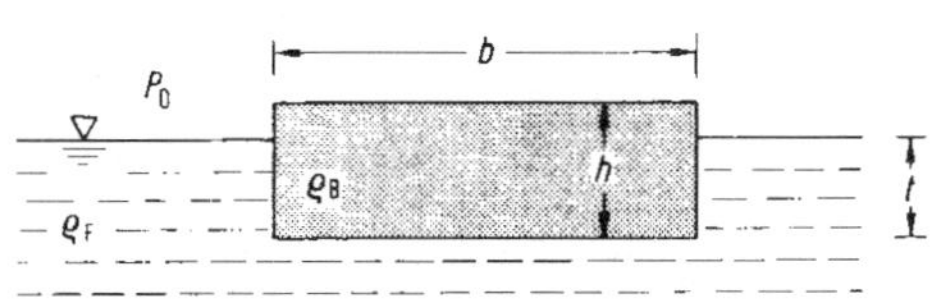


**Abb. 1.15**

Bei vorgegebenen Werten von $h$ und $t$ ist die Gleichgewichtslage stabil für $b^2 > 6t(h-t)$ und instabil für $b^2 < 6t(h-t)$. Hieraus folgt zum Beispiel für $t = h/2$ die Bedingung $b > \sqrt{3/2}\,h$ für eine stabile Gleichgewichtslage.

### 1.2.4 Druck einer Flüssigkeit auf ebene Flächen

Für viele praktische Anwendungen ist es erforderlich, die Kräfte zu bestimmen, die durch den hydrostatischen Druck auf Berandungen (Behälterwände, Staumauern, usw.) bzw. auf Teilflächen der Berandung (Lukendeckel, Klappen, Schieber) hervorgerufen werden. Wir beschränken uns dabei zunächst auf ebene Flächen.

Zu diesem Zweck betrachten wir eine nach Abb. 1.16a um den Winkel $\alpha$ geneigte, ebene Teilfläche $A$, die sich vollständig unterhalb des Flüssigkeitsspiegels befindet. Für die resultierende Druckkraft $F$ gilt

$$F = \int_A p\,\mathrm{d}A\,. \tag{1.15}$$

Wir wollen zunächst nur die von der Flüssigkeit allein erzeugte Kraft ermitteln, d.h., den vom Luftdruck $p_0$ herrührenden Anteil nicht berücksichtigen. Dann gilt in der Tiefe $z$ für den Druck $p = \varrho\, g\, z$. Wenn wir ein $x, y$-Koordinatensystem gemäß Abb. 1.16a, b einführen, dann läßt sich dieser mit $z = y \sin\alpha$ in der Form $p = \varrho\, g\, y \sin\alpha$ schreiben. Einsetzen in (1.15) liefert

$$F = \varrho\, g \sin\alpha \int_A y\,\mathrm{d}A\,. \tag{1.16}$$

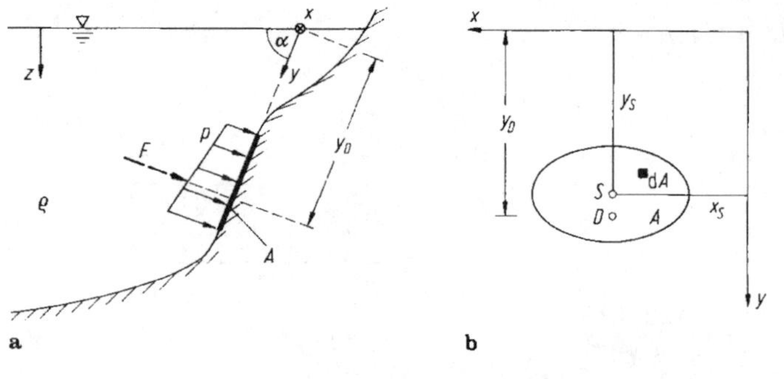


**Abb. 1.16**

Mit $\int\limits_A y\,\mathrm{d}A = y_S A$ (Band 1, Gl. (4.9)) sowie $y_S \sin\alpha = z_S$ folgt daraus $F = \varrho\, g\, z_S\, A$, und wegen $p_S = \varrho\, g\, z_S$ ergibt sich schließlich

$$\boxed{F = p_S A}\,. \tag{1.17}$$

Die resultierende Kraft ist demnach gleich dem Produkt aus dem Druck im Flächenschwerpunkt und der Fläche.

Die Wirkungslinie von $F$ folgt aus der Bedingung, daß das Moment dieser Kraft bezüglich jeder beliebigen Achse gleich dem entsprechenden resultierenden Moment der Flächenlast $p$ sein muß. Wenn wir die $x$-Achse als Bezugsachse wählen und den Abstand der Wirkungslinie von der $x$-Achse mit $y_D$ bezeichnen (Abb. 1.16a, b), dann erhalten wir

$$F y_D = \int\limits_A y\, p\,\mathrm{d}A = \varrho\, g \sin\alpha \int\limits_A y^2 \mathrm{d}A\,.$$

Einsetzen von $F$ nach (1.16) liefert

$$y_D = \frac{\int y^2 \mathrm{d}A}{\int y\,\mathrm{d}A}\,.$$

Führen wir das Flächenträgheitsmoment $I_x = \int\limits_A y^2 \mathrm{d}A$ und das statische Moment $S_x = \int\limits_A y\,\mathrm{d}A$ ein, so ergibt sich daraus

$$\boxed{y_D = \frac{I_x}{S_x}}\,. \tag{1.18}$$

Aus der Momentenbeziehung um die $y$-Achse $F x_D = \int\limits_A x\, p\,\mathrm{d}A$ finden wir entsprechend den Abstand $x_D$ der Wirkungslinie von der $y$-Achse zu

$$\boxed{x_D = -\frac{I_{xy}}{S_x}}\,. \tag{1.19}$$

Dabei ist $I_{xy} = -\int\limits_A x\, y\,\mathrm{d}A$ das Deviationsmoment. Der Punkt $D$ auf der Fläche mit den Koordinaten $x_D$ und $y_D$ heißt *Druckmittelpunkt*. Wenn die y-Achse eine Symmetrieachse der Fläche darstellt, dann ist $I_{xy} = 0$, d.h., der Druckmittelpunkt liegt auf der Symmetrieachse.

Nach dem Satz von Steiner (Band 2, Abschn. 4.2.2) gilt

$$I_x = I_{x_S} + y_S^2 A ,$$

wobei $I_{x_S}$ das Flächenmoment bezüglich einer zur $x$-Achse parallelen Achse durch den Schwerpunkt $S$ der Fläche ist. Damit folgt aus (1.18)

$$y_D = \frac{I_{x_S} + y_S^2 A}{y_S A} = y_S + \frac{I_{x_S}}{y_S A} . \tag{1.20}$$

Da $I_{x_S}$, $y_S$ und $A$ positiv sind, gilt $y_D > y_S$. Der Druckmittelpunkt $D$ liegt somit tiefer als der Schwerpunkt $S$.

Wenn man den Luftdruck $p_0$ berücksichtigt, dann ergibt sich die resultierende Kraft weiterhin aus (1.17). Für $p_S$ muß in diesem Fall der Druck $p_S = p_0 + \varrho\, g\, z_S$ eingesetzt werden. Die Wirkungslinie geht durch den Kräftemittelpunkt der von der Flüssigkeit allein erzeugten Kraft und der vom Luftdruck herrührenden Kraft $p_0 A$. Die Wirkungslinie von $p_0 A$ geht dabei durch den Schwerpunkt $S$ der Fläche $A$.

Als Anwendungsbeispiel betrachten wir eine rechteckige Fläche (Höhe $a$, Breite $b$), deren Oberkante nach Abb. 1.17a horizontal verläuft. Mit dem Druck $p_S = \varrho\, g\, z_S = \varrho\, g \sin\alpha\,(c + a/2)$ und der Fläche $A = ab$ erhält man aus (1.17) die resultierende Kraft der Flüssigkeit auf die Fläche zu

$$F = \frac{1}{2} \varrho\, g \sin\alpha\,(2c + a) ab . \tag{1.21}$$

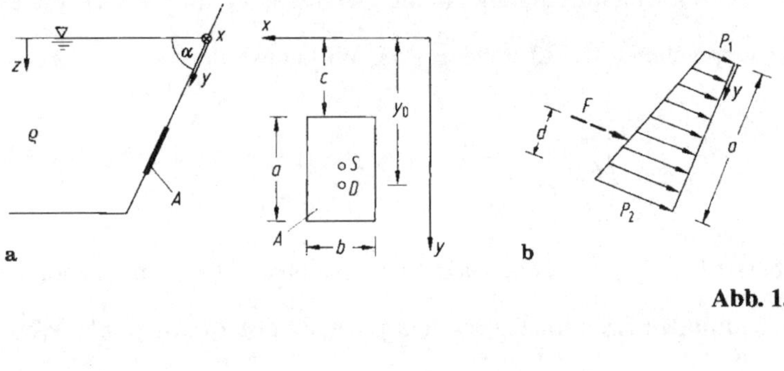


**Abb. 1.17**

Die Flächenmomente sind durch

$$I_x = \frac{b\,a^3}{12} + \left(c + \frac{a}{2}\right)^2 a\,b\,, \quad S_x = \left(c + \frac{a}{2}\right) a\,b$$

gegeben. Damit folgt nach (1.18) die $y$-Koordinate des Druckmittelpunkts zu

$$y_D = \frac{a^2 + 3\,(2c + a)^2}{6\,(2c + a)}\,. \tag{1.22}$$

Die resultierende Kraft und die Lage ihrer Wirkungslinie können auch durch die Drücke $p_1$ und $p_2$ an der Ober- und der Unterkante des Rechtecks ausgedrückt werden. Die Kraft $F$ ist das Produkt aus der Trapezfläche, welche den Druckverlauf charakterisiert, und der Breite $b$ (Abb. 1.17b):

$$F = \frac{p_1 + p_2}{2}\,a\,b\,. \tag{1.23}$$

Der Abstand $d$ der Wirkungslinie von der unteren Kante ist durch den entsprechenden Schwerpunktabstand der Trapezfläche (vgl. Band 1, Abschn. 4.3) gegeben:

$$d = \frac{a}{3}\,\frac{2\,p_1 + p_2}{p_1 + p_2}\,. \tag{1.24}$$

**Beispiel 1.6:** Man bestimme die resultierende Kraft und ihre Wirkungslinie auf eine kreisförmige Luke (Radius $r$) in einer vertikalen Wand eines oben offenen Behälters (Abb. 1.18a).

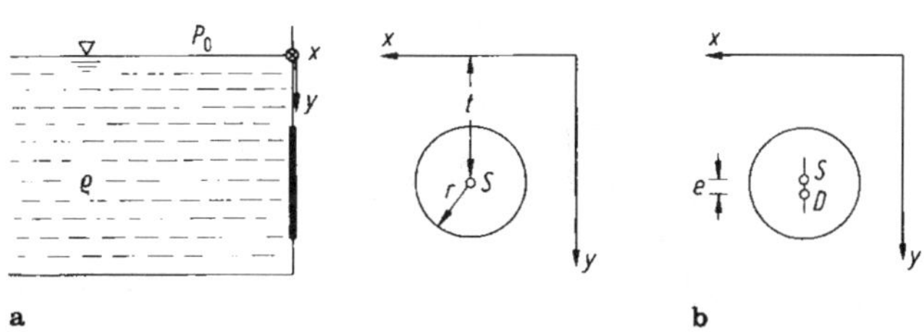


**Abb. 1.18**

*Lösung:* Da der Atmosphärendruck sowohl von innen (über die Flüssigkeit) als auch von außen auf das Fenster wirkt, braucht er nicht berücksichtigt zu werden. Mit dem Druck $p_S = \varrho g t$ im Schwerpunkt und der Kreisfläche $A = \pi r^2$ erhalten wir nach (1.17)

$$\underline{\underline{F = \pi \varrho g t r^2}} .$$

Das Flächenträgheitsmoment und das statische Moment bezüglich der $x$-Achse sind durch

$$I_x = \frac{\pi r^4}{4} + \pi r^2 t^2 , \quad S_x = y_S A = \pi t r^2$$

gegeben. Damit folgt aus (1.18)

$$\underline{\underline{y_D}} = \frac{I_x}{S_x} = \underline{\underline{t + \frac{r^2}{4t}}} .$$

Der Druckmittelpunkt $D$ liegt somit um $e = r^2/(4t)$ tiefer als der Schwerpunkt $S$ (Abb. 1.18b).

**Beispiel 1.7:** In einem oben offenen Behälter der Länge $b$ wird durch eine homogene, starre Platte (Gewicht $G$) eine Flüssigkeit (Dichte $\varrho$) auf zwei unterschiedliche Spiegelhöhen eingestellt (Abb. 1.19a). Die Platte ist längs ihrer Unterkante $A$ gelenkig gelagert (abgedichtetes Scharniergelenk) und wird an der Oberkante durch ein horizontales Seil im Gleichgewicht gehalten.

Man bestimme die Lagerreaktionen im Scharniergelenk und die Seilkraft.

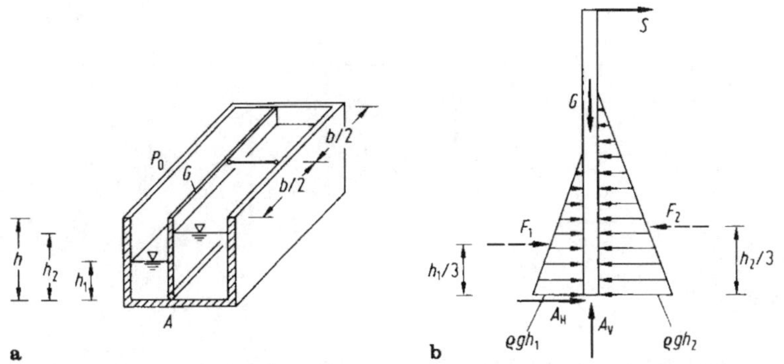


Abb. 1.19

*Lösung:* Wir schneiden die Platte frei. Die auf sie wirkenden Kräfte sind im Freikörperbild Abb. 1.19b dargestellt. Der Atmosphärendruck $p_0$ wirkt auf beiden Seiten der Platte und braucht daher nicht berücksichtigt zu werden. Die Drücke faßt man zweckmäßigerweise zu ihren Resultierenden $F_1 = \varrho g \frac{h_1}{2}(h_1 b)$ bzw. $F_2 = \varrho g \frac{h_2}{2}(h_2 b)$ mit den Abständen $h_1/3$ bzw. $h_2/3$ vom Scharniergelenk zusammen. Dann liefern die Gleichgewichtsbedingungen

$$\overset{\curvearrowright}{A}: \quad F_1 \frac{h_1}{3} - F_2 \frac{h_2}{3} + Sh = 0 \quad \to \quad \underline{\underline{S = \frac{\varrho g b}{6h}(h_2^3 - h_1^3)}}\,,$$

$$\uparrow: \quad A_V - G = 0 \quad \to \quad \underline{\underline{A_V = G}}\,,$$

$$\to: \quad F_1 - F_2 + A_H + S = 0$$

$$\to \quad \underline{\underline{A_H = \frac{\varrho g b}{6h}[3h(h_2^2 - h_1^2) - (h_2^3 - h_1^3)]}}\,.$$

Die Kräfte $A_H$ und $A_V$ sind über die Länge des Scharniers verteilt.

**Beispiel 1.8:** In Abb. 1.20a ist eine Vorrichtung zur Regelung des Wasserstands im Behälter ① skizziert. Sie besteht aus einer in $C$ drehbar gelagerten quadratischen Platte $BC$, die über den Hebel $CD$ und ein Seil (Länge $l$) mit einem zylindrischen Schwimmer (Grundfläche $A$, Gewicht $G$) verbunden ist. Die Gewichte von Klappe, Hebel und Seil werden vernachlässigt.

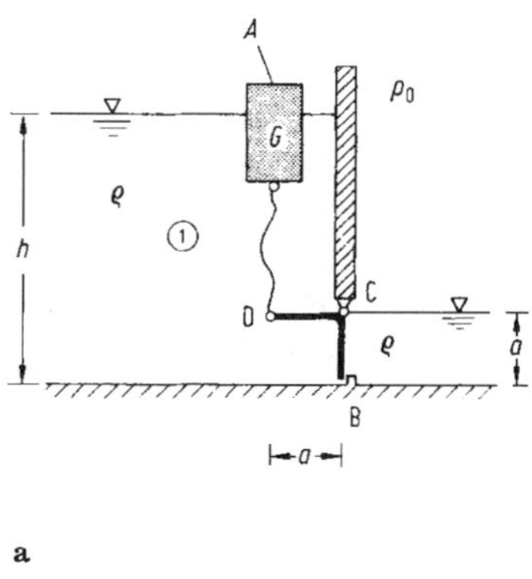


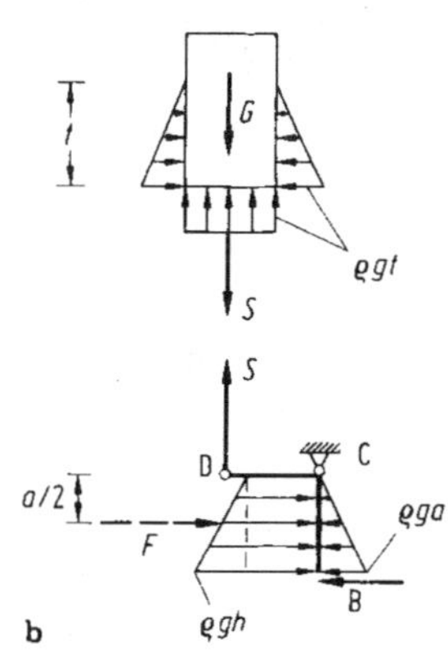


**Abb. 1.20**

Bei welchem Wasserstand $h = h_1$ ist das Seil gerade gespannt? Für welches $h = h_2$ öffnet sich die Klappe?

*Lösung:* Wir bezeichnen die Eintauchtiefe des Schwimmers mit $t$ (Abb. 1.20b). Das Seil ist dann gerade gespannt, wenn die geometrische Beziehung

$$h = a + l + t \tag{a}$$

erfüllt und die Seilkraft dabei Null ist. Bei verschwindender Seilkraft muß nach (1.11) die Gewichtskraft $G$ mit der Auftriebskraft $F_A = \varrho\, g\, A\, t$ im Gleichgewicht sein:

$$G - F_A = 0 \quad \rightarrow \quad t = \frac{G}{\varrho\, g\, A}\,. \tag{b}$$

Einsetzen von (b) in (a) liefert den Wasserstand

$$\underline{\underline{h_1 = a + l + \frac{G}{\varrho\, g\, A}}}\,. \tag{c}$$

Die auf den Schwimmer und auf die Klappe wirkenden Kräfte sind in Abb. 1.20b dargestellt. Die resultierende Druckkraft auf die Klappe ergibt sich aus der gleichförmigen Druckverteilung $\varrho\, g(h - a)$ unter Beachtung der Tatsache, daß sich die linearen Anteile aufheben:

$$F = \varrho\, g(h - a)\, a^2\,.$$

Die Klappe öffnet sich, wenn die Lagerkraft $B$ Null wird. Das Kräftegleichgewicht am Schwimmer und das Momentengleichgewicht bezüglich $C$ liefern dann

$$\downarrow: \quad G + S - \varrho\, g\, A\, t = 0\,,$$

$$\overset{\curvearrowright}{C}: \quad S\, a - \varrho\, g(h - a)a^2\, \frac{a}{2} = 0\,.$$

Daraus folgt mit der auch hier geltenden geometrischen Beziehung (a) der zum Öffnen der Klappe erforderliche Wasserstand

$$\underline{\underline{h_2 = \frac{1}{1 - \dfrac{a^2}{2A}} \left[\frac{G}{\varrho\, g\, A} + a + l - \frac{a^3}{2A}\right]}}\,. \tag{d}$$

Bei der Herleitung von (d) wurde vorausgesetzt, daß die Eintauchtiefe $t$ des Schwimmers kleiner als seine Höhe ist.

### 1.2.5 Druck einer Flüssigkeit auf gekrümmte Flächen

Wir wollen nun die resultierende Kraft einer Flüssigkeit auf die gekrümmte Fläche $A$ nach Abb. 1.21a ermitteln. Dabei ist es zweckmäßig, die Kraftkomponenten in vertikaler und in horizontaler Richtung getrennt zu bestimmen. Die auf ein Flächenelement $\mathrm{d}A$ wirkenden Komponenten der Kraft $\mathrm{d}F = p\,\mathrm{d}A$ sind unter Beachtung von $p = \varrho\, g\, z$ und $\mathrm{d}\bar{A} = \mathrm{d}A\cos\alpha$ bzw. $\mathrm{d}A^* = \mathrm{d}A\sin\alpha$ durch

$$\mathrm{d}F_V = p\,\mathrm{d}A\cos\alpha = \varrho\, g\, z\,\mathrm{d}\bar{A} = \varrho\, g\,\mathrm{d}V\,,$$

$$\mathrm{d}F_H = p\,\mathrm{d}A\sin\alpha = p\,\mathrm{d}A^*$$

gegeben. Durch Integration erhält man daraus

$$\begin{aligned} F_V &= \varrho\, g \int \mathrm{d}V & &\rightarrow \quad \boxed{F_V = \varrho\, g V\,,} \\ F_H &= \int p\,\mathrm{d}A^* = \varrho\, g \int z\,\mathrm{d}A^* = \varrho\, g\, z_{S^*} A^* & &\rightarrow \quad \boxed{F_H = p_{S^*} A^*\,.} \end{aligned} \qquad (1.25)$$

Die Vertikalkomponente $F_V$ ist demnach gleich dem Gewicht der Flüssigkeit, die sich oberhalb der Fläche $A$ befindet. Ihre Wirkungslinie geht durch den Schwerpunkt des Flüssigkeitsvolumens $V$. Die Horizontalkomponente $F_H$ ist das Produkt aus der projizierten Fläche $A^*$ und dem Druck $p_{S^*}$ im Schwerpunkt $S^*$ dieser Fläche. Sie stimmt mit der Kraft überein, die von der Flüssigkeit auf die vertikale ebene Fläche $A^*$ ausgeübt wird. Ihre Wirkungslinie kann daher nach Abschnitt 1.2.4 be-

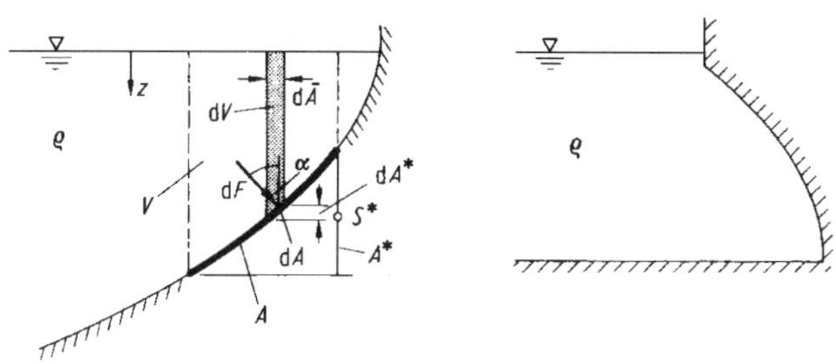


a b

**Abb. 1.21**

stimmt werden. Die Gleichungen (1.25) gelten sinngemäß auch dann, wenn sich eine Flüssigkeit unterhalb einer gekrümmten Fläche befindet (Abb. 1.21b).

In einem Anwendungsbeispiel bestimmen wir die resultierende Kraft, die vom Wasser im kreisförmigen Bereich $BC$ auf eine Staumauer (Länge $l$) ausgeübt wird (Abb. 1.22a). Die Druckverteilung in der projizierten Ebene ist in Abb. 1.22b dargestellt. Mit $V = \pi r^2 l/4$, $p_{S^*} = \varrho g r/2$ und $A^* = r l$ erhält man aus (1.25) die Kraftkomponenten zu

$$F_V = \frac{\pi}{4}\varrho g r^2 l\,, \qquad F_H = \frac{1}{2}\varrho g r^2 l\,.$$

Die Wirkungslinie der Vertikalkomponente geht durch den Schwerpunkt der über $CB$ liegenden Viertelkreisfläche (Abb. 1.22c). Sie hat den Abstand $c_S = 4r/3\pi$ (Band 1, Abschn. 4.3) vom Punkt $C$. Die Wirkungslinie der Horizontalkomponente verläuft in der Tiefe $2r/3$ (Abb. 1.22b).

Die resultierende Kraft kann auch durch Integration ermittelt werden (Abb. 1.22d). Auf ein Flächenelement $\mathrm{d}A = r\,\mathrm{d}\varphi\, l$ wirkt die Kraft $\mathrm{d}F = p\,\mathrm{d}A$. Mit $p = \varrho g r \sin\varphi$, $\mathrm{d}F_V = p\,\mathrm{d}A \sin\varphi$ und $\mathrm{d}F_H = p\,\mathrm{d}A\cos\varphi$ erhält man

$$F_V = \varrho g r^2 l \int\limits_0^{\pi/2} \sin^2\varphi\,\mathrm{d}\varphi \quad\rightarrow\quad F_V = \frac{\pi}{4}\varrho g r^2 l\,,$$

$$F_H = \varrho g r^2 l \int\limits_0^{\pi/2} \sin\varphi\cos\varphi\,\mathrm{d}\varphi \quad\rightarrow\quad F_H = \frac{1}{2}\varrho g r^2 l\,.$$

Da die Druckkräfte auf allen Flächenelementen orthogonal zur Staumauer wirken und demnach durch den Mittelpunkt $M$ des Kreises gehen,

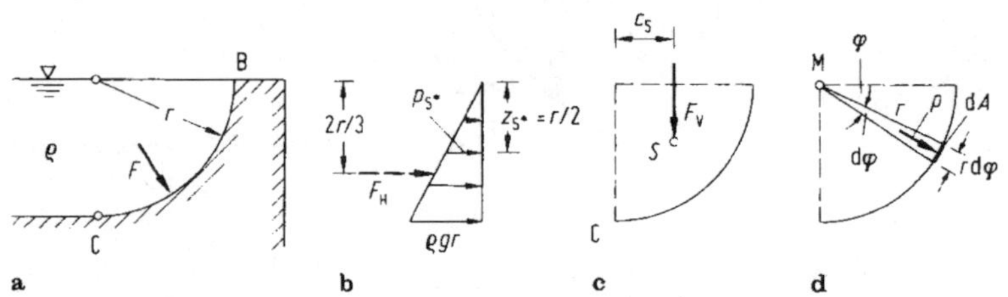


**a** **b** **c** **d**

**Abb. 1.22**

bilden sie ein zentrales Kräftesystem. Somit muß auch die Wirkungslinie der Resultierenden durch den Punkt $M$ gehen.

**Beispiel 1.9:** Der Querschnitt des nach Abb. 1.23a unter dem Wasserspiegel liegenden zylindrischen Wehrs $AB$ (Breite $b$, Gewicht $G$) hat die Form eines Viertelkreises (Radius $r$). Das Wehr ist bei $A$ gelenkig gelagert und liegt bei $B$ auf.

Gesucht sind die Lagerreaktionen in $A$ und $B$.

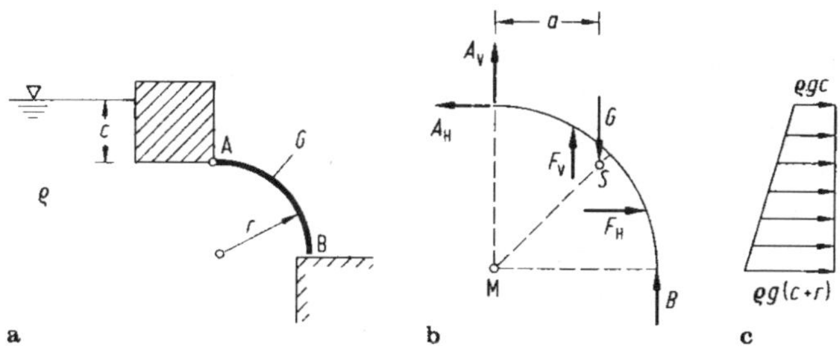


**Abb. 1.23**

*Lösung:* Die auf das Wehr wirkenden Kräfte sind im Freikörperbild dargestellt (Abb. 1.23b). Abbildung 1.23c zeigt die Druckverteilung in der projizierten Ebene. Nach (1.25) erhält man die Komponenten der resultierenden Kraft $F$ der Flüssigkeit auf das Wehr zu

$$F_V = \varrho\, g\, b \left[ (c+r)\, r - \frac{\pi}{4} r^2 \right] = \varrho\, g\, b\, r \left( c + r - \frac{\pi}{4} r \right) ,$$

$$F_H = p_{S^*} A^* = \frac{\varrho\, g\, c + \varrho\, g(c+r)}{2}\, b\, r = \frac{1}{2} \varrho\, g\, b\, r (2c + r) .$$

Die Wirkungslinie der aus $F_H$ und $F_V$ resultierenden Kraft $F$ geht durch den Kreismittelpunkt $M$. Daher lauten die Gleichgewichtsbedingungen

$$\stackrel{\curvearrowright}{M}: \quad -A_H\, r + Ga - Br = 0 ,$$

$$\rightarrow: \quad -A_H + F_H = 0 ,$$

$$\uparrow: \quad A_V - G + F_V + B = 0 .$$

Mit $a = 2r/\pi$ (Band 1, Abschn. 4.4) folgen daraus die Lagerreaktionen zu

$$\underline{\underline{A_H = \frac{1}{2}\varrho\, g\, b\, r(2c + r)}}\,,$$

$$\underline{\underline{A_V = \left(1 - \frac{2}{\pi}\right) G + \frac{1}{4}(\pi - 2)\varrho\, g\, b\, r^2}}\,,$$

$$\underline{\underline{B = \frac{2}{\pi} G - \frac{1}{2}\varrho\, g\, b\, r(2c + r)}}\,.$$

Das Wehr ist nur für $B > 0$ geschlossen.

**Beispiel 1.10:** Ein zylindrisches Wehr (Länge $l$, Gewicht $G$) taucht nach Abb. 1.24a in eine Flüssigkeit ① (Dichte $\varrho_1$) ein. Es verhindert, daß sich eine Flüssigkeit ② (Schichtdicke $r$), deren Spiegel um $r/2$ oberhalb von $A$ liegt, nach rechts ausbreitet.

Man bestimme die Dichte $\varrho_2$ der Flüssigkeit ② . Wie groß sind die Lagerreaktionen in $A$?

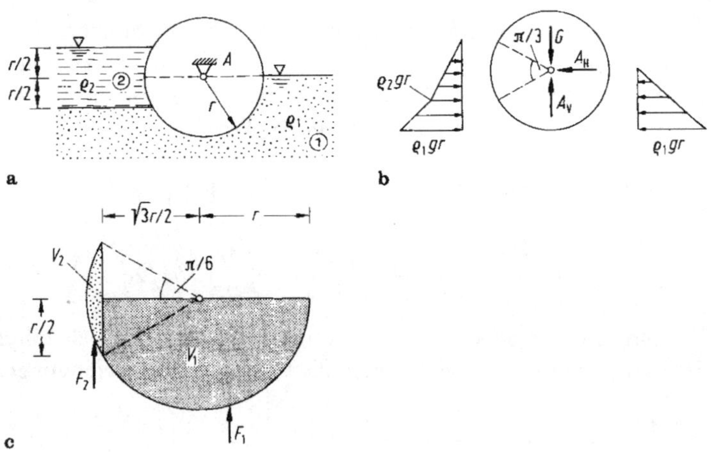


**Abb. 1.24**

*Lösung:* In der Trennfläche zwischen den beiden Flüssigkeiten gilt

$$p_1 = p_2 \quad \rightarrow \quad \varrho_1\, g\, r/2 = \varrho_2\, g\, r \quad \rightarrow \quad \underline{\underline{\varrho_2 = \varrho_1/2}}\,.$$

Damit sich die vorgegebene Schichtung einstellt, muß demnach die Dichte der Flüssigkeit ② halb so groß wie die Dichte der Flüssigkeit ① sein.

Abbildung 1.24b zeigt die Druckverteilungen in den projizierten Ebenen. Aus dem Kräftegleichgewicht in horizontaler Richtung folgt:

$$\rightarrow: \quad \frac{1}{2}\varrho_2\, g\, r^2 l + \frac{1}{2}(\varrho_2\, g\, r + \varrho_1\, g\, r)\frac{r}{2}\, l - \frac{1}{2}\varrho_1\, g\, r^2 l - A_H = 0$$

$$\rightarrow \quad \underline{\underline{A_H = \frac{1}{8}\varrho_1\, g\, r^2\, l\,.}}$$

Die Vertikalkomponente der resultierenden Kraft auf das Wehr setzt sich gemäß Abb. 1.24c aus zwei Anteilen zusammen. Mit dem Volumen

$$V_2 = \left(\frac{\pi}{6} - \frac{\sqrt{3}}{4}\right) r^2\, l\,, \quad V_1 = \frac{1}{2}\pi\, r^2\, l - \frac{1}{2}V_2 = \left(\frac{5\pi}{12} + \frac{\sqrt{3}}{8}\right) r^2\, l$$

erhält man

$$F_1 = \varrho_1\, g \left(\frac{5\pi}{12} + \frac{\sqrt{3}}{8}\right) r^2\, l\,, \quad F_2 = \varrho_2\, g \left(\frac{\pi}{6} - \frac{\sqrt{3}}{4}\right) r^2\, l\,.$$

Damit liefert das Kräftegleichgewicht in vertikaler Richtung:

$$\uparrow: \quad F_1 + F_2 - G + A_V = 0 \quad \rightarrow \quad \underline{\underline{A_V = G - \frac{\pi}{2}\varrho_1 g r^2 l\,.}}$$

## 1.3 Hydrodynamik

### 1.3.1 Kinematische Grundlagen

Die *Hydrodynamik* ist die Lehre von der Bewegung von Flüssigkeiten unter der Wirkung von Kräften. Bevor wir uns allerdings dem Einfluß von Kräften auf die Bewegung widmen, befassen wir uns mit der *Kinematik* von Strömungen.

Hierzu führen wir zunächst einige Begriffe ein. Wir denken uns ein beliebiges Volumen in der Flüssigkeit durch eine geschlossene Fläche abgegrenzt. Durch diese Fläche soll Flüssigkeit weder in das Volumen einströmen noch aus ihm ausströmen. Die Flüssigkeit innerhalb der Fläche heißt dann *abgeschlossene Flüssigkeitsmenge* oder *materielles Flüssig-*

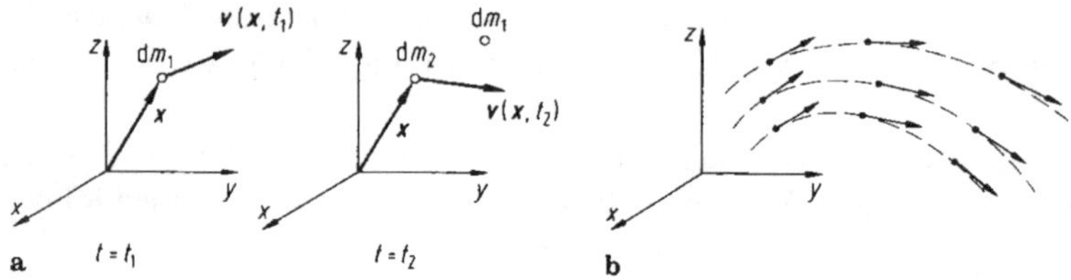


**Abb. 1.25**

*keitsvolumen.* Ein materielles Flüssigkeitsvolumen mit infinitesimaler Ausdehnung nennt man ein *Flüssigkeitsteilchen.* Geht seine Ausdehnung gegen Null, so spricht man von einem *materiellen Punkt.*

Wir betrachten nun das Flüssigkeitsteilchen, das sich zur Zeit $t$ am Ort $\boldsymbol{x}$ befindet. Seine Geschwindigkeit bezeichnen wir mit $\boldsymbol{v}(\boldsymbol{x}, t)$. Da der Vektor $\boldsymbol{x}$ einen beliebigen Ort in der Flüssigkeit kennzeichnet, gibt $\boldsymbol{v}(\boldsymbol{x}, t)$ die Geschwindigkeiten der Flüssigkeitsteilchen an jedem Ort an. Man nennt $\boldsymbol{v}(\boldsymbol{x}, t)$ das *Geschwindigkeitsfeld*; es beschreibt die Bewegung der gesamten Flüssigkeit.

Abbildung 1.25a zeigt den Geschwindigkeitsvektor $\boldsymbol{v}$ an der Stelle $\boldsymbol{x}$ zum Zeitpunkt $t = t_1$. Zu dieser Zeit befindet sich dort das Flüssigkeitsteilchen $\mathrm{d}m_1$. Zu einem späteren Zeitpunkt $t = t_2$ befindet sich an der gleichen Stelle ein anderes Flüssigkeitsteilchen $\mathrm{d}m_2$. Außerdem hat sich im allgemeinen die Geschwindigkeit geändert. Das Geschwindigkeitsfeld beschreibt also nicht den zeitlichen Verlauf der Bewegungen der einzelnen Flüssigkeitsteilchen (der im allgemeinen ohnehin nicht interessiert), sondern es gibt an, welche Geschwindigkeit an jedem Ort zu jeder beliebigen Zeit vorliegt. Diese Betrachtungsweise, die typisch für die Beschreibung der Bewegung von Flüssigkeiten ist, geht auf Leonhard Euler (1707–1783) zurück.

Durch das Geschwindigkeitsfeld kann man jedem Raumpunkt $\boldsymbol{x}$ eine Richtung, nämlich die Richtung $\boldsymbol{v}(\boldsymbol{x}, t)$, zuordnen. Man erhält somit zu jedem Zeitpunkt ein Richtungsfeld (Abb. 1.25b); dieses kann sich im allgemeinen mit der Zeit ändern. Kurven, deren Tangentenrichtung in jedem Punkt mit der Richtung von $\boldsymbol{v}$ übereinstimmt, nennt man *Stromlinien.* Auch sie sind im allgemeinen zeitabhängig. Sie veranschaulichen in einfacher Weise das Gesamtbild der Strömung. Stromlinien können sich nicht schneiden und auch keinen Knick besitzen, da andernfalls an einer solchen Stelle zwei verschiedene Geschwindigkeiten existieren müßten. Außerdem kann kein Flüssigkeitstransport quer zu einer Stromlinie stattfinden.

Bei manchen Strömungen hängt die Geschwindigkeit $\boldsymbol{v}$ nicht von der Zeit $t$, sondern nur vom Ort $\boldsymbol{x}$ ab. Dann sind das durch $\boldsymbol{v}(\boldsymbol{x})$ definierte Richtungsfeld und die Stromlinien zeitunabhängig. In diesem Fall nennt man die Strömung *stationär*. Andernfalls heißt sie *instationär*.

Wenn zum Beispiel eine Flüssigkeit einen in ihr ruhenden festen Körper mit zeitlich konstanter Geschwindigkeit umströmt (d.h., die Geschwindigkeit an einem beliebigen, festen Ort des Strömungsfeldes sich nicht ändert), dann liegt eine stationäre Strömung vor. Bewegt man dagegen den Körper mit konstanter Geschwindigkeit durch eine im ungestörten Zustand ruhende Flüssigkeit, so ändert sich die Geschwindigkeit in allen Raumpunkten mit der Zeit, und die Strömung ist instationär.

Von den Stromlinien müssen die *Bahnlinien* unterschieden werden. Dies sind die Kurven, die von den einzelnen Flüssigkeitsteilchen bei der Bewegung der Flüssigkeit durchlaufen werden. Bei stationären Strömungen fallen die Stromlinien und die Bahnlinien zusammen.

Dem Geschwindigkeitsfeld $\boldsymbol{v}$ kann man ein anderes Vektorfeld gemäß

$$\boldsymbol{\omega} = \frac{1}{2}\operatorname{rot}\boldsymbol{v} \tag{1.26}$$

zuordnen. Der Vektor $\boldsymbol{\omega}$ heißt *Wirbelvektor*. Wenn $\boldsymbol{\omega} \neq \mathbf{0}$ ist, dann nennt man die Strömung *wirbelbehaftet*. Ist dagegen in einem Bereich der Flüssigkeit $\boldsymbol{\omega} = \mathbf{0}$, so heißt dort die Strömung *wirbelfrei*.

In den technischen Anwendungen treten neben der allgemeinen dreidimensionalen Strömung häufig einfachere Strömungsformen auf. Wenn sich zum Beispiel alle Flüssigkeitsteilchen in parallelen, festen Ebenen bewegen, so ist die Geschwindigkeitskomponente senkrecht zu diesen Ebenen Null. Man spricht dann von einer *ebenen Strömung*. Bei der Bewegung von Flüssigkeiten in Rohren oder Gerinnen hat die Geschwindigkeit der Teilchen im wesentlichen die Richtung der Rohr- oder Gerinneachse. Vernachlässigt man die senkrecht zur Achse auftretenden Geschwindigkeitskomponenten, so gelangt man zu einer eindimensionalen Darstellung. Eine auf dieser vereinfachenden, eindimensionalen Betrachtungsweise aufbauende Theorie nennt man *Hydraulik*.

Wir befassen uns im folgenden mit einer eindimensionalen Strömung, wie sie zum Beispiel in einem gekrümmten Rohr auftritt. Als Koordinate wählen wir die entlang der Achse gezählte Bogenlänge $s$. Dann hat das Geschwindigkeitsfeld nur die Komponente $v = v(s,t)$. Wir betrachten nun ein Flüssigkeitsteilchen, dessen Lage in Abhängigkeit von der

Zeit durch $s(t)$ beschrieben wird. Seine Geschwindigkeit wird durch die Zeitableitung $v = \mathrm{d}s/\mathrm{d}t$ definiert. Die Änderung der Geschwindigkeit ist durch das totale Differential

$$\mathrm{d}v = \frac{\partial v}{\partial s}\,\mathrm{d}s + \frac{\partial v}{\partial t}\,\mathrm{d}t \tag{1.27}$$

gegeben. Die Beschleunigung $a(s,t)$ des Flüssigkeitsteilchens ist die zeitliche Änderung seiner Geschwindigkeit: $a = \mathrm{d}v/\mathrm{d}t$. Damit erhält man

$$\boxed{a = \frac{\partial v}{\partial s}\,v + \frac{\partial v}{\partial t}}\,. \tag{1.28}$$

Man nennt $a = \mathrm{d}v/\mathrm{d}t$ die *materielle* (*substantielle*) Beschleunigung. Sie setzt sich additiv aus der *konvektiven* Beschleunigung $(\partial v/\partial s)v$ und der *lokalen* Beschleunigung $\partial v/\partial t$ zusammen. Die lokale Beschleunigung gibt die zeitliche Änderung der Geschwindigkeit $v$ an einem beliebigen (festen) Ort im Strömungsfeld an. Dagegen stellt die konvektive Beschleunigung die Änderung von $v$ dar, die dadurch entsteht, daß sich das Teilchen zu einer Stelle mit anderer Geschwindigkeit weiterbewegt.

Bei einer *stationären* Strömung hängt das Geschwindigkeitsfeld nicht von der Zeit ab: $v = v(s)$. Dann ist wegen $\partial v/\partial t = 0$ die lokale Beschleunigung Null, und die materielle Beschleunigung vereinfacht sich zu

$$a = \frac{\mathrm{d}v}{\mathrm{d}s}\,v\,. \tag{1.29}$$

### 1.3.2 Stromfadentheorie

#### *1.3.2.1 Allgemeines*

Zur Beschreibung der Bewegung einer Flüssigkeit müssen neben kinematischen Größen auch Kraftgrößen – zum Beispiel der Druck – berücksichtigt werden. Außerdem benötigt man Bewegungsgleichungen sowie ein Stoffgesetz zur Beschreibung des Materialverhaltens der Flüssigkeit. Wir beschränken uns im folgenden auf ideale Flüssigkeiten.

Viele Strömungsvorgänge lassen sich exakt oder näherungsweise als eindimensionale Strömung beschreiben. Um zu einer solchen Darstel-

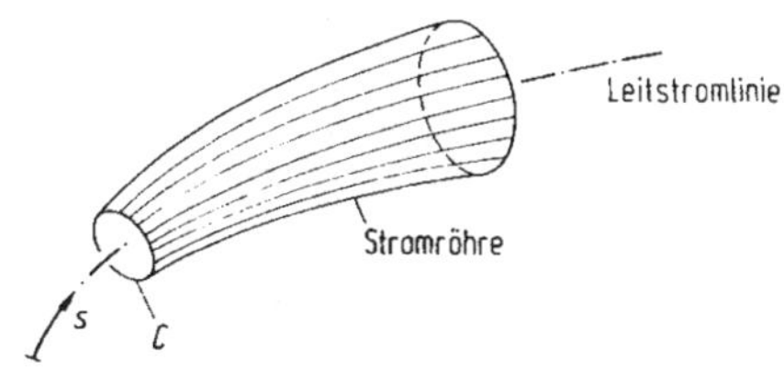


**Abb. 1.26**

lung zu gelangen, denken wir uns zunächst im Innern der Flüssigkeit eine geschlossene Kurve $C$ gekennzeichnet (Abb. 1.26). Die Stromlinien durch alle Punkte dieser Kurve bilden eine *Stromröhre*; die darin enthaltene Flüssigkeit heißt *Stromfaden*. Wir nehmen an, daß die Geschwindigkeit und der Druck als konstant über den Querschnitt der Stromröhre angesehen werden können, d.h., die Strömung in einer Stromröhre wird durch ihr Verhalten auf einer beliebigen Stromlinie, der *Leitstromlinie* charakterisiert. Bei einer stationären Strömung ist die Stromröhre zeitlich unveränderlich, und die Flüssigkeit in ihr bewegt sich wie in einem Rohr mit fester Wand, während sich bei einer instationären Strömung die Stromröhre mit der Zeit ändert. Das gesamte Strömungsgebiet kann man sich aus vielen Stromfäden aufgebaut denken. Bei zahlreichen praktischen Anwendungen, zum Beispiel einer Rohrströmung, läßt sich das gesamte Strömungsgebiet als ein einziger Stromfaden auffassen.

Wir beschränken uns von nun an auf stationäre Strömungen. Dann hängen die Geschwindigkeit und der Druck nur von der Bogenlänge $s$ entlang der Leitstromlinie ab:

$$v = v(s)\,, \quad p = p(s)\,. \tag{1.30}$$

Für die Beschleunigung gilt dann nach (1.29) $a = \frac{\mathrm{d}v}{\mathrm{d}s}v$. Eine auf diesen Vereinfachungen aufgebaute Theorie nennt man *Stromfadentheorie*.

### *1.3.2.2 Kontinuitätsgleichung*

Wir betrachten eine Stromröhre mit variabler Querschnittsfläche $A(s)$ gemäß Abb. 1.27. Die Querschnittsflächen an zwei beliebigen Stellen ① bzw. ② werden mit $A_1$ bzw. $A_2$ bezeichnet. An diesen Stellen haben die Flüssigkeitsteilchen die Geschwindigkeiten $v_1$ bzw. $v_2$. Durch die Querschnitte bei ① und ② wird ein Gebiet des Stromfadens abgegrenzt. In der Zeit $\mathrm{d}t$ fließt durch den Querschnitt $A_1$ eine Flüssigkeitsmenge mit der Masse $\varrho\, A_1\, v_1\, \mathrm{d}t$ in dieses Gebiet ein. Durch den Querschnitt $A_2$ fließt

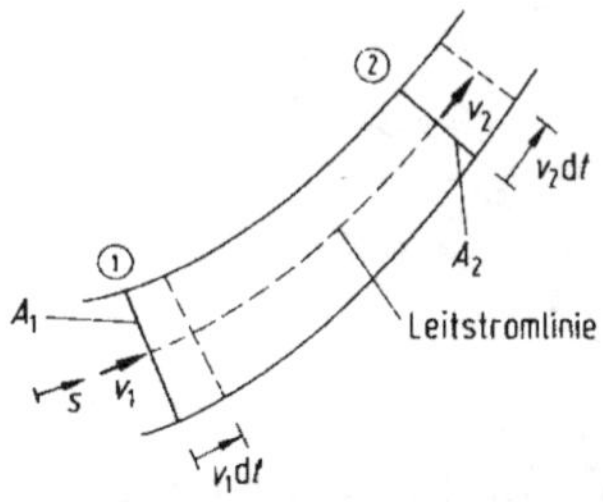


**Abb. 1.27**

in der gleichen Zeit die Masse $\varrho\, A_2\, v_2\, \mathrm{d}t$ aus. Da die Dichte konstant ist, kann sich dabei die Masse der Flüssigkeit im Gebiet nicht ändern (Massenerhaltung). Somit muß die an der Stelle ② austretende Masse genau so groß sein wie die bei ① eintretende Masse (durch die Stromröhre selbst kann keine Flüssigkeit ein- oder austreten): $\varrho\, A_1\, v_1\, \mathrm{d}t \;=\; \varrho\, A_2\, v_2\, \mathrm{d}t$. Damit erhält man

$$A_1\, v_1 = A_2\, v_2 \ \text{ bzw. } \ \boxed{A\, v = \text{const}}\,. \tag{1.31}$$

Das Produkt

$$Q = A\, v \tag{1.32}$$

heißt *Volumenstrom* und stellt das pro Zeiteinheit durch einen festen Querschnitt strömende Volumen dar. Nach (1.31) ist der Volumenstrom an jeder Stelle $s$ der Stromröhre gleich groß. Die Beziehung (1.31) nennt man *Kontinuitätsgleichung*.

### *1.3.2.3 Bernoullische Gleichung*

In der Stromröhre nach Abb. 1.28a bewege sich eine Flüssigkeit. Zur Herleitung der Bewegungsgleichung schneiden wir aus dem Stromfaden längs der Leitstromlinie ein Element der Länge $\mathrm{d}s$ und der Querschnittsfläche $\mathrm{d}A$ heraus (Abb. 1.28b). An seiner linken Stirnfläche – an der Stelle $s$ – herrscht der Druck $p$, an der Stelle $s + \mathrm{d}s$ der Druck $p + \mathrm{d}p$. Auf die Stirnflächen wirken somit die Druckkräfte $p\,\mathrm{d}A$ bzw. $(p + \mathrm{d}p)\mathrm{d}A$. Das Gewicht des Massenelements ist durch $\mathrm{d}m\, g$ gegeben. Die auf den Zylindermantel wirkenden Flächenkräfte stehen senkrecht zur Zylinderachse (reibungsfreie Flüssigkeit!). Sie werden im folgenden nicht benötigt und sind daher in Abb. 1.28b nicht eingezeichnet.

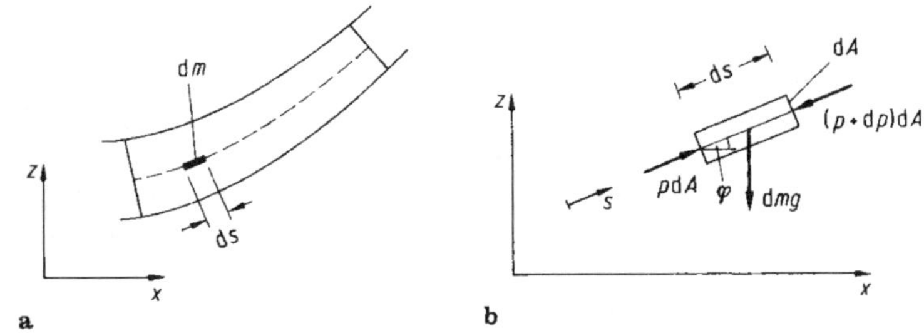


**Abb. 1.28**

Die Bewegungsgleichung in Richtung von $s$ lautet

$$\mathrm{d}m\, a = p\,\mathrm{d}A - (p + \mathrm{d}p)\,\mathrm{d}A - \mathrm{d}m\, g \sin\varphi\,. \tag{1.33}$$

Mit $\sin\varphi = \dfrac{\mathrm{d}z}{\mathrm{d}s}$ und $\mathrm{d}m = \varrho\,\mathrm{d}A\,\mathrm{d}s$ erhält man hieraus

$$\varrho\, a + \frac{\mathrm{d}p}{\mathrm{d}s} + \varrho\, g \frac{\mathrm{d}z}{\mathrm{d}s} = 0\,. \tag{1.34}$$

Die Beschleunigung $a = \dfrac{\mathrm{d}v}{\mathrm{d}s}\, v$ des Massenelements läßt sich auch als $a = \dfrac{\mathrm{d}}{\mathrm{d}s}\left(\dfrac{v^2}{2}\right)$ schreiben. Damit wird aus (1.34)

$$\varrho \frac{\mathrm{d}}{\mathrm{d}s}\left(\frac{v^2}{2}\right) + \frac{\mathrm{d}p}{\mathrm{d}s} + \varrho\, g \frac{\mathrm{d}z}{\mathrm{d}s} = 0\,. \tag{1.35}$$

Da diese Gleichung nur Ableitungen nach der Bogenlänge $s$ enthält, kann man sie längs der Stromlinie integrieren und erhält die *Bernoullische Gleichung* (Daniel Bernoulli, 1700–1782)

$$\boxed{\varrho \frac{v^2}{2} + p + \varrho\, g\, z = \text{const}}\,. \tag{1.36}$$

Alle Terme in (1.36) haben die Dimension eines Drucks. Man bezeichnet $p$ als *statischen Druck*, $\varrho\, v^2/2$ als *Staudruck (dynamischer Druck)* und $\varrho\, g\, z$ als *geodätischen Druck*. Nach (1.36) ist die Summe aus dem statischen Druck, dem Staudruck und dem geodätischen Druck längs einer Stromlinie konstant. Die Summe aus dem statischen Druck und dem Staudruck nennt man *Gesamtdruck*.

Die einzelnen Terme in der Bernoullischen Gleichung können auch in anderer Weise gedeutet werden. Die Ausdrücke $\varrho v^2/2$ bzw. $\varrho g z$ stellen die auf das Volumen bezogene kinetische bzw. potentielle Energie eines Flüssigkeitsteilchens dar. Daher läßt sich auch $p$ als eine auf das Volumen bezogene Energie deuten. Man nennt $p$ dann *Druckenergie* (vgl. auch Abschn. 1.2.1). Bei dieser Betrachtungsweise bezeichnet man (1.36) als *Energiegleichung der stationären Strömung*. Sie sagt aus, daß für eine ideale Flüssigkeit die „Strömungsenergie" längs einer Stromlinie konstant ist.

Dividiert man (1.36) durch $\varrho g$, so erhält man

$$\frac{v^2}{2g} + \frac{p}{\varrho g} + z = H = \text{const}\,. \tag{1.37}$$

Alle Terme haben nun die Dimension einer Höhe. Man nennt $v^2/2g$ die *Geschwindigkeitshöhe*, $p/\varrho g$ die *Druckhöhe*, $z$ die *Ortshöhe* und $H$ die *hydraulische Höhe*.

In einem Anwendungsbeispiel untersuchen wir den Ausfluß aus einem Gefäß mit einer im Vergleich zur Spiegelfläche $A_S$ kleinen Öffnung $A$ (Abb. 1.29a). Damit die Strömung stationär ist, wird der Flüssigkeitsspiegel durch einen Zufluß auf der konstanten Höhe $h$ über der Öffnung gehalten. Wir fassen das Gefäß mit dem Ausfluß als Stromröhre auf und wählen eine Leitstromlinie vom Spiegel bis zum Ausfluß. Zählen wir $z$ von der Ausflußöffnung, so liefert die Bernoullische Gleichung für die Punkte ① und ②

$$\frac{1}{2}\varrho v_s^2 + p_0 + \varrho g h = \frac{1}{2}\varrho v^2 + p_0 + 0\,. \tag{1.38}$$

Wenn der Spiegel auf konstanter Höhe gehalten wird, gilt $v_s = 0$. Damit folgt

$$\boxed{v = \sqrt{2 g h}}\,. \tag{1.39}$$

Diese Gleichung nennt man *Torricellische Ausflußformel*. Die Ausflußgeschwindigkeit $v$ hängt demnach nur von der Höhe $h$ des Spiegels über der Öffnung ab. Sie ist gleich der Geschwindigkeit eines Massenpunktes,

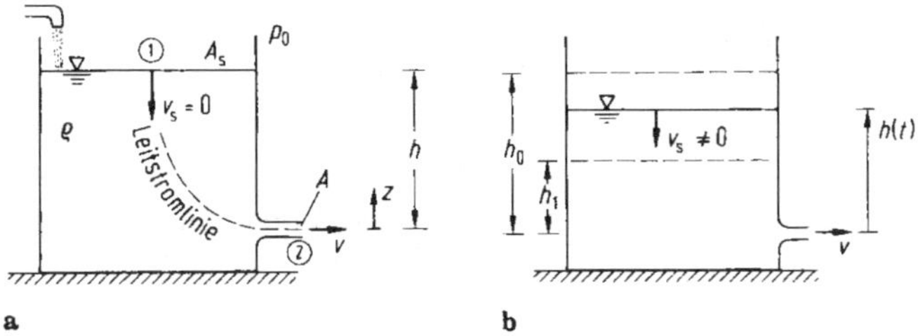


**Abb. 1.29**

der ohne Anfangsgeschwindigkeit auf einer beliebigen, reibungsfreien Bahn die gleiche Höhe $h$ durchläuft (Energiesatz).

Experimente zeigen, daß die Ausflußgeschwindigkeit in Wirklichkeit etwas kleiner ist als die mit der Torricellischen Formel berechnete Geschwindigkeit. Dies ist auf die in der Flüssigkeit wirkende Reibung zurückzuführen. Außerdem stellt man eine Einschnürung des austretenden Flüssigkeitsstrahls fest, wenn die Öffnung nicht hinreichend abgerundet ist. Beide Effekte können mit Hilfe von Korrekturtermen berücksichtigt werden.

Wenn das Gefäß keinen Zufluß hat, sinkt der Flüssigkeitsspiegel im Lauf der Zeit. Die Strömung ist dann instationär. Für $A/A_S \ll 1$ ist die Geschwindigkeit $v_s$, mit der sich der Spiegel absenkt, sehr klein im Vergleich zur Ausflußgeschwindigkeit $v$. In diesem Fall kann man die Strömung in guter Näherung immer noch als stationär betrachten und die Geschwindigkeit $v$ nach (1.39) mit der augenblicklichen Höhe $h(t)$ berechnen: $v = \sqrt{2\,g\,h(t)}$. Damit läßt sich die Zeit $\Delta t$ ermitteln, in welcher der Spiegel von einer Anfangshöhe $h_0$ auf eine Endhöhe $h_1$ absinkt (Abb. 1.29b). Dabei wird im Beispiel der Einfachheit halber angenommen, daß die Spiegelfläche $A_S$ konstant ist. Die Geschwindigkeit $v_s$ ist definiert als die zeitliche Änderung der Höhe $h$:

$$v_s = -\frac{\mathrm{d}h}{\mathrm{d}t} \quad \to \quad \mathrm{d}h = -v_s \mathrm{d}t\,.$$

Das negative Vorzeichen zeigt an, daß $h$ und $v_s$ entgegengesetzt gerichtet sind. Der Betrag von $v_s$ folgt aus der Kontinuitätsgleichung:

$$A_S\, v_s = A\, v \quad \to \quad v_s = \frac{A}{A_S}\, v\,.$$

Unter Berücksichtigung von (1.39) erhält man somit

$$\mathrm{d}h = -\frac{A}{A_S}\, v\, \mathrm{d}t = -\frac{A}{A_S}\sqrt{2\,g\,h}\,\mathrm{d}t\,.$$

Trennen der Veränderlichen und Integration liefert die gesuchte Zeit:

$$\sqrt{2g}\,\frac{A}{A_S}\int\limits_0^{\Delta t}\mathrm{d}t = -\int\limits_{h_0}^{h_1}\frac{\mathrm{d}h}{\sqrt{h}}$$

$$\rightarrow\quad \Delta t = \sqrt{\frac{2}{g}}\,\frac{A_S}{A}\left(\sqrt{h_0}-\sqrt{h_1}\right). \tag{1.40}$$

Wir betrachten nun die Strömung in einem Rohr, das über Zuleitungen mit einem Manometer verbunden ist (Abb. 1.30a). Das Manometer mißt die Differenz der Drücke $p_l$ bzw. $p_r$ auf der linken bzw. der rechten Seite. Da sich die Flüssigkeit in den Zuleitungen nicht bewegt, gilt nach der hydrostatischen Druckgleichung (1.5)

$$p_l = p_1 + \varrho\, g\, z_1\,, \quad p_r = p_2 + \varrho\, g\, z_2\,.$$

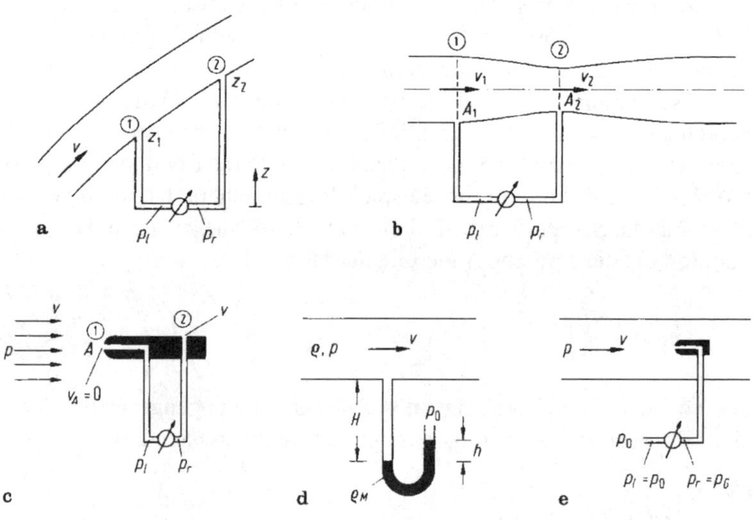


Abb. 1.30

Mit der Bernoullischen Gleichung für eine Stromlinie von ① nach ② folgt daraus

$$\frac{1}{2}\varrho v_1^2 + p_1 + \varrho g z_1 = \frac{1}{2}\varrho v_2^2 + p_2 + \varrho g z_2$$

$$\rightarrow \quad p_l - p_r = \frac{1}{2}\varrho v_2^2 - \frac{1}{2}\varrho v_1^2 \,. \tag{1.41}$$

Das Manometer mißt demnach die Differenz der Staudrücke $\varrho v_1^2/2$ und $\varrho v_2^2/2$ in der Strömung (nicht die Differenz der statischen Drücke $p_1$ und $p_2$).

Ein Rohr, dessen Querschnittsfläche sich in einem Bereich ① bis ② vom Wert $A_1$ auf den Wert $A_2$ verjüngt und sich anschließend wieder auf den ursprünglichen Wert erweitert, nennt man *Venturirohr* (Abb. 1.30b). Da der Volumenstrom $Q$ im Rohr konstant ist, gilt nach der Kontinuitätsgleichung

$$v_1 = Q/A_1 \,, \quad v_2 = Q/A_2 \,.$$

Einsetzen in (1.41) liefert

$$Q = \sqrt{\frac{2\, A_1^2\, A_2^2\, (p_l - p_r)}{\varrho\, (A_1^2 - A_2^2)}} \,. \tag{1.42}$$

Bei gegebenen Querschnittsabmessungen kann man somit aus der im Manometer gemessenen Druckdifferenz den Volumenstrom im Rohr ermitteln.

Die Geschwindigkeit $v$ einer Strömung kann mit einem *Prandtl-Rohr* (Abb. 1.30c) bestimmt werden. Beachtet man, daß die Geschwindigkeit im Punkt $A$ Null ist, so erhält man aus (1.41)

$$p_l - p_r = \frac{1}{2}\varrho v^2 \quad \rightarrow \quad v = \sqrt{\frac{2}{\varrho}(p_l - p_r)} \,.$$

Den Punkt $A$ nennt man *Staupunkt*. Aus der Bernoullischen Gleichung für die Stromlinie, die in $A$ mündet (Staustromlinie), folgt mit $v_A = 0$ der Druck im Punkt $A$ zu

$$p_A = p + \frac{1}{2}\varrho v^2 \,.$$

Gegenüber dem ungestörten statischen Druck $p$ wirkt demnach im Staupunkt ein erhöhter Druck. Der Druckanstieg ist gleich dem Staudruck $\varrho v^2/2$.

Die Messung des statischen Drucks $p$ kann mit Hilfe eines U-Rohres (Abb. 1.30d) erfolgen, in dem sich eine Meßflüssigkeit mit der Dichte $\varrho_M$ befindet. Der freie Schenkel des Rohres ist oben offen. Nach (1.5) gilt dann

$$p + \varrho g H = p_0 + \varrho_M g h \quad \rightarrow \quad p = p_0 + \varrho_M g h - \varrho g H . \qquad (1.43)$$

Wenn die Dichte $\varrho_M$ der Meßflüssigkeit sehr viel größer als die Dichte $\varrho$ der strömenden Flüssigkeit ist, dann kann man – bei nicht zu großem $H$ – den Term $\varrho g H$ in (1.43) vernachlässigen:

$$p = p_0 + \varrho_M g h .$$

Bei vielen technisch wichtigen Strömungsvorgängen gehen Druckunterschiede in verschiedenen Punkten einer Stromlinie im wesentlichen auf Geschwindigkeitsunterschiede und nicht auf Höhenunterschiede zurück. Vernachlässigen wir die Änderung des geodätischen Drucks in der Bernoullischen Gleichung, dann vereinfacht sie sich zu

$$\varrho \frac{v^2}{2} + p = \text{const} ,$$

d.h., der Gesamtdruck ist längs einer Stromlinie konstant. In einem Staupunkt $A$ ist wegen $v_A = 0$ der statische Druck $p_A$ gleich dem Gesamtdruck $p_G$ auf der Staustromlinie:

$$p_A = p_G = \varrho \frac{v^2}{2} + p .$$

Daher kann man den Gesamtdruck mit einem *Staurohr* (*Pitotrohr*) nach Abb. 1.30e bestimmen. Bei Vernachlässigung des hydrostatischen Druckanstiegs im vertikalen Rohr kann man am Manometer die Differenz des Gesamtdrucks und des Luftdrucks $p_0$ ablesen.

**Beispiel 1.11:** Aus einem Speicher, dessen Spiegel durch einen Zufluß auf der konstanten Höhe $H$ gehalten wird, fließt Wasser durch ein Rohr mit der Querschnittsfläche $A_2$. An der Stelle ① wird der Querschnitt des Rohres mit einem Venturi-Einsatz auf $A_1$ reduziert (Abb. 1.31). Von dieser Stelle führt ein vertikales Rohr in einen Behälter ③ , der ebenfalls Wasser enthält. Sowohl das Venturi-Rohr als auch der Ausfluß ② liegen auf der Höhe $h$.

Welcher Pegel $h_B$ stellt sich im Behälter ein?

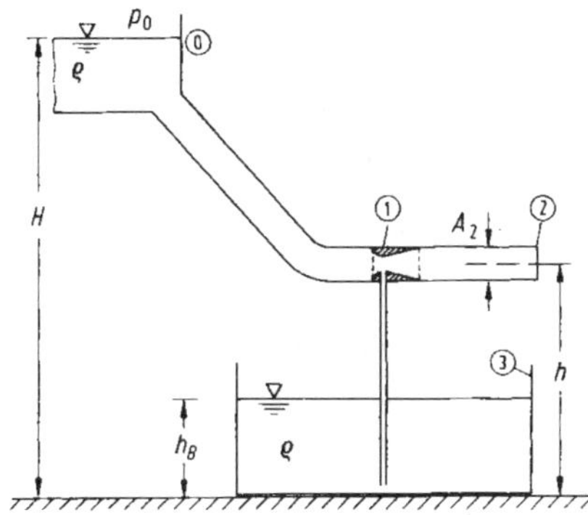


**Abb. 1.31**

*Lösung:* Die Austrittsgeschwindigkeit $v_2$ des Wassers an der Stelle ② ergibt sich nach (1.39) zu

$$v_2 = \sqrt{2\,g\,(H-h)}\,.$$

Die Geschwindigkeit $v_1$ im eingeschnürten Querschnitt ① folgt aus der Kontinuitätsgleichung:

$$A_1\,v_1 = A_2\,v_2 \quad \to \quad v_1 = \frac{A_2}{A_1}\sqrt{2\,g\,(H-h)}\,.$$

Mit Hilfe der Bernoullischen Gleichung für die Punkte ⓪ und ① einer Stromlinie können wir nun den Druck $p_1$ im eingeschnürten Querschnitt bestimmen:

$$\begin{aligned} p_0 + \varrho\,g\,H &= \frac{1}{2}\varrho\,v_1^2 + p_1 + \varrho\,g\,h \\ \to \quad p_1 &= p_0 - \varrho\,g\,(H-h)\left[\left(\frac{A_2}{A_1}\right)^2 - 1\right]. \end{aligned} \tag{a}$$

Wegen $A_2 > A_1$ und $H > h$ ist der Druck $p_1$ kleiner als der Atmosphärendruck $p_0$. Falls das Rohr an der Stelle ① ein Loch hätte, würde dort kein Wasser austreten, sondern Luft in das Rohr gesaugt werden. Auf dieser Saugwirkung beruht das Prinzip der Wasserstrahlpumpe.

Der Druck $p_B$ am Boden des Behälters ③ kann nach der hydrostatischen Druckgleichung (1.5) einerseits durch

$$p_B = p_0 + \varrho g h_B \tag{b}$$

und andererseits durch

$$p_B = p_1 + \varrho g h \tag{c}$$

ausgedrückt werden. Durch Vergleich von (b) und (c) erhalten wir die gesuchte Spiegelhöhe

$$h_B = \frac{1}{\varrho g}(p_1 - p_0) + h\,.$$

Einsetzen von (a) liefert schließlich

$$\underline{\underline{h_B = H - \left(\frac{A_2}{A_1}\right)^2 (H - h)\,.}}$$

Im Sonderfall $\frac{A_2}{A_1} = \sqrt{\frac{H}{H-h}}$ wird $h_B = 0$. Dann ist nach (a) $p_1 = p_0 - \varrho g h$.

**Beispiel 1.12:** Aus einem Behälter (Abb. 1.32a) strömt Wasser rotationssymmetrisch und stationär durch einen Spalt der Höhe $h$ ($h \ll H$).

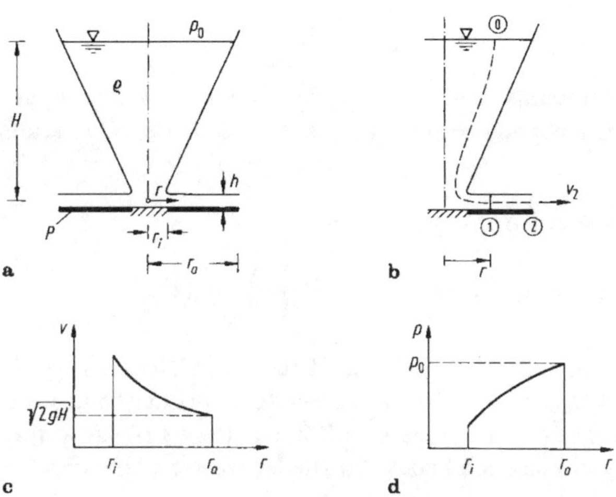


**Abb. 1.32**

Man bestimme die Geschwindigkeitsverteilung $v(r)$ und die Druckverteilung $p(r)$ im Bereich $r_i \leq r \leq r_a$. Welche resultierende Druckkraft $F$ übt das Wasser in diesem Bereich auf die kreisringförmige Platte $P$ aus?

*Lösung:* Wir bestimmen zuerst die Ausflußgeschwindigkeit $v_2$ mit Hilfe der Bernoullischen Gleichung für die Punkte ⓪ und ② einer Stromlinie (Abb. 1.32b):

$$\varrho\, g\, H = \frac{1}{2}\varrho\, v_2^2 \quad \rightarrow \quad v_2 = \sqrt{2\, g\, H}\,.$$

Die Geschwindigkeitsverteilung im Spalt folgt aus der Kontinuitätsgleichung. Mit der Querschnittsfläche $A(r) = 2\pi\, r\, h$ ergibt sich (Abb. 1.32c)

$$2\pi\, r\, h\, v(r) = 2\pi\, r_a\, h\, v_2 \quad \rightarrow \quad \underline{\underline{v(r) = \sqrt{2\, g\, H}\,\frac{r_a}{r}}}\,.$$

Die Druckverteilung erhält man aus der Bernoullischen Gleichung für die Punkte ① und ⓪ einer Stromlinie (Abb. 1.32d):

$$\frac{1}{2}\varrho\, v^2(r) + p(r) = p_0 + \varrho g H \quad \rightarrow \quad \underline{\underline{p(r) = p_0 - \varrho g H\left(\frac{r_a^2}{r^2} - 1\right)}}\,.$$

Wegen $r \leq r_a$ gilt $p(r) \leq p_0$. Da der Druck nicht negativ sein kann (genauer: nicht kleiner als der Dampfdruck), sind die Ergebnisse nur für

$$p(r_i) > 0 \quad \rightarrow \quad \frac{r_a^2}{r_i^2} < 1 + \frac{p_0}{\varrho g H}$$

physikalisch sinnvoll.

Auf die Platte $P$ wirkt von oben der Druck $p(r)$ und von unten der Atmosphärendruck $p_0$. Somit ergibt sich wegen $p(r) \leq p_0$ eine nach oben gerichtete resultierende Kraft (die Strömung versucht, die Platte anzusaugen!). Mit $\mathrm{d}A = 2\pi r \mathrm{d}r$ erhält man

$$\underline{\underline{F}} = \int [p_0 - p(r)]\mathrm{d}A = 2\pi\varrho\, g H \int_{r_i}^{r_a}\left(\frac{r_a^2}{r} - r\right)\mathrm{d}r$$

$$\underline{\underline{= 2\pi\varrho\, g H\left[r_a^2 \ln\frac{r_a}{r_i} - \frac{1}{2}(r_a^2 - r_i^2)\right]}}\,.$$

### *1.3.2.4 Impulssatz*

Wenn man aus der Kontinuitätsgleichung und der Bernoullischen Gleichung die Druckverteilung in einer strömenden Flüssigkeit bestimmen kann, dann lassen sich daraus die Kräfte berechnen, die von der Flüssigkeit auf die Berandungen ausgeübt werden. In vielen Fällen ist die Ermittlung der Druckverteilung auf diesem Weg jedoch nicht möglich. Dann verwendet man zur Berechnung der Kräfte den Impulssatz (Band 3, Gl. (2.12))

$$\boldsymbol{F} = \frac{\mathrm{d}\boldsymbol{p}}{\mathrm{d}t} \tag{1.44}$$

(man verwechsle den Impuls $\boldsymbol{p}$ nicht mit dem Druck $p$!). Danach ist die zeitliche Änderung des Impulses gleich der Summe aller äußeren Kräfte, die auf einen materiellen Körper wirken. Dies gilt unabhängig davon, ob der Körper fest oder flüssig ist. Es wird sich zeigen, daß man mit Hilfe des Impulssatzes Aussagen über die Zustände am Rand eines Bereichs einer strömenden Flüssigkeit treffen kann, ohne Kenntnisse über die Verhältnisse (zum Beispiel die Geschwindigkeits- und die Druckverteilung) im Innern zu besitzen.

Wir beschränken uns im folgenden auf stationäre Strömungen und betrachten eine abgeschlossene Flüssigkeitsmenge, die sich zum Zeitpunkt $t$ im raumfesten Bereich $abcd$ einer Stromröhre befindet (Abb. 1.33). Ein Flüssigkeitsteilchen mit der Masse $\mathrm{d}m = \varrho\,\mathrm{d}V$ und der Geschwindigkeit $\boldsymbol{v}$ besitzt den Impuls $\mathrm{d}\boldsymbol{p} = \boldsymbol{v}\mathrm{d}m = \varrho\,\boldsymbol{v}\mathrm{d}V$. Wir denken uns die Flüssigkeit aus unendlich vielen Flüssigkeitsteilchen aufgebaut und erhalten so den Gesamtimpuls der abgeschlossenen Flüssigkeitsmenge durch Summation (= Integration) über alle Teilchen:

$$\boldsymbol{p}(t) = \int\limits_{abcd} \varrho\,\boldsymbol{v}\mathrm{d}V\,. \tag{1.45}$$

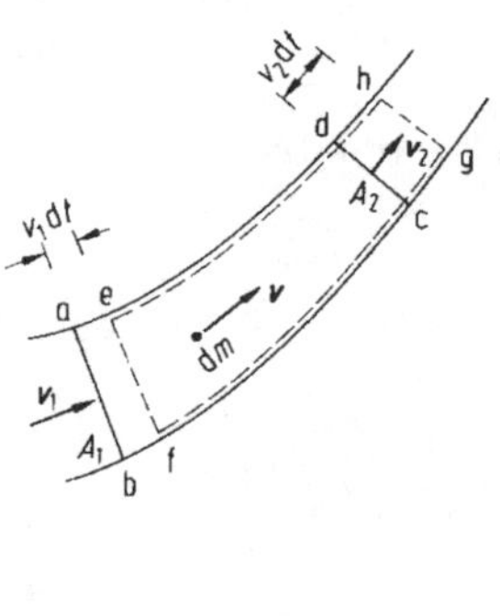


**Abb. 1.33**

Die abgeschlossene Flüssigkeitsmenge bewegt sich in der Stromröhre und befindet sich zum Zeitpunkt $t + \mathrm{d}t$ im Bereich $efgh$. Dann hat sie den Impuls

$$\boldsymbol{p}(t + \mathrm{d}t) = \int\limits_{efgh} \varrho \boldsymbol{v} \mathrm{d}V \,. \tag{1.46}$$

Zerlegt man die Volumenintegrale in (1.45) und (1.46) in je zwei Teilintegrale (Abb. 1.33), dann erhält man für die Impulsänderung

$$\begin{aligned} \mathrm{d}\boldsymbol{p} &= \boldsymbol{p}(t + \mathrm{d}t) - \boldsymbol{p}(t) \\ &= \left[ \int\limits_{efcd} \varrho \boldsymbol{v} \mathrm{d}V + \int\limits_{dcgh} \varrho \boldsymbol{v} \mathrm{d}V \right] - \left[ \int\limits_{abfe} \varrho \boldsymbol{v} \mathrm{d}V + \int\limits_{efcd} \varrho \boldsymbol{v} \mathrm{d}V \right] . \end{aligned} \tag{1.47}$$

In den infinitesimalen Bereichen $abfe$ bzw. $dcgh$ dürfen die Geschwindigkeiten $\boldsymbol{v}_1$ bzw. $\boldsymbol{v}_2$ als konstant betrachtet werden. Somit gilt

$$\int\limits_{abfe} \varrho \boldsymbol{v} \mathrm{d}V = \varrho \boldsymbol{v}_1 A_1 v_1 \mathrm{d}t \,, \quad \int\limits_{dcgh} \varrho \boldsymbol{v} \mathrm{d}V = \varrho \boldsymbol{v}_2 A_2 v_2 \mathrm{d}t \,. \tag{1.48}$$

Da die Strömung stationär ist, sind wegen $\boldsymbol{v}(t + \mathrm{d}t) = \boldsymbol{v}(t)$ die Integrale über den Bereich $efcd$ in (1.47) gleich. Die Änderung des Impulses im Zeitintervall $\mathrm{d}t$ ist daher durch

$$\mathrm{d}\boldsymbol{p} = (\varrho A_2 v_2 \boldsymbol{v}_2 - \varrho A_1 v_1 \boldsymbol{v}_1) \mathrm{d}t \tag{1.49}$$

gegeben. Das Produkt $\varrho A v$ ist nach der Kontinuitätsgleichung (1.31) konstant. Es stellt die pro Zeiteinheit durch einen festen Querschnitt strömende Masse dar (*Massenstrom*). Mit der Bezeichnung

$$\dot{m} = \varrho A v = \varrho Q \tag{1.50}$$

(man beachte, daß der Punkt hier keine Zeitableitung kennzeichnet) erhalten wir dann aus (1.49)

$$\frac{\mathrm{d}\boldsymbol{p}}{\mathrm{d}t} = \varrho Q (\boldsymbol{v}_2 - \boldsymbol{v}_1) = \dot{m} (\boldsymbol{v}_2 - \boldsymbol{v}_1) \,.$$

Einsetzen in (1.44) liefert den *Impulssatz*

$$\boxed{\boldsymbol{F} = \dot{m} (\boldsymbol{v}_2 - \boldsymbol{v}_1)} \,. \tag{1.51}$$

Er lautet in Komponenten

$$\boxed{\begin{aligned} F_x &= \dot{m}(v_{2x} - v_{1x}) \,, \\ F_y &= \dot{m}(v_{2y} - v_{1y}) \,, \\ F_z &= \dot{m}(v_{2z} - v_{1z}) \,. \end{aligned}} \tag{1.52}$$

Die resultierende Kraft $\boldsymbol{F}$ auf die abgeschlossene Flüssigkeitsmenge bewirkt deren Impulsänderung. Sie setzt sich aus den Volumenkräften und den an der Oberfläche angreifenden Druckkräften zusammen.

Bei der praktischen Anwendung des Impulssatzes wählt man ein raumfestes *Kontrollvolumen* (zum Beispiel das Volumen $abcd$ in Abb. 1.33). Die Terme auf der rechten Seite von (1.51) lassen sich als der pro Zeiteinheit aus dem Kontrollvolumen *ausfließende Impuls* $\dot{m}\boldsymbol{v}_2$ bzw. der in das Kontrollvolumen *einfließende Impuls* $\dot{m}\boldsymbol{v}_1$ deuten. Demnach ist die resultierende Kraft $\boldsymbol{F}$ auf die im Kontrollvolumen enthaltene Flüssigkeit gleich der Differenz aus den ausfließenden bzw. einfließenden Impulsen.

Wir wenden den Impulssatz auf die stationäre Strömung einer Flüssigkeit in einem Rohrkrümmer an, der sich in einer horizontalen Ebene befindet (Abb. 1.34a). Die Querschnittsfläche des Rohres verändert sich vom Wert $A_1$ an der Stelle ① auf den Wert $A_2$ an der Stelle ② . Die Einströmgeschwindigkeit $v_1$ und der statische Druck $p_1$ sind gegeben. Wir wollen die Kraft bestimmen, die von der Flüssigkeit im Bereich ① bis ② auf den Krümmer ausgeübt wird.

Um diese Kraft zu bestimmen, wählen wir ein Kontrollvolumen gemäß Abb. 1.34b. Die Ausflußgeschwindigkeit $v_2$ ergibt sich aus der Kontinuitätsgleichung:

$$v_1 A_1 = v_2 A_2 \quad \rightarrow \quad v_2 = \frac{A_1}{A_2} v_1 \,.$$

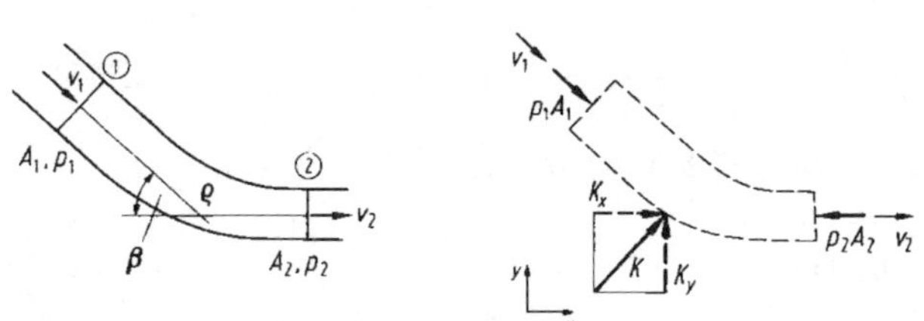


a b **Abb. 1.34**

Der zugehörige statische Druck $p_2$ folgt aus der Bernoullischen Gleichung:

$$\frac{1}{2}\varrho v_1^2 + p_1 = \frac{1}{2}\varrho v_2^2 + p_2 \quad \to \quad p_2 = p_1 + \frac{1}{2}\varrho (v_1^2 - v_2^2)\,.$$

Die resultierende Kraft auf die Flüssigkeit setzt sich aus den Druckkräften $p_1\,A_1$ und $p_2\,A_2$ in den Endquerschnitten sowie der vom Krümmer auf die Mantelfläche ausgeübten Kraft $\boldsymbol{K}$ zusammen (Abb. 1.34b). Damit lautet der Impulssatz (1.51)

$$\to: \quad p_1 A_1 \cos\beta - p_2 A_2 + K_x = \dot{m}\,(v_2 - v_1 \cos\beta)\,,$$

$$\uparrow: \quad -p_1 A_1 \sin\beta + K_y = \dot{m} v_1 \sin\beta\,.$$

Die gesuchte Kraft auf den Krümmer hat wegen actio = reactio den gleichen Betrag wie $\boldsymbol{K}$, ist aber entgegengesetzt gerichtet. Wenn wir die Vorzeichen von $K_x$ und $K_y$ umdrehen, dann erhalten wir die Komponenten der Kraft auf den Krümmer. Mit $\dot{m} = \varrho\,A_1 v_1$ ergibt sich

$$K_x = p_1 A_1 \cos\beta - p_2 A_2 - \varrho\,A_1 v_1 (v_2 - v_1 \cos\beta)\,,$$

$$K_y = -p_1 A_1 \sin\beta - \varrho\,A_1 v_1^2 \sin\beta\,.$$

Im Sonderfall eines Halbkreiskrümmers mit konstanter Querschnittsfläche $A$ sind die Geschwindigkeit $v$ und der Druck $p$ konstant. Dann erhält man mit $\beta = \pi$:

$$K_x = -2A(p + \varrho\,v^2)\,, \qquad K_y = 0\,.$$

Mit Hilfe des Impulssatzes kann man in einfacher Weise die Kraft ermitteln, die von einer nach Abb. 1.35a aus einem Behälter ausströmenden Flüssigkeit (vgl. Abb. 1.29a) auf dessen Wände ausgeübt wird. Mit dem Kontrollvolumen nach Abb. 1.35b folgt die Kraft $F$ auf die Flüssigkeit aus dem Impulssatz in horizontaler Richtung:

$$\to: \quad F = \varrho\,Av^2\,.$$

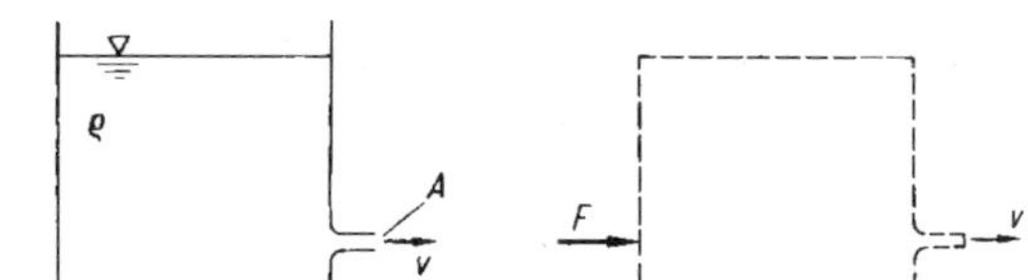


**Abb. 1.35** a b

Die Kraft auf den Behälter ist entgegengesetzt gerichtet und ergibt sich mit $v^2 = 2gh$ zu $F = 2\varrho ghA$. Wenn der Behälter auf einer glatten Unterlage steht, bewegt er sich unter der Wirkung dieser Kraft nach links.

**Beispiel 1.13:** Ein Wasserstrahl tritt mit der Geschwindigkeit $v$ aus einer Düse (Querschnittsfläche $A$) und trifft auf eine Turbinenschaufel (Abb. 1.36a). Dort wird er symmetrisch geteilt und umgelenkt (ebenes Problem).

Man bestimme die vom Strahl auf die ruhende Schaufel ausgeübte Kraft. Wie groß ist die Kraft, wenn sich die Schaufel mit der Geschwindigkeit $v_0$ nach rechts bewegt? Bei welcher Geschwindigkeit $v_0^*$ wird die Leistung der Kraft maximal?

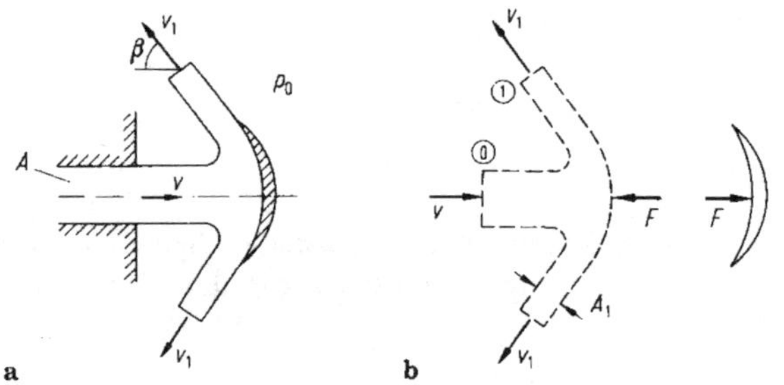


**Abb. 1.36**

*Lösung:* Der Atmosphärendruck $p_0$ wirkt von allen Seiten und braucht daher nicht berücksichtigt zu werden. Aus der Bernoullischen Gleichung für die Stromlinie von ⓪ nach ① (Abb. 1.36b) erhalten wir mit $p_1 = p_0$ für die Geschwindigkeit im umgelenkten Strahl $v_1 = v$. Damit liefert die Kontinuitätsgleichung $A_1 = A/2$, und die Massenströme in den Strahlen sind durch

$$\dot{m} = \varrho Av\,, \quad \dot{m}_1 = \varrho A_1 v_1 = \varrho Av/2$$

gegeben.

Die von der Schaufel auf das Wasser ausgeübte Kraft $F$ folgt mit dem Kontrollvolumen nach Abb. 1.36b aus dem Impulssatz:

$$\rightarrow: \quad -F = -2\dot{m}_1 v_1 \cos\beta - \dot{m}v \quad \rightarrow \quad \underline{\underline{F = (1+\cos\beta)\varrho Av^2}}\,.$$

Die Kraft auf die Schaufel ist entgegengesetzt gleich groß.

Wenn sich die Schaufel mit der Geschwindigkeit $v_0$ nach rechts bewegt, dann beträgt die Auftreffgeschwindigkeit des Strahls $v - v_0$, und die Kraft ergibt sich zu

$$\underline{\underline{F = (1 + \cos\beta)\varrho A(v - v_0)^2}}\,.$$

Die Leistung dieser Kraft (vgl. Band 3, Gl. (1.72)) ist durch

$$P = Fv_0 = (1 + \cos\beta)\varrho A(v - v_0)^2 v_0$$

gegeben. Sie wird maximal für

$$\frac{\mathrm{d}P}{\mathrm{d}v_0} = 0 \quad \to \quad \underline{\underline{v_0^* = \frac{1}{3}v}}\,.$$

**Beispiel 1.14:** Ein horizontaler Wasserstrahl (Querschnittsfläche $A$) trifft mit der Geschwindigkeit $v$ auf eine Schneide $S$ und teilt sich dort (Abb. 1.37a). Ein Teil des Strahls bewegt sich mit der Geschwindigkeit $v_2$ entlang der Schneide, der andere Teil wird um den Winkel $\alpha$ abgelenkt und besitzt die Geschwindigkeit $v_1$.

Wie groß ist das Verhältnis $\mu = A_1/A$? Welche Kraft wirkt auf die Schneide?

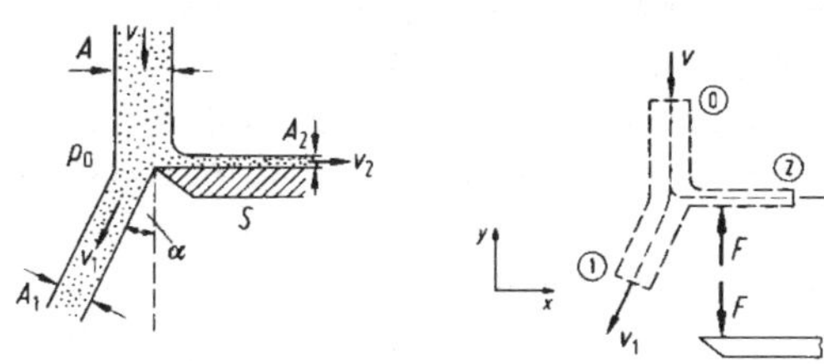


**Abb. 1.37** a b

*Lösung:* Aus der Bernoullischen Gleichung für die Stromlinien von ⓪ nach ① bzw. von ⓪ nach ② (Abb. 1.37b) erhalten wir zunächst mit $p_1 = p_0$ und $p_2 = p_0$ für die Geschwindigkeiten

$$v_1 = v_2 = v\,.$$

Damit liefert die Kontinuitätsgleichung

$$A_1 v_1 + A_2 v_2 = Av \quad \to \quad A_1 + A_2 = A\,.$$

Für die Massenströme in den Strahlen erhält man

$$\begin{aligned}\dot m &= \varrho\, A v\,,\\ \dot m_1 &= \varrho\, A_1 v_1 = \mu \dot m\,,\\ \dot m_2 &= \varrho\, A_2 v_2 = (1-\mu)\dot m\,.\end{aligned}$$

Wir betrachten nun das Kontrollvolumen nach Abb. 1.37b. Unter Beachtung, daß von der Schneide keine Kraft in $x$-Richtung auf die Flüssigkeit ausgeübt wird (reibungsfreie Flüssigkeit), lautet der Impulssatz

$$\rightarrow:\quad 0 = -\dot m_1 v_1 \sin\alpha + \dot m_2 v_2 = -[\mu \sin\alpha - (1-\mu)]\dot m v\,,$$

$$\uparrow:\quad F = -\dot m_1 v_1 \cos\alpha + \dot m v = (1-\mu\cos\alpha)\dot m v\,.$$

Die erste Gleichung liefert das Teilungsverhältnis $\mu$:

$$\mu \sin\alpha - (1-\mu) = 0 \quad\rightarrow\quad \underline{\underline{\mu = \frac{1}{1+\sin\alpha}}}\,.$$

Damit folgt aus der zweiten Gleichung

$$\underline{\underline{F}} = (1-\mu\cos\alpha)\varrho\, A v^2 = \underline{\underline{\frac{1+\sin\alpha-\cos\alpha}{1+\sin\alpha}\,\varrho\, A v^2}}\,.$$

**Beispiel 1.15:** Ein mit Flüssigkeit gefülltes, horizontales Rohr (Querschnittsfläche $A_1$) mündet in einer Düse (Querschnittsfläche $A_2$). Es wird durch Hineinschieben eines Kolbens geleert (Abb. 1.38a).

Welche Kolbenkraft $F_K$ ist erforderlich, um den Kolben mit konstanter Geschwindigkeit $v_K$ zu bewegen, und welche Lagerreaktionen treten dabei in $B$ und $C$ auf?

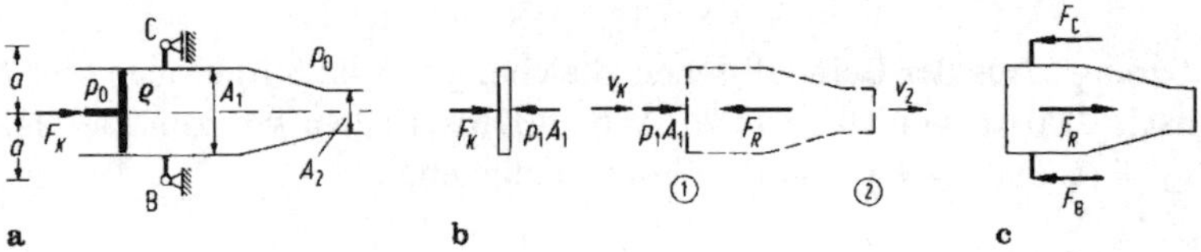


**Abb. 1.38**

*Lösung:* Der Atmosphärendruck $p_0$ wirkt von allen Seiten und braucht daher nicht berücksichtigt zu werden. Die Kolbenkraft ist durch

$F_K = p_1 A_1$ bestimmt (Abb. 1.38b). Aus der Kontinuitätsgleichung und der Bernoullischen Gleichung für eine Stromlinie von ① nach ② folgen

$$A_1 v_K = A_2 v_2 \quad \rightarrow \quad v_2 = \frac{A_1}{A_2} v_K \,,$$

$$\frac{1}{2}\varrho v_K^2 + p_1 = \frac{1}{2}\varrho v_2^2 \quad \rightarrow \quad p_1 = \frac{1}{2}\varrho v_K^2 \left[ \left(\frac{A_1}{A_2}\right)^2 - 1 \right] .$$

Damit wird

$$\underline{\underline{F_K}} = p_1 A_1 = \underline{\underline{\frac{1}{2}\varrho A_1 v_K^2 \left[ \left(\frac{A_1}{A_2}\right)^2 - 1 \right]}} .$$

Der Impulssatz für das Kontrollvolumen nach Abb. 1.38b liefert mit $\dot{m} = \varrho A_1 v_K$ die vom Rohr auf die Flüssigkeit ausgeübte Kraft $F_R$:

$$\rightarrow: \; p_1 A_1 - F_R = \dot{m}(v_2 - v_K) \quad \rightarrow \quad F_R = \frac{1}{2}\varrho A_1 v_K^2 \left( \frac{A_1}{A_2} - 1 \right)^2 .$$

Die entgegengesetzt gleich große Kraft übt die Flüssigkeit auf das Rohr aus (Abb. 1.38c). Damit folgt aus Symmetriegründen

$$\underline{\underline{B = C}} = \frac{1}{2} F_R = \underline{\underline{\frac{1}{4}\varrho A_1 v_K^2 \left( \frac{A_1}{A_2} - 1 \right)^2}} .$$

## 1.3.3 Strömung mit Energieverlusten

### *1.3.3.1 Allgemeines*

In einer zähen Flüssigkeit wirken zwischen den sich bewegenden Flüssigkeitsteilchen Tangentialkräfte, die Reibungswiderstände darstellen. Ihre Größe hängt von der Änderung der Geschwindigkeit der strömenden Flüssigkeit normal zur Bewegungsrichtung ab. Um dies zu zeigen, betrachten wir den Scherversuch nach Abb. 1.39 für eine Newtonsche

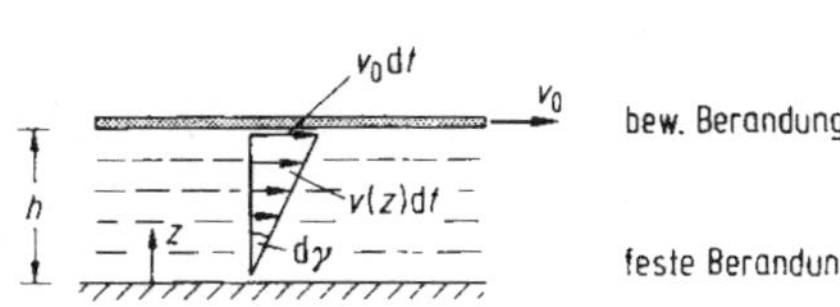


**Abb. 1.39**

Flüssigkeit. Eine zähe Flüssigkeit haftet an den Berandungen. Sie besitzt also an der bewegten Berandung die Geschwindigkeit $v_0$ und ist an der festen Berandung in Ruhe. Dazwischen hat die Geschwindigkeit $v$ bei einer *einfachen Scherströmung* überall die gleiche Richtung wie $v_0$ und ist über den Abstand $h$ linear verteilt:

$$v(z) = \frac{z}{h}\, v_0 \,.$$

Im Zeitintervall $\mathrm{d}t$ bewegt sich die obere Platte um den Weg $v_0 \mathrm{d}t$ nach rechts. Aus dem zugehörigen Winkel $\mathrm{d}\gamma = \frac{v_0 \mathrm{d}t}{h}$ ergibt sich die Schergeschwindigkeit $\dot{\gamma} = \frac{\mathrm{d}\gamma}{\mathrm{d}t} = \frac{v_0}{h}$. Wegen $\frac{\mathrm{d}v}{\mathrm{d}z} = \frac{v_0}{h}$ gilt auch $\dot{\gamma} = \frac{\mathrm{d}v}{\mathrm{d}z}$, und aus (1.1) folgt damit schließlich

$$\boxed{\tau = \eta \frac{\mathrm{d}v}{\mathrm{d}z}} \,. \tag{1.53}$$

Somit ist bei einer Newtonschen Flüssigkeit die Schubspannung proportional zur Geschwindigkeitsänderung normal zur Bewegungsrichtung.

Bei einer reibungsfreien Strömung werden die Schubspannungen vernachlässigt, und man nimmt an, daß die Flüssigkeit mit endlicher Geschwindigkeit tangential an einer sie begrenzenden Wand entlangströmt (Abb. 1.40a). Bei einer realen Strömung tritt dagegen immer innere Reibung auf. Da die Flüssigkeit an der Wand haftet, sinkt die Geschwindigkeit innerhalb eines gewissen Bereichs auf den Wert Null ab (Abb. 1.40b). Dieser Bereich heißt *Grenzschicht*. Dies bedeutet, daß die Idealisierung der reibungsfreien Strömung nur dann zulässig ist, wenn die Dicke der Grenzschicht sehr klein gegen die übrigen Abmessungen des Strömungsfeldes ist.

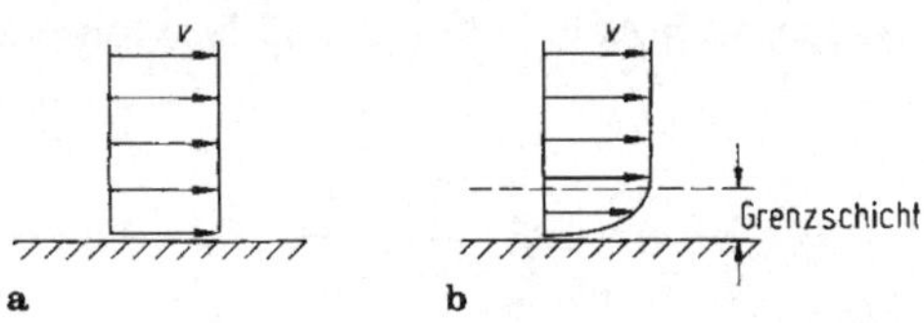


**Abb. 1.40**

Bei der Bewegung einer viskosen Flüssigkeit treten wegen der inneren Reibung Energieverluste auf, so daß zur Aufrechterhaltung der Strömung eine Energiezufuhr (z.B. durch einen Höhenunterschied oder einen Druckgradienten) erforderlich ist. Beispiele dafür sind die Bewegungen von Flüssigkeiten in Rohren oder Gerinnen (Kanälen, Flüssen). Entsprechend muß auch bei der Bewegung eines festen Körpers in einer ruhenden Flüssigkeit Energie aufgewendet werden, damit dieser nicht zum Stillstand kommt.

#### *1.3.3.2 Verallgemeinerte Bernoullische Gleichung*

Nach der Bernoullischen Gleichung (1.36) ist für eine reibungsfreie Flüssigkeit die „Strömungsenergie" längs einer beliebigen Stromlinie konstant. Bei realen (zähen) Flüssigkeiten wird allerdings ein Teil dieser Energie durch innere Reibung in andere Energieformen (z.B. Wärme) umgewandelt. Daher ist für zähe Flüssigkeiten die Summe aus kinetischer, potentieller und Druckenergie nicht konstant, sondern sie nimmt in Strömungsrichtung ab. Man kann dies in der Bernoullischen Gleichung dadurch berücksichtigen, daß man einen positiven Term $\Delta p_v$ einführt, der den Energieverlust darstellt (dieser hängt im allgemeinen vom Abstand der Bezugspunkte auf der Leitstromlinie ab). Damit erhält man die *verallgemeinerte Bernoullische Gleichung*

$$\boxed{\frac{1}{2}\varrho v_1^2 + \varrho g z_1 + p_1 = \frac{1}{2}\varrho v_2^2 + \varrho g z_2 + p_2 + \Delta p_v} \,. \tag{1.54}$$

Da man die auf das Volumen bezogene Energie als Druck deuten kann (vgl. Abschn. 1.2.1 und 1.3.2.3), nennt man $\Delta p_v$ auch *Druckverlust*. Er läßt sich durch die dimensionslose *Druckverlustzahl* $\zeta$ charakterisieren. Man erhält sie dadurch, daß man den Druckverlust auf den Staudruck – zum Beispiel an der Stelle ① – bezieht:

$$\zeta = \frac{\Delta p_v}{\varrho v_1^2/2} \,. \tag{1.55}$$

In einem Anwendungsbeispiel betrachten wir die Strömung einer Flüssigkeit in einem horizontalen Rohr, dessen Querschnittsfläche sich nach Abb. 1.41 plötzlich von $A_1$ auf $A_2$ vergrößert. Vor der Querschnittsänderung sind die Geschwindigkeit bzw. der Druck durch $v_1$ bzw. $p_1$ gegeben. Die Flüssigkeit strömt in Form eines Strahls in den

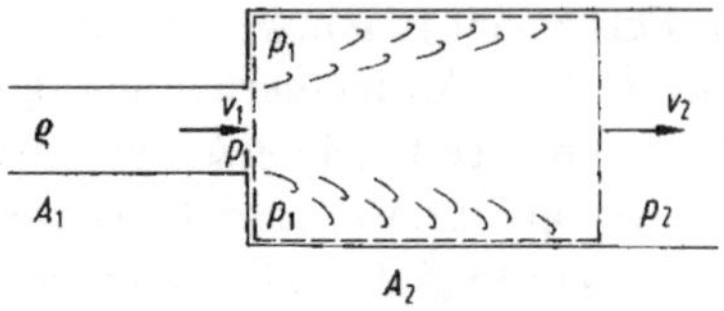


**Abb. 1.41**

Bereich mit dem größeren Querschnitt ein. Wir nehmen an, daß die Flüssigkeit seitlich vom Strahl ruht. Dann herrscht dort der gleiche Druck wie im Strahl, nämlich $p_1$. Stromab von der Erweiterung vermischt sich der Strahl aufgrund der inneren Reibung unter starker Wirbelbildung mit der ihn umgebenden Flüssigkeit. Erst am Ende eines Übergangsgebietes stellt sich wieder eine nahezu gleichförmige Strömung mit der Geschwindigkeit $v_2$ und dem Druck $p_2$ ein. Da bei einer reibungsbehafteten Flüssigkeit die Teilchen an der Rohrwand haften, sind $v_1$ bzw. $v_2$ hier die Mittelwerte der Geschwindigkeitsverteilungen in den Querschnitten. Wir wollen im folgenden $v_2$ und $p_2$ sowie die Druckverlustzahl $\zeta$ bestimmen.

Die Geschwindigkeit $v_2$ folgt aus der Kontinuitätsgleichung $v_1 A_1 = v_2 A_2$ zu

$$v_2 = \frac{A_1}{A_2} v_1 \,. \tag{1.56}$$

Durch die Wirbelbildung geht Strömungsenergie verloren. Daher darf die Bernoullische Gleichung (1.36) nicht angewendet werden. Zur Ermittlung des Drucks $p_2$ können wir den Impulssatz auf das Kontrollvolumen nach Abb. 1.41 anwenden. Dabei vernachlässigen wir die resultierende Kraft der an der Mantelfläche des Kontrollvolumens angreifenden Schubspannungen. Dann lautet der Impulssatz

$$\rightarrow: \quad p_1 A_2 - p_2 A_2 = \varrho\, A_2 v_2^2 - \varrho\, A_1 v_1^2 \,. \tag{1.57}$$

Einsetzen von (1.56) liefert

$$p_2 = p_1 + \varrho\, v_2 (v_1 - v_2) = p_1 + \varrho\, v_1^2 \frac{A_1}{A_2}\left(1 - \frac{A_1}{A_2}\right) . \tag{1.58}$$

Wenn man nun $v_2$ und $p_2$ nach (1.56) und (1.58) in die verallgemeinerte Bernoullische Gleichung (1.54) einsetzt, erhält man mit $z_1 = z_2$

$$\Delta p_v = \frac{\varrho}{2}(v_1^2 - v_2^2) - (p_2 - p_1) = \frac{\varrho}{2} v_1^2 \left(1 - \frac{A_1}{A_2}\right)^2 . \tag{1.59}$$

Dieser Druckverlust wird auch als *Carnotscher Stoßverlust* bezeichnet. Die Druckverlustzahl ergibt sich nach (1.55) zu

$$\zeta = \left(1 - \frac{A_1}{A_2}\right)^2 . \tag{1.60}$$

Bei plötzlicher Verengung des Rohrquerschnitts tritt ebenfalls ein Verlust an Strömungsenergie auf. Dieser ist jedoch kleiner als der Verlust bei der plötzlichen Erweiterung. Durch allmähliche Querschnittsänderung können die Verluste stark herabgesetzt werden.

**Beispiel 1.16:** In einem Kanal mit der Querschnittsfläche $A$ befindet sich ein keilförmiger Körper (Abb. 1.42a). Die strömende Flüssigkeit hat vor dem Keil die Geschwindigkeit $v$.

Welche Kraft wird von der Flüssigkeit auf den Keil ausgeübt?

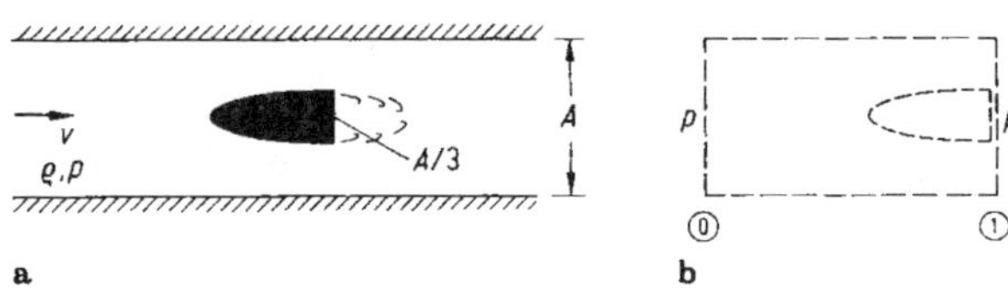


**Abb. 1.42**

*Lösung:* Aus der Kontinuitätsgleichung und der Bernoullischen Gleichung für eine Stromlinie von ⓪ nach ① (Abb. 1.42b) folgen

$$Av = \frac{2}{3}Av_1 \quad \rightarrow \quad v_1 = \frac{3}{2}v ,$$

$$\frac{1}{2}\varrho v^2 + p = \frac{1}{2}\varrho v_1^2 + p_1 \quad \rightarrow \quad p - p_1 = \frac{5}{8}\varrho v^2 .$$

Unmittelbar hinter dem Keil ruht die Flüssigkeit. Daher herrscht dort ebenfalls der Druck $p_1$. Die vom Keil auf die Flüssigkeit ausgeübte Kraft folgt aus dem Impulssatz. Die Kraft auf den Keil ist entgegengesetzt gleich groß. Wenn wir die Reibung an den Kanalwänden und am Keil vernachlässigen, gilt mit dem Kontrollvolumen nach Abb. 1.42b für diese Kraft

$$\rightarrow: \quad -F + (p - p_1)A = \varrho Av(v_1 - v) \quad \rightarrow \quad \underline{\underline{F = \frac{1}{8}\varrho Av^2}} .$$

### *1.3.3.3 Strömung in einem kreiszylindrischen Rohr*

Wir betrachten nun die stationäre Strömung einer Newtonschen Flüssigkeit in einem horizontalen, zylindrischen Rohr mit Kreisquerschnitt (Radius $R$). Dabei nehmen wir an, daß die Stromlinien parallel zur Zylinderachse sind und die Geschwindigkeit $v$ nur vom Abstand $r$ abhängt (Abb. 1.43a). Die Flüssigkeitsteilchen bewegen sich dann in Schichten, die sich nicht vermischen. Eine Strömung dieses Typs nennt man *Schichtenströmung* oder *laminare Strömung*.

Zur Bestimmung des Geschwindigkeitsprofils $v(r)$ denken wir uns einen koaxialen Flüssigkeitszylinder mit der endlichen Länge $\Delta l$ und dem Radius $r$ aus der Flüssigkeit geschnitten (Abb. 1.43b). An den Stirnflächen wirken die Drücke $p_1$ bzw. $p_2$. Auf der Mantelfläche des Zylinders wirkt die Schubspannung $\tau$. Sie ist für eine Newtonsche Flüssigkeit entsprechend (1.53) durch

$$\tau(r) = \eta \frac{\mathrm{d}v}{\mathrm{d}r} \tag{1.61}$$

gegeben. Die Schubspannung ist demnach in der Mantelfläche des Zylinders konstant und liefert die resultierende Kraft

$$T = 2\pi r \Delta l \tau = 2\pi \eta \Delta l r \frac{\mathrm{d}v}{\mathrm{d}r} . \tag{1.62}$$

Bei stationärer Strömung tritt keine Beschleunigung auf. Daher ist die Summe der am Zylinder angreifenden Kräfte Null:

$$\pi r^2 p_1 + T - \pi r^2 p_2 = 0 \quad \rightarrow \quad \frac{\mathrm{d}v}{\mathrm{d}r} = -\frac{p_1 - p_2}{2\eta \Delta l} r . \tag{1.63}$$

Die Geschwindigkeit folgt mit $\Delta p = p_1 - p_2$ durch Integration zu

$$v(r) = -\frac{\Delta p}{4\eta \Delta l} r^2 + C . \tag{1.64}$$

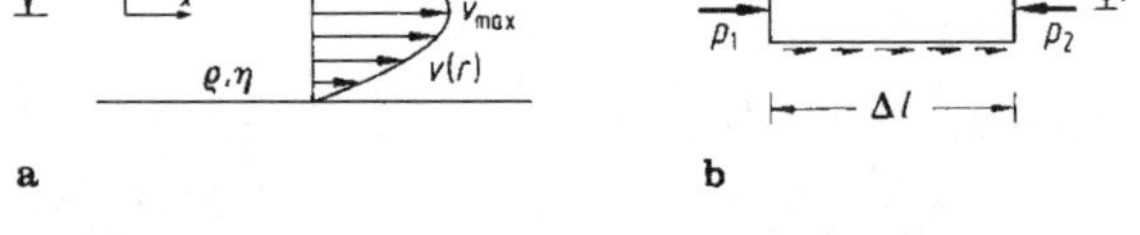


**Abb. 1.43**

Die Integrationskonstante $C$ bestimmen wir aus der Bedingung, daß die Flüssigkeit an der Rohrwand haftet:

$$v(R) = 0 \quad \rightarrow \quad C = \frac{\Delta p}{4\eta \Delta l} R^2 \,. \tag{1.65}$$

Damit ergibt sich das gesuchte Geschwindigkeitsprofil zu

$$v(r) = \frac{R^2 \Delta p}{4\eta \Delta l} \left[ 1 - \left( \frac{r}{R} \right)^2 \right] \,. \tag{1.66}$$

Die Geschwindigkeitsverteilung hat somit die Form eines Rotationsparaboloids. Die maximale Geschwindigkeit tritt in der Rohrachse ($r = 0$) auf:

$$v_{\max} = \frac{R^2 \Delta p}{4\eta \Delta l} \,. \tag{1.67}$$

Da die Geschwindigkeit von innen nach außen abnimmt, ist $\mathrm{d}v/\mathrm{d}r < 0$. Somit fällt nach (1.63) der Druck in Strömungsrichtung: $p_2 < p_1$. Dieses Druckgefälle ist zur Aufrechterhaltung der Strömung erforderlich. Ebenfalls wegen $v'(r) < 0$ ist nach (1.62) $T < 0$. Daher wirkt die Schubspannung $\tau$ in Wirklichkeit entgegen der in Abb. 1.43b angenommenen Richtung. Dies ist auch anschaulich klar, da die langsameren äußeren Flüssigkeitsteilchen die schnelleren inneren Teilchen durch die Reibung verzögern.

Wir wollen nun noch den Volumenstrom $Q$ bestimmen. Das pro Zeiteinheit durch einen infinitesimalen Kreisring mit dem Radius $r$ und der Dicke $\mathrm{d}r$ strömende Volumen ist durch $\mathrm{d}Q = 2\pi r \mathrm{d}r v(r)$ gegeben. Den gesamten Volumenstrom erhält man durch Integration:

$$Q = \int_0^R 2\pi r v(r) \mathrm{d}r \quad \rightarrow \quad \boxed{Q = \frac{\pi R^4 \Delta p}{8\eta \Delta l}} \,. \tag{1.68}$$

Diese Beziehung nennt man das Gesetz von *Hagen-Poiseuille* (G. Hagen, 1797–1884; J.L.M. Poiseuille, 1799–1869). Nach (1.68) ist der Volumenstrom proportional zur vierten Potenz des Rohrradius. Daher wird zum Beispiel bei einer Verdoppelung des Radius die Durchflußmenge sechzehnmal so groß.

Für praktische Rechnungen bei Rohrströmungen ist es zweckmäßig, eine *Widerstandszahl* $\lambda$ einzuführen, mit deren Hilfe man den Druckabfall im Rohr quantitativ erfaßt. Sie wird durch

$$\Delta p = \lambda \frac{\Delta l}{d} \frac{\varrho}{2} \bar{v}^2 \tag{1.69}$$

definiert. Dabei sind $d$ der Durchmesser des Rohres und

$$\bar{v} = \frac{Q}{\pi R^2} = \frac{R^2 \Delta p}{8 \eta \Delta l} = \frac{1}{2} v_{\max} \tag{1.70}$$

die mittlere Geschwindigkeit. Die Widerstandszahl stellt somit einen Proportionalitätsfaktor dar für den Zusammenhang zwischen dem Druckabfall $\Delta p$ längs einer Strecke $\Delta l$, dem Rohrdurchmesser $d$ und dem mit der mittleren Geschwindigkeit $\bar{v}$ gebildeten Staudruck. Die Widerstandszahl $\lambda$ hängt mit der entsprechend (1.55) gebildeten Druckverlustzahl $\zeta = \dfrac{\Delta p}{\varrho \bar{v}^2/2}$ gemäß

$$\zeta = \lambda \frac{\Delta l}{d} \tag{1.71}$$

zusammen. Wenn man (1.69) in (1.70) einsetzt und nach $\lambda$ auflöst, so erhält man

$$\lambda = \frac{64 \eta}{\varrho \bar{v} d} \, . \tag{1.72}$$

Da $\lambda$ dimensionslos ist, muß auch die Größe

$$\boxed{\mathrm{Re} = \frac{\varrho \bar{v} d}{\eta}} \tag{1.73}$$

dimensionslos sein. Man nennt Re die *Reynoldszahl* (O. Reynolds, 1842–1912). Damit folgt für die Widerstandszahl

$$\lambda = \frac{64}{\mathrm{Re}} \, . \tag{1.74}$$

Die Erfahrung zeigt, daß dieser Zusammenhang nur unterhalb einer bestimmten kritischen Reynoldszahl (also zum Beispiel bei hinreichend kleiner Strömungsgeschwindigkeit) gilt. Bei größeren Reynoldszahlen ist die Widerstandszahl größer als die nach (1.74) berechnete. Dabei ändert sich die Strömungsform: die laminare Strömung schlägt in *turbulente* Strömung um. Während sich bei laminarer Strömung alle Flüssigkeitsteilchen mit konstanter Geschwindigkeit auf achsparallelen Geraden bewegen, vermischen sich bei turbulenter Strömung die nebeneinanderfließenden Schichten ständig.

### *1.3.3.4 Strömung in offenen Gerinnen*

Bei der Strömung in einem Rohr ist die Flüssigkeit überall von einer festen Rohrwand umgeben. Im Gegensatz dazu tritt bei der Strömung in offenen Gerinnen, wie zum Beispiel Flüssen oder Kanälen, eine freie Oberfläche auf. Sie stellt in den meisten praktisch wichtigen Fällen die Trennfläche zwischen Luft und Wasser dar. An ihr herrscht somit der Atmosphärendruck $p_0$.

Die Strömung in einem offenen Gerinne wird meist durch ein Gefälle verursacht. Beim Abwärtsfließen wird die potentielle Energie der höher liegenden Flüssigkeitsteilchen in kinetische Energie umgewandelt bzw. zur Überwindung der inneren Reibung aufgewendet. Wir wollen im folgenden voraussetzen, daß die Strömung stationär ist. Dann hängt auch der Volumenstrom $Q$ für einen beliebigen Querschnitt nicht von der Zeit ab. Man nennt eine stationäre Strömung *gleichförmig*, wenn die Geschwindigkeit in Strömungsrichtung konstant ist ($v_2 = v_1$). Dagegen heißt sie *beschleunigt*, wenn die Geschwindigkeit zunimmt ($v_2 > v_1$) bzw. *verzögert*, wenn sie abnimmt ($v_2 < v_1$). Nach der Kontinuitätsgleichung ist bei einer gleichförmigen Strömung der Querschnitt konstant, während er bei einer beschleunigten (verzögerten) Strömung abnimmt (zunimmt), vgl. Abb. 1.44.

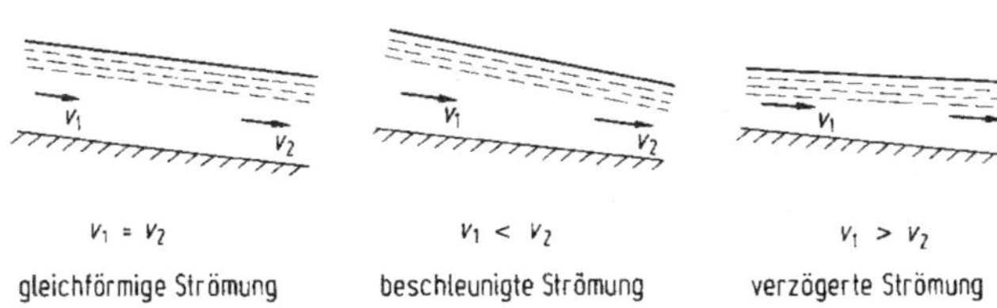


**Abb. 1.44**

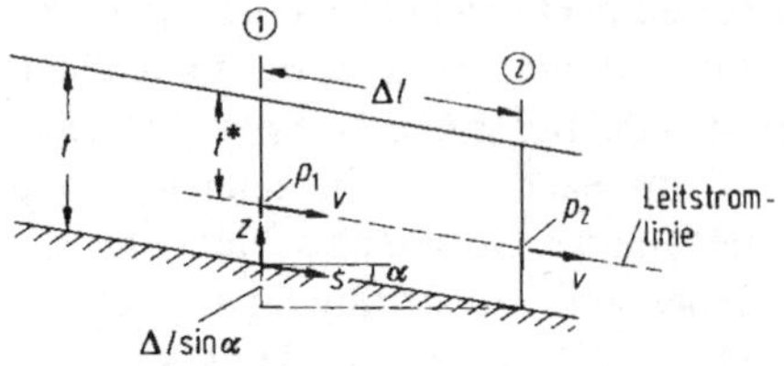


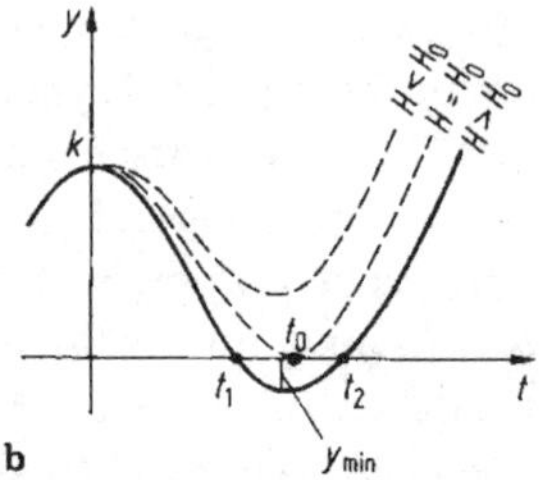


**Abb. 1.45**

Wir wollen uns im folgenden mit der gleichförmigen Strömung in einem rechteckigen offenen Gerinne der Breite $b$ befassen. Das Gerinne habe ein konstantes schwaches Gefälle, das durch den Winkel $\alpha \ll 1$ gegeben ist (Abb. 1.45a). Die konstante Wassertiefe sei $t$. Weiterhin sei $v$ die mittlere Geschwindigkeit in einem Querschnitt. Wir wählen nun diejenige Stromlinie als Leitstromlinie, auf der die Geschwindigkeit der Teilchen gerade die mittlere Geschwindigkeit $v$ ist. Wenn wir berücksichtigen, daß bei gleichförmiger Strömung die Geschwindigkeit konstant ist, dann erhalten wir aus der verallgemeinerten Bernoullischen Gleichung (1.54) für zwei Punkte ① und ② auf der Leitstromlinie zunächst

$$\varrho g z_1 + p_1 = \varrho g z_2 + p_2 + \Delta p_v \, . \tag{1.75}$$

Wir nehmen nun an, daß die Druckverteilung im Querschnitt durch die statische Druckverteilung nach (1.5) gegeben ist. Dann gilt auf der Leitstromlinie

$$p = p_1 = p_2 = p_0 + \varrho g t^* \, . \tag{1.76}$$

Ein Druckgefälle in Strömungsrichtung ist somit nicht vorhanden. Durch Einsetzen in (1.75) können wir den Energieverlust (= Druckverlust) bestimmen:

$$\Delta p_v = \varrho g (z_1 - z_2) = \varrho g \Delta l \sin \alpha \, . \tag{1.77}$$

Nach (1.37) stellt

$$H = \frac{v^2}{2g} + \frac{p}{\varrho g} + z \tag{1.78}$$

die hydraulische Höhe dar. Mit $p$ nach (1.76) und $z = t - t^*$ folgt daraus

$$H = \frac{v^2}{2g} + \frac{p_0}{\varrho\, g} + t\,. \tag{1.79}$$

Da der Atmosphärendruck $p_0$ an jeder Stelle gleich ist, braucht er beim Vergleich der hydraulischen Höhen verschiedener Querschnitte nicht berücksichtigt zu werden. Somit vereinfacht sich (1.79) zu

$$H = \frac{v^2}{2g} + t\,.$$

Bei gleichförmiger Strömung sind die Geschwindigkeit $v$ und die Tiefe $t$ unabhängig vom Ort. Daher ist in diesem Fall die hydraulische Höhe konstant:

$$H = \frac{v^2}{2g} + t = \text{const}\,. \tag{1.80}$$

Die Geschwindigkeit $v$ läßt sich durch den Volumenstrom $Q$ ausdrücken:

$$Q = b\,t\,\cos\alpha\, v \approx b\,t\,v \quad\rightarrow\quad v = \frac{Q}{b\,t}\,. \tag{1.81}$$

Durch Einsetzen in (1.80) erhält man schließlich

$$t^3 - Ht^2 + k = 0 \;\text{ mit }\; k = \frac{Q^2}{2g\,b^2}\,. \tag{1.82}$$

Diese Beziehung muß bei gleichförmiger Strömung zwischen den Parametern $b$, $t$, $Q$ und $H$ erfüllt sein. Bei gegebenen Werten von $b$, $t$ und $Q$ können die Geschwindigkeit $v$ aus (1.81) und die hydraulische Höhe $H$ aus (1.80) bestimmt werden. Sind dagegen $b$, $Q$ und $H$ gegeben, so stellt (1.82) eine kubische Gleichung für die Wassertiefe $t$ dar.

Um zu untersuchen, für welche Parameterwerte die Gleichung (1.82) positive reelle Lösungen $t$ besitzt, skizzieren wir die Funktion

$$y = t^3 - Ht^2 + k \tag{1.83}$$

für verschiedene Werte von $H$ (Abb. 1.45b). Die Funktion $y(t)$ hat an der Stelle $t = 2H/3$ das Minimum

$$y_{\min} = -\frac{4H^3}{27} + \frac{Q^2}{2g\,b^2} \tag{1.84}$$

und bei $t = 0$ das Maximum $y_{\max} = k$. Damit positive Werte für die Wassertiefe existieren, muß $y_{\min} \leq 0$ gelten. Daher folgt nach (1.84) für die hydraulische Höhe

$$-\frac{4H^3}{27} + \frac{Q^2}{2g\,b^2} \leq 0 \quad \to \quad H \geq H_0 = \frac{3}{2}\sqrt[3]{\frac{Q^2}{g\,b^2}}\,. \tag{1.85}$$

Die hydraulische Höhe, d.h. die Strömungsenergie, muß somit einen Mindestwert $H_0$ erreichen, damit eine gleichförmige Strömung möglich ist. Die zugehörigen Werte für die „Grenztiefe" $t_0$ und die „Grenzgeschwindigkeit" $v_0$ ergeben sich zu

$$t_0 = \frac{2}{3}H_0 \qquad \to \quad t_0 = \sqrt[3]{\frac{Q^2}{g\,b^2}}\,, \tag{1.86}$$

$$v_0 = \frac{Q}{b\,t_0} = \frac{1}{b\,t_0}\sqrt{g\,b^2 t_0^3} \quad \to \quad v_0 = \sqrt{g\,t_0}\,. \tag{1.87}$$

Ist $H > H_0$, so existieren zu einer gegebenen Strömungsenergie zwei verschiedene Wassertiefen $t_1$ und $t_2$ (Abb. 1.45b). Entweder fließt das Wasser bei einer kleinen Tiefe $t_1 < t_0$ mit großer Geschwindigkeit $v_1 > v_0$, oder es fließt bei einer großen Tiefe $t_2 > t_0$ mit kleiner Geschwindigkeit $v_2 < v_0$. Im ersten Fall spricht man von *schießendem Abfluß* (Wildbäche), im zweiten Fall von *strömendem Abfluß* (Flüsse).

In der Natur treten häufig Störungen der gleichförmigen Bewegung auf. So kann zum Beispiel ein kleiner Knick in der Sohle eine nahezu plötzliche Erhebung des Wasserspiegels verursachen (Abb. 1.46a). Diese Erscheinung wird als *Wassersprung* bezeichnet. Zur Untersuchung des Wassersprungs wenden wir den Impulssatz auf das in Abb. 1.46b dargestellte Kontrollvolumen an. Dabei nehmen wir wieder an, daß die Druckverteilung im Querschnitt durch die statische Druckverteilung nach (1.5) gegeben ist. Außerdem vernachlässigen wir die in Strömungsrichtung zeigende Komponente der Gewichtskraft (geringe Neigung!) sowie die Schubspannungen an den Berandungen des Kontrollvolumens. Dann lautet der Impulssatz:

$$\frac{1}{2}\varrho\,g\,t_1^2 b - \frac{1}{2}\varrho\,g\,t_2^2 b = \varrho\,v_1 b\,t_1(v_2 - v_1)\,. \tag{1.88}$$

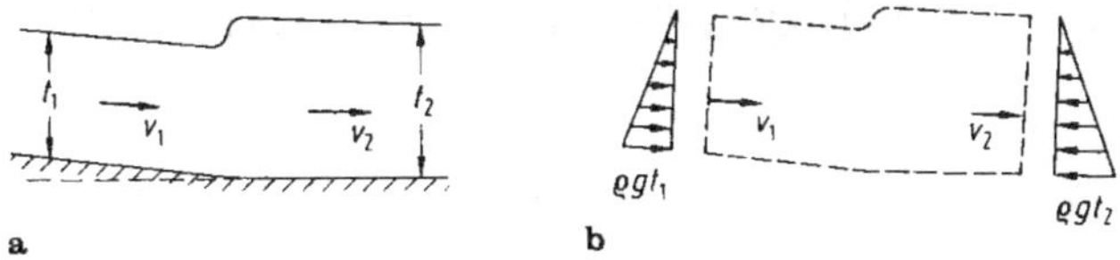


**Abb. 1.46**

Wenn wir die Geschwindigkeit $v_2$ mit Hilfe der Kontinuitätsgleichung

$$v_1 t_1 b = v_2 t_2 b \quad \to \quad v_2 = \frac{t_1}{t_2} v_1$$

eliminieren, so erhalten wir daraus

$$\frac{1}{2} g (t_1 + t_2)(t_1 - t_2) = v_1^2 \frac{t_1}{t_2} (t_1 - t_2)$$

$$\to \quad t_2^2 + t_1 t_2 - \frac{2 t_1 v_1^2}{g} = 0 \,. \qquad (1.89)$$

Durch Auflösen dieser quadratischen Gleichung folgt für die Tiefe $t_2$ hinter dem Wassersprung

$$t_2 = -\frac{t_1}{2} \overset{+}{(-)} \sqrt{\frac{t_1^2}{4} + \frac{2 t_1 v_1^2}{g}} \,. \qquad (1.90)$$

Da $t_2$ positiv sein muß, ist nur das Pluszeichen vor der Wurzel physikalisch sinnvoll.

Vor dem Wassersprung fließt das Wasser bei der kleineren Tiefe $t_1 < t_2$ mit der größeren Geschwindigkeit $v_1 > v_2$. Daher tritt ein Wassersprung nur bei einem schießenden Abfluß auf.

# 2 Grundlagen der Elastizitätstheorie

In Band 2 haben wir uns schon mit Problemen der Elastostatik befaßt, wobei wir uns dort im wesentlichen auf die Untersuchung von Stäben und Balken beschränkt haben. Um weitergehende Fragen behandeln zu können, sollen hier die Grundlagen der *linearen Elastizitätstheorie* zusammengestellt werden. Das Beiwort „linear" deutet dabei an, daß sich diese Theorie auf das linear elastische Stoffgesetz sowie auf kleine (infinitesimale) Verzerrungen beschränkt. Hinsichtlich der praktischen Anwendung wird hierdurch ein großer Bereich von Ingenieurproblemen abgedeckt.

## 2.1 Spannungszustand

### 2.1.1 Spannungsvektor und Spannungstensor, Indexschreibweise

Den Spannungsvektor und den Spannungstensor haben wir in Band 2, Abschnitt 2.1 schon kennengelernt. Der *Spannungsvektor* im Punkt $P$ eines Schnittes ist definiert als

$$\boldsymbol{t} = \lim_{\Delta A \to 0} \frac{\Delta \boldsymbol{F}}{\Delta A} = \frac{\mathrm{d}\boldsymbol{F}}{\mathrm{d}A}, \tag{2.1}$$

wobei $\Delta \boldsymbol{F}$ die Kraft ist, welche auf die Fläche $\Delta A$ wirkt (Abb. 2.1a). Er hängt von der Orientierung des Schnittes durch $P$ ab, die durch den Normaleneinheitsvektor $\boldsymbol{n}$ charakterisiert ist: $\boldsymbol{t} = \boldsymbol{t}(\boldsymbol{n})$. Man kann $\boldsymbol{t}$ zerlegen in eine Komponente $\sigma$ senkrecht (normal) zur Schnittfläche und in eine tangentiale Komponente $\tau$, die in der Schnittfläche wirkt. Die erste heißt *Normalspannung*, die zweite nennt man *Schubspannung*.

Der *Spannungstensor* $\boldsymbol{\sigma}$ ist durch die Spannungsvektoren in drei senkrecht aufeinanderstehenden Schnitten festgelegt. Wählen wir nach Abb. 2.1b die Schnitte senkrecht zu den Achsen eines $x$, $y$, $z$-Koordinatensystems und zerlegen wir die zugehörigen Spannungsvektoren in ihre kartesischen Komponenten, so kann er in folgender Matrixform dargestellt werden:

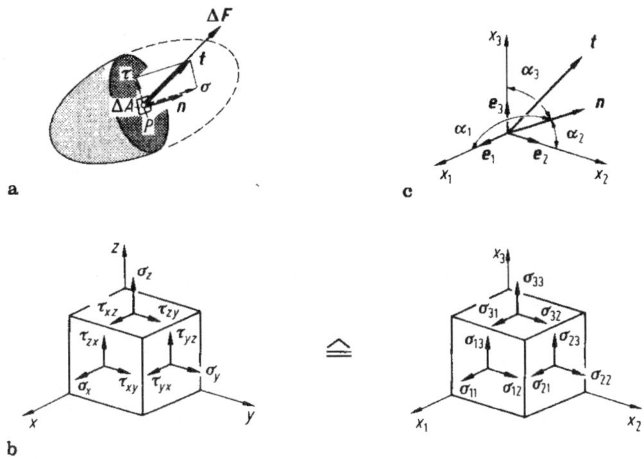


**Abb. 2.1**

$$\boldsymbol{\sigma} = \begin{bmatrix} \sigma_{xx} & \tau_{xy} & \tau_{xz} \\ \tau_{yx} & \sigma_{yy} & \tau_{yz} \\ \tau_{zx} & \tau_{zy} & \sigma_{zz} \end{bmatrix} . \qquad (2.2)$$

Dabei werden die Normalspannungen $\sigma_{xx}$, $\sigma_{yy}$, $\sigma_{zz}$ oft kurz mit $\sigma_x$, $\sigma_y$, $\sigma_z$ bezeichnet. Aufgrund des Momentengleichgewichts ist der Spannungstensor symmetrisch: $\tau_{xy} = \tau_{yx}$, $\tau_{yz} = \tau_{zy}$, $\tau_{zx} = \tau_{xz}$. Für die Spannungskomponenten wollen wir dieselbe Vorzeichenkonvention wie bisher verwenden (Band 2, Abschn. 2.1).

Für das weitere ist es zweckmäßig, die *Indexnotation* einzuführen. Sie ermöglicht eine kompakte Schreibweise vieler Formeln. Hierbei werden die kartesischen Koordinaten an Stelle von $x$, $y$, $z$ durch $x_1$, $x_2$, $x_3$ gekennzeichnet; d.h. die drei Richtungen sind durch die Indizes 1, 2, 3 festgelegt (Abb. 2.1b,c). Entsprechendes gilt für die Komponenten eines Vektors. Zum Beispiel lauten die Komponenten des Spannungsvektors $\boldsymbol{t}$ dann $t_1$, $t_2$, $t_3$ oder allgemein $t_i$ mit $i = 1, 2, 3$. Damit gilt

$$\boldsymbol{t} = t_1\boldsymbol{e}_1 + t_2\boldsymbol{e}_2 + t_3\boldsymbol{e}_3 \quad \text{oder} \quad \boldsymbol{t} = [t_i] = \begin{bmatrix} t_1 \\ t_2 \\ t_3 \end{bmatrix} . \qquad (2.3)$$

Da durch $t_i$ alle drei Komponenten repräsentiert werden, kann diese Größe auch als Symbol für den Vektor selbst verwendet werden. Ähnlich läßt sich der Normaleneinheitsvektor $\boldsymbol{n}$ mit den Komponenten $n_1 = \cos\alpha_1$, $n_2 = \cos\alpha_2$, $n_3 = \cos\alpha_3$ (Abb. 2.1c) kurz durch $n_i$ beschreiben:

$$\boldsymbol{n} = [n_i] = \begin{bmatrix} n_1 \\ n_2 \\ n_3 \end{bmatrix} = \begin{bmatrix} \cos\alpha_1 \\ \cos\alpha_2 \\ \cos\alpha_3 \end{bmatrix} . \tag{2.4}$$

Analoges gilt für den Spannungstensor. Seine Komponenten nennen wir nun $\sigma_{11}, \sigma_{12}, \sigma_{13}$ usw. (Abb. 2.1b) oder allgemein $\sigma_{ij}$ mit $i, j = 1, 2, 3$:

$$\boldsymbol{\sigma} = [\sigma_{ij}] = \begin{bmatrix} \sigma_{11} & \sigma_{12} & \sigma_{13} \\ \sigma_{21} & \sigma_{22} & \sigma_{23} \\ \sigma_{31} & \sigma_{32} & \sigma_{33} \end{bmatrix} . \tag{2.5}$$

Dabei zeigen jetzt allein die Indizes an, ob es sich um eine Normalspannung oder um eine Schubspannung handelt. Gleiche Indizes kennzeichnen Normalspannungen, ungleiche Indizes Schubspannungen. Die Größe $\sigma_{ij}$ repräsentiert wieder alle Spannungskomponenten und kann deshalb als Symbol für den Spannungstensor selbst angesehen werden. Mit Hilfe der Indexnotation läßt sich die Symmetrie des Spannungstensors einfach durch

$$\boxed{\sigma_{ij} = \sigma_{ji}} \tag{2.6}$$

ausdrücken.

Eine besondere Bedeutung gewinnt die Indexnotation im Zusammenhang mit der *Summationskonvention*. Danach wollen wir vereinbaren, daß zu summieren ist, wenn in einem Term der gleiche Index doppelt auftritt. Der Index durchläuft dabei der Reihe nach die Werte $1, 2, 3$. Dementsprechend bedeutet zum Beispiel $\sigma_{ji} n_j$ wegen des doppelt vorkommenden Index „$j$" ausgeschrieben

$$\sigma_{ji} n_j = \sum_{j=1}^{3} \sigma_{ji}\, n_j = \sigma_{1i}\, n_1 + \sigma_{2i}\, n_2 + \sigma_{3i}\, n_3 \, . \tag{2.7}$$

Dabei kann der Summationsindex „$j$" durch einen beliebigen anderen Index (zum Beispiel „$k$") ausgetauscht werden: $\sigma_{ki} n_k = \sigma_{ji} n_j$. Andere Beispiele zur Anwendung der Summationskonvention sind

$$
\begin{aligned}
\sigma_{ii} &= \sum_{i=1}^{3} \sigma_{ii} = \sigma_{11} + \sigma_{22} + \sigma_{33}\,, \\
t_k\, n_k &= \sum_{k=1}^{3} t_k\, n_k = t_1\, n_1 + t_2\, n_2 + t_3\, n_3\,.
\end{aligned}
\tag{2.8}
$$

Letzteres stellt das Skalarprodukt der Vektoren $t_k$ und $n_k$ dar: $\boldsymbol{t} \cdot \boldsymbol{n} = t_k\, n_k$.

In Verbindung mit der Indexnotation benötigt man manchmal das *Kronecker-Symbol*. Es ist definiert als

$$
\delta_{ij} = \begin{cases} 1 & \text{für } i = j\,, \\ 0 & \text{für } i \neq j\,. \end{cases}
\tag{2.9}
$$

Damit gelten zum Beispiel

$$
\delta_{ii} = \delta_{11} + \delta_{22} + \delta_{33} = 3 \qquad \text{und} \qquad \delta_{ij} n_j = n_i\,.
\tag{2.10}
$$

Wir wollen nun zeigen, daß bei Kenntnis des Spannungstensors der Spannungsvektor für jede beliebige Schnittrichtung ermittelt werden kann. Hierzu betrachten wir das Gleichgewicht am infinitesimalen Tetraeder nach Abb. 2.2, dessen Fläche $\mathrm{d}A$ eine beliebige, durch $n_i$ gegebene Orientierung hat. Für die übrigen Tetraederflächen erhält man mit (2.4) durch Projektion von $\mathrm{d}A$ auf die Koordinatenebenen

$$
\mathrm{d}A_1 = \mathrm{d}A\, n_1\,, \quad \mathrm{d}A_2 = \mathrm{d}A\, n_2\,, \quad \mathrm{d}A_3 = \mathrm{d}A\, n_3
$$

oder allgemein

$$
\mathrm{d}A_i = \mathrm{d}A\, n_i\,.
\tag{2.11}
$$

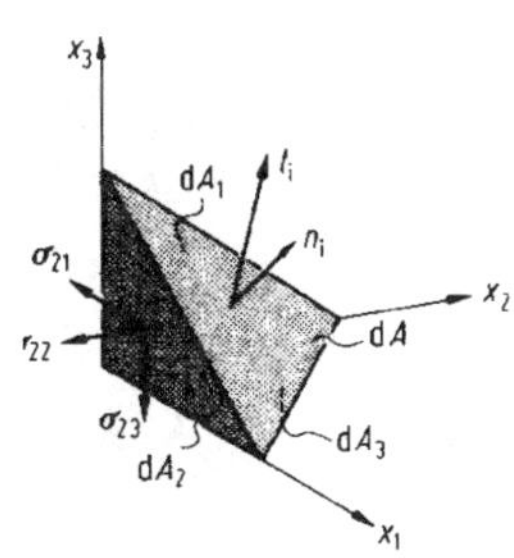


**Abb. 2.2**

Die Gleichgewichtsbedingungen in $x_1$-, $x_2$- und $x_3$-Richtung

$$\begin{aligned}
t_1\,\mathrm{d}A &= \sigma_{11}\,\mathrm{d}A_1 + \sigma_{21}\,\mathrm{d}A_2 + \sigma_{31}\,\mathrm{d}A_3\,,\\
t_2\,\mathrm{d}A &= \sigma_{12}\,\mathrm{d}A_1 + \sigma_{22}\,\mathrm{d}A_2 + \sigma_{32}\,\mathrm{d}A_3\,,\\
t_3\,\mathrm{d}A &= \sigma_{13}\,\mathrm{d}A_1 + \sigma_{23}\,\mathrm{d}A_2 + \sigma_{33}\,\mathrm{d}A_3
\end{aligned}$$

liefern damit

$$\begin{aligned}
t_1 &= \sigma_{11}\,n_1 + \sigma_{21}\,n_2 + \sigma_{31}n_3\,,\\
t_2 &= \sigma_{12}\,n_1 + \sigma_{22}\,n_2 + \sigma_{32}n_3\,,\\
t_3 &= \sigma_{13}\,n_1 + \sigma_{23}\,n_2 + \sigma_{33}n_3\,.
\end{aligned} \tag{2.12a}$$

Diese Gleichungen lassen sich unter Verwendung der Indexschreibweise und der Summationskonvention kompakt in der Form

$$\boxed{t_i = \sigma_{ji}n_j} \tag{2.12b}$$

darstellen, wobei wegen (2.6) die Indizes von $\sigma_{ji}$ auch vertauscht werden können: $t_i = \sigma_{ij}n_j$. Diese Beziehung wird häufig als *Cauchysche Formel* bezeichnet (A.L. Cauchy, 1789–1857). Danach ist bei gegebenem Spannungstensor $\sigma_{ij}$ jedem Normalenvektor $n_i$ ein Spannungsvektor $t_i$ zugeordnet, d.h. der Spannungszustand ist durch $\sigma_{ij}$ tatsächlich vollständig bestimmt. Durch (2.12b) wird eine lineare Beziehung (Abbildung) zwischen den Vektoren $n_j$ und $t_j$ beschrieben. Eine Größe, welche eine solche Abbildung vermittelt, nennt man einen *Tensor 2. Stufe*. Die lineare Vektorfunktion (2.12b) kennzeichnet $\sigma_{ij}$ dementsprechend als Tensor 2. Stufe. Angemerkt sei noch, daß die Cauchysche Formel mit (2.3) bis (2.5) auch in der symbolischen Schreibweise

$$\boldsymbol{t} = \boldsymbol{\sigma}^T\boldsymbol{n} \tag{2.12c}$$

angegeben werden kann. Wegen der Symmetrie des Spannungstensors ($\boldsymbol{\sigma}^T = \boldsymbol{\sigma}$) kann dabei $\boldsymbol{\sigma}^T$ durch $\boldsymbol{\sigma}$ ersetzt werden: $\boldsymbol{t} = \boldsymbol{\sigma}\,\boldsymbol{n}$.

**Beispiel 2.1:** Der Spannungszustand in einem Punkt eines Körpers sei durch

$$[\sigma_{ij}] = \begin{bmatrix} 36 & -27 & 0\\ -27 & -36 & 0\\ 0 & 0 & 18 \end{bmatrix}\ \mathrm{MPa}$$

gegeben.

Für einen Schnitt mit dem Normalenvektor $[n_i] = \frac{1}{3}[2, -2, 1]^T$ sollen der Spannungsvektor sowie seine normale bzw. tangentiale Komponente bestimmt werden.

*Lösung:* Nach (2.12) erhält man für die Komponenten des Spannungsvektors

$$\underline{\underline{t_1}} = \sigma_{j1}\, n_j = 36 \cdot \frac{2}{3} + 27 \cdot \frac{2}{3} = 24 + 18 = \underline{\underline{42\,\text{MPa}}}\,,$$

$$\underline{\underline{t_2}} = \sigma_{j2}\, n_j = -27 \cdot \frac{2}{3} + 36 \cdot \frac{2}{3} = -18 + 24 = \underline{\underline{6\,\text{MPa}}}\,,$$

$$\underline{\underline{t_3}} = \sigma_{j3}\, n_j = 18 \cdot \frac{1}{3} = \underline{\underline{6\,\text{MPa}}}\,.$$

Sein Betrag ergibt sich daraus zu

$$t = |\boldsymbol{t}| = \sqrt{t_1^2 + t_2^2 + t_3^2} = 42{,}8\,\text{MPa}\,.$$

Die Normalspannung $\sigma$ errechnet sich aus dem Skalarprodukt von $\boldsymbol{t}$ und $\boldsymbol{n}$:

$$\underline{\underline{\sigma}} = \boldsymbol{t} \cdot \boldsymbol{n} = t_i n_i = 42 \cdot \frac{2}{3} - 6 \cdot \frac{2}{3} + 6 \cdot \frac{1}{3} = \underline{\underline{26\,\text{MPa}}}\,.$$

Für den Betrag der Schubspannung folgt damit

$$\underline{\underline{\tau}} = \sqrt{t^2 - \sigma^2} = \underline{\underline{34{,}1\,\text{MPa}}}\,.$$

### 2.1.2 Koordinatentransformation

Wie sich die Komponenten des Spannungstensors bei einer Drehung des Koordinatensystems transformieren, wurde für den zweiachsigen Fall in Band 2, Abschnitt 2.2.1 behandelt. Hier sollen nun die entsprechenden Beziehungen für den dreiachsigen Zustand hergeleitet werden. Wir gehen davon aus, daß die Spannungskomponenten $\sigma_{ij}$ bezüglich des Koordinatensystems $x_1, x_2, x_3$ bekannt sind. Aus ihnen sollen die Spannungskomponenten $\sigma_{k'l'}$ bezüglich des gedrehten Koordinatensystems $x_1', x_2', x_3'$ ermittelt werden (Abb. 2.3a). Die Richtungen der neuen Achsen werden durch die Einheitsvektoren

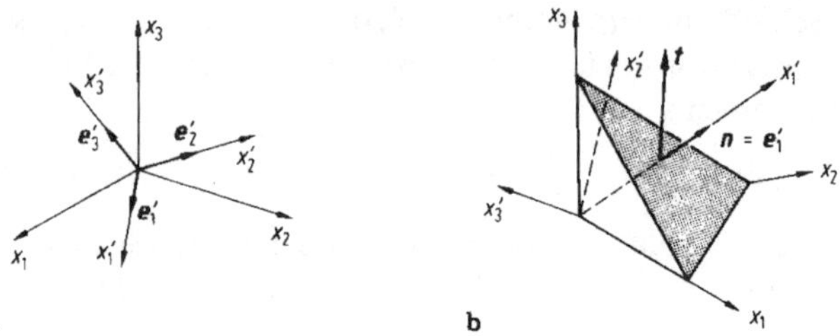


Abb. 2.3

$$e'_1 = \begin{bmatrix} a_{1'1} \\ a_{1'2} \\ a_{1'3} \end{bmatrix}, \quad e'_2 = \begin{bmatrix} a_{2'1} \\ a_{2'2} \\ a_{2'3} \end{bmatrix}, \quad e'_3 = \begin{bmatrix} a_{3'1} \\ a_{3'2} \\ a_{3'3} \end{bmatrix} \tag{2.13}$$

festgelegt, wobei die Transformationskoeffizienten $a_{k'l} = \cos(x'_k, x_l)$ die Richtungskosinus (= Kosinus des Winkels zwischen den entsprechenden Achsen) sind. Wir betrachten nun das Tetraeder nach Abb. 2.3b, dessen geneigte Fläche senkrecht zu $x'_1$ steht. Ihr Normalenvektor fällt mit $e'_1$ zusammen: $n_k = a_{1'k}$. Damit liefert die Cauchysche Formel für die Komponenten des Spannungsvektors (bzgl. des $x_1$, $x_2$, $x_3$-Systems)

$$t_l = \sigma_{kl}\, n_k = \sigma_{kl}\, a_{1'k}\,.$$

Seine Komponenten bezüglich des $x'_1$-, $x'_2$-, $x'_3$-Systems lauten

$$\begin{aligned}
\sigma_{1'1'} &= \boldsymbol{t}\cdot e'_1 = t_1\, a_{1'1} + t_2\, a_{1'2} + t_3\, a_{1'3} = t_l\, a_{1'l} = \sigma_{kl}\, a_{1'k}\, a_{1'l}\,,\\
\sigma_{1'2'} &= \boldsymbol{t}\cdot e'_2 = t_1\, a_{2'1} + t_2\, a_{2'2} + t_3\, a_{2'3} = t_l\, a_{2'l} = \sigma_{kl}\, a_{1'k}\, a_{2'l}\,,\\
\sigma_{1'3'} &= \boldsymbol{t}\cdot e'_3 = t_1\, a_{3'1} + t_2\, a_{3'2} + t_3\, a_{3'3} = t_l\, a_{3'l} = \sigma_{kl}\, a_{1'k}\, a_{3'l}\,.
\end{aligned}$$

Entsprechende Beziehungen ergeben sich für die Schnittflächen senkrecht zur $x'_2$- bzw. zur $x'_3$-Achse. Insgesamt erhält man daher die Transformationsbeziehungen

$$\boxed{\sigma_{i'j'} = \sigma_{kl}\, a_{i'k}\, a_{j'l}}\,. \tag{2.14}$$

Da auf der rechten Seite *k* und *l* doppelt vorkommen, muß über *beide* Indizes summiert werden. Ausgeschrieben ergibt sich danach zum Beispiel für $\sigma_{2'2'}$:

$$\begin{aligned}\sigma_{2'2'} =& \sigma_{11}\, a_{2'1}^2 + \sigma_{12}\, a_{2'1}\, a_{2'2} + \sigma_{13}\, a_{2'1}\, a_{2'3}\\ &+\sigma_{21}\, a_{2'2}\, a_{2'1} + \sigma_{22}\, a_{2'2}^2 + \sigma_{23}\, a_{2'2}\, a_{2'3}\\ &+\sigma_{31}\, a_{2'3}\, a_{2'1} + \sigma_{32}\, a_{2'3}\, a_{2'2} + \sigma_{33}\, a_{2'3}^2\\ =& \sigma_{11}\, a_{2'1}^2 + \sigma_{22}\, a_{2'2}^2 + \sigma_{33}\, a_{2'3}^2\\ &+2\sigma_{12}\, a_{2'1}\, a_{2'2} + 2\sigma_{23}\, a_{2'2}\, a_{2'3} + 2\sigma_{31}\, a_{2'3}\, a_{2'1}\,.\end{aligned}$$

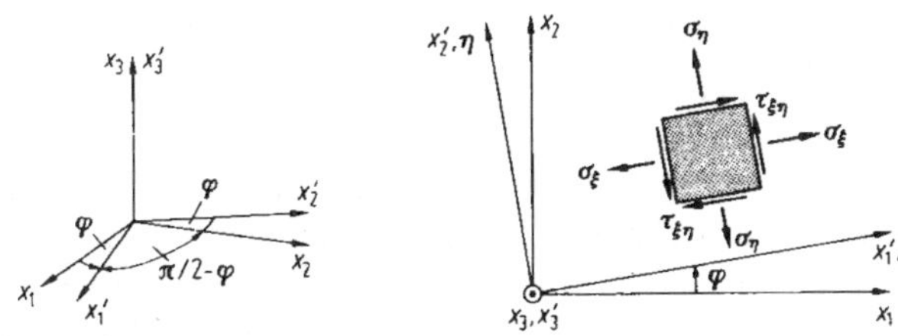


**Abb. 2.4**

Als Sonderfall sind in (2.14) die Transformationsbeziehungen für den ebenen Fall (vgl. Band 2, Gl. (2.5)) enthalten, bei dem eine Drehung um die $x_3$-Achse erfolgt (Abb. 2.4). Mit $x_3' = x_3$ und dem Drehwinkel $\varphi$ gelten

$$\begin{aligned}a_{1'1} &= a_{2'2} = \cos\varphi\,,\\ a_{1'2} &= \cos(\pi/2 - \varphi) = \sin\varphi\,,\\ a_{2'1} &= \cos(\pi/2 + \varphi) = -\sin\varphi\,,\\ a_{1'3} &= a_{3'1} = a_{2'3} = a_{3'2} = 0\,,\end{aligned}$$

und man erhält unter Verwendung der Achsenbezeichnungen $x_1' = \xi$ und $x_2' = \eta$

$$\begin{aligned}\sigma_\xi &= \sigma_{1'1'} = \sigma_{11}\cos^2\varphi + \sigma_{22}\sin^2\varphi + 2\sigma_{12}\sin\varphi\cos\varphi\,,\\ \sigma_\eta &= \sigma_{2'2'} = \sigma_{11}\sin^2\varphi + \sigma_{22}\cos^2\varphi - 2\sigma_{12}\sin\varphi\cos\varphi\,,\\ \tau_{\xi\eta} &= \sigma_{1'2'} = -(\sigma_{11} - \sigma_{22})\sin\varphi\cos\varphi + \sigma_{12}(\cos^2\varphi - \sin^2\varphi)\,.\end{aligned} \tag{2.15}$$

Angemerkt sei an dieser Stelle noch, daß die Transformationsbeziehung (2.14) lediglich die Änderung der kartesischen Komponenten des Spannungstensors infolge einer Koordinatendrehung ausdrückt. Die Beziehung (2.14) gilt deshalb genauso für alle anderen Tensoren 2. Stufe (vgl. zum Beispiel Trägheitstensor, Band 3, Gl. (3.54)). Im Unterschied dazu transformiert sich ein Tensor 1. Stufe $t_k$ (= Vektor) nach der Beziehung $t_{i'} = t_k\, a_{i'k}$.

### 2.1.3 Hauptspannungen, Invarianten, Mohrsche Kreise

Der Spannungstensor kann nach (2.14) in Bezug auf beliebig viele Achsensysteme angegeben werden. Unter ihnen gibt es ein ausgezeichnetes Koordinatensystem, das als *Hauptachsensystem* bezeichnet wird. In den zugehörigen Schnitten hat der Spannungsvektor die Richtung des Normalenvektors. Das heißt, es wirken nur Normalspannungen – man nennt sie *Hauptspannungen* –, und die Schubspannungen sind Null. Kennzeichnet der Normalenvektor $n_i$ eine Hauptachsenrichtung (Hauptrichtung), so läßt sich der Spannungsvektor durch $t_i = \sigma\, n_i$ ausdrücken, wobei $\sigma$ die entsprechende Hauptspannung ist. Nach der Cauchyschen Formel (2.12b) gilt allgemein $t_i = \sigma_{ij} n_j$. Durch Gleichsetzen erhalten wir

$$\sigma_{ij} n_j = \sigma\, n_i \qquad \text{bzw.} \qquad \sigma_{ij}\, n_j - \sigma\, n_i = 0\,.$$

Mit $n_i = \delta_{ij} n_j$ (vgl. (2.10)) ergibt sich daraus

$$(\sigma_{ij} - \sigma\, \delta_{ij}) n_j = 0 \tag{2.16}$$

oder ausgeschrieben

$$\begin{aligned}(\sigma_{11} - \sigma) n_1 + \sigma_{12} n_2 + \sigma_{13} n_3 &= 0\,,\\ \sigma_{21} n_1 + (\sigma_{22} - \sigma) n_2 + \sigma_{23} n_3 &= 0\,,\\ \sigma_{31} n_1 + \sigma_{32} n_2 + (\sigma_{33} - \sigma) n_3 &= 0\,.\end{aligned} \tag{2.17}$$

Dieses homogene Gleichungssystem hat nur dann nichttriviale Lösungen für $n_1$, $n_2$, $n_3$, wenn die Koeffizientendeterminante verschwindet:

$$\begin{vmatrix} \sigma_{11} - \sigma & \sigma_{12} & \sigma_{13} \\ \sigma_{21} & \sigma_{22} - \sigma & \sigma_{23} \\ \sigma_{31} & \sigma_{32} & \sigma_{33} - \sigma \end{vmatrix} = 0\,. \tag{2.18}$$

Hieraus folgt die kubische Gleichung

$$\sigma^3 - I_1 \sigma^2 - I_2\, \sigma - I_3 = 0\,. \tag{2.19}$$

Darin sind

$$
\begin{aligned}
I_1 &= \sigma_{ii} = \sigma_{11} + \sigma_{22} + \sigma_{33} \, , \\
I_2 &= \frac{1}{2}(\sigma_{ij}\sigma_{ij} - \sigma_{ii}\sigma_{jj}) \\
&= -(\sigma_{11}\sigma_{22} + \sigma_{22}\sigma_{33} + \sigma_{33}\sigma_{11}) + \sigma_{12}^2 + \sigma_{23}^2 + \sigma_{31}^2 \, , \\
I_3 &= \det[\sigma_{ij}] = \begin{vmatrix} \sigma_{11} & \sigma_{12} & \sigma_{13} \\ \sigma_{21} & \sigma_{22} & \sigma_{23} \\ \sigma_{31} & \sigma_{32} & \sigma_{33} \end{vmatrix} \, .
\end{aligned} \tag{2.20}
$$

Da die Lösungen von (2.19) unabhängig von der Wahl des Koordinatensystems sind, trifft dies auch auf $I_1$, $I_2$ und $I_3$ zu. Man bezeichnet diese Größen deshalb als *Invarianten.*

Man kann zeigen, daß (2.19) drei reelle Lösungen $\sigma_1$, $\sigma_2$, $\sigma_3$ für die Hauptspannungen liefert. Diese sind Stationärwerte der Normalspannung: eine Hauptspannung ist die maximale Normalspannung, eine andere ist die minimale Normalspannung, und die dritte ist ein dazwischenliegender Stationärwert. Der zu einer Hauptspannung, zum Beispiel zu $\sigma_2$, gehörige Normalenvektor kann aus zwei beliebigen Gleichungen von (2.17) unter Beachtung von $n_1^2 + n_2^2 + n_3^2 = 1$ ermittelt werden. Entsprechendes gilt für die beiden anderen Hauptspannungen. Damit liegen die Richtungen der Hauptachsen fest. Diese stehen senkrecht aufeinander. Die Bestimmung der Hauptachsenrichtungen sowie der Hauptspannungen nennt man *Hauptachsentransformation.*

Im Hauptachsensystem nimmt der Spannungstensor die Diagonalform

$$
\boldsymbol{\sigma} = \begin{bmatrix} \sigma_1 & 0 & 0 \\ 0 & \sigma_2 & 0 \\ 0 & 0 & \sigma_3 \end{bmatrix} \tag{2.21}
$$

an. Die Invarianten können dann durch die Hauptspannungen ausgedrückt werden:

$$
\begin{aligned}
I_1 &= \sigma_1 + \sigma_2 + \sigma_3 \, , \\
I_2 &= -(\sigma_1\sigma_2 + \sigma_2\sigma_3 + \sigma_3\sigma_1) \, , \\
I_3 &= \sigma_1\sigma_2\sigma_3 \, .
\end{aligned} \tag{2.22}
$$

Mit den Hauptachsen und den Hauptspannungen liegen gleichzeitig die extremalen Schubspannungen sowie die Schnittflächen, in denen sie auftreten, fest. Man erhält für die sogenannten *Hauptschubspannungen*

$$\tau_1 = \frac{|\sigma_2 - \sigma_3|}{2}\,, \quad \tau_2 = \frac{|\sigma_3 - \sigma_1|}{2}\,, \quad \tau_3 = \frac{|\sigma_1 - \sigma_2|}{2}\,. \tag{2.23}$$

Sie wirken in Flächen, deren Normale jeweils senkrecht auf einer Hauptachse steht und mit den beiden anderen einen Winkel von 45° einschließt. Die Normalspannung ist in diesen Schnitten *nicht* Null. So gehört zur Hauptschubspannung $\tau_1$ die Normalspannung $\sigma_{(\tau_1)} = (\sigma_2 + \sigma_3)/2$. Entsprechendes gilt für die anderen Hauptschubspannungen. Ordnet man die Hauptspannungen nach ihrer Größe und bezeichnet die größte mit $\sigma_1$, die kleinste mit $\sigma_3$ ($\sigma_1 \geq \sigma_2 \geq \sigma_3$), so ist die maximale Schubspannung

$$\tau_{\max} = \frac{\sigma_1 - \sigma_3}{2}\,. \tag{2.24}$$

Ein zweiachsiger Spannungszustand kann grafisch in einem $\sigma, \tau$-Diagramm durch einen Mohrschen Spannungskreis dargestellt werden (Band 2, Abschn. 2.2.2). Die grafische Veranschaulichung eines dreiachsigen Spannungszustandes erfolgt dagegen mit drei Mohrschen Kreisen (Abb. 2.5). Es läßt sich zeigen, daß die Normalspannung $\sigma$ und die zugehörige Schubspannung $\tau$ in einem beliebigen Schnitt nur im dunkel gekennzeichneten Gebiet liegen kann, das von den Kreisen begrenzt wird. Letztere sind durch die Hauptspannungen eindeutig bestimmt. Die Kreise selbst kennzeichnen dabei Schnitte, deren Normale jeweils senkrecht auf einer der drei Hauptachsen steht.

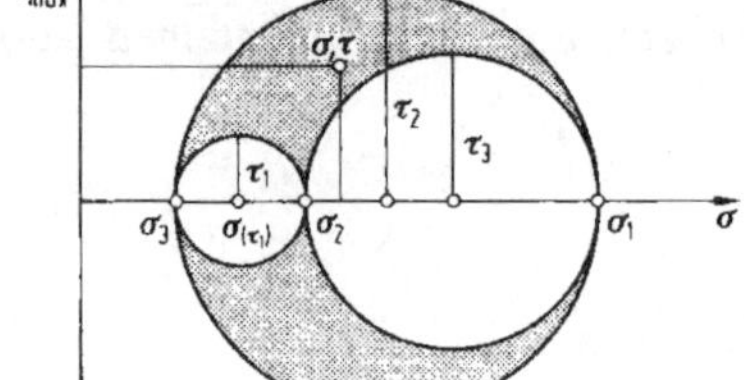


**Abb. 2.5**

**Beispiel 2.2:** Der Spannungszustand in einem Punkt sei im $x_1$, $x_2$, $x_3$-Koordinatensystem gegeben durch

$$[\sigma_{ij}] = \begin{bmatrix} 1 & 1 & 3 \\ 1 & 5 & 1 \\ 3 & 1 & 1 \end{bmatrix} \cdot 10^2\,\text{MPa}\,.$$

Man bestimme die Hauptspannungen, die maximale Schubspannung sowie die Hauptrichtungen und zeichne die Mohrschen Kreise.

*Lösung:* Nach (2.19), (2.20) errechnen sich die Hauptspannungen aus

$$\sigma^3 - I_1\sigma^2 - I_2\sigma - I_3 = 0$$

mit den Invarianten

$$\begin{aligned} I_1 &= \sigma_{11} + \sigma_{22} + \sigma_{33} = 7 \cdot 10^2\,\text{MPa}\,, \\ I_2 &= -(\sigma_{11}\sigma_{22} + \sigma_{22}\sigma_{33} + \sigma_{33}\sigma_{11}) + \sigma_{12}^2 + \sigma_{23}^2 + \sigma_{31}^2 \\ &= [-(5+5+1) + 1^2 + 1^2 + 3^2] \cdot 10^4 = 0\,, \\ I_3 &= \det[\sigma_{ij}] = [(5+3+3) - (45+1+1)] \cdot 10^6 \\ &= -36 \cdot 10^6\,\text{MPa}^3\,. \end{aligned}$$

Als Lösungen der kubischen Gleichung erhält man (geordnet nach der Größe)

$$\underline{\underline{\sigma_1 = 6 \cdot 10^2\,\text{MPa}}}\,, \quad \underline{\underline{\sigma_2 = 3 \cdot 10^2\,\text{MPa}}}\,, \quad \underline{\underline{\sigma_3 = -2 \cdot 10^2\,\text{MPa}}}\,.$$

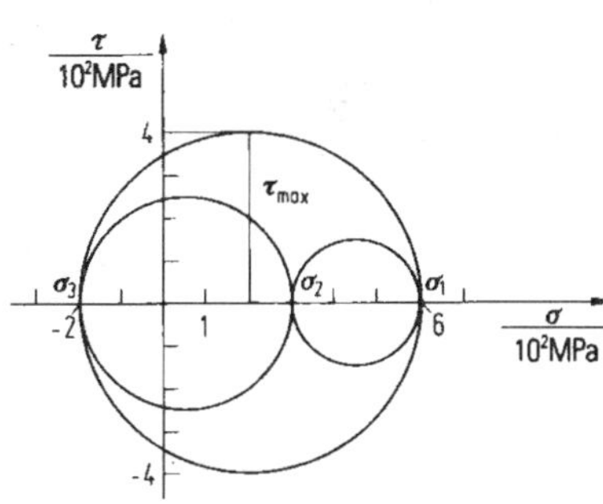


**Abb. 2.6**

Für die maximale Schubspannung folgt daraus

$$\underline{\underline{\tau_{\max}}} = \frac{\sigma_1 - \sigma_3}{2} = \underline{\underline{4 \cdot 10^2\,\text{MPa}}}\,.$$

Damit läßt sich der Spannungszustand durch die Mohrschen Kreise nach Abb. 2.6 darstellen.

Zur Bestimmung der Richtung der Hauptspannung $\sigma_1$ verwenden wir zunächst die ersten beiden Gleichungen von (2.17):

$$\begin{aligned}(1-6)n_1 + n_2 + 3n_3 &= 0\,,\\ n_1 + (5-6)n_2 + n_3 &= 0\,,\end{aligned} \quad \rightarrow \quad \begin{aligned}-5n_1/n_3 + n_2/n_3 &= -3\,,\\ n_1/n_3 - n_2/n_3 &= -1\,.\end{aligned}$$

Hieraus ergeben sich die Verhältnisse $n_1/n_3 = 1$, $n_2/n_3 = 2$. Unter Beachtung der Bedingung, daß der Richtungsvektor den Betrag 1 haben soll, folgt damit

$$\boldsymbol{n}_{(\sigma_1)} = \lambda \begin{bmatrix} n_1/n_3 \\ n_2/n_3 \\ n_3/n_3 \end{bmatrix} = \lambda \begin{bmatrix} 1 \\ 2 \\ 1 \end{bmatrix} \quad \rightarrow \quad \underline{\underline{\boldsymbol{n}_{(\sigma_1)} = \frac{1}{\sqrt{6}} \begin{bmatrix} 1 \\ 2 \\ 1 \end{bmatrix}}}\,.$$

Dabei wurde der Normierungsfaktor $\lambda$ gerade so gewählt, daß sich (wie gefordert) ein Einheitsvektor ergibt. Analog erhält man für die Richtungen von $\sigma_2$ und $\sigma_3$

$$\underline{\underline{\boldsymbol{n}_{(\sigma_2)} = \frac{1}{\sqrt{3}} \begin{bmatrix} 1 \\ -1 \\ 1 \end{bmatrix}}}\,, \quad \underline{\underline{\boldsymbol{n}_{(\sigma_3)} = \frac{1}{\sqrt{2}} \begin{bmatrix} 1 \\ 0 \\ -1 \end{bmatrix}}}\,.$$

Da die Hauptachsenrichtungen senkrecht aufeinander stehen, muß das Skalarprodukt zweier verschiedener Richtungsvektoren verschwinden. Zur Probe bilden wir

$$\boldsymbol{n}_{(\sigma_1)} \cdot \boldsymbol{n}_{(\sigma_2)} = \frac{1}{\sqrt{6}} \frac{1}{\sqrt{3}} (1 - 2 + 1) = 0\,.$$

**Beispiel 2.3:** Die Scheibe (Dicke $t$) nach Abb. 2.7a ist durch eine Einzelkraft $F$ senkrecht zum Rand belastet. Hierdurch werden in der Umgebung der Kraftangriffsstelle die Spannungen

$$\sigma_{11} = -\frac{F}{2\pi t}\frac{\sin\varphi\cos^2\varphi}{r}\,, \qquad \sigma_{22} = -\frac{F}{2\pi t}\frac{\sin^3\varphi}{r}\,,$$

$$\sigma_{12} = -\frac{F}{2\pi t}\frac{\sin^2\varphi\cos\varphi}{r}$$

hervorgerufen. Alle anderen Spannungskomponenten sind Null.

Man bestimme die Spannungskomponenten für das Koordinatensystem $\xi, \eta$ sowie die Hauptspannungen und deren Richtungen.

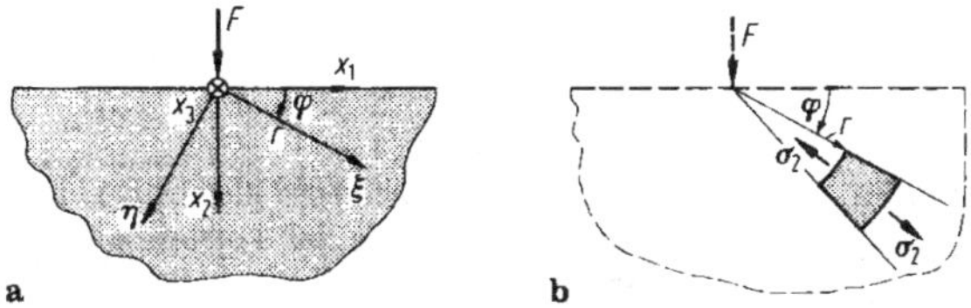


**Abb. 2.7** a b

*Lösung:* Es liegt ein ebener Spannungszustand vor, für den die Transformationsbeziehungen (2.15) zutreffen. Danach ergibt sich

$$\underline{\underline{\sigma_\xi}} = \sigma_{11}\cos^2\varphi + \sigma_{22}\sin^2\varphi + 2\sigma_{12}\sin\varphi\cos\varphi$$

$$= -\frac{F}{2\pi t r}(\sin\varphi\cos^4\varphi + \sin^5\varphi + 2\sin^3\varphi\cos^2\varphi) = \underline{\underline{-\frac{F}{2\pi t}\frac{\sin\varphi}{r}}}\,,$$

$$\underline{\underline{\sigma_\eta}} = \sigma_{11}\sin^2\varphi + \sigma_{22}\cos^2\varphi - 2\sigma_{12}\sin\varphi\cos\varphi$$

$$= -\frac{F}{2\pi t r}(\sin^3\varphi\cos^2\varphi + \sin^3\varphi\cos^2\varphi - 2\sin^3\varphi\cos^2\varphi) = \underline{\underline{0}}\,,$$

$$\underline{\underline{\tau_{\xi\eta}}} = -(\sigma_{11} - \sigma_{22})\sin\varphi\cos\varphi + \sigma_{12}(\cos^2\varphi - \sin^2\varphi)$$

$$= -\frac{F}{2\pi t r}[-(\sin\varphi\cos^2\varphi - \sin^3\varphi)\sin\varphi\cos\varphi$$
$$+ \sin^2\varphi\cos\varphi(\cos^2\varphi - \sin^2\varphi)] = \underline{\underline{0}}\,.$$

Da die Schubspannung $\tau_{\xi\eta}$ verschwindet, sind $\sigma_\xi$ und $\sigma_\eta$ Hauptspannungen (Abb. 2.7b):

$$\underline{\underline{\sigma_1}} = \sigma_\eta = \underline{\underline{0}}\,, \quad \underline{\underline{\sigma_2}} = \sigma_\xi = \underline{\underline{-\frac{F}{2\pi t}\frac{\sin\varphi}{r}}}\,.$$

Hiernach sind die Hauptachsen an jeder Stelle radial vom Kraftangriffspunkt bzw. senkrecht dazu gerichtet. In radialen Schnitten ist die Spannung Null, in Schnitten senkrecht dazu betragsmäßig am größten. Für $r \to 0$ wachsen die Spannungen $\sigma_\xi$ unbeschränkt an (Spannungssingularität).

### 2.1.4 Hydrostatischer Spannungszustand, Deviator

Einen Spannungszustand der Art

$$\boldsymbol{\sigma} = \begin{bmatrix} \sigma_0 & 0 & 0 \\ 0 & \sigma_0 & 0 \\ 0 & 0 & \sigma_0 \end{bmatrix} \quad \text{bzw.} \quad \sigma_{kl} = \sigma_0\, \delta_{kl} \tag{2.25}$$

nennt man *hydrostatischen Spannungszustand*. In diesem Fall sind die drei Normalspannungen gleich und zugleich Hauptspannungen. Aus (2.14) mit (2.13) erhält man dann

$$\begin{aligned} \sigma_{i'j'} &= \sigma_{kl}\, a_{i'k}\, a_{j'l} = \sigma_0\, \delta_{kl}\, a_{i'k}\, a_{j'l} \\ &= \sigma_0\, a_{i'l}\, a_{j'l} = \sigma_0\, \boldsymbol{e}'_i \cdot \boldsymbol{e}'_j = \sigma_0\, \delta_{ij}\,. \end{aligned}$$

Dies bedeutet, daß die Normalspannungen unabhängig von der Achsenrichtung immer die gleiche Größe $\sigma_0$ haben, während die Schubspannungen in jedem Schnitt verschwinden. Demzufolge existiert hier kein ausgezeichnetes Achsensystem; vielmehr ist jedes beliebige System ein Hauptachsensystem.

Im weiteren wollen wir einen beliebigen Spannungstensor $\sigma_{ij}$ additiv zerlegen. Zu diesem Zweck führen wir mit

$$\sigma_m = \frac{\sigma_{11} + \sigma_{22} + \sigma_{33}}{3} = \frac{\sigma_{kk}}{3} \tag{2.26}$$

die *mittlere Normalspannung* ein. Damit läßt sich der Spannungstensor folgendermaßen aufspalten:

$$\begin{aligned} \begin{bmatrix} \sigma_{11} & \sigma_{12} & \sigma_{13} \\ \sigma_{21} & \sigma_{22} & \sigma_{23} \\ \sigma_{31} & \sigma_{32} & \sigma_{33} \end{bmatrix} &= \begin{bmatrix} \sigma_m & 0 & 0 \\ 0 & \sigma_m & 0 \\ 0 & 0 & \sigma_m \end{bmatrix} + \begin{bmatrix} \sigma_{11} - \sigma_m & \sigma_{12} & \sigma_{13} \\ \sigma_{21} & \sigma_{22} - \sigma_m & \sigma_{23} \\ \sigma_{31} & \sigma_{32} & \sigma_{33} - \sigma_m \end{bmatrix} \\ &= \begin{bmatrix} \sigma_m & 0 & 0 \\ 0 & \sigma_m & 0 \\ 0 & 0 & \sigma_m \end{bmatrix} + \begin{bmatrix} s_{11} & s_{12} & s_{13} \\ s_{21} & s_{22} & s_{23} \\ s_{31} & s_{32} & s_{33} \end{bmatrix}. \end{aligned} \tag{2.27}$$

Dies läßt sich mit (2.26) kurz schreiben als

$$\sigma_{ij} = \frac{\sigma_{kk}}{3}\,\delta_{ij} + s_{ij}\,. \tag{2.28}$$

Der erste Anteil beschreibt einen hydrostatischen Spannungszustand infolge der mittleren Spannung $\sigma_m$, während der zweite die „Abweichung" hiervon darstellt. Man nennt $\sigma_m\delta_{ij}$ den *Kugeltensor* und $s_{ij} = \sigma_{ij} - \sigma_m\delta_{ij}$ den *Spannungsdeviator*.

Der Deviator $s_{ij}$ ist wie der Spannungstensor $\sigma_{ij}$ ein symmetrischer Tensor 2. Stufe.Wir können deshalb alle Eigenschaften, die wir bei $\sigma_{ij}$ kennengelernt haben, sinngemäß auf $s_{ij}$ übertragen. So existiert für den Deviator ein Hauptachsensystem. Dieses stimmt mit demjenigen des Spannungstensors $\sigma_{ij}$ überein, da der hydrostatische Spannungszustand über keine ausgezeichneten Richtungen verfügt. Daneben hat der Deviator Invarianten, die wir mit $J_1$, $J_2$, $J_3$ bezeichnen. Man erhält zum Beispiel für die 1. und die 2. Invariante des Deviators (vgl. (2.20))

$$\begin{aligned}
J_1 &= s_{ii} = (\sigma_{11} - \sigma_m) + (\sigma_{22} - \sigma_m) + (\sigma_{33} - \sigma_m) = 0\,,\\
J_2 &= \frac{1}{2} s_{ij} s_{ij}\\
&= \frac{1}{6}\left[(\sigma_{11} - \sigma_{22})^2 + (\sigma_{22} - \sigma_{33})^2 + (\sigma_{33} - \sigma_{11})^2\right]\\
&\quad + \sigma_{12}^2 + \sigma_{23}^2 + \sigma_{31}^2\\
&= \frac{1}{6}\left[(\sigma_1 - \sigma_2)^2 + (\sigma_2 - \sigma_3)^2 + (\sigma_3 - \sigma_1)^2\right]\,.
\end{aligned} \tag{2.29}$$

Letztere spielt eine besondere Rolle bei der Formulierung von Stoffgesetzen in der Plastomechanik.

**Beispiel 2.4:** Für den Spannungszustand des Beispiels 2.2 bestimme man den Spannungsdeviator und dessen 2. Invariante.

*Lösung:* Mit der mittleren Spannung

$$\sigma_m = \frac{\sigma_{11} + \sigma_{22} + \sigma_{33}}{3} = \frac{1 + 5 + 1}{3} \cdot 10^2 = \frac{7}{3} \cdot 10^2\,\text{MPa}$$

ergibt sich für den Spannungsdeviator

$$[s_{ij}] = \begin{bmatrix} \sigma_{11}-\sigma_m & \sigma_{12} & \sigma_{13} \\ \sigma_{21} & \sigma_{22}-\sigma_m & \sigma_{23} \\ \sigma_{31} & \sigma_{32} & \sigma_{33}-\sigma_m \end{bmatrix}$$

$$= \begin{bmatrix} -\frac{4}{3} & 1 & 3 \\ 1 & \frac{8}{3} & 1 \\ 3 & 1 & -\frac{4}{3} \end{bmatrix} \cdot 10^2\,\text{MPa}\,.$$

Die Invariante $J_2$ berechnen wir nach (2.29) zweckmäßig mit Hilfe der in Beispiel 2.2 ermittelten Hauptspannungen:

$$\underline{\underline{J_2}} = \frac{1}{6}\left[(\sigma_1-\sigma_2)^2+(\sigma_2-\sigma_3)^2+(\sigma_3-\sigma_1)^2\right]$$
$$= \frac{1}{6}\left[(6-3)^2+(3+2)^2+(-2-6)^2\right]\cdot 10^4$$
$$= \underline{\underline{\frac{49}{3}\cdot 10^4\,\text{MPa}^2}}\,.$$

### 2.1.5 Gleichgewichtsbedingungen

Die Gleichgewichtsbedingungen wurden für einen räumlichen Spannungszustand schon in Band 2, Abschnitt 2.3 angegeben, wobei dort auf eine Herleitung verzichtet wurde. Diese kann auf unterschiedliche Weise erfolgen. Eine Möglichkeit besteht in der Gleichgewichtsbetrachtung an einem infinitesimalen Element (vgl. Band 2, Abschn. 2.3). Ein anderer möglicher Ausgangspunkt ist die Formulierung der Gleichgewichtsbedingungen für ein beliebiges, aus dem Körper geschnittenes, endliches Teilvolumen $V$ mit der Oberfläche $A$ (Abb. 2.8a). Dieses ist durch eine Volumenkraft $f_i$ und eine Oberflächenbelastung (Spannungsvektor) $t_i$ belastet. Damit der Körper im Gleichgewicht ist, muß die Summe der äußeren Kräfte verschwinden:

$$\int_A t_i \mathrm{d}A + \int_V f_i \mathrm{d}V = 0\,.$$

Mit der Cauchyschen Formel (2.12) folgt daraus zunächst

$$\int_A \sigma_{ji} n_j \mathrm{d}A + \int_V f_i \mathrm{d}V = 0\,.$$

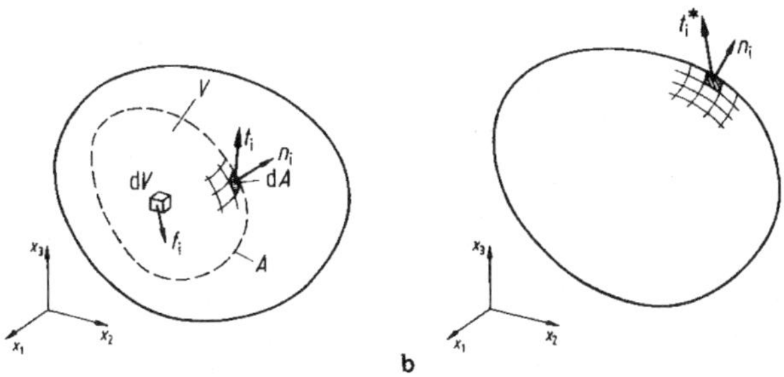


**Abb. 2.8** a b

Das Oberflächenintegral können wir mit dem Gaußschen Satz in ein Volumenintegral umformen. Dabei wollen wir von nun an die partielle Ableitung einer Funktion, z.B. $g(x_1, x_2, x_3)$, nach $x_i$ symbolisch durch den Index „$i$" hinter einem Komma kennzeichnen: $\partial g/\partial x_i = g_{,i}$. Damit gilt

$$\int_A \sigma_{ji} n_j \mathrm{d}A = \int_V \frac{\partial \sigma_{ji}}{\partial x_j} \mathrm{d}V \qquad \text{bzw.} \qquad \int_A \sigma_{ji} n_j \mathrm{d}A = \int_V \sigma_{ji,j} \mathrm{d}V\,.$$

Fassen wir noch die Volumenintegrale zusammen, so erhalten wir schließlich

$$\int_V (\sigma_{ji,j} + f_i) \mathrm{d}V = 0\,.$$

Diese Beziehung kann für ein beliebiges Volumen $V$ nur dann erfüllt sein, wenn der Integrand verschwindet:

$$\boxed{\sigma_{ji,j} + f_i = 0}\,. \tag{2.30a}$$

Dies sind die Gleichgewichtsbedingungen; ausgeschrieben lauten sie

$$\begin{aligned}
\frac{\partial \sigma_{11}}{\partial x_1} + \frac{\partial \sigma_{21}}{\partial x_2} + \frac{\partial \sigma_{31}}{\partial x_3} + f_1 = 0\,, \\
\frac{\partial \sigma_{12}}{\partial x_1} + \frac{\partial \sigma_{22}}{\partial x_2} + \frac{\partial \sigma_{32}}{\partial x_3} + f_2 = 0\,, \\
\frac{\partial \sigma_{13}}{\partial x_1} + \frac{\partial \sigma_{23}}{\partial x_2} + \frac{\partial \sigma_{33}}{\partial x_3} + f_3 = 0\,.
\end{aligned} \tag{2.30b}$$

Mit (2.30) stehen drei Gleichungen zur Verfügung, aus denen die sechs unabhängigen Spannungskomponenten $\sigma_{ij}$ im allgemeinen nicht bestimmt werden können: das Problem ist statisch unbestimmt.

Die Gleichgewichtsbedingungen gelten für jeden Punkt im Innern des Körpers. Entlang der Oberfläche (Rand) ist häufig die äußere Belastung durch eine gegebene Flächenlast $t_i^*$ vorgeschrieben. Dort muß die Randbedingung $t_i = t_i^*$ erfüllt sein. Mit der Cauchyschen Formel (2.12) erhält man daraus

$$\boxed{\sigma_{ji} n_j = t_i^*} \tag{2.31a}$$

bzw. ausgeschrieben

$$\begin{aligned} \sigma_{11}n_1 + \sigma_{21}n_2 + \sigma_{31}n_3 &= t_1^*\,, \\ \sigma_{12}n_1 + \sigma_{22}n_2 + \sigma_{32}n_3 &= t_2^*\,, \\ \sigma_{13}n_1 + \sigma_{23}n_2 + \sigma_{33}n_3 &= t_3^*\,. \end{aligned} \tag{2.31b}$$

Darin beschreibt der nach außen weisende Normalenvektor $n_j$ die Orientierung der Berandung (Abb. 2.8b). Da durch diese Gleichungen Spannungen am Rand festgelegt werden, bezeichnet man sie auch als *Spannungsrandbedingungen*.

Es ist nicht immer zweckmäßig, die Gleichgewichtsbedingungen in der Formulierung (2.30) mittels kartesischer Koordinaten zu verwenden. Vielmehr ist es bei verschiedenen Problemen sinnvoll, ein anderes – z.B. der Körperform angepaßtes – Koordinatensystem zu benutzen. Als Beispiel hierfür wollen wir die Gleichgewichtsbedingungen für den ebenen Fall in Polarkoordinaten herleiten. Entsprechend den Koordinaten $r, \varphi$ bezeichnen wir dabei die Spannungskomponenten mit $\sigma_r$, $\sigma_\varphi$, $\tau_{r\varphi}$ (Abb. 2.9a). Man nennt $\sigma_r$ die *Radialspannung* und $\sigma_\varphi$ die *Umfangsspannung*. Im weiteren betrachten wir das infinitesimale Element der Dicke $t$ nach Abb. 2.9b, an dessen Seitenflächen die Spannungen und

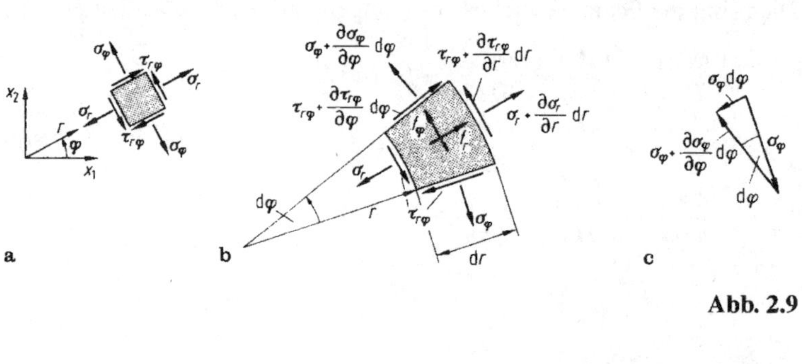

Abb. 2.9

ihre Zuwächse wirken. Beachtet man, daß Glieder höherer Ordnung in der Grenze verschwinden, so erhält man mit $\sin \mathrm{d}\varphi \to \mathrm{d}\varphi$, $\cos \mathrm{d}\varphi \to 1$ aus der Kräftegleichgewichtsbedingung in radialer Richtung (siehe auch Abb. 2.9c)

$$-\sigma_r\, t\, r\, \mathrm{d}\varphi + \left(\sigma_r + \frac{\partial \sigma_r}{\partial r}\mathrm{d}r\right) t\,(r + \mathrm{d}r)\,\mathrm{d}\varphi - \tau_{r\varphi}\, t\, \mathrm{d}r$$

$$+ \left(\tau_{r\varphi} + \frac{\partial \tau_{r\varphi}}{\partial \varphi}\mathrm{d}\varphi\right) t\,\mathrm{d}r - (\sigma_\varphi\, \mathrm{d}\varphi)\, t\, \mathrm{d}r + f_r\, t\, r\, \mathrm{d}\varphi\, \mathrm{d}r = 0$$

bzw.

$$\boxed{\frac{\partial \sigma_r}{\partial r} + \frac{1}{r}\frac{\partial \tau_{r\varphi}}{\partial \varphi} + \frac{1}{r}(\sigma_r - \sigma_\varphi) + f_r = 0}\,. \tag{2.32a}$$

Entsprechend liefert das Kräftegleichgewicht in Umfangsrichtung

$$\boxed{\frac{\partial \tau_{r\varphi}}{\partial r} + \frac{1}{r}\frac{\partial \sigma_\varphi}{\partial \varphi} + \frac{2}{r}\tau_{r\varphi} + f_\varphi = 0}\,. \tag{2.32b}$$

Als Anwendungsfall betrachten wir noch einmal die Spannungen nach Beispiel 2.3. Da die Richtungen von $\xi$ und $\eta$ mit den entsprechenden Richtungen in Polarkoordinaten $(r, \varphi)$ übereinstimmen, gilt

$$\sigma_r = -\frac{F}{2\pi t}\frac{\sin\varphi}{r}\,, \quad \sigma_\varphi = 0\,, \quad \tau_{r\varphi} = 0\,. \tag{2.33}$$

Sie erfüllen mit $f_r = f_\varphi = 0$ die Gleichgewichtsbedingungen (2.32) identisch. Wir wollen noch die Randbedingungen entlang des geraden Randes überprüfen. Da dieser mit Ausnahme der Lastangriffsstelle $(r = 0)$ unbelastet ist, lauten sie für $r \neq 0$

$$\sigma_\varphi|_{\varphi=0,\pi} = 0\,, \qquad \tau_{r\varphi}|_{\varphi=0,\pi} = 0\,.$$

Man erkennt, daß sie durch die Spannungen (2.33) ebenfalls befriedigt werden.

**Beispiel 2.5:** Die Wand eines Staudamms mit dreiecksförmigem Querschnitt ist durch den Wasserdruck ($p = p_u x_2/h$) und durch das Eigengewicht (Volumenkraft $f_2 = \varrho g$) belastet (Abb. 2.10). Dabei treten in der Wand die folgenden Spannungen auf:

$$\begin{aligned}
\sigma_{11} &= -\frac{p_u}{h}\,x_2\,,\\
\sigma_{22} &= \left(\frac{\varrho g}{\tan\alpha} - \frac{2p_u}{h\tan^3\alpha}\right)x_1 + \left(\frac{p_u}{h\tan^2\alpha} - \varrho g\right)x_2\,,\\
\sigma_{33} &= \nu(\sigma_{11}+\sigma_{22})\,,\\
\sigma_{12} &= -\frac{p_u}{h\tan^2\alpha}\,x_1\,, \qquad \sigma_{23} = \sigma_{31} = 0\,.
\end{aligned}$$

Man überprüfe, daß die Gleichgewichtsbedingungen sowie die Randbedingungen entlang der Ränder $\overline{AB}$ und $\overline{AC}$ erfüllt sind.

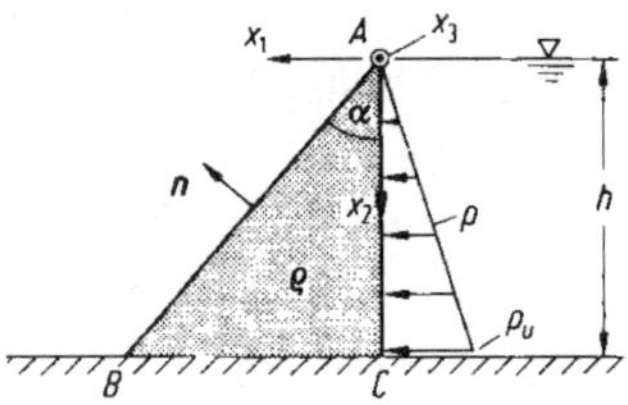


**Abb. 2.10**

*Lösung:* Mit $f_1 = f_3 = 0$ sind die erste und die dritte Gleichgewichtsbedingung (2.30) identisch erfüllt, da die entsprechenden Ableitungen alle Null sind. Die zweite Gleichgewichtsbedingung liefert

$$-\frac{p_u}{h\tan^2\alpha} + \left(\frac{p_u}{h\tan^2\alpha} - \varrho g\right) + 0 + \varrho g = 0\,;$$

sie ist also ebenfalls erfüllt.

Der Rand $\overline{AB}$ ist unbelastet: $t_1^* = t_2^* = t_3^* = 0$. Er wird durch die Geradengleichung $x_2 = x_1\cot\alpha$ beschrieben, und die Komponenten des nach außen weisenden Normalenvektors lauten

$$n_1 = \cos\alpha\,,\quad n_2 = \cos(90^\circ + \alpha) = -\sin\alpha\,,\quad n_3 = 0\,.$$

Damit ist die dritte Gleichung (2.31) identisch erfüllt. Die ersten beiden liefern die Randbedingungen

$$\sigma_{11}\cos\alpha - \sigma_{21}\sin\alpha = 0\,,\quad \sigma_{12}\cos\alpha - \sigma_{22}\sin\alpha = 0\,.$$

Durch Einsetzen erhält man daraus

$$-\frac{p_u}{h}\,x_1\cot\alpha\cos\alpha+\frac{p_u}{h\tan^2\alpha}\,x_1\sin\alpha=0\,,$$

$$-\frac{p_u}{h\tan^2\alpha}\,x_1\cos\alpha-\left[\left(\frac{\varrho g}{\tan\alpha}-\frac{2p_u}{h\tan^3\alpha}\right)x_1 +\left(\frac{p_u}{h\tan^2\alpha}-\varrho g\right)x_1\cot\alpha\right]\sin\alpha=0\,.$$

Diese Randbedingungen werden also ebenfalls befriedigt.

Der Rand $\overline{AC}\,(x_1 = 0)$ ist durch die äußere Last $t_1^* = p$, $t_2^* = t_3^* = 0$ belastet. Für ihn gilt $n_1 = -1$, $n_2 = n_3 = 0$. Damit lauten die Randbedingungen dort

$$\sigma_{11}=-p\,,\quad \sigma_{12}=0\,,\quad \sigma_{13}=0\,.$$

Sie werden durch die gegebenen Spannungen erfüllt.

Es sei angemerkt, daß die gegebenen Spannungen einen ebenen Verzerrungszustand beschreiben (vgl. Abschn. 2.5.1). Die Konstante $\nu$ ist die Querkontraktionszahl.

## 2.2 Deformation und Verzerrung

Aus Band 2, Abschnitt 3.1 wissen wir, daß die Kinematik eines deformierbaren Festkörpers durch die Verschiebungen und die Verzerrungen beschrieben werden kann. Wir wollen hier auf diese Größen näher eingehen und sie auf den dreidimensionalen Fall erweitern.

### 2.2.1 Allgemeines

Wir betrachten nach Abb. 2.11 einen Körper $K$ zunächst in seinem *undeformierten Ausgangszustand*. Einen beliebigen materiellen Punkt (Partikel) $P$ kennzeichnen wir dort durch den Ortsvektor $\boldsymbol{X}$. Da hierdurch jeder materielle Punkt durch seine Koordinaten $X_i$ im Ausgangszustand festgelegt ist, nennt man die $X_i$ *materielle Koordinaten*. Bei einer Deformation geht der undeformierte Körper $K$ in den deformierten Körper $K'$ über. Dabei erfährt ein Partikel $P$ eine Verschiebung $\boldsymbol{u}$ und befindet sich dann, im *deformierten Zustand*, am Ort $P'$. Dieser ist durch den

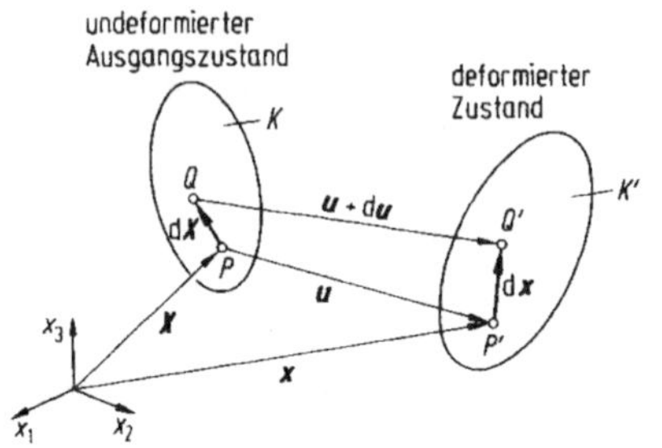


**Abb. 2.11**

Ortsvektor $\boldsymbol{x}$ bzw. die *Ortskoordinaten* $x_i$ festgelegt. Damit gilt allgemein

$$\boldsymbol{x} - \boldsymbol{X} = \boldsymbol{u} \qquad \text{bzw.} \qquad x_i - X_i = u_i\,. \tag{2.34}$$

Die Beschreibung der Lageänderung kann nun auf zwei verschiedene Arten erfolgen. In der *Lagrangeschen Beschreibung* (J.L. Lagrange, 1736–1813) wird die „Bewegung“ (Lageänderung) eines materiellen Teilchens $\boldsymbol{X}$ verfolgt. Sein Ort im deformierten Zustand und seine Verschiebung sind gegeben durch

$$\boldsymbol{x} = \boldsymbol{x}(\boldsymbol{X})\,, \quad \boldsymbol{u} = \boldsymbol{u}(\boldsymbol{X}) \text{ bzw. } x_i = x_i(X_j)\,, \quad u_i = u_i(X_j)\,. \tag{2.35}$$

Als unabhängige Veränderliche treten hier die materiellen Koordinaten $X_1$, $X_2$, $X_3$ auf. In der *Eulerschen Beschreibung* wird dagegen der „Zustand“ in einem Raumpunkt $\boldsymbol{x}$ betrachtet. In der deformierten Lage befindet sich dort ein bestimmtes Partikel, das eine bestimmte Verschiebung erfahren hat:

$$\boldsymbol{X} = \boldsymbol{X}(\boldsymbol{x})\,, \quad \boldsymbol{u} = \boldsymbol{u}(\boldsymbol{x}) \text{ bzw. } X_i = X_i(x_j)\,, \quad u_i = u_i(x_j)\,. \tag{2.36}$$

Die unabhängigen Variablen sind in diesem Fall die Ortskoordinaten $x_1$, $x_2$, $x_3$. Während die Eulersche Darstellung insbesondere in der Strömungsmechanik Verwendung findet (vgl. Abschn. 1.3.1), wird die Lagrangesche Darstellung in der Elastomechanik bevorzugt. Wir werden deshalb hier von der Lagrangeschen Beschreibung (2.35) ausgehen.

Im weiteren betrachten wir nach Abb. 2.11 ein materielles Linienelement $\overline{PQ}$, das im undeformierten Ausgangszustand durch den Vektor $\mathrm{d}\boldsymbol{X}$ beschrieben wird. Dieses geht bei der Deformation durch Streckung und Drehung in das Element $\overline{P'Q'}$ über, das durch den Vektor $\mathrm{d}\boldsymbol{x}$ gekennzeichnet ist. Die Änderung $\mathrm{d}\boldsymbol{x} - \mathrm{d}\boldsymbol{X}$ des Elementes ist durch die Verschiebungsdifferenz $\mathrm{d}\boldsymbol{u}$ der Punkte $P$ und $Q$ gegeben:

$$\mathrm{d}\boldsymbol{x} - \mathrm{d}\boldsymbol{X} = \mathrm{d}\boldsymbol{u} \qquad \text{bzw.} \qquad \mathrm{d}x_i - \mathrm{d}X_i = \mathrm{d}u_i\,. \tag{2.37}$$

Letztere kann unter Beachtung von (2.35) in Indexschreibweise durch

$$\begin{aligned} \mathrm{d}u_i &= \frac{\partial u_i}{\partial X_1}\mathrm{d}X_1 + \frac{\partial u_i}{\partial X_2}\mathrm{d}X_2 + \frac{\partial u_i}{\partial X_3}\mathrm{d}X_3 \\ &= \frac{\partial u_i}{\partial X_j}\mathrm{d}X_j = H_{ij}\mathrm{d}X_j \end{aligned} \tag{2.38}$$

ausgedrückt werden (vollständiges Differential). Darin ist

$$H_{ij} = \frac{\partial u_i}{\partial X_j} \tag{2.39}$$

der *Verschiebungsgradient*. Bezieht man die Verschiebungsänderung $\mathrm{d}u_i$ auf die Ausgangslänge $\mathrm{d}S = |\mathrm{d}\boldsymbol{X}|$, so erhält man mit $n_j = \mathrm{d}X_j/\mathrm{d}S$ schließlich

$$\frac{\mathrm{d}u_i}{\mathrm{d}S} = H_{ij}n_j\,. \tag{2.40}$$

Die auf die Ausgangslänge bezogene Relativverschiebung benachbarter Punkte wird danach vollständig durch den Verschiebungsgradienten beschrieben. Die linearen Vektorgleichungen (2.38) bzw. (2.40) kennzeichnen $H_{ij}$ als Tensor 2. Stufe.

Wie schon erwähnt, werden durch $\mathrm{d}u_i$ und folglich durch den Verschiebungsgradienten die Längenänderung (Streckung) und die Drehung eines Linienelementes beschrieben. Mit $H_{ij}$ steht damit ein *Verzerrungsmaß* zur Verfügung, das es ermöglicht, den Deformationszustand zu charakterisieren. Eine andere Möglichkeit, ein Verzerrungsmaß einzuführen, besteht darin, anstelle von (2.37) die Differenz der Längenquadrate $\mathrm{d}s^2 - \mathrm{d}S^2$ zu betrachten. Dies kann insbesondere bei großen Deformationen zweckmäßig sein. Hierauf sei jedoch nicht näher eingegangen.

### 2.2.2 Infinitesimaler Verzerrungstensor

Nach (2.35) werden die Veschiebungen als Funktionen der materiellen Koordinaten ausgedrückt: $u_i = u_i(X_j)$. Dies kann auch in der impliziten Form $u_i = u_i(x_k(X_j))$ mit $x_k = X_k + u_k$ erfolgen. Für den Verschiebungsgradienten erhält man damit

$$H_{ij} = \frac{\partial u_i}{\partial X_j} = \frac{\partial u_i}{\partial x_k}\frac{\partial x_k}{\partial X_j} = \frac{\partial u_i}{\partial x_k}\left(\delta_{kj} + \frac{\partial u_k}{\partial X_j}\right). \tag{2.41}$$

Für sehr viele technische Anwendungen kann man den Verschiebungsgradienten als klein voraussetzen: $\partial u_k/\partial X_j \ll 1$. Der zweite Ausdruck in der runden Klammer ist dann vernachlässigbar, und es ergibt sich

$$H_{ij} = \frac{\partial u_i}{\partial X_j} = \frac{\partial u_i}{\partial x_j}. \tag{2.42}$$

In diesem Fall brauchen wir nicht zwischen materiellen Koordinaten und Raumkoordinaten zu unterscheiden. Da wir uns auf diesen Fall beschränken, fassen wir deshalb von nun an die Verschiebungen (wie schon in Band 2) als Funktionen der Koordinaten $x_1, x_2, x_3$ auf: $u_i = u_i(x_j)$. Der Verschiebungsgradient ist damit durch $H_{ij} = u_{i,j}$ gegeben, wobei der Index „$j$" nach dem Komma wieder die Ableitung nach $x_j$ symbolisiert.

Für das weitere ist es zweckmäßig, $H_{ij}$ folgendermaßen in zwei Anteile zu zerlegen:

$$H_{ij} = u_{i,j} = \underbrace{\frac{1}{2}(u_{i,j} + u_{j,i})}_{\varepsilon_{ij}} + \underbrace{\frac{1}{2}(u_{i,j} - u_{j,i})}_{\omega_{ij}} = \varepsilon_{ij} + \omega_{ij}. \tag{2.43}$$

Der zweite Anteil $\omega_{ij} = (u_{i,j} - u_{j,i})/2$ ist antisymmetrisch ($\omega_{ij} = -\omega_{ji}$) und wird als *infinitesimaler Drehtensor* bezeichnet. Seine Matrixdarstellung lautet

$$\boldsymbol{\omega} = \begin{bmatrix} 0 & \omega_{12} & \omega_{13} \\ \omega_{21} & 0 & \omega_{23} \\ \omega_{31} & \omega_{32} & 0 \end{bmatrix} \tag{2.44}$$

mit

$$\begin{aligned}
\omega_{12} = -\omega_{21} &= \frac{1}{2}\left(\frac{\partial u_1}{\partial x_2} - \frac{\partial u_2}{\partial x_1}\right), \\
\omega_{23} = -\omega_{32} &= \frac{1}{2}\left(\frac{\partial u_2}{\partial x_3} - \frac{\partial u_3}{\partial x_2}\right), \\
\omega_{31} = -\omega_{13} &= \frac{1}{2}\left(\frac{\partial u_3}{\partial x_1} - \frac{\partial u_1}{\partial x_3}\right).
\end{aligned} \tag{2.45}$$

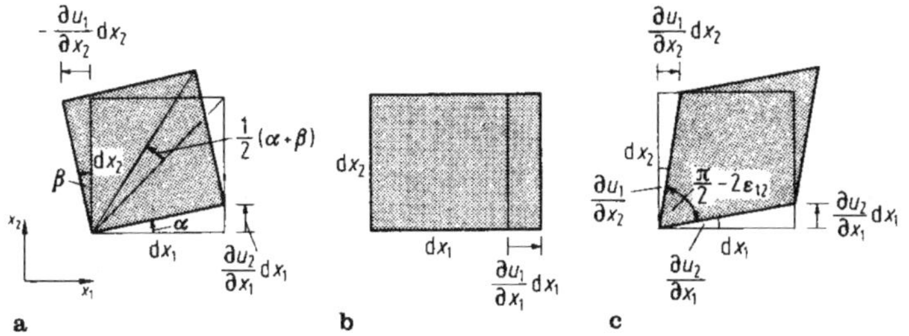


**Abb. 2.12**

Die Komponenten dieses Tensors beschreiben die *Drehung* eines Elements. Man kann dies am Beispiel des Elements nach Abb. 2.12a erkennen. Hierfür liest man unter Beachtung kleiner Deformationen ab: $\alpha = \partial u_2/\partial x_1$, $\beta = -\partial u_1/\partial x_2$. Für den Drehwinkel der Diagonale um die $x_3$-Achse erhält man damit

$$\omega_{21} = \frac{1}{2}(\alpha + \beta) = \frac{1}{2}\left(\frac{\partial u_2}{\partial x_1} - \frac{\partial u_1}{\partial x_2}\right) .$$

Entsprechend werden durch $\omega_{23}$ bzw. $\omega_{31}$ die Drehungen um die $x_1$- bzw. die $x_2$-Achse beschrieben. Da die Drehungen keine Verzerrungen des Elementes bewirken, werden durch sie auch keine Spannungen hervorgerufen. Die Drehkomponenten $\omega_{ij}$ tauchen dementsprechend im Elastizitätsgesetz nicht auf. Wir werden sie deshalb nicht weiter betrachten.

Der erste Anteil in (2.43)

$$\boxed{\varepsilon_{ij} = \frac{1}{2}(u_{i,j} + u_{j,i})} \tag{2.46}$$

ist symmetrisch ($\varepsilon_{ij} = \varepsilon_{ji}$) und heißt *infinitesimaler Verzerrungstensor*. Verwenden wir alternativ die beiden Bezeichnungen $x_1 = x$, $x_2 = y$, $x_3 = z$ für die Achsen und $u_1 = u$, $u_2 = v$, $u_3 = w$ für die Verschiebungskomponenten, so kann er in der Matrixform (vgl. Band 2, Abschn. 3.1)

$$\varepsilon = \begin{bmatrix} \varepsilon_{11} & \varepsilon_{12} & \varepsilon_{13} \\ \varepsilon_{21} & \varepsilon_{22} & \varepsilon_{23} \\ \varepsilon_{31} & \varepsilon_{32} & \varepsilon_{33} \end{bmatrix} = \begin{bmatrix} \varepsilon_x & \frac{1}{2}\gamma_{xy} & \frac{1}{2}\gamma_{xz} \\ \frac{1}{2}\gamma_{yx} & \varepsilon_y & \frac{1}{2}\gamma_{yz} \\ \frac{1}{2}\gamma_{zx} & \frac{1}{2}\gamma_{zy} & \varepsilon_z \end{bmatrix} \tag{2.47}$$

dargestellt werden. Darin sind

$$\varepsilon_{11} = \frac{\partial u_1}{\partial x_1}, \quad \varepsilon_{22} = \frac{\partial u_2}{\partial x_2}, \quad \varepsilon_{33} = \frac{\partial u_3}{\partial x_3} \tag{2.48a}$$

die *Dehnungen* und

$$\begin{aligned} 2\varepsilon_{12} &= \frac{\partial u_1}{\partial x_2} + \frac{\partial u_2}{\partial x_1}, \\ 2\varepsilon_{23} &= \frac{\partial u_2}{\partial x_3} + \frac{\partial u_3}{\partial x_2}, \\ 2\varepsilon_{31} &= \frac{\partial u_3}{\partial x_1} + \frac{\partial u_1}{\partial x_3} \end{aligned} \tag{2.48b}$$

die *Gleitungen* (*Winkeländerungen*). Äquivalent hierzu sind die Darstellungen

$$\begin{aligned} &\varepsilon_x = \frac{\partial u}{\partial x}, \quad \varepsilon_y = \frac{\partial v}{\partial y}, \quad \varepsilon_z = \frac{\partial w}{\partial z}, \\ &\gamma_{xy} = \frac{\partial u}{\partial y} + \frac{\partial v}{\partial x}, \quad \gamma_{yz} = \frac{\partial v}{\partial z} + \frac{\partial w}{\partial y}, \quad \gamma_{zx} = \frac{\partial w}{\partial x} + \frac{\partial u}{\partial z}. \end{aligned} \tag{2.48c}$$

Als Beispiele sind die Verformungen eines Elements aufgrund einer Dehnung $\varepsilon_{11}$ bzw. einer Winkeländerung $2\varepsilon_{12}$ in den Abb. 2.12b,c veranschaulicht. Die Dehnungen und die Winkeländerungen bezeichnet man auch als *Verzerrungen*. Sie sind im Elastizitätsgesetz mit den Spannungen verknüpft.

Wie der Spannungstensor ist auch der Verzerrungstensor ein symmetrischer Tensor 2. Stufe. Wir können deshalb alle Eigenschaften, die wir vom Spannungstensor kennen, sinngemäß auf den Verzerrungstensor übertragen. Dabei brauchen wir nur die Spannungen $\sigma_{ij}$ durch die Verzerrungen $\varepsilon_{ij}$ zu ersetzen. So lautet zum Beispiel die Transformationsbeziehung (vgl. (2.14))

$$\varepsilon_{i'j'} = \varepsilon_{kl}\, a_{i'k}\, a_{j'l}\,. \tag{2.49}$$

Weiterhin existieren drei Invarianten sowie ein Hauptachsensystem mit den zugehörigen *Hauptdehnungen* $\varepsilon_1, \varepsilon_2, \varepsilon_3$.

Dehnungen führen im allgemeinen zu Volumenänderungen. Um sie zu bestimmen, betrachten wir das quaderförmige Element nach Abb. 2.13, das im undeformierten Zustand das Volumen

$$\mathrm{d}V = \mathrm{d}x_1 \mathrm{d}x_2 \mathrm{d}x_3$$

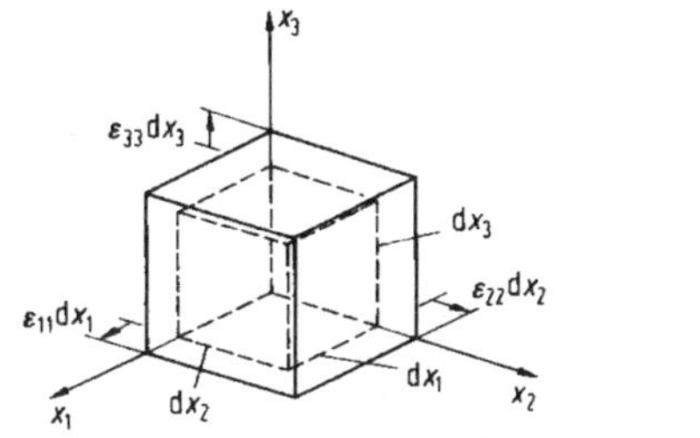


**Abb. 2.13**

hat. Infolge der Dehnungen erfahren seine Kanten die Längenänderungen $\varepsilon_{11}\mathrm{d}x_1$, $\varepsilon_{22}\mathrm{d}x_2$, $\varepsilon_{33}\mathrm{d}x_3$, so daß das Volumen im deformierten Zustand durch

$$\mathrm{d}V + \Delta\mathrm{d}V = (1+\varepsilon_{11})\mathrm{d}x_1(1+\varepsilon_{22})\mathrm{d}x_2(1+\varepsilon_{33})\mathrm{d}x_3$$

gegeben ist. Bezieht man die Volumenänderung $\Delta\mathrm{d}V$ auf das Ausgangsvolumen $\mathrm{d}V$, so erhält man die *Volumenänderung* (*Dilatation*)

$$\varepsilon_v = \frac{\Delta\mathrm{d}V}{\mathrm{d}V} = \varepsilon_{11} + \varepsilon_{22} + \varepsilon_{33} = \varepsilon_{kk}\,. \tag{2.50}$$

Dabei konnten wir wegen $\varepsilon_{ij} \ll 1$ die Produkte der Dehnungen als von höherer Ordnung klein gegenüber den Dehnungen vernachlässigen.

In Abschnitt 2.1.4 haben wir den Spannungstensor additiv in zwei Teile aufgespalten. Dies ist auch beim Verzerrungstensor in manchen Fällen nützlich. Zu diesem Zweck führen wir mit

$$\varepsilon_m = \frac{\varepsilon_v}{3} = \frac{\varepsilon_{11}+\varepsilon_{22}+\varepsilon_{33}}{3} = \frac{\varepsilon_{kk}}{3} \tag{2.51}$$

die *mittlere Dehnung* ein. Damit gilt

$$\begin{aligned}\boldsymbol{\varepsilon} = \begin{bmatrix}\varepsilon_{11} & \varepsilon_{12} & \varepsilon_{13}\\ \varepsilon_{21} & \varepsilon_{22} & \varepsilon_{23}\\ \varepsilon_{31} & \varepsilon_{32} & \varepsilon_{33}\end{bmatrix} &= \begin{bmatrix}\varepsilon_m & 0 & 0\\ 0 & \varepsilon_m & 0\\ 0 & 0 & \varepsilon_m\end{bmatrix} + \begin{bmatrix}\varepsilon_{11}-\varepsilon_m & \varepsilon_{12} & \varepsilon_{13}\\ \varepsilon_{21} & \varepsilon_{22}-\varepsilon_m & \varepsilon_{23}\\ \varepsilon_{31} & \varepsilon_{32} & \varepsilon_{33}-\varepsilon_m\end{bmatrix}\\ &= \begin{bmatrix}\varepsilon_m & 0 & 0\\ 0 & \varepsilon_m & 0\\ 0 & 0 & \varepsilon_m\end{bmatrix} + \begin{bmatrix}e_{11} & e_{12} & e_{13}\\ e_{21} & e_{22} & e_{23}\\ e_{31} & e_{32} & e_{33}\end{bmatrix}\end{aligned} \tag{2.52}$$

oder kurz

$$\varepsilon_{ij} = \frac{\varepsilon_{kk}}{3}\delta_{ij} + e_{ij} \, . \tag{2.53}$$

Der erste Anteil $\varepsilon_{kk}\delta_{ij}/3$ (= Kugeltensor) beschreibt eine reine Volumendehnung. Der zweite Anteil $e_{ij}$ (= Deviator) charakterisiert die Verzerrungen bei konstantem Volumen; er beschreibt die *Gestaltänderung*.

Schon bei den Gleichgewichtsbedingungen (Abschn. 2.1.5) haben wir darauf hingewiesen, daß es zweckmäßig sein kann, anstelle von kartesischen Koordinaten andere Koordinaten zu verwenden. Als Beispiel hierfür wollen wir die kinematischen Beziehungen für den ebenen Fall in Polarkoordinaten $r, \varphi$ angeben:

$$\begin{aligned} \varepsilon_r &= \frac{\partial u_r}{\partial r} \, , \qquad \varepsilon_\varphi = \frac{u_r}{r} + \frac{1}{r}\frac{\partial u_\varphi}{\partial \varphi} \, , \\ \gamma_{r\varphi} &= \frac{1}{r}\frac{\partial u_r}{\partial \varphi} + \frac{\partial u_\varphi}{\partial r} - \frac{u_\varphi}{r} \, . \end{aligned} \tag{2.54}$$

Darin sind $u_r$ bzw. $u_\varphi$ die Verschiebungskomponenten in radialer Richtung bzw. in Umfangsrichtung.

### 2.2.3 Kompatibilitätsbedingungen

Sind die drei Komponenten $u_i$ des Verschiebungsfeldes bekannt, so lassen sich aus ihnen die 6 Verzerrungen nach (2.48) durch Differenzieren bestimmen. Sind umgekehrt die Verzerrungen gegeben, so stehen mit (2.48) 6 Gleichungen für die 3 unbekannten Verschiebungskomponenten zur Verfügung. Sollen die Verschiebungen eindeutig sein, so können demnach die Verzerrungen nicht unabhängig voneinander sein. Man erkennt den Zusammenhang, indem man mit (2.46) (nach zweimaliger Differentiation) zum Beispiel die Ausdrücke

$$\begin{aligned} 2\varepsilon_{12,12} &= u_{1,212} + u_{2,112} \, , \\ 2(\varepsilon_{12,13} + \varepsilon_{13,12}) &= u_{1,213} + u_{2,113} + u_{1,312} + u_{3,112} \end{aligned}$$

bildet. Die Verschiebungsableitungen auf den rechten Seiten kann man nun wieder mit (2.46) durch die Verzerrungen ersetzen. So gilt für die erste Gleichung

$$u_{1,212} + u_{2,112} = (u_{1,1})_{,22} + (u_{2,2})_{,11} = \varepsilon_{11,22} + \varepsilon_{22,11} \, .$$

Sie nimmt damit die Form

$$2\varepsilon_{12,12} = \varepsilon_{11,22} + \varepsilon_{22,11}$$

bzw.

$$\frac{\partial^2 \varepsilon_{11}}{\partial x_2^2} + \frac{\partial^2 \varepsilon_{22}}{\partial x_1^2} = 2\frac{\partial^2 \varepsilon_{12}}{\partial x_1 \partial x_2} \tag{2.55}$$

an. Analog folgt aus der zweiten Gleichung

$$(-\varepsilon_{23,1} + \varepsilon_{13,2} + \varepsilon_{12,3})_{,1} = \varepsilon_{11,23} \,.$$

Durch zyklische Vertauschung der Indizes lassen sich daraus je zwei weitere Gleichungen gewinnen; insgesamt erhält man also

$$\begin{aligned}
\varepsilon_{11,22} + \varepsilon_{22,11} &= 2\varepsilon_{12,12} \,, \quad (-\varepsilon_{23,1} + \varepsilon_{13,2} + \varepsilon_{12,3})_{,1} = \varepsilon_{11,23} \,, \\
\varepsilon_{22,33} + \varepsilon_{33,22} &= 2\varepsilon_{23,23} \,, \quad (-\varepsilon_{31,2} + \varepsilon_{21,3} + \varepsilon_{23,1})_{,2} = \varepsilon_{22,31} \,, \\
\varepsilon_{33,11} + \varepsilon_{11,33} &= 2\varepsilon_{31,31} \,, \quad (-\varepsilon_{12,3} + \varepsilon_{32,1} + \varepsilon_{31,2})_{,3} = \varepsilon_{33,12} \,.
\end{aligned} \tag{2.56}$$

Man nennt diese Beziehungen zwischen den Verzerrungen *Kompatibilitätsbedingungen* oder *Verträglichkeitsbedingungen*. Man kann zeigen, daß sie erfüllt sein müssen, damit die Verzerrungen ein eindeutiges Verschiebungsfeld liefern.

Im ebenen Verzerrungszustand verschwinden die Verzerrungskomponenten $\varepsilon_{13}$, $\varepsilon_{23}$, $\varepsilon_{33}$ sowie die Ableitungen nach $x_3$. Dann verbleibt als Kompatibilitätsbedingung nur noch die Beziehung (2.55).

**Beispiel 2.6:** Ein Balken mit Kreisquerschnitt ist bei $x = 0$ gelagert und wird durch ein Moment $M_0$ auf reine Biegung beansprucht (Abb. 2.14). Dabei treten die Verschiebungen

$$u = -\kappa_B xz \,, \quad v = \kappa_B \nu yz \,, \quad w = \frac{\kappa_B}{2}[x^2 + \nu(z^2 - y^2)]$$

auf, wobei $\kappa_B$ und $\nu$ Konstanten sind.

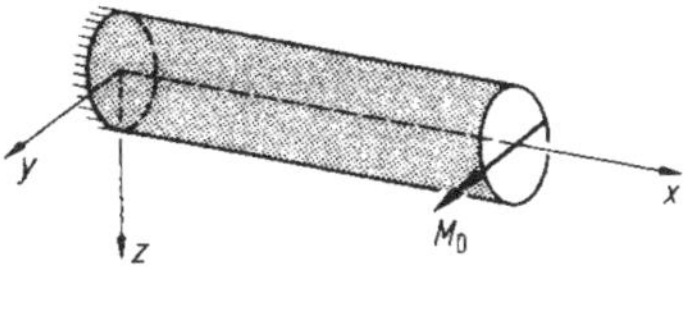


**Abb. 2.14**

Man bestimme die Verzerrungen und prüfe, ob die Kompatibilitätsbedingungen erfüllt sind. Wie ist der Balken gelagert?

*Lösung:* Nach (2.48) erhält man die Verzerrungen

$$\varepsilon_x = -\kappa_B\, z\,, \qquad \varepsilon_y = \kappa_B \nu\, z = -\nu\, \varepsilon_x\,,$$
$$\varepsilon_z = \kappa_B \nu\, z = -\nu\, \varepsilon_x\,, \qquad \gamma_{xy} = \gamma_{yz} = \gamma_{zx} = 0\,.$$

Die Kompatibilitätsbedingungen (2.56) enthalten ausschließlich 2. Ableitungen der Verzerrungen. Da diese hier alle verschwinden, sind sie erfüllt.

An der Stelle $x = 0$ gilt

$$u = 0\,, \quad v = \kappa_B \nu\, y\, z\,, \quad w = \frac{\kappa_B}{2}\nu(z^2 - y^2)\,, \quad w' = \frac{\partial w}{\partial x} = 0\,.$$

Danach ist der Balken an dieser Stelle so „eingespannt", daß zwar $u$ und $w'$ verschwinden, aber die Verschiebungen $v, w$ in $y, z$-Richtung nicht behindert sind.

Es sei angemerkt, daß $\nu$ die Querkontraktionszahl ist. Die Bedeutung von $\kappa_B$ kann man aus der Durchbiegung $w = \kappa_B x^2/2$ der Balkenachse $(y = z = 0)$ bzw. aus ihrer zweiten Ableitung $w'' = \kappa_B = \text{const}$ erkennen. Danach beschreibt $\kappa_B$ die Krümmung der Balkenachse (vgl. Band 2, Gl. (4.32)).

**Beispiel 2.7:** Für einen ebenen Verzerrungszustand lauten die Verzerrungen

$$\varepsilon_{11} = a\, x_1^2\, x_2 - b\, x_2^2\,, \quad \varepsilon_{22} = b\, x_1\, x_2\,, \quad \varepsilon_{12} = c\, x_1\, x_2\,,$$

wobei $a, b$ bekannt sind.

Man bestimme $c$ so, daß die Kompatibilitätsbedingung erfüllt ist. Wie groß sind dann die Verschiebungen?

*Lösung:* Einsetzen der Verzerrungen in die Kompatibilitätsbedingung (2.55) liefert die gesuchte Konstante $c$:

$$\frac{\partial^2 \varepsilon_{11}}{\partial x_2^2} + \frac{\partial^2 \varepsilon_{22}}{\partial x_1^2} = 2\frac{\partial^2 \varepsilon_{12}}{\partial x_1 \partial x_2} \quad \to \quad -2b = 2c \quad \to \quad \underline{\underline{c = -b}}\,.$$

Für die Verschiebungen ergibt sich durch Integration zunächst

$$u_{1,1} = \varepsilon_{11} \quad \to \quad u_1 = \frac{a}{3}x_1^3\, x_2 - b\, x_1\, x_2^2 + f(x_2)\,,$$
$$u_{2,2} = \varepsilon_{22} \quad \to \quad u_2 = \frac{b}{2}x_1\, x_2^2 + g(x_1)\,.$$

Dabei sind $f$ bzw. $g$ beliebige Funktionen von $x_2$ bzw. von $x_1$. Einsetzen in die Beziehung für $\varepsilon_{12}$ nach (2.48c) liefert

$$u_{1,2} + u_{2,1} = 2\,\varepsilon_{12}$$

$$\rightarrow \quad \frac{a}{3}x_1^3 - 2\,b\,x_1\,x_2 + f_{,2} + \frac{b}{2}x_2^2 + g_{,1} = -2\,b\,x_1\,x_2$$

$$\rightarrow \quad \frac{a}{3}x_1^3 + g_{,1} = -\left(\frac{b}{2}x_2^2 + f_{,2}\right).$$

Da die linke Seite nur von $x_1$ und die rechte nur von $x_2$ abhängt, kann diese Gleichung nur dann erfüllt sein, wenn beide Seiten gleich einer Konstanten sind, die wir mit $C_1$ bezeichnen:

$$\frac{a}{3}x_1^3 + g_{,1} = C_1\,, \quad -\frac{b}{2}x_2^2 - f_{,2} = C_1\,.$$

Durch Umformung und anschließende Integration erhält man daraus

$$g_{,1} = -\frac{a}{3}x_1^3 + C_1 \quad \rightarrow \quad g = -\frac{a}{12}x_1^4 + C_1\,x_1 + C_2\,,$$

$$f_{,2} = -\frac{b}{2}x_2^2 - C_1 \quad \rightarrow \quad f = -\frac{b}{6}x_2^3 - C_1\,x_2 + C_3\,.$$

Damit folgen die Verschiebungen

$$\underline{\underline{u_1 = \frac{a}{3}x_1^3\,x_2 - b\,x_1\,x_2^2 - \frac{b}{6}x_2^3 - C_1\,x_2 + C_3}}\,,$$

$$\underline{\underline{u_2 = \frac{b}{2}x_1\,x_2^2 - \frac{a}{12}x_1^4 + C_1\,x_1 + C_2}}\,.$$

Über die Konstanten $C_1$, $C_2$, $C_3$ kann noch frei verfügt werden (Randbedingungen).

## 2.3 Elastizitätsgesetz

### 2.3.1 Hookesches Gesetz

Das mechanische Verhalten eines Materials wird durch ein *Stoffgesetz* beschrieben. Durch dieses werden die Spannungen mit den Verzerrungen verknüpft. Das Stoffgesetz kann nur mit Hilfe von Experimenten (z.B. im Zugversuch) gewonnen werden. Verhält sich dabei ein Material in allen Punkten gleich, so nennt man es *homogen*, anderenfalls *inhomogen*. Sind die Materialeigenschaften von der Richtung unabhängig, so bezeichnet man den Werkstoff als *isotrop*. Dagegen sind die Eigenschaften beim *anisotropen* Material abhängig von der Richtung (z.B. bei faserverstärkten Kunststoffen).

Für viele Werkstoffe stellt man im langsamen (quasistatischen) einachsigen Zugversuch fest, daß einer Dehnung $\varepsilon$ eindeutig eine Spannung $\sigma$ zugeordnet ist: $\sigma = \sigma(\varepsilon)$ (Band 2, Abschn. 1.3). Diese ist unabhängig davon, ob die betreffende Dehnung durch monoton zunehmende Belastung oder durch Entlastung etwa nach einer größeren Deformation erreicht wird, d.h., die Spannung ist unabhängig von der *Deformationsgeschichte*. Sie ist außerdem unabhängig von der Zeit. Ein solches Verhalten nennt man *elastisches Materialverhalten*. Überträgt man dies auf den dreiachsigen Fall, so ist bei elastischem Verhalten einem Verzerrungszustand eindeutig ein Spannungszustand zugeordnet: $\sigma_{ij} = \sigma_{ij}(\varepsilon_{kl})$.

Häufig besteht ein linearer Zusammenhang zwischen Spannungen und Verzerrungen. Dieser wird im einachsigen Fall durch das Hookesche Gesetz

$$\sigma = E\,\varepsilon \tag{2.57}$$

beschrieben, wobei $E$ der Elastizitätsmodul ist. Im dreiachsigen Fall kann die lineare Beziehung zwischen den Spannungs- und den Verzerrungskomponenten durch

$$\boxed{\sigma_{ij} = E_{ijkl}\varepsilon_{kl}} \tag{2.58}$$

ausgedrückt werden. Danach gilt zum Beispiel für die Spannungskomponente $\sigma_{11}$ ausgeschrieben

$$\begin{aligned}\sigma_{11} = {} & E_{1111}\varepsilon_{11} + E_{1112}\varepsilon_{12} + E_{1113}\varepsilon_{13} \\ & + E_{1121}\varepsilon_{21} + E_{1122}\varepsilon_{22} + E_{1123}\varepsilon_{23} \\ & + E_{1131}\varepsilon_{31} + E_{1132}\varepsilon_{32} + E_{1133}\varepsilon_{33}\,.\end{aligned}$$

Die Gleichung (2.58) stellt eine lineare Beziehung (Abbildung) zwischen zwei Tensoren 2. Stufe ($\sigma_{ij}$ und $\varepsilon_{kl}$) dar. Hierdurch ist $E_{ijkl}$ als *Tensor 4. Stufe* gekennzeichnet; er hat $3^4 = 81$ Komponenten. Man bezeichnet $E_{ijkl}$ als *Elastizitätstensor* und seine Komponenten als *Elastizitätskonstanten*. Wegen der Symmetrie von $\sigma_{ij}$ und $\varepsilon_{kl}$ dürfen auch bei $E_{ijkl}$ die Indizes $i, j$ bzw. $k, l$ vertauscht werden: $E_{ijkl} = E_{jikl} = E_{ijlk} = E_{jilk}$. Dementsprechend besitzt der Elastizitätstensor nur 36 voneinander unabhängige Konstanten. Letzteres erkennt man besonders einfach, wenn man die Spannungs-Verzerrungs-Beziehung in der Form

$$\begin{aligned}
\sigma_{11} &= a_{11}\varepsilon_{11} + a_{12}\varepsilon_{22} + a_{13}\varepsilon_{33} + 2a_{14}\varepsilon_{23} + 2a_{15}\varepsilon_{31} + 2a_{16}\varepsilon_{12}\,,\\
\sigma_{22} &= a_{21}\varepsilon_{11} + a_{22}\varepsilon_{22} + \ldots\\
&\vdots
\end{aligned}$$

bzw. in der Matrizenform

$$\begin{bmatrix}\sigma_{11}\\ \sigma_{22}\\ \sigma_{33}\\ \sigma_{23}\\ \sigma_{31}\\ \sigma_{12}\end{bmatrix} = \begin{bmatrix} a_{11} & a_{12} & a_{13} & a_{14} & a_{15} & a_{16}\\ a_{21} & a_{22} & a_{23} & a_{24} & a_{25} & a_{26}\\ a_{31} & a_{32} & a_{33} & a_{34} & a_{35} & a_{36}\\ a_{41} & a_{42} & a_{43} & a_{44} & a_{45} & a_{46}\\ a_{51} & a_{52} & a_{53} & a_{54} & a_{55} & a_{56}\\ a_{61} & a_{62} & a_{63} & a_{64} & a_{65} & a_{66}\end{bmatrix} \begin{bmatrix}\varepsilon_{11}\\ \varepsilon_{22}\\ \varepsilon_{33}\\ 2\varepsilon_{23}\\ 2\varepsilon_{31}\\ 2\varepsilon_{12}\end{bmatrix} \tag{2.59}$$

schreibt. Die Elastizitätskonstanten $a_{ij}$ und $E_{ijkl}$ lassen sich durch Vergleich ineinander überführen. So gelten zum Beispiel $a_{11} = E_{1111}$, $a_{12} = E_{1122}$ oder $a_{16} = (E_{1112}+E_{1121})/2 = E_{1112}$. In Abschnitt 2.3.3 werden wir zeigen, daß die Matrix $a_{ij}$ symmetrisch ist: $a_{ij} = a_{ji}$. Damit gibt es im allgemeinen Fall der Anisotropie 21 unabhängige Elastizitätskonstanten.

### 2.3.2 Isotropie

Ein isotropes Material verhält sich in allen Richtungen gleich. Dies bedeutet, daß sich die Komponenten des Elastizitätstensors $E_{ijkl}$ bei einer Drehung des Koordinatensystems nicht ändern dürfen. Man kann zeigen, daß der einzige Tensor 4. Stufe, der diese Eigenschaft besitzt, durch

$$E_{ijkl} = \lambda\,\delta_{ij}\,\delta_{kl} + \mu(\delta_{ik}\,\delta_{jl} + \delta_{il}\,\delta_{jk}) + \kappa(\delta_{ik}\,\delta_{jl} - \delta_{il}\,\delta_{jk}) \tag{2.60}$$

gegeben ist, wobei $\lambda$, $\mu$, $\kappa$ Konstanten sind. Berücksichtigt man, daß die Indizes $i, j$ bzw. $k, l$ vertauschbar sind, so fällt der zweite Klammerausdruck weg, und es bleibt

$$E_{ijkl} = \lambda\,\delta_{ij}\,\delta_{kl} + \mu(\delta_{ik}\,\delta_{jl} + \delta_{il}\,\delta_{jk})\,. \tag{2.61}$$

Danach sind die Komponenten des Elastizitätstensors durch die zwei unabhängigen elastischen Konstanten $\lambda$ und $\mu$ bestimmt. Einsetzen von (2.61) in (2.58) liefert das Elastizitätsgesetz

$$\sigma_{ij} = \lambda\,\delta_{ij}\,\delta_{kl}\,\varepsilon_{kl} + \mu\,(\delta_{ik}\,\delta_{jl}\,\varepsilon_{kl} + \delta_{il}\,\delta_{jk}\,\varepsilon_{kl}) = \lambda\,\varepsilon_{kk}\,\delta_{ij} + \mu\,(\varepsilon_{ij} + \varepsilon_{ji})$$

$$\rightarrow \quad \boxed{\sigma_{ij} = \lambda\,\varepsilon_{kk}\,\delta_{ij} + 2\mu\,\varepsilon_{ij}}\,. \tag{2.62}$$

Unter Verwendung der Achsenbezeichnungen $x, y, z$ und der Notation $\sigma_x$, $\tau_{xy}$, $\varepsilon_x$, $\gamma_{xy}/2$ etc. an Stelle von $\sigma_{11}$, $\sigma_{12}$, $\varepsilon_{11}$, $\varepsilon_{12}$ etc. lautet es ausgeschrieben

$$\boxed{\begin{aligned} \sigma_x &= \lambda(\varepsilon_x + \varepsilon_y + \varepsilon_z) + 2\mu\,\varepsilon_x\,, & \tau_{xy} &= \mu\gamma_{xy}\,,\\ \sigma_y &= \lambda(\varepsilon_x + \varepsilon_y + \varepsilon_z) + 2\mu\,\varepsilon_y\,, & \tau_{yz} &= \mu\gamma_{yz}\,,\\ \sigma_z &= \lambda(\varepsilon_x + \varepsilon_y + \varepsilon_z) + 2\mu\,\varepsilon_z\,, & \tau_{zx} &= \mu\gamma_{zx}\,. \end{aligned}} \tag{2.63}$$

Die Elastizitätskonstanten $\lambda$ und $\mu$ heißen nach G. Lamé (1795–1870) *Lamésche Konstanten*. Durch Vergleich mit dem Elastizitätsgesetz für die Schubspannung $\tau_{xy} = G\gamma_{xy}$ nach Band 2, Abschnitt 3.2 stellt man fest, daß $\mu$ gleich dem *Schubmodul* $G$ ist: $\mu = G$.

Löst man (2.63) nach den Verzerrungen auf, so ergibt sich (Band 2, Abschn. 3.2)

$$\boxed{\begin{aligned} \varepsilon_x &= \frac{1}{E}[\sigma_x - \nu(\sigma_y + \sigma_z)]\,, & \gamma_{xy} &= \frac{2(1+\nu)}{E}\tau_{xy} = \frac{1}{G}\tau_{xy}\,,\\ \varepsilon_y &= \frac{1}{E}[\sigma_y - \nu(\sigma_z + \sigma_x)]\,, & \gamma_{yz} &= \frac{2(1+\nu)}{E}\tau_{yz} = \frac{1}{G}\tau_{yz}\,,\\ \varepsilon_z &= \frac{1}{E}[\sigma_z - \nu(\sigma_x + \sigma_y)]\,, & \gamma_{zx} &= \frac{2(1+\nu)}{E}\tau_{zx} = \frac{1}{G}\tau_{zx}\,, \end{aligned}} \tag{2.64}$$

wobei $E = \mu(3\lambda + 2\mu)/(\lambda + \mu)$ der Elastizitätsmodul und $\nu = \lambda/2(\lambda + \mu)$ die Querkontraktionszahl (Poissonsche Zahl) sind (vgl. (2.70)). In Indexschreibweise läßt sich (2.64) in der kompakten Form

$$\boxed{\varepsilon_{ij} = \frac{1+\nu}{E}\,\sigma_{ij} - \frac{\nu}{E}\,\sigma_{kk}\,\delta_{ij}} \tag{2.65}$$

schreiben.

Es gibt noch eine weitere Möglichkeit, das Elastizitätsgesetz für ein isotropes Material zu formulieren. Hierzu bilden wir zunächst durch Gleichsetzen der Indizes „$i$" und „$j$" in (2.62) die Spannungssumme:

$$\sigma_{ii} = \lambda\,\varepsilon_{kk}\,3 + 2\,\mu\,\varepsilon_{ii} \quad \rightarrow \quad \sigma_{kk} = (3\lambda + 2\mu)\varepsilon_{kk}\,. \tag{2.66}$$

Dies stellt wegen $\sigma_{kk}/3 = \sigma_m$ und $\varepsilon_{kk} = \varepsilon_v$ (vgl. (2.26), (2.51)) eine Beziehung zwischen der mittleren Spannung und der Volumendehnung dar:

$$\boxed{\sigma_m = K\varepsilon_v} \quad \text{bzw.} \quad \boxed{\sigma_{kk} = 3K\varepsilon_{kk}}\,. \tag{2.67}$$

Die Konstante $K = (3\lambda + 2\mu)/3$ nennt man *Kompressionsmodul*. Wir bilden nun unter Verwendung von (2.62), (2.66) und (2.53) die Deviatorspannungen nach (2.28):

$$\begin{aligned} s_{ij} &= \sigma_{ij} - \frac{\sigma_{kk}}{3}\,\delta_{ij} = \lambda\,\varepsilon_{kk}\,\delta_{ij} + 2\,\mu\,\varepsilon_{ij} - \left(\lambda + \frac{2}{3}\mu\right)\varepsilon_{kk}\,\delta_{ij} \\ &= 2\mu\left(\frac{\varepsilon_{kk}}{3}\,\delta_{ij} + e_{ij}\right) - \frac{2}{3}\mu\,\varepsilon_{kk}\,\delta_{ij} \\ &\rightarrow \quad \boxed{s_{ij} = 2\mu e_{ij}}\,. \end{aligned} \tag{2.68}$$

Die Deviatorspannungen sind danach proportional zu den entsprechenden Deviatorverzerrungen. Mit (2.67) und (2.68) liegt das Elastizitätsgesetz getrennt für die Volumenänderung und für die Gestaltänderung vor.

Aus der direkten Proportionalität von $s_{ij}$ und $e_{ij}$ nach (2.68) folgt, daß die Hauptachsen von $s_{ij}$ und $e_{ij}$ übereinstimmen. Dies trifft dann auch für $\sigma_{ij}$ und $\varepsilon_{ij}$ zu, da deren Hauptachsen jeweils mit denen ihrer

Deviatoren zusammenfallen. Damit kann man (2.64) auch im (gemeinsamen) Hauptachsensystem schreiben:

$$\begin{aligned}\varepsilon_1 &= \frac{1}{E}[\sigma_1 - \nu(\sigma_2 + \sigma_3)]\,,\\ \varepsilon_2 &= \frac{1}{E}[\sigma_2 - \nu(\sigma_3 + \sigma_1)]\,,\\ \varepsilon_3 &= \frac{1}{E}[\sigma_3 - \nu(\sigma_1 + \sigma_2)]\,.\end{aligned} \tag{2.69}$$

Zum Abschluß seien hier einige Beziehungen zwischen den verschiedenen Elastizitätskonstanten zusammengestellt:

$$\begin{aligned}&E = \frac{\mu(3\lambda + 2\mu)}{\lambda + \mu}\,, \quad \nu = \frac{\lambda}{2(\lambda + \mu)}\,, \quad G = \mu = \frac{E}{2(1+\nu)}\,,\\ &K = \lambda + \frac{2}{3}\mu = \frac{E}{3(1-2\nu)}\,, \quad \lambda = \frac{\nu E}{(1+\nu)(1-2\nu)}\,.\end{aligned} \tag{2.70}$$

**Beispiel 2.8:** Für das Beispiel 2.5 sind die Verzerrungen im Punkt $C$ zu bestimmen. Wie groß ist dort die Volumendehnung?

*Lösung:* Im Punkt $C$ ($x_1 = 0$, $x_2 = h$) lauten die Spannungen

$$\begin{aligned}&\sigma_{11} = -p_u\,, \qquad \sigma_{22} = \frac{p_u}{\tan^2\alpha} - \varrho g h\,,\\ &\sigma_{33} = \nu(\sigma_{11} + \sigma_{22})\,, \quad \sigma_{12} = \sigma_{23} = \sigma_{31} = 0\,.\end{aligned}$$

Nach (2.64) erhält man damit für die Verzerrungen

$$\begin{aligned}\varepsilon_{11} &= \frac{1+\nu}{E}\left[-p_u\left(1 - \nu + \frac{\nu}{\tan^2\alpha}\right) + \nu\varrho g h\right],\\ \varepsilon_{22} &= \frac{1+\nu}{E}\left[-p_u\left(\frac{1-\nu}{\tan^2\alpha} + \nu\right) - (1-\nu)\varrho g h\right],\\ \varepsilon_{33} &= \varepsilon_{12} = \varepsilon_{23} = \varepsilon_{31} = 0\,.\end{aligned}$$

Die Volumendehnung folgt daraus zu

$$\begin{aligned}\varepsilon_v &= \varepsilon_{11} + \varepsilon_{22} + \varepsilon_{33} \\ &= \frac{(1+\nu)(1-2\nu)}{E}\left[-p_u\left(1-\frac{1}{\tan^2\alpha}\right) - \varrho g h\right] .\end{aligned}$$

Dieses Ergebnis kann man auch nach (2.67) mit $\sigma_{33} = \nu(\sigma_{11} + \sigma_{22})$ unmittelbar aus den Spannungen erhalten:

$$\begin{aligned}\varepsilon_v &= \frac{\sigma_{kk}}{3K} = \frac{1+\nu}{3K}(\sigma_{11} + \sigma_{22}) \\ &= \frac{(1+\nu)(1-2\nu)}{E}\left[-p_u\left(1-\frac{1}{\tan^2\alpha}\right) - \varrho g h\right] .\end{aligned}$$

### 2.3.3 Formänderungsenergiedichte

Bei der Deformation eines elastischen Körpers leisten die inneren Kräfte (Spannungen) eine Arbeit. Um sie zu bestimmen, betrachten wir das Volumenelement nach Abb. 2.15, bei dem der Übersichtlichkeit halber nur die Belastung durch die Spannung $\sigma_{11}$ dargestellt ist. Eine infinitesimale Dehnungsänderung $\mathrm{d}\varepsilon_{11}$ führt zu einer Verlängerung $\mathrm{d}\varepsilon_{11}\,\mathrm{d}x_1$ der Elementlänge in $x_1$-Richtung. Da man die Kraft $\sigma_{11}\mathrm{d}x_2\mathrm{d}x_3$ bei dieser infinitesimalen Verrückung als konstant ansehen kann, leistet sie dabei die Arbeit $\sigma_{11}\mathrm{d}\varepsilon_{11}\mathrm{d}x_1\mathrm{d}x_2\mathrm{d}x_3$. Entsprechende Arbeitsanteile werden von den anderen Spannungskomponenten bei den zugehörigen Verzerrungsänderungen geleistet. Bezieht man diese Arbeit auf das Volumen $\mathrm{d}x_1\mathrm{d}x_2\mathrm{d}x_3$, so erhält man

$$\begin{aligned}\mathrm{d}W &= \sigma_{11}\mathrm{d}\varepsilon_{11} + \sigma_{12}\mathrm{d}\varepsilon_{12} + \sigma_{13}\mathrm{d}\varepsilon_{13} + \sigma_{21}\mathrm{d}\varepsilon_{21} + \cdots \\ &= \sigma_{ij}\mathrm{d}\varepsilon_{ij} .\end{aligned} \qquad (2.71)$$

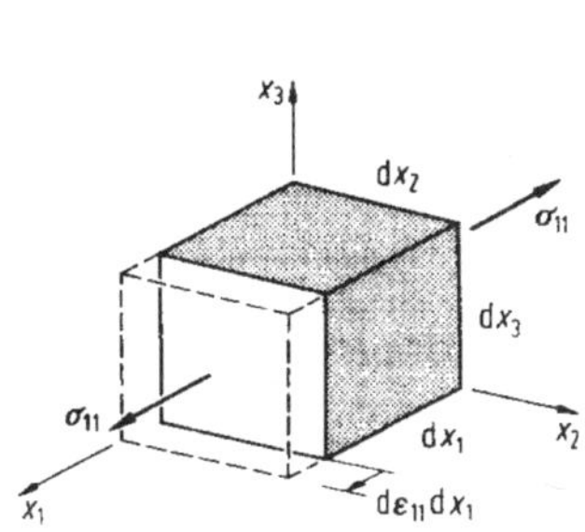


Abb. 2.15

Die gesamte Arbeit (pro Volumeneinheit), die bei einer Deformation von einem verzerrungslosen Ausgangszustand bis zu einem Verzerrungszustand $\varepsilon_{ij}$ geleistet wird, ergibt sich hieraus durch Integration:

$$W = \int_0^{\varepsilon_{ij}} \sigma_{ij} \mathrm{d}\bar{\varepsilon}_{ij} \,. \tag{2.72}$$

Man nennt $W$ die *spezifische Formänderungsarbeit.*

Von einem elastischen Körper fordert man, daß $W$ nur vom aktuellen Verzerrungszustand $\varepsilon_{ij}$ abhängt, also unabhängig davon ist, auf welchem Weg (z.B. durch monoton zunehmende Deformation oder durch Entlastung nach größerer Deformation) dieser erreicht wurde. Dies ist nur dann möglich, wenn im Arbeitsintegral (2.72) der Ausdruck $\sigma_{ij}\mathrm{d}\varepsilon_{ij}$ ein vollständiges Differential ist: $\sigma_{ij}\mathrm{d}\varepsilon_{ij} = \mathrm{d}U$. In diesem Fall folgt aus (2.72) – wie gefordert – $W = \int_0^{\varepsilon_{ij}} \mathrm{d}U = U(\varepsilon_{ij})$. Mit

$$\sigma_{ij}\mathrm{d}\varepsilon_{ij} = \mathrm{d}U = \frac{\partial U}{\partial \varepsilon_{ij}}\mathrm{d}\varepsilon_{ij}$$

ergibt sich dann

$$\boxed{\sigma_{ij} = \frac{\partial U}{\partial \varepsilon_{ij}}} \,. \tag{2.73}$$

Analog zu einer konservativen Kraft lassen sich danach die Spannungen im elastischen Fall aus einem Potential (Energie) ableiten (vgl. Band 1, Abschn. 8.1 und Band 3, Abschn. 1.2.7). Dementsprechend bezeichnet man $U(\varepsilon_{ij})$ als *spezifische Formänderungsenergie* oder *spezifisches elastisches Potential.*

Aufgrund von (2.73) reduziert sich beim linear elastischen Material die Zahl der Elastizitätskonstanten. Bildet man nämlich die zweite Ableitung der Formänderungsenergie und berücksichtigt, daß die Reihenfolge der Differentiationen vertauschbar ist, so ergibt sich

$$\frac{\partial^2 U}{\partial \varepsilon_{ij}\partial \varepsilon_{kl}} = \frac{\partial^2 U}{\partial \varepsilon_{kl}\partial \varepsilon_{ij}} \quad \to \quad \frac{\partial \sigma_{ij}}{\partial \varepsilon_{kl}} = \frac{\partial \sigma_{kl}}{\partial \varepsilon_{ij}} \,.$$

Hieraus folgt mit (2.58) bzw. mit (2.59)

$$E_{ijkl} = E_{klij} \qquad \text{bzw.} \qquad a_{ij} = a_{ji} \,, \tag{2.74}$$

d.h. die Elastizitätsmatrix $a_{ij}$ ist, wie schon in Abschnitt 2.3.1 erwähnt, symmetrisch.

Die Formänderungsenergie für das linear elastische Material läßt sich bestimmen, indem man (2.58) in (2.72) einsetzt. Die Integration liefert als Ergebnis für $U$ eine *homogene quadratische Form* in den Verzerrungen:

$$U = E_{ijkl} \int_0^{\varepsilon_{ij}} \bar{\varepsilon}_{kl} \mathrm{d}\bar{\varepsilon}_{ij} \quad \rightarrow \quad \boxed{U = \frac{1}{2} E_{ijkl} \varepsilon_{kl} \varepsilon_{ij}} \,. \tag{2.75a}$$

Die Richtigkeit dieses Ergebnisses kann man unter Verwendung von (2.74) durch Ableiten prüfen:

$$\begin{aligned} \sigma_{rs} = \frac{\partial U}{\partial \varepsilon_{rs}} &= \frac{1}{2} E_{ijkl} (\delta_{rk} \delta_{sl} \varepsilon_{ij} + \varepsilon_{kl} \delta_{ri} \delta_{sj}) \\ &= \frac{1}{2} (E_{ijrs} \varepsilon_{ij} + E_{rskl} \varepsilon_{kl}) \\ &= \frac{1}{2} (E_{rsij} \varepsilon_{ij} + E_{rsij} \varepsilon_{ij}) = E_{rsij} \varepsilon_{ij} \,. \end{aligned}$$

Setzt man (2.58) in (2.75a) ein, so läßt sich die Formänderungsenergie auch schreiben als

$$\boxed{U = \frac{1}{2} \sigma_{ij} \varepsilon_{ij}} \,. \tag{2.75b}$$

Spaltet man den Spannungs- und den Verzerrungstensor gemäß (2.28), (2.53) auf, so ergibt sich daraus (beachte: $\delta_{ij}\delta_{ij} = \delta_{ii} = 3$)

$$\begin{aligned} U &= \frac{1}{2} \left( \frac{\sigma_{kk}}{3} \, \delta_{ij} + s_{ij} \right) \left( \frac{\varepsilon_{ll}}{3} \, \delta_{ij} + e_{ij} \right) \\ &= \frac{1}{6} \sigma_{kk} \, \varepsilon_{ll} + \frac{1}{2} s_{ij} \, e_{ij} = U_v + U_g \,. \end{aligned} \tag{2.75c}$$

Der erste Anteil $U_v = \sigma_{kk}\varepsilon_{ll}/6 = \sigma_m \varepsilon_v /2$ heißt *Volumenänderungsenergie*, der zweite Anteil $U_g = s_{ij} e_{ij}/2$ *Gestaltänderungsenergie*. Im isotropen Fall erhält man mit (2.67), (2.50), (2.68) und (2.70) für diese Größen

$$U_v = \frac{K}{2}\varepsilon_{kk}\varepsilon_{ll} = \frac{K}{2}\varepsilon_v^2\,, \qquad U_g = G e_{ij} e_{ij}\,. \tag{2.76}$$

Man kann zeigen, daß die Formänderungsenergie (2.75a) positiv definit ist. Das heißt, daß $U$ für jeden beliebigen Verzerrungszustand $\varepsilon_{ij} \neq 0$ größer als Null ist: $U(\varepsilon_{ij}) > 0$. Für beliebige Verzerrungen ist dies nur möglich, wenn sowohl $U_v > 0$ als auch $U_g > 0$ sind. Aus (2.76) ergeben sich damit die folgenden Einschränkungen für die elastischen Konstanten:

$$\left.\begin{aligned} G &= \frac{E}{2(1+\nu)} > 0\,, \\ K &= \frac{E}{3(1-2\nu)} > 0 \end{aligned}\right\} \quad \rightarrow \quad E > 0\,, \ -1 \leq \nu \leq \frac{1}{2}\,. \tag{2.77}$$

Danach sind negative Querkontraktionszahlen durchaus zulässig; sie treten zum Beispiel bei bestimmten Schaumstoffen auf. Bei den meisten Werkstoffen ist $\nu$ allerdings positiv. Für $\nu = 1/2$ ergibt sich $K \to \infty$, d.h. das Material ist dann inkompressibel.

Wir kommen nun nochmals auf das Elastizitätsgesetz in der Form (2.59) zurück, wobei wir beachten, daß die Elastizitätsmatrix symmetrisch ist: $a_{ij} = a_{ji}$. In der praktischen Anwendung hat man es bei anisotropem Materialverhalten meist mit Sonderfällen zu tun, bei denen sich die Zahl der Elastizitätskonstanten weiter verringert. Ein wichtiges Beispiel hierzu ist die *Orthotropie* (orthogonal anisotropes Verhalten), welche durch drei senkrecht aufeinander stehende Vorzugsrichtungen ausgezeichnet ist. Läßt man die Koordinatenachsen mit den Vorzugsachsen zusammenfallen, so lautet das Elastizitätsgesetz in diesem Fall

$$\begin{pmatrix} \sigma_{11} \\ \sigma_{22} \\ \sigma_{33} \\ \sigma_{23} \\ \sigma_{31} \\ \sigma_{12} \end{pmatrix} = \begin{pmatrix} a_{11} & a_{12} & a_{13} & 0 & 0 & 0 \\ a_{12} & a_{22} & a_{23} & 0 & 0 & 0 \\ a_{13} & a_{23} & a_{33} & 0 & 0 & 0 \\ 0 & 0 & 0 & a_{44} & 0 & 0 \\ 0 & 0 & 0 & 0 & a_{55} & 0 \\ 0 & 0 & 0 & 0 & 0 & a_{66} \end{pmatrix} \begin{pmatrix} \varepsilon_{11} \\ \varepsilon_{22} \\ \varepsilon_{33} \\ 2\varepsilon_{23} \\ 2\varepsilon_{31} \\ 2\varepsilon_{12} \end{pmatrix}\,. \tag{2.78}$$

Hier treten 9 unabhängige Elastizitätskonstanten auf. Ein anderes Beispiel ist das Elastizitätsgesetz für das sogenannte *monokline* Material, bei dem 13 unabhängige Konstanten auftreten:

$$\begin{pmatrix} \sigma_{11} \\ \sigma_{22} \\ \sigma_{33} \\ \sigma_{23} \\ \sigma_{31} \\ \sigma_{12} \end{pmatrix} = \begin{pmatrix} a_{11} & a_{12} & a_{13} & 0 & 0 & a_{16} \\ a_{12} & a_{22} & a_{23} & 0 & 0 & a_{26} \\ a_{13} & a_{23} & a_{33} & 0 & 0 & a_{36} \\ 0 & 0 & 0 & a_{44} & a_{45} & 0 \\ 0 & 0 & 0 & a_{45} & a_{55} & 0 \\ a_{16} & a_{26} & a_{36} & 0 & 0 & a_{66} \end{pmatrix} \begin{pmatrix} \varepsilon_{11} \\ \varepsilon_{22} \\ \varepsilon_{33} \\ 2\varepsilon_{23} \\ 2\varepsilon_{31} \\ 2\varepsilon_{12} \end{pmatrix} . \qquad (2.79)$$

Anwendung finden beide Stoffgesetze insbesondere bei faserverstärkten Kunststoffen und bei Laminaten.

### 2.3.4 Temperaturdehnungen

Erfährt ein unbelasteter Körper eine Temperaturänderung $\Delta T$, so führt dies bei einem isotropen Material zu keinen Winkeländerungen sondern nur zu allseitig gleichen Dehnungen, die in erster Näherung proportional zu $\Delta T$ sind (vgl. Band 2, Abschn. 3.2):

$$\varepsilon_{11}^T = \varepsilon_{22}^T = \varepsilon_{33}^T = \alpha_T \Delta T \quad \text{bzw.} \quad \varepsilon_{ij}^T = \alpha_T \Delta T \delta_{ij} \, . \qquad (2.80)$$

Darin ist $\alpha_T$ der *thermische Ausdehnungskoeffizient.* Unterliegt das Material zusätzlich einer mechanischen Beanspruchung durch Spannungen, so folgt die Gesamtverzerrung aus der Summe des mechanischen und des thermischen Anteils. Mit (2.65) lautet dann das Elastizitätsgesetz

$$\boxed{\varepsilon_{ij} = \frac{1+\nu}{E}\sigma_{ij} - \frac{\nu}{E}\sigma_{kk}\,\delta_{ij} + \alpha_T \Delta T \delta_{ij}} \qquad (2.81a)$$

bzw. ausgeschrieben

$$\begin{aligned} \varepsilon_x &= \frac{1}{E}[\sigma_x - \nu(\sigma_y + \sigma_z)] + \alpha_T \Delta T \, , \quad \gamma_{xy} = \frac{2(1+\nu)}{E}\tau_{xy} = \frac{1}{G}\tau_{xy} \, , \\ \varepsilon_y &= \frac{1}{E}[\sigma_y - \nu(\sigma_z + \sigma_x)] + \alpha_T \Delta T \, , \quad \gamma_{yz} = \frac{2(1+\nu)}{E}\tau_{yz} = \frac{1}{G}\tau_{yz} \, , \\ \varepsilon_z &= \frac{1}{E}[\sigma_z - \nu(\sigma_x + \sigma_y)] + \alpha_T \Delta T \, , \quad \gamma_{zx} = \frac{2(1+\nu)}{E}\tau_{zx} = \frac{1}{G}\tau_{zx} \, . \end{aligned} \qquad (2.81b)$$

Wenn das Material anisotrop ist, dann gilt für die Temperaturdehnungen allgemein

$$\varepsilon_{ij}^T = \alpha_{ij}^T \Delta T \,. \tag{2.82}$$

Hier sind die Koeffizienten $\alpha_{ij}^T$ Komponenten eines Tensors, die aus den drei Hauptwerten $\alpha_1^T$, $\alpha_2^T$, $\alpha_3^T$ für die drei senkrecht aufeinander stehenden Hauptrichtungen bestimmbar sind (vgl. auch Hauptspannungen).

**Beispiel 2.9:** Wie groß sind die Spannungen bzw. die Dehnungen in einem isotropen Körper, der eine Temperaturänderung $\Delta T$ erfährt, für die Fälle
a) $\varepsilon_x = \varepsilon_y = \varepsilon_z = 0$, b) $\varepsilon_x = \varepsilon_y = 0$, $\sigma_z = 0$, c) $\varepsilon_x = 0$, $\sigma_y = \sigma_z = 0$?

*Lösung:* Die gesuchten Spannungen und Dehnungen folgen aus dem Elastizitätsgesetz (2.81):

a) $$\left.\begin{aligned} \sigma_x - \nu(\sigma_y + \sigma_z) &= -E\alpha_T\Delta T \\ \sigma_y - \nu(\sigma_z + \sigma_x) &= -E\alpha_T\Delta T \\ \sigma_z - \nu(\sigma_x + \sigma_y) &= -E\alpha_T\Delta T \end{aligned}\right\} \quad \to \quad \underline{\underline{\sigma_x = \sigma_y = \sigma_z = -\frac{E\alpha_T\Delta T}{1-2\nu}}} \,.$$

b) $$\left.\begin{aligned} \sigma_x - \nu\sigma_y &= -E\alpha_T\Delta T \\ \sigma_y - \nu\sigma_x &= -E\alpha_T\Delta T \\ \varepsilon_z &= -\nu(\sigma_x + \sigma_y)/E + \alpha_T\Delta T \end{aligned}\right\} \quad \to \quad \underline{\underline{\sigma_x = \sigma_y = -\frac{E\alpha_T\Delta T}{1-\nu}}} \,,$$

$$\underline{\underline{\varepsilon_z = \frac{1+\nu}{1-\nu}\,\alpha_T\Delta T}} \,.$$

c) $$\underline{\underline{\sigma_x = -E\alpha_T\Delta T}} \,,$$

$$\left.\begin{aligned} \varepsilon_y &= -\nu\sigma_x/E + \alpha_T\Delta T \\ \varepsilon_z &= -\nu\sigma_x/E + \alpha_T\Delta T \end{aligned}\right\} \quad \to \quad \underline{\underline{\varepsilon_y = \varepsilon_z = (1+\nu)\alpha_T\Delta T}} \,.$$

Für $\nu > 0$ tritt die größte Spannung im Fall a) und die größte Dehnung im Fall b) auf.

## 2.4 Grundgleichungen

Wir wollen an dieser Stelle die Grundgleichungen der linearen Elastizitätstheorie zusammenfassen. Sie bestehen aus den Gleichgewichtsbedingungen (2.30)

$$\sigma_{ij,j} + f_i = 0\,, \tag{2.83a}$$

dem Elastizitätsgesetz (hier für isotropes Material in der Form von Gleichung (2.62))

$$\sigma_{ij} = \lambda\,\varepsilon_{kk}\,\delta_{ij} + 2\mu\,\varepsilon_{ij} \tag{2.83b}$$

und den kinematischen Beziehungen (2.46)

$$\varepsilon_{ij} = \frac{1}{2}(u_{i,j} + u_{j,i})\,. \tag{2.83c}$$

Letztere können auch durch die Kompatibilitätsbedingungen nach Abschnitt 2.2.3 ersetzt werden. Mit (2.83) stehen 15 Gleichungen für die 15 Unbekannten (6 Spannungen, 6 Verzerrungen, 3 Verschiebungen) zur Verfügung. Hinzu kommen die Randbedingungen. Diese können als Spannungsrandbedingungen (2.31)

$$\sigma_{ij} n_j = t_i^* \quad \text{auf} \quad A_t \tag{2.84a}$$

oder als Verschiebungsrandbedingungen

$$u_i = u_i^* \quad \text{auf} \quad A_u \tag{2.84b}$$

gegeben sein. Dabei kennzeichnen der Stern die gegebene Größe und $A_t$ bzw. $A_u$ den Rand, entlang dessen die entsprechende Größe vorgegeben ist.

In verschiedenen Fällen ist es vorteilhaft, die Grundgleichungen entweder nach den Verschiebungen oder nach den Spannungen aufzulösen. So lassen sich durch Einsetzen von (2.83b) und (2.83c) in (2.83a) die Spannungen und die Verzerrungen eliminieren. Man erhält dann die *Verschiebungsdifferentialgleichungen*

$$(\lambda + \mu) u_{j,ji} + \mu\, u_{i,jj} + f_i = 0\,. \tag{2.85}$$

Sie werden auch *Naviersche* oder *Lamésche Gleichungen* genannt (C.L. Navier, 1785–1836). Damit ist das Problem auf 3 Gleichungen für die 3 Verschiebungen reduziert. Die Differentialgleichungen (2.85) sind dafür aber von höherer Ordnung. Sollen die Grundgleichungen nach den Spannungen aufgelöst werden, so muß man anstelle von (2.83c) die Kompatibilitätsbedingungen benutzen. Die sich in diesem Fall ergebenden Gleichungen bezeichnet man als *Spannungsdifferentialgleichungen* oder als *Beltrami-Michell-Gleichungen* (E. Beltrami, 1835–1900; J.H. Michell, 1863–1940). Auf ihre Angabe wollen wir hier verzichten.

Die Lösung eines dreidimensionalen Problems der Elastizitätstheorie ist nur in wenigen Sonderfällen in analytischer Form möglich. Meist können Lösungen nur mit Hilfe numerischer Methoden erzielt werden. Viele technische Aufgabenstellungen lassen sich allerdings als ebene Probleme behandeln. Dann kann eine analytische Lösung noch in vielen Fällen gewonnen werden.

Da die Gleichungen (2.83) linear sind, gilt das Superpositionsprinzip. Sind danach $\sigma_{ij}^{(1)}$, $\varepsilon_{ij}^{(1)}$, $u_i^{(1)}$ und $\sigma_{ij}^{(2)}$, $\varepsilon_{ij}^{(2)}$, $u_i^{(2)}$ jeweils Lösungen von (2.83), so ist auch jede Linearkombination $a\,\sigma_{ij}^{(1)} + b\,\sigma_{ij}^{(2)}$, $a\,\varepsilon_{ij}^{(1)} + b\,\varepsilon_{ij}^{(2)}$, $a\,u_i^{(1)} + b\,u_i^{(2)}$ mit beliebigen Konstanten $a$ und $b$ eine Lösung. Dies kann man in vielen Fällen bei der Behandlung von Problemen ausnutzen.

## 2.5 Ebene Probleme

Wir wollen uns hier mit einigen ebenen Problemen befassen. Dabei beschränken wir uns auf isotropes Material bei konstanter Temperatur.

### 2.5.1 Ebener Spannungszustand und ebener Verzerrungszustand

Ein ebenes Bauteil, dessen Dicke $t$ klein ist gegenüber seinen Abmessungen in der Ebene und das nur durch Kräfte in der Ebene belastet wird, nennt man eine *Scheibe* (Abb. 2.16a). Verwenden wir die in der Abbildung eingezeichneten Koordinaten, so gilt an der unbelasteten oberen bzw. unteren Deckfläche $\sigma_z = \tau_{zx} = \tau_{zy} = 0$. Von diesen Spannungskomponenten können wir in guter Näherung annehmen, daß sie auch im Innern überall klein und vernachlässigbar im Vergleich zu den anderen Spannungskomponenten sind. Wir setzen dementsprechend in der gesamten Scheibe $\sigma_z = \tau_{xz} = \tau_{yz} = 0$. Es bleiben dann nur die Spannungskomponenten $\sigma_x$, $\sigma_y$ und $\tau_{xy}$. Diese hängen nur von $x$ und $y$ ab. Man spricht in diesem Fall von einem *ebenen Spannungszustand* (ESZ).

Die Grundgleichungen des ESZ können wir aus den Gleichungen des dreiachsigen Falles erhalten. So folgen aus (2.64) das Elastizitätsgesetz

$$\varepsilon_x = \frac{1}{E}(\sigma_x - \nu\sigma_y)\,, \quad \varepsilon_y = \frac{1}{E}(\sigma_y - \nu\sigma_x)\,, \quad \gamma_{xy} = \frac{2(1+\nu)}{E}\,\tau_{xy} \tag{2.86a}$$

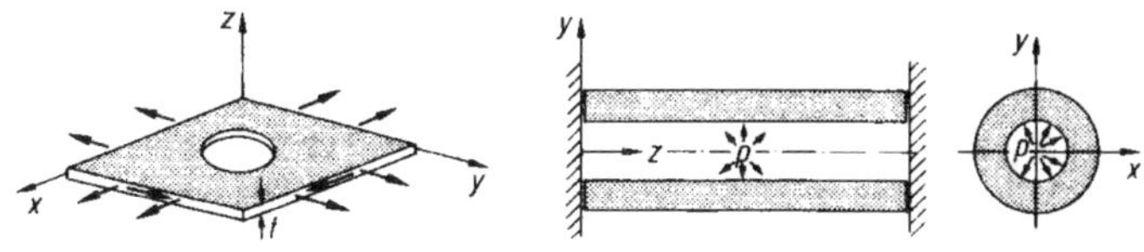


a b

**Abb. 2.16**

sowie $\gamma_{xz} = \gamma_{yz} = 0$ und $\varepsilon_z = -\nu(\sigma_x + \sigma_y)/E = -\frac{\nu}{1-\nu}(\varepsilon_x + \varepsilon_y)$. Letzteres zeigt, daß im ESZ zwar eine Querdehnung $\varepsilon_z$ auftritt, die aber durch $\varepsilon_x, \varepsilon_y$ festgelegt ist. Das Elastizitätsgesetz (2.86a) kann man auch in anderer Form schreiben. Löst man nach den Spannungen auf, dann erhält man

$$\sigma_x = \frac{E}{1-\nu^2}(\varepsilon_x + \nu\,\varepsilon_y)\,, \quad \sigma_y = \frac{E}{1-\nu^2}(\varepsilon_y + \nu\,\varepsilon_x)\,,$$
$$\tau_{xy} = \frac{E}{2(1+\nu)}\,\gamma_{xy}\,. \tag{2.86b}$$

Von den kinematischen Beziehungen (2.84c) werden nur die Gleichungen

$$\varepsilon_x = \frac{\partial u}{\partial x}\,, \quad \varepsilon_y = \frac{\partial v}{\partial y}\,, \quad \gamma_{xy} = \frac{\partial u}{\partial y} + \frac{\partial v}{\partial x} \tag{2.87}$$

benötigt. Die Gleichgewichtsbedingungen (2.30) vereinfachen sich mit $f_z = 0$ zu

$$\frac{\partial \sigma_x}{\partial x} + \frac{\partial \tau_{xy}}{\partial y} + f_x = 0\,, \quad \frac{\partial \tau_{xy}}{\partial x} + \frac{\partial \sigma_y}{\partial y} + f_y = 0\,, \tag{2.88}$$

und die Kompatibilitätsbedingung lautet (vgl. Abschn. 2.2.3)

$$\frac{\partial^2 \varepsilon_x}{\partial y^2} + \frac{\partial^2 \varepsilon_y}{\partial x^2} = \frac{\partial^2 \gamma_{xy}}{\partial x \partial y}\,. \tag{2.89}$$

Ein *ebener Verzerrungszustand* (EVZ) liegt vor, wenn die Verschiebungskomponente $w$ in $z$-Richtung überall Null ist und die beiden anderen Komponenten $u$, $v$ nicht von $z$ abhängen:

$$w = 0\,, \quad u = u(x,y)\,, \quad v = v(x,y)\,. \tag{2.90}$$

Ein solcher Zustand tritt in Bauteilen auf, deren Form und Belastung sich in $z$-Richtung nicht ändert und bei denen eine Längenänderung in

$z$-Richtung durch eine geeignete Lagerung verhindert ist. Ein Beispiel hierfür ist das dickwandige Rohr unter Innendruck $p$ nach Abb. 2.16b, das sich in Längsrichtung nicht ausdehnen kann. Nach (2.84c) werden im EVZ $\varepsilon_z = \gamma_{xz} = \gamma_{yz} = 0$, und für die verbleibenden Verzerrungen $\varepsilon_x, \varepsilon_y, \gamma_{xy}$ gelten die kinematischen Beziehungen (2.87). Damit liefert (2.64) zunächst $\tau_{xz} = \tau_{yz} = 0$ und $\sigma_z = \nu(\sigma_x + \sigma_y)$. Im EVZ tritt zwar eine Spannung $\sigma_z$ auf, die aber durch $\sigma_x$, $\sigma_y$ bestimmt ist. Eliminiert man $\sigma_z$ aus den verbleibenden Gleichungen in (2.64), so ergibt sich das Elastizitätsgesetz zu

$$\varepsilon_x = \frac{1-\nu^2}{E}\left[\sigma_x - \frac{\nu}{1-\nu}\sigma_y\right], \quad \varepsilon_y = \frac{1-\nu^2}{E}\left[\sigma_y - \frac{\nu}{1-\nu}\sigma_x\right],$$
$$\gamma_{xy} = \frac{2(1+\nu)}{E}\tau_{xy}\,. \qquad (2.91a)$$

Wenn man die Bezeichnungen $E' = E/(1-\nu^2)$ und $\nu' = \nu/(1-\nu)$ einführt, dann kann es auch analog zu (2.86a) in der Form

$$\varepsilon_x = \frac{1}{E'}(\sigma_x - \nu'\sigma_y)\,, \quad \varepsilon_y = \frac{1}{E'}(\sigma_y - \nu'\sigma_x)\,, \quad \gamma_{xy} = \frac{2(1+\nu')}{E'}\tau_{xy} \qquad (2.91b)$$

geschrieben werden. Da die Verschiebungen nicht von $z$ abhängen, hängen auch alle auftretenden Verzerrungen und Spannungen nur von $x$ und $y$ ab. Damit gelten wie im ESZ die Gleichgewichtsbedingungen (2.88). Auch die Kompatibilitätsbedingung ist im EVZ genau wie im ESZ durch (2.89) gegeben. Der einzige Unterschied zwischen den Grundgleichungen des ESZ und des EVZ besteht daher in den Konstanten, welche in den Elastizitätsgesetzen (2.86a) und (2.91b) auftreten. Demnach kann man aus der Lösung eines Problems des ESZ die Lösung für das entsprechende Problem des EVZ erhalten, indem man den Elastizitätsmodul $E$ durch $E'$ und die Querdehnzahl $\nu$ durch $\nu'$ ersetzt. Aus diesem Grund können wir uns auf die Behandlung des ebenen Spannungszustandes beschränken.

Mit (2.86), (2.87) und (2.88) stehen 8 Gleichungen für die 8 Unbekannten (2 Verschiebungen, 3 Verzerrungen, 3 Spannungen) zur Verfügung. Eliminiert man die Verzerrungen und die Spannungen, indem man (2.86b) mit (2.87) in (2.88) einsetzt, so erhält man 2 Gleichungen, die nur noch die Verschiebungen $u$, $v$ enthalten. Dies sind die Verschiebungsdifferentialgleichungen für das ebene Problem (vgl. auch (2.85)). Eine andere Möglichkeit das Problem zu formulieren, besteht darin, die Grundgleichungen nach den Spannungen aufzulösen. Dies gelingt, wenn man anstelle der kinematischen Beziehungen (2.87) die Kompatibilitätsbedingung (2.89) verwendet. Man erhält dann die Spannungsdifferentialgleichungen. Diese Formulierung ist insbesondere dann zweckmäßig, wenn man nur an den Spannungen interessiert ist und wenn ausschließlich Spannungsrandbedingungen vorliegen.

### 2.5.2 Spannungs-Differentialgleichungen, Spannungsfunktion

Für das weitere wollen wir voraussetzen, daß die Volumenkräfte $f_x$, $f_y$ Null sind, d.h. daß der Körper nur durch Randlasten belastet ist. Als kinematische Beziehung verwenden wir die Kompatibilitätsbedingung (2.89). Eliminiert man aus ihr die Verzerrungen mit Hilfe des Elastizitätsgesetzes (2.86a), so erhält man zunächst

$$\frac{\partial^2 \sigma_x}{\partial y^2} - \nu \frac{\partial^2 \sigma_y}{\partial y^2} + \frac{\partial^2 \sigma_y}{\partial x^2} - \nu \frac{\partial^2 \sigma_x}{\partial x^2} = 2(1+\nu) \frac{\partial^2 \tau_{xy}}{\partial x \partial y} .$$

Es ist zweckmäßig, diese Gleichung in eine andere Form zu bringen. Dazu differenzieren wir in (2.88) unter Beachtung von $f_x = f_y = 0$ die erste Gleichgewichtsbedingung nach $x$, die zweite Gleichgewichtsbedingung nach $y$ und addieren anschließend:

$$\frac{\partial^2 \sigma_x}{\partial x^2} + \frac{\partial^2 \sigma_y}{\partial y^2} + 2\frac{\partial^2 \tau_{xy}}{\partial x \partial y} = 0 \quad \rightarrow \quad 2\frac{\partial^2 \tau_{xy}}{\partial x \partial y} = -\frac{\partial^2 \sigma_x}{\partial x^2} - \frac{\partial^2 \sigma_y}{\partial y^2} .$$

Damit kann die Kompatibilitätsbedingung in der Form

$$\frac{\partial^2 \sigma_x}{\partial x^2} + \frac{\partial^2 \sigma_x}{\partial y^2} + \frac{\partial^2 \sigma_y}{\partial x^2} + \frac{\partial^2 \sigma_y}{\partial y^2} = 0$$

bzw.

$$\boxed{\Delta(\sigma_x + \sigma_y) = 0} \tag{2.92}$$

geschrieben werden, wobei

$$\Delta = \frac{\partial^2}{\partial x^2} + \frac{\partial^2}{\partial y^2} \tag{2.93}$$

der (ebene) Laplace-Operator ist. Eine Gleichung vom Typ $\Delta(.) = 0$ heißt *Potentialgleichung*. Nach (2.92) erfüllt also die Spannungssumme $\sigma_x + \sigma_y$ die Potentialgleichung. Die Gleichung (2.92) bildet zusammen mit den Gleichgewichtsbedingungen (2.88) ein System von 3 Gleichungen für die drei Spannungskomponenten $\sigma_x$, $\sigma_y$, $\tau_{xy}$.

Die Zahl der Gleichungen läßt sich weiter reduzieren, wenn man eine Funktion $F(x, y)$ einführt, aus der sich die Spannungen nach folgender Vorschrift berechnen lassen:

$$\sigma_x = \frac{\partial^2 F}{\partial y^2}, \quad \sigma_y = \frac{\partial^2 F}{\partial x^2}, \quad \tau_{xy} = -\frac{\partial^2 F}{\partial x \partial y}. \tag{2.94}$$

Dann werden die Gleichgewichtsbedingungen (2.88) für $f_x = f_y = 0$ identisch erfüllt. Die Kompatibilitätsbedingung (2.92) erhält mit $\sigma_x + \sigma_y = \Delta F$ die Form

$$\boxed{\Delta\Delta F = 0} \tag{2.95}$$

bzw. mit (2.93)

$$\boxed{\frac{\partial^4 F}{\partial x^4} + 2\frac{\partial^4 F}{\partial x^2 \partial y^2} + \frac{\partial^4 F}{\partial y^4} = 0}\,. \tag{2.96}$$

Damit ist das ebene Problem auf eine einzige partielle Differentialgleichung vierter Ordnung zurückgeführt, die man als *Bipotentialgleichung* oder als *Scheibengleichung* bezeichnet. Die Funktion $F(x, y)$ nennt man nach G.B. Airy (1801–1892) die *Airysche Spannungsfunktion.*

Die Bipotentialgleichung (2.95) ist unabhängig vom speziellen Koordinatensystem gültig. Verwendet man zum Beispiel Polarkoordinaten, so hat man dann den Laplace-Operator in Polarkoordinaten

$$\Delta = \frac{\partial^2}{\partial r^2} + \frac{1}{r^2}\frac{\partial^2}{\partial \varphi^2} + \frac{1}{r}\frac{\partial}{\partial r} \tag{2.97}$$

zu benutzen. In diesem Fall lassen sich die Spannungskomponenten folgendermaßen aus der Spannungsfunktion $F(r, \varphi)$ herleiten:

$$\sigma_r = \frac{1}{r^2}\frac{\partial^2 F}{\partial \varphi^2} + \frac{1}{r}\frac{\partial F}{\partial r}, \qquad \sigma_\varphi = \frac{\partial^2 F}{\partial r^2},$$

$$\tau_{r\varphi} = -\frac{\partial}{\partial r}\left(\frac{1}{r}\frac{\partial F}{\partial \varphi}\right). \tag{2.98}$$

Durch Einsetzen kann man sich davon überzeugen, daß hiermit die Gleichgewichtsbedingungen (2.32) für $f_r = f_\varphi = 0$ identisch erfüllt werden.

Eine allgemeine Lösung der Bipotentialgleichung ist nicht bekannt. Es ist jedoch möglich, spezielle Lösungen herzuleiten; in Tabelle 2.1 sind einige Lösungen zusammengestellt. Erfüllen diese die Randbedingungen, so ist das entsprechende ebene Problem bezüglich der Spannungen gelöst. Wenn man auch an den Verschiebungen interessiert ist, so müssen diese in Verbindung mit dem Elastizitätsgesetz aus den Verzerrungen durch Integration gewonnen werden.

**Tabelle 2.1.** Lösungen von $\Delta\Delta F = 0$

| Koord. | $F$ |
|---|---|
| $x, y$ | $1,\ x,\ x^2,\ x^3,\ xy,\ x^2 y,\ x^3 y,\ x^4 y - x^2 y^3,\ x^4 - 3x^2 y^2,$ |
| | $x^5 - 5x^3 y^2,\ x^5 y - (5/3) x^3 y^3,\ x^6 - 10 x^4 y^2 + 5 x^2 y^4$ |
| | $e^{\pm\lambda y} \cos \lambda x,\ x e^{\pm\lambda y} \cos \lambda x,$ |
| | $\ln(x^2 + y^2),\ x \ln(x^2 + y^2),$ |
| | $x \leftrightarrow y$ vertauschbar, $\cos(.) \leftrightarrow \sin(.)$ austauschbar |
| $r, \varphi$ | $1,\ r^2,\ \ln r,\ r^2 \ln r,\ \varphi,\ \varphi^2,\ \varphi^3,\ r^2 \varphi,$ |
| | $\varphi \ln r,\ r^2 \varphi \ln r,\ r \ln r \cos \varphi,$ |
| | $(A_n r^n + B_n r^{-n} + C_n r^{n+2} + D_n r^{-n+2}) \cos n\varphi \ (n = 1, 2, 3, \ldots)$ |
| | $\cos(.) \leftrightarrow \sin(.)$ austauschbar |

Wir betrachten noch den Sonderfall, daß die Spannungsfunktion in Polarkoordinaten unabhängig vom Winkel $\varphi$ ist (Rotationssymmetrie): $F = F(r)$. Dann vereinfacht sich der Laplace-Operator zu $\Delta = \frac{d^2}{dr^2} + \frac{1}{r}\frac{d}{dr}$, und die Scheibengleichung nimmt die Form einer Eulerschen Differentialgleichung

$$\frac{d^4 F}{dr^4} + \frac{2}{r}\frac{d^3 F}{dr^3} - \frac{1}{r^2}\frac{d^2 F}{dr^2} + \frac{1}{r^3}\frac{dF}{dr} = 0 \tag{2.99}$$

an. Ihre allgemeine Lösung lautet

$$F = C_0 + C_1 \ln r + C_2 r^2 + C_3 r^2 \ln r\,. \tag{2.100}$$

Hieraus folgen mit (2.98) die Spannungen

$$\sigma_r = \frac{C_1}{r^2} + 2C_2 + C_3(1 + 2\ln r)\,,$$

$$\sigma_\varphi = -\frac{C_1}{r^2} + 2C_2 + C_3(3 + 2\ln r)\,, \tag{2.101}$$

$$\tau_{r\varphi} = 0\,.$$

### 2.5.3 Anwendungsbeispiele

*2.5.3.1 Einfache Spannungszustände*

a) Ein einachsiger Zug $\sigma_0$ in $x$-Richtung (Abb. 2.17a) wird durch $F = \sigma_0 y^2$ beschrieben. Hieraus folgen nämlich nach (2.94)

$$\sigma_x = \sigma_0\,, \quad \sigma_y = \tau_{xy} = 0\,.$$

b) Aus der Funktion $F = Cy^3/6$ ergeben sich die Spannungen

$$\sigma_x = Cy\,, \quad \sigma_y = \tau_{xy} = 0\,.$$

Solch eine lineare Verteilung von $\sigma_x$ tritt zum Beispiel bei der reinen Biegung eines Balkens auf (Abb. 2.17b).

c) Die Spannungsfunktion $F = C_1 \ln r$ führt mit (2.100) und (2.101) auf

$$\sigma_r = -\sigma_\varphi = \frac{C_1}{r^2}\,, \quad \tau_{r\varphi} = 0\,.$$

Hiermit läßt sich die Lösung für ein Kreisloch im unendlichen Gebiet unter dem Innendruck $p_0$ (Abb. 2.17c) sofort angeben. Aus der Rand-

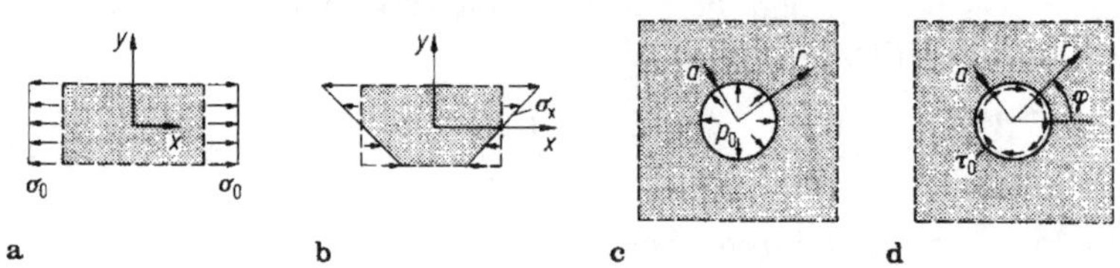


**Abb. 2.17**

bedingung $\sigma_r(a) = -p_0$ folgt nämlich $C_1 = -p_0 a^2$ und damit für die Spannungen

$$\sigma_r = -\sigma_\varphi = -p_0 \frac{a^2}{r^2}\,, \quad \tau_{r\varphi} = 0\,.$$

Die Spannungen klingen hiernach mit wachsendem $r$ sehr schnell ab; sie betragen bei $r = 10\,a$ nur noch ein Hundertstel des Randwertes. Aus diesem Grund kann man in guter Näherung annehmen, daß die Spannungen in hinreichender Entfernung vom Loch (z.B. 5-facher Lochdurchmesser) vernachlässigbar sind. Dementsprechend kann diese Lösung auch für ein endliches Gebiet verwendet werden, sofern die Berandung nur hinreichend weit vom Loch entfernt ist.

d) Aus der Funktion $F = C\varphi$ ergibt sich nach (2.98) für die Spannungen

$$\sigma_r = \sigma_\varphi = 0\,, \quad \tau_{r\varphi} = \frac{C}{r^2}\,.$$

Analog zum vorhergehenden Beispiel erhält man nun mit der Randbedingung $\tau_{r\varphi}(a) = \tau_0$ die Lösung

$$\sigma_r = \sigma_\varphi = 0\,, \quad \tau_{r\varphi} = \tau_0 \frac{a^2}{r^2}$$

für ein Kreisloch in der Ebene unter konstanter Randschubspannung $\tau_0$ (Abb. 2.17d). Diese bewirkt ein resultierendes Moment der Größe $M = 2\pi a^2 t \tau_0$, wobei $t$ die Dicke der Scheibe ist.

### *2.5.3.2 Balken unter konstanter Belastung*

Wir betrachten nun den „Balken“ mit Rechteckquerschnitt unter konstanter Belastung $p$ nach Abb. 2.18a. Aufgrund der vorhandenen

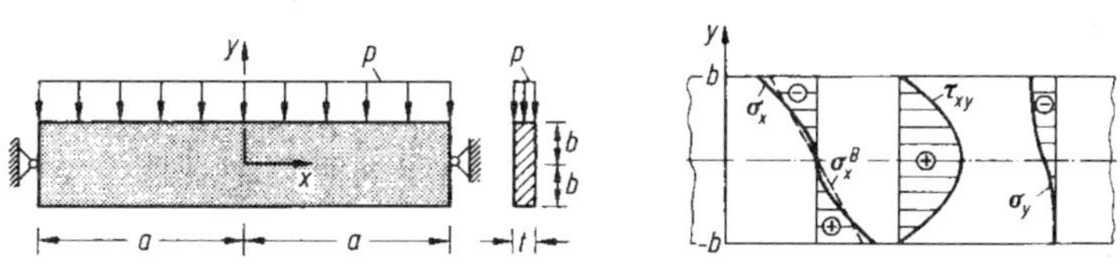


a b

**Abb. 2.18**

Symmetrie wählen wir für $F$ einen Ansatz, der symmetrisch in $x$ und nichtsymmetrisch in $y$ ist und der die Scheibengleichung erfüllt (vgl. Tabelle 2.1):

$$F(x,y) = C_1\,x^2 + C_2\,x^2\,y + C_3\,y^3 + C_4\,(x^4\,y - x^2\,y^3) \\ +C_5\,(y^5 - 5\,y^3\,x^2)\,.$$

Hieraus folgen mit (2.94) die Spannungen

$$\begin{aligned} \sigma_x &= 6\,C_3\,y - 6\,C_4\,x^2\,y + C_5\,(20\,y^3 - 30\,y\,x^2)\,, \\ \sigma_y &= 2\,C_1 + 2\,C_2\,y + C_4\,(12\,x^2\,y - 2\,y^3) - 10\,C_5\,y^3\,, \\ \tau_{xy} &= -2\,C_2\,x - C_4\,(4\,x^3 - 6\,x\,y^2) + 30\,C_5\,y^2\,x\,. \end{aligned}$$

Die Konstanten $C_i$ werden aus den Randbedingungen berechnet. Dabei verlangen wir, daß diese am oberen bzw. am unteren Rand exakt erfüllt werden. Am rechten bzw. am linken Balkenende können wir die Randbedingungen mit dem gewählten Ansatz nicht exakt erfüllen. Wir begnügen uns daher damit, sie in integraler Form (im Mittel) zu erfüllen. Wir fordern, daß dort jeweils die Querkraft gleich der Lagerkraft sein muß und daß das Biegemoment sowie die Normalkraft verschwinden:

$$\sigma_y(x,b) = -p: \qquad 2C_1 + 2C_2b + C_4(12x^2b - 2b^3) - 10C_5b^3 = -p$$

$$\rightarrow \quad C_4 = 0,$$

$$\sigma_y(x,-b) = 0: \qquad 2C_1 - 2C_2b + 10C_5b^3 = 0\,,$$

$$\tau_{xy}(x,\pm b) = 0: \qquad -2C_2x + 30C_5b^2x = 0\,,$$

$$Q = t\int_{-b}^{+b}\tau_{xy}(a,y)\mathrm{d}y = pat: \qquad -4C_2ab + 20C_5b^3a = pa\,,$$

$$M = t\int_{-b}^{+b}y\sigma_x(a,y)\mathrm{d}y = 0: \qquad 2C_3b^3 + C_5(4b^5 - 10b^3a^2) = 0\,,$$

$$N = t\int_{-b}^{+b}\sigma_x\mathrm{d}y = 0: \qquad C_3\cdot 0 + C_5\cdot 0 = 0$$

$$\rightarrow \quad C_1 = -\frac{p}{4}\,,\quad C_2 = 15C_5b^2 = -\frac{3p}{8b}\,,\quad C_3 = -\frac{p}{8b^3}\left(a^2 - \frac{2}{5}b^2\right)\,.$$

Die Ermittlung der 5 Konstanten $C_i$ aus den 6 Randbedingungen war möglich, weil die Schubspannung $\tau_{xy}$ symmetrisch in $y$ ist und $\sigma_x$ antimetrisch in $y$ ist ($N = 0$). Damit erhält man für die Spannungskomponenten im Balken

$$\sigma_x = -\frac{3pa^2y}{4b^3}\left(1 - \frac{x^2}{a^2} + \frac{2}{3}\frac{y^2}{a^2} - \frac{2}{5}\frac{b^2}{a^2}\right),$$

$$\sigma_y = -p\left(\frac{1}{2} + \frac{3}{4}\frac{y}{b} - \frac{1}{4}\frac{y^3}{b^3}\right),$$

$$\tau_{xy} = \frac{3px}{4b}\left(1 - \frac{y^2}{b^2}\right).$$

Sie sind in Abb. 2.18b dargestellt. Diese Ergebnisse sind exakt, wenn die Lagerkräfte an den Balkenenden durch verteilte Randlasten so aufgebracht werden, daß sie den errechneten Spannungen $\tau_{xy}(y)$ und $\sigma_x(y)$ and den Stellen $x = \pm a$ entsprechen. Ist dies nicht der Fall, so treten an den Balkenenden *Randstörungen* auf, die aber schnell abklingen. Die Größe einer solchen Randstörzone entspricht dann ungefähr der Höhe des Balkens.

Die Maximalbeträge der Spannungen ergeben sich zu

$$\sigma_x^{\max} = p\frac{3}{4}\frac{a^2}{b^2}\left(1 + \frac{4}{15}\frac{b^2}{a^2}\right), \quad \tau_{xy}^{\max} = p\frac{3}{4}\frac{a}{b}, \quad |\sigma_y^{\max}| = p.$$

Für schlanke Balken ($b \ll a$) folgt daraus $\sigma_x^{\max} \gg \tau_{xy}^{\max} \gg |\sigma_y^{\max}|$, d.h. die Annahme $\sigma_y \approx 0$ in der Balkentheorie ist dann gerechtfertigt. Zum Vergleich werden hier noch die Resultate der Balkentheorie für diesen Fall angegeben (vgl. auch Band 2, Abschn. 4.4 und 4.6.1):

$$\sigma_x^B = -\frac{3pa^2y}{4b^3}\left(1 - \frac{x^2}{a^2}\right), \quad \sigma_y^B = 0, \quad \tau_{xy}^B = \frac{3px}{4b}\left(1 - \frac{y^2}{b^2}\right).$$

Die Abweichung zwischen Balkentheorie und Scheibentheorie ist bei der Spannung $\sigma_x$ von der Größenordnung $(b/a)^2$, während $\tau_{xy}$ exakt ist.

### *2.5.3.3 Kreisbogenscheibe unter reiner Biegung*

Wir wollen nun die Spannungen in einer Kreisbogenscheibe mit beliebigem Öffnungswinkel $\alpha$ bestimmen, die nach Abb. 2.19a durch zwei entgegengesetzte Momente $M_0$ belastet ist. Dabei gehen wir davon aus, daß der Spannungszustand unabhängig von $\varphi$ ist und durch (2.101) beschrieben wird. Die Integrationskonstanten $C_1$, $C_2$, $C_3$ bestimmen wir aus den Randbedingungen, wobei wir die Randbedingungen an den Seitenflächen wieder in integraler Form schreiben:

$$\sigma_r(a) = 0, \quad \sigma_r(b) = 0, \quad t\int_a^b r\sigma_\varphi \mathrm{d}r = M_0, \quad \int_a^b \sigma_\varphi \mathrm{d}r = 0.$$

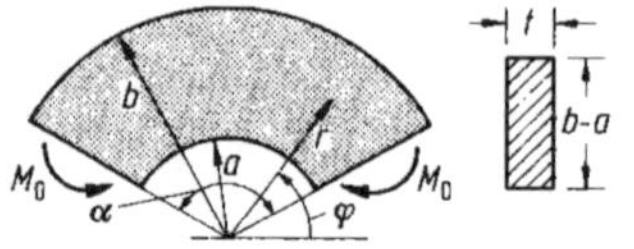


a

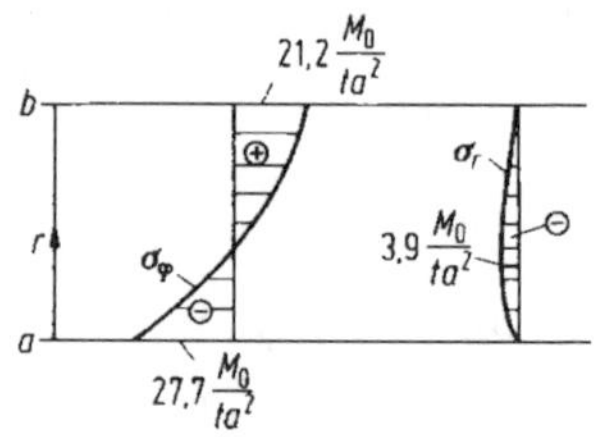


b

**Abb. 2.19**

Hieraus folgen

$$C_1 = \frac{4M_0}{\kappa} a^2 b^2 \ln \frac{b}{a} ,$$

$$C_2 = -\frac{M_0}{\kappa} \left[ b^2 - a^2 + 2(b^2 \ln b - a^2 \ln a) \right] ,$$

$$C_3 = \frac{2M_0}{\kappa} (b^2 - a^2)$$

mit

$$\kappa = t \left[ (b^2 - a^2)^2 - 4a^2 b^2 \left( \ln \frac{b}{a} \right)^2 \right]$$

und damit die Spannungen

$$\sigma_r = \frac{4M_0}{\kappa} \left[ -a^2 \ln \frac{r}{a} + b^2 \ln \frac{r}{b} + \frac{a^2 b^2}{r^2} \ln \frac{b}{a} \right] ,$$

$$\sigma_\varphi = \frac{4M_0}{\kappa} \left[ (b^2 - a^2) - a^2 \ln \frac{r}{a} + b^2 \ln \frac{r}{b} - \frac{a^2 b^2}{r^2} \ln \frac{b}{a} \right] . \qquad (2.102)$$

Sie sind in Abb. 2.19b für das Radienverhältnis $b/a = 3/2$ dargestellt. Wie schon im vorhergehenden Beispiel sind diese Ergebnisse nur dann exakt, wenn das Moment $M_0$ an den Seitenflächen durch verteilte Randlasten entsprechend der errechneten Spannungsverteilung $\sigma_\varphi(r)$ aufgebracht wird.

#### *2.5.3.4 Die Scheibe mit Kreisloch unter Zugbelastung*

Als letztes Beispiel bestimmen wir die Spannungen in einer unendlich ausgedehnten Scheibe mit Kreisloch, bei der im Unendlichen eine Zugspannung $\sigma_0$ in $x$-Richtung wirkt (Abb. 2.20a). Die Lösung hierfür ist durch die Spannungsfunktion

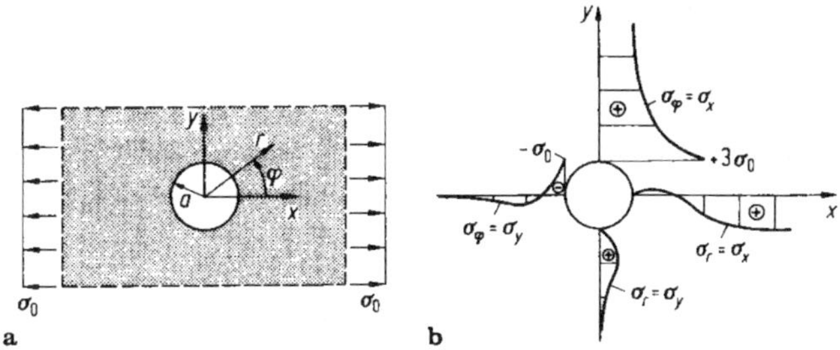


**Abb. 2.20**

$$F(r,\varphi) = \frac{\sigma_0}{4}\left[r^2 - 2a^2 \ln r - \frac{(r^2-a^2)^2}{r^2}\cos 2\varphi\right]$$

gegeben. Sie genügt der Scheibengleichung (vgl. Tabelle 2.1). Die sich aus ihr ergebenen Spannungen

$$\sigma_r = \frac{\sigma_0}{2}\left[1 - \frac{a^2}{r^2} + \left(1 - 4\frac{a^2}{r^2} + 3\frac{a^4}{r^4}\right)\cos 2\varphi\right],$$

$$\sigma_\varphi = \frac{\sigma_0}{2}\left[1 + \frac{a^2}{r^2} - \left(1 + 3\frac{a^4}{r^4}\right)\cos 2\varphi\right], \qquad (2.103)$$

$$\tau_{r\varphi} = \frac{\sigma_0}{2}\left(-1 - 2\frac{a^2}{r^2} + 3\frac{a^4}{r^4}\right)\sin 2\varphi$$

erfüllen die Randbedingungen $\sigma_r(a,\varphi) = 0$, $\tau_{r\varphi}(a,\varphi) = 0$ am Loch. Für $r \to \infty$ ergibt sich aus ihnen

$$\sigma_r = \sigma_0(1+\cos 2\varphi)\,, \quad \sigma_\varphi = \sigma_0(1-\cos 2\varphi)\,, \quad \tau_{r\varphi} = -\frac{\sigma_0}{2}\sin 2\varphi\,.$$

Mit Hilfe der Transformationsbeziehungen folgt daraus die geforderte Zugbeanspruchung $\sigma_x = \sigma_0$, $\sigma_y = \tau_{xy} = 0$.

Die Umfangsspannung am Lochrand $\sigma_\varphi(a,\varphi) = \sigma_0(1 - 2\cos 2\varphi)$ ist bei $\varphi = \pm\pi/2$ am größten. Sie beträgt dort $\sigma_\varphi^{\max} = 3\sigma_0$. Diese Spannungserhöhung um den Faktor 3 ist auf die „Störung“ des homogenen Spannungszustandes durch das Loch zurückzuführen. Man bezeichnet diesen Effekt als *Spannungskonzentration*. Die Spannungsverteilung ist in Abb. 2.20b längs der $x$- bzw. längs der $y$-Achse dargestellt. Dort ist die

Schubspannung Null (Symmetrie). Es ist zu erkennen, daß die Störung des homogenen Spannungszustandes durch das Loch sehr schnell abklingt. Aus diesem Grund kann man diese Lösung mit guter Näherung auch für eine endliche Scheibe verwenden, sofern die Ränder hinreichend weit (z.B. fünffacher Lochdurchmesser) vom Loch entfernt sind.

### 2.5.4 Verschiebungs-Differentialgleichungen, Rotationssymmetrie

Wir beschränken uns auf den Sonderfall der Rotationssymmetrie und setzen voraus, daß keine Volumenkräfte wirken. Hierfür nehmen die Grundgleichungen des ESZ in Polarkoordinaten eine besonders einfache Form an. Mit $f_r = f_\varphi = 0$ und $\partial(.)/\partial\varphi = 0$ folgen dann aus (2.32) die Gleichgewichtsbedingungen

$$\frac{\mathrm{d}\sigma_r}{\mathrm{d}r} + \frac{1}{r}(\sigma_r - \sigma_\varphi) = 0\,, \qquad \frac{\mathrm{d}\tau_{r\varphi}}{\mathrm{d}r} + \frac{2}{r}\tau_{r\varphi} = 0\,. \tag{2.104}$$

Aus (2.54) erhält man die kinematischen Beziehungen

$$\varepsilon_r = \frac{\mathrm{d}u_r}{\mathrm{d}r}\,, \qquad \varepsilon_\varphi = \frac{u_r}{r}\,, \qquad \gamma_{r\varphi} = \frac{\mathrm{d}u_\varphi}{\mathrm{d}r} - \frac{u_\varphi}{r}\,, \tag{2.105}$$

und das Elastizitätsgesetz lautet analog zu (2.86b)

$$\sigma_r = \frac{E}{1-\nu^2}(\varepsilon_r + \nu\varepsilon_\varphi)\,, \qquad \sigma_\varphi = \frac{E}{1-\nu^2}(\varepsilon_\varphi + \nu\varepsilon_r)\,,$$

$$\tau_{r\varphi} = G\gamma_{r\varphi}\,. \tag{2.106}$$

Diese Gleichungen sind in dem Sinne „entkoppelt", daß sie nunmehr zwei voneinander unabhängige Gleichungssysteme bilden: a) 5 Gleichungen für das Problem der Radialverschiebung mit den Größen $u_r$, $\varepsilon_r$, $\varepsilon_\varphi$, $\sigma_r$, $\sigma_\varphi$ und b) 3 Gleichungen für das Problem der Umfangsverschiebungen mit den Größen $u_\varphi$, $\gamma_{r\varphi}$, $\tau_{r\varphi}$.

Wir betrachten zunächst den Fall der Radialverschiebung. Eliminiert man die Verzerrungen und die Spannungen, so erhält man aus (2.104) bis (2.106) die Verschiebungs-Differentialgleichung

$$\frac{\mathrm{d}^2u_r}{\mathrm{d}r^2} + \frac{1}{r}\frac{\mathrm{d}u_r}{\mathrm{d}r} - \frac{u_r}{r^2} = 0\,. \tag{2.107}$$

Aus ihrer allgemeinen Lösung

$$u_r = C_1 r + \frac{C_2}{r} \tag{2.108}$$

folgen die Spannungen

$$\begin{aligned}\sigma_r &= \frac{E}{1-\nu^2}\left[(1+\nu)C_1 - (1-\nu)\frac{C_2}{r^2}\right] ,\\ \sigma_\varphi &= \frac{E}{1-\nu^2}\left[(1+\nu)C_1 + (1-\nu)\frac{C_2}{r^2}\right] .\end{aligned} \tag{2.109}$$

In gleicher Weise läßt sich der Fall der Umfangsverschiebung behandeln. Hierbei erhält man für $u_\varphi$ dieselbe Differentialgleichung wie für $u_r$ (Gl. (2.107)). Damit folgt die Lösung

$$u_\varphi = C_3 r + \frac{C_4}{r} , \quad \tau_{r\varphi} = -G\frac{2C_4}{r^2} . \tag{2.110}$$

Als Anwendungsbeispiel betrachten wir das dickwandige Rohr unter Innendruck im EVZ nach Abb. 2.21a. Die Lösung für diesen Belastungsfall ist im ESZ durch (2.108) und (2.109) gegeben. Die Konstanten $C_1$, $C_2$ bestimmen wir aus den Randbedingungen $\sigma_r(b) = 0$ und $\sigma_r(a) = -p$ zu

$$C_1 = \frac{p}{E}\frac{1-\nu^2}{1+\nu}\frac{a^2}{b^2-a^2} , \qquad C_2 = \frac{p}{E}\frac{1-\nu^2}{1-\nu}\frac{a^2 b^2}{b^2-a^2} .$$

Damit folgt für die Radialverschiebung und für die Spannungen

$$u_r = \frac{p}{E}\frac{a^2}{b^2-a^2}\left[(1-\nu) + \frac{b^2}{r^2}(1+\nu)\right] r ,$$

$$\sigma_r = -p\frac{a^2}{b^2-a^2}\left(\frac{b^2}{r^2} - 1\right) , \qquad \sigma_\varphi = p\frac{a^2}{b^2-a^2}\left(\frac{b^2}{r^2} + 1\right) .$$

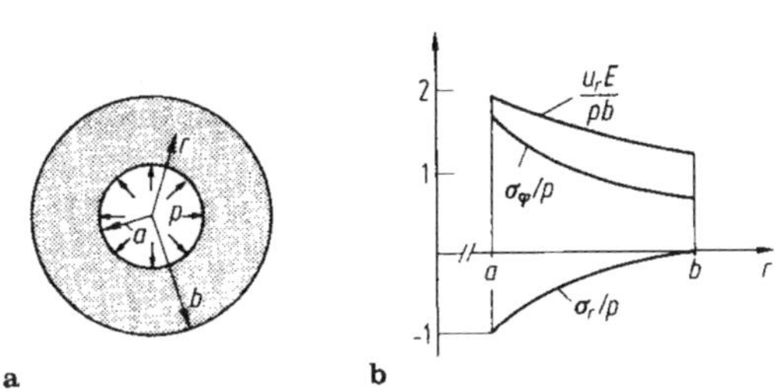


**Abb. 2.21** a b

Um vom ESZ zum EVZ zu gelangen, müssen wir die Elastizitätskonstanten gemäß Abschnitt 2.5.1 ersetzen:

$$E \to E' = \frac{E}{1-\nu^2}\,, \qquad \nu \to \nu' = \frac{\nu}{1-\nu}\,.$$

Die Spannungen bleiben davon unberührt. Dagegen ändert sich $u_r$, und man erhält

$$u_r^{\mathrm{EVZ}} = \frac{p}{E}\frac{a^2}{b^2-a^2}(1+\nu)\left[(1-2\nu)+\frac{b^2}{r^2}\right]r\,.$$

Für das Radienverhältnis $b/a = 2$ ergibt sich damit an den Rändern

$$r = a:\ \sigma_r = -p\,,\ \sigma_\varphi = \frac{5}{3}p\,,\ u_r = \frac{pa}{3E}(5-2\nu)(1+\nu)\,,$$

$$r = b:\ \sigma_r = 0\,,\quad \sigma_\varphi = \frac{2}{3}p\,,\ u_r = \frac{pa}{3E}4(1-\nu^2)\,.$$

Die Verläufe von $\sigma_r$, $\sigma_\varphi$ und $u_r$ sind für $b/a = 2$ und $\nu = 0{,}3$ in Abb. 2.21b dargestellt.

**Beispiel 2.10:** Die Kreisringscheibe nach Abb. 2.22 ist am Innenrand unverschieblich gelagert und am Außenrand durch $\tau_0$ belastet.

Man bestimme die Spannungs- und die Verschiebungsverteilung in der Scheibe.

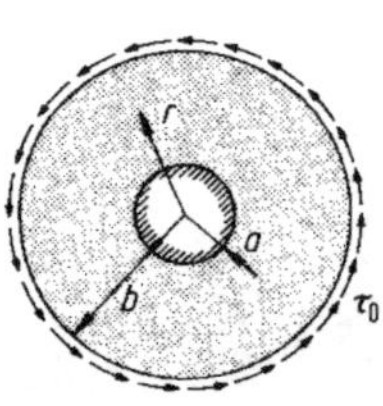


**Abb. 2.22**

*Lösung:* Es liegt eine rotationssymmetrische Umfangsbelastung vor, für welche die Lösung durch (2.110) gegeben ist. Die Konstanten können aus den Randbedingungen bestimmt werden:

$$\left.\begin{aligned} u_\varphi(a) = 0:&\quad C_3 a + \frac{C_4}{a} = 0 \\ \tau_{r\varphi}(b) = \tau_0:&\quad \tau_0 = -G\frac{2C_4}{b^2} \end{aligned}\right\} \quad\to\quad \begin{aligned} C_3 &= \frac{\tau_0}{2G}\frac{b^2}{a^2}\,, \\ C_4 &= -\frac{\tau_0 b^2}{2G}\,. \end{aligned}$$

Damit ergeben sich für die Spannungs- und für die Verschiebungsverteilung

$$\underline{\underline{\tau_{r\varphi} = \tau_0 \frac{b^2}{r^2}}}\,, \quad \underline{\underline{u_\varphi = \frac{\tau_0 b^2}{2Ga}\left[\frac{r}{a} - \frac{a}{r}\right]}}\,.$$

Die größte Schubspannung tritt am Innenrand auf:

$$\tau_{r\varphi}^{\max} = \tau_{r\varphi}(a) = \tau_0\, b/a^2\,.$$

## 2.6 Torsion

### 2.6.1 Allgemeines

In Band 2 haben wir uns mit der Torsion von Stäben ausgewählter Querschnittsformen (Kreisquerschnitt, dünnwandige Querschnitte) befaßt, wobei wir uns einfacher (und für diese Fälle zutreffender) Hypothesen bedienten. So konnten wir zum Beispiel bei der kreiszylindrischen Welle annehmen, daß die Querschnittsfläche bei der Verdrehung eben bleibt und sich nicht etwa verwölbt. Dies trifft bei anderen Querschnittsformen aber nicht zu.

In diesem Abschnitt wollen wir nun die Torsion von Stäben beliebigen Querschnittes mit den Mitteln der Elastizitätstheorie behandeln. Dabei beschränken wir uns auf die *reine Torsion* durch ein konstantes Torsionsmoment $M_T$ und auf prismatische Stäbe mit konstantem Vollquerschnitt (Abb. 2.23a). Eine mögliche Querschnittsverwölbung sei nicht behindert, sondern soll sich frei einstellen können. Da dieses Problem zuerst von de Saint Venant (1797–1886) gelöst wurde, nennt man die entsprechende Theorie die *St. Venantsche Torsionstheorie*.

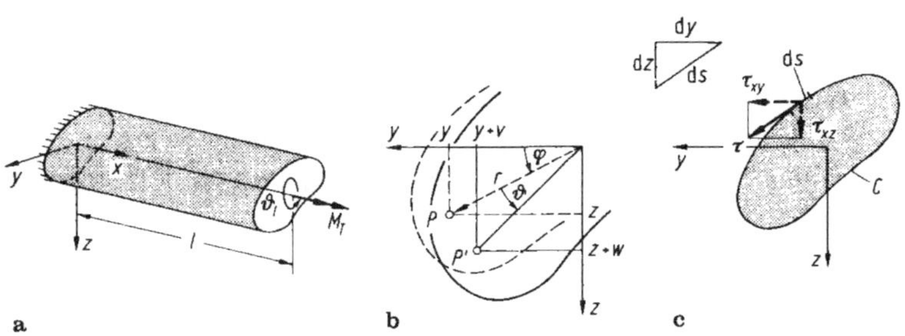


**Abb. 2.23**

### 2.6.2 Grundgleichungen

Wir betrachten den Stab der Länge $l$ nach Abb. 2.23a, dessen linkes Ende festgehalten ist und dessen rechter Endquerschnitt sich unter dem Moment $M_T$ um den Winkel $\vartheta_l$ verdreht. Da das Torsionsmoment und der Querschnitt sich längs $x$ nicht ändern, ist auch die Änderung des Drehwinkels $\vartheta$ pro Längeneinheit (Verwindung) konstant: $\kappa_T = \mathrm{d}\vartheta/\mathrm{d}x = \vartheta_l/l$. Der Drehwinkel an der Stelle $x$ ist dann $\vartheta = \kappa_T\, x$. Bei der Formulierung der Grundgleichungen gehen wir von den folgenden kinematischen Annahmen aus (vgl. Band 2, Abschn. 5.2):

a) die auf die $y, z$-Ebene projizierten Querschnitte drehen sich wie starre Scheiben um die $x$-Achse (Querschnittsgestalt bleibt erhalten),
b) die Verschiebung $u$ der Querschnittspunkte in $x$-Richtung und eine damit verbundene Verwölbung ist nicht behindert. Sie ist unabhängig von der Stelle $x$ des Querschnittes: $u = u(y, z)$.

Infolge einer Drehung um $\vartheta$ erfährt ein Querschnittspunkt $P$ mit den Koordinaten $y = r\cos\varphi$, $z = r\sin\varphi$ die Verschiebungen $v, w$ nach $P'$ (Abb. 2.23b). Für sie gelten dann mit den Bezeichnungen des Bildes die Beziehungen

$$y + v = r\cos(\varphi + \vartheta)\,, \quad z + w = r\sin(\varphi + \vartheta)\,.$$

Hieraus erhält man mit den Additionstheoremen unter der Annahme kleiner Drehwinkel ($\cos\vartheta \to 1$, $\sin\vartheta \to \vartheta$) die Ergebnisse $v = -\vartheta z$ und $w = \vartheta y$, wobei wir mit Hilfe von $\vartheta = \kappa_T x$ den Drehwinkel noch eliminieren können. Schreiben wir schließlich die Verschiebung $u(y, z)$ in der Form $u = \kappa_T U(y, z)$, so führen die Annahmen von de Saint Venant auf folgende Ansätze für die Verschiebungen:

$$u = \kappa_T U(y, z)\,, \quad v = -\kappa_T x z\,, \quad w = \kappa_T x y\,. \tag{2.111}$$

Die Funktion $U(y, z)$ nennt man *Verwölbungsfunktion*; sie hat die Dimension (Länge)$^2$.

Setzt man (2.111) in (2.84c) ein, so werden $\varepsilon_x = \varepsilon_y = \varepsilon_z = \gamma_{yz} = 0$. Damit folgt aus (2.63) auch für die Spannungen $\sigma_x = \sigma_y = \sigma_z = \tau_{yz} = 0$. Es verbleiben dann als Grundgleichungen nur die kinematischen Beziehungen

$$\gamma_{xy} = \kappa_T \left( \frac{\partial U}{\partial y} - z \right)\,, \quad \gamma_{xz} = \kappa_T \left( \frac{\partial U}{\partial z} + y \right)\,, \tag{2.112}$$

das Elastizitätsgesetz

$$\tau_{xy} = G\gamma_{xy}\,, \qquad \tau_{xz} = G\gamma_{xz} \tag{2.113}$$

und nach (2.30b) mit $f_x = f_y = f_z = 0$ die Gleichgewichtsbedingung

$$\frac{\partial \tau_{xy}}{\partial y} + \frac{\partial \tau_{xz}}{\partial_z} = 0\,. \tag{2.114}$$

Man beachte, daß die Verzerrungen und die Spannungen unabhängig von $x$ sind. Anstelle der kinematischen Beziehungen (2.112) kann man auch die Kompatibilitätsbedingung verwenden. Diese erhält man aus (2.112), indem man die Verwölbungsfunktion eliminiert:

$$\frac{\partial \gamma_{xz}}{\partial y} - \frac{\partial \gamma_{xy}}{\partial z} = 2\kappa_T\,. \tag{2.115}$$

Zu diesen Gleichungen kommt noch die Randbedingung. Da die Mantelfläche des Stabes unbelastet ist, muß am Rand $C$ des Querschnittes die Schubspannungskomponente senkrecht zum Rand verschwinden (zugeordnete Schubspannungen). Die Schubspannung ist am Querschnittsrand also tangential gerichtet (Abb. 2.23c):

$$\frac{\mathrm{d}z}{\mathrm{d}y} = \frac{\tau_{xz}}{\tau_{xy}} \quad \to \quad \tau_{xz}\mathrm{d}y - \tau_{xy}\mathrm{d}z = 0 \ \text{ auf } C\,. \tag{2.116a}$$

Äquivalent hierzu ist die Bedingung

$$\tau_{xy} n_y + \tau_{xz} n_z = 0 \ \text{ auf } C\,, \tag{2.116b}$$

welche sich mit $t_x^* = 0$ aus (2.31b) ergibt.

### 2.6.3 Differentialgleichungen für die Verwölbungsfunktion und für die Torsionsfunktion

Setzt man der Reihe nach die Gleichungen (2.112), (2.113) und (2.114) ineinander ein, so erhält man

$$\boxed{\frac{\partial^2 U}{\partial y^2} + \frac{\partial^2 U}{\partial z^2} = 0} \quad \text{bzw.} \quad \boxed{\Delta U = 0}\,. \tag{2.117}$$

Danach muß die Verwölbungsfunktion einer Potentialgleichung genügen (vgl. (2.92), (2.93)). Nach (2.116b) mit (2.113) und (2.112) hat sie dabei die Randbedingung

$$\left(\frac{\partial U}{\partial y} - z\right) n_y + \left(\frac{\partial U}{\partial z} + y\right) n_z = 0 \quad \text{auf } C$$

zu erfüllen. Diese kann unter Beachtung von (vgl. auch Abb. 2.24)

$$\frac{\partial U}{\partial n} = \boldsymbol{n} \cdot \operatorname{grad} U = n_y \frac{\partial U}{\partial y} + n_z \frac{\partial U}{\partial z} ,$$
$$z = r \sin\varphi , \quad y = r\cos\varphi , \quad n_y = \sin(\alpha - \varphi) , \quad n_z = \cos(\alpha - \varphi)$$

alternativ auch in den Formen

$$\frac{\partial U}{\partial n} = z\, n_y - y\, n_z \qquad \text{bzw.} \qquad \frac{\partial U}{\partial n} = -r\cos\alpha \quad \text{auf } C \qquad (2.118)$$

geschrieben werden. Darin ist $\partial U/\partial n$ die Ableitung in Normalenrichtung. Damit ist das Torsionsproblem auf die Bestimmung der Lösung der Potentialgleichung zurückgeführt, welche die Randbedingung (2.118) erfüllt. Wie bei der Bipotentialgleichung (2.96) ist auch bei der Potentialgleichung eine allgemeine Lösung nicht bekannt. Man kann allerdings spezielle Lösungen von $\Delta U = 0$ finden; diese nennt man *harmonische Funktionen*. In Tabelle 2.2 sind einige Lösungen in kartesischen Koordinaten zusammengestellt. Im allgemeinen ist aber eine Lösung des Randwertproblems nur bei einfachen Querschnittsformen mit analytischen Mitteln möglich. Man ist deshalb häufig auf numerische Methoden angewiesen (vgl. Kap. 7). Es sei angemerkt, daß man ein Problem, für das die Lösung der Potentialgleichung (2.117) bei entlang des Randes vorgegebener Ableitung gesucht ist, mathematisch als ein *Neumann-Problem* bezeichnet.

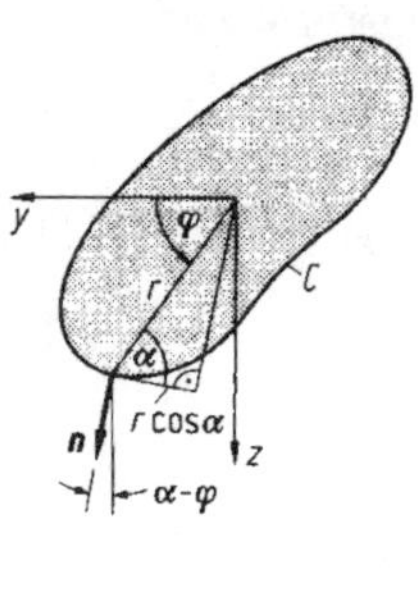


**Abb. 2.24**

**Tabelle 2.2.** Lösungen von $\Delta U = 0$

| $U$ |
| --- |
| $1,\ y,\ yz,\ y^2 - z^2,\ \mathrm{e}^{\pm\lambda z}\cos\lambda y,\ \ln(y^2+z^2)$ |
| $y \leftrightarrow z$ vertauschbar, $\cos(.) \leftrightarrow \sin(.)$ austauschbar |

Als Beispiel betrachten wir den Torsionsstab mit Kreisquerschnitt (Abb. 2.25). Aufgrund der Rotationssymmetrie vereinfachen sich die Potentialgleichung (2.117) und die Randbedingung (2.118) in diesem Fall zu

$$\frac{\mathrm{d}^2 U}{\mathrm{d}r^2} + \frac{1}{r}\frac{\mathrm{d}U}{\mathrm{d}r} = 0 \qquad \text{mit} \qquad \left.\frac{\mathrm{d}U}{\mathrm{d}r}\right|_{r=a} = 0\,.$$

Aus der allgemeinen Lösung $U = C_1 + C_2 \ln r$ erhält man nach Einarbeitung der Randbedingung ($C_2 = 0$) das Ergebnis $U = C_1 = \text{const}$. Das bedeutet, daß der Querschnitt tatsächlich, wie in Band 2 vorausgesetzt, eben bleibt. Für die Schubspannungen folgt aus (2.112) und (2.113)

$$\tau_{xy} = -G\kappa_T z\,, \qquad \tau_{xz} = G\kappa_T y\,.$$

Mit $y = r\cos\varphi$, $z = r\sin\varphi$ (Abb. 2.25) und $\tau = \sqrt{\tau_{xy}^2 + \tau_{xz}^2}$ ergibt sich daraus $\tau = G\kappa_T r$ (vgl. Band 2, Gl. (5.2)).

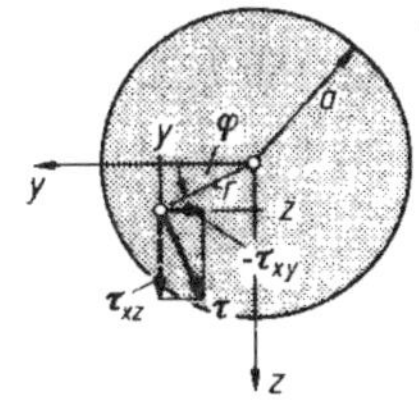


**Abb. 2.25**

Eine andere, meist günstigere Möglichkeit der Behandlung des Torsionsproblems besteht in der Auflösung der Grundgleichungen nach den Spannungen. Hierbei ist es zweckmäßig, eine Spannungsfunktion $\Phi(y, z)$ so einzuführen, daß für die Spannungen gilt:

$$\tau_{xy} = -2G\kappa_T \frac{\partial \Phi}{\partial z}\,, \qquad \tau_{xz} = -2G\kappa_T \frac{\partial \Phi}{\partial y}\,. \tag{2.119}$$

Die Funktion $\Phi$ nennt man *Torsionsfunktion*. Mit (2.119) ist die Gleichgewichtsbedingung (2.114) identisch erfüllt, und die Kompatibilitätsbedingung (2.115) nimmt unter Beachtung von (2.113) die Form

$$\boxed{\frac{\partial^2\Phi}{\partial y^2}+\frac{\partial^2\Phi}{\partial z^2}=1} \quad \text{bzw.} \quad \boxed{\Delta\Phi=1} \tag{2.120}$$

an. Dies ist eine *Poissonsche Differentialgleichung*. Schließlich erhält man aus (2.116a) noch die Randbedingung

$$\frac{\partial\Phi}{\partial y}\mathrm{d}y+\frac{\partial\Phi}{\partial z}\mathrm{d}z=\mathrm{d}\Phi=0 \quad\rightarrow\quad \Phi=\text{const} \;\text{ auf }\; C\,. \tag{2.121}$$

Die Konstante darf bei Vollquerschnitten (einfach zusammenhängende Querschnitte) ohne Beschränkung der Allgemeinheit zu Null gesetzt werden. Die Randbedingung lautet in diesem Fall also

$$\Phi=0 \;\text{ auf }\; C\,. \tag{2.122}$$

Es sei angemerkt, daß dies bei Hohlquerschnitten (mehrfach zusammenhängende Querschnitte) nicht zutrifft; dort nimmt $\Phi$ an jedem Rand einen unterschiedlichen konstanten Wert an. Daneben sei darauf hingewiesen, daß zur Lösung von (2.120) die Lage des Koordinatensystems $y, z$ beliebig wählbar ist, d.h. der Ursprung muß nicht im Flächenschwerpunkt liegen.

Mit (2.120) und (2.122) ist das Torsionsproblem bei dieser Formulierung auf die Bestimmung einer Torsionsfunktion $\Phi$ reduziert, welche die Poissonsche Differentialgleichung erfüllt und die am Rand Null ist. Ist $\Phi$ bekannt, so liegen nach (2.119) die Schubspannungskomponenten fest. Für den Betrag der resultierenden Schubspannung folgt damit

$$\begin{aligned}\tau &= \sqrt{\tau_{xy}^2+\tau_{xz}^2}=2G\kappa_T\sqrt{\left(\frac{\partial\Phi}{\partial z}\right)^2+\left(\frac{\partial\Phi}{\partial y}\right)^2}\\ &=2G\kappa_T|\text{grad}\,\Phi|\,.\end{aligned} \tag{2.123}$$

Außerdem erhält man den aus Band 2, Kapitel 5 bekannten Zusammenhang zwischen Torsionsmoment und Verwindung (Abb. 2.26)

$$M_T=\int\limits_A(\tau_{xz}y-\tau_{xy}z)\mathrm{d}A=GI_T\kappa_T \quad\rightarrow\quad \kappa_T=\frac{\mathrm{d}\vartheta}{\mathrm{d}x}=\frac{M_T}{GI_T}\,, \tag{2.124}$$

wobei

$$I_T=2\int\limits_A\left(\frac{\partial\Phi}{\partial y}y+\frac{\partial\Phi}{\partial z}z\right)\mathrm{d}A\,. \tag{2.125}$$

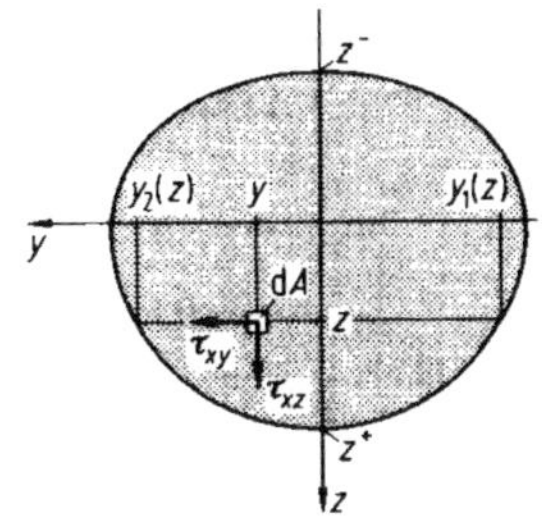


**Abb. 2.26**

Die Beziehung (2.125) für das *Torsionsträgheitsmoment* $I_T$ kann man noch vereinfachen. Dazu wenden wir zunächst die partielle Integration auf den ersten Teil des Integrals an. Mit den Bezeichnungen aus Abb. 2.26 gilt unter Beachtung, daß $\Phi$ am Rand Null ist

$$\int_A \frac{\partial \Phi}{\partial y} y \,\mathrm{d}A = \int_{z^-}^{z^+} \left[ \int_{y_1(z)}^{y_2(z)} \frac{\partial \Phi}{\partial y} y \,\mathrm{d}y \right] \mathrm{d}z$$

$$= \int_{z^-}^{z^+} \left[ \underbrace{\Phi y \Big|_{y_1}^{y_2}}_{=0} - \int_{y_1}^{y_2} \Phi \,\mathrm{d}y \right] \mathrm{d}z = - \int_A \Phi \,\mathrm{d}A \,.$$

Das gleiche Ergebnis liefert der zweite Teil des Integrals. Damit erhält man insgesamt

$$\boxed{I_T = -4 \int_A \Phi \,\mathrm{d}A} \,. \tag{2.126}$$

Faßt man danach die Torsionsfunktion als eine Fläche auf, die über dem Querschnitt aufgespannt ist, so ist das Torsionsträgheitsmoment proportional zum Volumen unter dieser Fläche. Wie in Abschnitt 3.5.2 gezeigt wird, genügt die Auslenkung einer über einen Rand gespannten Membran unter Druckbelastung ebenfalls der Poissonschen Differentialgleichung. Hierauf beruht die *Prandtlsche Seifenhautanalogie* (L. Prandtl, 1875–1953). Wird danach eine Membran (Seifenhaut), die über die Kontur des Querschnittes gespannt ist, durch Druck belastet, dann entspricht ihre deformierte Form gerade der Form der Torsionsfunktion über dem Querschnitt. Das Volumen unter der deformierten Membran ist folglich proportional zum Torsionsträgheitsmoment, und die Neigung (Betrag des Gradienten) ist ein Maß für die Größe der Schubspannung.

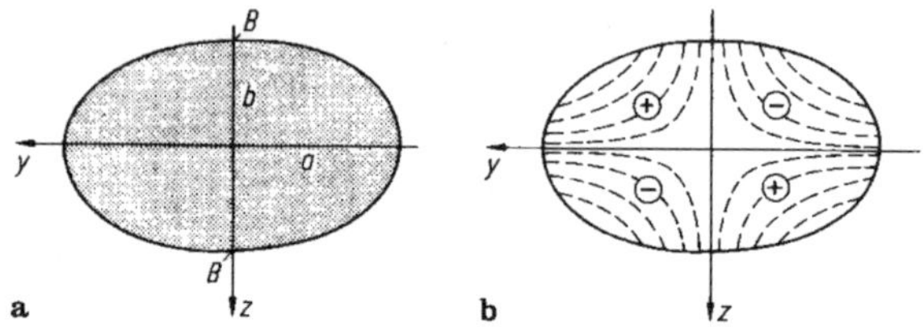


**Abb. 2.27**

Als erstes Anwendungsbeispiel wollen wir den elliptischen Querschnitt nach Abb. 2.27a untersuchen. Für diesen Fall erfüllt die Funktion

$$\Phi = \frac{a^2b^2}{2(a^2+b^2)}\left(\frac{y^2}{a^2}+\frac{z^2}{b^2}-1\right) \tag{2.127}$$

sowohl die Differentialgleichung (2.120) als auch die Randbedingung (2.122). Das Torsionsträgheitsmoment ergibt sich nach (2.126) mit der Fläche $A = \pi ab$ und den Flächenträgheitsmomenten $I_y = \pi ab^3/4$, $I_z = \pi a^3 b/4$ (Band 2, Tabelle 4.1) zu

$$I_T = -\frac{2a^2b^2}{a^2+b^2}\left(\frac{1}{a^2}\underbrace{\int_A y^2\mathrm{d}A}_{I_z}+\frac{1}{b^2}\underbrace{\int_A z^2\mathrm{d}A}_{I_y}-\underbrace{\int_A \mathrm{d}A}_{A}\right) = \frac{\pi a^3b^3}{a^2+b^2}\,. \tag{2.128}$$

Die Spannungskomponenten folgen aus (2.119) mit (2.124) und dem nunmehr bekannten $I_T$:

$$\tau_{xy} = -2\frac{M_T}{I_T}\frac{\partial\Phi}{\partial z} = -\frac{2M_T}{\pi ab^3}\,z\,,\quad \tau_{xz} = 2\frac{M_T}{I_T}\frac{\partial\Phi}{\partial y} = \frac{2M_T}{\pi a^3 b}\,y\,. \tag{2.129}$$

Hieraus läßt sich die Schubspannung $\tau = \sqrt{\tau_{xy}^2+\tau_{xz}^2}$ im Querschnitt ermitteln. Die größte Spannung tritt an den Randpunkten $B$ (Enden des kleinen Durchmessers) auf: $\tau_{\max} = |\tau_{xy}(\pm b)| = 2M_T/\pi ab^2$. Mit $\tau_{\max} = M_T/W_T$ erhält man daraus $W_T = \pi ab^2/2$ (vgl. Band 2, Tabelle 5.1).

Mit den Spannungen nach (2.129) können wir nun auch die Verwölbung des Querschnittes bestimmen. Nach (2.113) und (2.112) gilt $\tau_{xz} = G\kappa_T(\frac{\partial U}{\partial z}+y)$. Gleichsetzen mit $\tau_{xz}$ aus (2.129) liefert mit (2.124), (2.128) und nachfolgender Integration

$$G\kappa_T\left(\frac{\partial U}{\partial z}+y\right)=\frac{2M_T}{\pi a^3 b}\,y \quad\rightarrow\quad \frac{\partial U}{\partial z}=-\frac{a^2-b^2}{a^2+b^2}\,y$$
$$\rightarrow\quad U=-\frac{a^2-b^2}{a^2+b^2}\,yz\,.$$

Die Integrationskonstante wurde dabei so gewählt, daß die Verschiebung im Koordinatenursprung verschwindet. Die Verschiebung $u = \kappa_T U$ bildet danach eine Sattelfläche; mit zunehmenden $x$ und $y$ wächst sie betragsmäßig an. In Abb. 2.27b sind die Linien konstanter Verschiebung und ihr Vorzeichen dargestellt.

In einem zweiten Beispiel untersuchen wir den Rechteckquerschnitt nach Abb. 2.28a. Als Ansatz für die Torsionsfunktion wählen wir dabei zweckmäßig die Darstellung von $\Phi$ als doppelte Sinus-Fourierreihe, wobei wir das im Bild eingezeichnete Koordinatensystem verwenden:

$$\Phi(y,z)=\sum_{m=1}^{\infty}\sum_{n=1}^{\infty}\phi_{mn}\sin\frac{m\pi y}{b}\sin\frac{n\pi z}{h}\,.$$

Dieser Ansatz hat den Vorteil, daß durch ihn die Randbedingung (2.122) automatisch erfüllt wird. In Abschnitt 3.6.3 wird gezeigt, daß man eine Konstante im Rechteckgebiet ebenfalls durch eine doppelte Fourierreihe darstellen kann. Ist diese Konstante gleich 1 (rechte Seite von (2.120)), so gilt insbesondere:

$$1=\sum_{m=1}^{\infty}\sum_{n=1}^{\infty}\frac{16}{mn\pi^2}\sin\frac{m\pi y}{b}\sin\frac{n\pi z}{h}\,,\qquad m,n=1,3,5,\ldots\,.$$

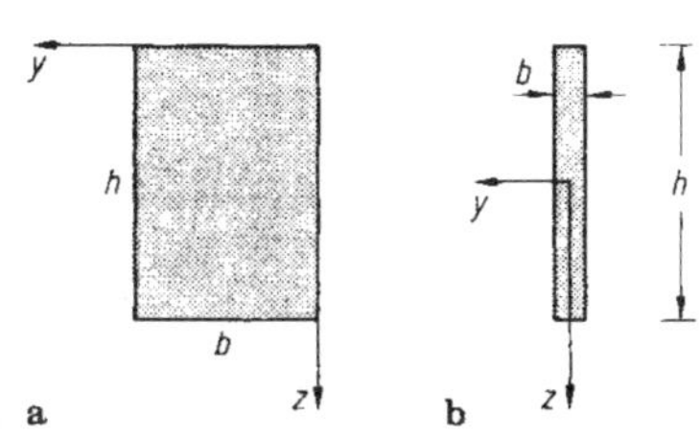


**Abb. 2.28** a b

Setzt man beide Ausdrücke in (2.120) ein, dann erhält man

$$\phi_{mn} = \frac{16\,b^2h^2}{mn\pi^4(m^2h^2+n^2b^2)}\,, \qquad m,n = 1,3,5,\ldots\,,$$

womit die Torsionsfunktion festliegt. Für das Torsionsträgheitsmoment ergibt sich daraus nach (2.126)

$$\begin{aligned} I_T &= -4\sum_{m=1}^{\infty}\sum_{n=1}^{\infty}\phi_{mn}\int_0^h\int_0^b \sin\frac{m\pi y}{b}\sin\frac{n\pi z}{h}\mathrm{d}y\mathrm{d}z \\ &= \frac{16^2b^3h^3}{\pi^6}\sum_{m=1}^{\infty}\sum_{n=1}^{\infty}\frac{1}{m^2n^2(m^2h^2+n^2b^2)}\,, \qquad m,n = 1,3,5,\ldots\,. \end{aligned}$$

Diese Reihe konvergiert sehr rasch, d.h. man benötigt nur wenige Glieder, um eine gute Genauigkeit zu erzielen. In Tabelle 2.3 sind einige Ergebnisse für unterschiedliche Seitenverhältnisse zusammengestellt.

**Tabelle 2.3.** $I_T$ und $W_T$ für Rechteckquerschnitt

| $h/b$ | 1 | 2 | 3 | 4 | 5 | 6 | 8 | 10 |
|---|---|---|---|---|---|---|---|---|
| $\frac{I_T}{hb^3/3}$ | 0,42 | 0,69 | 0,79 | 0,84 | 0,87 | 0,89 | 0,92 | 0,94 |
| $\frac{W_T}{hb^2/3}$ | 0,64 | 0,76 | 0,82 | 0,87 | 0,90 | 0,92 | 0,95 | 0,97 |

Aus der Torsionsfunktion kann man dann auch die Schubspannungen ermitteln. Die größte Schubspannung tritt in der Mitte der längeren Rechteckseite auf. Aus $\tau_{\max} = \tau_{xz}(0,h/2) = M_T/W_T$ folgt mit (2.119) und (2.124) für das Torsionswiderstandsmoment

$$\begin{aligned} W_T &= \frac{M_T}{\tau_{xz}(0,h/2)} = \frac{I_T}{2\partial\Phi/\partial y|_{0,h/2}} \\ &= \frac{I_T}{2\sum\limits_{m=1}^{\infty}\sum\limits_{n=1}^{\infty}\phi_{mn}\frac{m\pi}{b}\sin\frac{n\pi}{2}}\,. \end{aligned}$$

Ergebnisse für verschiedene Seitenverhältnisse finden sich in Tabelle 2.3.

Für den dünnwandigen Rechteckquerschnitt ($b \ll h$) nach Abb. 2.28b läßt sich eine einfache Näherungslösung herleiten. In diesem Fall kann man in guter Näherung annehmen, daß die Torsionsfunktion unabhängig von $z$ ist: $\Phi = \Phi(y)$. Dann erhält man aus (2.120) und (2.122) die Lösung $\Phi(y) = y^2/2 - b^2/8$. Diese erfüllt nun allerdings nur entlang der großen Seitenlängen des Rechtecks die Randbedingung. Für das Torsionsträgheitsmoment ergibt sich daraus (vgl. Band 2, Abschn. 5.3)

$$I_T = -4h \int_{-b/2}^{b/2} \left( \frac{y^2}{2} - \frac{b^2}{8} \right) \mathrm{d}y = \frac{h\,b^3}{3} \,.$$

Durch Vergleich mit Tabelle 2.3 erkennt man, daß sich dieses Ergebnis für $h/b = 10$ nur um 6% vom exakten Wert unterscheidet.

**Beispiel 2.11:** Für den Querschnitt in Form eines gleichseitigen Dreiecks (Abb. 2.29) überprüfe man, ob die Torsionsfunktion

$$\Phi = -\frac{1}{4h} \left( z^3 - h\,z^2 - 3\,y^2 z - h\,y^2 + \frac{4}{27} h^3 \right)$$

die Differentialgleichung (2.120) und die Randbedingung (2.122) erfüllt. Dabei befindet sich der Koordinatenursprung im Schwerpunkt. Wie groß ist $I_T$?

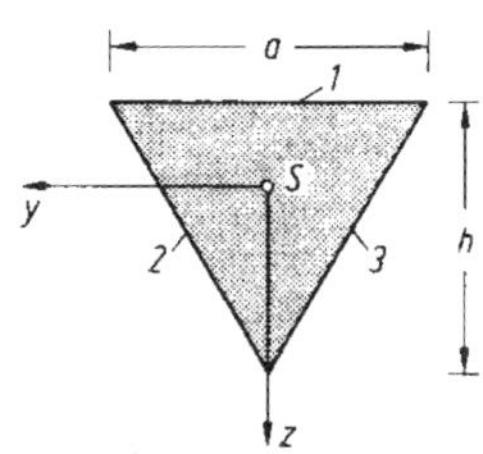


**Abb. 2.29**

*Lösung:* Aus $\Phi$ erhält man durch zweifache Ableitung

$$\frac{\partial^2 \Phi}{\partial y^2} = -\frac{1}{4h}(-6z - 2h) \,, \qquad \frac{\partial^2 \Phi}{\partial z^2} = -\frac{1}{4h}(6z - 2h)$$

$$\rightarrow \quad \underline{\underline{\frac{\partial^2 \Phi}{\partial y^2} + \frac{\partial^2 \Phi}{\partial z^2}}} = -\frac{1}{4h}(-6z - 2h + 6z - 2h) = \underline{\underline{1}} \,.$$

Die Funktion $\Phi$ erfüllt also die Poissonsche Differentialgleichung.

Am Rand 1 ist $z_1 = -h/3$ und folglich

$$\underline{\underline{\Phi(z_1)}} = -\frac{1}{4h}\left(-\frac{h^3}{27} - \frac{h^3}{9} + h\,y^2 - h\,y^2 + \frac{4}{27}h^3\right) = \underline{\underline{0}}\,.$$

Die Gleichung des Randes 2 bzw. 3 lautet $z_{2,3} = \mp\sqrt{3}\,y + 2h/3$. Einsetzen in $\Phi$ liefert

$$\begin{aligned}\underline{\underline{\Phi(z_{2,3})}} = &-\frac{1}{4h}\left(\left[\mp 3\sqrt{3}\,y^3 + 6\,y^2h \mp \frac{4}{3}\sqrt{3}\,y\,h^2 + \frac{8}{27}h^3\right]\right.\\ &-h\left[3\,y^2 \mp \frac{4}{3}\sqrt{3}\,y\,h + \frac{4}{9}h^2\right]\\ &\left.-3\,y^2\left[\mp\sqrt{3}\,y + \frac{2}{3}h\right] - h\,y^2 + \frac{4}{27}h^3\right)\\ = &-\frac{1}{4h}\left(\mp 3\sqrt{3}\,y^3[1-1] + y^2\,h[6-3-2-1]\right.\\ &\left.\mp y\,h^2\frac{4}{3}\sqrt{3}[1-1] + \frac{h^3}{27}[8-12+4]\right) = \underline{\underline{0}}\,.\end{aligned}$$

Für das Torsionsträgheitsmoment erhält man mit $h = \sqrt{3}\,a/2$ unter Ausnutzung der Symmetrie

$$\underline{\underline{I_T}} = -2\cdot 4\int\limits_{-h/3}^{2h/3}\left[\int\limits_{0}^{-\frac{z}{\sqrt{3}}+\frac{a}{3}}\Phi\,\mathrm{d}y\right]\mathrm{d}z = \underline{\underline{\frac{\sqrt{3}}{80}a^4}}\,.$$

## 2.7 Energieprinzipien

In Band 2, Kapitel 6 haben wir den Arbeitsbegriff bei der Lösung von Stab- und von Balkenproblemen angewendet. Wir wollen nun Energieprinzipien herleiten, die für beliebige elastische Körper gelten. Diese Prinzipien erweisen sich als nützlich bei der Formulierung und Lösung von Gleichgewichtsproblemen. Sie bilden aber gleichzeitig auch die Grundlage für verschiedene analytische Näherungsverfahren und numerische Methoden.

### 2.7.1 Arbeitssatz

Wir betrachten einen Körper, der sich im Gleichgewicht befindet und entlang dessen Rand die Belastung bzw. die Verschiebung vorgegeben ist. Auf Volumenkräfte wollen wir zunächst der Einfachheit halber verzichten. Hierfür lauten dann nach Abschnitt 2.4 die statischen und die kinematischen Grundgleichungen

$$\begin{aligned} \sigma_{ij,j} &= 0 \quad &&\text{in } V\,, \quad \sigma_{ij}n_j = t_i^* \ \text{ auf } A_t\,, \\ \varepsilon_{ij} &= \frac{1}{2}(u_{i,j}+u_{j,i}) \ \text{in } V\,, &&\quad u_i = u_i^* \ \text{ auf } A_u\,. \end{aligned} \tag{2.130}$$

Die Lösung des Randwertproblems, d.h. die aktuellen (wirklich) auftretenden Spannungen, Verzerrungen und Verschiebungen, erfüllt alle Gleichungen identisch. Nehmen wir dagegen allein die statischen Gleichungen (Gleichgewichtsbedingungen, Spannungsrandbedingungen), so werden diese nicht nur vom aktuellen Spannungsfeld, sondern in der Regel auch noch von vielen anderen Spannungsfeldern erfüllt. Ein solches Feld nennt man ein *statisch zulässiges Spannungsfeld*; wir wollen es mit $\sigma_{ij}^{(1)}$ bezeichnen. Analog bezeichnet man ein Verschiebungsfeld $u_i^{(2)}$ bzw. Verzerrungsfeld $\varepsilon_{ij}^{(2)}$ als *kinematisch zulässig*, wenn hierdurch die kinematischen Gleichungen (Verzerrungs-Verschiebungs-Beziehungen, Verschiebungsrandbedingungen) erfüllt werden. Dieser Bedingung genügen nicht nur die aktuellen Verschiebungen und Verzerrungen, sondern meist viele andere Felder.

Im weiteren bringen wir die Gleichgewichtsbedingung für ein statisch zulässiges Spannungsfeld $\sigma_{ij}^{(1)}$ in eine andere Form. Dazu multiplizieren wir sie mit kinematisch zulässigen Verschiebungen $u_i^{(2)}$ und integrieren über das Volumen des Körpers:

$$\int\limits_V \sigma_{ij,j}^{(1)}\, u_i^{(2)} \mathrm{d}V = 0\,.$$

Mit der Umformung (beachte: $\sigma_{ij} = \sigma_{ji}$)

$$\begin{aligned} \sigma_{ij,j}^{(1)} u_i^{(2)} &= (\sigma_{ij}^{(1)} u_i^{(2)})_{,j} - \sigma_{ij}^{(1)} u_{i,j}^{(2)} \\ &= (\sigma_{ij}^{(1)} u_i^{(2)})_{,j} - \frac{1}{2}\sigma_{ij}^{(1)} u_{i,j}^{(2)} - \frac{1}{2}\sigma_{ji}^{(1)} u_{j,i}^{(2)} \\ &= (\sigma_{ij}^{(1)} u_i^{(2)})_{,j} - \sigma_{ij}^{(1)} \varepsilon_{ij}^{(2)} \end{aligned}$$

wird daraus

$$\int_V \sigma_{ij}^{(1)}\varepsilon_{ij}^{(2)}\mathrm{d}V = \int_V (\sigma_{ij}^{(1)}u_i^{(2)})_{,j}\,\mathrm{d}V\,.$$

Wendet man auf das rechte Integral den Gaußschen Satz

$$\int_V (.)_{,j}\,\mathrm{d}V = \int_A (.)n_j\,\mathrm{d}A$$

an, so folgt mit der Cauchyschen Formel (2.12)

$$\int_V \sigma_{ij}^{(1)}\varepsilon_{ij}^{(2)}\mathrm{d}V = \int_A t_i^{(1)}u_i^{(2)}dA\,. \tag{2.131}$$

Teilt man noch die Oberfläche $A$ des Körpers auf in den Teil $A_t$, auf dem Spannungsrandbedingungen ($t_i^{(1)} = t_i^*$) vorliegen und in den Teil $A_u$, auf dem Verschiebungsrandbedingungen ($u_i^{(2)} = u_i^*$) vorgeschrieben sind, so läßt sich (2.131) in der Form

$$\boxed{\int_V \sigma_{ij}^{(1)}\varepsilon_{ij}^{(2)}\mathrm{d}V = \int_{A_t} t_i^* u_i^{(2)}dA + \int_{A_u} t_i^{(1)}u_i^* dA} \tag{2.132}$$

schreiben. Die auftretenden Integrale haben die Dimension einer Arbeit. Das linke Integral enhält dabei die inneren Kräfte (Spannungen), in den beiden Integralen auf der rechten Seite treten dagegen äußere Kräfte auf. Man bezeichnet (2.132) häufig als *allgemeinen* oder *verallgemeinerten Arbeitssatz*. Deutlich sei an dieser Stelle aber darauf hingewiesen, daß es sich bei den auftretenden Größen nicht um die aktuellen Spannungen, Verzerrungen und Verschiebungen handeln muß, sondern daß diese nur statisch bzw. kinematisch zulässig sein müssen. Dementsprechend beschreiben die Integrale nicht notwendigerweise die von den aktuellen Größen verrichtete Arbeit. Betont sei auch, daß bis zu dieser Stelle kein Gebrauch vom Elastizitätsgesetz gemacht wurde; (2.132) gilt also unabhängig vom Stoffverhalten.

Der allgemeine Arbeitssatz ist aus der Gleichgewichtsbedingung in (2.130) hervorgegangen, indem wir mit $u_i^{(2)}$ multiplizierten und dann integrierten. Man bezeichnet (2.132) auch als eine *schwache Form* der Gleichgewichtsbedingung. Der Grund hierfür ist, daß die Spannungen hier direkt und nicht als Ableitungen auftreten; d.h. an $\sigma_{ij}$ werden „schwächere" Differenzierbarkeitsbedingungen gestellt. Die Funktion

$u_i^{(2)}$ nennt man in der Variationsrechnung eine *Testfunktion* oder *Vergleichsfunktion*. Sie muß die kinematischen Randbedingungen erfüllen. Diese nennt man auch *natürliche* oder *wesentliche Randbedingungen*.

Aus (2.131) bzw. aus (2.132) lassen sich durch Spezialisierung verschiedene Gesetzmäßigkeiten herleiten. Wenn man bei den statischen und den kinematischen Größen die aktuellen (wirklichen) Spannungen $\sigma_{ij}$, Verzerrungen $\varepsilon_{ij}$ und Verschiebungen $u_i$ einsetzt, dann liefert (2.131)

$$\int_V \sigma_{ij}\varepsilon_{ij}\mathrm{d}V = \int_A t_i u_i \mathrm{d}A\,. \tag{2.133}$$

Diese Beziehung gilt unabhängig vom Stoffgesetz, sie kann aber insbesondere bei elastischen Körpern zweckmäßig eingesetzt werden (vgl. Abschn. 2.7.2).

Eine andere Möglichkeit besteht darin, in (2.131) die wirklichen statischen Größen und die wirklichen Verzerrungsinkremente $\mathrm{d}\varepsilon_{ij}$ bzw. Verschiebungsinkremente $\mathrm{d}u_i$ einzusetzen, die bei einer Deformationsänderung (z.B. infolge einer Laststeigerung) auftreten. In diesem Fall folgt

$$\int_V \underbrace{\sigma_{ij}\mathrm{d}\varepsilon_{ij}}_{\mathrm{d}W}\mathrm{d}V = \int_A t_i \mathrm{d}u_i \mathrm{d}A \quad \text{bzw.} \quad \mathrm{d}W_i = \mathrm{d}W_a\,. \tag{2.134}$$

Darin ist $\mathrm{d}W_i$ das Arbeitsinkrement der inneren Kräfte ($\sigma_{ij}$) im gesamten Körper (= Formänderungsarbeit, vgl. Abschn. 2.3.3), während $\mathrm{d}W_a$ das Arbeitsinkrement der äußeren Kräfte ($t_i$) kennzeichnet. Durch Integration vom undeformierten Ausgangszustand bis zum aktuellen Zustand erhält man daraus

$$\int_V \int_0^{\varepsilon_{ij}} \sigma_{ij}\mathrm{d}\bar{\varepsilon}_{ij}\mathrm{d}V = \int_A \int_0^{u_i} t_i \mathrm{d}\bar{u}_i \mathrm{d}A \quad \text{bzw.} \quad \boxed{W_i = W_a}\,. \tag{2.135}$$

Die linke Seite beschreibt nun wegen (2.72) die gesamte im Körper geleistete Formänderungsarbeit: $W_i = \int_V W \mathrm{d}V$. Die rechte Seite ist die gesamte bis zum aktuellen Zustand geleistete Arbeit der äußeren Kräfte. Die Arbeit der inneren Kräfte und die Arbeit der äußeren Kräfte sind also gleich. Dies gilt unabhängig davon, ob der Körper sich elastisch oder inelastisch (z.B. plastisch) verhält. Wirken auf den Körper neben den Oberflächenlasten auch noch Volumenkräfte, dann muß $W_a$ um die Arbeit dieser Kräfte ergänzt werden.

Bei einem elastischen Körper besitzen die inneren Kräfte (Spannungen) ein Potential; wir können dann die spezifische Formänderungsarbeit $W$ durch die Formänderungsenergiedichte $U(\varepsilon_{ij})$ ersetzen (vgl. Abschn. 2.3.3). Bezeichnen wir die gesamte im Körper enthaltene Formänderungsenergie mit

$$\Pi_i = \int\limits_V U \mathrm{d}V\,, \tag{2.136}$$

so folgt aus (2.135) der Arbeitssatz (vgl. Band 2, Abschn. 6.1)

$$\boxed{\Pi_i = W_a}\,, \tag{2.137}$$

d.h. in Worten: die Arbeit der äußeren Kräfte ist gleich der gespeicherten Formänderungsenergie.

Als Anwendungsbeispiel hierzu betrachten wir das Kreisloch im unendlichen Gebiet unter Innendruck, für das wir in Abschnitt 2.5.3.1,c die Spannungen ermittelt haben (vgl. Abb. 2.17c). Legt man den ESZ zugrunde, dann kann man die spezifische Formänderungsenergie nach (2.75b) unter Beachtung von (2.86a) zunächst allgemein in der Form

$$\begin{aligned} U &= \frac{1}{2E}(\sigma_x^2 + \sigma_y^2 - 2\nu\sigma_x\sigma_y + 2(1+\nu)\tau_{xy}^2) \\ &= \frac{1}{2E}(\sigma_r^2 + \sigma_\varphi^2 - 2\nu\sigma_r\sigma_\varphi + 2(1+\nu)\tau_{r\varphi}^2) \end{aligned} \tag{2.138}$$

darstellen. Mit den Spannungen $\sigma_r = -\sigma_\varphi = -p_0\, a^2/r^2$, $\tau_{r\varphi} = 0$ folgen damit für unser Beispiel ($\mathrm{d}V = 2\,\pi\, r\, t\, \mathrm{d}r$)

$$U = p_0^2 \frac{1+\nu}{E}\frac{a^4}{r^4}\,,$$

$$\Pi_i = \int\limits_V U \mathrm{d}V = p_0^2 \frac{1+\nu}{E} a^4\, t\, 2\,\pi \int\limits_a^\infty \frac{r\,\mathrm{d}r}{r^4} = p_0^2 \frac{1+\nu}{E} a^2\, t\, 2\,\pi\,.$$

Darin ist $t$ die Dicke der Scheibe. Die Arbeit der äußeren Belastung $p_0$ bei einer Laststeigerung von Null auf den Endwert $p_0$ ist durch

$$W_a = \frac{1}{2} p_0\, u_r(a)\, 2\,\pi\, a\, t = p_0\, u_r(a)\, \pi\, a\, t$$

gegeben, wobei $u_r(a)$ die noch unbekannte Radialverschiebung am Lochrand ist. Sie läßt sich nach (2.137) durch Gleichsetzen von $\Pi_i$ und $W_a$ bestimmen:

$$p_0^2 \frac{1+\nu}{E} a^2\, t\, 2\pi = p_0\, u_r(a)\, \pi\, a\, t \quad \to \quad u_r(a) = \frac{2(1+\nu)}{E}\, p_0\, a\,.$$

## 2.7.2 Sätze von Clapeyron und von Betti

In einer weiteren Spezialisierung wollen wir nun den Körper als linear elastisch voraussetzen. Hierfür ist die Formänderungsenergiedichte nach (2.75b) durch $U = \frac{1}{2}\sigma_{ij}\varepsilon_{ij}$ gegeben. Die linke Seite von (2.133) kann dann mit (2.136) durch $2\Pi_i$ ersetzt werden. Zusätzlich nehmen wir an, daß die äußeren Kräfte $(t_i)$ *Totlasten* sind. Hierunter versteht man Kräfte, die von der Deformation unabhängig sind. Ein Beispiel hierfür ist die Gewichtskraft. Solche Kräfte sind ein Sonderfall der konservativen Kräfte, welche sich gemäß

$$t_i = -\frac{\partial \hat{\Pi}_a}{\partial u_i} \tag{2.139}$$

aus einem Potential $\hat{\Pi}_a(u_i)$ (=potentielle Energie pro Flächeneinheit) herleiten lassen. Für Totlasten ist dieses durch $\hat{\Pi}_a = -t_i u_i$ gegeben. Bezeichnen wir mit

$$\Pi_a = \int\limits_A \hat{\Pi}_a \mathrm{d}A = -\int\limits_A t_i u_i \mathrm{d}A \tag{2.140}$$

das Gesamtpotential der äußeren Totlasten, dann führt (2.133) auf

$$\boxed{2\Pi_i + \Pi_a = 0}\,. \tag{2.141}$$

Nach B.P.E. Clapeyron (1799–1864) nennt man diesen Zusammenhang den *Satz von Clapeyron*. Die Summe aus der doppelten Formänderungsenergie und dem Potential der Totlasten ist also gerade Null. Letzteres entspricht nach (2.139) gerade der negativen Arbeit der Totlasten. Dementsprechend kann man (2.140) auch so ausdrücken: die doppelte Formänderungsenergie ist gleich der Arbeit der Totlasten.

Im weiteren betrachten wir einen linear elastischen Körper, bei dem zwei unterschiedlichen aktuellen Belastungszuständen (1) bzw. (2) je ein aktueller Deformationszustand (1) bzw. (2) zugeordnet ist. Dann gilt mit dem Elastizitätsgesetz (2.58) unter Beachtung der Symmetrie des Elastizitätstensors (vgl. (2.74)) die Umformung

$$\sigma_{ij}^{(1)}\varepsilon_{ij}^{(2)} = E_{ijkl}\varepsilon_{kl}^{(1)}\varepsilon_{ij}^{(2)} = \varepsilon_{kl}^{(1)}E_{klij}\varepsilon_{ij}^{(2)} = \varepsilon_{kl}^{(1)}\sigma_{kl}^{(2)} = \sigma_{ij}^{(2)}\varepsilon_{ij}^{(1)} .$$

Dies bedeutet, daß man in (2.131) nicht nur auf der linken Seite die Ziffern (Zustände) vertauschen kann, sondern auch auf der rechten Seite, d.h. es wird

$$\boxed{\int_A t_i^{(1)}u_i^{(2)}\mathrm{d}A = \int_A t_i^{(2)}u_i^{(1)}\mathrm{d}A} . \tag{2.142}$$

Danach leisten die Kräfte $t_i^{(1)}$ an den Verschiebungen $u_i^{(2)}$ die gleiche Arbeit wie die Kräfte $t_i^{(2)}$ an den Verschiebungen $u_i^{(1)}$. Dies ist der *Satz von Betti* (vgl. Band 2, Abschn. 6.3). Er hat eine besondere Bedeutung als Ausgangspunkt für die Methode der Randelemente.

### 2.7.3 Prinzip der virtuellen Verrückungen

Wir betrachten einen Gleichgewichtszustand mit den aktuellen Spannungen und Deformationen. Zusätzlich zu den aktuellen Verschiebungen $u_i$ führen wir nun *virtuelle Verschiebungen* $\delta u_i$ ein, durch die sich das System aus der Gleichgewichtslage $u_i$ in die Nachbarlage $u_i + \delta u_i$ begibt. Unter diesen virtuellen Verschiebungen wollen wir Funktionen vom Ort $x_i$ verstehen, die a) infinitesimal, b) gedacht, d.h. nicht wirklich vorhanden, und die c) kinematisch zulässig sind. Letzteres bedeutet, daß entlang des Randes $A_u$, an dem die Verschiebungen vorgegeben sind, die virtuellen Verschiebungen verschwinden: $\delta u_i|_{A_u} = 0$. Um die einschränkenden Bedingungen deutlich zu machen, denen virtuelle Verrückungen unterliegen, wird für sie das Variationssymbol $\delta u_i$ anstelle von $\mathrm{d}u_i$ verwendet. Mathematisch darf aber wie mit einem Verschiebungsinkrement bzw. wie mit einem Differential gerechnet werden. So gilt zum Beispiel allgemein die Vertauschungsregel $\delta(u_{i,j}) = (\delta u_i)_{,j}$. Aufgrund der virtuellen Verschiebungen $\delta u_i$ kommt es zu den virtuellen Verzerrungen

$$\delta\varepsilon_{ij} = \frac{1}{2}\delta(u_{i,j} + u_{j,i}) = \frac{1}{2}[(\delta u_i)_{,j} + (\delta u_j)_{,i}] .$$

Setzen wir in Gleichung (2.132) für die statischen Größen die aktuellen Spannungen $\sigma_{ij}$ und für die kinematischen Größen die virtuellen Verschiebungen $\delta u_i$ bzw. die Verzerrungen $\delta\varepsilon_{ij}$ ein, so folgt als schwache Form der Gleichgewichtsbedingungen

$$\boxed{\int\limits_V \sigma_{ij}\delta\varepsilon_{ij}\mathrm{d}V = \int\limits_{A_t} t_i^*\delta u_i \mathrm{d}A} \quad \text{bzw.} \quad \boxed{\delta W_i = \delta W_a} \,. \qquad (2.143)$$

Darin sind $\delta W_i = \int\limits_V \sigma_{ij}\delta\varepsilon_{ij}\mathrm{d}V$ die Arbeit der inneren Kräfte bei einer virtuellen Verrückung und $\delta W_a = \int\limits_{A_t} t_i^*\delta u_i \mathrm{d}A$ die entsprechende Arbeit der äußeren, eingeprägten Kräfte. Beide Arbeiten sind bei einem Körper, der sich im Gleichgewicht befindet, also gleich. Man kann dies auch so ausdrücken: ein deformierbarer Körper befindet sich dann im Gleichgewicht, wenn die Arbeiten der inneren und der äußeren Kräfte bei einer virtuellen Verrückung gleich sind. Diese Aussage wird als *Prinzip der virtuellen Verrückungen* oder als *Prinzip der virtuellen Arbeiten* bezeichnet. Es ist unabhängig vom speziellen Stoffverhalten des Körpers gültig. Man beachte, daß bei den äußeren Kräften nur die eingeprägten Kräfte auftreten; die Reaktionskräfte leisten bei einer virtuellen Verrückung *keine* Arbeit! Wenn neben den Oberflächenlasten auch noch Volumenkräfte vorhanden sind, so muß deren Arbeit in $\delta W_a$ mitberücksichtigt werden. An dieser Stelle sei noch angemerkt, daß man aus (2.132) bzw. aus den Grundgleichungen (2.130) auch noch andere Prinzipien herleiten kann. Ohne näher darauf einzugehen, seien die sogenannten *erweiterten Prinzipien* und das *Prinzip der virtuellen Kräfte* erwähnt.

Bei einem elastischen Körper kann die virtuelle Arbeit der inneren Kräfte mit (2.136) und $\sigma_{ij}\delta\varepsilon_{ij} = \frac{\partial U}{\partial\varepsilon_{ij}}\delta\varepsilon_{ij} = \delta U(\varepsilon_{ij})$ durch

$$\delta W_i = \int\limits_V \sigma_{ij}\delta\varepsilon_{ij}\mathrm{d}V = \int\limits_V \delta U \mathrm{d}V = \delta\int\limits_V U\mathrm{d}V = \delta\Pi_i \qquad (2.144)$$

ausgedrückt werden. Besitzen die äußeren Kräfte ein Potential, dann gilt mit (2.139) außerdem

$$\delta W_a = \int\limits_{A_t} t_i^*\delta u_i \mathrm{d}V = -\int\limits_{A_t} \delta\hat{\Pi}_a \mathrm{d}A = -\delta\Pi_a \,, \qquad (2.145)$$

wobei $\delta \hat{\Pi}_a = \frac{\partial \hat{\Pi}_a}{\partial u_i} \delta u_i = t_i^* \delta u_i$. Führen wir noch mit $\Pi = \Pi_i + \Pi_a$ das Gesamtpotential ein, so liefert (2.143) das *Prinzip vom Stationärwert des Gesamtpotentials*

$$\boxed{\delta \Pi = \delta(\Pi_i + \Pi_a) = 0} \quad \text{bzw.} \quad \boxed{\Pi = \Pi_i + \Pi_a = \text{stationär}} \,. \qquad (2.146)$$

Danach nimmt das Gesamtpotential in der Gleichgewichtslage einen Stationärwert (Extremum) an. Für den linear elastischen Körper läßt sich zeigen, daß $\Pi$ in der Gleichgewichtslage minimal ist:

$$\boxed{\Pi = \Pi_i + \Pi_a = \text{Minimum}} \,. \qquad (2.147)$$

In Worten läßt sich dies folgendermaßen formulieren: unter allen kinematisch zulässigen Vergleichsfunktionen machen diejenigen $\Pi$ zu einem Extremum (Minimum), für die sich der Körper in der Gleichgewichtslage befindet. Auf dieser Tatsache beruhen verschiedene Näherungsverfahren wie zum Beispiel das Verfahren von Ritz (vgl. Abschn. 7.5.6).

Wir haben das Prinzip vom Stationärwert des Gesamtpotentials ausgehend von den Gleichgewichtsbedingungen hergeleitet. Die kinematischen Gleichungen (Verzerrungs-Verschiebungs-Gleichungen, Verschiebungsrandbedingungen) gingen dabei als Nebenbedingungen ein, denen die virtuellen Verrückungen genügen müssen. Geht man umgekehrt vom Prinzip (2.147) aus und wendet es auf einen elastischen Körper an, so folgen aus ihm die Gleichgewichtsbedingungen sowie die statischen Randbedingungen. Dies trifft sinngemäß natürlich auch auf spezielle Tragwerke, wie Stäbe, Balken, Platten oder Schalen zu.

Als Anwendungsbeispiel betrachten wir den Stab nach Abb. 2.30, der durch eine verteilte Last $n(x)$ sowie durch eine Randkraft $F$ belastet ist. Wenn die äußeren Belastungen Totlasten sind, dann lautet mit $\varepsilon = \mathrm{d}u/\mathrm{d}x = u'$ das Potential der inneren bzw. der äußeren Kräfte (vgl. auch Band 2, Tabelle 6.2)

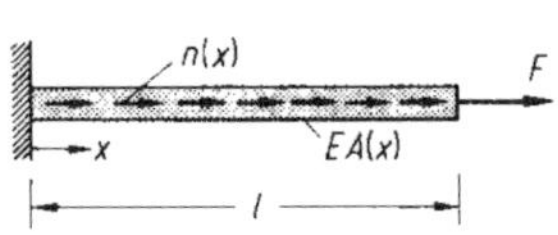


**Abb. 2.30**

$$
\begin{aligned}
\Pi_i &= \frac{1}{2}\int_0^l EA\,\varepsilon^2 \mathrm{d}x = \frac{1}{2}\int_0^l EA\,u'^2 \mathrm{d}x\,,\\
\Pi_a &= -\int_0^l n\,u\,\mathrm{d}x - Fu(l)\,.
\end{aligned} \tag{2.148}
$$

Damit liefert das Prinzip vom Stationärwert des Gesamtpotentials $\delta(\Pi_i + \Pi_a) = 0$ mit $\delta(u'^2) = 2u'\delta u'$ zunächst

$$
\begin{aligned}
0 &= \delta\left\{\int_0^l \left[\frac{1}{2}EA\,u'^2 - n\,u\right]\mathrm{d}x - Fu(l)\right\}\\
&= \int_0^l \left[\underbrace{EA\,u'}_{v}\,\underbrace{\delta u'}_{w'} - n\,\delta u\right]\mathrm{d}x - F\delta u(l)\,.
\end{aligned}
$$

Den ersten Teil des Integrals können wir mittels partieller Integration $\int_0^l vw'\mathrm{d}x = -\int_0^l v'w\mathrm{d}x + vw|_0^l$ und dem Elastizitätsgesetz $N = EA\,u'$ umformen. Damit wird aus obiger Gleichung

$$
\begin{aligned}
0 &= -\int_0^l \left[\underbrace{(EA\,u')'}_{v'}\,\underbrace{\delta u}_{w} + n\,\delta u\right]\mathrm{d}x + \underbrace{EA\,u'}_{v}\,\underbrace{\delta u}_{w}|_0^l - F\delta u(l)\\
&= -\int_0^l [N' + n]\delta u\,\mathrm{d}x + [(N - F)\delta u]_{x=l} - [N\delta u]_{x=0}\,.
\end{aligned}
$$

Für ein beliebiges (kinematisch zulässiges) $\delta u$ ist diese Gleichung nur dann erfüllt, wenn gilt:

$$
N' + n = 0\,, \quad [N\delta u]_{x=0} = 0\,, \quad [(N - F)\delta u]_{x=l} = 0\,.
$$

Die linke Gleichung ist die Gleichgewichtsbedingung (Band 2, Gl. (1.13)), die beiden rechten Beziehungen liefern die Randbedingungen. Im Beispiel ist der Rand $x = 0$ unverschieblich gelagert (= kinematische Randbedingung), d.h. dort ist $\delta u = 0$. Am Rand $x = l$ ist dagegen $\delta u$ beliebig; demnach muß dort die Bedingung $N = F$ erfüllt sein.

**Beispiel 2.12:** Der schubstarre Balken nach Abb. 2.31 wird durch eine Streckenlast $q(x)$ und eine Einzellast $F$ belastet. Es sollen die Differentialgleichung der Biegelinie und die Randbedingungen mit Hilfe des Prinzips vom Stationärwert des Gesamtpotentials hergeleitet werden.

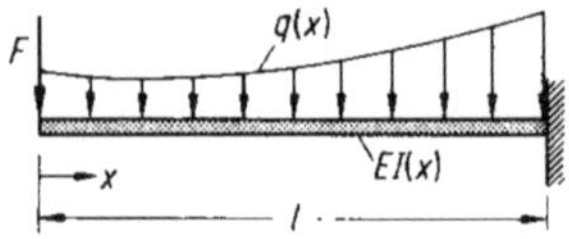


Abb. 2.31

*Lösung:* Die Potentiale der inneren Kräfte bzw. der äußeren Kräfte lauten (vgl. Band 2, Tabelle 6.2)

$$\Pi_i = \frac{1}{2}\int_0^l EIw''^2 \mathrm{d}x\,, \quad \Pi_a = -\int_0^l q\,w \mathrm{d}x - Fw(0)\,.$$

Damit liefert die Bedingung $\delta(\Pi_i + \Pi_a) = 0$ zunächst

$$0 = \int_0^l (EIw''\delta w'' - q\,\delta w)\mathrm{d}x - F\delta w(0)\,.$$

Wenden wir zweimal die partielle Integration an, so wird daraus

$$\begin{aligned}
0 &= \int_0^l [-(EIw'')'\,\delta w' - q\,\delta w]\mathrm{d}x + EIw''\delta w'|_0^l - F\delta w(0) \\
&= \int_0^l [(EIw'')''\,\delta w - q\,\delta w]\mathrm{d}x + EIw''\delta w'|_0^l \\
&\quad -(EIw'')'\,\delta w|_0^l - F\delta w(0) \\
&= \int_0^l [(EIw'')'' - q]\delta w\,\mathrm{d}x + EIw''\delta w'|_0^l \\
&\quad -(EIw'')'\,\delta w|_0^l - F\delta w(0)\,.
\end{aligned}$$

Diese Gleichung wird für eine beliebige zulässige (virtuelle) Verrückung nur dann erfüllt, wenn die eckige Klammer im Integral und alle Randterme für sich verschwinden. Hiermit erhält man aus dem Integral die Differentialgleichung der Biegelinie

$$\underline{\underline{(EIw'')'' - q = 0}}\,.$$

Wenn man das Elastizitätsgesetz für das Biegemoment $EIw'' = -M$ einsetzt, dann erkennt man, daß dies die Gleichgewichtsbedingung $M'' = -q$ darstellt. Aus den restlichen Termen folgen die Randbedingungen. Am rechten Rand ($x = l$) ist der Balken eingespannt. Dort sind $\delta w' = 0$ und $\delta w = 0$, und damit verschwinden die entsprechenden Randterme. Am linken Rand ($x = 0$) sind dagegen $\delta w'$ und $\delta w$ beliebig. Damit ergibt sich dort für die Randbedingungen

$$-EIw''\delta w' = 0 \quad \rightarrow \quad M\delta w' = 0 \quad \rightarrow \quad \underline{\underline{M = 0}}\,,$$

$$[(EIw'')' - F]\delta w = 0 \quad \rightarrow \quad -(Q + F)\delta w = 0 \quad \rightarrow \quad \underline{\underline{Q = -F}}\,.$$

# 3 Statik spezieller Tragwerke

## 3.1 Einleitung

Tragwerke sind Körper mit Abmessungen in allen drei Raumrichtungen. Bei zahlreichen Bauteilen sind jedoch die Abmessungen der Querschnitte klein gegen die Länge. Sie können dann häufig näherungsweise als *linienhafte* Körper betrachtet werden. Ihre Gestalt wird durch die Angabe der Verbindungslinie der Schwerpunkte aller Querschnitte (*Achse*) und der Querschnitte beschrieben. Je nach Form der Achse und nach Art der Belastung unterscheidet man folgende *Linientragwerke*:

a) *Stäbe* (gerade Achse, Last in Richtung der Stabachse, vgl. Band 1, Kap. 6),
b) *Seile* (gekrümmte Achse, nehmen nur Zugkräfte auf),
c) *Balken* (gerade Achse, Last senkrecht zur Balkenachse, vgl. Band 1, Kap. 7),
d) *Bögen* (gekrümmte Achse, Last beliebig).

Weiterhin gibt es Tragwerke, bei denen eine Abmessung (z.B. die Dicke) klein ist gegenüber den anderen Abmessungen. Diese *flächenhaften* Körper können wir durch Angabe der *Mittelfläche* und der Dicke $t$ beschreiben. Dabei setzen wir $t$ als klein voraus. Je nach Form der Mittelfläche und nach der Art der Belastung unterscheidet man folgende *Flächentragwerke*:

a) *Scheiben* (ebene Mittelfläche, Last in der Mittelfläche, vgl. Abschnitt 2.5),
b) *Platten* (ebene Mittelfläche, Last senkrecht zur Mittelfläche),
c) *Schalen* (gekrümmte Mittelfläche, Last beliebig).

Bei allen genannten Tragwerken liegen genau genommen räumliche Spannungszustände vor, die von allen drei Koordinaten des Raums abhängen. Unter gewissen Voraussetzungen können diese dreidimensionalen Probleme in guter Näherung bei Linientragwerken auf eindimensionale, bei Flächentragwerken auf zweidimensionale Probleme zurückgeführt werden. Wir werden in den folgenden Abschnitten zeigen, wie man hierzu bei den verschiedenen Tragwerken vorgehen kann.

## 3.2 Der Bogenträger

### 3.2.1 Gleichgewichtsbedingungen

Einen gekrümmten Balken nennt man einen *Bogen*. Wir wollen uns im folgenden auf die Ermittlung der Schnittkräfte im Bogen beschränken. Auf die Verformungen werden wir nicht eingehen.

Ein Bogen nach Abb. 3.1a sei durch Einzellasten $F_i$, Momente $M_k$ und Streckenlasten $q$ bzw. $n$ belastet. Dabei wirkt $q$ stets normal und $n$ stets tangential zur Bogenachse. Wir führen als Koordinate die Bogenlänge $s$ ein. Weiterhin ist $r$ der Krümmungsradius an einer beliebigen Stelle $s$. Er soll groß sein gegen die Querschnittsabmessungen des Bogens.

In Band 1, Abschnitt 7.3 wurden die Schnittgrößen an einem Bogen nur aus dem Gleichgewicht an freigeschnittenen Bogenteilen ermittelt. Ähnlich wie beim geraden Balken (vgl. Band 1, Abschn. 7.2.2) kann man auch für den gekrümmten Träger die Gleichgewichtsbedingungen am differentiell kleinen Element aufstellen und aus ihnen dann die Schnittgrößen durch Integration bestimmen. Hierzu betrachten wir nach Abb. 3.1b ein Element der Länge d$s$ mit den Schnittgrößen und den Lasten $q$ und $n$. Zu beachten ist, daß beim gekrümmten Balken unter beliebiger Last neben der Querkraft $Q$ und dem Moment $M$ auch stets eine Normalkraft $N$ auftritt. Für die weitere Rechnung ist es zweckmäßig, die Bogenlänge d$s$ mit Hilfe des Krümmungsradius $r$ durch den Winkel d$\varphi$ auszudrücken, den zwei infinitesimal benachbarte Querschnitte miteinander bilden: $\mathrm{d}s = r\mathrm{d}\varphi$.

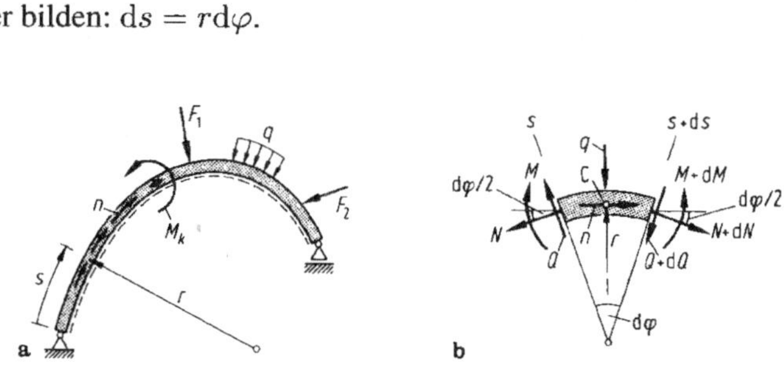


**Abb. 3.1**

Das Gleichgewicht in Radialrichtung bzw. in Tangentialrichtung ergibt

$$\uparrow: \quad Q\cos\frac{d\varphi}{2} - (Q + dQ)\cos\frac{d\varphi}{2}$$

$$- N\sin\frac{d\varphi}{2} - (N + dN)\sin\frac{d\varphi}{2} - q\,ds = 0\,,$$

$$\rightarrow: \quad (N + dN)\cos\frac{d\varphi}{2} - N\cos\frac{d\varphi}{2}$$

$$- (Q + dQ)\sin\frac{d\varphi}{2} - Q\sin\frac{d\varphi}{2} + n\,ds = 0\,.$$

Da $d\varphi$ infinitesimal klein ist, gelten $\sin\frac{d\varphi}{2} \to \frac{d\varphi}{2}$ und $\cos\frac{d\varphi}{2} \to 1$. Weiterhin fallen Produkte von Zuwächsen als klein von höherer Ordnung heraus, und es folgt dann

$$-dQ - N d\varphi - q\,ds = 0\,, \quad dN - Q\,d\varphi + n\,ds = 0\,.$$

Mit $d\varphi = ds/r$ wird daraus

$$\boxed{\frac{dQ}{ds} + \frac{1}{r}N + q = 0\,,} \tag{3.1}$$

$$\boxed{\frac{dN}{ds} - \frac{1}{r}Q + n = 0\,.} \tag{3.2}$$

Schließlich ergibt das Momentengleichgewicht um $C$

$$Q\frac{ds}{2} + (Q + dQ)\frac{ds}{2} + M - (M + dM) = 0 \;\rightarrow\; dM - Q\,ds = 0$$

oder

$$\boxed{\frac{dM}{ds} - Q = 0}\,. \tag{3.3}$$

Die Gleichgewichtsbedingungen (3.1) bis (3.3) bilden ein System von 3 gekoppelten Differentialgleichungen, aus denen bei gegebenen Belastungen $q$ und $n$ die 3 Schnittgrößen berechnet werden können. Im Sonderfall $M = \text{const}$ ist nach (3.3) die Querkraft gleich Null.

Im Sonderfall des Kreisbogenträgers mit dem Radius $r = a$ kann die Lösung für $n = q = 0$ unmittelbar angegeben werden. Mit $\mathrm{d}s = a\,\mathrm{d}\varphi$ folgt durch Elimination von $N$ aus (3.1) und (3.2)

$$\frac{\mathrm{d}^2 Q}{\mathrm{d}\varphi^2} + Q = 0\,.$$

Diese „Schwingungsgleichung" (vgl. Band 3, Gl. (5.3)) hat die Lösung

$$Q = A\cos\varphi + B\sin\varphi\,. \tag{3.4}$$

Aus (3.1) bzw. (3.3) ergeben sich damit

$$N = -\frac{\mathrm{d}Q}{\mathrm{d}\varphi} \quad\rightarrow\quad N = A\sin\varphi - B\cos\varphi\,, \tag{3.5}$$

$$\frac{\mathrm{d}M}{\mathrm{d}\varphi} = a\,Q \quad\rightarrow\quad M = (A\sin\varphi - B\cos\varphi)a + C\,. \tag{3.6}$$

Die drei Integrationskonstanten $A$ bis $C$ folgen aus den Randbedingungen.

Im Sonderfall des geraden Trägers folgen aus (3.1) bis (3.3) mit $r \rightarrow \infty$ und $\mathrm{d}s = \mathrm{d}x$ die Gleichgewichtsbedingungen des Stabes $\mathrm{d}N/\mathrm{d}x = -n$ und des Balkens $\mathrm{d}Q/\mathrm{d}x = -q$, $\mathrm{d}M/\mathrm{d}x = Q$ (vgl. Band 2, Gl. (1.13) bzw. Band 1, Gl. (7.6), (7.7)). Die Gleichungen der Stabtheorie und der Balkentheorie sind danach entkoppelt.

Eine besonders einfache Lösung findet man für den geschlossenen Kreisring vom Radius $a$, wenn nur eine konstante radiale Belastung $q_0$ wirkt. Dann hängen die Schnittkräfte nicht von $s$ ab, und wir erhalten

$$N = -q_0\,a\,,\quad Q = 0\,,\quad M = 0\,. \tag{3.7}$$

Diese Beziehung für $N$ entspricht der Kesselformel beim Zylinder. Auf einen Streifen der Breite $b$ wirkt dort ein „Innendruck" $p = -q_0/b$, d.h., es wird $N = p\,b\,a$. Mit der Wandstärke $t$ folgt damit die Umfangsspannung (vgl. Band 2, Gl. (2.19))

$$\sigma = \frac{N}{b\,t} = p\,\frac{a}{t}\,.$$

**Beispiel 3.1:** Der Kreisbogenträger nach Abb. 3.2a wird durch eine Einzelkraft $F$ belastet. Gesucht sind die Schnittgrößen.

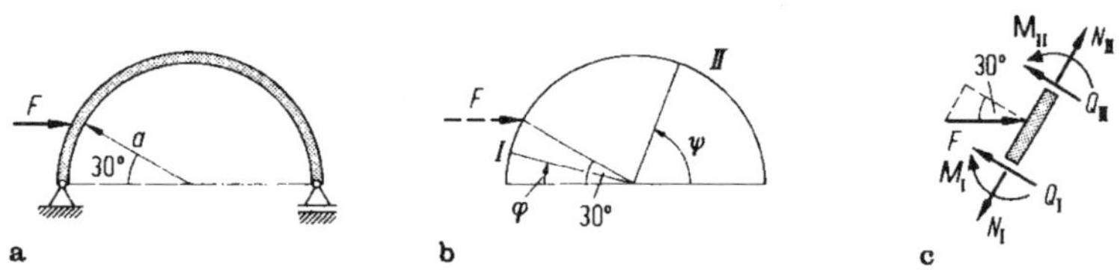


**Abb. 3.2**

*Lösung:* An der Kraftangriffsstelle $\varphi = 30°$ tritt eine Unstetigkeit auf. Wir müssen daher in 2 Bereichen integrieren und führen hierzu zweckmäßig einen zweiten Winkel $\psi$ nach Abb. 3.2b ein. Es wird dann nach (3.4) bis (3.6)

I: $0 \le \varphi \le 30°$

$$Q_{\mathrm{I}} = A\cos\varphi + B\sin\varphi\,,$$
$$N_{\mathrm{I}} = A\sin\varphi - B\cos\varphi\,,$$
$$M_{\mathrm{I}} = (A\sin\varphi - B\cos\varphi)\,a + C\,,$$

II: $0 \le \psi \le 150°$

$$Q_{\mathrm{II}} = D\cos\psi + E\sin\psi\,,$$
$$N_{\mathrm{II}} = D\sin\psi - E\cos\psi\,,$$
$$M_{\mathrm{II}} = (D\sin\psi - E\cos\psi)\,a + G\,.$$

Die sechs Integrationskonstanten folgen aus drei Randbedingungen

$$M_{\mathrm{I}}(0) = 0:\ a\,B = C\,, \quad M_{\mathrm{II}}(0) = 0:\ a\,E = G\,, \quad Q_{\mathrm{II}}(0) = 0:\ D = 0$$

und drei Übergangsbedingungen (Abb. 3.2c) (Vorzeichen von $Q_{\mathrm{II}}$ beachten!)

$$N_{\mathrm{II}}(150°) + F\sin 30° - N_{\mathrm{I}}(30°) = 0\,:$$

$$\frac{D}{2} + \frac{\sqrt{3}}{2}E + \frac{F}{2} - \frac{A}{2} + \frac{\sqrt{3}}{2}B = 0\,,$$

$$Q_{\mathrm{II}}(150°) - F\cos 30° - Q_{\mathrm{I}}(30°) = 0 :$$

$$-\frac{\sqrt{3}}{2}D + \frac{E}{2} - \frac{\sqrt{3}}{2}F + \frac{\sqrt{3}}{2}A + \frac{B}{2} = 0 ,$$

$$M_{\mathrm{I}}(30°) = M_{\mathrm{II}}(150°) :$$

$$\left(\frac{A}{2} - \frac{\sqrt{3}}{2}B\right)a + C = \left(\frac{D}{2} + \frac{\sqrt{3}}{2}E\right)a + G .$$

Durch Auflösen ergibt sich

$$A = F , \quad B = -\frac{F}{4} , \quad C = -\frac{F}{4}a , \quad D = 0 , \quad E = \frac{F}{4} , \quad G = \frac{F}{4}a$$

und damit

$$N_{\mathrm{I}} = \left(\sin\varphi + \frac{1}{4}\cos\varphi\right)F , \qquad N_{\mathrm{II}} = -\frac{1}{4}F\cos\psi ,$$

$$Q_{\mathrm{I}} = \left(\cos\varphi - \frac{1}{4}\sin\varphi\right)F , \qquad Q_{\mathrm{II}} = \frac{1}{4}F\sin\psi ,$$

$$M_{\mathrm{I}} = \left(\sin\varphi + \frac{1}{4}\cos\varphi - \frac{1}{4}\right)aF , \quad M_{\mathrm{II}} = \frac{1}{4}(1 - \cos\psi)\,aF .$$

Diese Lösung stimmt mit den Ergebnissen zu Beispiel 7.10 in Band 1 überein, wo auch die Verläufe der Schnittgrößen aufgetragen sind (dort wird der Radius mit $r$ bezeichnet).

### 3.2.2 Der momentenfreie Bogenträger

Es gibt spezielle Belastungen, für die in einem Bogenträger gegebener Form nur Längskräfte und keine Biegemomente und Querkräfte auftreten (vgl. z.B. (3.7)). Wir wollen nun umgekehrt fragen, welche Form ein Bogenträger besitzen muß, damit er eine gegebene Belastung *momentenfrei* übertragen kann. Wegen (3.3) ist dann auch die Querkraft Null. Man nennt diese Form in der Baustatik *Stützlinie*. Die Rechnung wird einfacher, wenn man statt der Koordinaten $r$, $s$ kartesische Koordinaten verwendet. Wir beschränken uns jetzt auf eine rein vertikale Belastung

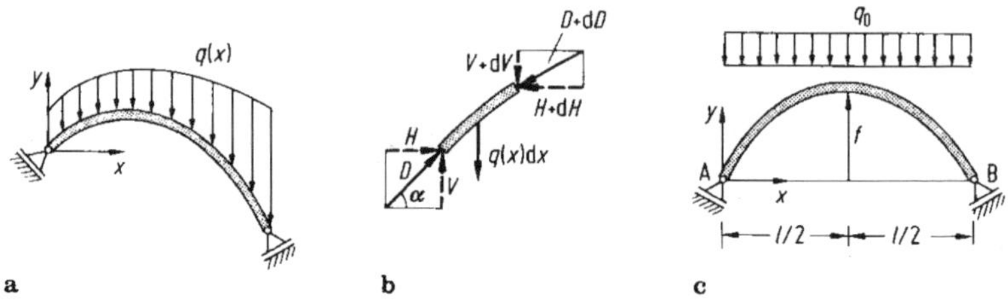


**Abb. 3.3**

$q(x)$ und beschreiben die gesuchte Form des Trägers durch eine Funktion $y(x)$ (Abb. 3.3a). Damit bei diesem Träger kein Moment auftritt, muß die Längskraft – jetzt als Druckkraft $D$ positiv eingeführt – durch eine querkraftfreie Lagerung am Ende aufgenommen werden können. Nach Abb. 3.3b folgt aus den Gleichgewichtsbedingungen (wir zerlegen die einzig wirkende Schnittkraft $D$ in die Horizontalkomponente $H$ und die Vertikalkomponente $V$)

$$\rightarrow: \quad \mathrm{d}H = 0 \qquad \rightarrow \quad H = \text{const}\,,$$

$$\downarrow: \quad \mathrm{d}V + q(x)\mathrm{d}x = 0 \quad \rightarrow \quad \frac{\mathrm{d}V}{\mathrm{d}x} = -q(x)\,.$$

Für die Kraftkomponenten gilt ferner ($D$ wirkt tangential): $V/H = \tan\alpha = \mathrm{d}y/\mathrm{d}x$. Differenzieren wir diese Gleichung und setzen die Gleichgewichtsbedingungen ein, dann erhalten wir die Differentialgleichung für die Form des momentenfreien Trägers:

$$\boxed{\frac{\mathrm{d}^2 y}{\mathrm{d}x^2} = -\frac{q(x)}{H}}\,. \tag{3.8}$$

Die zwei Integrationskonstanten in der Lösung von (3.8) und der noch unbekannte Horizontaldruck $H$ folgen aus zwei Randbedingungen und einer zusätzlichen Aussage, z.B. über die Stichhöhe $f$. Die Druckkraft im Bogen läßt sich bei bekanntem $y(x)$ mit $()' = \mathrm{d}()/\mathrm{d}x$ aus

$$D = \sqrt{H^2 + V^2} = H\sqrt{1 + y'^2} \tag{3.9}$$

ermitteln.

Im Spezialfall einer konstanten Belastung $q(x) = q_0$ ergibt zweimalige Integration von (3.8) eine quadratische Parabel:

$$y = -\frac{q_0}{2H}\,x^2 + C_1\,x + C_2\,.$$

Liegen nach Abb. 3.3c die Lager auf gleicher Höhe, so liefern die Randbedingungen

$$y(0) = 0 \;\rightarrow\; C_2 = 0\,, \quad y(l) = 0 \;\rightarrow\; C_1 = \frac{q_0}{2H}\,l\,.$$

Damit ist die Form des Bogenträgers durch

$$y = \frac{q_0 l^2}{2H}\left[\frac{x}{l} - \left(\frac{x}{l}\right)^2\right]$$

bestimmt. Wenn wir die Stichhöhe $f = y(l/2)$ vorgeben, so wird

$$H = \frac{q_0 l^2}{2f}\left(\frac{1}{2} - \frac{1}{4}\right) = \frac{q_0 l^2}{8f}\,. \tag{3.10}$$

Die Druckkraft $D$ folgt aus (3.9). Da im Scheitel die Neigung $y'$ verschwindet, ist dort $D = H$. Zu den Lagern hin nimmt $D$ zu und erreicht mit $y'^2(0) = y'^2(l) = (q_0 l)^2 \,/\, (2H)^2$ den Größtwert

$$D_A = D_B = \frac{q_0 l^2}{8f}\sqrt{1 + \frac{16f^2}{l^2}}\,.$$

Die Vertikalkomponente am linken Lager wird $V_A = H y'(0) = q_0 l/2$, was sich aus dem Gleichgewicht am gesamten Bogen überprüfen läßt:

$$\uparrow\!: \;\; V_A = V_B = \frac{q_0 l}{2}\,.$$

## 3.3 Das Seil

### 3.3.1 Gleichung der Seillinie

Seile (und Ketten) haben bei Tragwerken einen breiten Anwendungsbereich, z.B. bei Hängebrücken, Seilbahnen oder Überlandleitungen. Wir wollen annehmen, daß das Seil *undehnbar* ist und nur Zugkräfte übertragen kann. Es kann daher keine Biegemomente oder Querkräfte aufnehmen. Man nennt solch ein Tragwerk *biegeschlaff*. Während man beim Bogen jede beliebige Form vorgeben kann, stellt sich beim Seil passend zur Belastung jeweils eine Gleichgewichtsform ein, die erst ermittelt werden muß.

Wir beschränken uns wieder auf vertikale Lasten $q(x)$. Diese denken wir uns durch viele gewichtslose Seile auf das eigentliche Tragseil übertragen, so wie z.B. die Fahrbahn einer Hängebrücke am Tragseil aufgehängt ist (Abb. 3.4a). Wir können dann die Gleichung (3.8) des momentenfreien Trägers für das Seil übernehmen, wenn wir noch beachten, daß beim Seil nur Zugkräfte auftreten. Daher zählen wir jetzt $H$ als Horizontalzug positiv, und mit der Vorzeichenumkehr von $H$ folgt aus (3.8) die Differentialgleichung der Seillinie

$$\boxed{\frac{\mathrm{d}^2 y}{\mathrm{d}x^2} = \frac{q(x)}{H}}\,. \tag{3.11}$$

Die Seilkraft $S$ ergibt sich analog zu (3.9) aus

$$S = \sqrt{H^2 + V^2} = H\sqrt{1 + y'^2}\,. \tag{3.12}$$

Im allgemeinen ist die Konstante $H$ noch unbekannt. Beim Bogen konnten wir sie z.B. durch Vorgabe der Stichhöhe $f$ ermitteln. Beim Seil ist aber $f$ meistens unbekannt, und nur die Seillänge $L$ ist gegeben. Wir müssen daher den Zusammenhang zwischen $L$ und $y(x)$ formulieren, um $H$ zu bestimmen. Wegen $\mathrm{d}s = \sqrt{\mathrm{d}x^2 + \mathrm{d}y^2} = \mathrm{d}x\sqrt{1 + y'^2}$ gilt

$$L = \int \mathrm{d}s = \int_0^l \sqrt{1 + y'^2}\,\mathrm{d}x\,. \tag{3.13}$$

Hierin ist die Lösung von (3.11) einzusetzen. Eine analytische Berechnung des Integrals ist für beliebige $q(x)$ i.a. nicht möglich.

Als Anwendungsbeispiel betrachten wir das Tragseil nach Abb. 3.4b, das bei gegebener Seillänge $L$ zwischen $A$ und $B$ eine konstante Streckenlast $q(x) = q_0$ aufnehmen soll. Der Abstand $l$ ist gegeben, der Durchhang $f$ ist unbekannt.

Gleichung (3.11) liefert für $y(x)$ eine quadratische Parabel:

$$y' = \frac{q_0}{H}\,x + C_1\,, \quad y = \frac{q_0 x^2}{2H} + C_1\,x + C_2\,.$$

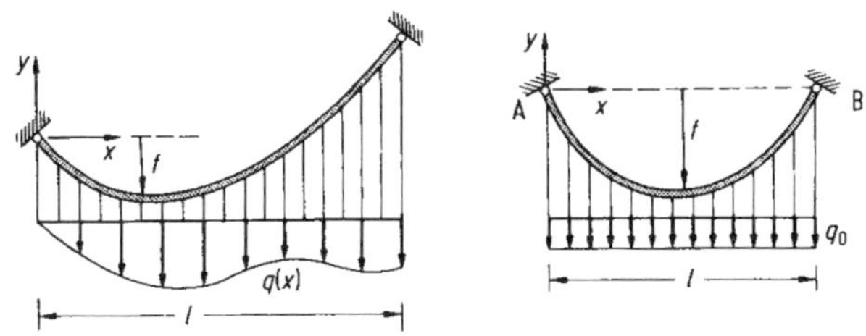


**Abb. 3.4** a b

Aus den Randbedingungen ergeben sich die Integrationskonstanten:

$$y(0) = 0 \;\rightarrow\; C_2 = 0\,, \quad y(l) = 0 \;\rightarrow\; C_1 = -\frac{q_0 l}{2H}\,.$$

Das Seil nimmt daher die Form

$$y = \frac{q_0 l^2}{2H}\left[\left(\frac{x}{l}\right)^2 - \frac{x}{l}\right]$$

an, wobei $H$ noch unbekannt ist. Wir greifen auf (3.13) zurück:

$$L = \int_0^l \sqrt{1 + \left[\frac{q_0 l}{2H}\left(2\frac{x}{l} - 1\right)\right]^2}\,\mathrm{d}x\,.$$

Dieses Integral läßt sich mit der Substitution $\sinh u = \frac{q_0 l}{2H}\left(2\frac{x}{l} - 1\right)$ lösen:

$$L = \frac{H}{2q_0}\left[u + \sinh u \cosh u\right]_{u_A}^{u_B}\,.$$

Bei gegebenem $L$ kann man hieraus $H$ numerisch ermitteln. Man erhält dann den gesuchten Durchhang

$$f = -y(l/2) = \frac{q_0 l^2}{8H}\,.$$

Beim flach gespannten Seil ($|y'| \ll 1$) kann man mit $|y'|_{\max} = \frac{q_0 l}{2H} \ll 1$ den Durchhang $f$ näherungsweise analytisch bestimmen. Eine Reihenentwicklung des Integranden in der Gleichung für $L$ ergibt

$$\sqrt{1+\left[\frac{q_0 l}{2H}\left(2\frac{x}{l}-1\right)\right]^2} \approx 1+\frac{1}{2}\left(\frac{q_0 l}{2H}\right)^2\left(2\frac{x}{l}-1\right)^2$$

$$= 1+8\left(\frac{f}{l}\right)^2\left(2\frac{x}{l}-1\right)^2,$$

und damit folgt nach Integration und Einsetzen der Grenzen

$$L = l+\frac{8}{3}\frac{f^2}{l} \quad \rightarrow \quad f=\sqrt{\frac{3}{8}(L-l)l}\,.$$

Um eine Vorstellung von der Größenordnung des Durchhangs zu erhalten, betrachten wir ein Zahlenbeispiel: für $l = 100\,\text{m}$ und $L = 102\,\text{m}$ wird $f = 8,7\,\text{m}$.

**Beispiel 3.2:** Auf ein Kabel wirkt eine Dreieckslast so, daß ein Durchhang $h$ auftritt (Abb. 3.5).

Wie lautet die Gleichung der Seillinie? Wie groß sind die maximale Seilkraft und die Seilkraft in der Mitte des Kabels?

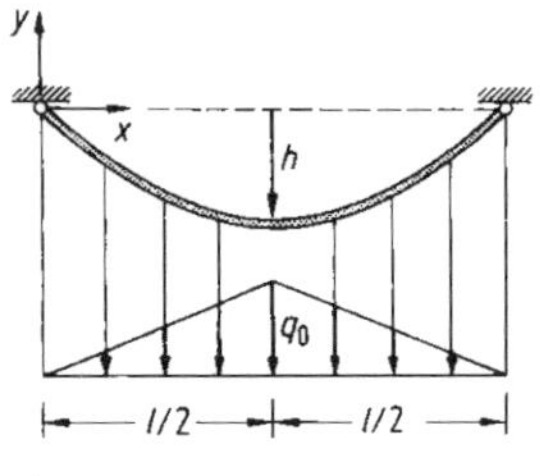


**Abb. 3.5**

*Lösung:* Wir legen den Koordinatenursprung ins linke Lager und nutzen die Symmetrie aus. Für $0 \le x \le \frac{l}{2}$ gilt $q(x) = q_0 \frac{2x}{l}$. Mit (3.11) folgt

$$y'' = \frac{q_0}{H}\,2\,\frac{x}{l}\,,$$

$$y' = \frac{q_0}{H}\frac{x^2}{l}+C_1\,,$$

$$y = \frac{q_0}{H}\frac{x^3}{3l}+C_1\,x+C_2\,.$$

Aus den Randbedingungen und aus der Symmetriebedingung ergeben sich

$$
\begin{aligned}
&y(0) = 0 && \rightarrow \quad C_2 = 0\,, \\
&y(l/2) = -h && \rightarrow \quad -h = \frac{q_0}{H}\frac{l^2}{24} + C_1\frac{l}{2} \\
&y'(l/2) = 0 && \rightarrow \quad C_1 = -\frac{q_0 l}{4H}
\end{aligned}
\left.\vphantom{\begin{aligned}a\\b\\c\end{aligned}}\right\} \rightarrow \quad
\begin{aligned}
C_1 &= -\frac{3h}{l}\,, \\
H &= \frac{q_0 l^2}{12h}\,.
\end{aligned}
$$

Das Seil nimmt für $x \leq \frac{l}{2}$ folgende Form an:

$$\underline{\underline{y}} = \frac{q_0}{H}\frac{x^3}{3l} - 3\frac{h}{l}x = \underline{\underline{h\left[4\left(\frac{x}{l}\right)^3 - 3\frac{x}{l}\right]}}\,.$$

Die Seilkraft folgt aus (3.12). Ihr größter Wert tritt an den Rändern auf:

$$\underline{\underline{S_{\max}}} = H\sqrt{1 + y'^2(0)} = \underline{\underline{\frac{q_0 l^2}{12h}\sqrt{1 + 9\left(\frac{h}{l}\right)^2}}}\,.$$

Die Seilkraft in der Mitte ist gleich dem Horizontalzug $H$:

$$\underline{\underline{S_{\text{mitte}}}} = H\sqrt{1 + y'^2\,(l/2)} = H = \underline{\underline{\frac{q_0 l^2}{12h}}}\,.$$

### 3.3.2 Seil unter Einzelkräften

Eine Einzelkraft $F$ bewirkt einen Knick im Seil (Abb. 3.6a). Die Vertikalkomponente $V$ und die Horizontalkomponente $H$ der Seilkraft $S$ erfahren an der Kraftangriffsstelle $C$ jeweils einen Sprung in Größe der jeweiligen Komponente von $F$. Wenn wir die Kräfte links von $C$ mit einem Index $L$ und die Kräfte rechts von $C$ mit $R$ kennzeichnen, folgt aus dem Gleichgewicht (Abb. 3.6b)

$$\downarrow: \quad V_R = V_L - F_V\,, \qquad \rightarrow: \quad H_R = H_L - F_H\,.$$

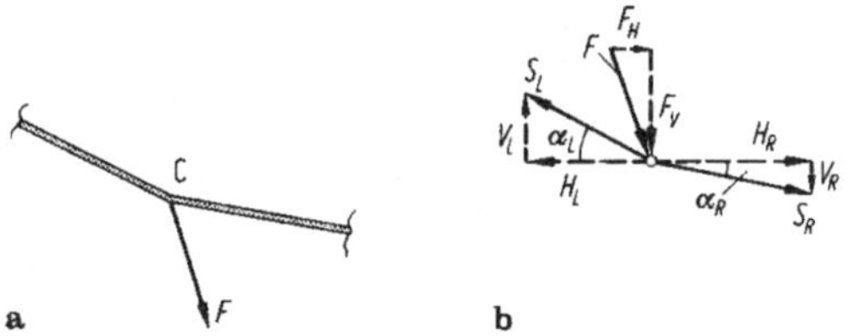


**Abb. 3.6**

Die Winkeländerung in $C$ ergibt sich aus

$$\tan\alpha_R = \frac{V_R}{H_R} = \frac{V_L - F_V}{H_L - F_H} = \underbrace{\frac{V_L}{H_L}}_{\tan\alpha_L}\,\frac{1 - \dfrac{F_V}{V_L}}{1 - \dfrac{F_H}{H_L}}\,.$$

Ähnlich wie im Knotenpunktverfahren beim Fachwerk (vgl. Band 1, Abschn. 6.3.1) liefern die Gleichgewichtsbedingungen an jeder Lastangriffsstelle zusammen mit den Randbedingungen den Verlauf der Seilkraft und die jeweilige Neigung des Seiles zwischen zwei Kräften. Die *Seillinie*, die sich bei gegebenen Kräften und gegebener Seillänge einstellt, entspricht dem *Seileck*, das in Band 1, Abschnitt 3.1.5 als Hilfskonstruktion bei der Zusammensetzung von Kräften eingeführt wurde. Entsprechend der Analogie zwischen (3.8) und (3.11) beschreiben Stütz- und Seillinie jeweils die Form momentenfreier Tragwerke. Diese Analogie war in früheren Jahrhunderten beim Mauerwerksbau großer Bögen und Kuppeln von Bedeutung. Da vom Mauerwerk nur Druckkräfte aufgenommen werden können, gab man den Tragwerken die Form einer Stützlinie. Diese Form wurde z.B. von G. Poleni (1748) mittels eines durch Gewichte beschwerten Seiles experimentell ermittelt.

### 3.3.3 Kettenlinie

Bisher haben wir eine Belastung $q(x)$ betrachtet, die auf die Horizontalprojektion des Seiles bezogen war. Wir suchen jetzt nach der Form eines Seiles oder einer Kette unter Eigengewicht, das konstant über die Länge des Seiles verteilt ist. Um die Ergebnisse des vorangegangenen Abschnitts verwenden zu können, projizieren wir die Streckenlast $q_0$ (Gewicht pro Längeneinheit des Seiles) nach Abb. 3.7a auf die Horizontale. Da die gleiche Vertikalkraft übertragen werden muß, gilt

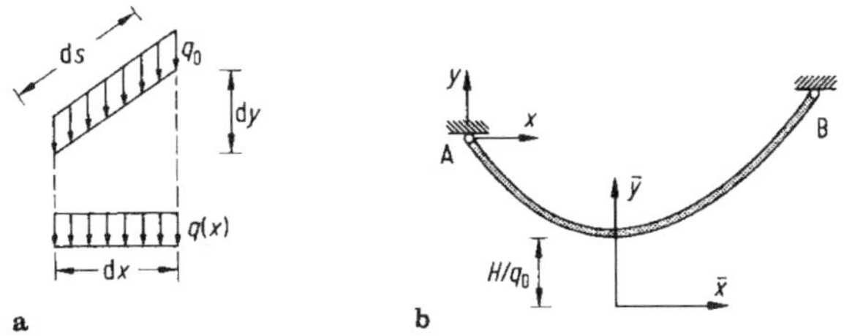


**Abb. 3.7** a b

$q_0 \mathrm{d}s = q(x)\mathrm{d}x$. Auflösen ergibt mit $\mathrm{d}s^2 = \mathrm{d}x^2 + \mathrm{d}y^2$ für das projizierte Eigengewicht

$$q(x) = q_0 \frac{\mathrm{d}s}{\mathrm{d}x} = q_0 \sqrt{1 + y'^2}\,.$$

Man erkennt hieran, daß $q(x)$ mit $x$ veränderlich ist, obwohl $q_0$ konstant ist. Einsetzen in (3.11) liefert

$$y'' = \frac{q_0}{H} \sqrt{1 + y'^2}\,.$$

Zur Lösung dieser nichtlinearen Differentialgleichung substituieren wir $y' = u$, $y'' = u'$ und können dann in $u' = \frac{q_o}{H}\sqrt{1+u^2}$ die Variablen trennen:

$$\frac{q_0}{H}\,\mathrm{d}x = \frac{\mathrm{d}u}{\sqrt{1+u^2}}\,.$$

Die Integration führt auf $\frac{q_0}{H}(x - x_0) = \operatorname{arsinh} u$, d.h.

$$u = y' = \sinh\left[\frac{q_0}{H}(x - x_0)\right] \quad \to \quad y - y_0 = \frac{H}{q_0}\cosh\left[\frac{q_0}{H}(x - x_0)\right]\,.$$

Wenn man ein neues Koordinatensystem $\bar{x}$, $\bar{y}$ so einführt, daß die $\bar{y}$-Achse durch die tiefste Stelle des Seiles geht und die $\bar{x}$-Achse den Abstand $H/q_0$ von dort hat (Abb. 3.7b), vereinfacht sich das Ergebnis für die Seilform zu

$$\boxed{\bar{y} = \frac{H}{q_0} \cosh \frac{q_0}{H} \bar{x}} \, . \tag{3.14}$$

Man nennt diese Kurve die *Kettenlinie*.

Mit (3.12) und (3.14) findet man die Seilkraft

$$\begin{aligned} S &= H\sqrt{1+\bar{y}'^2} = H\sqrt{1+\sinh^2 \frac{q_0}{H}\bar{x}} \\ &= H \cosh \frac{q_0}{H}\bar{x} = q_0\,\bar{y} \, . \end{aligned} \tag{3.15}$$

Die Länge des Seiles ergibt sich nach (3.13) aus

$$\begin{aligned} L &= \int\limits_{\bar{x}_A}^{\bar{x}_B} \sqrt{1+\bar{y}'^2}\,\mathrm{d}\bar{x} = \int\limits_{\bar{x}_A}^{\bar{x}_B} \cosh \frac{q_0}{H}\bar{x}\,\mathrm{d}\bar{x} \\ &= \frac{H}{q_0} \sinh \frac{q_0}{H}\,\bar{x} \bigg|_{\bar{x}_A}^{\bar{x}_B} \, . \end{aligned} \tag{3.16}$$

Für eine flach durchhängende Kette, d.h. $\dfrac{q_0\bar{x}}{H} \ll 1$, folgt aus der Reihenentwicklung von (3.14)

$$\bar{y}(x) = \frac{H}{q_0}\left[1 + \frac{1}{2!}\left(\frac{q_0\bar{x}}{H}\right)^2 + \ldots\right] \approx \frac{H}{q_0} + \frac{q_0}{2H}\,\bar{x}^2 \, .$$

Dies ist eine quadratische Parabel, wie wir sie beim Seil unter konstantem $q(x) = q_0$ kennengelernt haben. Für flachen Durchhang kann man demnach die Kettenlinie durch eine Parabel annähern. Dabei ist ein flacher Durchhang immer mit einem sehr großen Horizontalzug verbunden ($q_o\, l/H \ll 1$ bedeutet $H \gg q_0 l$).

**Beispiel 3.3:** Ein Kabel ($q_0 = 120$ N/m) soll nach Abb. 3.8a zwischen zwei Masten im Abstand $l = 300$ m so aufgehängt werden, daß der Durchhang $f = 60$ m beträgt. Wie groß sind die maximale Seilkraft $S_{\max}$ und die Seillänge $L$?

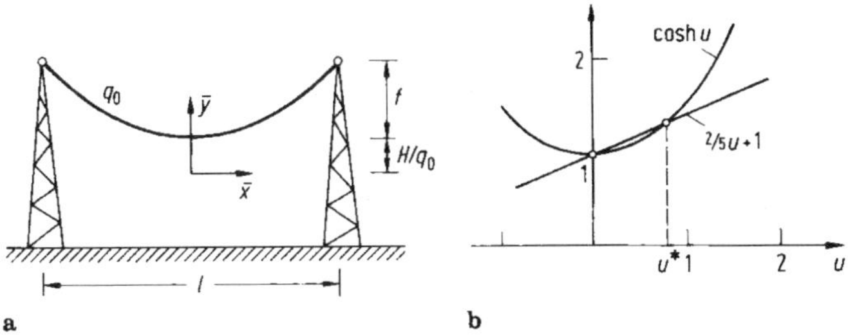


**Abb. 3.8**

*Lösung:* Wir müssen die Gleichung der Kettenlinie nach (3.14) der Randbedingung anpassen:

$$\bar{y}(l/2) = \frac{H}{q_0} + f \quad \to \quad f = \frac{H}{q_0}\left(\cosh\frac{q_0 l}{2H} - 1\right) .$$

Dies ist ein transzendenter Zusammenhang zwischen $f$ und $H$, aus dem sich $H$ bei gegebenem $f$ nur numerisch oder graphisch ermitteln läßt. Wir setzen hierzu $\frac{q_0 l}{2H} = u$; dann wird $\cosh u = \frac{2f}{l}u + 1$. Mit den gegebenen Abmessungen folgt $\cosh u = \frac{2}{5}u + 1$ (Abb. 3.8b). Hieraus ergibt sich $u^* = 0,762$. Damit wird der Horizontalzug

$$H = \frac{q_0 l}{2u^*} = \frac{0,12 \cdot 300}{2 \cdot 0,762} = 23,6\,\mathrm{kN} .$$

Die maximale Seilkraft folgt aus (3.15) zu

$$\underline{\underline{S_{\max}}} = q_0\,\bar{y}(l/2) = q_0\left(\frac{H}{q_0} + f\right) = \underline{\underline{30,8\,\mathrm{kN}}} .$$

Schließlich erhalten wir für die Seillänge nach (3.16) mit $\bar{x}_B = \frac{l}{2}$ unter Beachtung der Symmetrie

$$\underline{\underline{L}} = 2\frac{H}{q_0}\sinh\frac{q_0}{H}\frac{l}{2} = \frac{47200}{120}\sinh 0,762 = \underline{\underline{330\,\mathrm{m}}} .$$

Nach der Näherungsformel $L = l + \frac{8}{3}\frac{f^2}{l}$ für ein Seil mit flachem Durchhang (vgl. Abschn. 3.3.1) hätten wir im Zahlenbeispiel eine Seillänge $L = 300 + \frac{8}{3}\frac{60^2}{300} = 332\,\mathrm{m}$ erhalten. Dieser Wert weicht vom exakten Ergebnis nur um 1% ab, obwohl der für die Näherung maßgebende Parameter $\frac{q_0 l}{2H} = u^* = 0,762$ keineswegs sehr klein gegen Eins ist.

## 3.4 Der Schubfeldträger

### 3.4.1 Kraftfluß am Parallelträger

Im Ingenieurwesen werden unterschiedliche Tragwerke verwendet. In den Bänden 1 und 2 haben wir bereits das Fachwerk und den Balken kennengelernt. Eine Verbindung zwischen beiden Tragwerken stellt in gewisser Weise der sogenannte *Schubfeldträger* her, den wir nun untersuchen wollen. Dabei beschränken wir uns auf die Berechnung von Schnittgrößen in statisch bestimmten Systemen.

Zur Vorbereitung betrachten wir zunächst einen Träger mit parallelem Ober- und Untergurt (*Parallelträger*) in klassischer Fachwerkbauweise (Abb. 3.9a). Nach Ermittlung der Lagerkraft $A$ können wir mit einem Ritterschen Schnitt (Band 1, Abschn. 6.3.3) z.B. die Stabkräfte $S_6$ bis $S_8$ ermitteln. Sie sind in Abb. 3.9b so eingetragen, wie sie auf den Schnitt wirken (vgl. Band 1, Beispiel 6.1).

Zerlegen wir die Kraft $S_7$ im Diagonalstab in ihre horizontale Komponente $\frac{2}{3}F$ und ihre vertikale Komponente $\frac{1}{3}F$, so werden nach Abb. 3.9c im betrachteten Schnitt des Trägers insgesamt eine Querkraft $Q = \frac{1}{3}F$ und ein Biegemoment (Kräftepaar) $M = \frac{2}{3}Fl$ übertragen. Die Fachwerkstäbe haben danach unterschiedliche Aufgaben: Ober- und Untergurt übertragen das Moment, die Diagonalstäbe die Querkraft. Die Pfosten leiten zum einen örtlich Einzellasten ein, zum anderen verhindern sie – wie Nullstäbe im Fachwerk – eine Beweglichkeit des Systems.

Die Flugzeugbauer, die ja besonders um niedriges Gewicht bemüht sein müssen (Leichtbau), haben zuerst bemerkt, daß man die gerade beschriebene unterschiedliche Funktion von Teilen einer Konstruktion besser ausnutzen kann, wenn man statt der Diagonalstäbe dünne Bleche einfügt. Da die Bleche, die längs ihrer Ränder mit den Stäben kontinuierlich verbunden sind, den Schub (Querkraft) übertragen sollen, nennt man diese Konstruktion Schubfeldträger (Abb. 3.9d).

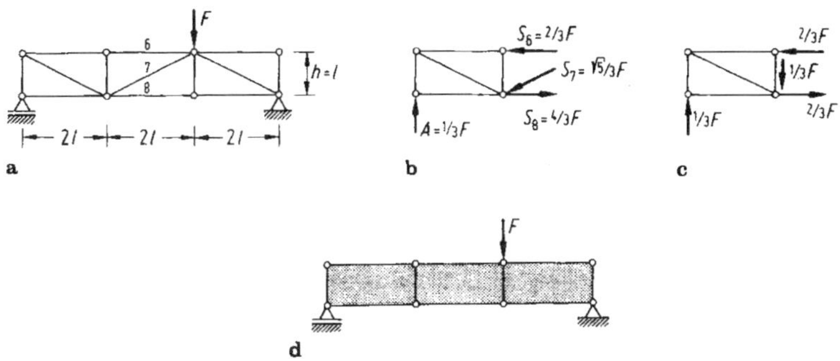


Abb. 3.9

### 3.4.2 Grundgleichungen

Wir wollen nun die Schnittkräfte (und hieraus die Spannungen) in einem Schubfeldträger ermitteln. Um diese Konstruktion einer einfachen Berechnung zugänglich zu machen, treffen wir folgende Annahmen:

1) Gurte und Pfosten sind gelenkig verbundene Stäbe; eine Biegung der Stäbe wird vernachlässigt.
2) Äußere Lasten greifen nur als Einzelkräfte an den Knoten an.
3) Die Bleche konstanter Dicke übertragen nur Schubspannungen. Diese sind über die Ränder gleichförmig verteilt (Abb. 3.10a).

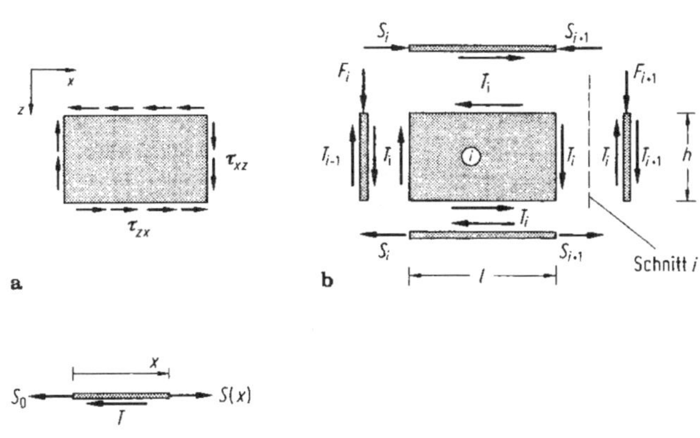


Abb. 3.10

Nach Band 2, Gleichung (2.3) sind zugeordnete Schubspannungen gleich:

$$\tau_{xz} = \tau_{zx} \,. \tag{3.17}$$

Daher herrscht im Schubblech ein reiner Schubspannungszustand mit gleichen Spannungen an allen Rändern. Wir können deshalb die Indizes bei den Schubspannungen in (3.17) weglassen. Das Blech ist unter den Spannungen $\tau$ im Gleichgewicht. Zweckmäßig führt man noch für ein Blech der Dicke $t$ den *Schubfluß*

$$T = \tau\, t \tag{3.18}$$

ein (Dimension Kraft/Länge). An einem Blechrand der Länge $l$ wirkt dann insgesamt eine Kraft $Tl$.

Wir nehmen nun an, daß längs des Trägers die Querkraft $Q$ und das Biegemoment $M$ bekannt sind. Zur Berechnung der Stabkräfte und der Schubflüsse schneiden wir aus dem Schubfeldträger ein beliebiges Feld ⓘ mit allen benachbarten Stäben heraus (Abb. 3.10b) und stellen an jedem einzelnen Bauelement Gleichgewicht her.

Wenn im Schnitt $i$ (am rechten Rand des Feldes ⓘ) eine Querkraft $Q_i$ übertragen wird, so folgen für den Schubfluß und für die Schubspannung:

$$Q_i = T_i h \quad \rightarrow \quad \boxed{T_i = \frac{Q_i}{h}} \,, \qquad \tau_i = \frac{T_i}{t_i} \quad \rightarrow \quad \tau_i = \frac{Q_i}{h\, t_i} \,. \tag{3.19}$$

Aus dem Biegemoment $M_i$ im betrachteten Schnitt ergeben sich in Analogie zum Ritterschen Schnittverfahren (Band 1, Abschn. 6.3.3) die Stabkräfte in den Gurten:

$$M_i = S_{i+1} h \quad \rightarrow \quad \boxed{S_{i+1} = \frac{M_i}{h}} \,. \tag{3.20}$$

Schließlich erhält man aus dem Gleichgewicht am Pfosten den Zusammenhang zwischen den Schubflüssen in benachbarten Feldern:

$$\uparrow: \; T_i h - T_{i+1} h - F_{i+1} = 0 \quad \rightarrow \quad T_{i+1} = T_i - \frac{F_{i+1}}{h} \,. \tag{3.21}$$

Falls im $(i + 1)$-ten Pfosten keine Kraft $F_{i+1}$ angreift, wird hiernach der Schubfluß unverändert vom $i$-ten Blech auf das $(i + 1)$-te Blech übertragen.

Die Schubflüsse verursachen in den Randstäben Längskräfte. Um ihren Verlauf zu ermitteln, betrachten wir nach Abb. 3.10c einen Teilstab der Länge $x$. Wenn am linken Rand eine Stabkraft $S_0$ und längs des Stabes ein konstanter Schubfluß $T$ wirken, so folgt aus dem Gleichgewicht die Stabkraft $S(x)$ an beliebiger Stelle zu

$$\rightarrow: \quad S(x) = S_0 + Tx \,. \tag{3.22}$$

Hiernach verläuft die Stabkraft zwischen zwei Knoten linear. Zwischen den Kräften an den Stabenden ergibt sich der Zusammenhang

$$S_{i+1} = S_i + T_i l \,. \tag{3.23}$$

Mit den Formeln (3.19) bis (3.23) können in einem Schubfeldträger mit parallelen Gurten alle Schubflüsse und alle Stabkraftverläufe berechnet werden.

Als Anwendungsbeispiel betrachten wir den Träger nach Abb. 3.9d. Er ist in Abb. 3.11a nochmals dargestellt, wobei die Bleche und die Stäbe numeriert wurden. Querkraft- und Momentenverlauf sind in Abb. 3.11b dargestellt. Aus der Querkraft können wir mit (3.19) die Schubflüsse berechnen:

$$T_1 = T_2 = \frac{1}{3}\frac{F}{l} \,, \quad T_3 = -\frac{2}{3}\frac{F}{l} \,.$$

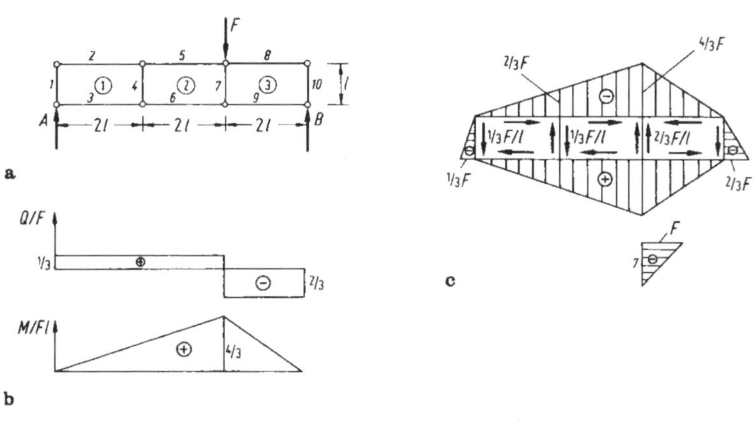

a
b
c

**Abb. 3.11**

Hiernach tritt der größte Schubfluß im Blech ③ auf. Wenn dieses Blech die Dicke $t_3$ hat, wirkt dort die Schubspannung $\tau = 2F/3\,l\,t_3$. In Abb. 3.10b hatten wir die Schubflüsse mit den Richtungen, mit denen sie auf das Blech und auf die Stäbe wirken, eingetragen. In der praktischen Anwendung der Berechnungsmethode werden Blech und Stäbe jedoch nicht getrennt. Wir wollen dann den in jedem Feld konstanten Schubfluß in das Blech so eintragen, wie er auf die Stäbe wirkt (Abb. 3.11c).

Aus (3.20) können die Gurtkräfte berechnet werden. So ist z.B. am rechten Ende des Stabes 5 die Stabkraft $S_{5r} = \frac{4}{3}Fl/l = \frac{4}{3}F$. Die Stabkräfte in den Gurten entsprechen dem Verlauf der Momentenlinie und unterscheiden sich für Ober- und für Untergurt nur durch die Vorzeichen. In Abb. 3.11c sind die Stabkräfte mit ihren Vorzeichen senkrecht zu den Gurten aufgetragen.

Schließlich finden wir aus (3.22) die Stabkräfte in den Pfosten. So wird z.B. im Pfosten 1 die Lagerkraft $A = \frac{1}{3}F$ über den Schub $T_1 = F/3\,l$ linear auf den Wert Null am oberen Knoten, an dem ja keine vertikale Kraft angreift, „abgebaut" (Abb. 3.11c). Der Stab 4 ist ein Nullstab, da beide Stabenden unbelastet sind. Die Kraft im Stab 7 ist der besseren Übersichtlichkeit halber getrennt dargestellt.

Die größte Stabkraft tritt am rechten Rand der Stäbe 5 und 6 (bzw. am linken Rand der Stäbe 8 und 9) auf. Wenn z.B. der Stab 6 eine Querschnittsfläche $A_6$ hat, so wird dort $\sigma = 4F/3\,A_6$.

Die unmittelbare Berechnung der Schubflüsse aus der Querkraft und der Stabkräfte aus dem Moment ist nur bei Parallelträgern mit rein vertikaler Belastung möglich. Für komplizierter aus Rechteckelementen aufgebaute Tragwerkstrukturen gelten jedoch weiterhin die Grundgleichungen des Schubfeldschemas:

1) In jedem Rechteckfeld $i$ herrscht ein reiner Schubspannungszustand, d.h.

$$\boxed{T_i = \text{const}}\,. \tag{3.24}$$

2) In jedem Stab $j$, auf den ein Schubfluß $T_k$ wirkt, verläuft die Stabkraft linear, d.h.

$$\boxed{S_j(x) = S_j(0) + T_k\,x}\,. \tag{3.25}$$

Zur Ermittlung aller Stabkräfte und aller Schubflüsse muß man an jedem Knoten und an jedem Stab der Struktur Gleichgewicht herstellen. Dieses

Vorgehen entspricht dem Knotenpunktverfahren beim Fachwerk nach Band 1, Abschnitt 6.3.1.

Die Berechnung einer Schubfeldstruktur ist allein mit Hilfe der Gleichgewichtsbedingungen nur dann möglich, wenn das System statisch bestimmt ist. Bei einer ebenen Struktur mit $k$ Knoten, $s$ Stäben, $f$ Blechen und $r$ Lagerreaktionen stehen $2k$ Gleichgewichtsbedingungen an den Knoten und $s$ Gleichgewichtsbedingungen an den Stäben zur Verfügung. Unbekannt sind die $2s$ Endwerte der Stäbe, die $f$ Schubflüsse in den Feldern und die $r$ Lagerreaktionen. Damit die Lagerkräfte und alle Schnittkräfte ermittelt werden können, muß daher die notwendige Bedingung $2k + s = 2s + f + r$ oder

$$\boxed{2k = s + f + r} \qquad (3.26)$$

erfüllt sein. Dieselbe Beziehung erhält man auch unmittelbar aus Band 1, Gleichung (6.1), wenn man dort die Zahl der Diagonalstäbe, die durch Bleche ersetzt wurden, mit $f$ bezeichnet.

Es sei ausdrücklich vermerkt, daß die Grundgleichungen (3.24) und (3.25) nur für Rechteckfelder gelten. Bei z.B. Parallelogramm- oder Trapezfeldern werden die Beziehungen komplizierter.

Wir wollen nun die Spannungen in einem Balken vergleichen, wenn dieser zum einen nach der klassischen Balkentheorie und zum anderen nach der Schubfeldtheorie behandelt wird. Als Beispiel wählen wir einen Balken, dessen Querschnitt ein dünnwandiges I-Profil der Höhe $h$ ist (Abb. 3.12a).

Nach der Balkentheorie sind die Längsspannungen linear und die Schubspannungen quadratisch über die Steghöhe verteilt (Abb. 3.12b). Der Größtwert der Biegespannung ist (Band 2, Gl. (4.4))

$$\sigma_{\max} = \frac{M}{I}\frac{h}{2}, \qquad (3.27)$$

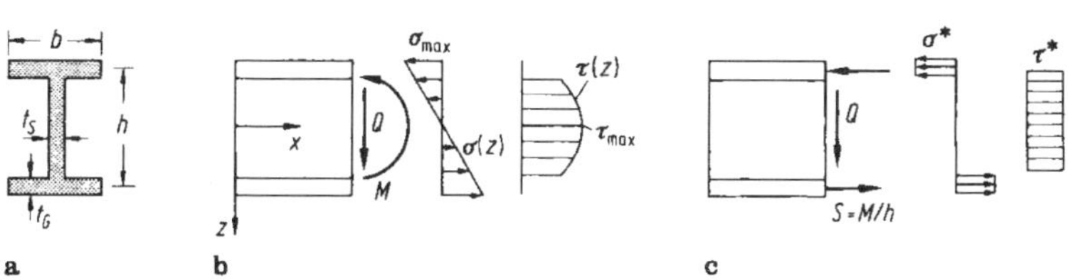


**Abb. 3.12**

während zur parabolisch verteilten Schubspannung (Band 2, Gl. (4.40)) der Größtwert in der Mitte

$$\tau_{\max} = Q\frac{S_{\max}}{I\,t_S} \tag{3.28}$$

gehört. Wir berechnen zunächst die Querschnittsgrößen $I$ und $S_{\max}$ für das gegebene Profil und führen dabei die Gurtfläche $A_G = b\,t_G$ und die Stegfläche $A_S = h\,t_S$ ein. Dann werden das Trägheitsmoment

$$I = 2A_G\left(\frac{h}{2}\right)^2 + \frac{1}{12}t_S\,h^3 = 2A_G\left(\frac{h}{2}\right)^2\left(1+\frac{1}{6}\frac{A_S}{A_G}\right)$$

und das statische Moment

$$S_{\max} = A_G\frac{h}{2} + \frac{1}{8}t_S\,h^2 = A_G\frac{h}{2}\left(1+\frac{1}{4}\frac{A_S}{A_G}\right).$$

Damit erhalten wir aus (3.27) und (3.28) die Maximalspannungen

$$\sigma_{\max} = \frac{M}{h\,A_G}\frac{1}{1+\frac{1}{6}\frac{A_S}{A_G}}\,, \qquad \tau_{\max} = \frac{Q}{A_S}\frac{1+\frac{1}{4}\frac{A_S}{A_G}}{1+\frac{1}{6}\frac{A_S}{A_G}}\,. \tag{3.29}$$

Nun berechnen wir den Träger nach dem Schubfeldschema. Dabei fassen wir den Steg als Schubfeld und die Gurte als „Stäbe“ auf. Dann werden alle Längsspannungen nur von den Gurten übertragen, und im Steg wirkt eine konstante Schubspannung (Abb. 3.12c):

$$\sigma^* = \frac{S}{A_G} = \frac{M}{hA_G}\,, \qquad \tau^* = \frac{Q}{A_S}\,. \tag{3.30}$$

Vergleicht man (3.30) mit (3.29), so erkennt man, daß es nur vom Verhältnis der Flächen abhängt, ob man die Spannungen im Balken (bei dünnwandigen Stegen!) näherungsweise nach dem einfacheren Schubfeldschema berechnen darf. So unterscheiden sich zum Beispiel für $A_S/A_G = 1/4$ die Spannungen im Schubfeldträger nur um wenige Prozent von den Größtwerten nach der Biegetheorie:

$$\frac{\sigma^*}{\sigma_{\max}} = 1+\frac{1}{6}\frac{A_S}{A_G} = 1{,}04\,, \qquad \frac{\tau^*}{\tau_{\max}} = \frac{1+\frac{1}{6}\frac{A_S}{A_G}}{1+\frac{1}{4}\frac{A_S}{A_G}} = 0{,}98\,.$$

Der Unterschied wird um so kleiner, je kleiner die Stegfläche im Verhältnis zur Gurtfläche ist.

**Beispiel 3.4:** Gegeben ist ein Tragwerk, das aus Stäben und Blechen aufgebaut ist (Abb. 3.13a). Man ermittle die Schubflüsse und die Stabkräfte.

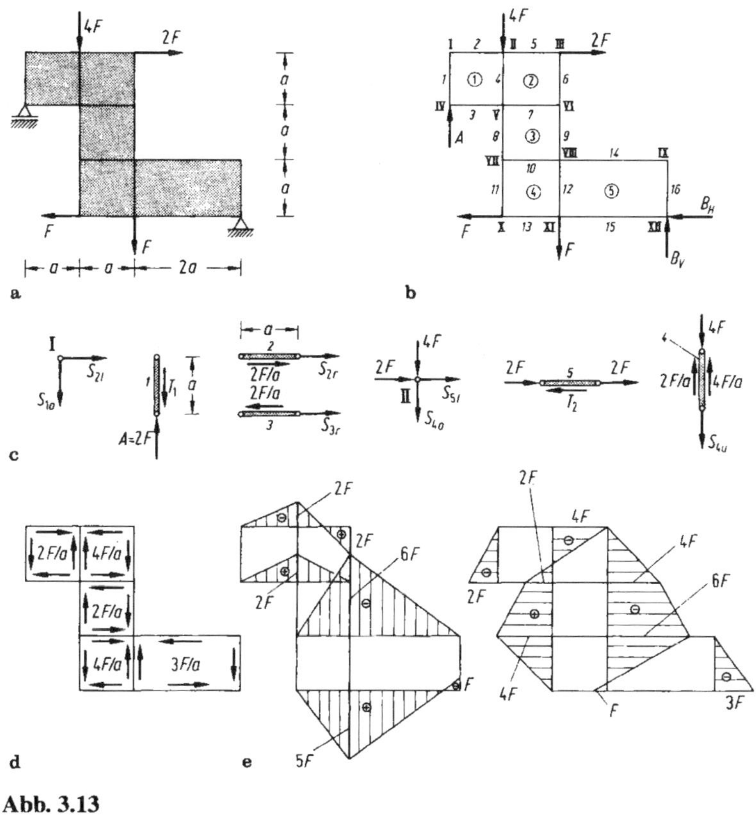


**Abb. 3.13**

*Lösung:* Wir zeichnen zunächst das Freikörperbild und numerieren alle Stäbe, Knoten und Bleche (Abb. 3.13b). Mit $k = 12$, $s = 16$, $f = 5$ und $r = 3$ ist das Tragwerk nach (3.26) statisch bestimmt: $2 \cdot 12 = 16 + 5 + 3$. Die Lagerreaktionen können aus dem Gleichgewicht am Gesamtsystem berechnet werden:

$$A = 2F\,, \quad B_H = F\,, \quad B_V = 3F\,.$$

Nun stellen wir für jeden Knoten zwei und für jeden Stab eine Gleichgewichtsbedingung auf. Wir kennzeichnen die Stabkräfte am linken bzw. am rechten Stabende mit den Indizes $l$ bzw. $r$, am oberen bzw. am unteren mit $o$ bzw. $u$. Wir beginnen an einem Knoten mit höchstens zwei Unbekannten, z.B. Knoten I (Abb. 3.13c):

$$\rightarrow: \quad S_{2l} = 0\,, \qquad \downarrow: \quad S_{1o} = 0\,. \tag{a}$$

Mit (a) erhalten wir aus dem Gleichgewicht am Stab 1:

$$\uparrow: \quad 2F - T_1 a = 0 \quad \rightarrow \quad T_1 = \frac{2F}{a}\,.$$

Den Schubfluß im ersten Feld übertragen wir mit den Richtungen, wie er auf die Stäbe wirkt, in das Bild der Schubflüsse (Abb. 3.13d). Damit ist der Stabkraftverlauf in Stab 1 bekannt, und wir können diesen in die Abb. 3.13e übertragen. Nach diesem Schema werden nun jeder Knoten und jeder Stab betrachtet, wobei wir alle jeweils bereits bekannten Schnittkräfte mit ihrem wirklichen Richtungssinn in die Freikörperbilder übernehmen. Alle Ergebnisse werden unmittelbar in Abb. 3.13e eingetragen, wobei der besseren Übersichtlichkeit wegen die Kräfte in waagerechten und die Kräfte in senkrechten Stäben in getrennten Bildern dargestellt werden. Wir erhalten so der Reihe nach:

$$\begin{array}{lll}
\text{Stab 2:} & \rightarrow: & S_{2r} + 2\dfrac{F}{a}a = 0 \quad \rightarrow \quad S_{2r} = -2F\,,\\[2ex]
\text{Stab 3:} & \rightarrow: & S_{3r} - 2\dfrac{F}{a}a = 0 \quad \rightarrow \quad S_{3r} = 2F\,,\\[2ex]
\text{Knoten II:} & \rightarrow: & S_{5l} + 2F = 0 \quad \rightarrow \quad S_{5l} = -2F\,,\\[1ex]
 & \downarrow: & 4F + S_{4o} = 0 \quad \rightarrow \quad S_{4o} = -4F\,,\\[2ex]
\text{Stab 5:} & \rightarrow: & 4F - T_2 a = 0 \quad \rightarrow \quad T_2 = \dfrac{4F}{a}\,,\\[2ex]
\text{Stab 4:} & \downarrow: & S_{4u} + 4F - 2\dfrac{F}{a}a - 4\dfrac{F}{a}a = 0 \quad \rightarrow \quad S_{4u} = 2F\,.
\end{array}$$

In gleicher Weise werden die restlichen Stabkräfte und Schubflüsse berechnet und in die Schaubilder eingetragen. Dabei muß man das Gleichgewicht stets an solchen Knoten bzw. Stäben aufstellen, an denen höchstens zwei bzw. eine Unbekannte auftreten.

Da die Lagerreaktionen aus dem Gleichgewicht an der Gesamtstruktur ermittelt wurden, sind die letzten drei Gleichungen Proben.

## 3.5 Saite und Membran

In Abschnitt 3.2 haben wir mit dem Seil ein Tragwerk kennengelernt, bei dem unter Querbelastungen nur Zugkräfte auftreten. Ein *vorgespanntes* biegeschlaffes Seil nennt man *Saite*. Auf Grund der Vorspannung kann auch sie Querlasten aufnehmen. Es gibt zweidimensionale Tragwerke gleicher Funktion. Man nennt sie *Membranen*. Zur Vorbereitung auf eine zweidimensionale Theorie wollen wir zunächst die Saite betrachten.

### 3.5.1 Die Saite

Eine Saite sei durch eine Zugkraft (Spannkraft) $S$ vorgespannt und werde zusätzlich durch Strecken- und Einzellasten belastet (Abb. 3.14a). Die Saite kann diese Belastung in ihrer horizontalen Ausgangslage nicht aufnehmen: sie wird eine Auslenkung $w$ erfahren. Wir setzen voraus, daß der Neigungswinkel $\alpha$ in der ausgelenkten Lage klein ist: $\alpha \ll 1$ (Abb. 3.14b). Dann gilt $\cos\alpha \to 1$, $\sin\alpha \approx \tan\alpha = w'$, wobei $(\ )'$ die Ableitung nach $x$ kennzeichnet. Das Gleichgewicht in horizontaler Richtung am verformten Element liefert

$$\rightarrow: \quad -S + S + \mathrm{d}S = 0 \quad \rightarrow \quad \mathrm{d}S = 0 \quad \rightarrow \quad S = \text{const}\,.$$

Die Seilkraft ist hiernach auch im ausgelenkten Zustand konstant und gleich der Spannkraft $S$. In vertikaler Richtung folgt mit $\sin(\alpha + \mathrm{d}\alpha) \to w' + \mathrm{d}w' = w' + w''\mathrm{d}x$ die Gleichgewichtsbedingung

$$\uparrow: \quad Sw' - S(w' + w''\mathrm{d}x) - q\,\mathrm{d}x = 0 \quad \rightarrow \quad \boxed{\frac{\mathrm{d}^2 w}{\mathrm{d}x^2} = -\frac{q}{S}}\,. \tag{3.31}$$

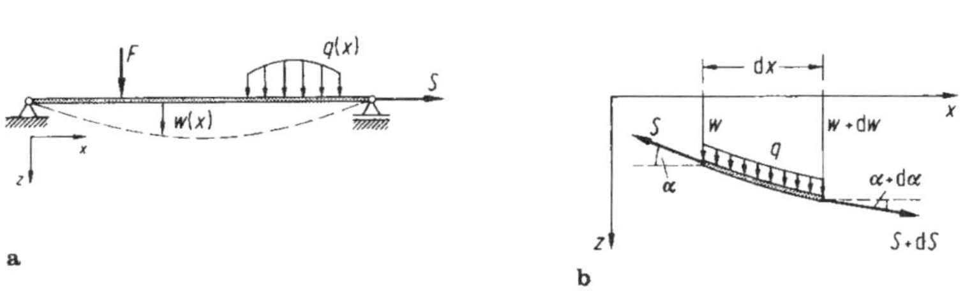


a

b

**Abb. 3.14**

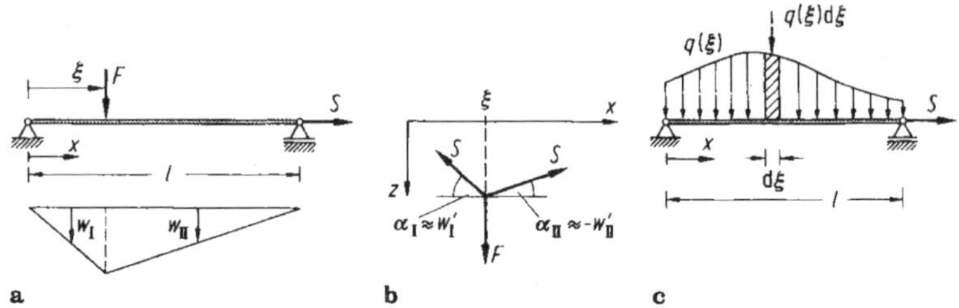


**Abb. 3.15**

Diese Gleichung beschreibt die Auslenkung $w$ einer vorgespannten Saite unter gegebener Last $q(x)$. Formal stimmt (3.31) mit (3.8) überein, hat aber einen völlig anderen physikalischen Inhalt. In (3.8) beschreibt $y$ die Lage des Seils (Gleichgewicht am unverformten System), während $w$ in (3.31) die Verformung der Saite gegenüber der waagerechten Ausgangslage angibt (Gleichgewicht am verformten System).

Wir wollen nun die Auslenkung einer Saite ermitteln, wenn an der festen Stelle $\xi$ eine Einzelkraft wirkt (Abb. 3.15a). Am Lastangriffspunkt tritt ein Knick auf. Zur Ermittlung der Auslenkung $w(x)$ integrieren wir die dann homogene Gleichung (3.31) in zwei Bereichen:

I: $0 \leq x \leq \xi$ II: $\xi \leq x \leq l$

$$w_I' = C_1 \, , \quad w_I = C_1 x + C_2 \, , \qquad w_{II}' = C_3 \, , \quad w_{II} = C_3 x + C_4 \, .$$

Die Integrationskonstanten folgen aus den Randbedingungen $w_I(0) = 0$, $w_{II}(l) = 0$, der Übergangsbedingung $w_I(\xi) = w_{II}(\xi)$ und dem Gleichgewicht (Abb. 3.15b) an der Lastangriffsstelle ($w'$ ist klein)

$$S w_I'(\xi) - S w_{II}'(\xi) = F \, .$$

Aus diesen vier Gleichungen erhält man die vier Integrationskonstanten

$$C_1 = \frac{F}{S}\frac{l-\xi}{l} \, , \quad C_2 = 0 \, , \quad C_3 = -\frac{F}{S}\frac{\xi}{l} \, , \quad C_4 = \frac{F}{S}\xi \, .$$

Damit werden die Absenkungen in den beiden Bereichen

$$w_I = \frac{F}{S}\frac{l-\xi}{l}x \, , \quad w_{II} = \frac{F}{S}\frac{l-x}{l}\xi \, . \qquad (3.32a)$$

Wir betrachten nun speziell die Einheitslast $F = 1$. Fügt man im Argument von $w$ zu der laufenden Koordinate $x$ noch den Abstand $\xi$ zum Lastangriffspunkt als Parameter hinzu, so kann man (3.32a) wie folgt schreiben:

$$w(x,\xi) = G(x,\xi) = \begin{cases} \dfrac{1}{S}\dfrac{l-\xi}{l}\,x & \text{für} \quad x \le \xi\,, \\[2ex] \dfrac{1}{S}\dfrac{l-x}{l}\,\xi & \text{für} \quad x \ge \xi\,. \end{cases} \tag{3.32b}$$

Man nennt $G(x,\xi)$ eine *Greensche Funktion* (G. Green, 1793–1841). Sie gibt an, wie groß die Auslenkung an der laufenden Stelle $x$ infolge einer Last an der festen Stelle $\xi$ ist. Man kann mit dieser Funktion bei mehreren Lasten $F_i$ an den Stellen $\xi_i$ die Gesamtauslenkung $w$ durch Superposition der zugehörigen Auslenkungen $w_i(x,\xi_i)$ erhalten: $w = \sum\limits_i w_i(x,\xi_i)$ .

Es sei angemerkt, daß die Greensche Funktion für einen Balken durch die Einflußzahlen (Band 2, Abschn. 6.3) gegeben ist.

Mit der Greenschen Funktion läßt sich auch die Auslenkung bei einer Streckenlast $q(x)$ ermitteln. Zu diesem Zweck fassen wir die Belastung als Summe (Integral) von Einzellasten $q(\xi)\,\mathrm{d}\xi$ auf (Abb. 3.15c) und erhalten dann

$$\boxed{w(x) = \int\limits_0^l G(x,\xi)\, q\,(\xi)\,\mathrm{d}\xi}\,. \tag{3.33}$$

Damit ist die Bestimmung der Auslenkung bei beliebiger Belastung $q$ auf die Auswertung eines einzigen Integrals zurückgeführt.

Im Sonderfall $q(\xi) = q_0 = \text{const}$ erhält man aus (3.33)

$$\begin{aligned} w(x) &= \frac{q_0(l-x)}{S\,l}\int\limits_0^x \xi\,\mathrm{d}\xi + \frac{q_0\,x}{S\,l}\int\limits_x^l (l-\xi)\,\mathrm{d}\xi \\ &= \frac{q_0\,l^2}{2S}\left[\frac{x}{l} - \left(\frac{x}{l}\right)^2\right]. \end{aligned}$$

Das gleiche Ergebnis findet man auch aus (3.31) durch zweifache Integration unter Beachtung der Randbedingungen.

**Beispiel 3.5:** Eine Saite der Länge $l$ wird durch eine Kraft $S$ vorgespannt. Sie wird durch eine parabelförmig verteilte Streckenlast mit dem Größtwert $q_0$ in der Mitte beansprucht (Abb. 3.16). Wie groß ist die maximale Absenkung?

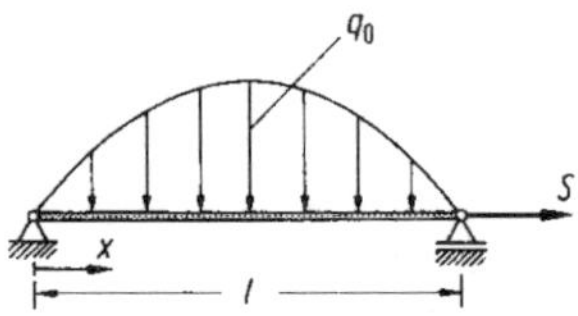


**Abb. 3.16**

*Lösung:* Die Belastung wird durch $q(x) = 4q_0\left[\frac{x}{l} - \left(\frac{x}{l}\right)^2\right]$ beschrieben. Setzt man dies in (3.31) ein und integriert zweimal, so erhält man

$$w = -4\frac{q_0}{S}\left(\frac{x^3}{6\,l} - \frac{x^4}{12\,l^2}\right) + C_1\,x + C_2\,.$$

Aus den Randbedingungen folgen die Integrationskonstanten:

$$w(0) = 0 \;\rightarrow\; C_2 = 0\,, \quad w(l) = 0 \;\rightarrow\; C_1 = \frac{q_0\,l}{3\,S}\,.$$

Damit werden die Absenkung

$$w = \frac{q_0\,l^2}{3\,S}\left[\frac{x}{l} - 2\left(\frac{x}{l}\right)^3 + \left(\frac{x}{l}\right)^4\right]$$

und ihr größter Wert

$$\underline{\underline{w_{\max}}} = w(l/2) = \underline{\underline{\frac{5}{48}\,\frac{q_0\,l^2}{S}}}\,.$$

### 3.5.2 Die Membran

Das zweidimensionale Analogon zur Saite ist die *Membran*. Unter einer Membran versteht man ein vorgespanntes, dünnwandiges, ebenes Tragwerk konstanter Dicke $t$, das keine Biegemomente aufnehmen kann. Die Membran sei längs ihres Randes gelagert und werde durch eine längs des Randes verteilte Spannung $\sigma_0$ so vorgespannt, daß in ihr ein homogener Spannungszustand herrscht (Abb. 3.17a). Bringt man nun senkrecht zur

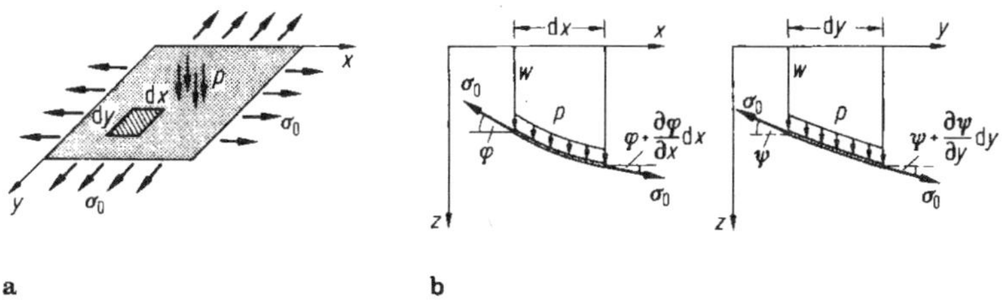


**Abb. 3.17**

Membran eine Flächenlast $p(x,y)$ auf, so ist – wie bei der Saite – nur in einer ausgelenkten Lage $w(x,y)$ Gleichgewicht möglich. Wir setzen voraus, daß sich die Vorspannung in der Membran bei der Auslenkung nicht ändert. Weiterhin seien die Neigungen der ausgelenkten Membran sehr klein.

Zur Aufstellung der Gleichgewichtsbedingungen schneiden wir aus der Membran ein rechteckiges Element und tragen die Schnittkräfte am verformten Element auf (Abb. 3.17b). Aus der Summe aller vertikalen Kräfte folgt unter Beachtung, daß die Winkel klein sind:

$$\downarrow: \quad \left(\sigma_0\, t \frac{\partial \varphi}{\partial x} \mathrm{d}x\right) \mathrm{d}y + \left(\sigma_0\, t \frac{\partial \psi}{\partial y} \mathrm{d}y\right) \mathrm{d}x + p \, \mathrm{d}x \, \mathrm{d}y = 0 \, .$$

Mit den Winkeln $\varphi = \dfrac{\partial w}{\partial x}$ und $\psi = \dfrac{\partial w}{\partial y}$ (kleine Neigungen) ergibt sich hieraus

$$\sigma_0\, t \left(\frac{\partial^2 w}{\partial x^2} + \frac{\partial^2 w}{\partial y^2}\right) = -p \, .$$

Somit erhält man für die Auslenkung $w$ mit dem Laplace-Operator $\Delta$ die Membrangleichung

$$\boxed{\Delta w = -\frac{p}{\sigma_0\, t}} \, . \tag{3.34}$$

Dies ist eine *Poissonsche Differentialgleichung* (vgl. (2.120)). Aus den vielen möglichen Lösungen dieser inhomogenen Differentialgleichung müssen diejenigen ausgewählt werden, welche die Randbedingungen erfüllen. Ist zum Beispiel der gesamte Membranrand unverschieblich gelagert, so gilt $w|_{\mathrm{Rand}} = 0$.

Im Sonderfall einer Kreismembran unter rotationssymmetrischer Last kann man eine Lösung von (3.34) unmittelbar angeben. Setzt man (vgl. (2.97))

$$\Delta = \frac{\mathrm{d}^2}{\mathrm{d}r^2} + \frac{1}{r}\frac{\mathrm{d}}{\mathrm{d}r} = \frac{1}{r}\frac{\mathrm{d}}{\mathrm{d}r}\left(r\frac{\mathrm{d}}{\mathrm{d}r}\right)$$

in (3.34) ein, so folgt

$$\frac{1}{r}\frac{\mathrm{d}}{\mathrm{d}r}\left(r\frac{\mathrm{d}w}{\mathrm{d}r}\right) = -\frac{p(r)}{\sigma_0\, t}\,. \tag{3.35}$$

Die Lösung dieser gewöhnlichen Differentialgleichung lautet $w = w_h + w_p$, wobei die Lösung der homogenen Differentialgleichung durch

$$w_h = C_1 \ln r + C_2 \tag{3.36}$$

gegeben ist.

**Beispiel 3.6:** Eine längs des Randes gelagerte kreisförmige Membran (Dicke $t$, Radius $R$) sei durch eine Spannung $\sigma_0$ vorgespannt und werde durch einen konstanten Druck $p_0$ belastet (Abb. 3.18). Wie groß ist die Absenkung in der Mitte?

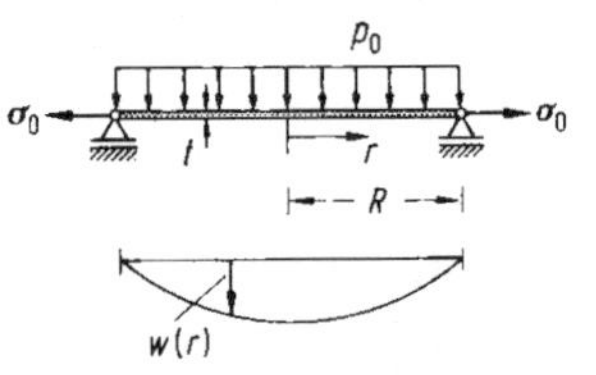


**Abb. 3.18**

*Lösung:* Da eine rotationssymmetrische Belastung vorliegt, ergibt sich das Partikularintegral mit $p(r) = p_0$ aus (3.35) zu

$$w_p = -\frac{p_0\, r^2}{4\,\sigma_0\, t}\,,$$

und die vollständige Lösung lautet mit (3.36)

$$w = w_p + w_h = -\frac{p_0\, r^2}{4\,\sigma_0\, t} + C_1 \ln r + C_2\,.$$

Da die Auslenkung in der Mitte ($r = 0$) endlich sein muß, ist $C_1 = 0$. Aus der Randbedingung $w(R) = 0$ folgt $C_2 = \dfrac{p_0 R^2}{4\,\sigma_0\,t}$ und damit $w = \dfrac{p_0}{4\,\sigma_0\,t}\left(R^2 - r^2\right)$. Die größte Absenkung tritt in der Mitte auf und hat den Wert

$$\underline{\underline{w_{\max} = \frac{p_0 R^2}{4\,\sigma_0\,t}}}\,.$$

Sie wächst quadratisch mit dem Radius $R$ und ist umgekehrt proportional zur Vorspannung $\sigma_0$ und zur Dicke $t$.

### 3.5.3 Membrantheorie dünner Rotationsschalen

*Schalen* sind gekrümmte Flächentragwerke, die vielseitig Anwendung in der Technik finden (Hallendächer, Kugeltanks, Raumfahrtkapseln etc.). Ihre allgemeine Behandlung geht über den Stoff eines Grundkurses in Technischer Mechanik weit hinaus. Wir beschränken uns daher hier auf einen Sonderfall, bei dem man mit vereinfachenden Annahmen zu technisch brauchbaren Lösungen kommen kann.

Eine Schale wird begrenzt durch zwei gekrümmte Flächen, deren Abstand, die Schalendicke $t$, klein ist gegen die anderen Abmessungen. Diejenige Fläche, die überall die Schalendicke halbiert, heißt *Schalenmittelfläche*. Bei dünnen Schalen kann man in erster Näherung die Biegesteifigkeit der Schalenwand vernachlässigen. Dann werden keine Schnittmomente übertragen (biegeschlaffe Schale), und die Spannungen sind gleichmäßig über die Wandstärke verteilt. In der Schale herrscht dann ein *Membranspannungszustand*. Dabei muß man beachten, daß die Schale im Gegensatz zur Membran (vgl. Abschn. 3.5.2) Zug-, Druck- und i.a. auch Schubkräfte aufnehmen kann. Auch bei biegesteifen Schalen spielt der Membranspannungszustand oft eine wichtige Rolle. Nur an Rändern oder an Unstetigkeitsstellen treten i.a. Abweichungen von ihm auf; dort muß ein Biegespannungszustand überlagert werden.

Wir gehen beim Membranspannungszustand von folgenden Voraussetzungen aus:

a) die Wandstärke $t$ sei konstant,
b) alle Belastungen seien flächenhaft verteilt,
c) die Verformungen sind so klein, daß wir die Gleichgewichtsbedingungen an der unverformten Schale aufstellen können,

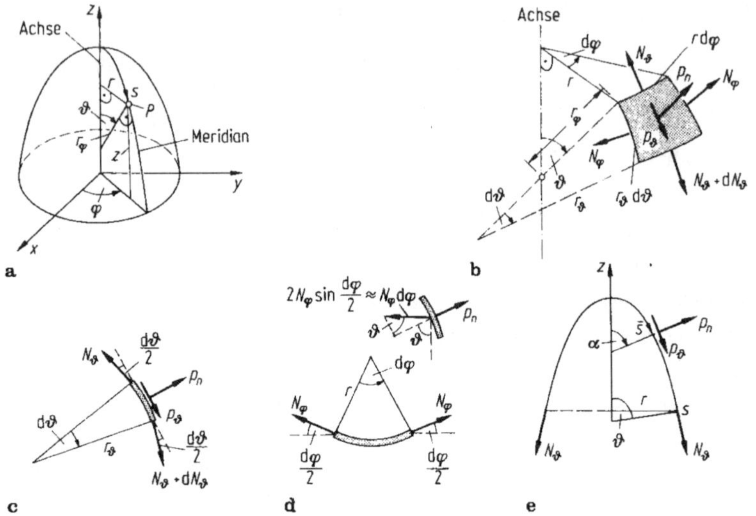


**Abb. 3.19**

d) die Lagerung erfolgt so, daß am Rand keine Querkräfte und Momente auftreten.

Zusätzlich wollen wir uns in diesem Abschnitt auf *Rotationsschalen* beschränken. Zu diesem Schalentyp gehören u.a. Kugel-, Kegel- und Zylinderschalen, die für den Kuppel- und den Behälterbau große technische Bedeutung haben. Die Mittelfläche einer Rotationsschale entsteht nach Abb. 3.19a durch die Drehung einer ebenen Kurve (des Meridians) um eine in ihrer Ebene liegende Gerade (Kuppel- bzw. Behälterachse).

Wir führen zunächst die Koordinaten $\varphi$ und $z$ ein. Die Kurven $\varphi = \text{const}$ beschreiben Meridiane, die Kurven $z = \text{const}$ Breitenkreise. Zusätzlich führen wir den Abstand $r$ sowie den Winkel $\vartheta$ ein, den eine im Punkt $P$ auf die Fläche errichtete Normale mit der Rotationsachse einschließt. Falls der Meridian einen Wendepunkt hat, ist $\vartheta$ nicht mehr eindeutig. Man verwendet dann zweckmäßig die vom Scheitel längs des Meridians gezählte Bogenlänge $s$ als Koordinate.

Von hier ab wollen wir annehmen, daß auch die Belastung rotationssymmetrisch ist und daß keine Belastung in Umfangsrichtung auftritt. Auf die Schale wirken dann nur eine Flächenlast $p_\vartheta$ in Richtung des Meridians und ein Normaldruck $p_n$, positiv nach außen gezählt ($p_\varphi = 0$). Diese sind unabhängig vom Winkel $\varphi$.

Zur Ermittlung der Gleichgewichtsbedingungen schneiden wir ein infinitesimal kleines Element aus der Schalenwand heraus, dessen Lage durch $\varphi$ und $\vartheta$ bestimmt ist und das zwischen zwei benachbarten Meridianen bzw. Breitenkreisen liegt (Abb. 3.19b). In diesen Schnitten treten keine Schubspannungen auf, und die Normalspannungen hängen nicht von $\varphi$ ab. Es bleiben die *Umfangsspannungen* $\sigma_\varphi$, die sich wegen der Rotationssymmetrie am Element nicht ändern, und die *Meridianspannungen* $\sigma_\vartheta$, die am Element einen Zuwachs $\mathrm{d}\sigma_\vartheta$ erfahren. Führen wir an Stelle von $\sigma_\varphi$ bzw. $\sigma_\vartheta$ die *Umfangskraft* $N_\varphi = \sigma_\varphi t$ bzw. die *Meridiankraft* $N_\vartheta = \sigma_\vartheta t$ ein (Dimension Kraft/Längeneinheit), so wirken auf das Element die in Abb. 3.19b eingezeichneten Lasten und Schnittkräfte. Abbildung 3.19c zeigt das Schalenelement in der Meridianschnittebene. Dabei ist $r_\vartheta$ der Krümmungsradius im Meridianschnitt, der zugleich Hauptkrümmungsradius ist. Der zweite Hauptkrümmungsradius $r_\varphi$ liegt in einer Schnittebene, die senkrecht auf der in der Abbildung schraffierten Ebene steht. Der zugehörige Krümmungsmittelpunkt liegt auf der Rotationsachse. Es gilt daher nach Abb. 3.19a

$$r = r_\varphi \sin\vartheta \,. \tag{3.37}$$

Die Umfangskraft $N_\varphi$ wirkt längs der Elementseite $r_\vartheta\,\mathrm{d}\vartheta$, die Meridiankraft $N_\vartheta$ längs $r\,\mathrm{d}\varphi$.

Abbildung 3.19d zeigt die Breitenkreisebene mit den am Element angreifenden Kräften $N_\varphi$. Da $N_\varphi$ in Richtung des Breitenkreises wirkt, geht in die Normalenrichtung die Komponente $N_\varphi\,\mathrm{d}\varphi \sin\vartheta$ ein. Das Kräftegleichgewicht in Normalenrichtung liefert dann

$$p_n \mathrm{d}A - [N_\vartheta\, r\,\mathrm{d}\varphi + (N_\vartheta + \mathrm{d}N_\vartheta) r\,\mathrm{d}\varphi]\frac{\mathrm{d}\vartheta}{2} - N_\varphi\,\mathrm{d}\varphi \sin\vartheta\, r_\vartheta\,\mathrm{d}\vartheta = 0\,.$$

Mit $\mathrm{d}A = r_\vartheta\,\mathrm{d}\vartheta\, t\,\mathrm{d}\varphi$ und nach Weglassen des Gliedes, das von höherer Ordnung klein ist, folgt hieraus

$$\boxed{\frac{N_\varphi}{r_\varphi} + \frac{N_\vartheta}{r_\vartheta} = p_n}\,. \tag{3.38}$$

Eine zweite Gleichung zur Ermittlung von $N_\varphi$ und $N_\vartheta$ erhält man am einfachsten, indem man die Schale längs des Breitenkreises $\vartheta = \mathrm{const}$ (bzw. $s = \mathrm{const}$) schneidet und das Gleichgewicht in $z$-Richtung an der Teilschale aufstellt (Abb. 3.19e). Bezeichnen wir den laufenden Winkel mit $\alpha$, dann gilt

$$N_\vartheta\, 2\pi r \sin\vartheta + \int_0^s (p_\vartheta \sin\alpha - p_n \cos\alpha) 2\pi r \, \mathrm{d}\bar{s} = 0\,.$$

Mit $\mathrm{d}\bar{s} = r_\vartheta \, \mathrm{d}\alpha$ folgt

$$\boxed{N_\vartheta = -\frac{1}{r\sin\vartheta}\int_0^\vartheta (p_\vartheta \sin\alpha - p_n \cos\alpha) r\, r_\vartheta \, \mathrm{d}\alpha}\,. \qquad (3.39)$$

Bei gegebener Belastung $p_\vartheta$, $p_n$ kann hieraus $N_\vartheta$ und damit aus (3.38) auch $N_\varphi$ berechnet werden. Man beachte, daß der Buchstabe $r$ in (3.39) im Nenner den festen Wert an der festen Stelle $\vartheta$ darstellt, während $r$ unter dem Integral den mit $\alpha$ veränderlichen Radius bezeichnet.

In Sonderfällen kann man auch schon aus (3.38) allein Schnittkräfte berechnen. So folgen bei der Kugelschale vom Radius $a$ unter Innendruck $p_n = p$ wegen $r_\varphi = r_\vartheta = a$ und $N_\vartheta = N_\varphi = N$ direkt die Schnittkräfte und damit die Spannungen (Band 2, Gl. (2.20)):

$$\sigma_\varphi = \sigma_\vartheta = \frac{N}{t} = \frac{p}{2}\frac{a}{t}\,.$$

Bei der Zylinderschale vom Radius $a$ unter Innendruck $p_n = p$ wird mit $r_\varphi = a$ und $r_\vartheta \to \infty$ die Umfangsspannung (Band 2, Gl. (2.19))

$$\sigma_\varphi = \frac{N_\varphi}{t} = p\frac{a}{t}\,.$$

**Beispiel 3.7:** Für eine Kugelschale unter Eigengewicht ist die Flächenlast in $z$-Richtung durch $p_0 = \varrho\, g\, t$ gegeben (Abb. 3.20a). Es sind die Schnittkräfte gesucht.

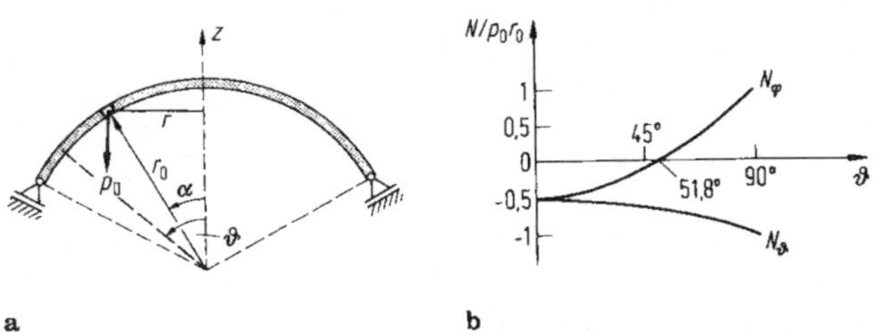


**Abb. 3.20**

*Lösung:* Bei der Kugelschale sind $r_\varphi = r_\vartheta = r_0$ und $r = r_0 \sin\alpha$. Das Eigengewicht wird zerlegt in $p_n = -p_0 \cos\alpha$ und $p_\vartheta = p_0 \sin\alpha$. Damit folgt aus (3.39)

$$\underline{\underline{N_\vartheta}} = -\frac{1}{r_0 \sin^2\vartheta} \int\limits_0^\vartheta p_0(\sin^2\alpha + \cos^2\alpha) r_0^2 \sin\alpha \, d\alpha$$

$$= -\frac{p_0\, r_0}{\sin^2\vartheta}(1-\cos\vartheta) = \underline{\underline{-\frac{p_0\, r_0}{1+\cos\vartheta}}} \, .$$

Einsetzen in (3.38) liefert die Umfangskraft

$$\underline{\underline{N_\varphi}} = \frac{p_0\, r_0}{1+\cos\vartheta} - p_0\, r_0 \cos\vartheta = \underline{\underline{p_0\, r_0 \frac{1-\cos\vartheta-\cos^2\vartheta}{1+\cos\vartheta}}} \, .$$

Dabei muß die Schale so gelagert sein, daß am gelenkigen Rand nur eine Längskraft aufgenommen werden kann (Abb. 3.20a). Bei anderer Stützung treten am Rand Querkräfte und Biegemomente auf, die nach einer Schalenbiegetheorie berechnet werden müssen. Die zugehörigen Biegespannungen klingen meist rasch ab, jedoch können am Lager große Spannungsspitzen auftreten.

Bei einer Halbkugel ($0 \le \vartheta \le \pi/2$) ist die Meridiankraft $N_\vartheta$ stets eine Druckkraft, während die Umfangskraft $N_\varphi$ bei $\vartheta = 51{,}8°$ ihr Vorzeichen wechselt und an der Lagerung den Wert $N_\varphi(\frac{\pi}{2}) = p_0\, r_0 = -N_\vartheta(\frac{\pi}{2})$ annimmt. In Abb. 3.20b sind die Schnittkraftverläufe dargestellt.

## 3.6 Die Platte

Eine *Platte* ist ein ebenes Flächentragwerk, bei dem nur Belastungen senkrecht zur Oberfläche bzw. Momente am Rand auftreten (Abb. 3.21a). Die Plattendicke $t$ wird als klein im Vergleich zu den Abmessungen in der Plattenebene und im folgenden auch als konstant vorausgesetzt.

### 3.6.1 Grundgleichungen der Platte

Wir wollen die Gleichungen in einem kartesischen Koordinatensystem ableiten, wobei die Achsen $x$ und $y$ in der *Mittelebene* der unverformten Platte liegen (alle Plattenpunkte haben dann eine $z$-Koordinate zwischen $-t/2$ und $t/2$). Dazu schneiden wir aus der Platte einen Quader der Höhe

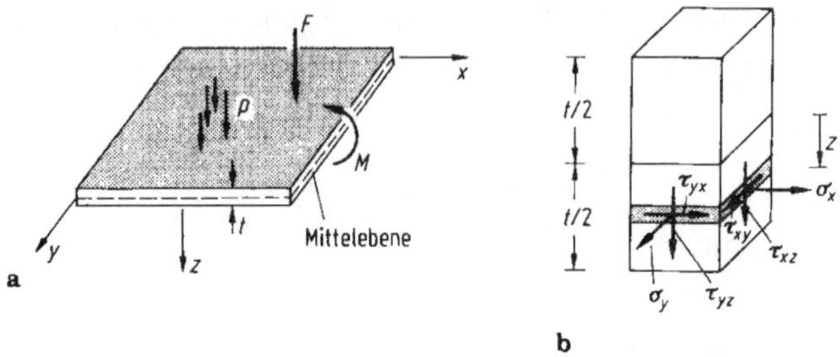


**Abb. 3.21**

$t$ und zeichnen an den positiven Schnittufern die positiven Spannungen ein, die im Abstand $z$ von der Mittelebene wirken (Abb. 3.21b). Man führt nun ähnlich wie beim Balken (vgl. Band 2, Gl. (4.19)) Spannungsresultierende ein. Allerdings integriert man bei der Platte nur über die Plattendicke. Damit haben diese Schnittgrößen die Dimension Kraft/Länge bzw. Moment/Länge.

Die Integrale über $\sigma_x$, $\sigma_y$ und $\tau_{xy} = \tau_{yx}$ verschwinden bei der Platte, da nach Voraussetzung keine Lasten in Richtung der Plattenebene wirken. Es bleiben nur:

$$\begin{aligned}
&\text{Querkräfte} \quad && Q_x = \int \tau_{xz}\,\mathrm{d}z\,, \qquad Q_y = \int \tau_{yz}\,\mathrm{d}z\,,\\
&\text{Biegemomente} \quad && M_x = \int \sigma_x\, z\,\mathrm{d}z\,, \quad M_y = \int \sigma_y\, z\,\mathrm{d}z\,, \qquad (3.40)\\
&\text{Torsionsmomente} \quad && M_{xy} = M_{yx} = \int \tau_{xy}\, z\,\mathrm{d}z\,.
\end{aligned}$$

Dabei zeigen die Indizes bei den Momenten an, aus welchen Spannungen sie gebildet werden, z.B. $M_x$ aus $\sigma_x$ (in Band 1 bzw. 2 geben die Indizes dagegen an, um welche Achsen die Momente jeweils drehen).

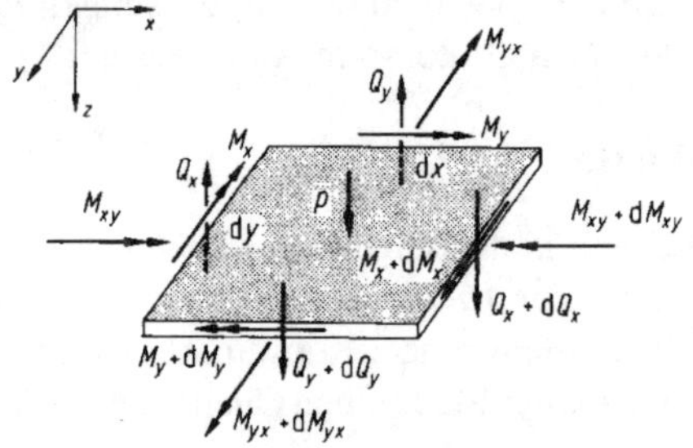


**Abb. 3.22**

Zur Ableitung der Gleichgewichtsbedingungen betrachten wir ein Plattenelement mit allen daran angreifenden Lasten und Schnittgrößen (Abb. 3.22). Dabei zeigen positive Querkräfte am positiven Schnittufer in positive $z$-Richtung. Der Drehsinnn positiver Momente ergibt sich nach (3.40) aus dem Drehsinn der Spannungen. Aus dem Kräftegleichgewicht in $z$-Richtung erhalten wir

$$\begin{aligned} p\,\mathrm{d}x\,\mathrm{d}y + \left(Q_y + \frac{\partial Q_y}{\partial y}\mathrm{d}y\right)\mathrm{d}x \\ + \left(Q_x + \frac{\partial Q_x}{\partial x}\mathrm{d}x\right)\mathrm{d}y - Q_y\,\mathrm{d}x - Q_x\,\mathrm{d}y = 0 \end{aligned}$$

$$\rightarrow \boxed{\frac{\partial Q_x}{\partial x} + \frac{\partial Q_y}{\partial y} = -p}\,. \tag{3.41a}$$

Entsprechend folgt aus dem Momentengleichgewicht um die $y$- bzw. um die $x$-Achse

$$\frac{\partial M_x}{\partial x} + \frac{\partial M_{yx}}{\partial y} = Q_x\,, \tag{3.41b}$$

$$\frac{\partial M_{xy}}{\partial x} + \frac{\partial M_y}{\partial y} = Q_y\,. \tag{3.41c}$$

Die analogen Gleichungen beim Balken sind $\dfrac{\mathrm{d}Q}{\mathrm{d}x} = -q$ und $\dfrac{\mathrm{d}M}{\mathrm{d}x} = Q$ (vgl. Band 1, Gl. (7.6) und (7.7)).

Differenziert man (3.41b) nach $x$ bzw. (3.41c) nach $y$ und setzt diese Gleichungen dann in (3.41a) ein, so werden die Querkräfte eliminiert, und mit $M_{xy} = M_{yx}$ erhält man

$$\frac{\partial^2 M_x}{\partial x^2} + 2\frac{\partial^2 M_{xy}}{\partial x\,\partial y} + \frac{\partial^2 M_y}{\partial y^2} = -p\,. \tag{3.42}$$

Diese Beziehung entspricht der Gleichung $\dfrac{\mathrm{d}^2 M}{\mathrm{d}x^2} = -q$ beim Balken (vgl. Band 1, Gl. (7.8)). Im Unterschied zum Balken kann man aber bei gegebenem $p$ aus den Gleichgewichtsbedingungen allein die Schnittgrößen nicht ermitteln: die Platte ist innerlich *statisch unbestimmt*. Wir müssen daher die Verformungen in die Rechnung einbeziehen.

In Analogie zum Balken (vgl. Band 2, Gl. (4.22)) treffen wir folgende Annahmen über die Verschiebungen der Punkte an einer beliebigen Stelle $x, y$:

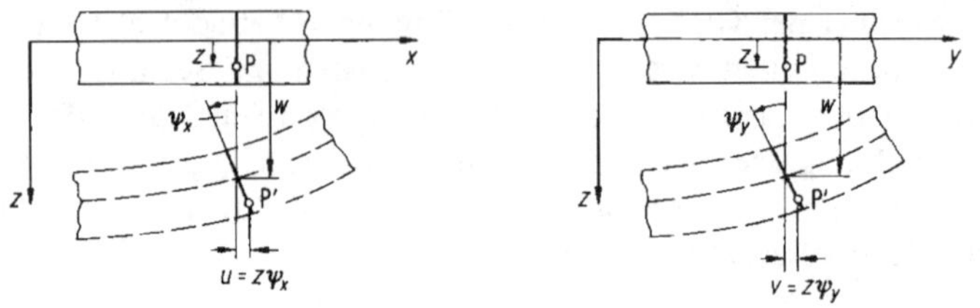


**Abb. 3.23**

a) Die Verschiebung $w$ ist unabhängig von $z$, d.h.,

$$w = w(x, y)\,. \tag{3.43a}$$

Alle Punkte auf einer Normalen zur Mittelfläche erfahren hiernach die gleiche Verschiebung (Durchbiegung) in $z$-Richtung; die Plattendicke ändert sich bei der Verformung nicht ($\varepsilon_z = \partial w/\partial z = 0$).

b) Die Punkte $P$ auf einer Normalen zur Mittelebene der Platte bleiben nach der Verformung auf einer Geraden.

In Abb. 3.23 sind die Verformungen infolge dieser Annahmen in zwei Schnitten dargestellt. Die Normale ändert bei der Verformung ihre Richtung. Die Neigungen der Normalen gegenüber ihrer ursprünglichen Richtung bezeichnen wir mit $\psi_x$ bzw. $\psi_y$. Dabei kennzeichnen die Indizes die Richtungen der Verschiebungen, die durch die entsprechenden Drehungen zustande kommen und nicht die Drehachsen (so dreht zum Beispiel $\psi_x$ um die $y$-Achse). Ein Punkt $P$ im Abstand $z$ von der Mittelebene erfährt infolge der Drehungen die Verschiebungen

$$u(x, y, z) = z\,\psi_x(x, y)\,, \quad v(x, y, z) = z\,\psi_y(x, y)\,. \tag{3.43b}$$

Mit den kinematischen Beziehungen nach (2.48) erhalten wir hiermit

$$\begin{aligned}
\varepsilon_x &= \frac{\partial u}{\partial x} = z\frac{\partial \psi_x}{\partial x}\,, \quad \varepsilon_y = \frac{\partial v}{\partial y} = z\frac{\partial \psi_y}{\partial y}\,, \quad \varepsilon_z = 0\,,\\
y_{xy} &= \frac{\partial u}{\partial y} + \frac{\partial v}{\partial x} = z\left(\frac{\partial \psi_x}{\partial y} + \frac{\partial \psi_y}{\partial x}\right),\\
\gamma_{xz} &= \frac{\partial u}{\partial z} + \frac{\partial w}{\partial x} = \psi_x + \frac{\partial w}{\partial x}\,,\\
\gamma_{yz} &= \frac{\partial v}{\partial z} + \frac{\partial w}{\partial y} = \psi_y + \frac{\partial w}{\partial y}\,.
\end{aligned} \tag{3.44}$$

Wir müssen jetzt noch den Zusammenhang zwischen den Schnittgrößen und den kinematischen Größen herstellen. Dabei treffen wir eine weitere Vereinfachung. Wenn die Belastung $p(x,y)$ nur an der Oberfläche $z = -t/2$ angreift, so muß die Spannung $\sigma_z$ im Innern der Platte Werte zwischen $-p(x,y)$ und Null (für $z = +t/2$) annehmen. Im allgemeinen ist der Größtwert von $\sigma_z$ klein gegenüber den Randwerten der Biegespannungen: $|\sigma_z| \ll |\sigma_x|, |\sigma_y|$. Wir können daher in guter Näherung $\sigma_z$ vernachlässigen und für die Normalspannungen das Hookesche Gesetz (2.86) des ebenen Spannungszustandes übernehmen:

$$\sigma_x = \frac{E}{1-\nu^2}(\varepsilon_x + \nu\,\varepsilon_y)\,, \quad \sigma_y = \frac{E}{1-\nu^2}(\varepsilon_y + \nu\,\varepsilon_x)\,. \tag{3.45a}$$

Für die Schubspannungen gilt

$$\tau_{xy} = G\gamma_{xy}\,, \quad \tau_{yz} = G\gamma_{yz}\,, \quad \tau_{zx} = G\gamma_{zx}\,. \tag{3.45b}$$

Dabei sei darauf hingewiesen, daß die gleichzeitige Annahme von $\sigma_z = 0$ und $\varepsilon_z = 0$ nicht widerspruchsfrei ist. Alle Vergleiche mit Versuchsergebnissen zeigen jedoch, daß bei dünnen Platten die Näherungstheorie, die auf beiden Annahmen basiert, sehr gute Ergebnisse liefert.

Setzt man (3.44) in (3.45) ein, so werden

$$\begin{aligned}
\sigma_x &= \frac{E}{1-\nu^2}\left(\frac{\partial\psi_x}{\partial x} + \nu\frac{\partial\psi_y}{\partial y}\right) z\,, \quad \sigma_y = \frac{E}{1-\nu^2}\left(\frac{\partial\psi_y}{\partial y} + \nu\frac{\partial\psi_x}{\partial x}\right) z\,,\\
\tau_{xy} &= G\left(\frac{\partial\psi_x}{\partial y} + \frac{\partial\psi_y}{\partial x}\right) z\,, \qquad\qquad (3.46)\\
\tau_{yx} &= G\left(\psi_y + \frac{\partial w}{\partial y}\right), \quad \tau_{xz} = G\left(\psi_x + \frac{\partial w}{\partial x}\right).
\end{aligned}$$

Hiernach verlaufen die Spannungen $\sigma_x$, $\sigma_y$ und $\tau_{xy}$ linear über die Plattendicke, während $\tau_{xz}$ und $\tau_{yz}$ konstant über die Dicke sind. Da an den Deckflächen $z = \pm t/2$ keine Schubspannungen $\tau_{xz}$ oder $\tau_{yz}$ wirken (es gibt keine äußere Belastung in $x$- oder in $y$-Richtung), müssen die Schubspannungen dort in zur Oberfläche senkrechten Schnitten auch verschwinden (zugeordnete Schubspannungen). Sie können daher über die Dicke *nicht* konstant sein. Derselbe Widerspruch trat bereits beim Balken auf, und die in Wirklichkeit veränderliche Schubspannung in $z$-Richtung wurde dort durch einen Schubkorrekturfaktor berücksichtigt (vgl. Band 2, Gl. (4.45)).

Wenn man (3.46) in (3.40) einsetzt, so erhält man die Elastizitätsgesetze für die Schnittgrößen. So wird zum Beispiel

$$M_x = \int\limits_{-t/2}^{t/2} \sigma_x \, z \, \mathrm{d}z = \frac{E}{1-\nu^2}\left(\frac{\partial \psi_x}{\partial x} + \nu \frac{\partial \psi_y}{\partial y}\right) \int\limits_{-t/2}^{+t/2} z^2 \, \mathrm{d}z$$

$$= \frac{E\,t^3}{12(1-\nu^2)}\left(\frac{\partial \psi_x}{\partial x} + \nu \frac{\partial \psi_y}{\partial y}\right) .$$

Der Vorfaktor

$$K = \frac{E\,t^3}{12(1-\nu^2)} \tag{3.47}$$

wird *Plattensteifigkeit* genannt (vgl. die Biegesteifigkeit $EI$ beim Balken, Band 2, Gl. (4.24)). Damit erhalten wir folgende Elastizitätsgesetze für die Schnittgrößen:

$$M_x = K\left(\frac{\partial \psi_x}{\partial x} + \nu \frac{\partial \psi_y}{\partial y}\right) , \quad M_y = K\left(\frac{\partial \psi_y}{\partial y} + \nu \frac{\partial \psi_x}{\partial x}\right) ,$$
$$M_{xy} = M_{yx} = \frac{1-\nu}{2} K \left(\frac{\partial \psi_x}{\partial y} + \frac{\partial \psi_y}{\partial x}\right) , \tag{3.48a}$$

$$Q_x = G\,t_S\left(\psi_x + \frac{\partial w}{\partial x}\right) , \quad Q_y = G\,t_S\left(\psi_y + \frac{\partial w}{\partial y}\right) . \tag{3.48b}$$

Dabei wurde bei den Querkräften eine Schubdicke $t_S < t$ eingeführt, welche die über die Dicke ungleichförmige Verteilung von $\tau_{xz}$ und $\tau_{yz}$ berücksichtigt. Man nennt $G\,t_S$ die *Schubsteifigkeit.* Die Gleichungen (3.48) sind die zweidimensionale Erweiterung der Elastizitätsgesetze $M = EI\psi'$ und $Q = GA_S(\psi + w')$ beim Balken.

Mit den drei Gleichgewichtsbedingungen (3.41) und den fünf Elastizitätsgesetzen (3.48) stehen acht Gleichungen für die acht Unbekannten (fünf Schnittgrößen und drei kinematische Größen $w$, $\psi_x$ und $\psi_y$) zur Verfügung. Die hierauf aufbauende Plattentheorie wird nach E. Reissner (1913–1996) und R.D. Mindlin (1906–1987) benannt. Man kann aus den entsprechenden Gleichungen einzelne Unbekannte eliminieren und stellt dann fest, daß die Grundgleichungen der schubelastischen Platte insgesamt von 6. Ordnung bezüglich $x$ und $y$ sind. Daher können an jedem Rand drei Randbedingungen vorgegeben werden. So müssen z.B. an einem freien Rand $x = \text{const}$ die Querkraft $Q_x$, das Biegemoment $M_x$ und das Torsionsmoment $M_{xy}$ verschwinden.

Da die partiellen Differentialgleichungen unter Beachtung der Randbedingungen i.a. schwierig zu lösen sind, wollen wir eine zusätzliche Vereinfachung treffen. Hierzu setzen wir – wieder in Analogie zum Balken (vgl. Band 2, Abschn. 4.5.1) – voraus, daß die Schubsteifigkeit $G\,t_S$ sehr groß ist ($G\,t_S \to \infty$). Da die Querkräfte endlich bleiben, folgt damit aus (3.48b) mit (3.44)

$$\gamma_{xz} = \psi_x + \frac{\partial w}{\partial x} = 0\,, \quad \gamma_{yz} = \psi_y + \frac{\partial w}{\partial y} = 0\,. \tag{3.49}$$

Eine Normale zur unverformten Mittelfläche steht in diesem Fall auch senkrecht auf der verformten Mittelfläche. Eine solche Platte nennt man *schubstarr*. Die zugehörige Theorie geht auf G. Kirchhoff (1824–1887) zurück. Aus (3.49) folgen die Biegewinkel $\psi_x = -\partial w/\partial x$ und $\psi_y = -\partial w/\partial y$. Einsetzen in (3.48a) liefert die Elastizitätsgesetze für die Momente

$$\boxed{\begin{aligned} M_x &= -K\left(\frac{\partial^2 w}{\partial x^2} + \nu\frac{\partial^2 w}{\partial y^2}\right)\,, \\ M_y &= -K\left(\frac{\partial^2 w}{\partial y^2} + \nu\frac{\partial^2 w}{\partial x^2}\right)\,, \\ M_{xy} &= M_{yx} = -K(1-\nu)\frac{\partial^2 w}{\partial x\,\partial y}\,. \end{aligned}} \tag{3.50}$$

Für die Querkräfte gibt es in dieser Theorie kein Elastizitätsgesetz. Sie können aus den Gleichgewichtsbedingungen (3.41b,c) ermittelt werden. Unter Verwendung von (3.50) findet man dann (die Terme mit $\nu$ fallen heraus)

$$\begin{aligned} Q_x &= \frac{\partial M_x}{\partial x} + \frac{\partial M_{xy}}{\partial y} = -K\left(\frac{\partial^3 w}{\partial x^3} + \frac{\partial^3 w}{\partial x\,\partial y^2}\right) = -K\frac{\partial}{\partial x}\Delta w\,, \\ Q_y &= \frac{\partial M_y}{\partial y} + \frac{\partial M_{xy}}{\partial x} = -K\left(\frac{\partial^3 w}{\partial y^3} + \frac{\partial^3 w}{\partial x^2\,\partial y}\right) = -K\frac{\partial}{\partial y}\Delta w\,. \end{aligned} \tag{3.51}$$

Mit (3.42) und (3.50) stehen vier Gleichungen zur Ermittlung der vier Unbekannten (drei Schnittmomente und die Durchbiegung $w$) zur

Verfügung. Setzt man (3.50) in (3.42) ein, so fallen alle mit $\nu$ behafteten Glieder heraus, und man erhält

$$K\left(\frac{\partial^4 w}{\partial x^4} + 2\frac{\partial^4 w}{\partial x^2\,\partial y^2} + \frac{\partial^4 w}{\partial y^4}\right) = p$$

oder mit dem Laplace-Operator

$$\boxed{\Delta\Delta w = \frac{p}{K}}\,. \tag{3.52}$$

Diese sogenannte *Kirchhoffsche Plattengleichung* ist das zweidimensionale Analogon zur Differentialgleichung der Biegelinie $EIw^{IV} = q$ des Balkens (vgl. Band 2, Gl. (4.34)). Sie ist eine inhomogene Bipotentialgleichung (vgl. Gl. (2.95)). Zur Ermittlung von Lösungen der homogenen Gleichung ($p = 0$) können die in Tabelle 2.1 zusammengestellten Bipotentialfunktionen verwendet werden.

### 3.6.2 Randbedingungen für die schubstarre Platte

Die Plattengleichung (3.52) ist von 4. Ordnung in beiden Veränderlichen. Es können daher im Unterschied zur schubelastischen Theorie jetzt an den Rändern nur jeweils zwei Randbedingungen erfüllt werden. Im folgenden wollen wir die wichtigsten Randbedingungen behandeln. Wir betrachten hierzu einen Rand $x = \text{const}$; für einen Rand $y = \text{const}$ gilt entsprechendes.

Längs eines *gelenkig gelagerten* Randes müssen die Durchbiegung $w$ und das Biegemoment $M_x$ verschwinden:

$$w = 0\,, \quad M_x = 0 \;\rightarrow\; \frac{\partial^2 w}{\partial x^2} + \nu\frac{\partial^2 w}{\partial y^2} = 0\,. \tag{3.53a}$$

Wenn längs des Randes $w = 0$ ist, verschwinden dort alle Ableitungen bezüglich $y$. Daher können wir die zweite Bedingung von (3.53a) auch durch $\Delta w = 0$ ersetzen und erhalten dann

$$w = 0\,, \quad \Delta w = 0\,. \tag{3.53b}$$

Diese Bedingungen heißen *Naviersche Randbedingungen*.

Wenn die Platte am Rand starr *eingespannt* ist, müssen dort die Durchbiegung und die Neigung verschwinden:

$$w = 0\,, \quad \frac{\partial w}{\partial x} = 0\,. \tag{3.54}$$

An einem *freien* Rand müssen drei Schnittgrößen (Biegemoment, Torsionsmoment und Querkraft) verschwinden. Wegen der Vereinfachung bei der Theorie der schubstarren Platte können aber nur zwei Randbedingungen erfüllt werden. Man umgeht diese Schwierigkeit, indem man zunächst die Torsionsmomente $M_{xy}$ am Rand $x = \text{const}$ durch statisch gleichwertige, stetig verteilte Kräftepaare ersetzt (Abb. 3.24a). An der Grenze zweier benachbarter Randelemente heben sich die Kräfte $M_{xy}$ heraus, und es bleibt nur der Zuwachs $\mathrm{d}M_{xy} = \dfrac{\partial M_{xy}}{\partial y}\mathrm{d}y$. Anstatt zu fordern, daß Torsionsmoment und Querkraft einzeln verschwinden, setzt man die Summe aus der Querkraft $Q_x$ und der „Ersatzkraft" $\partial M_{xy}/\partial y$ gleich Null. Am freien Rand gilt dann

$$\begin{aligned} M_x &= 0 & &\rightarrow & \frac{\partial^2 w}{\partial x^2} + \nu\frac{\partial^2 w}{\partial y^2} &= 0\,, \\ \bar{Q}_x &= Q_x + \frac{\partial M_{xy}}{\partial y} = 0 & &\rightarrow & \frac{\partial}{\partial x}\left[\frac{\partial^2 w}{\partial x^2} + (2-\nu)\frac{\partial^2 w}{\partial y^2}\right] &= 0\,. \end{aligned} \tag{3.55}$$

Man nennt $\bar{Q}_x$ die *Ersatzquerkraft*.

In der Tabelle 3.1 sind die wichtigsten Randbedingungen für den Rand $x = \text{const}$ nochmals zusammengestellt (für $y = \text{const}$ gelten analoge Aussagen).

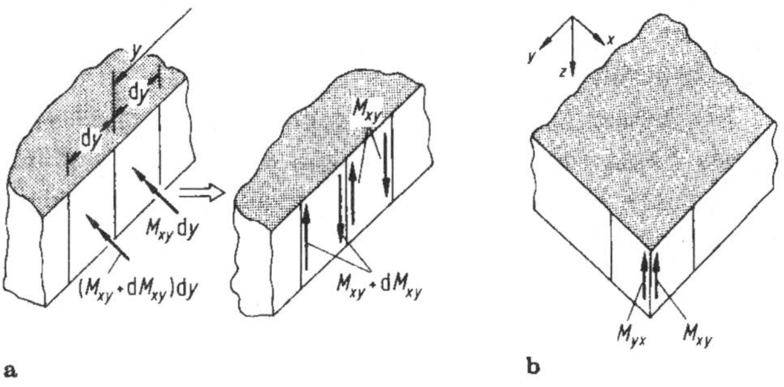


**Abb. 3.24**

**Tabelle 3.1.** Randbedingungen bei der schubstarren Platte

| Lager | Randbedingungen |
|---|---|
| Gelenkig gelagerter Rand | $w = 0,\ M_x = 0 \rightarrow \dfrac{\partial^2 w}{\partial x^2} + \nu \dfrac{\partial^2 w}{\partial y^2} = 0$ |
| Freier Rand | $M_x = 0 \rightarrow \dfrac{\partial^2 w}{\partial x^2} + \nu \dfrac{\partial^2 w}{\partial y^2} = 0$<br>$\bar{Q}_x = 0 \rightarrow \dfrac{\partial}{\partial x}\left[\dfrac{\partial^2 w}{\partial x^2} + (2-\nu)\dfrac{\partial^2 w}{\partial y^2}\right] = 0$ |
| Eingespannter Rand | $w = 0,\ \dfrac{\partial w}{\partial x} = 0$ |

Beim Bilden der Ersatzquerkräfte tritt eine Besonderheit an den Plattenecken auf. Ersetzen wir nämlich auf beiden Rändern die Torsionsmomente durch Kräftepaare, so bleibt an der rechtwinkligen Ecke (Abb. 3.24b) eine Einzelkraft (*Eckkraft*) der Größe $A = M_{xy} + M_{yx}$, die sich mit $M_{xy} = M_{yx}$ auch

$$A = 2M_{xy} \tag{3.56}$$

schreiben läßt.

An einer freien Ecke können keine Kräfte auftreten. Dementsprechend müssen wir fordern, daß dann die Eckkraft verschwindet: $A = 2M_{xy} = 0$. Ist die Ecke dagegen frei drehbar gelagert, so kann vom Lager eine Kraft aufgenommen werden. Bei einem positiven Torsionsmoment wirkt dann eine Zugkraft, und die Platte hat das Bestreben, im Bereich der Ecke von der Unterlage abzuheben. Sie muß daher dort so gelagert werden, daß die Eckkraft $A$ aufgenommen werden kann. Sind die an eine Ecke anschließenden Plattenränder eingespannt, so verschwinden längs der Ränder die Torsionsmomente, und es tritt daher dann auch keine Eckkraft auf.

Als Anwendungsbeispiel betrachten wir eine allseits gelenkig gelagerte Platte mit den Seitenlängen $a, b$ unter einer Querlast $p(x, y)$ (Abb. 3.25). Wenn wir die Durchbiegung $w(x, y)$ durch die doppelte Fourierreihe

$$w(x,y) = \sum_m \sum_n w_{mn} \sin\frac{m\pi x}{a} \sin\frac{n\pi y}{b}, \quad m,n = 1,2,3\ldots \tag{3.57}$$

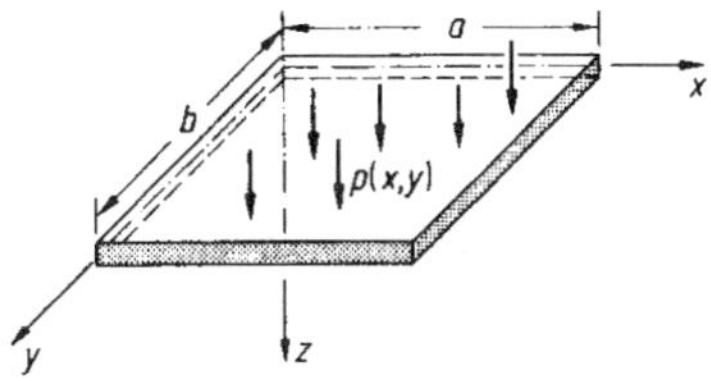


Abb. 3.25

darstellen, dann werden durch diesen Ansatz die Randbedingungen (3.53b) streng erfüllt. Um auch die Plattengleichung (3.52) zu erfüllen, entwickeln wir die Belastung $p(x,y)$ ebenfalls in eine doppelte Fourierreihe

$$p(x,y) = \sum_m \sum_n p_{mn} \sin \frac{m\pi x}{a} \sin \frac{n\pi y}{b}\,, \tag{3.58a}$$

wobei die Fourier-Koeffizienten durch

$$p_{mn} = \frac{4}{a\,b} \int_0^a \int_0^b p(x,y) \sin \frac{m\pi x}{a} \sin \frac{n\pi y}{b}\, \mathrm{d}x\, \mathrm{d}y\,, \qquad m,n = 1,2,3,\ldots \tag{3.58b}$$

gegeben sind. Setzt man (3.57) und (3.58a) in (3.52) ein, so erhält man aus einem Koeffizientenvergleich die Fourier-Koeffizienten der Durchbiegung zu

$$w_{mn} = \frac{p_{mn}}{K\pi^4 \left[ \left(\frac{m}{a}\right)^2 + \left(\frac{n}{b}\right)^2 \right]^2}\,. \tag{3.59}$$

Aus der damit bekannten Durchbiegung (3.57) lassen sich dann nach (3.50), (3.51) auch die Schnittgrößen ermitteln.

**Beispiel 3.8:** Eine allseits gelenkig gelagerte Platte wird nach Abb. 3.26 durch eine innerhalb eines Rechtecks gleichförmig verteilte Last $p_0$ belastet.

Gesucht ist die Durchbiegung. Weiterhin ermittle man im Sonderfall einer quadratischen Platte ($b = a$) die größte Durchbiegung unter einer Vollast $p_0$ bzw. unter einer Einzellast $F$ in der Mitte.

*Lösung:* Die allgemeine Lösung für die allseits gelenkig gelagerte Platte ist durch (3.57) bis (3.59) gegeben. Aus (3.58) erhalten wir unter Beach-

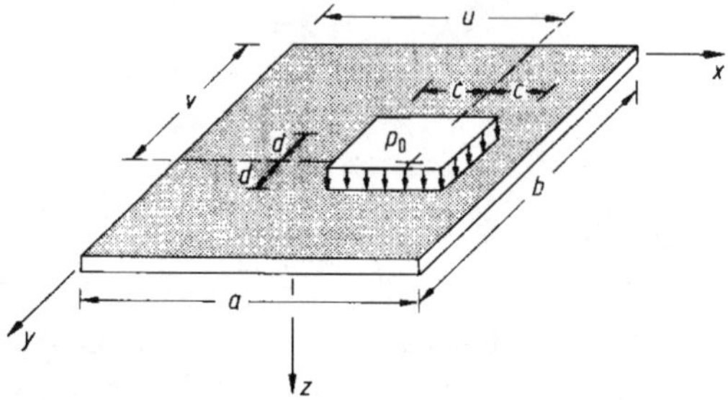


Abb. 3.26

tung, daß nur in dem Rechteck mit den Seitenlängen $2\,c$ und $2\,d$ eine Last $p(x,y) = p_0$ auftritt, die Fourier-Koeffizienten

$$p_{mn} = \frac{4}{a\,b} \int\limits_{u-c}^{u+c} \int\limits_{v-d}^{v+d} p_0 \sin\frac{m\,\pi\,x}{a} \sin\frac{n\,\pi\,y}{b}\,dx\,dy$$

$$= 16\frac{p_0}{m\,n\,\pi^2} \sin\frac{m\,\pi\,u}{a} \sin\frac{m\,\pi\,c}{a} \sin\frac{n\,\pi\,v}{b} \sin\frac{n\,\pi\,d}{b} \qquad \text{(a)}$$

$$m, n = 1, 2, 3, \ldots .$$

Damit folgt für die Durchbiegung

$$w(x,y) = \sum_m \sum_n \frac{p_{mn}}{K\pi^4\left[\left(\frac{m}{a}\right)^2 + \left(\frac{n}{b}\right)^2\right]^2} \sin\frac{m\pi x}{a} \sin\frac{n\pi y}{b}\,, \qquad \text{(b)}$$

$$m, n = 1, 2, 3, \ldots .$$

Für eine quadratische Platte ergibt sich daraus mit $b = a$

$$w(x,y) = \frac{a^4}{K\pi^4} \sum_m \sum_n \frac{p_{mn}}{(m^2+n^2)^2} \sin\frac{m\pi x}{a} \sin\frac{n\pi y}{a}\,, \qquad \text{(c)}$$

$$m, n = 1, 2, 3, \ldots .$$

Bei einer *Vollast* gilt $c = u = \frac{a}{2}$, $d = v = \frac{a}{2}$, und (a) vereinfacht sich zu $p_{mn} = 16\frac{p_0}{mn\pi^2}$ $(m, n = 1, 3, 5, \ldots)$. Für die größte Durchbiegung $w_{\max} = w(\frac{a}{2}, \frac{a}{2})$ folgt

$$\underline{\underline{w_{\max} = 16\,\frac{p_0\,a^4}{K\pi^6}\sum_m\sum_n \frac{1}{m\,n(m^2+n^2)^2}\sin\frac{m\,\pi}{2}\sin\frac{n\,\pi}{2}}}\,,$$

$$m, n = 1, 3, 5, \ldots .$$

Schreibt man die ersten Terme der Reihe an, so ergibt sich

$$\begin{aligned}\underline{\underline{w_{\max}}} &= 16\,\frac{p_0\,a^4}{K\pi^6}\left(\frac{1}{4} - \frac{1}{3}\cdot\frac{1}{100} - \frac{1}{3}\cdot\frac{1}{100} + \frac{1}{9}\cdot\frac{1}{324} - \ldots\right)\\ &\approx \underline{\underline{4\,\frac{p_0\,a^4}{K\pi^6}}}\,.\end{aligned}$$

Man erkennt die rasche Konvergenz der Lösung. Es sei angemerkt, daß die Lösung für die Biegemomente wesentlich langsamer konvergiert, da dort (nach zweimaliger Differentiation von $w$) kleinere Potenzen von $m$ und $n$ im Nenner auftreten.

Für eine *Einzellast* $F$ im Punkt $u, v$ gehen $c$ und $d$ gegen Null und $4\,c\,d\,p_0 \rightarrow F$. Mit $\sin\dfrac{m\,\pi\,c}{a} \rightarrow \dfrac{m\,\pi\,c}{a}, \ldots$ folgen dann aus (a) die Fourier-Koeffizienten

$$p_{mn} = \frac{4F}{a^2}\sin\frac{m\,\pi\,u}{a}\sin\frac{n\,\pi\,v}{a}\,, \qquad m, n = 1, 2, 3, \ldots .$$

Wenn $F$ speziell in der Mitte der Platte angreift, wird

$$p_{mn} = \frac{4F}{a^2}\sin\frac{m\pi}{2}\sin\frac{n\pi}{2}\,, \qquad m, n = 1, 3, 5, \ldots,$$

und wir erhalten mit (c) die größte Durchbiegung unter der Last zu

$$\underline{\underline{w_{\max} = \frac{4Fa^2}{K\pi^4}\sum_m\sum_n \frac{1}{(m^2+n^2)^2}(-1)^{\frac{m-1}{2}}(-1)^{\frac{n-1}{2}}}}$$

$$\approx \underline{\underline{0,93\,\frac{Fa^2}{K\pi^4}}}\,.$$

### 3.6.3 Die Kreisplatte

Bei einer Kreisplatte verwendet man zweckmäßigerweise Polarkoordinaten. Wir wollen uns auf drehsymmetrische Belastungen und Deformationen beschränken. Dann folgt mit $\Delta = \frac{\mathrm{d}^2}{\mathrm{d}r^2} + \frac{1}{r}\frac{\mathrm{d}}{\mathrm{d}r}$ aus (3.52) die Differentialgleichung (vgl. (2.99))

$$\frac{\mathrm{d}^4 w}{\mathrm{d}r^4} + \frac{2}{r}\frac{\mathrm{d}^3 w}{\mathrm{d}r^3} - \frac{1}{r^2}\frac{\mathrm{d}^2 w}{\mathrm{d}r^2} + \frac{1}{r^3}\frac{\mathrm{d}w}{\mathrm{d}r} = \frac{p}{K}\,. \tag{3.60}$$

Man kann zeigen, daß für die Schnittgrößen in Polarkoordinaten folgende Elastizitätsgesetze gelten (das Torsionsmoment verschwindet wegen der Symmetrie):

$$M_r = -K\left(\frac{\mathrm{d}^2 w}{\mathrm{d}r^2} + \frac{\nu}{r}\frac{\mathrm{d}w}{\mathrm{d}r}\right), \quad M_\varphi = -K\left(\nu\frac{\mathrm{d}^2 w}{\mathrm{d}r^2} + \frac{1}{r}\frac{\mathrm{d}w}{\mathrm{d}r}\right), \tag{3.61}$$
$$Q_r = -K\frac{\mathrm{d}}{\mathrm{d}r}(\Delta w)\,.$$

Die Gleichung (3.60) ist vom Eulerschen Typ. Ein Ansatz $w_h = Cr^\lambda$ für die homogene Lösung führt auf die charakteristische Gleichung $\lambda^2(\lambda-2)^2 = 0$. Mit den Doppelwurzeln $\lambda_{1,2} = 0$, $\lambda_{3,4} = 2$ lautet die allgemeine Lösung (vgl. (2.100))

$$w = w_p + w_h = w_p + C_0 + C_1 \ln\frac{r}{r_0} + C_2\, r^2 + C_3\, r^2 \ln\frac{r}{r_0}\,. \tag{3.62}$$

Hierin sind $w_p$ die Partikularlösung und $r_0$ ein Bezugsradius.

Die vier Integrationskonstanten folgen bei der Kreisringplatte aus den jeweils zwei Randbedingungen am Innen- und am Außenrand. Bei der Vollplatte treten neben die zwei Bedingungen am Rand Regularitätsforderungen in der Plattenmitte (z.B. $w(0)$ muß endlich bleiben).

Als Anwendungsbeispiel betrachten wir eine Kreisplatte vom Radius $r_0$ unter gleichmäßig verteilter Belastung $p = p_0$ (Abb. 3.27). In der allgemeinen Lösung (3.62) muß $C_1$ verschwinden, damit die Durchbiegung $w(0)$ endlich bleibt. Außerdem muß $C_3$ Null sein, damit auch die Querkraft $Q_r(0)$ beschränkt ist. Das Partikularintegral folgt aus (3.60) zu $w_p = \frac{p_0\, r^4}{64K}$, und damit lautet die Lösung

$$w = \frac{p_0\, r^4}{64K} + C_0 + C_2\, r^2\,.$$

**Abb. 3.27** a b

Wir wollen zwei Lagerfälle betrachten:

1) Gelenkige Lagerung am Rand $r = r_0$ (Abb. 3.27a). Aus den Randbedingungen

$$w(r_0) = 0 \quad \to \quad \frac{p_0\, r_0^4}{64K} + C_0 + C_2\, r_0^2 = 0\,,$$

$$M_r(r_0) = 0 \quad \to \quad -K\left[\frac{3}{16}\frac{p_0\, r_0^2}{K} + 2C_2 + \nu\left(\frac{p_0\, r_0^2}{16K} + 2C_2\right)\right] = 0$$

folgen die Integrationskonstanten

$$C_0 = \frac{5+\nu}{1+\nu}\,\frac{p_0\, r_0^4}{64K}\,, \qquad C_2 = -\frac{3+\nu}{1+\nu}\,\frac{p_0\, r_0^2}{32K}\,.$$

Damit erhalten wir die Durchbiegung

$$w = \frac{p_0\, r_0^4}{64K}\left(\frac{5+\nu}{1+\nu} - 2\frac{3+\nu}{1+\nu}\,\frac{r^2}{r_0^2} + \frac{r^4}{r_0^4}\right)$$

mit dem Größtwert $w_{\max} = w(0) = \dfrac{5+\nu}{1+\nu}\,\dfrac{p_0\, r_0^4}{64K}$.

2) Starre Einspannung bei $r = r_0$ (Abb. 3.27b). Aus den Randbedingungen

$$w(r_0) = 0 \quad \to \quad \frac{p_0\, r_0^4}{64K} + C_0 + C_2\, r_0^2 = 0\,,$$

$$\frac{\mathrm{d}w(r_0)}{\mathrm{d}r} = 0 \quad \to \quad \frac{p_0\, r_0^3}{16K} + 2\, C_2\, r_0 = 0$$

folgen jetzt

$$C_0 = \frac{p_0\, r_0^4}{64K}\,, \quad C_2 = -\frac{p_0\, r_0^2}{32K}$$

und damit die Lösung

$$w = \frac{p_0\, r_0^4}{64K}\left[1-\left(\frac{r}{r_0}\right)^2\right]^2 .$$

Der Größtwert $w_{\max} = \dfrac{p_0\, r_0^4}{64K}$ ist für $\nu = 0,3$ nur ungefähr ein Viertel des Wertes bei gelenkiger Lagerung.

**Beispiel 3.9:** Eine gelenkig gelagerte Kreisplatte (Radius $a$) wird durch eine Einzelkraft $F$ in der Mitte belastet (Abb. 3.28).

Gesucht sind die maximale Durchsenkung und das Biegemoment $M_r(r)$.

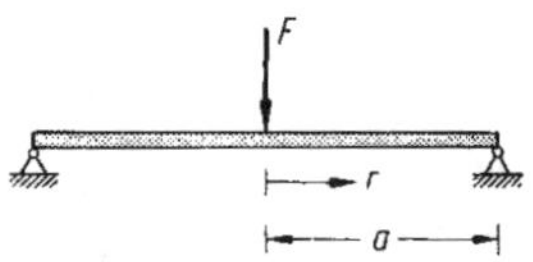


**Abb. 3.28**

*Lösung:* In der allgemeinen Lösung (3.62) verschwindet wegen $p = 0$ das Partikularintegral. Da die Absenkung in der Mitte ($r = 0$) endlich ist, muß $C_1 = 0$ sein. Es bleibt dann nur (wir setzen $r_0 = a$)

$$w = C_0 + C_2\, r^2 + C_3\, r^2 \ln\frac{r}{a} . \qquad \text{(a)}$$

Zur Ermittlung der Integrationskonstanten bilden wir zunächst die Ableitungen

$$\frac{\mathrm{d}w}{\mathrm{d}r} = 2\,C_2\, r + C_3\left(2\,r \ln\frac{r}{a} + r\right),$$

$$\frac{\mathrm{d}^2w}{\mathrm{d}r^2} = 2\,C_2 + C_3\left(2 \ln\frac{r}{a} + 3\right), \qquad \frac{\mathrm{d}^3w}{\mathrm{d}r^3} = \frac{2}{r}C_3 .$$

Einsetzen in die Randbedingungen ergibt mit (3.61)

$$w(a) = 0 \quad \to \quad C_0 + C_2\, a^2 = 0 ,$$

$$M_r(a) = 0 \quad \to \quad 2\,C_2(1+\nu) + C_3(3+\nu) = 0 .$$

Eine dritte Bedingung folgt aus der Forderung, daß die Querkraft $Q_r$ in beliebigem Abstand $r$ die gegebene Last $F$ übertragen muß:

$$2\pi r Q_r(r) + F = 0 \quad \to \quad 2\pi r\left(-\frac{K}{r}4\,C_3\right) + F = 0\,.$$

Damit erhalten wir die drei Konstanten

$$C_3 = \frac{F}{8\pi K}\,, \quad C_2 = -\frac{F}{16\pi K}\frac{3+\nu}{1+\nu}\,, \quad C_0 = \frac{Fa^2}{16\pi K}\frac{3+\nu}{1+\nu}\,.$$

Einsetzen in (a) ergibt die Gleichung der Biegefläche

$$w = \frac{Fa^2}{16\pi K}\left[\frac{3+\nu}{1+\nu}\left(1-\frac{r^2}{a^2}\right) - 2\frac{r^2}{a^2}\ln\frac{a}{r}\right]$$

mit dem Größtwert

$$\underline{\underline{w_{\text{max}}}} = w(0) = \underline{\underline{\frac{3+\nu}{16(1+\nu)}\frac{a^2}{\pi K}F}}\,.$$

Das Biegemoment wird

$$\underline{\underline{M_r(r)}} = -K\left(\frac{\mathrm{d}^2 w}{\mathrm{d}r^2} + \frac{\nu}{r}\frac{\mathrm{d}w}{\mathrm{d}r}\right) = \underline{\underline{\frac{(1+\nu)F}{4\pi}\ln\frac{a}{r}}}\,. \qquad \text{(b)}$$

Wegen des Logarithmus wird das Moment in der Mitte ($r = 0$) unendlich groß. In Wirklichkeit gibt es jedoch keine Punktlast. Außerdem hatten wir bei der Ableitung der Plattengleichung flächenhaft verteilte Lasten vorausgesetzt, da sonst $\sigma_z$ nicht vernachlässigt werden darf. Die Gleichung (b) bleibt jedoch in „einiger" Entfernung von der Lastangriffsstelle gültig.

# 4 Schwingungen kontinuierlicher Systeme

In Band 3 haben wir freie und erzwungene Schwingungen von mechanischen Systemen mit einem bzw. mit zwei Freiheitsgraden behandelt. Solche Systeme mit endlicher Zahl von Freiheitsgraden nennt man auch *diskrete Systeme*. Die Beschreibung ihrer Schwingungsbewegung führt auf gewöhnliche Differentialgleichungen.

In diesem Kapitel wollen wir nun Schwingungen *kontinuierlicher Systeme* untersuchen. Hierzu gehören unter anderem die Saite, der Balken und die Platte. Bei ihnen sind die für die Schwingung maßgeblichen physikalischen Größen, wie die Masse und die Steifigkeit, kontinuierlich verteilt. Man kann solche Systeme auch als Systeme mit unendlich vielen Freiheitsgraden auffassen. Ihre Bewegung wird mittels partieller Differentialgleichungen beschrieben.

Die mathematische Beschreibung der Schwingungen eines mechanischen Systems kann (je nach Art der Modellierung) entweder durch ein diskretes oder durch ein kontinuierliches System erfolgen. So läßt sich ein eingespannter Balken mit einer Endmasse als ein Feder-Masse-System auffassen, sofern die Endmasse groß im Vergleich zur Balkenmasse ist und wenn man nur an der Grundschwingung interessiert ist. Sind die Massen dagegen von gleicher Größenordnung oder sollen auch „höhere" Schwingungsformen betrachtet werden, so ist es zweckmäßig, den Balken als Kontinuum anzusehen. Was die physikalischen Schwingungsphänomene betrifft, so können wir erwarten, daß sich kontinuierliche Systeme von diskreten Systemen nicht grundsätzlich unterscheiden. Letztere führen bei den freien Schwingungen auf eine endliche Zahl von Eigenfrequenzen und zugehörigen Eigenformen, welche in der Regel der Zahl der Freiheitsgrade entspricht. Entsprechend werden bei kontinuierlichen Systemen unendlich viele Eigenfrequenzen und Eigenformen auftreten.

## 4.1 Die Saite

Eine Saite ist ein vorgespanntes fadenförmiges Kontinuum, das keine Biegesteifigkeit besitzt (vgl. Abschn. 3.5.1). Aus technischer Sicht haben Schwingungserscheinungen solcher Körper keine große Bedeutung.

Die Saite stellt aber das einfachste kontinuierliche System dar, an dem sich wesentliche Erscheinungen relativ einfach studieren lassen. Wir beschränken uns bei ihr auf die Untersuchung freier Schwingungen.

### 4.1.1 Wellengleichung

Wir betrachten eine Saite mit der konstanten Massebelegung $\mu$ (Masse pro Längeneinheit), die durch die Zugkraft $S$ gespannt ist (Abb. 4.1a). Wird die Saite ausgelenkt und dann sich selbst überlassen, so führt sie eine freie Schwingung aus. Ihre Auslenkung $w$ aus der Ruhelage ist dabei im allgemeinen vom Ort $x$ und von der Zeit $t$ abhängig: $w = w(x,t)$. Die Verschiebung $u$ in $x$-Richtung kann vernachlässigt werden, sofern $w$ und die Neigung $\tan\alpha = \partial w/\partial x = w'$ als klein vorausgesetzt werden. Die Bewegungsgleichungen formulieren wir am Element nach Abb. 4.1b (vgl. Abschn. 3.5.1). Hierbei gelten wegen $w' \ll 1$ die Vereinfachungen $\alpha \approx \sin\alpha \approx w'$, $(\alpha + \mathrm{d}\alpha) \approx \sin(\alpha + \mathrm{d}\alpha) \approx w' + w''\mathrm{d}x$, $\cos\alpha \approx 1$, $\cos(\alpha + \mathrm{d}\alpha) \approx 1$ und $\mathrm{d}s \approx \mathrm{d}x$. Damit und mit $\mathrm{d}m = \mu\,\mathrm{d}s \approx \mu\,\mathrm{d}x$ erhält man

$$\rightarrow: \quad 0 = -S + \left(S + \frac{\partial S}{\partial x}\mathrm{d}x\right) \quad \rightarrow \quad \frac{\partial S}{\partial x} = 0 \quad \rightarrow \quad S = \text{const},$$

$$\downarrow: \quad \mu\,\mathrm{d}x\,\ddot{w} = -S\,w' + \left(S + \frac{\partial S}{\partial x}\mathrm{d}x\right)(w' + w''\mathrm{d}x).$$

Darin ist $\ddot{w} = \partial^2 w/\partial t^2$ die Beschleunigung in $z$-Richtung. Setzen wir $\partial S/\partial x = 0$ in die zweite Gleichung ein, so folgt $\mu\,\ddot{w} = S\,w''$ bzw.

$$\boxed{\frac{\partial^2 w}{\partial x^2} = \frac{1}{c^2}\frac{\partial^2 w}{\partial t^2}} \quad \text{mit } c^2 = \frac{S}{\mu}. \tag{4.1}$$

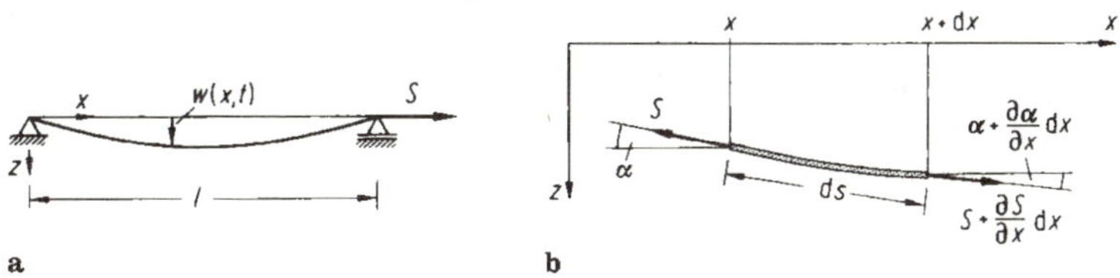


**Abb. 4.1**

Man bezeichnet diese Differentialgleichung als eindimensionale *Wellengleichung*. Die Konstante $c$ hat die Dimension einer Geschwindigkeit und heißt *Wellenfortpflanzungsgeschwindigkeit*. Wenn wir die Massebelegung bzw. die Spannkraft durch $\mu = \varrho A$ bzw. $S = \sigma A$ ausdrücken, wobei $A$ die Querschnittsfläche, $\varrho$ die Dichte und $\sigma$ die Spannung der Saite sind, dann gilt für $c$ die Beziehung $c = \sqrt{\sigma/\varrho}$.

Die Bewegungsgleichung (4.1) für die freie Schwingung einer Saite können wir auch erhalten, indem wir von der Gleichgewichtsbedingung (3.31) ausgehen. Dann muß man dort als äußere „Belastung“ $q(x)$ die d'Alembertsche Trägheitskraft $-\mu \ddot{w}$ einführen: $q = -\mu \ddot{w}$.

Um die Lösung der Wellengleichung in einem konkreten Fall angeben zu können, benötigt man noch die Anfangsbedingungen und die Randbedingungen. Durch die *Anfangsbedingungen* sind die Auslenkung und die Geschwindigkeit der Saite zu Beginn der Bewegung (Zustand zum Zeitpunkt $t = 0$) festgelegt:

$$w(x,0) = w_0(x), \quad \dot{w}(x,0) = v_0(x). \tag{4.2}$$

Die *Randbedingungen* sind Aussagen über die Deformations- bzw. die Kraftgrößen an den Rändern. Ist die Saite dort zum Beispiel wie in Abb. 4.1a in $z$-Richtung unverschieblich gelagert („fester Rand“), so gelten $w(0,t) = 0$ und $w(l,t) = 0$. Wenn sich ein Saitenende dagegen in vertikaler Richtung unbehindert verschieben kann („freier Rand“), so verschwindet dort die Vertikalkomponente $S\,w'$ der Kraft, d.h. wegen $S \neq 0$ gilt dann $w'|_{\text{Rand}} = 0$. Ganz allgemein bezeichnet man ein Problem, das durch eine Bewegungsgleichung sowie durch Anfangs- und durch Randbedingungen beschrieben wird, als *Anfangs-Randwertproblem*.

### 4.1.2 d'Alembertsche Lösung, Wellen

Die allgemeine Lösung der Wellengleichung (4.1) kann man durch Integration erhalten. Dazu ist es zweckmäßig, zunächst die Variablen $x$ und $t$ durch die neuen Variablen

$$\xi = x - c\,t \quad \text{und} \quad \eta = x + c\,t \tag{4.3}$$

zu ersetzen (Transformation). Mit

$$\frac{\partial}{\partial x}=\frac{\partial}{\partial \xi}\frac{\partial \xi}{\partial x}+\frac{\partial}{\partial \eta}\frac{\partial \eta}{\partial x}=\frac{\partial}{\partial \xi}+\frac{\partial}{\partial \eta},$$
$$\frac{\partial^2}{\partial x^2}=\frac{\partial^2}{\partial \xi^2}+2\frac{\partial^2}{\partial \xi\,\partial \eta}+\frac{\partial^2}{\partial \eta^2},$$
$$\frac{\partial}{\partial t}=\frac{\partial}{\partial \xi}\frac{\partial \xi}{\partial t}+\frac{\partial}{\partial \eta}\frac{\partial \eta}{\partial t}=c\left(-\frac{\partial}{\partial \xi}+\frac{\partial}{\partial \eta}\right),$$
$$\frac{\partial^2}{\partial t^2}=c^2\left(\frac{\partial^2}{\partial \xi^2}-2\frac{\partial^2}{\partial \xi\,\partial \eta}+\frac{\partial^2}{\partial \eta^2}\right)$$

folgt dann aus (4.1)

$$4\frac{\partial^2 w}{\partial \xi\,\partial \eta}=0.$$

Diese Gleichung läßt sich einfach integrieren. Man erhält die allgemeine Lösung

$$w(\xi,\eta)=f_1(\xi)+f_2(\eta), \tag{4.4}$$

wobei $f_1$ und $f_2$ beliebige Funktionen sind. Mit (4.3) läßt sie sich in der Form

$$w(x,t)=f_1(x-c\,t)+f_2(x+c\,t) \tag{4.5}$$

schreiben. Darin sind nun $x-c\,t$ bzw. $x+c\,t$ die Argumente der Funktionen $f_1$ bzw. $f_2$. Die Lösung (4.5) wird nach d'Alembert auch die *d'Alembertsche Lösung* der Wellengleichung genannt.

Ersetzt man in der Funktion $f_1$ die Zeit $t$ durch $t^*=t+\tau$ und den Ort $x$ durch $x^*=x+c\,\tau$, so ändert sich das Argument nicht, und es gilt daher $f_1(x,t)=f_1(x^*,t^*)$ (Abb. 4.2). Die Funktion $f_1(x-c\,t)$ beschreibt somit eine *Welle*, die sich mit der konstanten Geschwindigkeit $c$ ohne Änderung ihres Profils (ihrer Form) in positive $x$-Richtung fortpflanzt (Abb. 4.2). Analog stellt $f_2(x+c\,t)$ eine Welle dar, die sich mit der Geschwindigkeit $c$ in negative $x$-Richtung ausbreitet. Die Bewegung einer Saite kann also als Superposition zweier gegenläufiger Wellen angesehen werden.

Die Funktionen $f_1$ und $f_2$ lassen sich aus den Anfangsbedingungen (4.2) bestimmen. Mit (4.5) lauten diese

$$f_1(x)+f_2(x)=w_0(x),\quad -c\,f_1'(x)+c\,f_2'(x)=v_0(x).$$

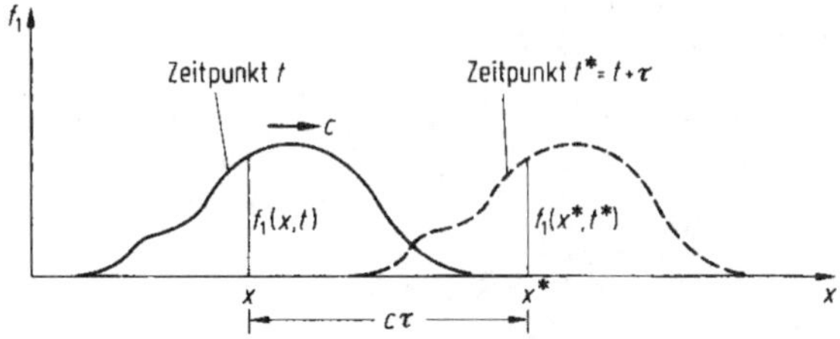


**Abb. 4.2**

Die zweite Gleichung kann nach Integration in der Form

$$-f_1(x) + f_2(x) = \frac{1}{c}\int_{x_0}^{x} v_0(\bar{x})\mathrm{d}\bar{x} - f_1(x_0) + f_2(x_0)$$

geschrieben werden. Da wir $x_0$ beliebig wählen können, ist die Differenz $f_1(x_0) - f_2(x_0)$ willkürlich. Wir können sie deshalb ohne Beschränkung der Allgemeinheit auch zu Null setzen. Mit der ersten Gleichung folgen damit für $f_1$ bzw. für $f_2$ durch Subtraktion bzw. durch Addition

$$f_{1,2}(x) = \frac{1}{2}\left[w_0(x) \mp \frac{1}{c}\int_{x_0}^{x} v_0(\bar{x})\mathrm{d}\bar{x}\right]. \tag{4.6}$$

Setzt man diese Ergebnisse in (4.5) ein, so erhält man

$$\begin{aligned} w(x,t) = & \frac{1}{2}\left[w_0(x-ct) - \frac{1}{c}\int_{x_0}^{x-ct} v_0(\bar{x})\mathrm{d}\bar{x}\right] \\ & + \frac{1}{2}\left[w_0(x+ct) + \frac{1}{c}\int_{x_0}^{x+ct} v_0(\bar{x})\mathrm{d}\bar{x}\right]. \end{aligned}$$

Fassen wir nun noch die beiden Integrale zusammen, dann lautet die Lösung der Wellengleichung

$$w(x,t) = \frac{1}{2}\left[w_0(x-ct) + w_0(x+ct) + \frac{1}{c}\int_{x-ct}^{x+ct} v_0(\bar{x})\mathrm{d}\bar{x}\right]. \tag{4.7}$$

Sie wird besonders einfach, wenn die Anfangsgeschwindigkeit Null ist: $v_0(x) = 0$. In diesem Fall folgen aus (4.6) und (4.7)

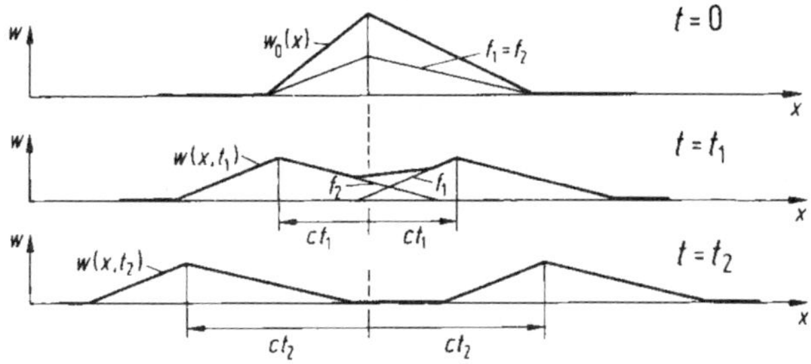


**Abb. 4.3**

$$
\begin{aligned}
f_1(x) &= f_2(x) = \frac{1}{2} w_0(x), \\
w(x,\, t) &= \frac{1}{2}[w_0(x - c\,t) + w_0(x + c\,t)].
\end{aligned}
\tag{4.8}
$$

Das Profil der gegenläufigen Wellen $f_1$ und $f_2$ ist dann durch die halbe Anfangsauslenkung gegeben. Als Beispiel hierzu ist in Abb. 4.3 für eine dreiecksförmige Anfangsauslenkung die Lösung $w(x, t)$ zu verschiedenen Zeitpunkten dargestellt.

Die Lösung (4.7) bzw. (4.8) beschreibt die Auslenkung der Saite richtig, solange die Wellen auf keine Ränder treffen. Hat die Saite eine endliche Länge, so müssen an den Rändern die Randbedingungen erfüllt werden. Wir betrachten zunächst eine Welle, die auf einen festen Rand trifft (Abb. 4.4a). Die Randbedingung $w = 0$ wird erfüllt, wenn man dieser *einfallenden Welle* eine *reflektierte Welle* gleicher Form aber mit

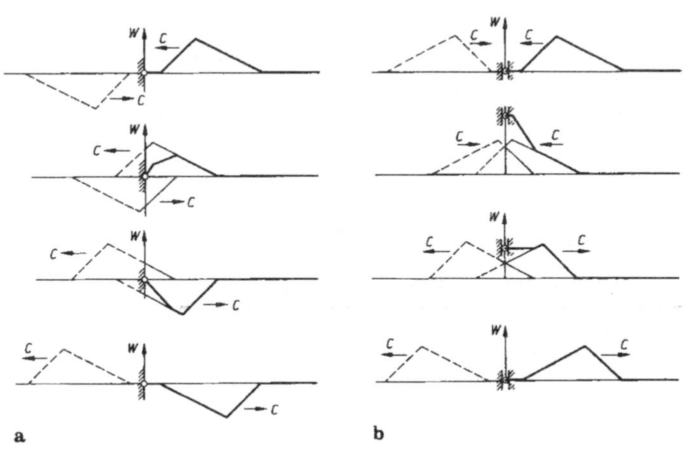


**Abb. 4.4**

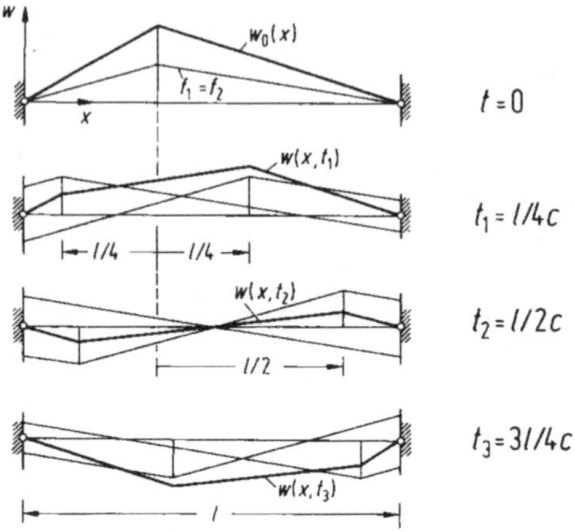


**Abb. 4.5**

umgekehrtem Vorzeichen und entgegengesetzter Laufrichtung überlagert. Ähnlich sind die Verhältnisse an einem freien Rand (Abb. 4.4b). Damit die Bedingung $w' = 0$ am Rand erfüllt ist, muß in diesem Fall der einfallenden Welle eine reflektierte Welle mit nunmehr gleichem Vorzeichen aber entgegengesetzter Laufrichtung überlagert werden. In beiden Fällen wird also eine einfallende Welle am Rand ohne Änderung ihrer Form reflektiert: am festen Rand mit Vorzeichenwechsel, am freien Rand ohne Vorzeichenwechsel. Hiermit kann man die Lösung für eine Saite endlicher Länge konstruieren.

Als Anwendungsbeispiel betrachten wir eine Saite mit festen Rändern und dreiecksförmiger Anfangsauslenkung. Abb. 4.5 zeigt die Lösung zu verschiedenen Zeitpunkten. Die anfangs nach rechts bzw. nach links laufenden Wellen werden an den Rändern reflektiert, wobei eine Vorzeichenumkehr stattfindet. Die rücklaufenden Wellen werden dann abermals an den gegenüberliegenden Rändern reflektiert. Nach der Zeit $T = 2l/c$, welche eine Welle benötigt, um die Strecke $2l$ (doppelte Saitenlänge) zurückzulegen, ist gerade wieder der Ausgangszustand erreicht. Der Vorgang wiederholt sich danach periodisch: die Saite *schwingt* mit einer *Schwingungsdauer* $T = 2l/c$.

### 4.1.3 Bernoullische Lösung, Schwingungen

Wie wir gesehen haben, können die Schwingungen einer Saite endlicher Länge mit Hilfe der allgemeinen Lösung nach d'Alembert beschrieben werden. Zweckmäßiger ist es aber meist, mit Hilfe des Produktansatzes

$$w(x, t) = W(x)\,T(t) \tag{4.9}$$

spezielle Lösungen von (4.1) zu suchen. Dieser Lösungsansatz geht auf Daniel Bernoulli (1700–1782) zurück und beschreibt eine Bewegung, bei welcher sich alle Punkte der Saite nach dem gleichen Zeitgesetz (synchron) bewegen.

Mit (4.9) ergibt sich aus (4.1)

$$W''(x)\,T(t) = \frac{1}{c^2} W(x)\,\ddot{T}(t) \quad \rightarrow \quad c^2 \frac{W''(x)}{W(x)} = \frac{\ddot{T}(t)}{T(t)}.$$

In der rechten Gleichung sind die Variablen getrennt: die linke Seite hängt nur von $x$, die rechte Seite nur von $t$ ab. Für alle $x$ und $t$ kann diese Gleichung nur dann erfüllt sein, wenn beide Seiten einer Konstanten gleich sind, die wir zweckmäßig mit $-\omega^2$ bezeichnen:

$$c^2 \frac{W''(x)}{W(x)} = \frac{\ddot{T}(t)}{T(t)} = -\omega^2.$$

Hieraus folgen die beiden gewöhnlichen Differentialgleichungen

$$\begin{aligned} W'' + \left(\frac{\omega}{c}\right)^2 W &= 0, \\ \ddot{T} + \omega^2 T &= 0. \end{aligned} \tag{4.10}$$

Ihre allgemeinen Lösungen lauten (vgl. Band 3, Abschn. 5.2.1)

$$\begin{aligned} W(x) &= A \cos \frac{\omega}{c} x + B \sin \frac{\omega}{c} x, \\ T(t) &= C \cos \omega t + D \sin \omega t, \end{aligned} \tag{4.11}$$

wobei $A, B, C, D$ und $\omega$ noch unbestimmt sind. Der Zeitverlauf $T(t)$ beschreibt danach eine harmonische Schwingung mit der Kreisfrequenz $\omega$. Der zugehörige Ortsverlauf $W(x)$ ist ebenfalls harmonisch und in seiner Periode durch $\omega/c$ festgelegt. Die Produktlösung (4.9) kann damit in der Form

$$w(x,t) = \left(A \cos \frac{\omega}{c} x + B \sin \frac{\omega}{c} x\right)(C \cos \omega t + D \sin \omega t) \tag{4.12a}$$

geschrieben werden. Gleichwertig hierzu ist wegen

$$C \cos \omega t + D \sin \omega t = C^* \cos(\omega t - \alpha)$$

(vgl. Band 3, Abschn. 5.1) die Darstellung

$$w(x,t) = \left(\bar{A}\cos\frac{\omega}{c}x + \bar{B}\sin\frac{\omega}{c}x\right)\cos(\omega t - \alpha), \qquad (4.12b)$$

wobei wir die Produkte $AC^*, BC^*$ durch die neuen Konstanten $\bar{A}, \bar{B}$ ersetzt haben.

Im weiteren wollen wir zeigen, daß durch diese Lösung die Rand- und die Anfangsbedingungen erfüllt werden können. Zu diesem Zweck betrachten wir als Anwendungsbeispiel die Saite mit festen Rändern nach Abb. 4.6a, die wir im vorhergehenden Abschnitt schon einmal untersucht haben. Die Randbedingungen liefern:

$$\begin{aligned} w(0,t) = 0 \;&\rightarrow\; W(0) = 0: & A &= 0, \\ w(l,t) = 0 \;&\rightarrow\; W(l) = 0: & B\sin\frac{\omega}{c}l &= 0. \end{aligned} \qquad (4.13)$$

Wenn wir die triviale Lösung $W(x) \equiv 0$ ausschließen, dann muß $B \neq 0$ sein, und es folgt

$$\sin\frac{\omega}{c}l = 0 \;\rightarrow\; \frac{\omega}{c}l = k\pi \;\rightarrow\; \omega_k = k\pi\frac{c}{l},\; k = 1, 2, \ldots . \qquad (4.14)$$

Die Gleichung $\sin\frac{\omega}{c}l = 0$ bezeichnet man als *charakteristische Gleichung*. Durch sie sind die *Eigenfrequenzen* (Eigenwerte) $\omega_k$ festgelegt. Dabei haben wir hier den trivialen Fall $\omega_0 = 0$ und die physikalisch uninteressanten Lösungen $\omega_k < 0$ für $k = -1, -2, \ldots$ gleich weggelassen.

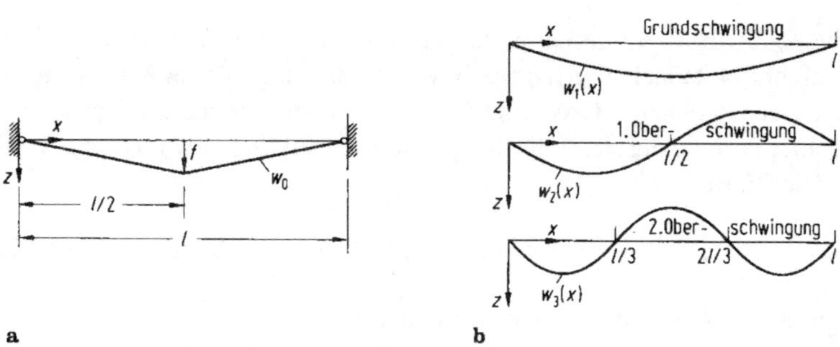


**Abb. 4.6**

Zu jeder Eigenfrequenz $\omega_k$ gehören eine *Eigenfunktion (Eigenschwingungsform)*

$$W_k(x) = B_k \sin \frac{\omega_k}{c} x = B_k \sin \frac{k\,\pi\,x}{l} \tag{4.15}$$

und damit nach (4.12) eine Lösung

$$\begin{aligned} w_k(x,t) &= W_k(x)\,T_k(t) \\ &= \sin \frac{k\,\pi\,x}{l} (C_k \cos \omega_k\, t + D_k \sin \omega_k\, t). \end{aligned} \tag{4.16}$$

Dabei wurde ohne Beschränkung der Allgemeinheit $B_k = 1$ gesetzt.

Durch (4.16) wird eine *Eigenschwingung* mit der Eigenfrequenz $\omega_k$ und der Eigenschwingungsform $W_k(x)$ beschrieben. Aus (4.14) geht hervor, daß es unendlich viele Eigenschwingungen gibt ($k = 1, 2, \ldots$). Die zu $k = 1$ gehörige kleinste Frequenz $\omega_1$ nennt man *Grundfrequenz*, die entsprechende Schwingung heißt *Grundschwingung*. Ihre Schwingungsdauer beträgt $T_1 = 2\pi/\omega_1 = 2l/c$ (vgl. die Lösung nach d'Alembert). Die Frequenzen $\omega_2, \omega_3, \ldots$ bezeichnet man als *Oberfrequenzen* und die zugehörigen Schwingungen als *Oberschwingungen*. In Abb. 4.6b sind die Eigenschwingungsformen für die Grundschwingung sowie für die 1. und die 2. Oberschwingung dargestellt. Diese sind durch (4.15) bis auf jeweils die beliebige Konstante $B_k$ bestimmt. Die Stellen $W = 0$ werden als *Knoten* bezeichnet; die Saite erfährt dort bei der Schwingung keine Auslenkung. Schwingt die Saite in der Grundfrequenz, dann gibt es (abgesehen von den festen Enden) keinen Knoten. Bei der 1. Oberschwingung tritt ein Knoten, bei der 2. Oberschwingung treten zwei Knoten auf.

Die Eigenschwingungen (4.16) sind spezielle Lösungen von (4.1), welche die Randbedingungen erfüllen. Da die Differentialgleichung (4.1) linear ist, stellt die Summe von Eigenschwingungen ebenfalls eine Lösung dar, die den Randbedingungen genügt (Superposition). Überlagern wir alle Eigenschwingungen, dann erhalten wir die „allgemeine Lösung"

$$\begin{aligned} w(x,t) &= \sum_{k=1}^{\infty} W_k(x)\,T_k(t) \\ &= \sum_{k=1}^{\infty} \sin \frac{k\,\pi\,x}{l} (C_k \cos \omega_k\, t + D_k \sin \omega_k\, t). \end{aligned} \tag{4.17}$$

Diese können wir auffassen als die Darstellung der Auslenkung $w(x)$ zu jedem Zeitpunkt $t$ durch eine Fourierreihe. Dabei sind die $T_k(t)$ die Fourierkoeffizienten zum Zeitpunkt $t$. Da eine beliebige beschränkte Funktion im endlichen Intervall immer durch eine Fourierreihe dargestellt werden kann, ist die Bernoullische Lösung (4.17) damit also äquivalent zur allgemeinen Lösung nach d'Alembert.

Gehen wir mit (4.17) in die Anfangsbedingungen (4.2), so erhalten wir

$$\begin{aligned} w(x,0) = w_0(x): &\quad \sum_{k=1}^{\infty} C_k \overbrace{\sin\frac{k\,\pi\,x}{l}}^{W_k(x)} = w_0(x), \\ \dot{w}(x,0) = v_0(x): &\quad \sum_{k=1}^{\infty} D_k\,\omega_k \underbrace{\sin\frac{k\,\pi\,x}{l}}_{W_k(x)} = v_0(x). \end{aligned} \tag{4.18}$$

Hieraus lassen sich die Konstanten $C_k$ und $D_k$ bestimmen. Dazu multiplizieren wir die Gleichungen mit $W_i(x) = \sin\frac{i\,\pi\,x}{l}$ und integrieren über die Länge der Saite. Mit

$$\int_0^l W_i(x) W_k(x)\mathrm{d}x = \int_0^l \sin\frac{i\,\pi\,x}{l}\sin\frac{k\,\pi\,x}{l}\mathrm{d}x = \begin{cases} 0 & \text{für } i \neq k \\ l/2 & \text{für } i = k \end{cases} \tag{4.19}$$

erhält man auf diese Weise

$$\begin{aligned} C_k &= \frac{2}{l}\int_0^l w_0(x)\sin\frac{k\,\pi\,x}{l}\mathrm{d}x, \\ D_k &= \frac{2}{\omega_k\,l}\int_0^l v_0(x)\sin\frac{k\,\pi\,x}{l}\mathrm{d}x. \end{aligned} \tag{4.20}$$

Damit ist die Lösung (4.17) eindeutig bestimmt. Sie vereinfacht sich, wenn die Anfangsgeschwindigkeit $v_0$ verschwindet; in diesem Fall gilt $D_k = 0$.

Die Beziehung (4.19) wird als *Orthogonalitätsrelation der Eigenfunktionen* bezeichnet. Damit sie eine besonders einfache Gestalt bekommt, normiert man die Eigenfunktionen häufig gerade so, daß für $i = k$ auf der rechten Seite „1" steht (anstelle von $l/2$ in unserem Fall). Dies ist möglich, da die Eigenfunktionen durch (4.15) nur bis auf einen beliebig wählbaren Faktor bestimmt sind.

Wir wollen nun noch für den Fall einer dreiecksförmigen Anfangsauslenkung nach Abb. 4.6a und $v_0(x) = 0$ die Lösung vollständig angeben. Hierfür liefert (4.20) $D_k = 0$, und $C_k$ errechnet sich mit $w_0 = 2\,f\,x/l$ für $0 \leq x \leq l/2$ sowie $w_0 = 2\,f(1-x/l)$ für $l/2 \leq x \leq l$ zu

$$C_k = \frac{4f}{l}\left[\int\limits_0^{l/2} \frac{x}{l} \sin\frac{k\,\pi\,x}{l}\mathrm{d}x - \int\limits_{l/2}^{l} \left(\frac{x}{l} - 1\right) \sin\frac{k\,\pi\,x}{l}\mathrm{d}x\right]$$

$$= \frac{8\,f}{k^2\,\pi^2} \sin\frac{k\,\pi}{2}. \qquad (4.21)$$

Damit folgt aus (4.17) schließlich

$$w(x,t) = f\,\frac{8}{\pi^2}\sum_{k=1}^{\infty} \frac{\sin\dfrac{k\,\pi}{2}}{k^2} \sin\frac{k\,\pi\,x}{l} \cos\omega_k\,t. \qquad (4.22)$$

Die Lösung wird hierdurch als Überlagerung der Grundschwingung ($k = 1$) mit unendlich vielen Oberschwingungen ($k = 2, 3, \ldots$) dargestellt.

An dieser Stelle sei angemerkt, daß es bei vielen praktischen Problemen ausreicht, die Eigenfrequenzen und die Eigenschwingungsformen zu bestimmen. Dies trifft zum Beispiel zu, wenn die Anfangsbedingungen unbekannt sind. Dies trifft aber auch zu, wenn erzwungene Schwingungen vorliegen, bei denen *Resonanz* vermieden werden soll. Wie bei diskreten Systemen kommt es nämlich auch bei kontinuierlichen Systemen zur Resonanz, wenn die Erregerfrequenz gleich einer Eigenfrequenz ist (vgl. Abschn. 4.2.2).

In realen Systemen werden die Schwingungen gedämpft. Die Dämpfung ist dabei meist umso größer, je höher die Frequenz ist. Dies hat zur Folge, daß die Oberschwingungen umso „schwächer angeregt" werden bzw. umso schneller abklingen, je höher ihre Ordnung ist. Deshalb sind in der Regel nur die Grundschwingung und die ersten Oberschwingungen von besonderer Bedeutung.

**Beispiel 4.1:** Es sind die Eigenfrequenzen und die Eigenfunktionen für eine Saite zu bestimmen, bei der ein Rand fest und der andere Rand frei ist (Abb. 4.7a). Wie ändert sich die Grundfrequenz, wenn die Spannkraft $S$ in der Saite verdoppelt wird?

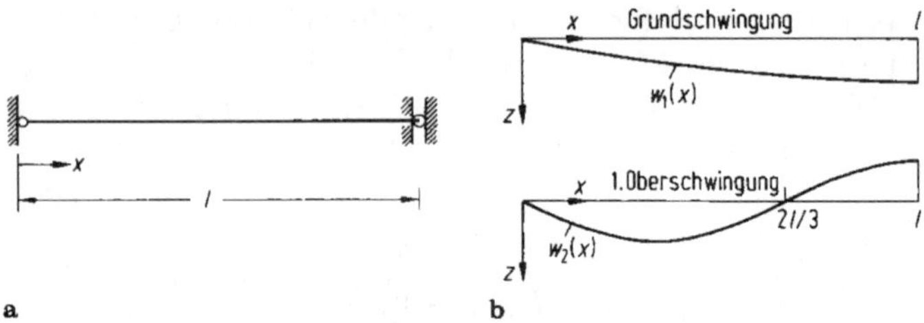


**Abb. 4.7**

*Lösung:* Nach (4.11) lautet die allgemeine Lösung für die Ortsfunktion

$$W(x) = A\cos\frac{\omega}{c}x + B\sin\frac{\omega}{c}x.$$

Die Randbedingungen liefern

$$W(0) = 0: \qquad A = 0,$$

$$W'(l) = 0: \quad B\frac{\omega}{c}\cos\frac{\omega}{c}l = 0.$$

Aus der zweiten Gleichung folgen mit $B \neq 0$ und $\omega > 0$ (nichttriviale Lösung!) die charakteristische Gleichung

$$\cos\frac{\omega}{c}l = 0$$

und damit die Eigenfrequenzen:

$$\frac{\omega}{c}l = \frac{2k-1}{2}\pi \quad \rightarrow \quad \underline{\underline{\omega_k = \frac{2k-1}{2}\frac{\pi c}{l}}}, \quad k = 1, 2, \ldots .$$

Durch Einsetzen von $\omega_k$ erhält man die Eigenfunktionen

$$\underline{\underline{W_k(x) = B_k \sin\left(\frac{2k-1}{2}\frac{\pi x}{l}\right)}}, \quad k = 1, 2, \ldots .$$

Für die Grundschwingung und die 1. Oberschwingung ergeben sich zum Beispiel

$$\omega_1 = \frac{\pi c}{2l}, \quad W_1 = B_1 \sin\frac{\pi x}{2l},$$
$$\omega_2 = \frac{3\pi c}{2l}, \quad W_2 = B_2 \sin\frac{3\pi x}{2l}.$$

Die entsprechenden Eigenschwingungsformen sind in Abb. 4.7b dargestellt.

Die Grundfrequenz kann man mit der Wellenfortpflanzungsgeschwindigkeit $c = \sqrt{S/\mu}$ nach (4.1) auch in der Form

$$\omega_1 = \frac{\pi}{2}\sqrt{\frac{S}{\mu\, l^2}}$$

darstellen. Wird $S$ verdoppelt, dann erhöht sich die Frequenz um den Faktor $\sqrt{2}$. Dies trifft auch auf die Oberfrequenzen zu.

## 4.2 Longitudinalschwingungen und Torsionsschwingungen von Stäben

### 4.2.1 Freie Longitudinalschwingungen

Wir betrachten einen homogenen Stab mit der Dichte $\varrho$ und der konstanten Querschnittsfläche $A$, welcher freie *Longitudinalschwingungen* (Längsschwingungen, Dehnschwingungen) ausführt (Abb. 4.8a). Dabei erfahren die Querschnitte eine Verschiebung $u(x,t)$ in Richtung der Stabachse. Dann lautet das Bewegungsgesetz für ein Element (Abb. 4.8b)

$$\varrho\, A\, \mathrm{d}x\, \ddot{u} = -N + \left(N + \frac{\partial N}{\partial x}\mathrm{d}x\right) \;\rightarrow\; \varrho\, A\, \ddot{u} = N' . \qquad (4.23)$$

Mit dem Elastizitätsgesetz (Band 2, Gl. (1.14))

$$N = E A\, u' \qquad (4.24)$$

erhält man daraus $\varrho\, \ddot{u} = E\, u''$ bzw.

$$\boxed{\frac{\partial^2 u}{\partial x^2} = \frac{1}{c^2}\frac{\partial^2 u}{\partial t^2}} \quad \text{mit} \quad c^2 = \frac{E}{\varrho} . \qquad (4.25)$$

**Abb. 4.8** a b

Die Dehnschwingungen eines Stabes werden danach wie die Schwingungen einer Saite durch die eindimensionale Wellengleichung beschrieben. Die Wellenfortpflanzungsgeschwindigkeit $c$ hängt nun im Gegensatz zur Saite nur von den Materialkennwerten $E$ und $\varrho$ ab. Für Stahl mit $E = 2,1 \cdot 10^5$ N/mm$^2$ und $\varrho = 7,8$ g/cm$^3$ beträgt sie $c = 5190$ m/s (vgl. $c_{\text{Luft}} \approx 330$ m/s).

Die Lösung der Wellengleichung haben wir in Abschnitt 4.1 diskutiert. Da wir uns hier auf die Eigenschwingungen endlicher Stäbe beschränken, ist es zweckmäßig, die Bernoullische Lösung zu verwenden (vgl. 4.12b)). Wir wollen sie hier nochmals kurz herleiten. Dazu machen wir den Ansatz

$$u(x,t) = U(x) \cos(\omega\, t - \alpha), \tag{4.26}$$

in welchem von vornherein ein zeitharmonisches Verhalten vorausgesetzt ist. Einsetzen in (4.25) liefert die gewöhnliche Differentialgleichung

$$\frac{\mathrm{d}^2 U}{\mathrm{d}x^2} + \left(\frac{\omega}{c}\right)^2 U = 0 \tag{4.27}$$

mit der allgemeinen Lösung

$$U(x) = A^* \cos \frac{\omega}{c} x + B \sin \frac{\omega}{c} x. \tag{4.28}$$

Die Konstante $A^*$ wurde dabei mit einem Stern gekennzeichnet, um eine Verwechslung mit der Querschnittsfläche $A$ zu vermeiden. Aus (4.26) wird damit

$$\begin{aligned} u(x,t) &= U(x) \cos(\omega\, t - \alpha) \\ &= \left(A^* \cos \frac{\omega}{c} x + B \sin \frac{\omega}{c} x\right) \cos(\omega\, t - \alpha). \end{aligned} \tag{4.29}$$

Als Anwendungsbeispiel bestimmen wir für einen Stab die Eigenfrequenzen und die Eigenfunktionen bei verschiedenen Randbedingungen. Ist der Stab links fest gelagert und rechts frei (Abb. 4.9a), dann liefern die Randbedingungen

$$\begin{aligned} &u(0,t) = 0 && \rightarrow \quad U(0) = 0 \quad \rightarrow && A^* = 0, \\ &N(l,t) = EA\, u'(l,t) = 0 && \rightarrow \quad U'(l) = 0 \quad \rightarrow && B\frac{\omega}{c} \cos \frac{\omega}{c} l = 0. \end{aligned}$$

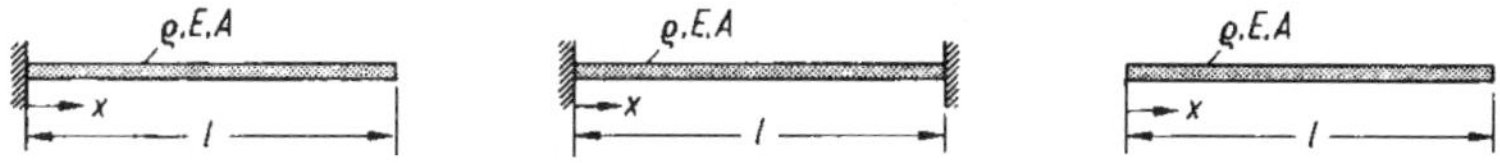


**Abb. 4.9**

Mit $B \neq 0\,, \omega > 0$ folgt hieraus die charakteristische Gleichung

$$\cos \frac{\omega}{c} l = 0. \tag{4.30a}$$

Unter Verwendung von $c = \sqrt{E/\varrho}$ ergeben sich damit (vgl. Beispiel 4.1)

$$\begin{aligned} \omega_k &= \frac{2\,k-1}{2} \pi \sqrt{\frac{E}{\varrho\, l^2}}, \\ U_k(x) &= B_k \sin\left(\frac{2\,k-1}{2}\frac{\pi\, x}{l}\right), \quad k = 1, 2, \ldots . \end{aligned} \tag{4.30b}$$

Entsprechend folgen für den beidseitig gelagerten Stab (Abb. 4.9b) mit den Randbedingungen

$$U(0) = 0 \quad \rightarrow \quad A^* = 0, \;\; U(l) = 0 \quad \rightarrow \quad \sin \frac{\omega}{c} l = 0$$

die Ergebnisse

$$\omega_k = k\,\pi \sqrt{\frac{E}{\varrho\, l^2}}, \;\; U_k(x) = B_k \sin \frac{k\,\pi\, x}{l}. \tag{4.30c}$$

Beim beidseitig freien Stab nach Abb. 4.9c gelten die Randbedingungen

$$U'(0) = 0 \quad \rightarrow \quad B = 0, \quad U'(l) = 0 \quad \rightarrow \quad \sin \frac{\omega}{c} l = 0,$$

und man erhält

$$\omega_k = k\,\pi \sqrt{\frac{E}{\varrho\, l^2}}, \;\; U_k(x) = A_k^* \cos \frac{k\,\pi\, x}{l}. \tag{4.30d}$$

Man beachte, daß die Eigenfrequenzen in den beiden Fällen „fest–fest“ und „frei–frei“ gleich sind, die Eigenfunktionen sich aber unterscheiden.

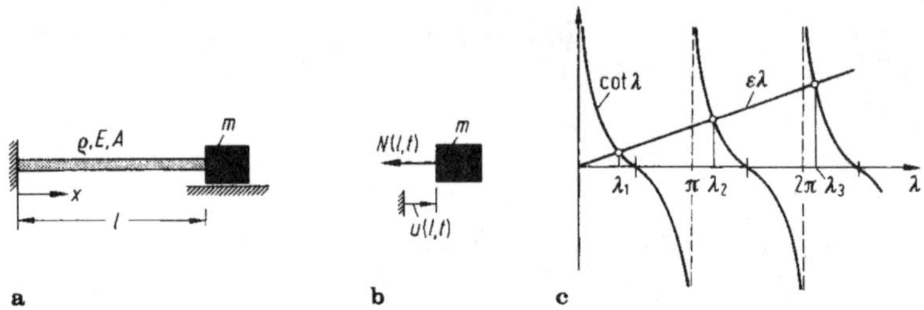


**Abb. 4.10**

In einem weiteren Anwendungsbeispiel wollen wir die Eigenfrequenzen und die Eigenfunktionen des Stabes mit einer Endmasse nach Abb. 4.10a bestimmen. Die Randbedingung am linken Ende liefert

$$u(0,t)=0 \;\rightarrow\; U(0)=0: \;\; A^*=0.$$

Um die Bedingung am rechten Stabende zu formulieren, trennen wir dort die Masse vom Stab (Abb. 4.10b). Das Bewegungsgesetz für die Masse liefert dann mit (4.24) zunächst

$$\begin{aligned} m\,\ddot{u}(l,t) &= -\,N(l,t) = -EA\,u'(l,t) \\ &\rightarrow \;\; -m\,\omega^2\,U(l) = -EA\,U'(l) \\ &\rightarrow \;\; m\,\omega^2 B \sin\frac{\omega}{c}l = EA\,B\frac{\omega}{c}\cos\frac{\omega}{c}l. \end{aligned}$$

Hieraus ergibt sich mit $c^2 = E/\varrho$ sowie den Abkürzungen $\lambda = \omega\,l/c$ und $\varepsilon = m/(\varrho\,A\,l)$ (= Massenverhältnis: Endmasse/Stabmasse) die charakteristische Gleichung

$$\varepsilon\,\lambda = \cot\lambda. \tag{4.31}$$

Die Wurzeln dieser transzendenten Gleichung kann man zum Beispiel grafisch bestimmen (Abb. 4.10c). Man erkennt, daß es unendlich viele Eigenwerte $\lambda_k$ gibt. Aus ihnen folgen die Eigenfrequenzen zu

$$\omega_k = \lambda_k\frac{c}{l} = \lambda_k\sqrt{\frac{E}{\varrho\,l^2}}, \quad k=1,2,\ldots\,. \tag{4.32a}$$

Die zugehörigen Eigenfunktionen sind durch

$$U_k(x) = B_k\sin\lambda_k\frac{x}{l} \tag{4.32b}$$

gegeben. Wählen wir das Massenverhältnis $\varepsilon = 1$, so liefert die Auswertung der charakteristischen Gleichung für die Grundfrequenz und für die 1. Oberfrequenz

$$\lambda_1 = 0,860 \quad \rightarrow \quad \omega_1 = \lambda_1 \frac{c}{l} = 0,860 \sqrt{\frac{E}{\varrho\, l^2}},$$

$$\lambda_2 = 3,425 \quad \rightarrow \quad \omega_2 = \lambda_2 \frac{c}{l} = 3,425 \sqrt{\frac{E}{\varrho\, l^2}}.$$

Im Sonderfall $\varepsilon = 0$ (keine Endmasse) vereinfacht sich die charakteristische Gleichung (4.31) zu $\cot \lambda = 0$, und man erhält die Eigenwerte $\lambda_k = (2\,k - 1)\pi/2$. Dann folgen für die Eigenfrequenzen und für die Eigenfunktionen die Ergebnisse (4.30b).

Ein anderer Sonderfall ist $\varepsilon \gg 1$. In diesem Fall wird $\lambda_1 \ll 1$ (Abb. 4.10c), und man kann $\cot \lambda_1 = 1/\tan \lambda_1 \approx 1/\lambda_1$ setzen. Die charakteristische Gleichung liefert dann $\lambda_1^2 = 1/\varepsilon$ bzw. $\omega_1^2 = c^2/(\varepsilon\, l^2) = EA/(m\, l)$. Dies entspricht genau der Frequenz, die man erhält, falls man den Stab als reine Feder mit der Steifigkeit $EA/l$ ansieht und seine Masse vernachlässigt (vgl. Band 3, Abschn. 5.2.2). Für die höheren Eigenwerte liest man aus Abb. 4.10c die Beziehung $\lambda \approx k\,\pi$ bzw. $\omega \approx k\,\pi \sqrt{E/\varrho\, l^2}$ ab. Dies sind gerade die Eigenfrequenzen, die sich für den beidseitig fest gelagerten Stab ergeben (vgl. (4.30c)). Aufgrund der hohen Frequenz wirkt die träge Masse $m$ dann wie ein unverschiebliches Lager.

Die Grundfrequenz eines einseitig fest gelagerten Stabes ohne Endmasse beträgt nach (4.30b) $\omega_1 = \frac{\pi}{2}\sqrt{E/\varrho\, l^2}$. Führen wir mit $m_0 = \varrho\, A\, l$ die Gesamtmasse des Stabes ein, dann gilt $\omega_1 = \frac{\pi}{2}\sqrt{EA/m_0\, l}$. Die Eigenfrequenz eines masselosen Stabes mit einer Endmasse $m$ beträgt dagegen $\omega = \sqrt{EA/m\, l}$. Beide Frequenzen stimmen dann überein, wenn die Masse $m$ so gewählt wird, daß $m = m_{\text{red}} = (\frac{2}{\pi})^2 m_0$ gilt. Man bezeichnet $m_{\text{red}}$ als die *reduzierte Masse*. Danach kann man die Grundfrequenz eines homogenen Stabes der Masse $m_0$ berechnen, indem man seine reduzierte Masse am freien Ende konzentriert und den Stab selbst als elastisch (Steifigkeit $EA$) und als masselos auffaßt.

**Beispiel 4.2:** Der Stab nach Abb. 4.11a ist links an eine Feder angeschlossen und rechts eingespannt. Wie groß ist die Eigenfrequenz der Grundschwingung, wenn die Federkonstante durch $c^* = 2EA/l$ gegeben ist?

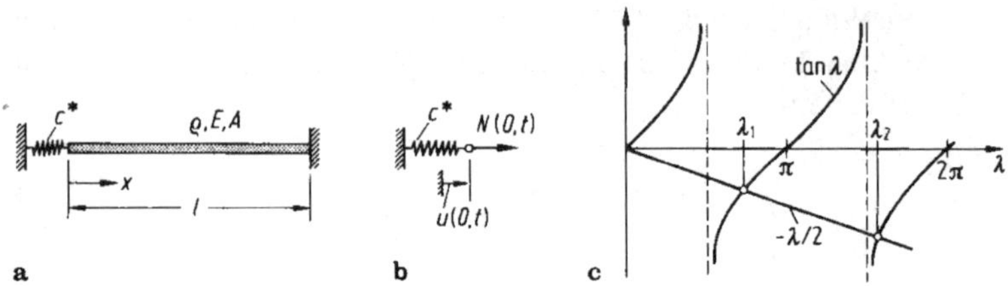


**Abb. 4.11**

*Lösung:* Die Randbedingungen liefern mit (4.29) und Abb. 4.11b

$$
\begin{aligned}
N(0,t) &= c^* \, u(0,t) \\
&\rightarrow \; c^* \, U(0) - EA\, U'(0) = 0 : \qquad A^* c^* - B\, EA\, \frac{\omega}{c} = 0, \\
u(l,t) &= 0 \;\rightarrow\; U(l) = 0 : \qquad A^* \cos \frac{\omega}{c} l + B \sin \frac{\omega}{c} l = 0.
\end{aligned}
$$

Das homogene Gleichungssystem für $A^*$ und $B$ hat nichttriviale Lösungen, wenn seine Koeffizientendeterminante verschwindet. Dies liefert mit der Abkürzung $\lambda = \omega\, l / c$ und dem gegebenen Wert für $c^*$ die charakteristische Gleichung

$$
c^* \sin \frac{\omega}{c} l + EA\, \frac{\omega}{c} \cos \frac{\omega}{c} l = 0 \;\rightarrow\; \tan \lambda + \frac{\lambda}{2} = 0.
$$

Die Auswertung dieser transzendenten Gleichung kann numerisch oder grafisch erfolgen (Abb. 4.11c). Für den kleinsten Eigenwert $\lambda_1$ und damit für die Frequenz der Grundschwingung ergeben sich

$$
\lambda_1 = 2,29 \;\rightarrow\; \underline{\underline{\omega_1}} = \lambda_1 \frac{c}{l} = \underline{\underline{2,29 \sqrt{\frac{E}{\varrho\, l^2}}}}\,.
$$

## 4.2.2 Erzwungene Longitudinalschwingungen

Bisher haben wir nur freie Schwingungen betrachtet. Wir wollen nun untersuchen, wie sich ein kontinuierliches System verhält, das durch eine äußere Kraft zu Schwingungen angeregt wird. Dazu betrachten wir als Beispiel den Stab nach Abb. 4.12a, an dessen rechtem Ende eine mit der *Erregerfrequenz* $\Omega$ harmonisch veränderliche Kraft wirkt.

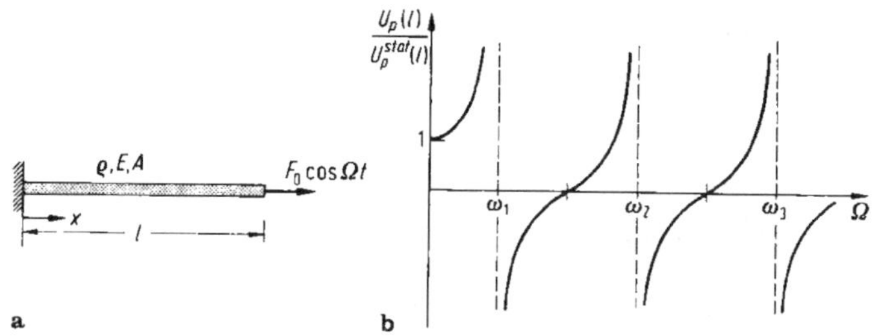


**Abb. 4.12**

Die Bewegung des Stabes wird wie bisher durch die Wellengleichung (4.25)

$$\frac{\partial^2 u}{\partial x^2} = \frac{1}{c^2}\frac{\partial^2 u}{\partial t^2} \tag{4.33}$$

beschrieben, und die Randbedingungen lauten nun

$$u(0,t) = 0, \quad N(l,t) = EA\, u'(l,t) = F_0 \cos \Omega t. \tag{4.34}$$

Im Unterschied zu den freien Schwingungen ist hier bei einer Randbedingung die rechte Seite *nicht* Null, sondern durch $F_0 \cos \Omega t$ vorgegeben: es liegt eine *inhomogene* Randbedingung vor. Die allgemeine Lösung solch eines inhomogenen Problems setzt sich aus der allgemeinen Lösung $u_h(x,t)$ des homogenen Problems (= freie Schwingung, homogene Randbedingungen) und einer Lösung $u_p(x,t)$ des inhomogenen Problems zusammen:

$$u(x,t) = u_h(x,t) + u_p(x,t). \tag{4.35}$$

Die Lösung $u_h$ des homogenen Problems können wir in der Form

$$u_h(x,t) = \sum_{k=1}^{\infty} U_k(x)(C_k \cos \omega_k\, t + D_k \sin \omega_k\, t) \tag{4.36}$$

schreiben, wobei $\omega_k$ die Eigenfrequenzen und $U_k$ die Eigenfunktionen sind. Diese sind für unser Beispiel durch (4.30b) gegeben. Für die Eigenfrequenzen gilt dabei nach (4.30a) die charakteristische Gleichung $\cos(\omega\, l/c) = 0$.

Für die Partikularlösung machen wir den Ansatz „vom Typ der rechten Seite"

$$u_p(x,t) = U_p(x) \cos \Omega t. \tag{4.37}$$

Setzen wir ihn in (4.33) ein, so erhalten wir die gewöhnliche Differentialgleichung

$$\frac{\mathrm{d}^2U_p}{\mathrm{d}x^2}+\frac{\Omega^2}{c^2}U_p=0. \tag{4.38}$$

Mit ihrer allgemeinen Lösung

$$U_p(x)=B_1\cos\frac{\Omega}{c}x+B_2\sin\frac{\Omega}{c}x \tag{4.39}$$

wird also

$$u_p(x,t)=\left(B_1\cos\frac{\Omega}{c}x+B_2\sin\frac{\Omega}{c}x\right)\cos\Omega t. \tag{4.40}$$

Die Konstanten $B_1$ und $B_2$ bestimmen wir aus den Randbedingungen (4.34):

$$\begin{aligned}
&u_p(0,t)=0: && B_1=0,\\
&EA\,u_p'(l,t)=F_0\cos\Omega t: &&\\
&EA\,B_2\frac{\Omega}{c}\cos\frac{\Omega}{c}l=F_0 && \to\quad B_2=\frac{F_0}{EA\frac{\Omega}{c}\cos\frac{\Omega}{c}l}.
\end{aligned} \tag{4.41}$$

Die Partikularlösung lautet folglich

$$u_p(x,t)=U_p(x)\cos\Omega t=\frac{F_0\,l}{EA}\,\frac{\sin\frac{\Omega}{c}x}{\frac{\Omega}{c}l\cos\frac{\Omega}{c}l}\cos\Omega t. \tag{4.42}$$

Die allgemeine Lösung (4.35) ist damit durch (4.36) und (4.42) gegeben. Die noch freien Konstanten $C_k$ und $D_k$ in (4.36) können aus den Anfangsbedingungen bestimmt werden.

Bei realen Systemen klingt die Lösung des homogenen Problems, d.h. die freie Schwingung, wegen der stets vorhandenen Dämpfung mit der Zeit ab (vgl. Band 3, Abschn. 5.2.3). Nach hinreichend großer Zeit (Einschwingvorgang) kann sie vernachlässigt werden, und die Lösung ist dann allein durch die Partikularlösung (4.42) gegeben: $u(x,t)=u_p(x,t)$.

In Abb. 4.12b ist die „Verschiebungsamplitude" $U_p$ für das Stabende $(x=l)$ in Abhängigkeit von der Erregerfrequenz $\Omega$ dargestellt. Für

$\Omega \to 0$ ergibt sich mit $\sin(\Omega l/c) \to \Omega l/c$ und $\cos(\Omega l/c) \to 1$ eine Stabverlängerung wie bei einer statischen Belastung: $U_p(l) \to U_p^{\text{stat}}(l) = F_0 l/EA$. Wenn die Erregerfrequenz gegen eine Nullstelle von $\cos(\Omega l/c)$ geht (Nenner von $U_p$), wächst die Amplitude unbeschränkt an (Resonanz). Da durch $\cos(\omega l/c) = 0$ aber die Eigenfrequenzen bestimmt sind, ist dies gerade dann der Fall, wenn die Erregerfrequenz gegen die Eigenfrequenz geht ($\Omega \to \omega_k$). Der Vorzeichenwechsel von $U_p$ an den Resonanzstellen zeigt an, daß dort jeweils ein Phasensprung stattfindet. So ist zum Beispiel der Ausschlag für $\Omega < \omega_1$ mit der Erregung in Phase, während er für $\omega_1 < \Omega < \pi\, c/l$ (Nullstelle von $U_p(l)$) mit der Erregung in Gegenphase ist.

Die Lösung (4.37) vom Typ der rechten Seite des inhomogenen Problems gilt nur, wenn keine Resonanz vorliegt. Wie bei einem diskreten System muß man im Resonanzfall ($\Omega = \omega_k$) vom Ansatz

$$u_p(x,t) = U_p(x)\, t\, \sin \Omega t \tag{4.43}$$

ausgehen (vgl. Band 3, Abschn. 5.3.1). Er beschreibt eine Schwingung mit zeitlich linear zunehmender Amplitude.

Bei dem eben behandelten Beispiel wird das System durch eine Kraft am Rand erregt. Dies führt bei der Beschreibung der erzwungenen Schwingung auf eine homogene Differentialgleichung und auf eine inhomogene Randbedingung. Wenn der Stab durch Kräfte erregt wird, die über seine Länge verteilt sind, dann wird die Differentialgleichung inhomogen, während die Randbedingungen homogen bleiben. Die Vorgehensweise bei der Lösung ändert sich dadurch aber nicht grundsätzlich. Wir werden diesen Fall bei den Balkenschwingungen (Abschn. 4.3) untersuchen.

### 4.2.3 Torsionsschwingungen

Betrachtet wird nun ein homogener Stab mit konstanter Querschnittsfläche, der ohne Wölbbehinderung eine freie Torsionsschwingung (Drehschwingung) ausführt (Abb. 4.13a). Dabei erfahren die Querschnitte eine Drehung $\vartheta(x,t)$ um die $x$-Achse, für die wir hier die Schwerachse wählen. Die Bewegungsgleichung stellen wir wieder am Stabelement auf (Abb. 4.13b). Mit dem Massenträgheitsmoment $\mathrm{d}\Theta = \varrho\, I_p\, \mathrm{d}x$ des Elements bezüglich der Schwerachse liefert der Drallsatz

$$\mathrm{d}\Theta\, \ddot{\vartheta} = -M_T + \left( M_T + \frac{\partial M_T}{\partial x}\mathrm{d}x \right) \quad \to \quad \varrho\, I_p\, \ddot{\vartheta} = M_T' .$$

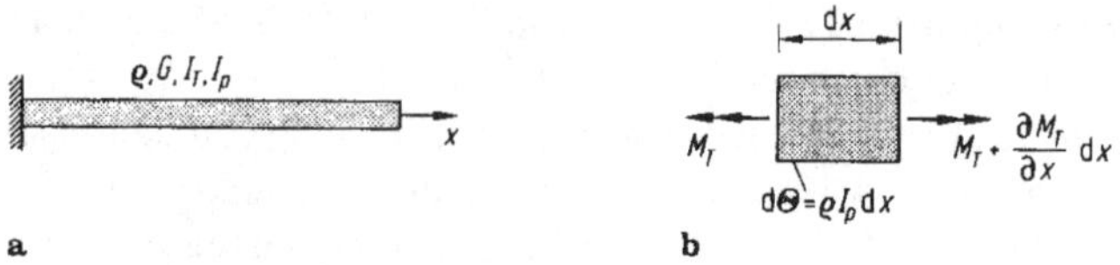


**Abb. 4.13**

Darin ist $I_p$ das polare Flächenträgheitsmoment der Querschnittsfläche. Eliminiert man $M_T$ mit Hilfe des Elastizitätsgesetzes (Band 2, Gl. (5.5.))

$$M_T = GI_T\,\vartheta', \tag{4.44}$$

so erhält man $\varrho\, I_p\, \ddot{\vartheta} = GI_T\, \vartheta''$ bzw.

$$\boxed{\frac{\partial^2\vartheta}{\partial x^2} = \frac{1}{c^2}\frac{\partial^2\vartheta}{\partial t^2}} \quad \text{mit } c^2 = \frac{GI_T}{\varrho\, I_p}. \tag{4.45}$$

Dies ist wiederum die eindimensionale Wellengleichung, deren Lösung wir schon kennen. Beschränken wir uns auf Eigenschwingungen, dann ist es zweckmäßig, mit der Bernoullischen Lösung

$$\begin{aligned}\vartheta(x,t) &= \theta(x)\cos(\omega t - \alpha)\\ &= \left(A\cos\frac{\omega}{c}x + B\sin\frac{\omega}{c}x\right)\cos(\omega t - \alpha)\end{aligned} \tag{4.46}$$

zu arbeiten (vgl. (4.29)).

Im Sonderfall einer kreiszylindrischen Welle ist das Torsionsträgheitsmoment gleich dem polaren Flächenträgheitsmoment: $I_T = I_p$. Dann ist die Wellenfortpflanzungsgeschwindigkeit durch $c = \sqrt{G/\varrho}$ gegeben. Daraus erhält man zum Beispiel für Stahl den Wert $c = 3220$ m/s. Die Geschwindigkeit von Torsionswellen (Scherwellen) ist demnach rund halb so groß wie die Geschwindigkeit von Longitudinalwellen.

**Beispiel 4.3:** Die homogene, abgesetzte kreiszylindrische Welle nach Abb. 4.14a ist an beiden Seiten frei drehbar gelagert. Wie groß ist die Frequenz der Grundschwingung für den Fall $I_{p1}/I_{p2} = 1/2$?

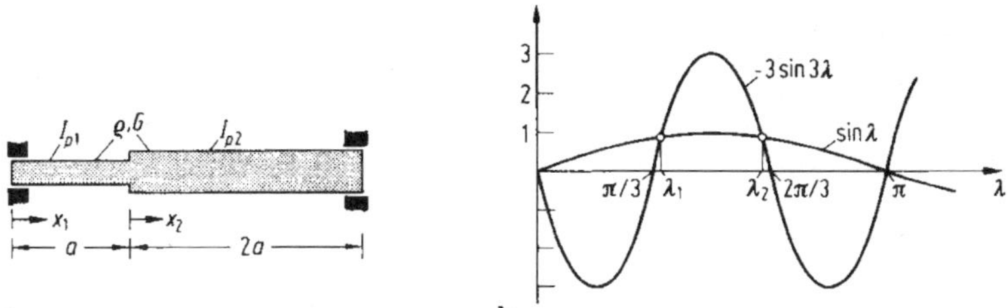


a b

**Abb. 4.14**

*Lösung:* Wenn wir in den beiden Abschnitten der Welle die unterschiedlichen Koordinaten $x_1$ und $x_2$ verwenden, dann gilt

$$\theta_1(x_1) = A_1 \cos\frac{\omega}{c}x_1 + B_1 \sin\frac{\omega}{c}x_1,$$
$$\theta_2(x_2) = A_2 \cos\frac{\omega}{c}x_2 + B_2 \sin\frac{\omega}{c}x_2.$$

Die Rand- und die Übergangsbedingungen liefern

$$M_{T1}(0,t) = 0 \ \rightarrow \ \theta_1'(0) = 0: \qquad B_1 = 0,$$

$$M_{T2}(2a,t) = 0 \ \rightarrow \ \theta_2'(2a) = 0:$$

$$-A_2\frac{\omega}{c}\sin\frac{\omega}{c}2a + B_2\frac{\omega}{c}\cos\frac{\omega}{c}2a = 0,$$

$$\vartheta_1(a,t) = \vartheta_2(0,t) \ \rightarrow \ \theta_1(a) = \theta_2(0): \quad A_1\cos\frac{\omega}{c}a = A_2,$$

$$M_{T1}(a,t) = M_{T2}(0,t) \ \rightarrow \ G\,I_{p1}\,\theta_1'(a) = G\,I_{p2}\,\theta_2'(0):$$

$$-I_{p1}\,A_1\frac{\omega}{c}\sin\frac{\omega}{c}a = I_{p2}\,B_2\frac{\omega}{c}.$$

Durch Einsetzen der letzten beiden Gleichungen in die zweite Gleichung ergibt sich mit der Abkürzung $\lambda = \omega\,a/c$ und dem gegebenen Verhältnis der polaren Flächenträgheitsmomente die charakteristische Gleichung

$$\cos\lambda\sin 2\lambda + \frac{1}{2}\sin\lambda\cos 2\lambda = 0.$$

Sie läßt sich unter Verwendung der Beziehung

$$2\sin\,\alpha\cos\,\beta = \sin(\alpha-\beta)+\sin(\alpha+\beta)$$

auch in der Form

$$\sin\lambda + 3\sin 3\lambda = 0$$

schreiben. Die Auswertung dieser transzendenten Gleichung liefert für den kleinsten Eigenwert bzw. für die Kreisfrequenz der Grundschwingung (Abb. 4.14b)

$$\lambda_1 = 1,15 \quad\rightarrow\quad \underline{\underline{\omega_1}} = \lambda_1\frac{c}{a} = \underline{\underline{1,15\sqrt{\frac{G}{\varrho\, a^2}}}}.$$

Um einen Eindruck von ihrer Größe zu bekommen, setzen wir die Werte $G = 0,81\cdot 10^5$ N/mm$^2$, $\varrho = 7,8$ g/cm$^3$ für Stahl und eine Länge $a = 2$m ein. Hierfür ergeben sich die Kreisfrequenz $\omega_1 = 1853$ s$^{-1}$ und daraus die Frequenz $f_1 = \omega_1/(2\pi) = 295$ s$^{-1}$.

## 4.3 Biegeschwingungen von Balken

### 4.3.1 Grundgleichungen

Betrachtet wird ein homogener Balken, der freie bzw. erzwungene Schwingungen ausführt (Abb. 4.15a). Um zunächst noch möglichst allgemein zu bleiben, wollen wir annehmen, daß der Balken schubelastisch ist und sich seine Querschnittsfläche über die Länge ändern kann. Bei der Bewegung erfährt ein Balkenquerschnitt eine Verschiebung $w(x,t)$ in $z$-Richtung sowie eine Drehung $\psi(x,t)$ um die $y$-Achse (Abb. 4.15b). Dementsprechend formulieren wir für das Balkenelement den Schwerpunktsatz in $z$-Richtung und den Drallsatz bezüglich der zur $y$-Achse parallelen Achse durch den Schwerpunkt (Abb. 4.15c). Mit $\mathrm{d}m = \varrho\, A\, \mathrm{d}x$ und $\mathrm{d}\Theta_y = \varrho\, I \mathrm{d}x$ liefert dies unter Beachtung, daß beim Drallsatz das Moment des Zuwachses $(\partial Q/\partial x)\mathrm{d}x$ von höherer Ordnung klein ist

$$\mathrm{d}m\,\ddot{w} = -Q + \left(Q + \frac{\partial Q}{\partial x}\mathrm{d}x\right) + q\,\mathrm{d}x \quad\rightarrow\quad \varrho\, A\,\ddot{w} = Q' + q, \tag{4.47}$$

$$\mathrm{d}\Theta_y\,\ddot{\psi} = -M + \left(M + \frac{\partial M}{\partial x}\mathrm{d}x\right) - Q\,\mathrm{d}x \quad\rightarrow\quad \varrho\, I\,\ddot{\psi} = M' - Q. \tag{4.48}$$

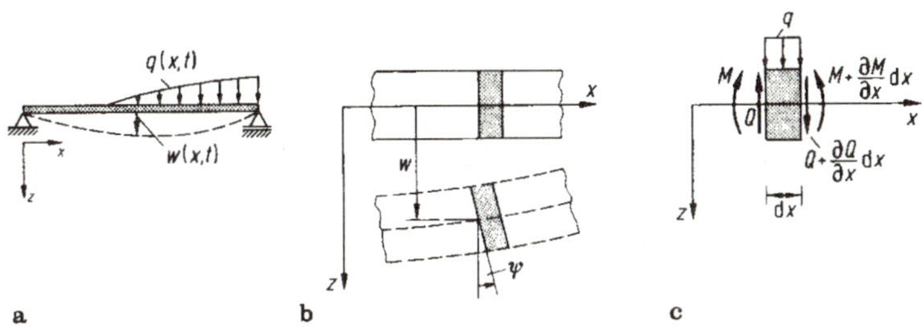


**Abb. 4.15**

Außerdem benötigen wir die Elastizitätsgesetze für das Biegemoment (Band 2, Gl. (4.24))

$$M = EI\,\psi' \tag{4.49}$$

und für die Querkraft (Band 2, Gl. (4.25))

$$Q = GA_S(w' + \psi). \tag{4.50}$$

Damit stehen vier Differentialgleichungen für die vier unbekannten Größen $M, Q, w, \psi$ zur Verfügung. Durch sie werden neben der Biegung sowohl der Einfluß der Schubdeformation als auch die „Drehträgheit" berücksichtigt. Man bezeichnet die auf diesen Gleichungen aufbauende Theorie als *Timoshenkosche Balkentheorie* (St.P. Timoshenko, 1878–1972). Eliminiert man $M$ und $Q$ mit Hilfe der Elastizitätsgesetze aus den ersten beiden Gleichungen, so kann diese Theorie durch die zwei gekoppelten partiellen Differentialgleichungen 2. Ordnung

$$\begin{aligned} &\varrho A\,\ddot{w} - [GA_S(w' + \psi)]' = q, \\ &\varrho I\,\ddot{\psi} - [EI\,\psi']' + G\,A_S(w' + \psi) = 0 \end{aligned} \tag{4.51}$$

beschrieben werden. Hinzu kommen die Randbedingungen und die Anfangsbedingungen.

Aus (4.47) bis (4.50) lassen sich durch Spezialisierung verschiedene Sonderfälle herleiten. So können diese Gleichungen einfach zusammengefaßt werden, wenn der Balken einen konstanten Querschnitt hat. Zu diesem Zweck schreiben wir (4.49) und (4.48) zunächst in der Form

$$\begin{aligned} &M = EI(w' + \psi)' - EI\,w'', \\ &\varrho I(w' + \psi)^{\cdot\cdot} - \varrho I\,\ddot{w}' - M' + Q = 0. \end{aligned}$$

Wir leiten nun die zweite Gleichung nach $x$ ab. Anschließend kann man aus ihr schrittweise durch Einsetzen der ersten Gleichung das Biegemoment $M$, der Gleichung (4.50) die Größe $(w' + \psi)$ und der Gleichung (4.47) die Querkraft $Q$ eliminieren. Auf diese Weise erhält man

$$\begin{aligned} EI\,w^{IV} + \varrho A\,\ddot{w} - \varrho I\left(1 + \frac{EA}{GA_S}\right)\ddot{w}'' + \varrho A\frac{\varrho I}{GA_S}\,\ddddot{w} \\ = q + \frac{\varrho I}{GA_S}\,\ddot{q} - \frac{EI}{GA_S}\,q''. \end{aligned} \tag{4.52}$$

Ein anderer Sonderfall ergibt sich, wenn angenommen wird, daß der Balken schubstarr ist und daß die Rotationsträgheit vernachlässigbar ist ($GA_S \to \infty$, $\varrho I \to 0$). In diesem Fall vereinfachen sich (4.48) zur Gleichgewichtsbedingung $M' - Q = 0$ und (4.50) zur Bernoullischen Hypothese $w' + \psi = 0$ (Band 2, Gl. (4.29)). Die vier „Balkengleichungen" lauten dann

$$\varrho A\,\ddot{w} = Q' + q, \quad M' = Q, \quad EI\psi' = M, \quad w' = -\psi. \tag{4.53}$$

Da sie auf den klassischen Annahmen von L. Euler und J. Bernoulli basieren, bezeichnet man die entsprechende Theorie als *Euler-Bernoullische Balkentheorie*. Eliminieren wir $\psi$, $M$ und $Q$, indem wir die Gleichungen ineinander einsetzen, so erhalten wir die Bewegungsgleichung

$$(EI\,w'')'' + \varrho A\,\ddot{w} = q. \tag{4.54}$$

Sie vereinfacht sich für $EI = \text{const}$ zu

$$EI\,w^{IV} + \varrho A\,\ddot{w} = q. \tag{4.55}$$

## 4.3.2 Freie Schwingungen

### *4.3.2.1 Euler-Bernoulli-Balken*

Die freien Schwingungen gleichförmiger Balken ($EI = \text{const}$) werden nach (4.55) mit $q = 0$ durch die Bewegungsgleichung

$$\boxed{\frac{\partial^4 w}{\partial x^4} + \frac{\varrho A}{EI}\frac{\partial^2 w}{\partial t^2} = 0} \tag{4.56}$$

beschrieben. Eine allgemeine Lösung von (4.56) analog zur d'Alembertschen Lösung (4.5) der eindimensionalen Wellengleichung ist nicht bekannt. Aus diesem Grund suchen wir von vornherein nach speziellen Lösungen der Art

$$w(x,t) = W(x)\cos(\omega t - \alpha), \tag{4.57}$$

durch welche harmonische Schwingungen ausgedrückt werden. Mit diesem Ansatz folgt aus (4.56) die gewöhnliche Differentialgleichung

$$\frac{\mathrm{d}^4 W}{\mathrm{d}x^4} - \kappa^4\, W = 0 \quad \text{mit} \quad \kappa^4 = \omega^2\, \frac{\varrho\, A}{EI}. \tag{4.58}$$

Sie hat die allgemeine Lösung

$$W(x) = A\cos\kappa\, x + B\sin\kappa\, x + C\cosh\kappa\, x + D\sinh\kappa\, x, \tag{4.59}$$

und damit wird nach (4.57)

$$\begin{aligned} w(x,t) = {} & (A\cos\kappa\, x + B\sin\kappa\, x + C\cosh\kappa\, x + D\sinh\kappa\, x) \\ & \cdot\cos(\omega t - \alpha). \end{aligned} \tag{4.60}$$

Die Behandlung des Eigenschwingungsproblems erfolgt im weiteren analog zur Vorgehensweise bei der Saite und beim Stab. Allerdings treten beim Balken 4 Randbedingungen auf. Sie liefern die charakteristische Gleichung, aus der die Eigenfrequenzen $\omega_k$ folgen. Damit sind dann die Eigenfunktionen $W_k$ bis auf einen Faktor festgelegt. Eine Eigenschwingung mit der Frequenz $\omega_k$ wird somit durch

$$\begin{aligned} w_k(x,t) &= W_k(x)\cos(\omega_k t - \alpha_k) \\ &= W_k(x)(E_k\cos\omega_k t + F_k\sin\omega_k t) \end{aligned} \tag{4.61}$$

beschrieben. Die Lösung für ein beliebiges Anfangswertproblem erhalten wir durch Überlagerung aller Eigenschwingungen:

$$w(x,t) = \sum_{k=1}^{\infty} W_k(x)(E_k\cos\omega_k\, t + F_k\sin\omega_k\, t). \tag{4.62}$$

Die hierin noch unbekannten Konstanten $E_k$ und $F_k$ lassen sich aus den Anfangsbedingungen bestimmen. Dabei muß Verwendung von der

Orthogonalitätsrelation der Eigenfunktionen gemacht werden, die hier ohne Herleitung angegeben werden soll (vgl. (4.19)):

$$\int_0^l W_i(x) W_k(x) \mathrm{d}x = 0 \quad \text{für} \quad i \neq k. \tag{4.63}$$

Als Anwendungsbeispiel betrachten wir den beidseitig frei drehbar gelagerten Balken nach Abb. 4.16a. Bei ihm müssen an den Rändern $x = 0$ und $x = l$ die Verschiebung $w$ und das Moment $M = -EI\,w''$ verschwinden. Dies führt mit (4.57), (4.59) und $\kappa \neq 0$ (nichttriviale Lösung!) auf die Beziehungen

$$\begin{aligned}
W(0) &= 0: & A + C &= 0,\\
W(l) &= 0: & A\cos\kappa l + B\sin\kappa l + C\cosh\kappa l + D\sinh\kappa l &= 0,\\
W''(0) &= 0: & -A + C &= 0,\\
W''(l) &= 0: & -A\cos\kappa l - B\sin\kappa l + C\cosh\kappa l + D\sinh\kappa l &= 0.
\end{aligned}$$

Daraus ergeben sich wegen $\sinh\kappa l \neq 0$ die Konstanten $A = C = D = 0$, und man erhält unter Beachtung von $B \neq 0$ die charakteristische Gleichung

$$\sin\kappa l = 0. \tag{4.64a}$$

Für die Eigenwerte bzw. für die Eigenkreisfrequenzen folgt damit

$$\kappa_k l = k\pi \quad\rightarrow\quad \omega_k = \kappa_k^2 \sqrt{\frac{EI}{\varrho A}} = k^2\pi^2 \sqrt{\frac{EI}{\varrho A l^4}}, \quad k = 1, 2, \ldots, \tag{4.64b}$$

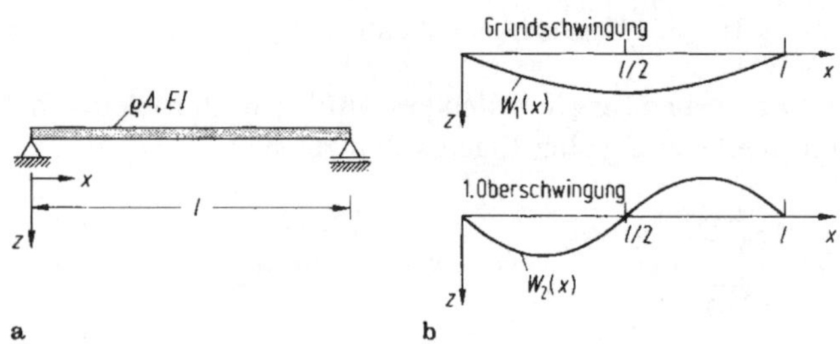


**Abb. 4.16**

und die Eigenfunktionen werden

$$W_k(x) = B_k \sin \kappa_k x = B_k \sin \frac{k \pi x}{l}. \tag{4.64c}$$

Die Eigenfrequenzen nehmen danach quadratisch mit der Ordnung $k$ der Schwingung zu. Die Eigenschwingungsform der Grundschwingung ist eine halbe Sinuswelle, die der 1. Oberschwingung eine volle Sinuswelle mit einem Knoten usw. (Abb. 4.16b). Speziell für die Grundschwingung und für die erste Oberschwingung ergibt sich

$$\begin{aligned} \omega_1 &= \pi^2 \sqrt{\frac{EI}{\varrho A l^4}}, \quad W_1(x) = B_1 \sin \frac{\pi x}{l}, \\ \omega_2 &= 4\pi^2 \sqrt{\frac{EI}{\varrho A l^4}}, \quad W_2(x) = B_2 \sin \frac{2\pi x}{l}. \end{aligned} \tag{4.64d}$$

Wenn noch die Anfangsbedingungen eingearbeitet werden sollen, dann müssen wir nach (4.62) von der Lösung

$$w(x,t) = \sum_{k=1}^{\infty} \sin \frac{k \pi x}{l} (E_k \cos \omega_k t + F_k \sin \omega_k t) \tag{4.64e}$$

ausgehen, wobei $B_k = 1$ gesetzt wurde. Durch Einsetzen in $w(x,0) = w_0(x)$ und $\dot{w}(x,0) = v_0(x)$ erhalten wir

$$\begin{aligned} \sum_{k=1}^{\infty} E_k \sin \frac{k \pi x}{l} &= w_0(x), \\ \sum_{k=1}^{\infty} F_k \, \omega_k \sin \frac{k \pi x}{l} &= v_0(x). \end{aligned} \tag{4.64f}$$

Mit der Orthogonalitätsrelation (4.63) folgt daraus (vgl. auch (4.19))

$$\begin{aligned} E_k &= \frac{2}{l} \int_0^l w_0(x) \sin \frac{k \pi x}{l} \mathrm{d}x, \\ F_k &= \frac{2}{\omega_k l} \int_0^l v_0(x) \sin \frac{k \pi x}{l} \mathrm{d}x. \end{aligned} \tag{4.64g}$$

In einem weiteren Anwendungsbeispiel bestimmen wir die Eigenfrequenzen und die Eigenfunktionen für die Grundschwingung und für

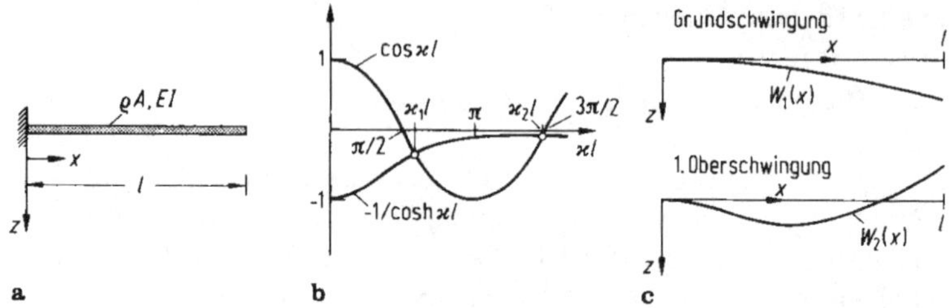


**Abb. 4.17**

die erste Oberschwingung des Trägers nach Abb. 4.17a. Für ihn lauten die Randbedingungen

$$w(0,t) = 0, \quad M(l,t) = -EI\,w''(l,t) = 0,$$

$$w'(0,t) = 0, \quad Q(l,t) = -EI\,w'''(l,t) = 0.$$

Mit (4.57) und (4.59) liefern sie unter Beachtung von $\kappa \neq 0$ das homogene Gleichungssystem

$$\begin{aligned}
W(0) &= 0: & A + C &= 0,\\
W'(0) &= 0: & B + D &= 0,\\
W''(l) &= 0: & -A\cos\kappa l - B\sin\kappa l + C\cosh\kappa l + D\sinh\kappa l &= 0,\\
W'''(l) &= 0: & A\sin\kappa l - B\cos\kappa l + C\sinh\kappa l + D\cosh\kappa l &= 0.
\end{aligned}$$

Eliminieren wir mit Hilfe der ersten beiden Gleichungen $C$ und $D$ aus den letzten beiden Gleichungen, so wird daraus

$$A(\cos\kappa l + \cosh\kappa l) + B(\sin\kappa l + \sinh\kappa l) = 0,$$

$$A(\sin\kappa l + \sinh\kappa l) - B(\cos\kappa l + \cosh\kappa l) = 0.$$

Sollen nichttriviale Lösungen existieren, so muß die Koeffizientendeterminante verschwinden. Damit ergibt sich (mit $\cosh^2\kappa l - \sinh^2\kappa l = 1$) die charakteristische Gleichung

$$\cosh\kappa l\cos\kappa l + 1 = 0 \quad \text{bzw.} \quad \cos\kappa l = -\frac{1}{\cosh\kappa l}. \tag{4.65a}$$

Die Auswertung dieser Beziehung liefert die gesuchten Eigenfrequenzen (Abb. 4.17b):

$$\kappa_1 l = 1{,}875 \quad \rightarrow \quad \omega_1 = \kappa_1^2 \sqrt{\frac{EI}{\varrho A}} = 3{,}516 \sqrt{\frac{EI}{\varrho A l^4}},$$
$$\kappa_2 l = 4{,}694 \quad \rightarrow \quad \omega_2 = \kappa_2^2 \sqrt{\frac{EI}{\varrho A}} = 22{,}034 \sqrt{\frac{EI}{\varrho A l^4}}. \qquad (4.65b)$$

Um die Integrationskonstanten in (4.59) bis auf einen beliebigen Faktor zu bestimmen, können wir die ersten drei Gleichungen des homogenen Gleichungssystems verwenden; sie liefern

$$C = -A, \quad B = -D = -A \frac{\cos \kappa l + \cosh \kappa l}{\sin \kappa l + \sinh \kappa l}.$$

Damit folgt für die $k$-te Eigenschwingungsform

$$W_k(x) = A_k \Big\{ \cos \kappa_k x - \cosh \kappa_k x - \frac{\cos \kappa_k l + \cosh \kappa_k l}{\sin \kappa_k l + \sinh \kappa_k l} (\sin \kappa_k x - \sinh \kappa_k x) \Big\}. \qquad (4.65c)$$

In Abb. 4.17c sind die gesuchten Eigenfunktionen dargestellt.

Analog zu den vorhergehenden Beispielen kann man auch für andere Lagerungsarten eines Balkens die Eigenfrequenzen und die Eigenfunktionen bestimmen. In der Tabelle 4.1 sind für einige Fälle die charakteristischen Gleichungen sowie die Eigenwerte zusammengestellt. Es sei darauf hingewiesen, daß in den letzten beiden Fällen die Eigenfrequenzen zwar übereinstimmen, die zugehörigen Eigenformen jedoch

**Tabelle 4.1.** Eigenwerte für verschiedene Lagerungen

| Lagerung | charakt. Gleichung |
|---|---|
| gelenkig–gelenkig | $\sin \kappa l = 0$ |
| eingespannt–frei | $\cosh \kappa l \cos k l + 1 = 0$ |
| eingespannt–gelenkig | $\tan \kappa l - \tanh k l = 0$ |
| eingespannt–eingespannt | $\cosh \kappa l \cos k l - 1 = 0$ |
| frei–frei | $\cosh \kappa l \cos k l - 1 = 0$ |

**Tabelle 4.1.** Eigenwerte für verschiedene Lagerungen (Fortsetzung)

| Lagerung | $\kappa_1 l$ | $\kappa_2 l$ | $\kappa_3 l$ | $\kappa_k l\,(k>3)$ |
|---|---|---|---|---|
| gelenkig–gelenkig | $\pi$ | $2\pi$ | $3\pi$ | $k\,\pi$ |
| eingespannt–frei | 1,875 | 4,694 | 7,854 | $\approx (2k-1)\frac{\pi}{2}$ |
| eingespannt–gelenkig | 3,927 | 7,069 | 10,210 | $\approx (4k+1)\frac{\pi}{4}$ |
| eingespannt–eingespannt | 4,730 | 7,853 | 10,996 | $\approx (2k+1)\frac{\pi}{2}$ |
| frei–frei | 4,730 | 7,853 | 10,996 | $\approx (2k+1)\frac{\pi}{2}$ |

unterschiedlich sind. So hat zum Beispiel die Grundschwingung des frei-freien Balkens zwei Knoten, während diejenige des eingespannt-eingespannten Balkens knotenfrei ist.

**Beispiel 4.4:** Der Balken nach Abb. 4.18a ist links eingespannt und trägt rechts eine Masse $m$. Wie groß sind die Eigenfrequenzen der Grundschwingung und der 1. Oberschwingung für ein Massenverhältnis $\varepsilon = m/(\varrho A\, l) = 3/4$?

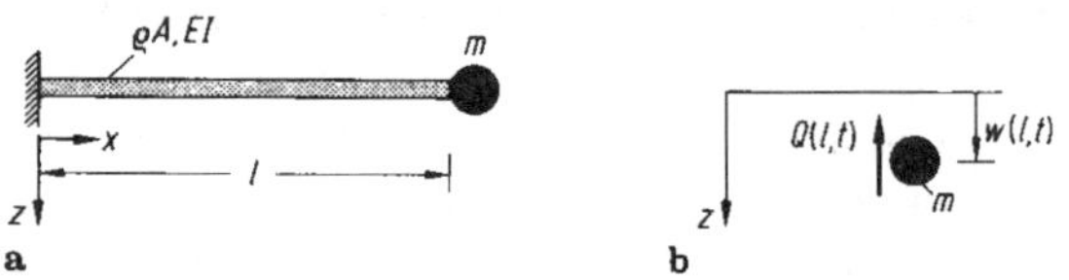


**Abb. 4.18**

*Lösung:* Drei Randbedingungen können wir aus dem letzten Anwendungsbeispiel übernehmen:

$$w(0,t) = 0, \quad w'(0,t) = 0, \quad M(l,t) = -EI\, w''(l,t) = 0.$$

Um die vierte Randbedingung zu formulieren, trennen wir die Masse $m$ vom Balken (Abb. 4.18b). Das Bewegungsgesetz für die Masse liefert dann

$$m\, \ddot{w}(l,t) = -Q(l,t) \quad \rightarrow \quad EI\, w'''(l,t) - m\, \ddot{w}(l,t) = 0.$$

Setzt man die Lösung (4.57), (4.59) in die Randbedingungen ein, so erhält man mit $\kappa$ nach (4.58) und dem Massenverhältnis $\varepsilon = m/(\varrho\, A\, l)$ das homogene Gleichungssystem

$$\begin{aligned} A + C &= 0, \\ B + D &= 0, \\ -A\cos\kappa\, l - B\sin\kappa\, l + C\cosh\kappa\, l + D\sinh\kappa\, l &= 0, \\ A\sin\kappa\, l - B\cos\kappa\, l + C\sinh\kappa\, l + D\cosh\kappa\, l & \\ +\varepsilon\,\kappa\, l(A\cos\kappa\, l + B\sin\kappa\, l + C\cosh\kappa\, l + D\sinh\kappa\, l) &= 0. \end{aligned}$$

Indem wir die Koeffizientendeterminante zu Null setzen, erhalten wir die charakteristische Gleichung

$$1 + \cosh\kappa\, l\ \cos\kappa\, l + \varepsilon\kappa\, l(\sinh\kappa\, l\cos\kappa\, l - \cosh\kappa\, l\sin\kappa\, l) = 0.$$

Ihre Auswertung für den gegebenen Wert $\varepsilon = 3/4$ liefert

$$\kappa_1\, l = 1,320 \quad\rightarrow\quad \underline{\underline{\omega_1}} = \kappa_1^2\sqrt{\frac{EI}{\varrho\, A}} = \underline{\underline{1,742\sqrt{\frac{EI}{\varrho\, A\, l^4}}}},$$

$$\kappa_2\, l = 4,060 \quad\rightarrow\quad \underline{\underline{\omega_2}} = \kappa_2^2\sqrt{\frac{EI}{\varrho\, A}} = \underline{\underline{16,48\sqrt{\frac{EI}{\varrho\, A\, l^4}}}}.$$

Ein Vergleich mit den Ergebnissen (4.65b) des Balkens ohne Endmasse zeigt, daß durch die Zusatzmasse $m$ beide Frequenzen beträchtlich abgesenkt werden.

Für $\varepsilon = 0$ folgt aus der charakteristischen Gleichung als Sonderfall die Eigenwertgleichung (4.65a) des Balkens ohne Endmasse. Dagegen erhält man für $\varepsilon \rightarrow \infty$ die Eigenwertgleichung des Balkens, der links eingespannt und rechts gelenkig gelagert ist (vgl. Tabelle 4.1):

$$\sinh\kappa\, l\cos\kappa\, l - \cosh\kappa\, l\sin\,\kappa\, l = 0 \quad\rightarrow\quad \tan\,\kappa\, l - \tanh\,\kappa\, l = 0.$$

Die Endmasse wirkt in diesem Fall aufgrund ihrer Trägheit wie ein unverschiebliches Lager.

#### *4.3.2.2 Timoshenko-Balken*

Die freien Schwingungen eines Timoshenko-Balkens werden nach (4.52) mit $q = 0$ durch die Bewegungsgleichung

$$EI\frac{\partial^4 w}{\partial x^4} + \varrho A\frac{\partial^2 w}{\partial t^2} - \varrho I\left(1 + \frac{EA}{GA_S}\right)\frac{\partial^4 w}{\partial x^2\,\partial t^2} + \varrho A\frac{\varrho I}{GA_S}\frac{\partial^4 w}{\partial t^4} = 0 \tag{4.66}$$

beschrieben. Mit dem Ansatz für harmonische Schwingungen

$$w(x,t) = W(x)\cos(\omega t - \alpha) \tag{4.67}$$

und mit den Abkürzungen

$$\kappa^4 = \omega^2\frac{\varrho A}{EI}, \quad i^2 = \frac{I}{A}, \quad \alpha = \frac{EA}{GA_S} \tag{4.68}$$

($i$ = Trägheitsradius, vgl. Band 2, Gl. (4.7)) ergibt sich daraus die gewöhnliche Differentialgleichung

$$\frac{\mathrm{d}^4 W}{\mathrm{d}x^4} + \kappa^4 i^2(1+\alpha)\frac{\mathrm{d}^2 W}{\mathrm{d}x^2} - \kappa^4(1 - \kappa^4 i^4\alpha)W = 0. \tag{4.69}$$

Wir wollen hier nicht die allgemeine Lösung dieser Gleichung diskutieren, sondern als Beispiel nur den beidseitig frei drehbar gelagerten Balken behandeln (Abb. 4.16a). Hierfür ist die Lösung von (4.69), welche auch die Randbedingungen erfüllt, durch

$$W_k(x) = B_k \sin\frac{k\pi x}{l}, \quad k = 1, 2, \ldots \tag{4.70}$$

gegeben. Die Eigenfunktionen $W_k(x)$ unterscheiden sich in diesem speziellen Fall also nicht von denen der Euler-Bernoulli-Theorie nach (4.64c). Dies trifft aber nicht auf die Eigenwerte $\kappa_k$ zu. Wir können sie bestimmen, indem wir (4.70) in (4.69) einsetzen:

$$\left(\frac{k\pi}{l}\right)^4 - \kappa^4 i^2(1+\alpha)\left(\frac{k\pi}{l}\right)^2 - \kappa^4(1 - \kappa^4 i^4\alpha) = 0.$$

Diese quadratische Gleichung in $\kappa^4$ hat die Lösungen

$$\kappa^4_{k_{1,2}} = \omega^2_{k_{1,2}} \frac{\varrho A}{EI} = \frac{1}{2 i^4 \alpha} \Bigg[ 1 + (1+\alpha) \left( \frac{k \pi i}{l} \right)^2$$

$$\pm \sqrt{1 + 2(1+\alpha)\left( \frac{k \pi i}{l} \right)^2 + (1-\alpha)^2 \left( \frac{k \pi i}{l} \right)^4}\ \Bigg] . \tag{4.71}$$

Im Gegensatz zur Euler-Bernoulli-Theorie sind nun jedem $k$ zwei unterschiedliche Eigenwerte $\kappa_{k_1} > \kappa_{k_2}$ zugeordnet, d.h. zu jeder Eigenfunktion $W_k(x)$ gehören zwei Eigenfrequenzen $\omega_{k_1} > \omega_{k_2}$. Der Grund hierfür liegt darin, daß in der Timoshenko-Theorie jeder Querschnitt mit $w(x)$ und $\psi(x)$ zwei voneinander unabhängige Bewegungsmöglichkeiten (Freiheitsgrade) hat. Beim Euler-Bernoulli-Balken liegt wegen $w' = -\psi$ (vgl. (4.53)) dagegen nur eine unabhängige Bewegungsmöglichkeit vor.

Aus technischer Sicht sind die hohen Frequenzen (Pluszeichen vor der Wurzel) von untergeordneter Bedeutung, weshalb wir sie auch nicht weiter betrachten. Wir beschränken uns vielmehr auf Schwingungen, für welche $k \pi i / l \ll 1$ gilt. In diesem Fall läßt sich unter Verwendung der Potenzreihenentwicklung

$$\sqrt{1+u} = 1 + \frac{u}{2} - \frac{u^2}{8} + \frac{u^3}{16} - \cdots \quad \text{für} \quad | u | \leq 1 \tag{4.72}$$

eine Näherung für die Wurzel in (4.71) angeben:

$$\sqrt{\cdot} = 1 + (1+\alpha)\left( \frac{k \pi i}{l} \right)^2$$

$$-2\alpha \left( \frac{k \pi i}{l} \right)^4 \left[ 1 - 2(1+\alpha)\left( \frac{k \pi i}{l} \right)^2 \right] + \cdots .$$

Damit erhält man unter nochmaliger Anwendung von (4.72) für die Eigenfrequenzen die Näherung

$$\omega_k = k^2 \pi^2 \left[ 1 - (1+\alpha)\left( \frac{k \pi i}{l} \right)^2 \right] \sqrt{\frac{EI}{\varrho A l^4}} . \tag{4.73}$$

Der zweite Summand in der eckigen Klammer kennzeichnet die Abweichung der Timoshenko-Theorie von der Euler-Bernoulli-Theorie (vgl. (4.64b)). Seine Größe hängt ab vom *Schlankheitsgrad* $\lambda = l/i$ des Balkens, vom Schwingungsgrad $k$ und vom Faktor $1+\alpha$. Für einen

Rechteckquerschnitt der Höhe $h$ nimmt der Summand mit $A_S = (5/6)A$ und $E/G = 8/3$ (für $\nu = 1/3$) den Wert 3,45 $(k\,h/l)^2$ an. Nehmen wir einen Balken mit $l/h = 10$ an, so beträgt danach die Abweichung in der Grundfrequenz ($k = 1$) nur 3 Prozent, in der 1. Oberfrequenz ($k = 2$) aber schon 14 Prozent. Als Faustregel kann man sagen, daß die Euler-Bernoullische Theorie technisch befriedigende Ergebnisse liefert, solange die charakteristische „Wellenlänge“ $l/k$ größer als die fünffache Höhe des Balkens ist. Die Timoshenkosche Theorie gilt dagegen bis $l/k \gtrsim h$.

### 4.3.3 Erzwungene Schwingungen

In diesem Abschnitt wollen wir die erzwungenen Schwingungen des Euler-Bernoulli-Balkens mit konstantem Querschnitt untersuchen. Diese werden nach (4.55) durch die Bewegungsgleichung

$$EI\frac{\partial^4 w}{\partial x^4} + \varrho\,A\frac{\partial^2 w}{\partial t^2} = q \tag{4.74}$$

beschrieben. Setzen wir eine zeitlich harmonische Belastung durch eine Streckenlast

$$q(x,t) = q^*(x)\cos\Omega t \tag{4.75}$$

voraus, dann können wir im eingeschwungenen Zustand eine Lösung vom Typ der rechten Seite (Partikularlösung) erwarten:

$$w(x,t) = W(x)\cos\Omega t. \tag{4.76}$$

Damit erhält man aus (4.74) die gewöhnliche inhomogene Differentialgleichung

$$EI\frac{\mathrm{d}^4 W}{\mathrm{d}x^4} - \varrho\,A\,\Omega^2\,W = q^*. \tag{4.77}$$

Ihre Lösung erfolgt zweckmäßig, indem man $q^*(x)$ und $W(x)$ mit Hilfe der Eigenfunktionen $W_k(x)$ des entsprechenden Eigenwertproblems folgendermaßen darstellt (Entwicklung nach Eigenfunktionen):

$$q^*(x) = \sum_{k=1}^{\infty} p_k\,W_k(x), \quad W(x) = \sum_{k=1}^{\infty} \eta_k\,W_k(x). \tag{4.78}$$

Diese Darstellung ist möglich, weil die Eigenfunktionen $W_k(x)$ ein linear unabhängiges (orthogonales), vollständiges Funktionensystem (= Basis) bilden. Die Koeffizienten $p_k$ können wir als bekannt ansehen; sie lassen sich aus der gegebenen Belastung $q^*(x)$ unter Verwendung der Orthogonalitätsrelation der Eigenfunktionen (4.63) bestimmen:

$$p_k = \frac{\int_0^l q^*(x) W_k(x) \mathrm{d}x}{\int_0^l W_k(x) W_k(x) \mathrm{d}x}. \tag{4.79}$$

Unbekannt sind an dieser Stelle noch die Koeffizienten $\eta_k$. Um sie zu ermitteln, setzen wir (4.78) in (4.77) ein. Beachten wir dabei, daß die Eigenfunktionen nach (4.58) die Beziehung

$$EI \frac{\mathrm{d}^4 W_k}{\mathrm{d}x^4} - \varrho A \omega_k^2 W_k = 0$$

erfüllen müssen, dann ergibt sich

$$\sum_{k=1}^{\infty} \eta_k \, \varrho A(\omega_k^2 - \Omega^2) W_k(x) = \sum_{k=1}^{\infty} p_k W_k(x)$$

$$\rightarrow \quad \eta_k = \frac{p_k}{\varrho A(\omega_k^2 - \Omega^2)}. \tag{4.80}$$

Damit lautet die Lösung insgesamt

$$w(x,t) = \sum_{k=1}^{\infty} \frac{p_k W_k(x)}{\varrho A(\omega_k^2 - \Omega^2)} \cos \Omega t. \tag{4.81}$$

Man erkennt, daß eine unbeschränkte Amplitude (Resonanz) immer dann auftritt, wenn die Erregerfrequenz $\Omega$ gegen eine Eigenfrequenz $\omega_k$ geht.

In manchen Fällen erfolgt die harmonische Belastung durch Einzelkräfte. Diese lassen sich dann zweckmäßig mit Hilfe der *Diracschen Delta-Funktion* darstellen. Sie ist definiert durch

$$\delta(x-a) = 0 \;\text{ für }\; x \neq a \;\text{ und }\; \int_{-\infty}^{+\infty} \delta(x-a) \mathrm{d}x = 1. \tag{4.82}$$

Hieraus folgt die Eigenschaft

$$\int_{-\infty}^{+\infty} f(x)\,\delta(x-a)\mathrm{d}x = f(a). \tag{4.83}$$

Danach gilt für eine Einzelkraft $F_0$ an der Stelle $x = a$ die Darstellung

$$q^*(x) = F_0\,\delta(x-a). \tag{4.84}$$

Als Anwendungsbeispiel betrachten wir den beidseitig gelenkig gelagerten Balken nach Abb. 4.19, der durch die Einzelkraft $F_0$ harmonisch erregt wird. Für ihn sind die Eigenfunktionen und die Eigenfrequenzen nach (4.64c) und (4.64b) durch

$$W_k = B_k \sin\frac{k\,\pi\,x}{l}, \quad \omega_k = k^2\,\pi^2\sqrt{\frac{EI}{\varrho\,A\,l^4}} \tag{4.85a}$$

gegeben. Mit der Darstellung der Belastung

$$q^*(x) = F_0\,\delta(x - l/2) \tag{4.85b}$$

folgen die Koeffizienten $p_k$ aus (4.79) zu

$$p_k = F_0 \frac{B_k \int\limits_0^l \sin\dfrac{k\,\pi\,x}{l}\,\delta(x-l/2)\mathrm{d}x}{B_k^2 \int\limits_0^l \left(\sin\dfrac{k\,\pi\,x}{l}\right)^2 \mathrm{d}x} = \frac{2\,F_0}{B_k\,l}\sin\frac{k\,\pi}{2}. \tag{4.85c}$$

Die Lösung (4.81) wird dementsprechend

$$w(x,t) = \frac{2\,F_0}{\varrho\,A\,l}\sum_{k=1}^{\infty}\frac{\sin\dfrac{k\,\pi}{2}\sin\dfrac{k\,\pi\,x}{l}}{(\omega_k^2 - \Omega^2)}\cos\Omega t. \tag{4.85d}$$

Man beachte, daß in diesem Fall alle Glieder mit geradzahligem $k$ verschwinden. Die zugehörigen Eigenschwingungen werden durch die in der Mitte angreifende Kraft nicht angeregt.

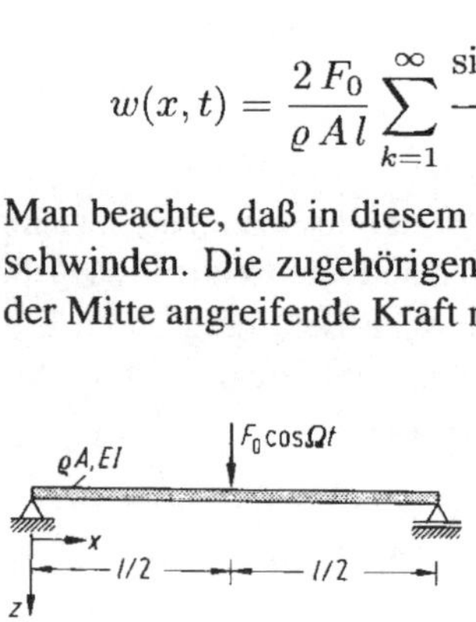


**Abb. 4.19**

Wenn die harmonische Erregung nicht durch eine Streckenlast (bzw. Einzelkraft), sondern durch Randkräfte oder durch Randverschiebungen erfolgt, dann können wir anders vorgehen (vgl. Abschn. 4.2.2). Mit $q = 0$ bzw. $q^* = 0$ folgt in diesem Fall aus (4.77) die homogene Differentialgleichung

$$\frac{\mathrm{d}^4 W}{\mathrm{d}x^4} - \bar{\kappa}^4 W = 0 \quad \text{mit} \quad \bar{\kappa}^4 = \Omega^2 \frac{\varrho A}{EI}. \tag{4.86}$$

Sie unterscheidet sich von der Differentialgleichung (4.58) für freie Schwingungen nur dadurch, daß nun $\bar{\kappa}$ vorgegeben ist. Die Lösung von (4.86) lautet (vgl. (4.59))

$$W(x) = A\cos\bar{\kappa}\,x + B\sin\bar{\kappa}\,x + C\cosh\bar{\kappa}\,x + D\sinh\bar{\kappa}\,x, \tag{4.87}$$

und damit wird

$$w(x,t) = (A\cos\bar{\kappa}\,x + B\sin\bar{\kappa}\,x + C\cosh\bar{\kappa}\,x + D\sinh\bar{\kappa}\,x)\cos\Omega t. \tag{4.88}$$

Die Konstanten $A, B, C, D$ können aus den Randbedingungen bestimmt werden, die in diesem Fall ein inhomogenes Gleichungssystem bilden.

**Beispiel 4.5:** Der Kragträger nach Abb. 4.20 wird durch eine Einzelkraft harmonisch erregt. Wie groß ist die Schwingungsamplitude am rechten Balkenende?

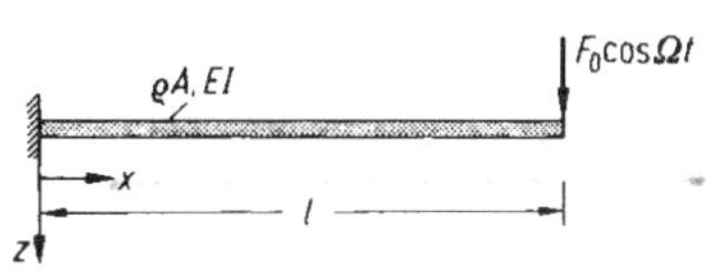


**Abb. 4.20**

*Lösung:* Da eine Erregung durch eine Randlast vorliegt, können wir von der Lösung (4.87) bzw. (4.88) ausgehen. Die Randbedingungen lauten

$$w(0,t) = 0, \quad M(l,t) = -EI\,w''(l,t) = 0,$$

$$w'(0,t) = 0, \quad Q(l,t) = -EI\,w'''(l,t) = F_0\cos\Omega t.$$

Dies führt auf das Gleichungssystem

$$W(0) = 0: \qquad A + C = 0,$$

$$W'(0) = 0: \qquad B + D = 0,$$

$$W''(l) = 0: \quad -A\cos\bar{\kappa}\,l - B\sin\bar{\kappa}\,l + C\cosh\bar{\kappa}\,l + D\sinh\bar{\kappa}\,l = 0,$$

$$W'''(l) = -\frac{F_0}{EI}:$$

$$A\sin\bar{\kappa}\,l - B\cos\bar{\kappa}\,l + C\sinh\bar{\kappa}\,l + D\cosh\bar{\kappa}\,l = -\frac{F_0\,l^3}{EI(\bar{\kappa}\,l)^3}.$$

Hieraus ergeben sich die Konstanten zu

$$A = -C = -\frac{F_0\,l^3}{2\,EI(\bar{\kappa}\,l)^3}\,\frac{\sin\bar{\kappa}\,l + \sinh\bar{\kappa}\,l}{1 + \cos\bar{\kappa}\,l\cosh\bar{\kappa}\,l},$$

$$B = -D = \frac{F_0\,l^3}{2\,EI(\bar{\kappa}\,l)^3}\,\frac{\cos\bar{\kappa}\,l + \cosh\bar{\kappa}\,l}{1 + \cos\bar{\kappa}\,l\cosh\bar{\kappa}\,l}.$$

Durch Einsetzen in (4.87) erhält man damit die Schwingungsamplitude am rechten Balkenende:

$$\underline{\underline{W(l) = \frac{F_0\,l^3}{EI(\bar{\kappa}\,l)^3}\,\frac{\sin\bar{\kappa}\,l\cosh\bar{\kappa}\,l - \cos\bar{\kappa}\,l\sinh\bar{\kappa}\,l}{1 + \cos\bar{\kappa}\,l\cosh\bar{\kappa}\,l}}}.$$

Durch die Nullstellen des Nenners sind die Eigenfrequenzen des Kragträgers festgelegt (vgl. (4.65a)). Geht danach die Erregerfrequenz gegen eine Eigenfrequenz, dann kommt es zur Resonanz, d.h. die Amplitude wächst unbegrenzt an.

### 4.3.4 Wellenausbreitung

Bei der Saite sowie dem Dehn- und dem Torsionsstab kann nach d'Alembert die Lösung der Bewegungsgleichung als Überlagerung zweier gegenläufiger Wellen dargestellt werden (vgl. (4.5)). Wir wollen nun untersuchen, ob es auch beim Balken Lösungen gibt, durch die eine Wellenausbreitung beschrieben wird. Dabei beschränken wir uns auf Wellen, die sich mit der Geschwindigkeit $c$ in positive $x$-Richtung fortpflanzen:

$$w = f(x - ct). \tag{4.89}$$

Wir betrachten zunächst den Euler-Bernoulli-Balken. Setzen wir (4.89) in die Bewegungsgleichung (4.56) ein, so folgt die gewöhnliche Differentialgleichung

$$f^{IV} + k^2 f'' = 0 \;\text{ mit }\; k^2 = c^2 \frac{\varrho A}{EI}, \tag{4.90}$$

wobei $f''$ und $f^{IV}$ die Ableitungen nach dem Argument $(x - c\,t)$ kennzeichnen. Ihre Lösung lautet

$$f = C \cos[k(x - c\,t) - \gamma] + C_1(x - c\,t) + C_2. \tag{4.91}$$

Darin charakterisieren die letzten beiden Glieder eine Starrkörperbewegung des Balkens (keine Biegung!). Eine Biegung wird allein durch das erste Glied ausgedrückt. Die einzig möglichen Biegewellen sind also *harmonische Wellen*. Setzen wir die Phasenverschiebung $\gamma$ durch geeignete Wahl des Koordinatenursprungs zu Null, dann können sie durch

$$\begin{aligned} w(x,t) &= C \cos k(x - c\,t) \\ &= C \cos(k\,x - \omega\,t) \;\text{ mit }\; \omega = k\,c \end{aligned} \tag{4.92}$$

ausgedrückt werden. Die Größe $k$ bezeichnet man als *Wellenzahl*. Zwischen ihr und der *Wellenlänge* $l_w$ besteht die Beziehung (vgl. Abb. 4.21a)

$$l_w = \frac{2\,\pi}{k}. \tag{4.93}$$

Die Fortpflanzungsgeschwindigkeit $c$ der harmonischen Wellen nennt man auch *Phasengeschwindigkeit*. Sehen wir die Wellenzahl $k$ (und

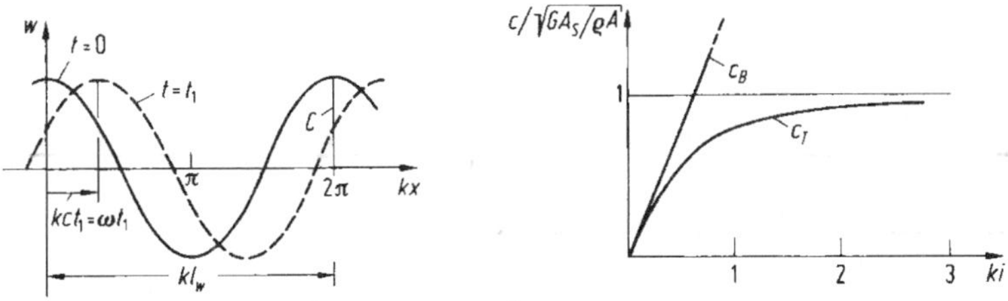


a b

**Abb. 4.21**

damit die Wellenlänge $l_w$) als gegeben an, so ergibt sie sich nach (4.90) mit $i^2 = I/A$ zu

$$c_B = k\sqrt{\frac{EI}{\varrho A}} = k\,i\sqrt{\frac{E}{\varrho}} = \frac{2\pi}{l_w}i\sqrt{\frac{E}{\varrho}}. \tag{4.94}$$

Dabei zeigt der Index ‚B' an, daß es sich um den Euler-Bernoulli-Balken handelt. Die Phasengeschwindigkeit wächst danach linear mit der Wellenzahl an (Abb. 4.21b). Im Gegensatz zur Saite bzw. zum Stab ist $c$ beim Balken also nicht konstant, sondern hängt von der Wellenzahl bzw. von der Wellenlänge ab: $c = c(l_w)$. Man nennt ein solches Verhalten *Dispersion.*

Wenn man die gleiche Betrachtung für den Timoshenko-Balken durchführt, dann erhält man auch für ihn als einzig mögliche Wellenlösung die harmonische Welle (4.92). Für die Phasengeschwindigkeit ergibt sich mit den Bezeichnungen nach (4.68) in diesem Fall

$$c_T = \sqrt{\frac{E/\varrho}{2\alpha}}\sqrt{\frac{1}{(k\,i)^2} + 1 + \alpha \pm \sqrt{\left[\frac{1}{(k\,i)^2} + 1 + \alpha\right]^2 - 4\,\alpha}}. \tag{4.95}$$

Der Index ‚*T*' deutet dabei den Timoshenko-Balken an. Bei ihm gibt es nach (4.95) für ein und dieselbe Wellenzahl $k$ zwei verschiedene Phasengeschwindigkeiten. Von ihnen gehört die größere allerdings zu Wellen von untergeordneter technischer Bedeutung. Wir beschränken uns daher hier auf die kleinere Phasengeschwindigkeit. Das Ergebnis ist in Abb. 4.21b dargestellt. Für kleine Wellenzahlen (= große Wellenlängen) steigt die Phasengeschwindigkeit wie beim Euler-Bernoulli-Balken anfänglich linear mit $k$ an. Mit wachsender Wellenzahl strebt sie dann aber einem Grenzwert zu, der durch $c_T^* = \sqrt{GA_S/(\varrho\,A)}$ gegeben ist.

## 4.4 Eigenschwingungen von Membranen und Platten

### 4.4.1 Membranschwingungen

Die Auslenkung $w$ einer vorgespannten Membran unter einer statischen Belastung $p$ wird nach (3.34) durch die Gleichung

$$\Delta w = -\frac{p}{\sigma_0\,t_M}$$

beschrieben, wobei $\Delta$ der Laplace-Operator, $\sigma_0$ die Spannung in der Membran und $t_M$ deren Dicke ist. Hieraus können wir die Gleichung einer frei schwingenden Membran erhalten, indem wir die d'Alembertsche Trägheitskraft als äußere Belastung einführen (vgl. Band 3, Abschn. 4.1):

$$p = -\varrho\, t_M \frac{\partial^2 w}{\partial t^2}.$$

Damit ergibt sich die Bewegungsgleichung

$$\boxed{\Delta w = \frac{1}{c^2}\frac{\partial^2 w}{\partial t^2}} \quad \text{mit} \quad c^2 = \frac{\sigma_0}{\varrho}. \tag{4.96a}$$

Man bezeichnet diese als *zweidimensionale Wellengleichung*. In kartesischen Koordinaten nimmt sie mit $\Delta = \frac{\partial^2}{\partial x^2} + \frac{\partial^2}{\partial y^2}$ die Form

$$\frac{\partial^2 w}{\partial x^2} + \frac{\partial^2 w}{\partial y^2} = \frac{1}{c^2}\frac{\partial^2 w}{\partial t^2} \tag{4.96b}$$

an. Im Unterschied zur eindimensionalen Wellengleichung (4.1) kann für (4.96) keine allgemeine Lösung angegeben werden.

Im weiteren beschränken wir uns auf die Untersuchung harmonischer Eigenschwingungen. Hierfür machen wir den Ansatz

$$w(x, y, t) = W(x, y) \cos \omega t. \tag{4.97}$$

Setzen wir ihn in (4.96) ein, dann folgt

$$\boxed{\Delta W + \kappa^2 W = 0} \quad \text{mit} \quad \kappa = \frac{\omega}{c}. \tag{4.98}$$

Nach H. Helmholtz (1821–1894) wird diese Gleichung auch *Helmholtzsche Wellengleichung* genannt. Benötigt werden nun noch die Randbedingungen. Ist die Membran fest gelagert, so gilt $W|_{\text{Rand}} = 0$. An einem freien Rand verschwindet dagegen die Ableitung normal zum Rand: $\partial W/\partial n|_{\text{Rand}} = 0$. Die unbekannten Eigenwerte $\kappa$ bzw. die Eigenkreisfrequenzen $\omega$ folgen dann aus der Lösung des Randwertproblems. Man kann sie in vielen Fällen (z.B. bei komplizierten Rändern) nur mit Hilfe numerischer Methoden bestimmen.

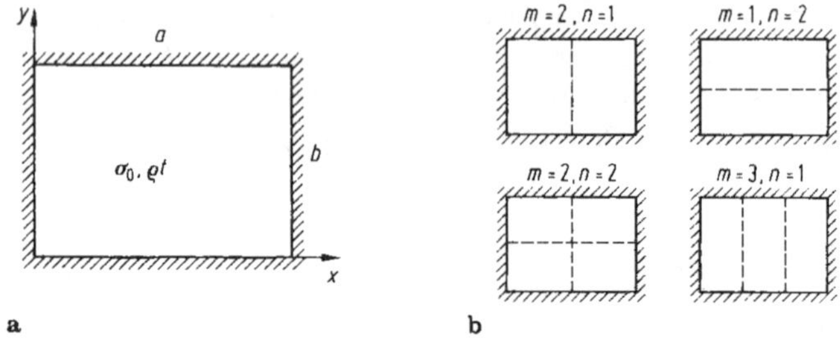


**Abb. 4.22**

Als erstes Beispiel, für das eine analytische Lösung gelingt, wollen wir die Rechteckmembran behandeln (Abb. 4.22a). Bei ihr gehen wir von der Schwingungsgleichung (4.98) in kartesischen Koordinaten aus:

$$\frac{\partial^2 W}{\partial x^2} + \frac{\partial^2 W}{\partial y^2} + \kappa^2 W = 0. \tag{4.99}$$

Machen wir nun für die Verschiebung $W(x, y)$ den Produktansatz (Separationsansatz)

$$W(x, y) = X(x)\, Y(y), \tag{4.100}$$

dann ergibt sich

$$\frac{\mathrm{d}^2 X}{\mathrm{d}x^2} Y + X \frac{\mathrm{d}^2 Y}{\mathrm{d}y^2} + \kappa^2 X\, Y = 0 \quad \rightarrow \quad \frac{1}{X}\frac{\mathrm{d}^2 X}{\mathrm{d}x^2} = -\frac{1}{Y}\frac{\mathrm{d}^2 Y}{\mathrm{d}y^2} - \kappa^2 .$$

In der rechten Gleichung sind die Variablen getrennt. Sie kann also nur dann erfüllt sein, wenn beide Seiten einer Konstanten gleich sind, die wir mit $-\alpha^2$ bezeichnen (vgl. auch Abschn. 4.1.3). Dies führt auf die beiden Differentialgleichungen

$$\frac{\mathrm{d}^2 X}{\mathrm{d}x^2} + \alpha^2 X = 0, \quad \frac{\mathrm{d}^2 Y}{\mathrm{d}y^2} + \beta^2 Y = 0 \ \text{ mit } \ \alpha^2 + \beta^2 = \kappa^2,$$

deren Lösungen durch

$$\begin{aligned} X &= A \cos \alpha\, x + B \sin \alpha\, x, \\ Y &= C \cos \beta\, y + D \sin \beta\, y \end{aligned}$$

gegeben sind. Damit wird die Produktlösung (4.100)

$$W(x,y) = (A\cos\alpha\, x + B\sin\alpha\, x)(C\cos\beta\, y + D\sin\beta\, y). \qquad (4.101)$$

Wenn die Rechteckmembran an allen vier Rändern fest (unverschieblich) gelagert ist, dann liefern die Randbedingungen

$$\begin{aligned}
W(0,y) &= 0 \;\rightarrow\; X(0) = 0: & A &= 0,\\
W(a,y) &= 0 \;\rightarrow\; X(a) = 0: & B\sin\alpha\, a &= 0,\\
W(x,0) &= 0 \;\rightarrow\; Y(0) = 0: & C &= 0,\\
W(x,b) &= 0 \;\rightarrow\; Y(b) = 0: & D\sin\beta\, b &= 0.
\end{aligned}$$

Wegen $B \neq 0$ und $D \neq 0$ (nichttriviale Lösung!) folgen daraus

$$\begin{aligned}
\sin\alpha\, a = 0 \;&\rightarrow\; \alpha_m = m\,\pi/a, \quad m = 1,2,\dots\,,\\
\sin\beta\, b = 0 \;&\rightarrow\; \beta_n = n\,\pi/b, \quad\;\; n = 1,2,\dots\,.
\end{aligned}$$

Damit erhält man für die Eigenfrequenzen

$$\omega_{mn} = c\,\kappa_{mn} = c\sqrt{\alpha_m^2 + \beta_n^2} = \sqrt{\left(\frac{m\,\pi}{a}\right)^2 + \left(\frac{n\,\pi}{b}\right)^2}\sqrt{\frac{\sigma_0}{\varrho}} \qquad (4.102)$$

und für die zugehörigen Eigenfunktionen

$$W_{mn} = F_{mn}\sin\frac{m\,\pi\, x}{a}\sin\frac{n\,\pi\, y}{b}. \qquad (4.103)$$

Dabei haben wir das Produkt $B\,D$ durch eine neue Konstante $F$ ersetzt.

Zu jedem Wertepaar $m, n$ gehören nach (4.102) und (4.103) eine Eigenfrequenz $\omega_{mn}$ und eine zugeordnete Eigenfunktion $W_{mn}$. Die tiefste Frequenz (Grundfrequenz) tritt bei $m = n = 1$ auf. Die zugehörige Eigenschwingungsform ist nach (4.103) durch je eine halbe Sinuswelle in $x$- und in $y$-Richtung gegeben. Für die Oberschwingung mit $m = 2$ und $n = 1$ tritt dagegen in $x$-Richtung eine ganze Sinuswelle und in $y$-Richtung eine halbe Sinuswelle auf. In diesem Fall verschwindet die Auslenkung $W$ nicht nur an den Rändern, sondern auch entlang der Geraden $x = a/2$. Man bezeichnet diese Linie als *Knotenlinie*. Entsprechendes gilt für die weiteren Oberschwingungen. Abbildung 4.22b zeigt die Knotenlinien für einige Fälle. Es sei angemerkt, daß unterschiedliche Wertepaare $m, n$ die gleichen Eigenfrequenzen liefern können; die zugehörigen Eigenfunktionen sind dabei verschieden.

Als weiteres Beispiel betrachten wir die rotationssymmetrischen Eigenschwingungen einer Kreismembran (Abb. 4.23a). Mit dem Laplace-Operator (Rotationssymmetrie!) $\Delta = \dfrac{\mathrm{d}^2}{\mathrm{d}r^2} + \dfrac{1}{r}\dfrac{\mathrm{d}}{\mathrm{d}r}$ erhält man in diesem Fall aus (4.98) die Besselsche Differentialgleichung

$$\frac{\mathrm{d}^2 W}{\mathrm{d}r^2} + \frac{1}{r}\frac{\mathrm{d}W}{\mathrm{d}r} + \kappa^2 W = 0. \tag{4.104}$$

Ihre allgemeine Lösung lautet

$$W(r) = A\, J_0(\kappa\, r) + B\, Y_0(\kappa\, r), \tag{4.105}$$

wobei $J_0(\kappa\, r)$ bzw. $Y_0(\kappa\, r)$ die Besselschen Funktionen (Zylinderfunktionen) erster bzw. zweiter Gattung und 0-ter Ordnung sind. Man beachte, daß diese Lösung nicht nur für eine Vollmembran, sondern auch für eine Kreisringmembran gilt.

Um die Eigenfrequenzen zu bestimmen, müssen wir die Randbedingungen formulieren. Hierzu wollen wir annehmen, daß eine Vollmembran vorliegt, die am Rand $r = a$ unverschieblich gelagert ist. Bei ihr muß die Auslenkung in der Mitte ($r = 0$) beschränkt sein. Berücksichtigt man, daß für $r \to 0$ die Funktion $Y_0 \to -\infty$ geht, so ergibt sich mit $A \neq 0$ (nichttriviale Lösung!)

$$\begin{aligned} W(0) \neq \infty : &\qquad B = 0, \\ W(a) = 0 : &\qquad J_0(\kappa\, a) = 0. \end{aligned} \tag{4.106}$$

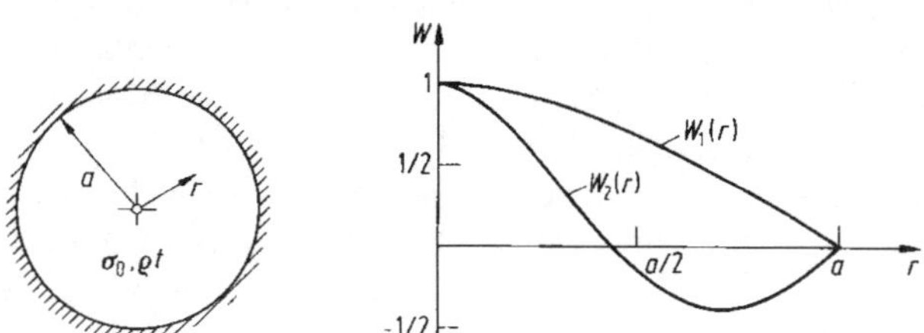


a b **Abb. 4.23**

Die zweite Beziehung ist die charakteristische Gleichung. Sie hat unendlich viele Wurzeln $\kappa_k\, a$, denen die Eigenfunktionen $W_k = A_k\, J_0(\kappa_k\, r)$ zugeordnet sind. Für die kleinsten beiden Eigenwerte erhält man:

$$\begin{aligned} \kappa_1\, a = 2,41 \quad &\to \quad \omega_1 = \kappa_1\, c = 2,41\sqrt{\frac{\sigma_0}{\varrho\, a^2}}, \\ \kappa_2\, a = 5,52 \quad &\to \quad \omega_2 = \kappa_2\, c = 5,52\sqrt{\frac{\sigma_0}{\varrho\, a^2}}. \end{aligned} \tag{4.107}$$

Die zugeordneten Eigenfunktionen sind in Abb. 4.23b für $A_k = 1$ dargestellt.

Wir haben hier der Einfachheit halber nur die rotationssymmetrischen Eigenschwingungen betrachtet. Neben diesen existieren aber auch noch Eigenschwingungen, die nicht rotationssymmetrisch sind. Auf sie wollen wir hier nicht näher eingehen. Erwähnt sei nur, daß ihre Eigenfrequenzen alle über $\omega_1$ liegen, so daß man diese Frequenz als Grundfrequenz bezeichnen kann.

### 4.4.2 Plattenschwingungen

Um die Bewegungsgleichung der frei schwingenden Platte aufzustellen, gehen wir genauso vor wie bei der Membran. Die Durchbiegung einer Platte unter statischer Belastung $p$ wird durch die Plattengleichung

$$\Delta\Delta w = \frac{p}{K}$$

beschrieben (vgl. (3.52)). Führen wir nun als äußere Belastung die d'Alembertsche Trägheitskraft $p = -\varrho\, t_p\, \partial^2 w/\partial t^2$ ein, wobei $t_p$ die Dicke der Platte ist, dann erhalten wir die Bewegungsgleichung

$$\Delta\Delta w + \frac{\varrho\, t_p}{K}\frac{\partial^2 w}{\partial t^2} = 0. \tag{4.108}$$

Für die harmonischen Eigenschwingungen machen wir wieder den Ansatz

$$w(x, y, t) = W(x, y)\cos\omega\, t. \tag{4.109}$$

Damit ergibt sich aus (4.108) die Schwingungsgleichung

$$\boxed{\Delta\Delta W - \kappa^4 W = (\Delta - \kappa^2)(\Delta + \kappa^2) W = 0} \tag{4.110}$$

$$\text{mit } \kappa^4 = \frac{\varrho\, t_p\, \omega^2}{K}\,.$$

Zur vollständigen Formulierung des Eigenwertproblems gehören noch die Randbedingungen. Ist die Platte zum Beispiel am Rand frei drehbar gelagert, dann gelten dort die Navierschen Randbedingungen $W|_{\text{Rand}} = 0$ und $\Delta W|_{\text{Rand}} = 0$ (vgl. (3.53b)).

Als erstes Anwendungsbeispiel betrachten wir die allseitig frei drehbar gelagerte Rechteckplatte nach Abb. 4.24a. Ausgangspunkt ist die Schwingungsgleichung (4.110) in kartesischen Koordinaten:

$$\frac{\partial^4 W}{\partial x^4} + 2\frac{\partial^4 W}{\partial x^2\,\partial y^2} + \frac{\partial^4 W}{\partial y^4} - \kappa^4 W = 0. \tag{4.111}$$

Wir verzichten in diesem Fall auf den allgemeinen Separationsansatz (4.100) und verwenden direkt den Ansatz

$$W(x, y) = F \sin\alpha\, x \sin\beta\, y. \tag{4.112}$$

Dieser erfüllt mit

$$\alpha_m = m\,\pi/a,\quad m = 1, 2, \ldots,\quad \beta_n = n\,\pi/b,\quad n = 1, 2, \ldots \tag{4.113}$$

die Navierschen Randbedingungen $W = 0$ und $\Delta\, W = 0$ an allen vier Rändern. Setzen wir (4.112) in (4.111) ein, so folgt

$$\alpha^4 + 2\,\alpha^2\beta^2 + \beta^4 - \kappa^4 = 0 \;\rightarrow\; \alpha^2 + \beta^2 = \kappa^2.$$

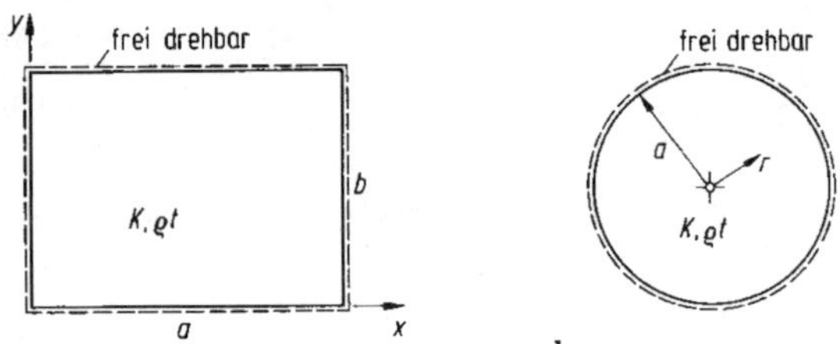


a b **Abb. 4.24**

Für die Eigenfrequenzen und die Eigenfunktionen erhalten wir damit

$$\begin{aligned}\omega_{mn} &= \kappa_{mn}^2 \sqrt{\frac{K}{\varrho t}} = (\alpha_m^2 + \beta_n^2)\sqrt{\frac{K}{\varrho t}} \\ &= \left[\left(\frac{m\pi}{a}\right)^2 + \left(\frac{n\pi}{b}\right)^2\right]\sqrt{\frac{K}{\varrho t}}, \\ W_{mn} &= F_{mn} \sin\frac{m\pi x}{a} \sin\frac{n\pi y}{b}.\end{aligned} \tag{4.114}$$

Die Eigenfunktionen der Rechteckplatte sind danach genau die gleichen wie die der Rechteckmembran (vgl. (4.103)). Ein Vergleich der Eigenfrequenzen zeigt, daß diese bei der Platte mit zunehmendem $m$ bzw. $n$ schneller wachsen als bei der Membran.

Als zweites Beispiel wollen wir noch die rotationssymmetrischen Eigenschwingungen der frei drehbar gelagerten Vollkreisplatte untersuchen (Abb. 4.24b). Zu diesem Zweck schreiben wir die Schwingungsgleichung (4.110) mit dem Laplace-Operator $\Delta = \frac{\mathrm{d}^2}{\mathrm{d}r^2} + \frac{1}{r}\frac{\mathrm{d}}{\mathrm{d}r}$ in der Form

$$\left(\frac{\mathrm{d}^2}{\mathrm{d}r^2} + \frac{1}{r}\frac{\mathrm{d}}{\mathrm{d}r} - \kappa^2\right)\left(\frac{\mathrm{d}^2 W}{\mathrm{d}r^2} + \frac{1}{r}\frac{\mathrm{d}W}{\mathrm{d}r} + \kappa^2 W\right) = 0. \tag{4.115}$$

Eine Lösung dieser Gleichung erhält man, wenn man den rechten Klammerausdruck für sich zu Null setzt:

$$\Delta W + \kappa^2 W = \frac{\mathrm{d}^2 W}{\mathrm{d}r^2} + \frac{1}{r}\frac{\mathrm{d}W}{\mathrm{d}r} + \kappa^2 W = 0. \tag{4.116}$$

Dies ist die Besselsche Differentialgleichung (vgl. (4.104)), deren Lösung durch (4.105) gegeben ist. In unserem Fall (Vollplatte) ist die Auslenkung in der Mitte beschränkt. Wegen $Y_0(r \to 0) \to -\infty$ muß also $B = 0$ sein. Durch die verbleibende Lösung $W(r) = A\,J_0(\kappa\,r)$ lassen sich die Navierschen Randbedingungen erfüllen: nach (4.116) hat nämlich $W = 0$ auch $\Delta W = 0$ zur Folge. Damit liefert die Randbedingung $W(a) = 0$ die gleiche charakteristische Gleichung wie bei der Membran (vgl. (4.106)):

$$J_0(\kappa\,a) = 0. \tag{4.117}$$

Folglich entsprechen auch die Eigenwerte $\kappa_k\, a$ und die Eigenfunktionen $W_k$ genau denen der Membran. Dies trifft aber nicht für die Eigenfrequenzen zu! Für die ersten beiden erhalten wir

$$\begin{aligned} \kappa_1\, a = 2,41 \quad &\rightarrow \quad \omega_1 = \kappa_1^2 \sqrt{\frac{K}{\varrho\, t}} = 5,78 \sqrt{\frac{K}{\varrho\, t\, a^4}}, \\ \kappa_2\, a = 5,52 \quad &\rightarrow \quad \omega_2 = \kappa_2^2 \sqrt{\frac{K}{\varrho\, t}} = 30,47 \sqrt{\frac{K}{\varrho\, t\, a^4}}. \end{aligned} \tag{4.118}$$

Angemerkt sei, daß es bei der Platte wie bei der Membran neben den rotationssymmetrischen Eigenschwingungen auch nicht rotationssymmetrische Eigenschwingungen gibt. Die Grundschwingung ist allerdings durch den hier behandelten Fall $k = 1$ gegeben.

## 4.5 Energieprinzipien

Wir wollen uns in diesem Abschnitt auf die Eigenschwingungen von elastischen Körpern beschränken. Für diese lassen sich Energieprinzipien analog zu denen der Elastostatik herleiten (vgl. Abschn. 2.7). Um dies zu zeigen, betrachten wir als einfaches Beispiel den Stab nach Abb. 4.25. Seine dynamischen Grundgleichungen bestehen aus dem Bewegungsgesetz $N' - \varrho\, A\, \ddot{u} = 0$ (vgl. (4.23)) und der Randbedingung $N(l,t) = 0$ am freien Ende. Die einzige kinematische Gleichung ist die Randbedingung $u(0,t) = 0$. Im Fall von harmonischen Schwingungen ändern sich $u$ und $N$ zeitharmonisch mit der Kreisfrequenz $\omega$: $u(x,t) = U(x) \cos \omega\, t$, $\ddot{u}(x,t) = -\omega^2 U(x) \cos \omega\, t$, $N(x,t) = \hat{N}(x) \cos \omega\, t$. Setzen wir in die Grundgleichungen ein, so fällt der Faktor $\cos \omega\, t$ heraus, und man erhält Gleichungen für die Amplituden $U(x)$ und $\hat{N}(x)$. Wenn wir letztere von nun an wieder mit den ursprünglichen Buchstaben ($U(x) \rightarrow u(x)$, $\hat{N}(x) \rightarrow N(x)$) bezeichnen, dann lauten die Grundgleichungen:

$$\begin{aligned} &\text{Dynamik:} \quad N' + \omega^2\, \varrho\, A\, u = 0, \quad N(l) = 0, \\ &\text{Kinematik:} \quad u(0) = 0. \end{aligned} \tag{4.119}$$

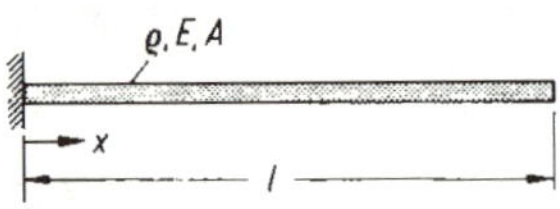


**Abb. 4.25**

Im weiteren gehen wir genauso vor wie in Abschnitt 2.7.1. Mit $N^{(1)}$, $u^{(1)}$ kennzeichnen wir (dynamisch zulässige) Größen, welche die dynamischen Gleichungen erfüllen und mit $u^{(2)}$ (kinematisch zulässige) Größen, welche die kinematischen Gleichungen (hier nur die Randbedingung $u(0) = 0$) erfüllen. Nun multiplizieren wir die Bewegungsgleichung für die dynamisch zulässigen Größen mit einer kinematisch zulässigen Verschiebung $u^{(2)}$ (= Testfunktion) und integrieren über die Stablänge:

$$\int_0^l \frac{\mathrm{d}N^{(1)}}{\mathrm{d}x} u^{(2)}\,\mathrm{d}x + \omega^2 \int_0^l \varrho A\, u^{(1)}\, u^{(2)}\,\mathrm{d}x = 0.$$

Unter Anwendung der partiellen Integration folgt daraus

$$N^{(1)}\, u^{(2)}\Big|_0^l - \int_0^l N^{(1)} \frac{\mathrm{d}u^{(2)}}{\mathrm{d}x}\mathrm{d}x + \omega^2 \int_0^l \varrho A\, u^{(1)}\, u^{(2)}\,\mathrm{d}x = 0,$$

bzw. mit $N^{(1)}(l) = 0$ und $u^{(2)}(0) = 0$ und dem Elastizitätsgesetz $N = EA\,u'$

$$-\int_0^l EA \frac{\mathrm{d}u^{(1)}}{\mathrm{d}x}\frac{\mathrm{d}u^{(2)}}{\mathrm{d}x}\mathrm{d}x + \omega^2 \int_0^l \varrho A\, u^{(1)}\, u^{(2)}\,\mathrm{d}x = 0. \qquad (4.120)$$

Dies ist der verallgemeinerte Arbeitssatz bzw. eine *schwache* Formulierung für die freie Schwingung eines elastischen Stabes.

Aus (4.120) lassen sich durch Spezialisierung verschiedene Gesetzmäßigkeiten herleiten. Wenn man für $u^{(1)}$ und $u^{(2)}$ die aktuelle (wirkliche) Verschiebung $u(x)$ einsetzt, dann erhält man

$$\int_0^l EA\, u'^2(x)\,\mathrm{d}x = \omega^2 \int_0^l \varrho A\, u^2(x)\mathrm{d}x. \qquad (4.121)$$

Darin beschreiben die beiden Ausdrücke bis auf den Faktor 1/2 gerade die Maximalwerte („Amplituden“) $\hat{E}_p$ und $\hat{E}_k$ der potentiellen Energie $E_p$ (hier das elastische Potential $\Pi_i$) und der kinetischen Energie $E_k$. Mit $u(x,t) = u(x)\cos\omega\, t$ gilt nämlich

$$E_p(t) = \frac{1}{2} \int_0^l EA\, u'^2(x,t)\mathrm{d}x$$
$$= \left( \frac{1}{2} \int_0^l EA\, u'^2(x)\mathrm{d}x \right) \cos^2 \omega\, t = \hat{E}_p \cos^2 \omega\, t, \qquad (4.122a)$$

$$E_k(t) = \frac{1}{2} \int_0^l EA\, \dot{u}^2(x,t)\mathrm{d}x$$
$$= \left( \frac{\omega^2}{2} \int_0^l \varrho\, A\, u^2(x)\mathrm{d}x \right) \sin^2 \omega\, t = \underbrace{\omega^2\, \hat{E}_k^*}_{\hat{E}_k} \sin^2 \omega\, t. \qquad (4.122b)$$

Danach kann man (4.121) auch in der Form

$$\boxed{\hat{E}_p = \hat{E}_k} \quad \text{bzw.} \quad \boxed{\hat{E}_p = \omega^2\, \hat{E}_k^*} \qquad (4.123)$$

schreiben. Hierdurch wird der Energiesatz für ein konservatives schwingendes System ausgedrückt (vgl. auch Band 3, Abschn. 5.2.1). Lösen wir (4.123) nach der Kreisfrequenz auf, dann ergibt sich

$$\boxed{\omega^2 = \frac{\hat{E}_p}{\hat{E}_k^*}}\,. \qquad (4.124)$$

Mit den Energieausdrücken (4.122) folgt

$$\omega^2 = \frac{\int_0^l EA\, u'^2(x)\mathrm{d}x}{\int_0^l \varrho\, A\, u^2(x)\mathrm{d}x}. \qquad (4.125)$$

Man nennt (4.124) bzw. (4.125) den *Rayleigh-Quotienten* (Lord Rayleigh, 1842–1919). Setzt man für $u(x)$ eine exakte Eigenfunktion ein, so liefert er die zugehörige Eigenfrequenz $\omega$. Verwendet man dagegen für $u$ eine Näherung der Eigenfunktion, so folgt aus dem Rayleigh-Quotienten eine Näherung für die Eigenfrequenz (vgl. Abschn. 7.5.6).

Als weitere Spezialisierung von (4.120) setzen wir für $u^{(1)}$ die aktuelle (wirkliche) Verschiebung $u(x)$ und für $u^{(2)}$ eine virtuelle Verrückung $\delta u$ aus der aktuellen Lage ein. Damit folgt nach Multiplikation mit 1/2 sowie unter Beachtung von $\delta(u'^2/2) = u'\delta u'$ und $\delta(u^2/2) = u\,\delta u$ zunächst

$$\frac{\omega^2}{2}\int\limits_0^l \varrho\,A\,u\,\delta u\,\mathrm{d}x - \frac{1}{2}\int\limits_0^l EA\,u'\,\delta u'\,\mathrm{d}x$$

$$= \delta\,\frac{1}{2}\int\limits_0^l (\omega^2\varrho\,A\,u^2 - EA\,u'^2)\mathrm{d}x = 0. \qquad (4.126)$$

Mit (4.122) und der *„Lagrange-Funktion"* $\hat{L} = \hat{E}_k - \hat{E}_p$ kann man (4.126) auch in der Form

$$\boxed{\delta\hat{L} = \delta(\hat{E}_k - \hat{E}_p) = \delta(\omega^2\,\hat{E}_k^* - \hat{E}_p) = 0} \qquad (4.127)$$

oder

$$\boxed{\hat{L} = \hat{E}_k - \hat{E}_p = \omega^2\,\hat{E}_k^* - \hat{E}_p = \text{stationär}} \qquad (4.128)$$

schreiben. Wir bezeichnen dies als *Prinzip vom Stationärwert der Lagrange-Funktion*. Unter allen kinematisch zulässigen Vergleichsfunktionen machen danach die aktuellen (wirklichen) Verschiebungen $\hat{L}$ zu einem Extremum.

Wir haben (4.124) und (4.127) bzw. (4.128) am Beispiel des Stabes hergeleitet. Diese Beziehungen gelten aber allgemein für linear elastische Systeme. So lautet zum Beispiel der Rayleigh-Quotient für den Balken

$$\omega^2 = \frac{\int\limits_0^l EI\,w''^2(x)\mathrm{d}x}{\int\limits_0^l \varrho\,A\,w^2(x)\mathrm{d}x}. \qquad (4.129)$$

Sie treffen auch zu, wenn am schwingenden Körper zusätzliche Einzelmassen bzw. Einzelfedern befestigt sind. Man muß dann nur die entsprechenden Energieanteile in der kinetischen und in der potentiellen Energie berücksichtigen. Die Prinzipien (4.127) bzw. (4.128) kann man einerseits verwenden, um Schwingungsgleichungen sowie die zugehörigen Randbedingungen herzuleiten. Andererseits stellen sie einen Ausgangspunkt für Näherungsverfahren dar (vgl. Verfahren von Ritz, Abschn. 7.5.6).

**Beispiel 4.6:** Für den elastisch gelagerten Stab mit einer Zusatzmasse $m$ nach Abb. 4.26 soll die Schwingungsgleichung mit Hilfe des Prinzips vom Stationärwert der Lagrange-Funktion hergeleitet werden.

**Abb. 4.26**

*Lösung:* Wir stellen zunächst die Energien auf. Dabei berücksichtigen wir bei der kinetischen Energie sofort, daß eine harmonische Schwingung vorliegt ($\dot{u}^2 \rightarrow \omega^2 u^2$):

$$\hat{E}_p = \frac{1}{2}\int_0^l EA\,u'^2 \mathrm{d}x + \frac{1}{2} c\,u^2(l),$$

$$\hat{E}_k = \frac{\omega^2}{2}\int_0^l \varrho A\,u^2 \mathrm{d}x + \frac{\omega^2}{2} m\,u^2(l).$$

Damit liefert (4.127) zunächst

$$0 = \delta\,\frac{1}{2}\int_0^l (\omega^2\,\varrho A\,u^2 - EA\,u'^2)\,\mathrm{d}x + \delta\left[\frac{\omega^2}{2} m\,u^2(l) - \frac{c}{2}u^2(l)\right]$$

$$= \int_0^l (\omega^2\,\varrho A\,u\,\delta u - EA\,u'\,\delta u')\,\mathrm{d}x + [\omega^2\,m\,u(l) - c\,u(l)]\,\delta u(l).$$

Den zweiten Teil des Integrals können wir mit partieller Integration und mit dem Elastizitätsgesetz $N = EA\,u'$ umformen. Man erhält auf diese Weise unter Beachtung von $\delta u(0) = 0$

$$0 = \int_0^l [\omega^2\,\varrho A\,u + (EA\,u')']\,\delta u\,\mathrm{d}x - N(l)\,\delta u(l) + N(0)\,\delta u(0)$$
$$+ [\omega^2\,m\,u(l) - c\,u(l)]\,\delta u(l)$$
$$= \int_0^l [\omega^2\,\varrho A\,u + (EA\,u')']\,\delta u\,\mathrm{d}x$$
$$+ [\omega^2\,m\,u(l) - c\,u(l) - N(l)]\,\delta u(l).$$

Für ein beliebiges kinematisch zulässiges $\delta u$ ist diese Gleichung nur dann erfüllt, wenn gilt:

$$\underline{\underline{\omega^2 \varrho A u + (EA u')' = 0,}} \qquad \underline{\underline{N(l) = [\omega^2 m - c]\, u(l).}}$$

Die erste Gleichung ist die gesuchte Schwingungsgleichung des Stabes. Durch die zweite Gleichung wird die Randbedingung am rechten Stabende ausgedrückt.

**Beispiel 4.7:** Für den Stab aus Beispiel 4.6 soll mit dem Rayleigh-Quotienten eine Näherung für die Grundfrequenz ermittelt werden.

*Lösung:* Als einfachste Näherung für die Eigenfunktion verwenden wir den Ansatz $\tilde{u} = x$. Er erfüllt die kinematische Randbedingung $\tilde{u}(0) = 0$. Damit ergibt sich (vgl. Beispiel 4.6)

$$\hat{E}_p = \frac{1}{2} EA \int_0^l \tilde{u}'^2 \mathrm{d}x + \frac{1}{2} c\, \tilde{u}^2(l) = \frac{1}{2} EA\, l + \frac{1}{2} c\, l^2,$$

$$\hat{E}_k^* = \frac{1}{2} \varrho A \int_0^l \tilde{u}^2 \mathrm{d}x + \frac{1}{2} m\, \tilde{u}^2(l) = \frac{1}{6} \varrho A\, l^3 + \frac{1}{2} m\, l^2,$$

und es folgt nach (4.124) für die Eigenfrequenz

$$\underline{\underline{\omega^2 \approx \frac{3EA + 3c\,l}{\varrho A\, l^2 + 3m\, l}.}}$$

Wählen wir speziell $c = 0$ und $m = \varrho A\, l$, dann erhält man daraus

$$\omega^2 \approx \frac{3EA}{\varrho A\, l^2 (1+3)} = \frac{3}{4} \frac{E}{\varrho\, l^2} \quad \to \quad \omega \approx 0{,}866 \sqrt{\frac{E}{\varrho\, l^2}}.$$

Die Abweichung vom exakten Wert $\omega_1 = 0{,}860\sqrt{E/\varrho\, l^2}$ ist kleiner als 1 Prozent (vgl. Abschn. 4.2.1).

Wenn wir $m = 0$ und $c = c^* = 2EA/l$ setzen, dann ergibt sich

$$\omega^2 \approx \frac{3EA + 6EA}{\varrho A\, l^2} = 9 \frac{E}{\varrho\, l^2} \quad \to \quad \omega \approx 3 \sqrt{\frac{E}{\varrho\, l^2}}.$$

Die exakte Lösung ist in diesem Fall durch $\omega_1 = 2{,}29\sqrt{E/\varrho\, l^2}$ gegeben (vgl. Beispiel 4.2); der Fehler beträgt hier ungefähr 30 Prozent. Der gewählte Näherungsansatz beschreibt nun die wirkliche Bewegung nicht gut genug.

# 5 Stabilität elastischer Strukturen

## 5.1 Allgemeines

Der Begriff der „Stabilität" wird im alltäglichen und im technischen Sprachgebrauch vielfältig verwendet. Man muß daher stets genau angeben, welches spezielle Stabilitätsproblem man behandeln will. Wir beschäftigen uns in diesem Kapitel ausschließlich mit der *statischen* Stabilität elastischer Tragwerke. Hierunter wollen wir die Untersuchung von Gleichgewichtslagen auf deren Stabilität verstehen (vgl. Band 1, Abschn. 8.5). Wir werden die Betrachtungen zunächst an einfachen Stab-Feder-Modellen durchführen. An ihnen kann man alle wesentlichen Phänomene erkennen, welche das Stabilitätsverhalten von Tragwerken beschreiben. In Band 2, Abschnitt 7.1 haben wir bereits gezeigt, daß beim Druckstab unter einer Last $F$ eine *Verzweigung* des Gleichgewichts auftreten kann. Die zugehörige Last heißt kritische Last. Wir wollen sie mit $F_{\mathrm{krit}}$ bezeichnen. Für $F < F_{\mathrm{krit}}$ bleibt der Stab in seiner ursprünglichen Lage. Für $F > F_{\mathrm{krit}}$ wird das Problem mehrdeutig: neben der Ausgangslage existieren weitere Gleichgewichtslagen, die mit seitlichen Auslenkungen verbunden sind. Die Berechnung kritischer Lasten ist das Hauptanliegen der klassischen Stabilitätstheorie. Wir werden zeigen, daß bei bestimmten Strukturen auch Gleichgewichtslagen für $F > F_{\mathrm{krit}}$ ermittelt und auf ihre Stabilität hin untersucht werden müssen.

Wir werden dann die Lösungsmethoden, die wir bei den Modellen kennengelernt haben, auf elastische Kontinua übertragen. Dabei beschränken wir uns auf Stäbe und Platten. Beim Stab nennt man das seitliche Ausweichen oberhalb der kritischen Last *Knicken*, bei der Platte (und der Schale) heißt es *Beulen*.

Wir setzen beim Kontinuum stets ideal-elastisches Materialverhalten voraus. Außerdem sollen alle Kräfte ein Potential besitzen, d.h. konservativ sein. Nicht behandeln können wir hier das weite Feld der Stabilität von Bewegungen, das z.B. für die Raumfahrt und im Maschinenbau große technische Bedeutung hat.

## 5.2 Modelle zur Beschreibung typischer Stabilitätsfälle

### 5.2.1 Der elastisch eingespannte Druckstab als Beispiel für ein Verzweigungsproblem

Ein starrer Stab der Länge $l$, der an seinem Fußpunkt durch eine lineare Drehfeder mit der Steifigkeit $c_T$ gehalten wird, sei durch eine richtungstreue Druckkraft $F$ belastet (Abb. 5.1a). Die betrachtete Ausgangslage des Stabes ist offensichtlich eine Gleichgewichtslage. Wir suchen nun die Lasten, unter denen neben dieser Lage weitere Gleichgewichtslagen auftreten (die mit einer seitlichen Auslenkung des Stabes verbunden sind). Falls solche Lagen existieren, ist die Ausgangslage für die zugehörigen Lasten möglicherweise instabil: es liegt ein Stabilitätsproblem vor. Zur Lösung dieses Problems wollen wir zwei Verfahren vorstellen.

1) Die *Gleichgewichtsmethode*. Wir denken uns hierzu den Stab um einen Winkel $\varphi$ ausgelenkt (Abb. 5.1b) und stellen das Gleichgewicht am so *verformten* System auf. Aus dem Momentengleichgewicht um $A$ folgt

$$F\,l \sin\varphi - c_T\,\varphi = 0\,. \tag{5.1}$$

Danach kann es für einen Wert von $F$ neben der Lösung $\varphi = 0$ (Ausgangslage) noch weitere Gleichgewichtslagen geben. Die hierfür erforderliche Bedingung erkennt man, indem man (5.1) umschreibt:

$$\frac{\varphi}{\sin\varphi} = \frac{F\,l}{c_T}\,. \tag{5.2}$$

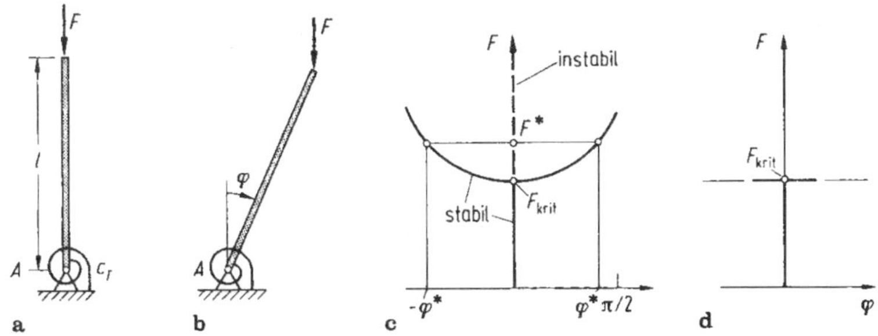


**Abb. 5.1**

Da stets $\sin\varphi \leq \varphi$ ist, existieren Lösungen $\varphi \neq 0$ nur für $F > c_T/l$. Für $F < c_T/l$ gibt es nur die lotrechte Gleichgewichtslage $\varphi = 0$ (1. Lösungsast). Mit Steigerung von $F$ treten nach Überschreiten von $F = c_T/l$ zwei weitere Gleichgewichtslagen $\pm\varphi^*$ auf, die aus (5.1) bzw. (5.2) ermittelt werden können (2. Lösungsast). Die zugehörige Last-Verformungskurve $F(\varphi)$ ist in Abb. 5.1c dargestellt. Der Schnittpunkt dieser Kurve mit der Geraden $\varphi = 0$ kennzeichnet den Verzweigungspunkt, die zugehörige Last heißt $F_{\text{krit}}$. Wir wollen $F(\varphi)$ für $F > F_{\text{krit}}$ als Nachknickkurve bezeichnen. Über die Stabilität von Gleichgewichtslagen, die den Punkten auf dieser Kurve entsprechen, können wir mit der Gleichgewichtsmethode nichts aussagen.

In vielen Fällen reicht es aus, nur die kritische Last zu ermitteln, die durch den Verzweigungspunkt festgelegt ist. In der Umgebung des Verzweigungspunktes sind die zusätzlichen Gleichgewichtslagen benachbart zur Lage $\varphi = 0$. Wir können daher die kritische Last aus der Gleichgewichtsbedingung (5.1) direkt erhalten, wenn wir sie für kleine $\varphi$ linearisieren, d.h. $\sin\varphi \approx \varphi$ setzen. Es entsteht dann die lineare homogene Gleichung

$$(F\,l - c_T)\,\varphi = 0\,. \tag{5.3}$$

Sie ist erfüllt für $\varphi = 0$ (triviale Lösung) oder für

$$F = F_{\text{krit}} = \frac{c_T}{l}\,. \tag{5.4}$$

Man nennt $F_{\text{krit}}$ den *Eigenwert* des hier vorliegenden Eigenwertproblems. Die Lösung von (5.3) ist in Abb. 5.1d dargestellt: bei $F = F_{\text{krit}}$ erfolgt die Verzweigung. Die Abhängigkeit $F(\varphi)$ für $\varphi > 0$ läßt sich aus der linearen Theorie nicht ermitteln.

Wir wollen nun dasselbe Problem auf einem zweiten Weg lösen:

2) Die *Energiemethode*. Bei einer Auslenkung $\varphi$ wird in der Feder eine Formänderungsenergie $\Pi_i = \frac{1}{2}c_T\,\varphi^2$ gespeichert. Da die Druckkraft richtungstreu sein soll, ist ihr Potential $\Pi_a = F\,l\cos\varphi$ (Nullniveau in Höhe des Lagers). Damit wird das Gesamtpotential

$$\Pi = \Pi_a + \Pi_i = F\,l\cos\varphi + \frac{1}{2}c_T\,\varphi^2.$$

Die Gleichgewichtslagen folgen nach Band 1, Gleichung (8.11) aus

$$\frac{\mathrm{d}\Pi}{\mathrm{d}\varphi} = 0 \quad\rightarrow\quad -F\,l\sin\varphi + c_T\,\varphi = 0.$$

Hieraus ergeben sich die Lage $\varphi = 0$ und in Übereinstimmung mit (5.2) die Bestimmungsgleichung

$$\frac{\varphi}{\sin\varphi} = \frac{F\,l}{c_T}$$

für weitere Gleichgewichtslagen. Zusätzlich können wir jetzt Aussagen über die Stabilität dieser Lagen treffen (vgl. Band 1, Gl. (8.13)). Hierzu bilden wir die zweite Ableitung des Potentials

$$\frac{\mathrm{d}^2\Pi}{\mathrm{d}\varphi^2} = -F\,l\cos\varphi + c_T\,. \tag{5.5}$$

Wir setzen zunächst $\varphi = 0$ in (5.5) ein und erhalten mit $\frac{\mathrm{d}}{\mathrm{d}\varphi}(\,) = (\,)'$

$$\Pi'' > 0 \quad \text{für} \quad F < \frac{c_T}{l}, \quad \Pi'' < 0 \quad \text{für} \quad F > \frac{c_T}{l}\,.$$

Die Lage $\varphi = 0$ ist hiernach nur bis zur kritischen Last $F_{\text{krit}} = c_T/l$ (vgl. (5.4)) stabil. Für Lasten oberhalb des Verzweigungspunktes ist diese Lage instabil (vgl. Abb. 5.1c). Setzen wir den Winkel $\varphi$ der weiteren Gleichgewichtslagen nach (5.2) in (5.5) ein, so wird

$$\Pi'' = -F\,l\cos\varphi + c_T = c_T\left(1 - \frac{\varphi}{\tan\varphi}\right).$$

Wegen $\varphi/\tan\varphi < 1$ (für $|\,\varphi\,| \leq \pi/2$) ist $\Pi'' > 0$: alle Gleichgewichtslagen auf dem Lösungsast $\varphi \neq 0$ sind stabil (vgl. Abb. 5.1c).

Schließlich soll noch erwähnt werden, daß man die Frage nach der Stabilität einer Gleichgewichtslage nicht nur mit der Energiemethode, sondern auch mit Hilfe einer *kinetischen* Methode beantworten kann. Jede Gleichgewichtslage ist ja dadurch gekennzeichnet, daß sich das betrachtete System in ihr in Ruhe befindet. Stört man diese Lage, indem man eine kleine Auslenkung (oder eine kleine Geschwindigkeit) aufzwingt, so wird sich das System i.a. bewegen. Man nennt eine Lage stabil, wenn *kleine* Störungen nur *kleine* Abweichungen des Systems von der betrachteten Gleichgewichtslage bewirken. Die Lage heißt instabil, wenn sich das System nach Aufbringen der kleinen Störung aus der betrachteten Gleichgewichtslage weiter entfernt.

Wir wollen das Vorgehen am Modell nach Abb. 5.1a für die Lage $\varphi = 0$ erläutern. Der Stab kann eine Rotation um das Lager $A$ ausführen.

Wir denken uns daher den Stab (Trägheitsmoment $\Theta_A$) aus der Gleichgewichtslage $\varphi = 0$ um einen kleinen Winkel $\varphi_0$ ausgelenkt und untersuchen die Bewegung, wenn er aus dieser gestörten Lage ohne Anfangsgeschwindigkeit losgelassen wird. Als Bewegungsgleichung können wir den Drallsatz (vgl. Band 3, Gl. (3.12)) um $A$ aufstellen, wobei wir *kleine* Winkel voraussetzen:

$$\Theta_A \ddot{\varphi} = M_A = (F\,l - c_T)\varphi \quad \rightarrow \quad \ddot{\varphi} + \frac{c_T - F\,l}{\Theta_A}\varphi = 0\,. \tag{5.6}$$

Mit den Anfangsbedingungen $\varphi(0) = \varphi_0$ und $\dot{\varphi}(0) = 0$ hat diese Schwingungsgleichung die Lösung $\varphi = \varphi_0 \cos \omega\, t$. Die Frequenz (vgl. Band 3, Abschn. 5.2.1)

$$\omega = \sqrt{\frac{c_T - F\,l}{\Theta_A}} \tag{5.7}$$

hängt von der Druckkraft $F$ ab. Für $F\,l < c_T$ schwingt das gestörte System mit der kleinen Amplitude $\varphi_0$ um seine ursprüngliche Lage $\varphi = 0$. Die Lage ist daher stabil. Wegen einer stets vorhandenen Dämpfung geht in Wirklichkeit das schwingende System mit wachsender Zeit gegen die Ruhelage. Ist dagegen $F\,l > c_T$, so hat (5.6) die Lösung

$$\varphi = \varphi_0 \cosh \lambda t\,, \quad \lambda = \sqrt{\frac{F\,l - c_T}{\Theta_A}}\,.$$

Das bei $\varphi = 0$ gestörte System entfernt sich dann mit zunehmender Zeit $t$ immer weiter von der Ausgangslage: diese ist instabil.

Besonders wichtig ist der Grenzfall $F = F_{\text{krit}} = c_T/l$. Dann geht die Frequenz nach (5.7) gegen Null. Dieses Ergebnis kann verallgemeinert werden: bei einem schwingungsfähigen System, bei dem eine Verzweigung des Gleichgewichts auftritt, strebt die Frequenz bei Annäherung an den Verzweigungspunkt gegen Null.

Bisher haben wir bei allen Lösungsmethoden eine *lineare* Federkennlinie angenommen. Wir wollen zum Abschluß dieses Abschnitts am gleichen Modell noch den Einfluß einer *nichtlinearen* Federcharakteristik auf das Stabilitätsverhalten untersuchen. Hierzu nehmen wir einen kubischen Verlauf für das Federmoment $M(\varphi)$ an:

$$M(\varphi) = c_T\,\varphi(1 + a\,\varphi + b\,\varphi^2)\,. \tag{5.8}$$

In Abb. 5.2a sind die Kennlinien für einige Sonderfälle der Federparameter aufgetragen.

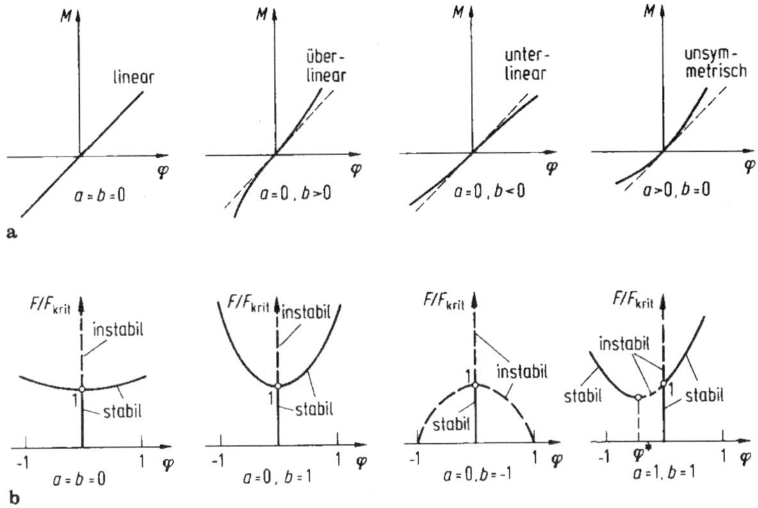


**Abb. 5.2**

Zur Ermittlung der Gleichgewichtslagen wenden wir die Energiemethode an. Das Potential der äußeren Last bleibt unverändert $\Pi_a = F\,l\,\cos\varphi$. Das Potential der Federenergie folgt mit (5.8) aus $\Pi_i = \int M(\varphi)\,\mathrm{d}\varphi$ zu

$$\Pi_i = c_T \left( \frac{\varphi^2}{2} + a\,\frac{\varphi^3}{3} + b\,\frac{\varphi^4}{4} \right) .$$

Aus $\dfrac{\mathrm{d}\Pi}{\mathrm{d}\varphi} = 0$ ergeben sich die Bedingungen für das Gleichgewicht:

$$\Pi' = c_T\,\varphi(1 + a\,\varphi + b\,\varphi^2) - F\,l\sin\varphi = 0$$

$$\rightarrow \left\{ \begin{array}{l} \text{a)}\;\; \varphi = 0 \\ \text{b)}\;\; F = F_{\text{krit}} \dfrac{\varphi + a\,\varphi^2 + b\,\varphi^3}{\sin\varphi} \quad \text{mit} \;\; F_{\text{krit}} = \dfrac{c_T}{l} . \end{array} \right. \qquad (5.9)$$

Aussagen über die Stabilität dieser Lagen erhalten wir aus der zweiten Ableitung:

$$\Pi'' = c_T(1 + 2\,a\,\varphi + 3\,b\,\varphi^2) - F\,l\cos\varphi .$$

Für die Lage $\varphi = 0$ folgt

$$\Pi''(0) = c_T - F\,l \quad \rightarrow \quad \begin{cases} F < F_{\text{krit}} : \text{stabil}, \\ F > F_{\text{krit}} : \text{instabil}. \end{cases}$$

Für die Lagen oberhalb des Verzweigungspunktes $F_{\text{krit}}$ wird mit (5.9)

$$\Pi'' = c_T(1 + 2\,a\,\varphi + 3\,b\,\varphi^2) - c_T(1 + a\,\varphi + b\,\varphi^2)\frac{\varphi\cos\varphi}{\sin\varphi}. \qquad (5.10)$$

Diese Gleichung kann für gegebene $a$ und $b$ numerisch ausgewertet werden. Wenn wir die Stabilität nur in der Umgebung des Verzweigungspunktes untersuchen wollen, können wir (5.10) für kleine $\varphi$ entwickeln und erhalten

$$\Pi'' = c_T\left[a\,\varphi + \left(2\,b + \frac{1}{3}\right)\varphi^2\right], \quad \varphi \ll 1. \qquad (5.11)$$

Dieser Ausdruck kann je nach Wahl von $a$ und von $b$ positive bzw. negative Werte annehmen. Die zugehörigen Gleichgewichtslagen sind dann stabil bzw. instabil.

In Abb. 5.2b ist die auf $F_{\text{krit}}$ bezogene Last nach (5.9) für einige Federparameter aufgetragen. Die Abbildungen zeigen folgende Ergebnisse:

1) Die Lage $\varphi = 0$ ist bei allen Federn für $F/F_{\text{krit}} < 1$ stabil, für $F/F_{\text{krit}} > 1$ instabil.
2) Für $a = b = 0$ ist die Feder linear. Die Abbildung stimmt daher mit Abb. 5.1c überein.
3) Für $a = 0,\ b = 1$ (überlineare Feder) ähnelt $F(\varphi)$ der vorangegangenen Abbildung. Nach (5.11) sind die Lagen in der Umgebung des Verzweigungspunktes stabil. Da keine weitere Verzweigung von dieser Kurve erfolgt, ist der gesamte Nachknickbereich stabil.
4) Für $a = 0,\ b = -1$ (unterlineare Feder) gibt es keine Lagen $\varphi \neq 0$ für $F/F_{\text{krit}} > 1$. Die Nachknickkurve ist nach (5.11) stets instabil.
5) Für $a = 1,\ b = 1$ ist die Nachknickkurve unsymmetrisch zum Verzweigungspunkt. Aus (5.11) können wir schließen:

$$\Pi'' > 0 \quad \text{für} \quad \varphi > 0 \quad \text{und für} \quad \varphi < -3/7,$$
$$\Pi'' < 0 \quad \text{für} \quad -3/7 < \varphi < 0.$$

Zu den Ästen $\varphi > 0$ und $\varphi < \varphi^* = -3/7$ gehören stabile Gleichgewichtslagen, zum Bereich dazwischen instabile Gleichgewichtslagen. Man kann zeigen, daß die Stabilitätsgrenze $\varphi^*$ zum Minimum der Kurve

$F(\varphi)$ gehört. Dabei ist $\varphi^* = -3/7 = -0,429$ nicht der exakte Wert für die Stabilitätsgrenze, da er aus der Näherung (5.11) ermittelt wurde. Aus $\mathrm{d}F/\mathrm{d}\varphi = 0$ folgt vielmehr $\varphi^* = -0,443$.

Zusammenfassend findet man, daß die Last-Verformungskurven in nichtlinearen Systemen sehr unterschiedlich verlaufen können. Hieraus resultiert auch das sehr unterschiedliche Stabilitätsverhalten von Systemen mit nichtlinearer Federcharakteristik.

### 5.2.2 Der Einfluß von Imperfektionen

Bisher hatten wir angenommen, daß der Stab für $F = 0$ lotrecht steht und die Druckkraft mittig angreift. Wenn diese Idealisierungen erfüllt sind, sprechen wir von einem *perfekten* Stab. In der realen Struktur treten aber meistens schon im unbelasteten Zustand Verformungen auf. Wir bezeichnen diese als Vorverformungen oder *Imperfektionen*. Außerdem greifen häufig die Lasten exzentrisch an. Diese beiden Abweichungen von der idealisierten Struktur zeigen ähnlichen Einfluß auf das Stabilitätsverhalten. Einen Stab mit einer Vorverformung (oder einer außermittigen Last) wollen wir *imperfekt* nennen.

Als Beispiel für einen imperfekten Stab betrachten wir wieder das in Abschnitt 5.2.1 behandelte Modell, wobei der Stab im unbelasteten Zustand nun um einen Winkel $\varphi_0$ ausgelenkt ist (Abb. 5.3a). Wir wenden die Energiemethode an und zählen $\varphi$ von der Lage im unbelasteten Zustand aus. Die Kraft hat dann bei einer zusätzlichen Auslenkung das Potential $\Pi_a = F\,l\cos(\varphi + \varphi_0)$. Die Feder soll die nichtlineare Kennlinie $M(\varphi) = c_T(1 + a\,\varphi + b\,\varphi^2)$ wie in (5.8) haben. Dann können wir das Gesamtpotential und die ersten beiden Ableitungen anschreiben:

$$\Pi = c_T\left(\frac{\varphi^2}{2} + a\,\frac{\varphi^3}{3} + b\,\frac{\varphi^4}{4}\right) + F\,l\cos(\varphi + \varphi_0)\,,$$

$$\Pi' = c_T(\varphi + a\,\varphi^2 + b\,\varphi^3) - F\,l\sin(\varphi + \varphi_0)\,,$$

$$\Pi'' = c_T(1 + 2\,a\,\varphi + 3\,b\,\varphi^2) - F\,l\cos(\varphi + \varphi_0)\,.$$

Die Gleichgewichtsbedingung $\Pi' = 0$ liefert

$$F = F_{\text{krit}}\,\frac{\varphi + a\,\varphi^2 + b\,\varphi^3}{\sin(\varphi + \varphi_0)} \qquad \text{mit} \qquad F_{\text{krit}} = c_T/l\,. \qquad (5.12)$$

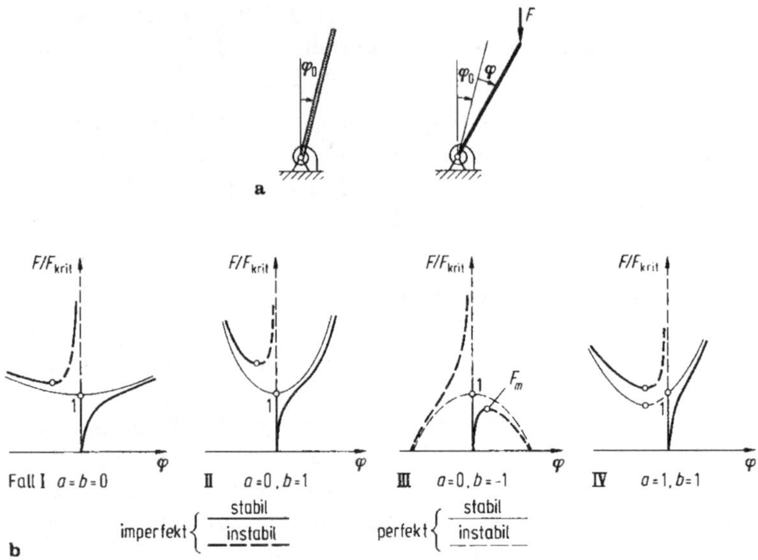


**Abb. 5.3**

Hier gibt es für positive $\varphi$ jetzt nur noch einen Lösungsast. Beim imperfekten Stab findet *keine* Verzweigung statt: das Knickproblem wird zum Biegeproblem. Die Stabilität der Gleichgewichtslagen folgt aus dem Vorzeichen von

$$\Pi'' = c_T(1 + 2a\,\varphi + 3\,b\,\varphi^2) - c_T(1 + a\,\varphi + b\,\varphi^2)\frac{\varphi}{\tan(\varphi + \varphi_0)}\,. \quad (5.13)$$

In Abb. 5.3b sind die Ergebnisse der numerischen Auswertung von (5.12) und (5.13) für vier verschiedene Fälle (Federparameter) dargestellt. Wir beschränken uns dabei auf eine positive Vorverformung und wählen $\varphi_0 = 0,05$. Zum Vergleich sind die Ergebnisse des perfekten Stabes nach Abb. 5.2b mit eingetragen. Man erkennt, daß in allen vier Fällen $F(\varphi)$ für kleine $\varphi$ zunächst annähernd linear verläuft. Mit wachsender Last macht sich die Nichtlinearität von $F(\varphi)$ zunehmend bemerkbar. In den Fällen I, II und IV treten in der Nähe der kritischen Last $F_{\text{krit}}$ bei der imperfekten Struktur große Verformungen auf. Für $F > F_{\text{krit}}$ schmiegen sich diese Lösungen an die Verzweigungsäste der perfekten Stäbe an. Mit (5.13) kann man zeigen, daß alle Lagen $\varphi > 0$ für diese drei imperfekten Stäbe stabil sind. Es sei angemerkt, daß die Lasten in Wirklichkeit nicht beliebig anwachsen können, da Grenzen für die Belastbarkeit durch zulässige Spannungen bzw. zulässige Verformungen vorgegeben sind.

Ein völlig anderes Verhalten zeigt dagegen die Lösung im Fall III. Hier erreicht $F(\varphi)$ im Punkt $F_m$, der unterhalb von $F_{\text{krit}}$ liegt, ein Maximum. Damit ist bereits für $F = F_m < F_{\text{krit}}$ die Grenze der Tragfähigkeit der Struktur erreicht. Bei einer Laststeigerung über $F_m$ hinaus würde der Stab „durchschlagen" (vgl. Abschn. 5.2.3). Je größer die Vorverformung $\varphi_0$ wird, desto kleiner wird $F_m$. Ein System mit einer Federkennlinie nach III nennt man daher besonders „empfindlich" gegen Imperfektionen.

In allen vier Fällen gibt es nach (5.12) weitere Lösungsäste für negative $\varphi$, die teils stabil, teils instabil sind. Sie sind in Abb. 5.3b ebenfalls eingetragen, haben aber keine praktische Bedeutung, da man diese Lagen bei quasistatischer Laststeigerung von $F = 0$ aus nie erreicht. Man könnte diese Lösungen nur verifizieren, indem man das System durch geeignete Manipulationen in Lagen mit $\varphi < 0$ zwingt und dann die Lasten aufbringt, die zu diesen Ästen gehören.

Es sei angemerkt, daß die Asymptote beim imperfekten System nicht bei $\varphi = 0$ sondern bei $\varphi = -\varphi_0$ liegt. Dies ist wegen $\varphi_0 \ll 1$ in den Abbildungen nicht zu erkennen.

**Beispiel 5.1:** Ein gelenkig gelagerter Stab wird seitlich durch eine Feder (Steifigkeit $c$) gehalten. Die Feder wird so geführt, daß sie in jeder Lage waagerecht ist. Die Kraft $F$ greift mit einer Exzentrizität $e$ an (Abb. 5.4a).

Gesucht ist die Grenzlast, die das System aufnehmen kann.

*Lösung:* Wir wenden die Energiemethode an. Wenn wir das Nullniveau des Potentials von $F$ in der Höhe $l$ wählen, so gilt (Abb. 5.4b)

$$\Pi_a = -F\,l\left(1 - \cos\varphi + \frac{e}{l}\sin\varphi\right).$$

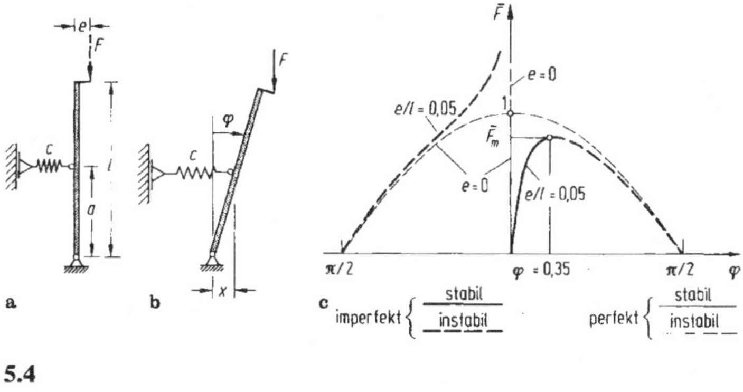


**Abb. 5.4**

Mit der Federenergie $\Pi_i = \frac{1}{2} c\, x^2 = \frac{1}{2} c\,(a \sin\varphi)^2$ wird das Gesamtpotential

$$\Pi = \frac{1}{2} c\,(a \sin\varphi)^2 - F\,l \left(1 - \cos\varphi + \frac{e}{l}\sin\varphi\right).$$

Die Gleichgewichtslagen folgen aus

$$\Pi' = 0 \quad \to \quad c\,a^2 \sin\varphi \cos\varphi - F\,l \left(\sin\varphi + \frac{e}{l}\cos\varphi\right) = 0\,. \quad \text{(a)}$$

Wenn wir die bezogene Last $\bar{F} = F\,l/c\,a^2$ einführen, dann erhalten wir hieraus für die Last-Verformungskurve

$$\bar{F} = \frac{\sin\varphi}{\tan\varphi + \frac{e}{l}}\,. \quad \text{(b)}$$

Sie ist in Abb. 5.4c für $e/l = 0,05$ dargestellt.

Um die Stabilität der Lagen zu untersuchen, bilden wir die zweite Ableitung des Potentials:

$$\Pi'' = \left[\cos 2\varphi - \bar{F}\left(\cos\varphi - \frac{e}{l}\sin\varphi\right)\right] c\,a^2\,. \quad \text{(c)}$$

Setzen wir (b) ein, so finden wir nach einigen trigonometrischen Umformungen

$$\Pi'' = \frac{\cos^2\varphi}{\tan\varphi + \frac{e}{l}}\left(\frac{e}{l} - \tan^3\varphi\right) c\,a^2\,.$$

Hiernach sind die Lagen mit $\tan^3\varphi < e/l$ stabil und solche mit $\tan^3\varphi > e/l$ instabil. Im Grenzfall $\tan^3\varphi = e/l$ wird $\mathrm{d}\bar{F}/\mathrm{d}\varphi = 0$. Die Last-Verformungskurve des imperfekten Stabes hat dort ihr Maximum $\bar{F}_m$ (vgl. Fall III in Abb. 5.3b). Der Stab kann keine größere Last aufnehmen. Setzt man $\tan^3\varphi = e/l$ in (b) ein, so erhält man – wiederum nach elementaren Rechnungen mit trigonometrischen Beziehungen – für die gesuchte Grenzlast

$$\underline{\underline{\bar{F}_m = \left[1 + \left(\frac{e}{l}\right)^{2/3}\right]^{-3/2}}} \,. \tag{d}$$

Im Zahlenbeispiel liegt der Größtwert der Last bei $\varphi^* = 0,35$ und hat den Wert $\bar{F}_m = 0,82$. Für kleinere Exzentrizitäten ($e/l \ll 1$) kann man Gleichung (d) entwickeln und findet dann näherungsweise

$$\bar{F}_m \approx 1 - \frac{3}{2}\left(\frac{e}{l}\right)^{2/3} \,. \tag{e}$$

Aus dieser Näherung folgt im Zahlenbeispiel die Grenzlast $\bar{F}_m \approx 0,86$. Die kritische Last nimmt mit wachsendem $e$ ab: die Struktur ist empfindlich gegen Imperfektionen.

Für $e = 0$ folgt aus (d) die kritische Last des perfekten Stabes zu

$$\bar{F}_{\text{krit}} = 1 \quad \rightarrow \quad F_{\text{krit}} = c\,\frac{a^2}{l} \,. \tag{f}$$

Die Nachknickkurve für $e = 0$ ist ein Cosinus (vgl. (b)). Dieser Ast ist nach (c) instabil. Für $\bar{F} > \bar{F}_{\text{krit}} = 1$ existiert dann nach (a) zusätzlich die Gleichgewichtslage $\varphi = 0$. Sie ist nach (c) ebenfalls instabil (Abb. 5.4c).

### 5.2.3 Der Stabzweischlag als Beispiel für ein Durchschlagproblem

Zwei gelenkig verbundene, starre Stäbe sind mit einem festen Lager bzw. mit einem elastisch abgestützten Rollenlager verbunden (Abb. 5.5a). Im unbelasteten Zustand ist die Feder entspannt, und jeder Stab hat einen Winkel $\alpha$ gegenüber der Horizontalen. Wird das System durch eine vertikale Kraft $F$ belastet, so wird die Feder zusammengedrückt, und die Stäbe bilden einen Winkel $\varphi$ mit der Horizontalen (Abb. 5.5b). Wir wollen die Gleichgewichtslagen bei quasistatischer Steigerung der Last ermitteln und deren Stabilität untersuchen. Dabei wenden wir die Energiemethode an. Das Gesamtpotential des Systems lautet

$$\Pi = -F\,l(\sin\alpha - \sin\varphi) + \frac{1}{2}c\,(2l)^2(\cos\varphi - \cos\alpha)^2 \,.$$

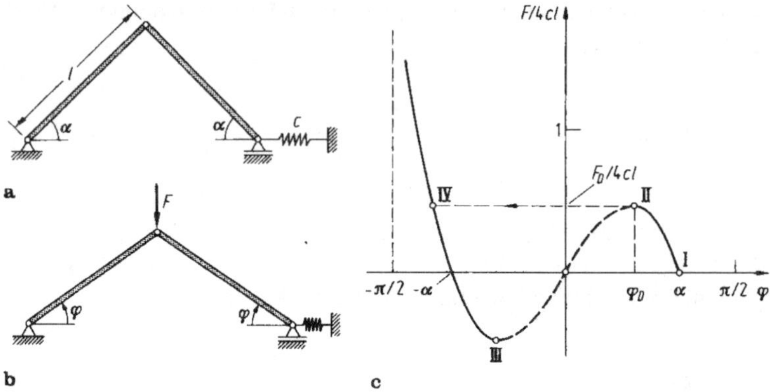


**Abb. 5.5**

Setzen wir die erste Ableitung

$$\frac{\mathrm{d}\Pi}{\mathrm{d}\varphi} = F\,l\cos\varphi + 4\,c\,l^2(\cos\varphi - \cos\alpha)(-\sin\varphi)$$

zu Null, so folgt für die Gleichgewichtslagen:

$$\frac{F}{4\,c\,l} = \sin\varphi - \cos\alpha\tan\varphi\,. \tag{5.14}$$

Diese Gleichung, die für $-\frac{\pi}{2} < \varphi \leq \alpha < \frac{\pi}{2}$ gilt, stellt einen nichtlinearen Kraft-Verformungs-Zusammenhang $F(\varphi)$ dar. Er ist in Abb. 5.5c aufgetragen. Die Kurve beginnt im Punkt I bei $\varphi = \alpha$. Bei quasistatischer Laststeigerung wird in II ein Punkt erreicht, bei dem zunächst keine größere Last aufgebracht werden kann. Bei weiterer Laststeigerung ist Gleichgewicht nur auf dem Ast oberhalb von IV möglich, d.h. der Stabzweischlag schlägt in diese Lage mit großem negativem $\varphi$ durch. In II ist $\mathrm{d}F/\mathrm{d}\varphi = 0$. Daraus folgt der kritische Winkel $\varphi_D$ für den Durchschlag:

$$\frac{\mathrm{d}F}{\mathrm{d}\varphi} = 0 = \cos\varphi_D - \frac{\cos\alpha}{\cos^2\varphi_D} \quad\rightarrow\quad \cos\varphi_D = \sqrt[3]{\cos\alpha}\,. \tag{5.15}$$

Hiermit findet man die *Durchschlaglast* $F_D$:

$$\begin{aligned}\frac{F_D}{4\,c\,l} &= \sin\varphi_D - \cos\alpha\tan\varphi_D\\ &= \sin\varphi_D - \cos^3\varphi_D\tan\varphi_D = \sin^3\varphi_D\,.\end{aligned} \tag{5.16}$$

Eine Aussage über die Art des Gleichgewichts längs der Kurve erhalten wir aus der zweiten Ableitung des Potentials:

$$\frac{\mathrm{d}^2\Pi}{\mathrm{d}\varphi^2} = -F\,l\sin\varphi + 4\,c\,l^2(\cos\varphi - \cos\alpha)(-\cos\varphi) + 4c\,l^2\sin^2\varphi\,.$$

Die rechte Seite läßt sich mit (5.14) zusammenfassen zu

$$\frac{\mathrm{d}^2\Pi}{\mathrm{d}\varphi^2} = 4\,c\,l^2\left(\frac{\cos\alpha}{\cos\varphi} - \cos^2\varphi\right)\,. \tag{5.17}$$

Im Bereich $-\cos\alpha < \cos^3\varphi < \cos\alpha$ ist die zweite Ableitung positiv, und damit liegt dort stabiles Gleichgewicht vor. In Abb. 5.5c sind dies mit (5.15) der Ast von I bis II und der Ast von III über IV hinaus. Alle Gleichgewichtslagen zwischen II und III sind dagegen instabil. Anschaulich kann man dies z.B. an der Lage $\varphi = 0$ erkennen. Dort ist die Feder gespannt, ohne daß eine äußere Last $F$ wirkt. Schon bei einer kleinen Störung wird der Stabzweischlag aus dieser instabilen Lage in eine der stabilen Lagen $\pm\alpha$ übergehen.

## 5.3 Verallgemeinerung

Die Methoden, die wir bei den Modellen mit einem Freiheitsgrad angewendet haben, können wir auf diskrete Systeme mit mehreren Freiheitsgraden und auf kontinuierliche Systeme verallgemeinern. Wenn für eine Struktur ein Verzweigungspunkt existiert, liefern Gleichgewichts- und Energiemethode dieselben Gleichgewichtslagen. Allerdings erhält man mit der Gleichgewichtsmethode nur die Lagen, während die Energiemethode zusätzlich Aussagen über deren Stabilität ermöglicht.

Bei einem diskreten System (aus starren Körpern und Federn) mit $n$ Freiheitsgraden muß man zur Anwendung der Gleichgewichtsmethode ein System von $n$ Gleichgewichtsbedingungen aufstellen und lösen. Sucht man eine Lösung mit Hilfe der Energiemethode, so gehen jetzt in die Federenergie die Anteile aller in dem System vorhandenen Federn ein (vgl. Beispiel 5.2). Wir beschreiben die ausgelenkte Lage durch die verallgemeinerten Koordinaten $q_i$ (Verschiebungen, Winkel, vgl. Band 3, Abschn. 4.3). Das Gesamtpotential ist dann durch $\Pi = \Pi(q_i)$ gegeben. Damit Gleichgewicht herrscht, muß die Bedingung

$$\delta\Pi = 0 \quad \to \quad \delta\Pi = \sum \frac{\partial \Pi}{\partial q_i}\delta q_i = 0$$

erfüllt sein. Da die $\delta q_i$ beliebig sind, erhalten wir daraus die $n$ Gleichgewichtsbedingungen

$$\frac{\partial \Pi}{\partial q_1} = 0, \quad \frac{\partial \Pi}{\partial q_2} = 0, \quad \ldots, \quad \frac{\partial \Pi}{\partial q_n} = 0\,. \tag{5.18}$$

Eine Gleichgewichtslage ist stabil, wenn das Potential dort ein Minimum hat. Um hierüber eine Aussage treffen zu können, muß die folgende Determinante aus allen zweiten Ableitungen des Potentials gebildet werden:

$$D_n = \begin{vmatrix} \dfrac{\partial^2 \Pi}{\partial q_1^2} & \dfrac{\partial^2 \Pi}{\partial q_1\,\partial q_2} & \cdots & \dfrac{\partial^2 \Pi}{\partial q_1\,\partial q_n} \\ \dfrac{\partial^2 \Pi}{\partial q_2\,\partial q_1} & \dfrac{\partial^2 \Pi}{\partial q_2^2} & \cdots & \\ \vdots & \vdots & & \\ \dfrac{\partial^2 \Pi}{\partial q_n\,\partial q_1} & \dfrac{\partial^2 \Pi}{\partial q_n\,\partial q_2} & \cdots & \dfrac{\partial^2 \Pi}{\partial q_n^2} \end{vmatrix}\,.$$

(Die Unterdeterminanten $D_1$, $D_2$, …, $D_n$ sind längs der Hauptdiagonale markiert.)

Man kann zeigen, daß eine Gleichgewichtslage stabil ist, wenn $D_n$ und alle Unterdeterminanten, die längs der Hauptdiagonale gebildet werden können, positiv sind:

$$D_1 > 0, \quad D_2 > 0, \quad \ldots, \quad D_n > 0.$$

Ein Verzweigungspunkt liegt vor, wenn die Bedingungen

$$\frac{\partial \Pi}{\partial q_i} = 0, \quad i = 1, 2, \ldots, n \quad \text{und} \quad D_n = 0$$

erfüllt sind.

Beim *elastischen Kontinuum* müssen bei Anwendung der Gleichgewichtsmethode neben den Gleichgewichtsbedingungen (am verformten System) konstitutive Gleichungen aufgestellt werden. Diese stellen einen Zusammenhang zwischen den Schnittgrößen und den kinematischen Größen her (sie treten an die Stelle der Federgesetze beim Mehrkörpersystem). Bei der Energiemethode geht in das Gesamtpotential $\Pi$ die Formänderungsenergie $\Pi_i$ des betrachteten elastischen Körpers ein. Die Ermittlung von Gleichgewichtslagen erfolgt wie bei diskreten Systemen aus $\delta\Pi = 0$. Diese Bedingung muß nun wie in Abschnitt 2.7.3 behandelt werden. Eine Gleichgewichtslage ist stabil, wenn die Gesamtenergie in dieser Lage ein Minimum hat. Es muß daher $\delta^2\Pi > 0$ gelten.

Will man nur die kritische Last ermitteln, so kann man sich auf kleine (infinitesimale) Auslenkungen gegenüber der Ausgangslage beschränken. Beim diskreten System erhält man dann (nach beiden Methoden) $n$ lineare, homogene, algebraische Gleichungen. Eine nichttriviale Lösung folgt aus dem Nullsetzen der Koeffizientendeterminante. Dies liefert i.a. $n$ verschiedene Eigenwerte. Setzt man diese in das Gleichungssystem ein, so kann man zu jedem Eigenwert die zugehörige *Eigenform* bestimmen. Beim elastischen Kontinuum führt die Linearisierung auf lineare, homogene Differentialgleichungen, die man unter Beachtung der (homogenen) Randbedingungen lösen muß.

Will man die Stabilität von Gleichgewichtslagen nach Überschreiten der kritischen Last untersuchen, muß man stets große Verformungen berücksichtigen. Alle Gleichungen werden dann nichtlinear und sind nur in Sonderfällen analytisch lösbar. Die Berechnung der Nachknickkurven hat eine große Bedeutung darin, daß man abschätzen kann, welchen Einfluß die stets vorhandenen Imperfektionen auf die kritische Last haben (vgl. Abb. 5.3b). In Abbildung 5.6 sind typische Kraft-Verschiebungsverläufe qualitativ für einen Stab, eine Platte und eine Schale dargestellt. Dabei ist $f$ die Verschiebung unter der Last. Der lineare Verlauf unterhalb der kritischen Last beschreibt die Verkürzung infolge Längsdehnung. Die Abbildung zeigt, daß Stab und Platte unempfindlich gegen Imperfektionen sind, während Imperfektionen bei Schalen eine erhebliche Minderung der kritischen Last ($N_D < N_{\text{krit}}$) verursachen.

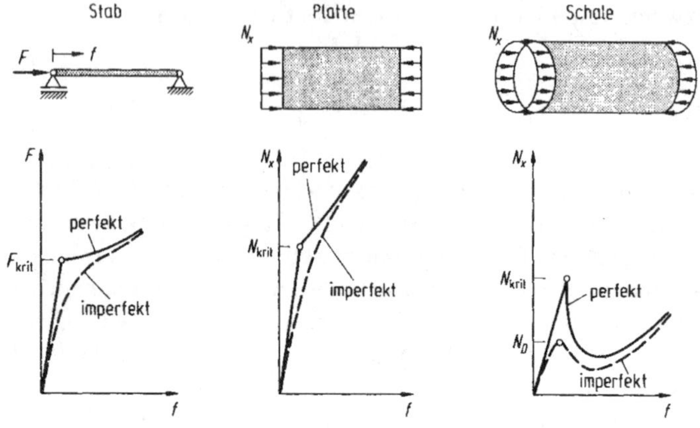


**Abb. 5.6**

Schließlich wollen wir festhalten, daß man bei Strukturen, die durchschlagen können, stets große Deformationen berücksichtigen muß.

**Beispiel 5.2:** Für das System aus starren Stäben und Federn nach Abb. 5.7a ermittle man die Knicklasten und die Knickformen. Stäbe und Federn werden als gewichtslos angesehen.

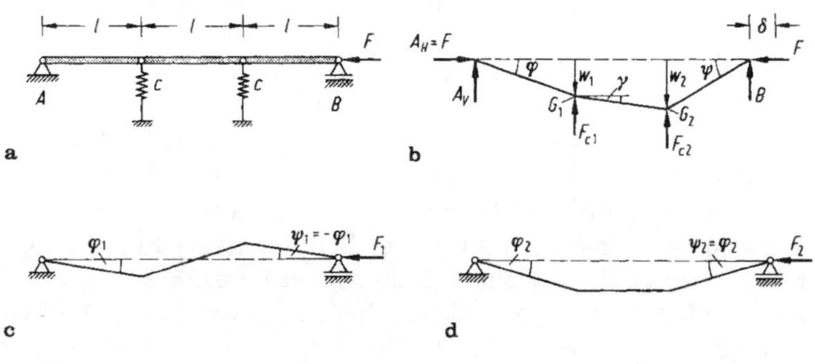


**Abb. 5.7**

*Lösung:* Es liegt ein Verzweigungsproblem vor. Zur Ermittlung der Knicklasten genügt es, sich auf die Umgebung der Verzweigung zu beschränken. Wir wollen zunächst die Gleichgewichtsmethode anwenden und betrachten hierzu eine beliebige kleine Auslenkung aus der Ausgangslage (Abb. 5.7b). Sie kann bei dem hier vorliegenden System von

2 Freiheitsgraden durch die 2 Winkel $\varphi$ und $\psi$ beschrieben werden. Mit den kinematischen Beziehungen $w_1 = l\,\varphi$ und $w_2 = l\,\psi$ (kleine Winkel) erhält man die Federkräfte

$$F_{c1} = c\,l\,\varphi, \quad F_{c2} = c\,l\,\psi\,.$$

Damit folgt aus dem Momentengleichgewicht am Gesamtsystem bzw. am linken und am rechten Teilsystem

$$\overset{\curvearrowright}{B}: \; 3lA_V + 2cl^2\varphi + cl^2\psi = 0, \quad \overset{\curvearrowleft}{A}: \; 3lB + 2cl^2\psi + cl^2\varphi = 0,$$

$$\overset{\curvearrowright}{G_1}: \; lA_V + l\varphi F = 0, \qquad \overset{\curvearrowleft}{G_2}: \; lB + l\psi F = 0.$$

Die Elimination der Lagerkräfte $A_V$ und $B$ ergibt das folgende System von zwei linearen, homogenen, algebraischen Gleichungen

$$(-3F + 2cl)\varphi + cl\psi = 0\,, \qquad \text{(a)}$$

$$cl\,\varphi + (-3F + 2cl)\psi = 0\,. \qquad \text{(b)}$$

Nichttriviale Lösungen folgen aus dem Verschwinden der Koeffizientendeterminante:

$$\begin{vmatrix} -3F + 2cl & cl \\ cl & -3F + 2cl \end{vmatrix} = 0\,.$$

Die charakteristische Gleichung

$$(-3F + 2cl)^2 - (cl)^2 = 0 \quad \rightarrow \quad F^2 - \frac{4}{3}cl\,F + \frac{1}{3}c^2 l^2 = 0$$

hat die Lösungen (Eigenwerte)

$$\underline{\underline{F_1 = \frac{1}{3}cl}}, \quad \underline{\underline{F_2 = cl.}}$$

Der kleinere Wert ergibt die kritische Last $F_{\text{krit}} = F_1 = cl/3$. Setzt man die Eigenwerte in (a) oder (b) ein, so erhält man die folgenden Eigenformen: zur kritischen Last $F_{\text{krit}}$ gehört die antisymmetrische Knickform $\psi_1 = -\varphi_1$ (Abb. 5.7c), zur höheren Knicklast $F_2$ gehört die symmetrische Knickform $\psi_2 = \varphi_2$ (Abb. 5.7d).

Einen zweiten Lösungsweg bietet die Energiemethode. Das Potential der äußeren Kraft folgt aus der Arbeit $W = F\delta$. Dabei hat die Lagerverschiebung $\delta$ drei Anteile (Abb. 5.7b). Aus der Drehung des linken bzw.

des rechten Stabes folgen $\delta_1 = l(1 - \cos\varphi)$ bzw. $\delta_2 = l(1 - \cos\psi)$. Der Drehwinkel $\gamma$ des mittleren Stabes ergibt sich für kleine Winkel aus $\gamma\, l = w_2 - w_1$ zu $\gamma = \psi - \varphi$. Sein Anteil zur Lagerverschiebung beträgt daher $\delta_3 = l(1 - \cos(\psi - \varphi))$. Somit erhält man das Potential $\Pi_a = -F(\delta_1 + \delta_2 + \delta_3)$ zu

$$\Pi_a = -F\,l[(1 - \cos\varphi) + (1 - \cos\psi) + (1 - \cos(\psi - \varphi))].$$

Wegen $\cos\alpha \approx 1 - \dfrac{\alpha^2}{2}$ (kleine Winkel) vereinfacht sich dies zu

$$\Pi_a = -F\,l(\varphi^2 + \psi^2 - \psi\,\varphi)\,.$$

Mit der Federenergie

$$\Pi_i = \frac{1}{2}c\,w_1^2 + \frac{1}{2}c\,w_2^2 = \frac{1}{2}c\,l^2\,\varphi^2 + \frac{1}{2}c\,l^2\,\psi^2$$

wird das Gesamtpotential

$$\Pi = \Pi_i + \Pi_a = \frac{1}{2}c\,l^2(\varphi^2 + \psi^2) - F\,l(\varphi^2 + \psi^2 - \psi\,\varphi)\,.$$

Hieraus folgen mit (5.18) die Gleichgewichtsbedingungen in der ausgelenkten Lage:

$$\frac{\partial \Pi}{\partial \varphi} = 0: \quad (-2F\,l + c\,l^2)\varphi + F\,l\,\psi = 0,$$
$$\frac{\partial \Pi}{\partial \psi} = 0: \quad (-2F\,l + c\,l^2)\psi + F\,l\,\varphi = 0.$$

Die nichttrivialen Lösungen $F_1 = c\,l/3$ und $F_2 = c\,l$ dieses homogenen Gleichungssystems sind dieselben wie bei dem ersten Lösungsweg.

## 5.4 Stabknicken

### 5.4.1 Der elastische Druckstab mit großen Verschiebungen – Die Elastica

In Band 2, Abschnitt 7.2 wurde gezeigt, daß bei einem elastischen Stab bei Erreichen der kritischen Last $F_{\text{krit}}$ benachbarte Gleichgewichtslagen möglich sind (Verzweigung). Diese Last folgt aus der Differentialglei-

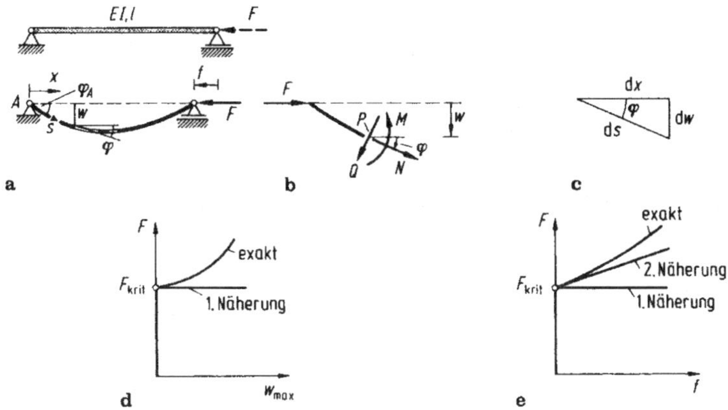


**Abb. 5.8**

chung für das Knickproblem $EI\,w^{IV} + F\,w'' = 0$, welche aber nur für kleine (infinitesimale) Verschiebungen $w(x)$ gilt. Sie ermöglicht es nicht, Durchbiegungen für $F > F_{\text{krit}}$ zu ermitteln. Wir suchen nun die Durchbiegung $w$ für Gleichgewichtslagen oberhalb $F_{\text{krit}}$. Hierzu betrachten wir als Beispiel einen beiderseits gelenkig gelagerten Stab der Länge $l$, der nach Abb. 5.8a durch eine Druckkraft $F$ belastet wird. Der Stab sei ideal gerade; die Druckkraft greife im Schwerpunkt des Querschnitts an. Weiterhin wollen wir die Längenänderung des Stabes vernachlässigen. Als Koordinate verwenden wir die Bogenlänge $s$ längs des verformten Stabes.

Für $F > F_{\text{krit}}$ schreiben wir das Gleichgewicht am verformten Stab an (Abb. 5.8b):

$$\overset{\curvearrowleft}{P}: \quad M - F\,w = 0\,. \tag{5.19}$$

Mit der Krümmung $\kappa_B = \dfrac{\mathrm{d}\varphi}{\mathrm{d}s}$ der Stabachse lautet das Elastizitätsgesetz

$$M = -EI\,\frac{\mathrm{d}\varphi}{\mathrm{d}s}\,. \tag{5.20}$$

Es ist in dieser Form für beliebig große Auslenkungen gültig.

Nach Abb. 5.8c ist $\mathrm{d}w = \sin\varphi\,\mathrm{d}s$. Damit folgt aus (5.19) und (5.20) durch Differentiation nach $s$ die Differentialgleichung der Biegelinie für große Deformationen zu

$$EI\,\frac{\mathrm{d}^2\varphi}{\mathrm{d}s^2} + F\sin\varphi = 0\,.$$

Mit $\lambda^2 = \dfrac{F}{EI}$ kann man sie in folgender Form schreiben:

$$\frac{\mathrm{d}^2\varphi}{\mathrm{d}s^2} + \lambda^2 \sin\varphi = 0\,. \tag{5.21}$$

Eine „triviale“ Lösung dieser Gleichung ist $\varphi(s) \equiv 0$. Sie ist für $F < F_{\text{krit}}$ die einzige Lösung.

Um zu der Lösung $\varphi(s)$ für $F > F_{\text{krit}}$ zu gelangen, formen wir (5.21) mit $\dfrac{\mathrm{d}^2\varphi}{\mathrm{d}s^2} = \left[\dfrac{\mathrm{d}}{\mathrm{d}\varphi}\left(\dfrac{\mathrm{d}\varphi}{\mathrm{d}s}\right)\right]\dfrac{\mathrm{d}\varphi}{\mathrm{d}s}$ um und finden nach Integration

$$\frac{1}{2}\left(\frac{\mathrm{d}\varphi}{\mathrm{d}s}\right)^2 = \lambda^2\cos\varphi + C_1\,.$$

Wir bezeichnen den Winkel $\varphi(0)$ am Lager $A$ mit $\varphi_A$. Mit der Randbedingung

$$M(0) = 0 \qquad \rightarrow \qquad \left.\frac{\mathrm{d}\varphi}{\mathrm{d}s}\right|_{s=0} = 0$$

folgt dann $C_1 = -\lambda^2\cos\varphi_A$ und damit

$$\frac{\mathrm{d}\varphi}{\mathrm{d}s} = \pm\sqrt{2\lambda^2(\cos\varphi - \cos\varphi_A)}\,.$$

Trennung der Variablen und nochmalige Integration über $\varphi$ führt auf

$$\boxed{s = \pm\int\limits_{\varphi_A}^{\varphi} \frac{\mathrm{d}\bar{\varphi}}{\sqrt{2\lambda^2(\cos\bar{\varphi} - \cos\varphi_A)}}}\,. \tag{5.22}$$

Die Vorzeichen „ ± “ zeigen an, daß der Stab nach beiden Seiten ausknicken kann. Wir beschränken uns im weiteren auf das Minuszeichen.

Mit (5.22) kennen wir zwar theoretisch den Winkel $\varphi$ an jeder Stelle $s$ bei gegebenem $\varphi_A$. Aus $\varphi(s)$ könnten wir dann mit

$$\frac{\mathrm{d}w}{\mathrm{d}s} = \sin\varphi \tag{5.23}$$

auch die Durchbiegung $w(s)$ berechnen; solche Kurven heißen nach Euler *Elastica*. Praktisch ist das Integral in (5.22) jedoch nicht elementar lösbar. Wir müssen daher auf Näherungsverfahren zurückgreifen. In Abb. 5.8d ist eine Kraft-Verschiebungskurve aufgetragen, die durch numerische Integration gefunden wurde (vgl. Abb. 7.13b).

Wenn wir weitere Vereinfachungen treffen, können wir (5.22) näherungsweise auch noch analytisch auswerten. Hierzu beschränken wir uns zunächst auf kleine Winkel $\varphi$. Mit $\cos\varphi \approx 1 - \varphi^2/2$ folgt aus (5.22)

$$s = -\int\limits_{\varphi_A}^{\varphi} \frac{\mathrm{d}\bar{\varphi}}{\lambda\,\varphi_A\sqrt{1-\left(\dfrac{\bar{\varphi}}{\varphi_A}\right)^2}} = \frac{1}{\lambda}\left(+\arccos\frac{\varphi}{\varphi_A}\right)$$

$$\rightarrow \quad \varphi = \varphi_A \cos\lambda s\,.$$

Wenn wir annehmen, daß die Knickform symmetrisch zur Mitte $s = l/2$ ist, muß $\varphi(l/2) = 0$ sein, und daher wird

$$\cos\lambda\frac{l}{2} = 0 \quad\rightarrow\quad \lambda\frac{l}{2} = \frac{\pi}{2} \quad\rightarrow\quad F = \frac{\pi^2 EI}{l^2}\,. \tag{5.24}$$

Dies ist genau die kritische Last, bei der Knicken (Eulerfall II) beginnt (vgl. Band 2, Abb. 7.5). Für die Durchbiegung ergibt sich dann aus der Näherung von (5.23) für kleine Winkel $\mathrm{d}w/\mathrm{d}s \approx \varphi$ durch Integration

$$w = \frac{\varphi_A}{\lambda}\sin\lambda s\,. \tag{5.25}$$

Da $\varphi_A$ unbekannt ist, erhalten wir mit dieser 1. Näherung für $w$ keine Lastkurve $F(w)$. Um in einer 2. (verbesserten) Näherung zumindest den Anfang der Nachknickkurve analytisch zu ermitteln, formen wir (5.22) mit der Substitution $\sin\dfrac{\varphi}{2} = \sin\dfrac{\varphi_A}{2}\sin t$ um. Wir erhalten mit $\cos\dfrac{\varphi}{2}\mathrm{d}\varphi = 2\sin\dfrac{\varphi_A}{2}\cos t\,\mathrm{d}t$ und $\cos\varphi = 1 - 2\sin^2\dfrac{\varphi}{2}$ unter Beachtung der Grenzen

$$s = -\int\limits_{\pi/2}^{t} \frac{1}{\lambda}\frac{\mathrm{d}\bar{t}}{\sqrt{1-\sin^2\dfrac{\varphi_A}{2}\sin^2\bar{t}}}\,.$$

Mit $\sin \dfrac{\varphi_A}{2} = k$ und Vertauschen der Grenzen folgt

$$s = \frac{1}{\lambda} \int_t^{\pi/2} \frac{\mathrm{d}\bar{t}}{\sqrt{1 - k^2 \sin^2 \bar{t}}} \,. \tag{5.26}$$

Wenn wir weiterhin Symmetrie der Nachknickform annehmen, so muß $\varphi(l/2) = 0$ gelten, d.h. für $s = l/2$ ist $t = 0$. Damit wird

$$\frac{l}{2} = \frac{1}{\lambda} \int_0^{\pi/2} \frac{\mathrm{d}t}{\sqrt{1 - k^2 \sin^2 t}} \,. \tag{5.27}$$

Auf der rechten Seite steht ein vollständiges *elliptisches Integral* erster Gattung. Es läßt sich streng als Reihe schreiben:

$$\int_0^{\pi/2} \frac{\mathrm{d}t}{\sqrt{1 - k^2 \sin^2 t}} = \frac{\pi}{2} \left[ 1 + \left( \frac{1}{2} \right)^2 k^2 + \left( \frac{1 \cdot 3}{2 \cdot 4} \right)^2 k^4 + \ldots \right] . \tag{5.28}$$

Für kleine $\varphi$ ist $k$ klein $\left( k \approx \dfrac{\varphi_A}{2} \right)$, und es folgt daher aus (5.27) mit (5.28)

$$\frac{l}{2} \approx \frac{1}{\lambda} \frac{\pi}{2} \left( 1 + \frac{1}{4} \frac{\varphi_A^2}{4} \right) .$$

Wenn wir auf die Eulerlast $F_{\text{krit}} = \dfrac{\pi^2 EI}{l^2}$ beziehen, erhalten wir hieraus nach Quadrieren

$$\varphi_A^2 \approx 8 \left( \frac{F}{F_{\text{krit}}} - 1 \right) . \tag{5.29}$$

Man erkennt, wie mit steigender Last $F > F_{\text{krit}}$ die Anfangsneigung (und damit auch die Durchbiegung) rasch anwächst. Die Lastkurve $F(\varphi_A) = F_{\text{krit}}(1 + \varphi_A^2/8)$ zeigt einen quadratischen Zusammenhang zwischen Last und Winkel.

Wir wollen nun noch einen Zusammenhang zwischen $F$ und der Lagerverschiebung $f$ herleiten. Hierzu müssen wir zunächst $f$ durch $w$ ausdrücken. Nach Abb. 5.8c ist

$$\mathrm{d}s^2 = \mathrm{d}x^2 + \mathrm{d}w^2 \quad \rightarrow \quad \mathrm{d}s = \sqrt{1 + \left(\frac{\mathrm{d}w}{\mathrm{d}x}\right)^2}\;\mathrm{d}x\,.$$

Daher wird mit $(\cdot)' = \dfrac{d(\cdot)}{\mathrm{d}x}$ und unter Beachtung von $w'^{\,2} \ll 1$

$$f = \int_0^l (\mathrm{d}s - \mathrm{d}x) = \int_0^l (\sqrt{1 + w'^{\,2}} - 1)\mathrm{d}x \approx \frac{1}{2}\int_0^l w'^{\,2}\mathrm{d}x\,. \quad (5.30)$$

Mit der Lösung (5.25) (für kleine $w$ ist $\mathrm{d}x \approx \mathrm{d}s$) wird

$$f = \frac{1}{2}\int_0^l \varphi_A^2 \cos^2 \lambda x \,\mathrm{d}x = \frac{1}{2}\,\varphi_A^2\,\frac{1}{2}\,l,$$

und mit (5.29) ergibt sich hieraus

$$f = 2\left(\frac{F}{F_{\text{krit}}} - 1\right) l \quad \text{bzw.} \quad \frac{F}{F_{\text{krit}}} = 1 + \frac{1}{2}\frac{f}{l}\,.$$

Der Verlauf $F(f)$ ist in Abb. 5.8e qualitativ eingezeichnet: in 2. Näherung wächst die Last $F$ linear mit $f$.

Ein Zahlenbeispiel möge das Ergebnis verdeutlichen: für $F = 1{,}05\,F_{\text{krit}}$ wird $f = 0{,}1\,l$. Eine Überschreitung der Knicklast um nur 5% bringt also bereits eine Lagerverschiebung von 10% der Stablänge. Zu kleinen Überschreitungen der kritischen Last gehören daher große Verformungen. Da solche Verformungen technisch meistens nicht zulässig sind, beschränken wir uns im folgenden auf die Ermittlung der kritischen Lasten.

### 5.4.2 Ermittlung der Knickgleichung mit der Energiemethode

Um die kritischen Lasten von Stäben für beliebige Lagerungen ermitteln zu können, benötigen wir eine allgemeine Knickgleichung. Wir haben diese in Band 2, Abschnitt 7.2 mit der Gleichgewichtsmethode gefunden. Nun wollen wir die Energiemethode anwenden, wobei der Stab durch eine Einzelkraft $F$ und zusätzlich durch sein gleichmäßig verteiltes Eigengewicht $\mu g = G/l$ belastet sein soll ($\mu$ = Masse/Längenein-

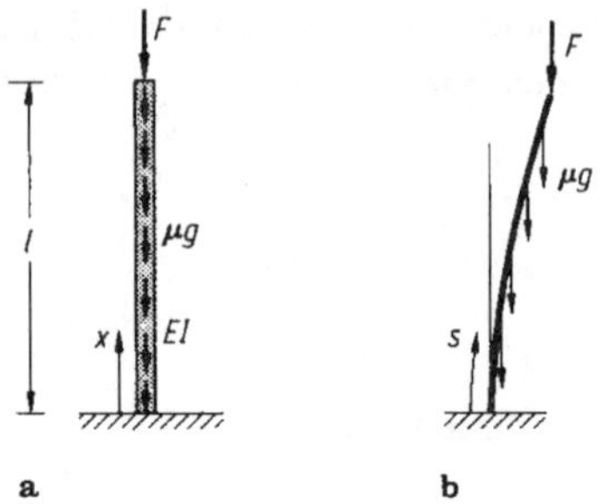


**Abb. 5.9**

heit), vgl. Abb. 5.9a. Wir nehmen den Stab wieder als dehnstarr an. Da wir uns bei der Ermittlung der kritischen Last auf kleine Auslenkungen beschränken dürfen, brauchen wir zwischen der Koordinate $x$ im unverformten Zustand und der Bogenlänge $s$ längs der verformten Balkenachse (Abb. 5.9b) nicht zu unterscheiden. Daher wird die Formänderungsenergie (vgl. Beispiel 2.12)

$$\Pi_i = \frac{1}{2} EI \int_0^l w''^{\,2} \, \mathrm{d}x .$$

Bei der Aufstellung des Potentials des Eigengewichts müssen wir sorgfältig zwischen einer laufenden Koordinate $\xi$ und einer festen Stelle $x$ unterscheiden. Das Eigengewicht eines Elementes $\mathrm{d}x$ an der Stelle $x$ hat das Potential $-\mu\, g\, \mathrm{d}x\, f(x)$, wobei $f(x) = \frac{1}{2} \int_0^x w'^{\,2}\, \mathrm{d}\xi$ die Vertikalverschiebung an der Stelle $x$ ist (vgl. (5.30)). Daher wird das Gesamtpotential infolge Eigengewicht

$$\Pi_{a1} = -\frac{1}{2} \mu\, g \int_0^l \left( \int_0^x w'^{\,2} \mathrm{d}\xi \right) \mathrm{d}x .$$

Durch partielle Integration kann man verifizieren, daß allgemein gilt:

$$\int_0^l \left( \int_0^x f(\xi) \mathrm{d}\xi \right) \mathrm{d}x = \int_0^l (l - x) f(x) \mathrm{d}x .$$

Damit läßt sich die doppelte Integration in $\Pi_{a1}$ auf ein Einfachintegral zurückführen, und man erhält für das Gesamtpotential infolge Last $F$ und infolge Eigengewicht $\mu\, g$

$$\Pi_a = -\frac{1}{2}\, F \int_0^l w'^{\,2}\mathrm{d}x - \frac{1}{2}\,\mu\, g \int_0^l (l-x)\, w'^{\,2}\mathrm{d}x\,.$$

Die gesuchte Gleichgewichtslage folgt aus

$$\delta(\Pi_i + \Pi_a) = \delta\Big[\frac{1}{2}\, EI \int_0^l w''^{\,2}\mathrm{d}x - \frac{1}{2}\, F \int_0^l w'^{\,2}\mathrm{d}x - \frac{1}{2}\,\mu\, g \int_0^l (l-x)\, w'^{\,2}\mathrm{d}x\Big] = 0\,. \qquad (5.31)$$

Es sei vermerkt, daß diese Gleichung als Ausgangsgleichung für Näherungsmethoden verwendet werden kann.

Mit $\delta w'^{\,2} = 2\, w'\, \delta w'$ etc. folgt aus (5.31) zunächst

$$EI \int_0^l w''\, \delta w''\, \mathrm{d}x - F \int_0^l w'\, \delta w'\, \mathrm{d}x - \mu\, g \int_0^l (l-x)\, w' \delta w' \mathrm{d}x = 0\,.$$

Zweimalige Teilintegration liefert

$$\int_0^l \left[EI\, w^{IV} + F\, w'' + \mu\, g(l-x)\, w'' - \mu\, g\, w'\right]\delta w\, \mathrm{d}x + \left[EI\, w''\, \delta w\right]_0^l - \left\{\left[EI\, w''' + F\, w' + \mu\, g(l-x)\, w'\right]\delta w\right\}_0^l = 0\,.$$

Da die Verrückungen $\delta w$ beliebig sind, müssen die drei Terme einzeln verschwinden. Aus dem Integral ergibt sich daher die Knickgleichung

$$\boxed{EI\, w^{IV} + F\, w'' + \mu\, g(l-x)\, w'' - \mu\, g\, w' = 0}\,. \qquad (5.32)$$

Weiterhin müssen an den Rändern entweder die kinematischen Randbedingungen

$$w = 0, \quad w' = 0$$

oder (dort wo $\delta w$, $\delta w'$ nicht verschwinden) die mechanischen (statischen) Randbedingungen

$$M = -EI\, w'' = 0, \quad Q = -EI\, w''' = F\, w' + \mu\, g(l-x)\, w'$$

erfüllt werden. Die zweite Gleichung berücksichtigt, daß an Rändern, an denen $w' \neq 0$ ist, die äußeren Kräfte eine Komponente quer zur Balkenachse haben.

Die Gleichung (5.32) stimmt für $\mu g = 0$ mit der Knickgleichung

$$EI\,w^{IV} + Fw'' = 0 \tag{5.33}$$

überein, die bereits in Band 2, Abschnitt 7.2 abgeleitet wurde.

Für den Stab, der allein durch sein Eigengewicht belastet wird, folgt aus (5.32)

$$EI\,w^{IV} + \mu\,g(l-x)\,w'' - \mu\,g\,w' = 0\,. \tag{5.34}$$

Diese Differentialgleichung hat veränderliche Koeffizienten und ist daher nicht elementar zu lösen. In Abschnitt 7.5.5 wird gezeigt, wie man die kritische Last $(\mu\,g)_{\text{krit}}$ mit einer Näherungsmethode numerisch ermitteln kann.

Wir wollen hier nur noch erwähnen, daß man (5.34) durch geeignete Substitution neuer Variablen auf eine Besselsche Differentialgleichung der Ordnung $n = 1/3$ überführen kann. Unter Beachtung der Randbedingungen findet man dann für den Stab mit einer Lagerung nach Abb. 5.9a die kritische Last

$$(\mu\,g\,l)_{\text{krit}} = 0,795\,\frac{\pi^2\,EI}{l^2}\,. \tag{5.35}$$

Wenn das Gesamtgewicht als Einzelkraft $F = \mu\,g\,l$ am freien Ende eines dann gewichtslosen Stabes angebracht wird, ist nach dem ersten Eulerfall $F_{\text{krit}} = \pi^2\,EI/(4\,l^2)$ (vgl. Band 2, Abb. 7.5). Bei gleichmäßig verteiltem Gewicht ist also die kritische Last mehr als dreimal so groß.

**Beispiel 5.3:** Ein Druckstab ist am linken Ende gelenkig und am rechten Ende elastisch (Federsteifigkeit $c$) gelagert (Abb. 5.10 a).

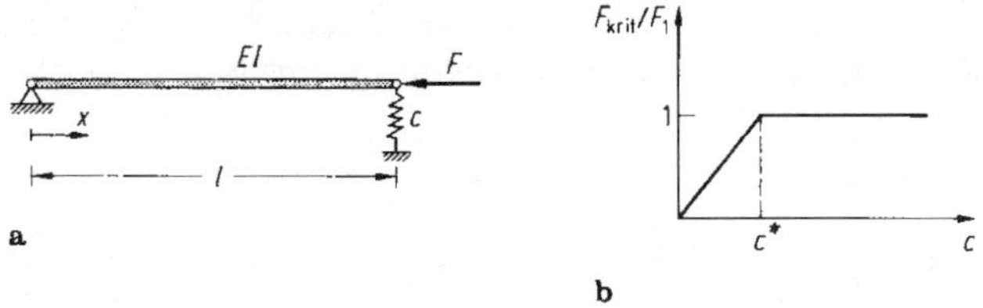


**Abb. 5.10**

Man ermittle die kritische Last und diskutiere ihre Abhängigkeit von der Federsteifigkeit.

*Lösung:* Zur Ermittlung der kritischen Last können wir auf die Knickgleichung (5.33) zurückgreifen. Diese Differentialgleichung vierter Ordnung hat mit $\lambda^2 = F/EI$ die allgemeine Lösung (vgl. Band 2, Gl. (7.14))

$$w = A\cos\lambda x + B\sin\lambda x + C\lambda x + D\,. \tag{a}$$

Mit $M = -EI\,w''$ und $Q = -EI\,w'''$ folgt aus den Randbedingungen:

$$\begin{aligned}
w(0) &= 0 \quad\rightarrow\quad A + D = 0\,,\\
M(0) &= 0 \quad\rightarrow\quad A = 0\,,\\
M(l) &= 0 \quad\rightarrow\quad \lambda^2 A\cos\lambda l + \lambda^2 B\sin\lambda l = 0\,,\\
Q(l) &= F\,w'(l) - c\,w(l)\\
&\rightarrow\quad -c\,A\cos\lambda l - c\,B\sin\lambda l + (F\,\lambda - c\,\lambda\,l)C - c\,D = 0\,.
\end{aligned}$$

Wegen $A = D = 0$ reduziert sich dieses homogene Gleichungssystem auf

$$B\sin\lambda l = 0, \quad (F - c\,l)C = 0\,.$$

Für $B \neq 0$ und $C = 0$ folgt der kleinste Eigenwert aus $\sin\lambda l = 0$ zu

$$F_1 = \frac{\pi^2\,EI}{l^2}\,.$$

Für $C \neq 0$ und $B = 0$ ergibt sich

$$F_2 = c\,l\,.$$

Für kleine Werte von $c$ ist $F_2 < F_1$, und damit wird $F_{\text{krit}} = F_2$. Mit wachsendem $c$ steigt $F_2$ an, bis es den Wert $F_1$ erreicht. Aus $F_1 = F_2$ folgt die zugehörige Federsteifigkeit

$$c^* = \frac{\pi^2\,EI}{l^3}\,.$$

Man nennt diesen Wert die *Mindeststeifigkeit.* Für alle $c > c^*$ kann die Knicklast nicht weiter erhöht werden, und der Stab knickt wie ein beiderseits gelenkig gelagerter Stab mit $F_{\text{krit}} = F_1 = \pi^2 EI/l^2$ (vgl. Band 2, Abb. 7.5 Eulerfall II).

Zusammenfassend gilt daher für die kritische Last (Abb. 5.10b):

$$\underline{\underline{F_{\text{krit}} = c\,l}} \quad \text{für} \quad c \le c^*, \qquad \underline{\underline{F_{\text{krit}} = \frac{\pi^2 EI}{l^2}}} \quad \text{für} \quad c \ge c^* .$$

### 5.4.3 Der imperfekte Druckstab

Verzweigungsprobleme gibt es nur beim geraden, zentrisch gedrückten Stab. Sobald Imperfektionen vorhanden sind, treten schon bei kleinen Kräften Auslenkungen auf. An Hand eines Beispiels wollen wir den Kraft-Verformungsverlauf für den imperfekten Stab mit Hilfe der Gleichgewichtsmethode ermitteln.

Hierzu betrachten wir den beiderseits gelenkig gelagerten Stab nach Abb. 5.11a, der im unbelasteten Zustand ($F = 0$) bereits eine (spannungslose) Vorverformung $w_0(x)$ besitzt. Außerdem greife die Kraft mit einer Exzentrizität $e$ gegenüber der Schwerachse an. Das Moment bestimmen wir aus dem Gleichgewicht am verformten System (kleine Neigungen):

$$M(x) = F[w_0(x) + e + w(x)] .$$

Zur Bestimmung der Durchbiegung $w(x)$ nehmen wir an, daß die Verschiebungen sehr klein sind und wir daher die Koordinate $x$ des geraden Stabes auch für den verformten Stab weiter verwenden dürfen. Dann bleibt das Elastizitätsgesetz (Band 2, Gl. (4.31)) $M = -EI\,w''$ unverändert gültig.

Einsetzen liefert die inhomogene Differentialgleichung

$$EI\,w'' = -F[w_0(x) + e + w(x)] \rightarrow EI\,w'' + F\,w = -F[w_0(x) + e] . \tag{5.36}$$

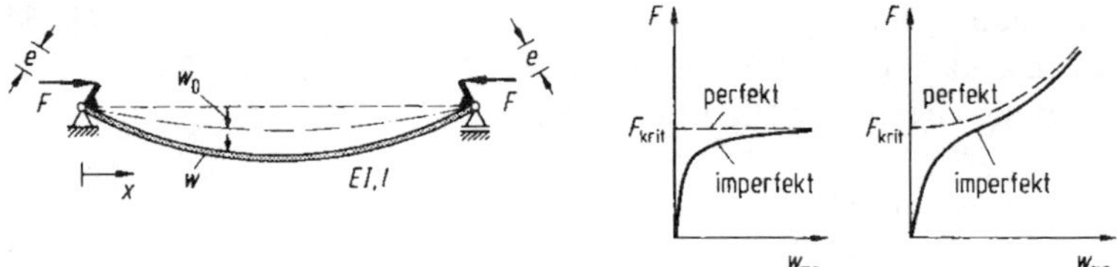


a b c

**Abb. 5.11**

Als Vorverformung $w_0(x)$ wählen wir eine Sinushalbwelle

$$w_0(x) = a_0 \sin \frac{\pi\, x}{l}\,.$$

Sie wird den Einfluß einer Vorbeule besonders deutlich machen, da sie der Knickform des perfekten Stabes (Eulerfall II) entspricht. Mit $\lambda^2 = F/EI$ folgt nach Einsetzen in (5.36)

$$w'' + \lambda^2 w = -\lambda^2 \left( a_0 \sin \frac{\pi\, x}{l} + e \right)\,.$$

Diese Gleichung hat die allgemeine Lösung

$$w = A \cos \lambda x + B \sin \lambda x + \frac{a_0}{\left(\dfrac{\pi}{\lambda\, l}\right)^2 - 1} \sin \frac{\pi\, x}{l} - e\,.$$

Aus den Randbedingungen $w(0) = 0$ und $w(l) = 0$ folgen die Konstanten

$$A = e, \quad B = e \frac{1 - \cos \lambda\, l}{\sin \lambda\, l} = e \frac{\sin \dfrac{\lambda\, l}{2}}{\cos \dfrac{\lambda\, l}{2}}\,.$$

Damit lautet die Lösung (nach geeigneter Zusammenfassung der Kreisfunktionen)

$$w = \frac{a_0}{\left(\dfrac{\pi}{\lambda\, l}\right)^2 - 1} \sin \frac{\pi\, x}{l} + e \left[ \frac{\cos \left( \dfrac{\lambda\, l}{2} - \lambda\, x \right)}{\cos \dfrac{\lambda\, l}{2}} - 1 \right]\,.$$

Die größte Durchbiegung tritt in der Mitte auf ($x = l/2$):

$$w_{\max} = \frac{a_0}{\left(\dfrac{\pi}{\lambda\, l}\right)^2 - 1} + e \left[ \frac{1}{\cos \dfrac{\lambda\, l}{2}} - 1 \right]\,. \qquad (5.37)$$

Mit $F = \lambda^2 EI$ und der Eulerlast $F_{\text{krit}} = \dfrac{\pi^2 EI}{l^2}$ wird $\left(\dfrac{\pi}{\lambda l}\right)^2 = \dfrac{F_{\text{krit}}}{F}$, und (5.37) läßt sich in folgender Form schreiben:

$$w_{\max} = \frac{a_0}{\dfrac{F_{\text{krit}}}{F} - 1} + e\left[\frac{1}{\cos\dfrac{\pi}{2}\sqrt{\dfrac{F}{F_{\text{krit}}}}} - 1\right]. \tag{5.38}$$

Man erkennt am Ergebnis, wie mit $F \to F_{\text{krit}}$ sowohl das erste als auch das zweite Glied sehr große Werte annehmen. Abb. 5.11b zeigt qualitativ den Verlauf von $F(w_{\max})$. (Für $F = 0,1F_{\text{krit}}$ ist $w_{\max} = 0,11\,a_0 + 0,14\,e$, für $F = 0,95F_{\text{krit}}$ steigt dagegen die Auslenkung überproportional auf $w_{\max} = 13\,a_0 + 24,1\,e$ an.) Dabei muß beachtet werden, daß bei der Ableitung kleine Durchbiegungen vorausgesetzt wurden, weswegen (5.38) nur für hinreichend kleine $w_{\max}$ gilt.

Will man den Verlauf von $w$ für größere $F$ ermitteln, muß man die Gleichungen, die zur Ermittlung der Elastica verwendet wurden, entsprechend verallgemeinern. In Abb. 5.11c ist $F(w_{\max})$ für große Verformungen schematisch dargestellt (vgl. auch Abb. 5.6).

## 5.5 Plattenbeulen

In Abschnitt 3.6 wurde die Durchbiegung einer Platte unter Querlast untersucht. Ein ebenes Flächentragwerk kann aber auch allein unter Druck- bzw. Schubkräften, die *in* der Ebene wirken, seitlich ausweichen, wenn diese kritische Werte überschreiten. Man spricht dann von *Plattenbeulen*, obwohl der Spannungszustand unterhalb der kritischen Lasten dem einer Scheibe entspricht. Wir wollen die kritische Last mit der Gleichgewichtsmethode bestimmen und beschränken uns hier auf Rechteck- und Kreisplatten.

### 5.5.1 Die Beulgleichung

Eine rechteckige Platte (Scheibe) sei am Rand durch Druck- und Schubspannungen belastet, die gleichmäßig über die konstante Dicke $t$ verteilt sind. Analog zu den Querkräften und den Momenten (vgl. 3.40) führen wir *Normal-* und *Schubkräfte* als Spannungsresultierende ein, wobei wir hier Druckkräfte positiv zählen und auch beim Schub das Vorzeichen umdrehen:

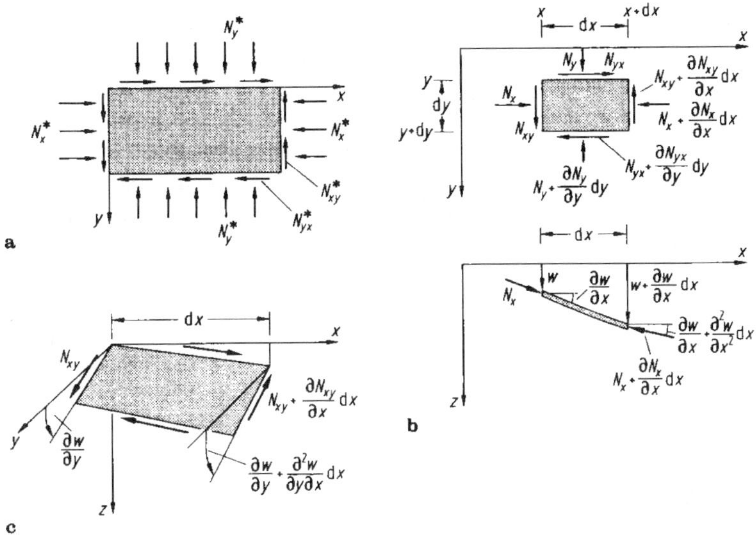


**Abb. 5.12**

$$
\begin{aligned}
N_x &= -\int \sigma_x \mathrm{d}z = -\sigma_x\, t, \quad N_y = -\int \sigma_y \mathrm{d}z = -\sigma_y\, t\,, \\
N_{xy} &= -\int \tau_{xy} \mathrm{d}z = -\tau_{xy}\, t, \quad N_{yx} = -\int \tau_{yx} \mathrm{d}z = -\tau_{yx}\, t\,.
\end{aligned}
\tag{5.39}
$$

Die Platte sei nach Abb. 5.12a durch die Randkräfte $N_x^*$, $N_y^*$ und $N_{xy}^* = N_{yx}^*$ belastet.

Solange die Randbelastung unterhalb – noch zu berechnender – kritischer Werte ist, bleibt das Tragwerk eben. Daher gelten für die Schnittkräfte die Gleichgewichtsbedingungen der ebenen Elastizitätstheorie (vgl. Kap. 2.5)

$$
\frac{\partial N_x}{\partial x} + \frac{\partial N_{yx}}{\partial y} = 0\,, \quad \frac{\partial N_{xy}}{\partial x} + \frac{\partial N_y}{\partial y} = 0\,. \tag{5.40}
$$

Sie folgen aus (2.93), wenn man dort die Volumenkräfte gleich Null setzt und die Spannungen mit der Plattendicke $t$ multipliziert. Man nennt den Spannungszustand vor dem Beulen den *Grundspannungszustand.*

Überschreiten die Randlasten kritische Werte, so können große seitliche Auslenkungen auftreten. Wir müssen dann das Gleichgewicht im verformten Zustand aufstellen, wobei zur Ermittlung der kritischen Lasten die Verformungen noch als klein angenommen werden können. Abb. 5.12b zeigt ein Plattenelement mit den angreifenden Längs- und Schubkräften sowie seine Deformation in der $x, z$-Ebene im Schnitt.

Aufgrund der angenommenen kleinen Deformationen ändern sich die Randlasten bei der Auslenkung nicht. Damit bleibt auch der durch (5.40) bestimmte Grundspannungszustand erhalten, d.h., die Gleichgewichtsbedingungen in $x$- und in $y$-Richtung sind auch am verformten Element erfüllt. Im Unterschied zur Scheibe gehen jetzt aber diese Längs- und Schubkräfte auch in die Gleichgewichtsbedingung in $z$-Richtung ein. Infolge der unterschiedlichen Neigungen an den Stellen $x$ und $x+\mathrm{d}x$ erhalten wir (bei kleinen Winkeln) aus der Längskraft $N_x$ eine resultierende Kraft in $z$-Richtung

$$N_x \mathrm{d}y \frac{\partial w}{\partial x} - \left(N_x + \frac{\partial N_x}{\partial x}\mathrm{d}x\right)\left(\frac{\partial w}{\partial x} + \frac{\partial^2 w}{\partial x^2}\mathrm{d}x\right)\mathrm{d}y\,.$$

Nach Weglassen des Gliedes, das von höherer Ordnung klein ist, bleibt

$$\left(-N_x \frac{\partial^2 w}{\partial x^2} - \frac{\partial N_x}{\partial x}\frac{\partial w}{\partial x}\right)\mathrm{d}x\,\mathrm{d}y\,.$$

Analog liefert die Normalkraft $N_y$ eine Kraftkomponente in $z$-Richtung

$$\left(-N_y \frac{\partial^2 w}{\partial y^2} - \frac{\partial N_y}{\partial y}\frac{\partial w}{\partial y}\right)\mathrm{d}x\,\mathrm{d}y\,.$$

Um die $z$-Komponente der Schubkraft $N_{xy}$ berechnen zu können, betrachten wir das verformte Element nach Abb. 5.12c. Wir erhalten

$$\left(-N_{xy} \frac{\partial^2 w}{\partial x\,\partial y} - \frac{\partial N_{xy}}{\partial x}\frac{\partial w}{\partial y}\right)\mathrm{d}x\,\mathrm{d}y\,.$$

Analog liefert $N_{yx}$ einen Anteil

$$\left(-N_{yx} \frac{\partial^2 w}{\partial x\,\partial y} - \frac{\partial N_{yx}}{\partial y}\frac{\partial w}{\partial x}\right)\mathrm{d}x\,\mathrm{d}y\,.$$

Wir berücksichtigen nun diese vier Anteile in der Gleichgewichtsbedingung (3.41a) der Platte (mit $p = 0$). Dabei fallen alle ersten Ableitungen der Normal- und der Schubkräfte wegen (5.40) heraus, und es bleibt nur (mit $N_{xy} = N_{yx}$)

$$\frac{\partial Q_x}{\partial x} + \frac{\partial Q_y}{\partial y} - N_x \frac{\partial^2 w}{\partial x^2} - 2N_{xy}\frac{\partial^2 w}{\partial x\,\partial y} - N_y \frac{\partial^2 w}{\partial y^2} = 0\,. \quad (5.41)$$

Wir eliminieren die Querkräfte mit (3.41b,c) und erhalten statt (3.42) nun

$$\frac{\partial^2 M_x}{\partial x^2} + 2\frac{\partial^2 M_{xy}}{\partial x\,\partial y} + \frac{\partial^2 M_y}{\partial y^2} - N_x\frac{\partial^2 w}{\partial x^2} - 2N_{xy}\frac{\partial^2 w}{\partial x\,\partial y} - N_y\frac{\partial^2 w}{\partial y^2} = 0\,. \tag{5.42}$$

Mit dem (für kleine Verformungen unverändert gültigen) Elastizitätsgesetz (3.50) folgt nach Zusammenfassen mit dem Laplace-Operator

$$\boxed{K\Delta\,\Delta\,w + N_x\frac{\partial^2 w}{\partial x^2} + 2N_{xy}\frac{\partial^2 w}{\partial x\,\partial y} + N_y\frac{\partial^2 w}{\partial y^2} = 0}\,. \tag{5.43}$$

Die Randbedingungen (3.53) und (3.54) bleiben unverändert. Nur am freien Rand müssen zur Ersatzquerkraft nach (3.55) noch die Kraftkomponenten

$$N_x^*\frac{\partial w}{\partial x} + N_{xy}^*\frac{\partial w}{\partial y}$$

bzw.

$$N_y^*\frac{\partial w}{\partial y} + N_{xy}^*\frac{\partial w}{\partial x}$$

in Analogie zu $F\,w'$ beim Stab (vgl. Abschn. 5.4.2) hinzugefügt werden.

Aus (5.43) kann man eine kritische Last berechnen, wenn die Schnittkräfte durch einen einzigen Lastparameter bestimmt sind. Dies ist z.B. der Fall für $N_x = N_0,\ N_y = N_{xy} = 0$.

### 5.5.2 Die Rechteckplatte unter einseitigem Druck

Eine Lösung der Gleichung (5.43), welche die Randbedingungen erfüllt, kann nur in Sonderfällen in geschlossener Form gefunden werden. Als Beispiel betrachten wir die allseits gelenkig gelagerte Platte nach Abb. 5.13a unter einseitig konstantem Druck $N_x^* = N$. Dann ist $N_x$ in der ganzen Platte gleich $N$. Mit $N_y = N_{xy} = 0$ vereinfacht sich (5.43) zu

$$K\Delta\,\Delta\,w + N\frac{\partial^2 w}{\partial x^2} = 0\,. \tag{5.44}$$

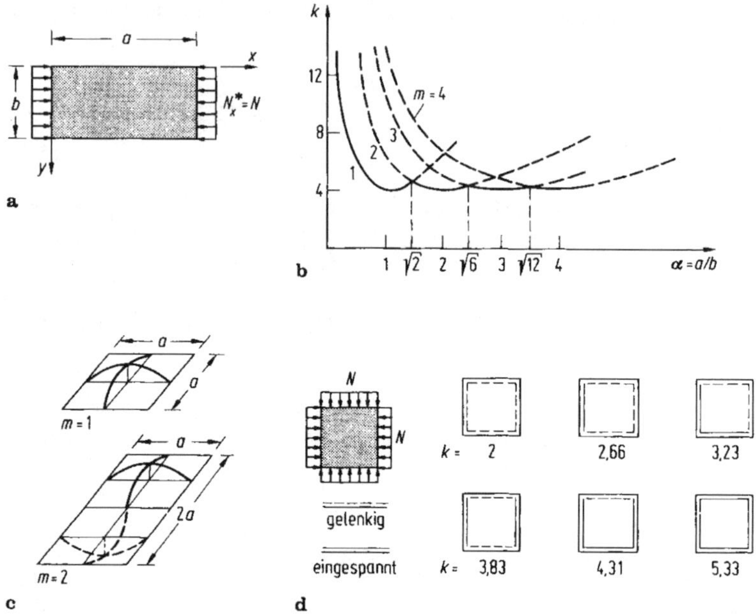


**Abb. 5.13**

Um die kritische Last zu bestimmen, wählen wir den Doppelreihenansatz

$$w = \sum_{m=1}^{\infty} \sum_{n=1}^{\infty} w_{mn} \sin \frac{m \pi x}{a} \sin \frac{n \pi y}{b}, \qquad m, n = 1, 2, \ldots . \tag{5.45}$$

Er erfüllt die Randbedingungen

$$\begin{aligned} w(0,y) = \quad w(a,y) = 0, \qquad & w(x,0) = \quad w(x,b) = 0\,, \\ M_x(0,y) = M_x(a,y) = 0, \qquad & M_y(x,0) = M_y(x,b) = 0\,. \end{aligned}$$

Setzt man (5.45) in (5.44) ein, so erhält man

$$\sum_{m=1}^{\infty} \sum_{n=1}^{\infty} \left\{ K \left[ \left( \frac{m \pi}{a} \right)^2 + \left( \frac{n \pi}{b} \right)^2 \right]^2 - N \left( \frac{m \pi}{a} \right)^2 \right\}$$

$$\cdot\, w_{mn} \sin \frac{m \pi x}{a} \sin \frac{n \pi y}{b} = 0\,.$$

Da mindestens ein Koeffizient $w_{mn} \neq 0$ sein muß, muß die geschweifte Klammer verschwinden. Hieraus folgt für die Druckkraft:

$$N = \frac{K\left[\left(\frac{m\pi}{a}\right)^2 + \left(\frac{n\pi}{b}\right)^2\right]^2}{\left(\frac{m\pi}{a}\right)^2} .$$

Wir müssen nun die $m, n$-Kombination suchen, für die $N$ den kleinsten (kritischen) Wert annimmt. Man erkennt ohne weitere Rechnung, daß $n = 1$ (eine Halbwelle in $y$-Richtung) für alle Seitenverhältnisse $\alpha = a/b$ zum kleinsten Wert führt. Damit wird

$$N = \frac{\pi^2 K}{b^2}\left(\frac{m}{\alpha} + \frac{\alpha}{m}\right)^2 = k(m, \alpha)\frac{\pi^2 K}{b^2} \tag{5.46a}$$

mit

$$k = \left(\frac{m}{\alpha} + \frac{\alpha}{m}\right)^2 . \tag{5.46b}$$

Der *Beulwert* (Beulfaktor) $k$ hängt von den Parametern $m$ und $\alpha$ ab. Abb. 5.13b zeigt den Beulwert in Abhängigkeit von $\alpha$ für unterschiedliche $m$. Für $\alpha < \sqrt{2}$ liefert $m = 1$ die kleinsten $k$-Werte. Damit gilt

$$N_{\text{krit}} = \frac{\pi^2 K}{b^2}\left(\frac{1}{\alpha} + \alpha\right)^2 = k\frac{\pi^2 K}{b^2} . \tag{5.47}$$

Wenn wir bei konstanter Plattenbreite $b$ die Länge $a$ ändern, so nimmt $k$ den kleinsten Wert für $\alpha = 1$ mit $k = 4$ an:

$$N_{\text{krit}} = 4\frac{\pi^2 K}{b^2} . \tag{5.48}$$

Unter dieser Last beult eine quadratische Platte ($\alpha = 1$). Abb. 5.13c zeigt die zugehörige Beulfläche. Sie wird beschrieben durch

$$w = w_{11} \sin\frac{\pi x}{a} \sin\frac{\pi y}{a} .$$

Diese Eigenfunktion, welche der kritischen Last zugeordnet ist, stimmt mit der Eigenfunktion für die Grundschwingung einer Rechteckplatte nach (4.103) überein.

Abbildung 5.13b zeigt, daß für größer werdende $\alpha$ die Kurve für $m = 2$ zu kleineren Beulwerten $k$ führt als die Kurve für $m = 1$. Für $m = 2$ gilt nach (5.46)

$$k = \left(\frac{2}{\alpha} + \frac{\alpha}{2}\right)^2 . \tag{5.49}$$

Dieser Beulwert hat das Minimum $k = 4$ bei $\alpha = 2$, d.h., die Platte beult dann in quadratischen Feldern (Abb. 5.13c). Analoges gilt für alle $m = 3, 4, \ldots$ . Alle Kurven haben bei $\alpha = m$ ein Minimum mit dem Wert $k = 4$. Die Aneinanderreihung der jeweils maßgebenden kleinsten Werte von $k(\alpha)$ nennt man *Girlandenkurve*. Wir müssen nun noch den Schnittpunkt $\alpha_m^*$ zweier benachbarter Kurven $m$ und $m + 1$ suchen, um zu beurteilen, wie weit $k$ zwischen den Minima ansteigen kann. Aus $k(m) = k(m + 1)$ folgt $\frac{m}{\alpha} + \frac{\alpha}{m} = \frac{m+1}{\alpha} + \frac{\alpha}{m+1}$. Daraus erhält man für das Seitenverhältnis

$$\alpha_m^* = \sqrt{m(m+1)} . \tag{5.50}$$

Für $m = 1$ wird $\alpha_1^* = \sqrt{2}$ und damit $k(\alpha_1^*) = 4,5$. Dieser Wert liegt um ca. 10% höher als das Minimum. Mit wachsenden $m$ nähern sich die Werte an den durch $\alpha_m^*$ gekennzeichneten Girlandenecken immer mehr dem Wert $k = 4$ von oben. Man ist daher auf der sicheren Seite, wenn man beim Stabilitätsnachweis die kleine Zunahme von $k$ zwischen zwei Minima vernachlässigt und für alle $\alpha > 1$ unabhängig vom Seitenverhältnis stets $k = 4$, d.h.

$$N_{\text{krit}} = 4\frac{\pi^2 K}{b^2}$$

setzt (vgl. (5.48)).

Ähnliche Ergebnisse erhält man für andere Randbedingungen, wobei man jedoch den Beulwert häufig nur numerisch ermitteln kann. In Abb. 5.13d sind einige Zahlenwerte von $k$ für die quadratische Platte unter beidseitigem Druck $N_x^* = N_y^* = N$ angegeben. Mit $N_x = N_y = N$ und $N_{xy} = 0$ läßt sich die Beulgleichung (5.43) dann wie folgt schreiben:

$$K\Delta\,\Delta w + N\Delta w = 0 . \tag{5.51}$$

Man sieht in der Abbildung, wie mit zunehmender Anzahl der eingespannten Seiten der Beulwert von $k = 2$ bei der allseits gelenkig gelagerten Platte bis zum Wert $k = 5,33$ bei der allseits eingespannten Platte ansteigt.

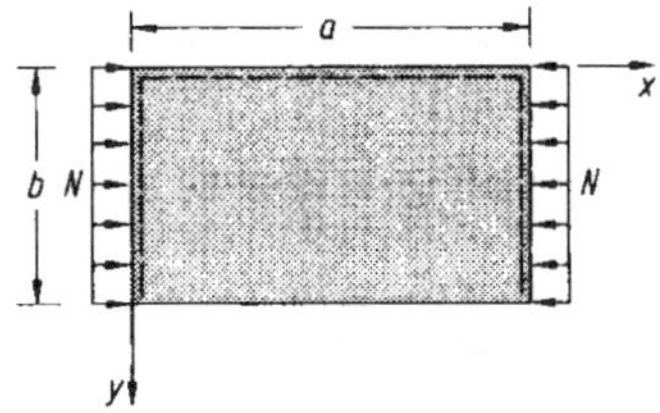


**Abb. 5.14**

Wir wollen nun den Fall einer Platte untersuchen, die an zwei gegenüberliegenden Rändern gelenkig – an den anderen Rändern beliebig – gelagert ist, da man hier die Berechnung des Beulwertes wenigstens ein großes Stück noch analytisch vorantreiben kann. Als Beispiel wählen wir eine Rechteckplatte (Seitenverhältnis $\alpha = a/b$) unter einseitigem Druck $N_x^* = N$, die an den Rändern $x = 0$, $x = a$ und $y = 0$ gelenkig gelagert ist, während der Rand $y = b$ frei ist (Abb. 5.14). Wir erhalten die kritische Last $N_{\text{krit}}$ aus der Beulgleichung (5.44). Zu ihrer Lösung wählen wir den Produktansatz (Separationsansatz)

$$w = \sum_{m=1}^{\infty} W_m(y) \sin \frac{m\,\pi\,x}{a}\,. \tag{5.52}$$

Er erfüllt die Randbedingungen $w = 0$ und $M_x = 0$ längs der gegenüberliegenden Ränder $x = 0$ und $x = a$ (vgl. Tabelle 3.1). Einsetzen in (5.44) führt auf

$$\sum_{m=1}^{\infty} \left\{ K \left[ \left(\frac{m\,\pi}{a}\right)^4 W_m - 2\left(\frac{m\,\pi}{a}\right)^2 \frac{\mathrm{d}^2 W_m}{\mathrm{d}y^2} + \frac{\mathrm{d}^4 W_m}{\mathrm{d}y^4} \right] - N \left(\frac{m\,\pi}{a}\right)^2 W_m \right\} \sin \frac{m\,\pi}{a} x = 0\,.$$

Da der Sinus für beliebige $x$ im allgemeinen von Null verschieden ist, muß die geschweifte Klammer für jedes $m$ gleich Null sein. Wir können dann bei $W_m$ auf den Index verzichten und erhalten mit der Abkürzung $\mu = m\,\pi/a$ die gewöhnliche Differentialgleichung mit konstanten Koeffizienten

$$\frac{\mathrm{d}^4 W}{\mathrm{d}y^4} - 2\mu^2 \frac{\mathrm{d}^2 W}{\mathrm{d}y^2} + \left(\mu^4 - \frac{N}{K}\,\mu^2\right) W = 0\,. \tag{5.53}$$

Zu ihrer Lösung machen wir den Ansatz

$$W(y) = C\,\mathrm{e}^{\lambda y}\,. \tag{5.54}$$

Einsetzen in (5.53) ergibt die charakteristische Gleichung

$$\lambda^4 - 2\mu^2\,\lambda^2 + \left(\mu^4 - \frac{N}{K}\,\mu^2\right) = 0\,.$$

Wenn wir annehmen, daß $N > K\mu^2$ ist (vgl. (5.46)), dann hat sie die Lösungen

$$\lambda_{1,2} = \pm\sqrt{\mu^2 + \sqrt{\frac{N}{K}\mu^2}} = \pm\,\beta\,,$$

$$\lambda_{3,4} = \pm i\sqrt{-\mu^2 + \sqrt{\frac{N}{K}\mu^2}} = \pm\,i\gamma\,.$$

Setzt man diese Wurzeln in (5.54) ein, so kann man die Exponentialfunktionen mit reellen Exponenten zu Hyperbelfunktionen und die mit imaginären Exponenten zu Kreisfunktionen zusammenfassen und erhält damit

$$W(y) = C_1\cosh\beta\,y + C_2\sinh\beta\,y + C_3\cos\gamma\,y + C_4\sin\gamma\,y\,. \tag{5.55}$$

Die vier Konstanten $C_i$ folgen aus den Randbedingungen. Am gelenkig gelagerten Rand ($y = 0$) ergibt sich

$$w = 0 \quad\rightarrow\quad C_1 + C_3 = 0\,,$$

$$M_y = 0 \quad\rightarrow\quad (\beta^2 - \nu\,\mu^2)\,C_1 + (\gamma^2 + \nu\,\mu^2)\,C_3 = 0\,.$$

Hieraus folgt $C_1 = C_3 = 0$, und von (5.55) bleibt nur

$$W(y) = C_2\sinh\beta\,y + C_4\sin\gamma\,y$$

$$\rightarrow\quad w(x,y) = (C_2\sinh\beta\,y + C_4\sin\gamma\,y)\sin\mu\,x\,.$$

Aus den Bedingungen für den freien Rand ($y = b$) erhält man (vgl. Tabelle 3.1):

$$M_y = 0 \rightarrow \frac{\partial^2 w}{\partial y^2} + \nu \frac{\partial^2 w}{\partial x^2} = 0$$

$$\rightarrow \beta^2 C_2 \sinh \beta b - \gamma^2 C_4 \sin \gamma b$$

$$- \nu \mu^2 (C_2 \sinh \beta b + C_4 \sin \gamma b) = 0 ,$$

$$\bar{Q}_y = 0 \rightarrow \frac{\partial}{\partial y} \left( \frac{\partial^2 w}{\partial y^2} + (2 - \nu) \frac{\partial^2 w}{\partial x^2} \right) = 0$$

$$\rightarrow \beta^3 C_2 \cosh \beta b - \gamma^3 C_4 \cos \gamma b$$

$$-(2 - \nu)\mu^2 (\beta C_2 \cosh \beta b + \gamma C_4 \cos \gamma b) = 0 .$$

Eine nichttriviale Lösung für dieses homogene Gleichungssystem folgt aus dem Verschwinden der Koeffizientendeterminante:

$$\begin{vmatrix} (\beta^2 - \nu \mu^2) \sinh \beta b & -(\gamma^2 + \nu \mu^2) \sin \gamma b \\ \beta[\beta^2 - (2 - \nu)\mu^2] \cosh \beta b & -\gamma[\gamma^2 + (2 - \nu)\mu^2] \cos \gamma b \end{vmatrix} = 0 .$$

Da die gesuchte Beullast $N_{\text{krit}}$ in $\beta$ und $\gamma$ enthalten ist, ist ihre Ermittlung nur numerisch möglich. Dabei zeigen die Ergebnisse, daß in diesem Beispiel die kleinste Beullast stets für $m = 1$ auftritt: die Beulform hat nur eine Halbwelle in $x$-Richtung. Setzen wir wieder $N_{\text{krit}} = k \pi^2 K/b^2$, so hängt der Beulwert $k$ nur vom Seitenverhältnis $\alpha$ ab. In der Tabelle 5.1 sind einige Zahlenwerte für die betrachteten Randbedingungen angegeben. Zum Vergleich wurden die Beulwerte für eine Platte, die bei $y = 0$ eingespannt ist, in die Tabelle zusätzlich aufgenommen. Man erkennt, daß die Einspannung (nur an einem von 4 Rändern) den Beulwert gegenüber dem Wert bei gelenkiger Lagerung erheblich erhöht.

**Tabelle 5.1.** Beulwerte $k$

| Seitenverhältnis / Randbedingungen | $\alpha$ | 1,0 | 1,2 | 1,4 | 1,6 | 1,8 | 2,0 |
|---|---|---|---|---|---|---|---|
| $y = 0$: gelenkig gelagert<br>$y = b$: frei | $k =$ | 1,44 | 1,14 | 0,95 | 0,84 | 0,76 | 0,70 |
| $y = 0$: eingespannt<br>$y = b$: frei | $k =$ | 1,70 | 1,47 | 1,36 | 1,33 | 1,34 | 1,38 |

### 5.5.3 Die Kreisplatte

Wir wollen nun noch kritische Lasten für eine Kreisplatte ermitteln. Die Platte vom Radius $R$ sei durch eine längs des Randes gleichförmig verteilte Druckspannung $\sigma_0$ belastet: $N^* = \sigma_0\, t$ (Abb. 5.15a). Wegen der symmetrischen Randlast ist auch der Spannungszustand in der Scheibe (vor dem Beulen) rotationssymmetrisch. Mit $\dfrac{\partial(\cdot)}{\partial\varphi} = 0$ und $\tau_{r\varphi} = 0$ folgt aus (2.35)

$$\sigma_r = \sigma_\varphi = \sigma_0 \quad \rightarrow \quad N_r = N_\varphi = N = \sigma_0\, t\,.$$

Wir können für diesen homogenen Zustand die Beulgleichung in der Form (5.51) verwenden:

$$K\Delta\,\Delta\, w + N\Delta w = 0 \quad \rightarrow \quad \Delta\left(\Delta + \frac{N}{K}\right) w = 0\,. \tag{5.56}$$

Man kann zeigen, daß die Lösung dieser Differentialgleichung sich aus den Lösungen der beiden Differentialgleichungen

$$\Delta w = 0 \;\text{ und }\; \Delta w + \frac{N}{K} w = 0$$

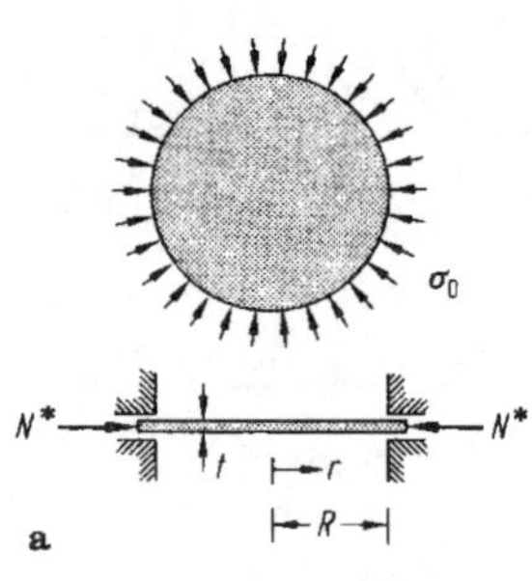

a

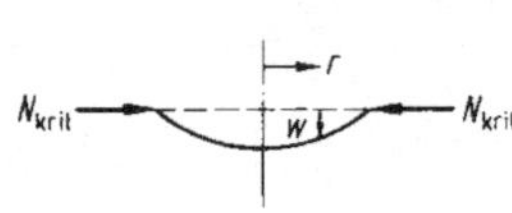

b

**Abb. 5.15**

zusammensetzt. Nimmt man weiterhin an, daß neben der Belastung auch die Beulform, die sich für $N = N_{\text{krit}}$ einstellt, rotationssymmetrisch ist (Abb. 5.15b), so vereinfacht sich der Laplace-Operator und man erhält die beiden gewöhnlichen Differentialgleichungen

$$\frac{\mathrm{d}^2 w}{\mathrm{d}r^2} + \frac{1}{r}\frac{\mathrm{d}w}{\mathrm{d}r} = 0 \;\text{ und }\; \frac{\mathrm{d}^2 w}{\mathrm{d}r^2} + \frac{1}{r}\frac{\mathrm{d}w}{\mathrm{d}r} + \frac{N}{K}w = 0\,. \tag{5.57}$$

Die erste Gleichung ist vom Eulerschen, die zweite vom Besselschen Typ. Die Superposition der Lösungen dieser beiden Gleichungen ergibt mit $N/K = \beta^2$

$$w = C_1 + C_2 \ln\left(\frac{r}{R}\right) + C_3\, I_0(\beta\, r) + C_4\, N_0(\beta\, r)\,.$$

Hierin sind $I_0$ und $N_0$ die Besselsche und die Neumannsche Funktion nullter Ordnung.

Die Erfüllung der Randbedingungen für eine gelenkig gelagerte Platte

$$w(R) = 0 \;\text{ und }\; M_r(R) = 0$$

bzw. für eine eingespannte Platte

$$w(R) = 0 \;\text{ und }\; \left.\frac{\mathrm{d}w}{\mathrm{d}r}\right|_{r=R} = 0$$

sowie der Bedingungen $\left.\frac{\mathrm{d}w}{\mathrm{d}r}\right|_{r=0} = 0$ und $w(0) \neq \infty$ führt auf die Eigenwertgleichungen

$$\beta\, R\, I_0(\beta\, r) - (1-\nu)\, I_1(\beta\, r) = 0 \;\text{ bzw. }\; I_1(\beta\, r) = 0\,.$$

Dabei ist $I_1$ die Besselsche Funktion erster Ordnung, wobei die Beziehung $I_1(\xi) = -\dfrac{\mathrm{d}I_0(\xi)}{\mathrm{d}\xi}$ besteht. Die numerische Auswertung ergibt mit $\nu = 0,3$ die kritischen Lasten

$$N_{\mathrm{krit}} = 4,20\frac{K}{R^2} \qquad \text{für die gelenkig gelagerte Platte}\,,$$
$$N_{\mathrm{krit}} = 14,67\frac{K}{R^2} \qquad \text{für die eingespannte Platte}\,. \tag{5.58}$$

Es muß abschließend erwähnt werden, daß die Platte trotz symmetrischer Belastung auch nichtsymmetrisch beulen kann. Man findet aber, daß die dann auftretenden Eigenwerte größer sind als diejenigen, die zu (5.58) führen.

# 6 Viskoelastizität und Plastizität

## 6.1 Einführung

Bisher haben wir bei der Untersuchung des Verhaltens von festen Körpern immer angenommen, daß der Werkstoff *elastisch* ist. Dann besteht zum Beispiel bei einem Zugversuch (Abb. 6.1a) ein eindeutiger Zusammenhang zwischen der Spannung und der Dehnung: $\sigma = \sigma(\varepsilon)$ (Abb. 6.1b). Dieser Zusammenhang ist zeitunabhängig, d. h., bei einer Belastung des Stabes stellt sich die zugehörige Dehnung sofort ein. Wenn man den Stab anschließend vollständig entlastet, so nimmt er seine ursprüngliche Länge wieder an: die Dehnung geht auf den Wert Null zurück. Dabei fallen die Belastungs- und die Entlastungskurve zusammen. Für Spannungen oberhalb der Proportionalitätsgrenze $\sigma_P$ (vgl. Band 2, Abschn. 1.3) ist die Funktion $\sigma = \sigma(\varepsilon)$ nichtlinear. Für $\sigma < \sigma_P$ ist das Materialverhalten linear-elastisch, und es gilt das Hookesche Gesetz

$$\boxed{\sigma = E\,\varepsilon}\,. \tag{6.1}$$

Da diese Beziehung analog zum linearen Federgesetz $F = c\,x$ ist, läßt sich das linear-elastische Materialverhalten durch eine Feder mit der „Federkonstanten" $E$ veranschaulichen (Abb. 6.1c). Ein Körper, dessen Stoffverhalten bei einem einachsigen Vorgang durch (6.1) beschrieben

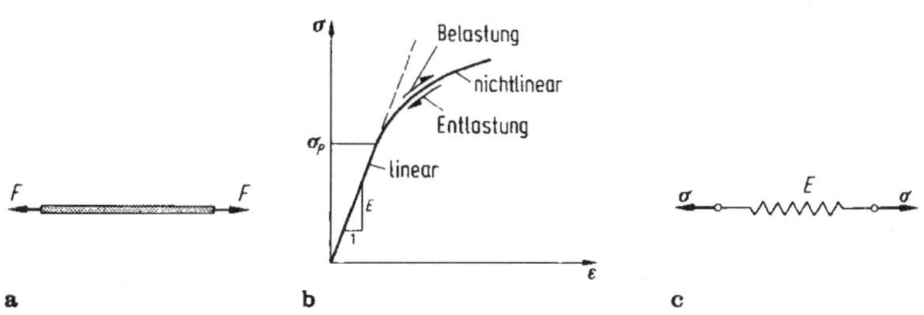


**Abb. 6.1**

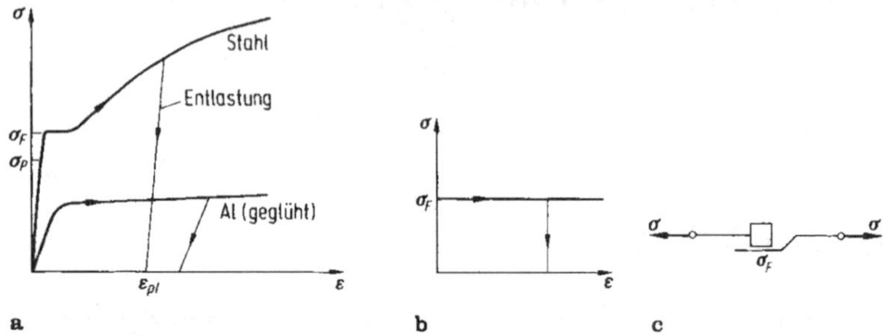


**Abb. 6.2**

werden kann, wird als *Hookescher Körper* bezeichnet. Dabei ist (6.1) repräsentativ für alle linearen Beziehungen bei elastischen Körpern (z.B. $\tau = G\gamma$ oder $\sigma_m = K\varepsilon_v$).

Viele Materialien zeigen bei hohen Spannungen *plastisches* Verhalten. Dies gilt insbesondere für Metalle bei nicht zu hohen Temperaturen. Bei Erreichen der *Fließspannung (Streckgrenze)* $\sigma_F$ im Zugversuch nimmt die Dehnung bei praktisch gleichbleibender Spannung zu: das Material beginnt zu *fließen* (Abb. 6.2a). Es sei angemerkt, daß viele Werkstoffe keine ausgeprägte Streckgrenze besitzen. Mit zunehmender Deformation steigt die Kurve bei vielen Metallen (zum Beispiel bei Stahl) wieder an, d. h., der Werkstoff kann eine weitere Belastung aufnehmen. Diesen Bereich bezeichnet man als *Verfestigungsbereich* (vgl. Band 2, Abschn. 1.3). Abbildung 6.2a zeigt das *Spannungs-Dehnungs-Diagramm* schematisch (nicht maßstäblich) für Stahl und für geglühtes Aluminium.

Wenn man den Stab über die Fließspannung $\sigma_F$ hinaus belastet und anschließend entlastet, so verläuft die Entlastungslinie im wesentlichen parallel zur Geraden im linear-elastischen Bereich (Abb. 6.2a). Bei völliger Entlastung geht die Dehnung dann nicht auf Null zurück, sondern es bleibt eine *plastische Dehnung* $\varepsilon_{pl}$ erhalten. Es besteht dementsprechend kein eindeutiger Zusammenhang zwischen der Spannung und der Dehnung: die im Stab wirkende Spannung ist abhängig von der „Deformationsgeschichte". Sie stellt sich bei vielen Materialien wie im elastischen Bereich sofort ein, d. h., auch plastisches Verhalten ist zeitunabhängig.

In manchen Fällen kann man das Materialverhalten durch ein idealisiertes Spannungs-Dehnungs-Diagramm nach Abb. 6.2b näherungsweise beschreiben (vgl. Abschn. 6.3.1). Dieses Materialverhalten läßt sich mit Hilfe der Coulombschen Reibung veranschaulichen, wobei hier der Haftungskoeffizient $\mu_0$ und der Reibungskoeffizient $\mu$ gleich sein sollen: $\mu_0 = \mu$. Die Fließspannung $\sigma_F$ des „Reibelements" nach Abb. 6.2c entspricht der Grenzhaftungskraft $H_0 = \mu_0 N$. Das Reibelement symbolisiert daher die Eigenschaften eines Werkstoffs nach Abb. 6.2b: für $\sigma < \sigma_F$ gilt $\varepsilon = 0$ (entspricht Haften), für $\sigma = \sigma_F$ ist $\varepsilon \neq 0$ (entspricht Gleiten). Eine Verfestigung kann man mit diesem einfachen Modell nicht beschreiben.

Bei vielen Werkstoffen – zum Beispiel Polymeren, aber auch Metallen bei hohen Temperaturen – stellt sich unter einer festen Spannung keine konstante Dehnung ein, sondern die Dehnung ist *zeitabhängig* (Abb. 6.3a). Diese Werkstoffe besitzen Eigenschaften sowohl eines elastischen Festkörpers als auch einer viskosen Flüssigkeit. Daher bezeichnet man ein solches Verhalten als *viskoelastisch*. Auch hier besteht kein eindeutiger Zusammenhang zwischen der Spannung und der Dehnung.

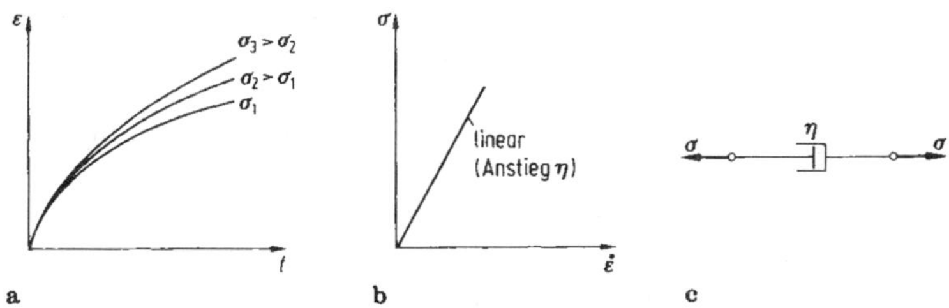


**Abb. 6.3**

Das Verhalten einer viskosen Flüssigkeit kann durch eine Stoffgleichung $\sigma = f(\dot{\varepsilon})$ beschrieben werden (vgl. Abschn. 1.1). Dabei ist $\dot{\varepsilon}$ die *Dehngeschwindigkeit (Dehnungsrate)*. Die Grundgleichung für ein linear-viskoses Materialverhalten (Abb. 6.3b) ist durch

$$\boxed{\sigma = \eta\,\dot{\varepsilon}} \qquad (6.2)$$

gegeben. Sie ist analog zur Stoffgleichung (1.1) der Newtonschen Flüssigkeit. Ein Material, dessen Verhalten durch (6.2) beschrieben wird, nennt man daher einen *Newtonschen Körper*. Als Modell dafür dient ein Dämpfer (vgl. Band 3, Abschn. 5.2.3) mit der Dämpfungskonstanten $\eta$ (Abb. 6.3c).

Reale Werkstoffe besitzen immer elastische, plastische und viskose Eigenschaften. Unterschiedliche Bedingungen lassen jedoch die eine oder andere Eigenschaft stärker hervortreten. So sind zum Beispiel plastisches Fließen und viskoelastisches Verhalten stark von der Temperatur abhängig. Wir wollen uns im folgenden mit dem viskoelastischen bzw. mit dem plastischen Verhalten befassen. Dabei beschränken wir uns auf einachsige Zustände, da man bereits damit die wesentlichen Phänomene beschreiben kann.

## 6.2 Viskoelastizität

Das Verhalten eines elastischen Materials wird durch seine Elastizitätskonstanten charakterisiert. Diese werden mit Hilfe von Experimenten gewonnen. Viskoelastische Werkstoffe besitzen sowohl elastische als auch viskose Eigenschaften. Ihr Verhalten wird durch charakteristische „Materialfunktionen“ festgelegt, die ebenfalls aus Experimenten bestimmt werden müssen. Wir wollen hier zwei typische Versuche betrachten.

Beim *Kriechversuch* belastet man einen Stab mit einer Zugkraft, die zum Zeitpunkt $t = 0$ aufgebracht und dann auf dem konstanten Wert $F_0$ gehalten wird (Abb. 6.4a). Das Zeitintervall $\Delta t$, in dem die Belastung aufgebracht wird, sei klein im Vergleich zu der Zeit, in der man die Dehnung beobachtet. Dann kann man die Spannung im Stab durch den stufenförmigen Verlauf nach Abb. 6.4b idealisieren. Die zugehörige Dehnung $\varepsilon(t)$ – bezogen auf den Wert $\sigma_0$ – nennt man *Kriechfunktion* oder *Retardationsfunktion:*

$$\boxed{J(t) = \frac{\varepsilon(t)}{\sigma_0}} \, . \tag{6.3}$$

Sie ist in Abb. 6.4c schematisch dargestellt. Ihr Wert $J(0)$ zum Zeitpunkt $t = 0$ heißt *momentane Nachgiebigkeit*. Häufig geht die Kriechfunktion

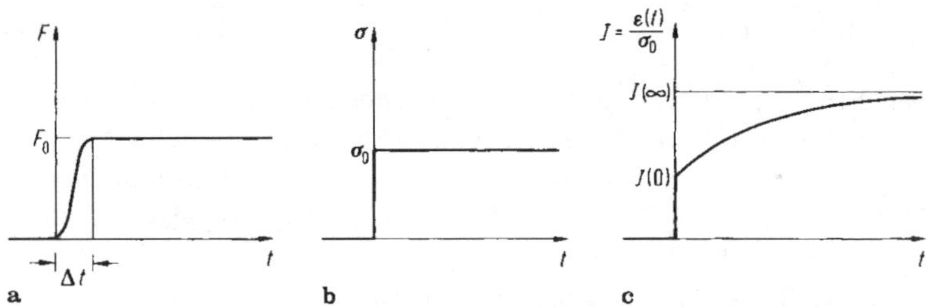


**Abb. 6.4**

für $t \to \infty$ gegen einen festen Wert $J(\infty)$. Er wird als *Gleichgewichtsnachgiebigkeit* bezeichnet.

Beim *Relaxationsversuch* bringt man dagegen zum Zeitpunkt $t = 0$ sprunghaft eine Dehnung auf, die dann konstant gehalten wird: $\varepsilon = \varepsilon_0$ (Abb. 6.5a). Die zugehörige, auf den Wert $\varepsilon_0$ bezogene Spannung heißt *Relaxationsfunktion* (Abb. 6.5b):

$$\boxed{G(t) = \frac{\sigma(t)}{\varepsilon_0}} \,. \tag{6.4}$$

Man nennt $G(0)$ den *momentanen Elastizitätsmodul* und $G(\infty)$ den *Gleichgewichtsmodul*.

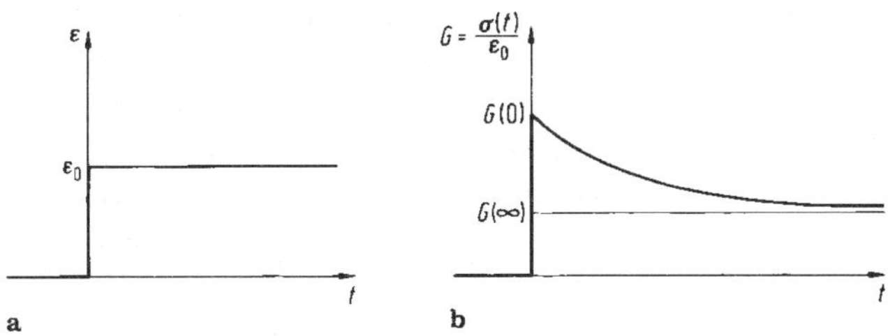


**Abb. 6.5**

Die Retardationsfunktion beschreibt, wie sich die Dehnung zeitverzögert (retardierend) einstellt. Die Relaxationsfunktion zeigt das zeitliche Abklingen der Spannung (Spannungsrelaxation). Beide Funktionen charakterisieren das Verhalten eines linear-viskoelastischen Materials.

### 6.2.1 Modellrheologie

Mit dem Begriff *Rheologie* bezeichnet man die Wissenschaft vom Verformungs- und Fließverhalten von Körpern. Sie wurde als selbständige wissenschaftliche Disziplin von E.C. Bingham (1878–1945) und M. Reiner (1886–1964) begründet. Die auf den Grundmodellen Feder, Dämpfer und Reibelement aufgebaute Theorie nennt man *Modellrheologie*. Modelle, die zum Beispiel gleichzeitig elastische und viskose Eigenschaften besitzen, werden dabei dadurch erzeugt, daß man Federn und Dämpfer geeignet kombiniert. Diese Modelle sind insbesondere zur qualitativen Beschreibung der Phänomene geeignet; sie besitzen den Vorteil großer Anschaulichkeit. Wir beschränken uns hier auf eine Theorie, bei der ein linearer Zusammenhang zwischen Kraft- und Deformationsgrößen besteht.

### *6.2.1.1 Kelvin-Voigt-Körper*

Ähnlich wie man in der Elektrotechnik Schaltbilder verwendet, kann man die Kombination der Grundelemente Feder und Dämpfer durch rheologische Schaltbilder symbolisieren. Als erste mögliche Kombination betrachten wir eine Parallelschaltung gemäß Abb. 6.6a. Dieses Modell wird als *Kelvin-Voigt-Körper* (Lord Kelvin, 1824–1907; W. Voigt, 1850–1919) bezeichnet.

Unter der Wirkung einer Spannung $\sigma(t)$ erfährt der Körper eine Dehnung $\varepsilon(t)$. Der Zusammenhang zwischen $\sigma$ und $\varepsilon$ wird durch das Stoffgesetz beschrieben. Aus dem Schaltbild (Abb. 6.6a) kann man unmittelbar ablesen, daß die Dehnungen von Feder und Dämpfer gleich groß sind – nämlich $\varepsilon$ – und die Spannung $\sigma$ die Summe der Spannungen $\sigma_H = E\,\varepsilon$ in der Feder (Hookescher Körper) und $\sigma_N = \eta\,\dot{\varepsilon}$ im Dämpfer (Newtonscher Körper) ist. Damit folgt das Stoffgesetz für den Kelvin-Voigt-Körper durch Superposition der Spannungen:

$$\sigma = \sigma_H + \sigma_N \quad \rightarrow \quad \boxed{\sigma = E(\varepsilon + \tau\,\dot{\varepsilon})}\,. \tag{6.5}$$

Die Konstante $\tau = \eta/E$ hat die Dimension einer Zeit; sie heißt *Retardationszeit (Übergangszeit)*.

Um die Kriechfunktion für den Kelvin-Voigt-Körper zu bestimmen, geben wir die Belastung durch eine zur Zeit $t = 0$ aufgebrachte Spannung $\sigma_0$ nach Abb. 6.4b vor. Den Verlauf von $\sigma(t)$ beschreiben wir zweckmäßigerweise mit Hilfe der *Heaviside-Funktion*. Sie ist definiert durch

$$H(t) = \begin{cases} 0 & \text{für} \quad t < 0 \\ 1 & \text{für} \quad t > 0 \end{cases} \tag{6.6}$$

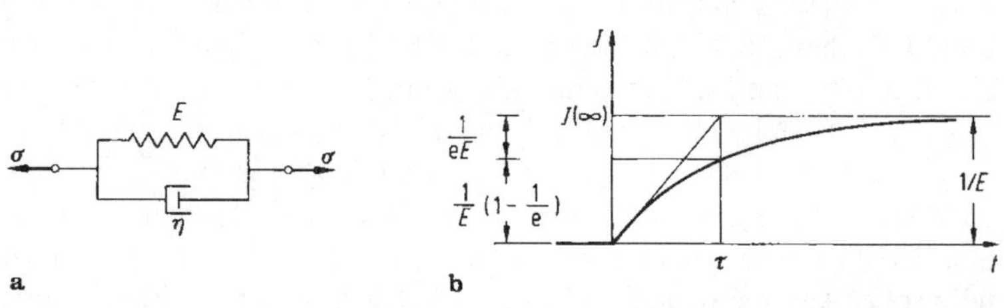


**Abb. 6.6**

und entspricht dem Föppl-Symbol $\langle t-t_0\rangle^0$ (vgl. Band 1, Abschn. 7.2.5) mit $t_0 = 0$. Mit (6.6) gilt für die Spannung nach Abb. 6.4b

$$\sigma(t) = \sigma_0 H(t)\,. \tag{6.7}$$

Damit liefert das Stoffgesetz (6.5) für $t > 0$ die gewöhnliche Differentialgleichung 1. Ordnung

$$\varepsilon + \tau\,\dot{\varepsilon} = \frac{\sigma_0}{E}$$

für die Dehnung $\varepsilon(t)$. Ihre allgemeine Lösung setzt sich aus der Lösung $\varepsilon_h = C\mathrm{e}^{-t/\tau}$ der homogenen Differentialgleichung und der Partikularlösung $\varepsilon_p = \sigma_0/E$ der inhomogenen Differentialgleichung zusammen:

$$\varepsilon(t) = C\mathrm{e}^{-t/\tau} + \frac{\sigma_0}{E}\,. \tag{6.8}$$

Mit der Anfangsbedingung $\varepsilon(0) = 0$ ergibt sich die Integrationskonstante in (6.8) zu $C = -\sigma_0/E$, und wir erhalten

$$\varepsilon(t) = \frac{\sigma_0}{E}(1 - \mathrm{e}^{-t/\tau})\,. \tag{6.9}$$

Nach (6.3) lautet somit die Kriechfunktion für den Kelvin-Voigt-Körper

$$\boxed{J(t) = \frac{1}{E}(1 - \mathrm{e}^{-t/\tau})}\,. \tag{6.10}$$

Sie ist in Abb. 6.6b dargestellt. Ein Sprung in der Spannung $\sigma$ verursacht einen Sprung in der Dehngeschwindigkeit $\dot{\varepsilon}$. Daher hat die Kurve $J(t)$ an der Stelle $t = 0$ einen Knick. Die Dehngeschwindigkeit ist für $t > 0$ durch $\dot{\varepsilon}(t) = (1/\eta)\,\mathrm{e}^{-t/\tau}$ gegeben.

Bei einem Newtonschen Körper ($\sigma = \eta\,\dot{\varepsilon}$) führt ein Spannungssprung der Größe „1" zur Zeit $t = 0$ auf den linearen Dehnungsverlauf $\varepsilon(t) = t/\eta$. Dieser Verlauf wird durch die Tangente im Punkt $t = 0$ an die Kriechfunktion nach Abb. 6.6b dargestellt. Bei einem Hookeschen

Körper ($\sigma = E\,\varepsilon$) stellt sich dagegen sofort eine konstante Dehnung $\varepsilon = 1/E$ ein. Der Kelvin-Voigt-Körper besitzt somit ein flüssigkeitsartiges Anfangsverhalten und ein festkörperartiges Endverhalten. Da die Dehnung $\varepsilon$ einem endlichen Wert zustrebt (Gleichgewichtsnachgiebigkeit $J(\infty) = 1/E$), ist der Kelvin-Voigt-Körper im wesentlichen ein Festkörper.

Die Tangente im Punkt $t = 0$ an die Kriechfunktion schneidet deren Asymptote $J(\infty) = 1/E$ an der Stelle $t = \tau$ (Abb. 6.6b). Zu diesem Zeitpunkt besitzt die Kriechfunktion den Wert $J(\tau) = \dfrac{1}{E}(1 - \dfrac{1}{\mathrm{e}})$. Sie hat damit bereits $63{,}2\%$ des Wertes der Asymptote erreicht ($1/\mathrm{e} = 0{,}368$). Die Retardationszeit $\tau$ stellt eine charakteristische Zeit für das Verhalten des Materials dar. Für Zeiten $t$, die deutlich größer sind als die Retardationszeit, gilt $\dot{J}(t) \approx 0$, so daß dann praktisch stationäre Verhältnisse vorliegen.

Beim Kelvin-Voigt-Körper kann ein Dehnungssprung $\varepsilon_0$ mit einer endlichen Spannung nicht aufgebracht werden. Außerdem zeigt der Kelvin-Voigt-Körper keine Spannungsrelaxation bei festgehaltener Dehnung.

In einem Anwendungsbeispiel wollen wir zeigen, wie man die Durchbiegung eines viskoelastischen Balkens ermitteln kann. Wir betrachten dazu einen einseitig eingespannten Balken aus Kelvin-Voigt-Material, der durch eine Kraft $F = F_0 H(t)$ belastet wird (Abb. 6.7). Als Grundgleichungen verwenden wir die statische Beziehung $M = \int z\,\sigma\,\mathrm{d}A$, die kinematische Beziehung $\varepsilon = -w''z$ (vgl. Band 2, Kap. 4) sowie das Stoffgesetz (6.5) $\sigma = E\,\varepsilon + \eta\,\dot{\varepsilon}$. Aus der Kinematik und dem Stoffgesetz erhalten wir zunächst $\sigma = -E\,w''z - \eta\,\dot{w}''z$. Nach Multiplikation mit $z$ und Integration über die Querschnittsfläche $A$ folgt daraus

$$\int z\,\sigma\,\mathrm{d}A = -E\,w'' \int z^2\,\mathrm{d}A - \eta\,\dot{w}'' \int z^2\,\mathrm{d}A$$

oder

$$EIw'' + \eta\,I\,\dot{w}'' = -M\,. \tag{6.11}$$

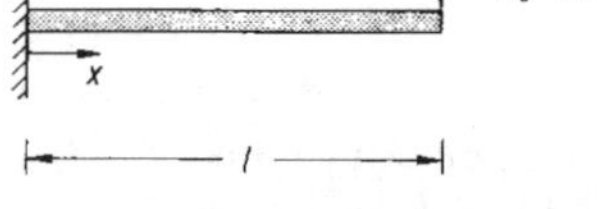


**Abb. 6.7**

Diese Beziehung ist die Differentialgleichung der Biegelinie für einen Balken aus Kelvin-Voigt-Material.

Mit $M(x) = -F_0(l-x)$ für $t > 0$ folgt aus (6.11)

$$(EIw + \eta\, I\, \dot{w})'' = F_0(l-x)\,. \tag{6.12}$$

Zweimalige Integration über $x$ führt auf

$$(EIw + \eta\, I\, \dot{w})' = F_0\left(lx - \frac{x^2}{2}\right) + f(t)\,,$$

$$EIw + \eta\, I\, \dot{w} = F_0\left(l\frac{x^2}{2} - \frac{x^3}{6}\right) + f(t)\,x + g(t)\,.$$

Dabei sind $f(t)$ bzw. $g(t)$ noch zu bestimmende Funktionen der Zeit $t$. Die Randbedingungen an der Einspannung liefern:

$$\begin{aligned} w(0,t) = \dot{w}(0,t) &= 0 \;\rightarrow\; g(t) = 0\,, \\ w'(0,t) = \dot{w}'(0,t) &= 0 \;\rightarrow\; f(t) = 0\,. \end{aligned} \tag{6.13}$$

Somit bleibt

$$w + \tau\, \dot{w} = \frac{F_0\, l^3}{6\, EI}\left(3\frac{x^2}{l^2} - \frac{x^3}{l^3}\right) \quad \text{mit } \tau = \frac{\eta}{E}\,. \tag{6.14}$$

Die allgemeine Lösung dieser Differentialgleichung ist durch

$$w = w_h + w_p \;\rightarrow\; w(x,t) = C\mathrm{e}^{-t/\tau} + \frac{F_0\, l^3}{6\, EI}\left(3\frac{x^2}{l^2} - \frac{x^3}{l^3}\right)$$

gegeben. Da ein Sprung in der Belastung beim Kelvin-Voigt-Körper keinen Sprung in der Durchbiegung hervorruft (momentane Nachgiebigkeit gleich Null), erhalten wir mit der Anfangsbedingung $w(x,0) = 0$ schließlich

$$w(x,t) = \frac{F_0\, l^3}{6\, EI}\left(3\frac{x^2}{l^2} - \frac{x^3}{l^3}\right)(1 - \mathrm{e}^{-t/\tau})\,. \tag{6.15}$$

Die Durchbiegung des Balkens aus Kelvin-Voigt-Material geht demnach asymptotisch in die Durchbiegung des elastischen Balkens (Band 2, Abschn. 4.5.2) über.

**Beispiel 6.1:** Ein Stab aus Kelvin-Voigt-Material wird sprunghaft zum Zeitpunkt $t = 0$ belastet und zum Zeitpunkt $t = T$ wieder entlastet (Abb. 6.8a).

Man bestimme den zeitlichen Verlauf der Dehnung.

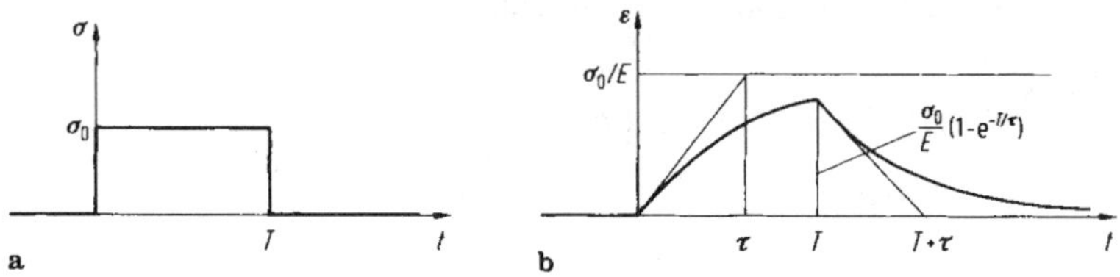


**Abb. 6.8**

*Lösung:* Der Spannungsverlauf wird durch

$$\sigma(t) = \sigma_0[H(t) - H(t-T)]$$

beschrieben. Die dadurch hervorgerufene Dehnung folgt nach (6.5) aus der Differentialgleichung

$$\varepsilon + \tau\,\dot{\varepsilon} = \frac{\sigma_0}{E}[H(t) - H(t-T)]\,. \tag{a}$$

Mit Hilfe der Kriechfunktion kann die Lösung unmittelbar angegeben werden (Superposition der Kriechfunktionen für die Sprünge bei $t = 0$ und $t = T$):

$$\varepsilon(t) = \sigma_0[J(t) - J(t-T)]\,.$$

Durch Einsetzen von (6.10) erhält man daraus

$$\underline{\underline{\varepsilon(t) = \frac{\sigma_0}{E}(1 - \mathrm{e}^{-t/\tau})}}\,, \quad 0 \le t \le T \tag{b}$$

sowie

$$\begin{aligned}\underline{\underline{\varepsilon(t)}} &= \frac{\sigma_0}{E}(1 - \mathrm{e}^{-t/\tau}) - \frac{\sigma_0}{E}(1 - \mathrm{e}^{-(t-T)/\tau})\\ &= \underline{\underline{\frac{\sigma_0}{E}(\mathrm{e}^{T/\tau} - 1)\mathrm{e}^{-t/\tau}}}\,, \quad t \ge T\,.\end{aligned} \tag{c}$$

Der Verlauf der „Kriech-Erholungs-Kurve" ist in Abb. 6.8b dargestellt. Man erkennt, daß beim Kelvin-Voigt-Körper nach der Entlastung keine bleibende Deformation auftritt: $\varepsilon(t \to \infty) = 0$.

**Beispiel 6.2:** Ein Stab aus Kelvin-Voigt-Material wird durch eine Kraft $F = F_0 \cos \Omega t$ belastet (Abb. 6.9a). Die Erregerfrequenz $\Omega$ sei dabei wesentlich kleiner als die erste Eigenfrequenz der Longitudinalschwingungen des Stabes (Abschn. 4.2.1).

Man bestimme die Dehnung $\varepsilon(t)$ für $t \gg \tau$.

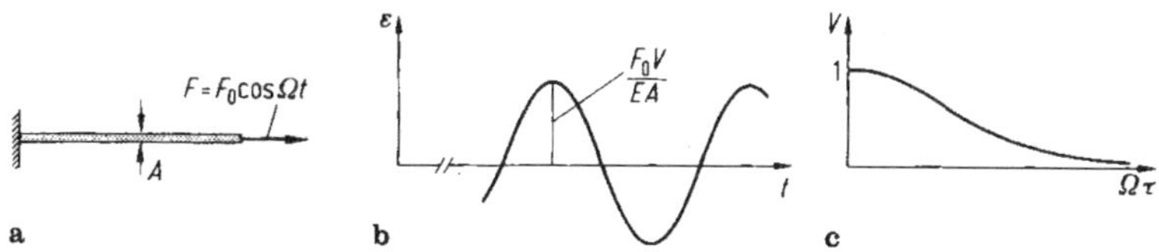


**Abb. 6.9**

*Lösung:* Für kleine Erregerfrequenzen können wir die Trägheitskräfte vernachlässigen (quasistatistische Verhältnisse) und die Dehnung aus dem Stoffgesetz (6.5) bestimmen. Dabei ist die Spannung durch $\sigma = \dfrac{F_0}{A} \cos \Omega t$ gegeben:

$$\varepsilon + \tau\,\dot{\varepsilon} = \frac{F_0}{EA} \cos \Omega t\,. \qquad \text{(a)}$$

Die Lösung $\varepsilon_h = C\mathrm{e}^{-t/\tau}$ der homogenen Gleichung klingt mit der Zeit ab und kann für hinreichend große Zeit ($t \gg \tau$) vernachlässigt werden. Uns interessiert deshalb nur die Partikularlösung. Wir machen für sie einen Ansatz vom Typ der rechten Seite:

$$\varepsilon(t) = \frac{F_0}{EA} V \cos(\Omega t - \varphi)\,. \qquad \text{(b)}$$

Wenn wir

$$\varepsilon = \frac{F_0}{EA} V(\cos \Omega t \cos \varphi + \sin \Omega t \sin \varphi)\,,$$

$$\dot{\varepsilon} = \frac{F_0}{EA} V\Omega(-\sin \Omega t \cos \varphi + \cos \Omega t \sin \varphi)$$

in (a) einsetzen und ordnen, so folgt

$$\frac{F_0}{EA}(V\cos\varphi + V\Omega\,\tau\sin\varphi - 1)\cos\Omega t$$
$$+\frac{F_0}{EA}V(\sin\varphi - \Omega\tau\cos\varphi)\sin\Omega t = 0\,.$$

Diese Gleichung ist für alle $t$ nur dann erfüllt, wenn beide Klammerausdrücke verschwinden. Aus der zweiten Klammer ergibt sich die Phasenverschiebung $\varphi$:

$$\tan\varphi = \Omega\tau\,. \qquad \text{(c)}$$

Die erste Klammer liefert dann mit (c) und der trigonometrischen Beziehung $\cos\varphi = 1/\sqrt{1+\tan^2\varphi}$ die Vergrößerungsfunktion $V$:

$$V(\cos\varphi + \Omega\tau\sin\varphi) = V\frac{1}{\cos\varphi}(\cos^2\varphi + \sin^2\varphi) = 1$$

$$\rightarrow \quad V = \frac{1}{\sqrt{1+(\Omega\tau)^2}}\,. \qquad \text{(d)}$$

Der Verlauf der Dehnung nach (b) ist in Abb. 6.9b dargestellt. Abb. 6.9c zeigt die Vergrößerungsfunktion (d) in Abhängigkeit von der Frequenz. Je größer $\Omega$ ist, umso kleiner wird die Amplitude der Dehnung.

### *6.2.1.2 Maxwell-Körper*

Das rheologische Modell, das man durch eine Reihenschaltung von Feder und Dämpfer erhält (Abb. 6.10a), heißt *Maxwell-Körper* (J.C. Maxwell, 1831–1879). Um sein Stoffgesetz herzuleiten, beachten wir, daß in der Feder und im Dämpfer die gleiche Spannung – nämlich $\sigma$ – wirkt und die gesamte Dehnung $\varepsilon$ die Summe der Dehnungen $\varepsilon_H$ und $\varepsilon_N$ der beiden Grundelemente ist. Da im Stoffgesetz (6.2) des Newtonschen Körpers nicht die Dehnung $\varepsilon_N$, sondern die Dehngeschwindigkeit $\dot\varepsilon_N$ auftritt, addieren wir statt der Dehnungen die Dehngeschwindigkeiten $\dot\varepsilon_H = \dot\sigma/E$ und $\dot\varepsilon_N = \sigma/\eta$:

$$\dot\varepsilon = \dot\varepsilon_H + \dot\varepsilon_N \qquad \rightarrow \qquad \boxed{\sigma + \bar\tau\,\dot\sigma = \eta\,\dot\varepsilon}\,. \qquad (6.16)$$

Dabei ist $\bar\tau = \eta/E$ die sogenannte *Relaxationszeit*.

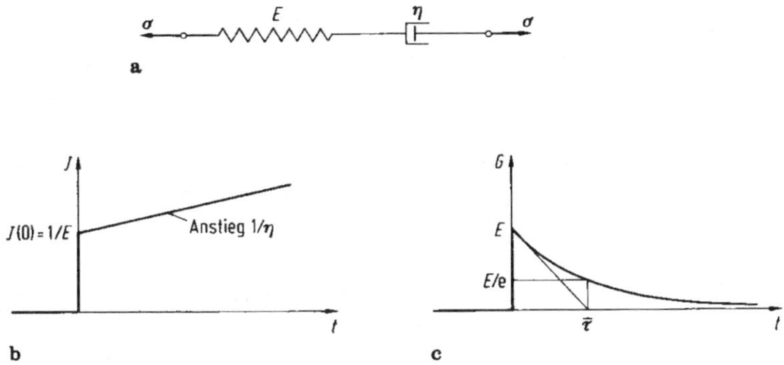


**Abb. 6.10**

Um die Kriechfunktion des Maxwell-Körpers zu bestimmen, geben wir die Spannung mit $\sigma(t) = \sigma_0 H(t)$ vor. Dann folgt wegen $\dot{\sigma}(t) = 0$ für $t > 0$ aus (6.16)

$$\dot{\varepsilon} = \frac{\sigma_0}{\eta} \,. \tag{6.17}$$

Die Dehnung erhalten wir durch Integration:

$$\varepsilon(t) = \frac{\sigma_0}{\eta}\, t + C \,.$$

Aus dem Anfangssprung $\varepsilon(0) = \sigma_0/E$ ergibt sich die Integrationskonstante zu $C = \sigma_0/E$:

$$\varepsilon(t) = \sigma_0 \left( \frac{1}{E} + \frac{t}{\eta} \right) . \tag{6.18}$$

Die Kriechfunktion $J(t) = \varepsilon(t)/\sigma_0$ folgt damit zu

$$\boxed{J(t) = \frac{1}{E} + \frac{t}{\eta}} \,. \tag{6.19}$$

Sie ist in Abb. 6.10b dargestellt. Man sieht, daß die Spannung zur Zeit $t = 0$ eine sprungartige Dehnung (der Feder) erzeugt. Anschließend „dehnt" sich nur noch der Dämpfer. Der Maxwell-Körper hat somit ein festkörperartiges Anfangsverhalten (momentane Nachgiebigkeit $J(0) = 1/E$) und ein flüssigkeitsartiges Endverhalten: er ist im wesentlichen eine Flüssigkeit.

Zur Bestimmung der Relaxationsfunktion geben wir die Dehnung mit $\varepsilon(t) = \varepsilon_0 H(t)$ vor. Dann folgt wegen $\dot{\varepsilon}(t) = 0$ für $t > 0$ aus (6.16)

$$\sigma + \bar{\tau}\,\dot{\sigma} = 0\,. \tag{6.20}$$

Die allgemeine Lösung dieser homogenen Differentialgleichung lautet

$$\sigma(t) = C\mathrm{e}^{-t/\bar{\tau}}\,.$$

Aus der Anfangsbedingung $\sigma(0) = E\,\varepsilon_0$ erhalten wir die Integrationskonstante zu $C = E\,\varepsilon_0$:

$$\sigma(t) = \varepsilon_0\,E\,\mathrm{e}^{-t/\bar{\tau}}\,. \tag{6.21}$$

Die Relaxationsfunktion $G(t) = \sigma(t)/\varepsilon_0$ ergibt sich zu (Abb. 6.10c)

$$\boxed{G(t) = E\,\mathrm{e}^{-t/\bar{\tau}}}\,. \tag{6.22}$$

Der Dehnungssprung, der zur Zeit $t = 0$ allein von der Feder erbracht wird, erfordert einen Spannungssprung. Anschließend dehnt sich der Dämpfer bei einem gleichzeitigen Zusammenziehen der Feder. Damit wird die Spannung, die zur Aufrechterhaltung der Gesamtdehnung des Modells erforderlich ist, immer kleiner: das System entspannt sich. Diesen Vorgang bezeichnet man als *Relaxation*.

Die Tangente im Punkt $t = 0$ an die Relaxationsfunktion schneidet die Abszisse an der Stelle $t = \bar{\tau}$ (vgl. Abb. 6.6b). Zu diesem Zeitpunkt besitzt die Relaxationsfunktion den Wert $G(\bar{\tau}) = E/\mathrm{e}$. Die Spannung ist dann auf $36,8\,\%$ ihres Anfangswertes gesunken.

**Beispiel 6.3:** Man bestimme die Spannung $\sigma(t)$ in einem Stab aus Maxwell-Material, wenn die Dehnung $\varepsilon(t)$ den in Abb. 6.11a dargestellten Verlauf hat.

*Lösung:* Aus der gegebenen Dehnung $\varepsilon(t)$ erhält man einen Verlauf der Dehngeschwindigkeit $\dot{\varepsilon}(t)$ nach Abb. 6.11b, wobei $\dot{\varepsilon}_0 = \varepsilon_T/T$ ist. Damit folgt aus dem Stoffgesetz (6.16)

$$\frac{\sigma}{\eta} + \frac{\dot{\sigma}}{E} = \dot{\varepsilon}_0[H(t) - H(t-T)]\,.$$

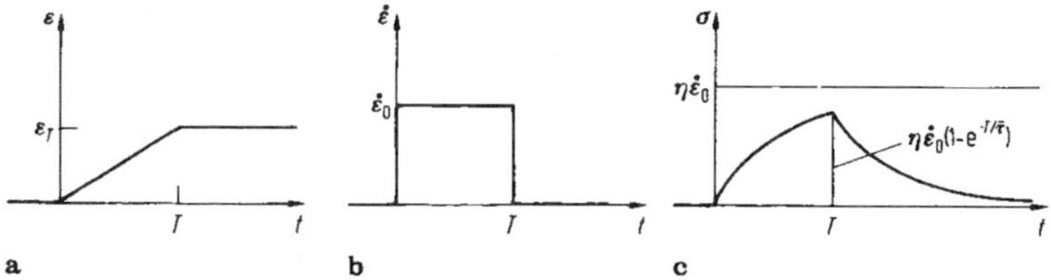


**Abb. 6.11**

Diese Gleichung ist analog zur Differentialgleichung für die Kriech-Erholungs-Kurve beim Kelvin-Voigt-Körper (Beispiel 6.1, Gl. (a)). Die Spannung $\sigma(t)$ folgt daher aus Beispiel 6.1, indem man dort in (b) und (c) die Größen folgendermaßen austauscht: $\varepsilon \to \sigma, \sigma_0 \to \dot{\varepsilon}_0, 1/E \to \eta$. Man erhält dann mit $\bar{\tau} = \eta/E$:

$$\underline{\underline{\sigma(t) = \eta\,\dot{\varepsilon}_0(1 - \mathrm{e}^{-t/\bar{\tau}})}}, \qquad 0 \le t \le T\,,$$

$$\underline{\underline{\sigma(t) = \eta\,\dot{\varepsilon}_0(\mathrm{e}^{T/\bar{\tau}} - 1)\mathrm{e}^{-t/\bar{\tau}}}}\,, \quad t \ge T\,.$$

Der Verlauf der Spannung ist in Abb. 6.11c dargestellt (vgl. Abb. 6.8b).

#### *6.2.1.3 Linearer Standardkörper und 3-Element-Flüssigkeit*

Die bisher diskutierten, sehr einfachen Modelle sind im allgemeinen nicht in der Lage, das Verhalten von viskoelastischen Materialien hinreichend genau zu beschreiben. Zu allgemeineren Modellen gelangt man, indem man mehrere Federn und Dämpfer geeignet kombiniert. Wir betrachten die in den Abb. 6.12a, b dargestellten Schaltbilder von zwei Federn und einem Dämpfer. Man kann sie als eine Reihenschaltung eines Hookeschen Körpers mit einem Kelvin-Voigt-Körper bzw. als eine Parallelschaltung eines Hookeschen Körpers mit einem Maxwell-Körper auffassen. Es wird sich zeigen, daß beide Modelle gleichwertig sind. Der Körper, dessen Verhalten sie beschreiben, heißt *linearer Standardkörper*. Er wird auch nach J.H. Poynting (1852–1914) und J.J. Thomson (1856–1940) benannt. Der lineare Standardkörper wurde erstmals zur Untersuchung des Verhaltens von Venen und von Glasfibern verwendet.

Wir wollen das Stoffgesetz für das Modell nach Abb. 6.12a herleiten. Die Superposition der Dehnungen der beiden Teilkörper liefert die

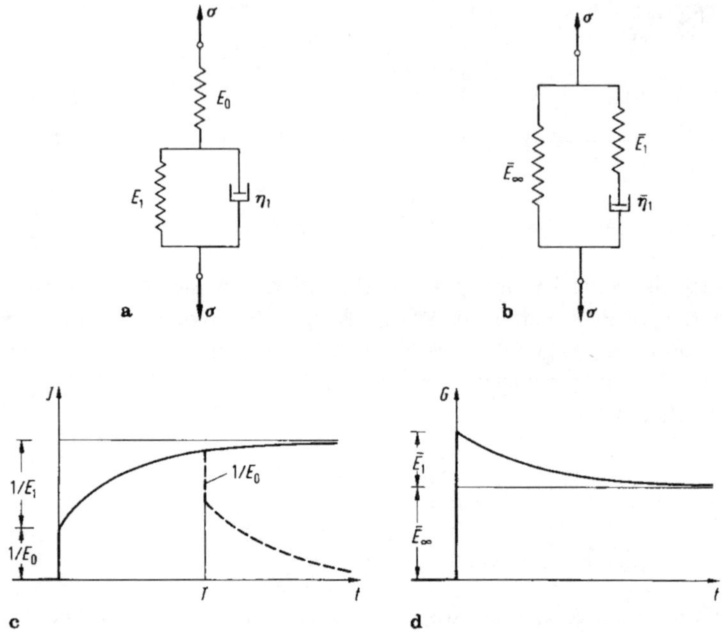


**Abb. 6.12**

gesamte Dehnung

$$\varepsilon = \varepsilon_H + \varepsilon_{KV} \,. \tag{6.23}$$

Dabei gilt nach (6.1) und (6.5)

$$\sigma = E_0 \, \varepsilon_H \,, \quad \sigma = E_1 \, \varepsilon_{KV} + \eta_1 \, \dot{\varepsilon}_{KV} \,. \tag{6.24}$$

Wenn man aus diesen drei Gleichungen die Größen $\varepsilon_H, \varepsilon_{KV}$ und $\dot{\varepsilon}_{KV}$ eliminiert, so erhält man

$$\frac{E_0 + E_1}{E_0} \sigma + \frac{\eta_1}{E_0} \dot{\sigma} = E_1 \, \varepsilon + \eta_1 \, \dot{\varepsilon} \,. \tag{6.25}$$

Für das Modell nach Abb. 6.12b folgt das Stoffgesetz durch Superposition der Spannungen zu

$$\frac{1}{\bar{\eta}_1} \sigma + \frac{1}{\bar{E}_1} \dot{\sigma} = \frac{\bar{E}_\infty}{\bar{\eta}_1} \varepsilon + \frac{\bar{E}_1 + \bar{E}_\infty}{\bar{E}_1} \dot{\varepsilon} \,. \tag{6.26}$$

Mit der Substitution

$$\bar{E}_1 = \frac{E_0^2}{E_0 + E_1}, \quad \bar{E}_\infty = \frac{E_0 E_1}{E_0 + E_1}, \quad \bar{\eta}_1 = \left(\frac{E_0}{E_0 + E_1}\right)^2 \eta_1 \tag{6.27}$$

kann (6.26) in (6.25) übergeführt werden. Die beiden Materialgesetze, die sich allgemein in der Form

$$\boxed{p_0\,\sigma + p_1\,\dot{\sigma} = q_0\,\varepsilon + q_1\,\dot{\varepsilon}} \tag{6.28}$$

schreiben lassen, beinhalten somit lediglich eine verschiedene Interpretation der Parameter. Daher sind die beiden Modelle nach Abb. 6.12a,b gleichwertig.

Die Kriechfunktion des linearen Standardkörpers läßt sich am einfachsten mit der Darstellung nach Abb. 6.12a bestimmen. Da man dabei nur die Dehnungen des Hookeschen Körpers und des Kelvin-Voigt-Körpers superponieren muß, erhält man mit (6.1) und (6.10) unmittelbar (Abb. 6.12c)

$$J(t) = \frac{1}{E_0} + \frac{1}{E_1}(1 - \mathrm{e}^{-t/\tau}) \tag{6.29}$$

mit der Retardationszeit $\tau = \eta_1/E_1$. Man sieht, daß der lineare Standardkörper sowohl eine momentane Elastizität (momentane Nachgiebigkeit $J(0) = 1/E_0$) als auch eine Endelastizität (Gleichgewichtsnachgiebigkeit $J(\infty) = 1/E_0 + 1/E_1$) besitzt. Dementsprechend ist der lineare Standardkörper ein Festkörper. An den Schaltbildern erkennt man dies übrigens daran, daß es einen Weg zwischen den Endpunkten des Modells gibt, der nur über Federn führt. Die in Abb. 6.12c gestrichelt eingezeichnete Kriech-Erholungs-Kurve deutet an, daß nach einer Entlastung zum Zeitpunkt $t = T$ die Dehnung asymptotisch auf Null zurückgeht.

Zur Bestimmung der Relaxationsfunktion verwenden wir zweckmäßigerweise die Schaltung nach Abb. 6.12b. Dann müssen wir die Spannungen in den beiden Körpern superponieren und erhalten mit (6.22) (Abb. 6.12d)

$$G(t) = \bar{E}_\infty + \bar{E}_1 \mathrm{e}^{-t/\bar{\tau}} \tag{6.30}$$

mit der Relaxationszeit $\bar{\tau} = \bar{\eta}_1/\bar{E}_1$. Man sieht, daß beim 3-Element-Festkörper keine vollständige Spannungsrelaxation stattfindet. Für

$t \to \infty$ wird die Spannung nur noch vom Hookeschen Teilkörper aufgenommen. Er bestimmt die Endelastizität (Gleichgewichtsmodul $G(\infty) = \bar{E}_\infty$).

Mit Hilfe von (6.27) kann man zeigen, daß

$$\bar{\tau} = \frac{\bar{\eta}_1}{\bar{E}_1} = \frac{\eta_1}{E_0 + E_1} = \frac{E_1}{E_0 + E_1}\tau$$

gilt. Somit ist beim linearen Standardkörper die Relaxationszeit $\bar{\tau}$ kleiner als die Retardationszeit $\tau$.

Es sei angemerkt, daß ein Hookescher Körper in Parallelschaltung mit einem Kelvin-Voigt-Körper oder in Reihenschaltung mit einem Maxwell-Körper keine neuen Modelle erzeugt, da dann die beiden Federn jeweils durch eine einzige Feder ersetzt werden können.

Wir wollen nun die möglichen Kombinationen von einer Feder mit zwei Dämpfern untersuchen (Abb. 6.13a, b). Diese Modelle wurden erstmals zur Untersuchung des Verhaltens von Blut bzw. der Erdkruste verwendet.

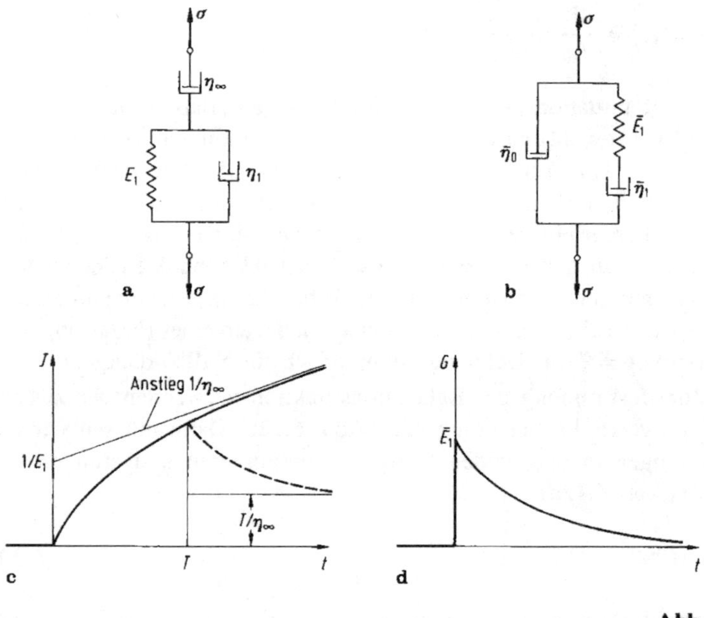


**Abb. 6.13**

Die Herleitung der Stoffgleichungen erfolgt wie beim linearen Standardkörper. Man erhält nun

$$\boxed{p_0\,\sigma + p_1\,\dot{\sigma} = q_1\,\dot{\varepsilon} + q_2\,\ddot{\varepsilon}} \tag{6.31}$$

mit

$$p_0 = \frac{E_1}{\eta_\infty}\,, \quad p_1 = \frac{\eta_1 + \eta_\infty}{\eta_\infty}\,, \quad q_1 = E_1\,, \quad q_2 = \eta_1$$

für das Modell nach Abb. 6.13a bzw. mit

$$p_0 = \frac{1}{\bar{\eta}_1}\,, \quad p_1 = \frac{1}{\bar{E}_1}\,, \quad q_1 = \frac{\bar{\eta}_0 + \bar{\eta}_1}{\bar{\eta}_1}\,, \quad q_2 = \frac{\bar{\eta}_0}{\bar{E}_1}$$

für das Modell nach Abb. 6.13b. Da das Stoffgesetz für beide Modelle durch (6.31) gegeben wird, charakterisieren die Abb. 6.13a bzw. 6.13b das gleiche Materialverhalten.

Zur Ermittlung der Kriechfunktion ist die Schaltung nach Abb. 6.13a besonders geeignet. Durch Superposition der Dehnungen (Superposition der Kriechfunktionen des Newtonschen und des Kelvin-Voigt-Körpers) erhalten wir

$$J(t) = \frac{t}{\eta_\infty} + \frac{1}{E_1}(1 - \mathrm{e}^{-t/\tau}) \tag{6.32}$$

mit der Retardationszeit $\tau = \eta_1/E_1$. Die Kriechfunktion (Abb. 6.13c) zeigt, daß sich für $t \to \infty$ keine endliche Dehnung einstellt; das Material kriecht (fließt) unbeschränkt. Das Stoffgesetz (6.31) beschreibt daher das Verhalten einer Flüssigkeit (*3-Element-Flüssigkeit*). Man erkennt dies am Stoffgesetz daran, daß nur Ableitungen von $\varepsilon$ auftreten, nicht aber $\varepsilon$ selbst. An den Schaltbildern kann man den Flüssigkeitscharakter daran erkennen, daß es keinen Weg zwischen den Endpunkten der Modelle gibt, der nur über Federn führt. Aus der in Abb. 6.13c gestrichelt eingezeichneten Kriech-Erholungs-Kurve ersieht man, daß nach einer Entlastung zum Zeitpunkt $t = T$ die Dehnung nicht auf Null zurückgeht.

Die Relaxationsfunktion erhalten wir am einfachsten aus der Darstellung nach Abb. 6.13b. Durch Überlagerung der Spannungen infolge einer plötzlich aufgebrachten Dehnung folgt

$$G(t) = \bar{E}_1\,\mathrm{e}^{-t/\bar{\tau}} + \bar{\eta}_0\,\delta(t) \tag{6.33}$$

mit der Relaxationszeit $\bar{\tau} = \bar{\eta}_1/\bar{E}_1$. Darin berücksichtigt der Term $\bar{\eta}_0\,\delta(t)$, daß der Dehnungssprung im Einzeldämpfer ($\bar{\eta}_0$) eine „unendlich große" Kraft bewirkt. Die Relaxationsfunktion ist in Abb. 6.13d dargestellt. Man kann zeigen, daß im Gegensatz zum linearen Standardkörper bei der 3-Element-Flüssigkeit die Retardationszeit $\tau$ kleiner als die Relaxationszeit $\bar{\tau}$ ist.

**Beispiel 6.4:** Man bestimme die Spannung $\sigma(t)$ im linearen Standardkörper, wenn die Dehngeschwindigkeit $\dot{\varepsilon}(t)$ den in Abb. 6.14a dargestellten Verlauf hat und der Ausgangszustand dehnungslos war.

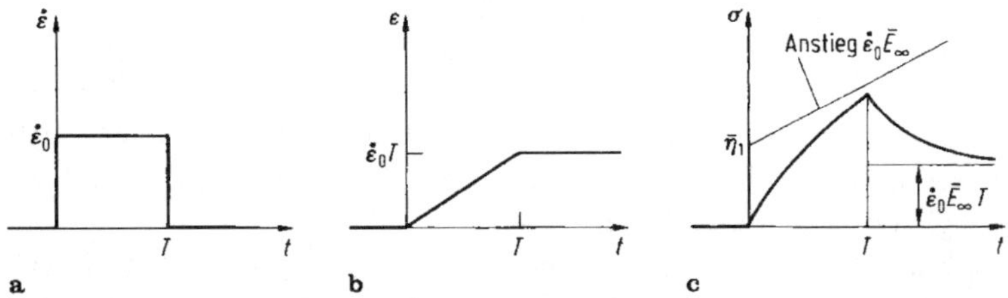


**Abb. 6.14**

*Lösung:* Wir ermitteln zunächst aus der Dehngeschwindigkeit $\dot{\varepsilon}(t)$ durch Integration die Dehnung $\varepsilon(t)$ (Abb. 6.14b). Durch Einsetzen von $\dot{\varepsilon}$ und $\varepsilon$ in das Stoffgesetz (6.28) erhält man eine Differentialgleichung für die Spannung $\sigma(t)$. Nach bereichsweiser Integration ($t < T$ bzw. $t > T$) und Berücksichtigung der jeweiligen Anfangsbedingung folgt daraus der gesuchte Spannungsverlauf.

Wir können die Spannung auch auf eine einfachere Weise bestimmen. Wählen wir das Modell nach Abb. 6.12b, so ergibt sie sich nämlich durch die Superposition der Spannungen im Hookeschen Körper und im Maxwell-Körper. Die Spannung im Hookeschen Körper lautet $\sigma_H(t) = \bar{E}_\infty\,\varepsilon(t)$. Die Spannung im Maxwell-Körper kann aus Beispiel 6.3 entnommen werden. Man erhält somit insgesamt

$$\underline{\underline{\sigma(t) = \dot{\varepsilon}_0[\bar{E}_\infty\,t + \bar{\eta}_1(1 - \mathrm{e}^{-t/\bar{\tau}})]}}\,, \qquad 0 < t \leq T\,,$$

$$\underline{\underline{\sigma(t) = \dot{\varepsilon}_0[\bar{E}_\infty\,T + \bar{\eta}_1(\mathrm{e}^{T/\bar{\tau}} - 1) - \mathrm{e}^{-t/\bar{\tau}}]}}\,, \quad t \geq T\,.$$

Dabei ist $\bar{\tau} = \bar{\eta}_1/\bar{E}_1$ die Relaxationszeit. Abbildung 6.14c zeigt den Spannungsverlauf. Er ist analog zur Kriech-Erholungs-Kurve bei der 3-Element-Flüssigkeit (Abb. 6.13c).

#### *6.2.1.4 Verallgemeinerte Modelle*

Wir betrachten zunächst eine Reihenschaltung von einem Hookeschen Körper, einem Newtonschen Körper und $n$ Kelvin-Voigt-Körpern (Abb. 6.15a). Dieser *N-Element-Körper* ($N = 2n + 2$), den man auch als *Kelvin-Voigt-Gruppe* bezeichnet, stellt eine Flüssigkeit dar. Wenn der Einzeldämpfer nicht vorhanden ist ($\eta_\infty \to \infty$), dann repräsentiert das entsprechende Modell mit $N = 2n + 1$ Elementen einen Festkörper.

Bei einer Parallelschaltung aller Elemente zu einer *Maxwell-Gruppe* (Abb. 6.15b) ergibt sich ein Festkörper. Falls dabei die Einzelfeder nicht vorhanden ist ($\bar{E}_\infty = 0$), stellt die Maxwell-Gruppe eine Flüssigkeit dar. Die in Abschnitt 6.2.1.3 behandelten 3-Element-Körper lassen sich als Sonderfälle dieser beiden verallgemeinerten Modelle auffassen.

Man kann zeigen, daß es zu jedem Körper der Kelvin-Voigt-Gruppe einen gleichwertigen Körper der Maxwell-Gruppe gibt. So sind zum Beispiel die beiden Darstellungen nach Abb. 6.12a,b für den linearen Standardkörper sowie die beiden Darstellungen nach Abb. 6.13a,b für die 3-Element-Flüssigkeit äquivalent. Weitere Beispiele sind der *4-Element-Festkörper* (Abb. 6.16a,b), dessen Stoffgleichung vom Typ

$$p_0\,\sigma + p_1\,\dot{\sigma} = q_0\,\varepsilon + q_1\,\dot{\varepsilon} + q_2\,\ddot{\varepsilon} \tag{6.34}$$

ist sowie die *4-Element-Flüssigkeit* (Abb. 6.17a, b) mit der Stoffgleichung

$$p_0\,\sigma + p_1\,\dot{\sigma} + p_2\,\ddot{\sigma} = q_1\,\dot{\varepsilon} + q_2\,\ddot{\varepsilon}\,. \tag{6.35}$$

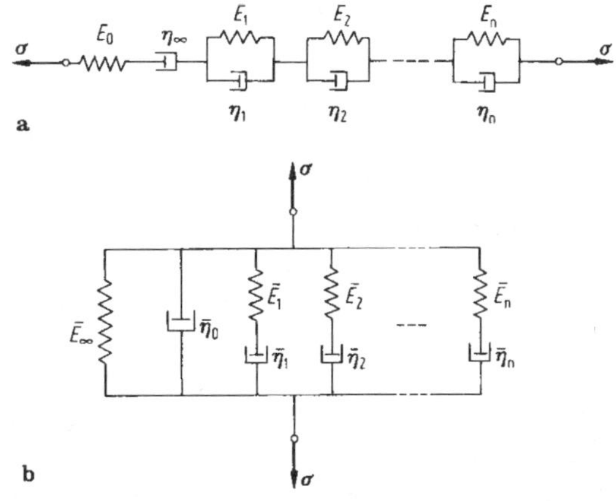


**Abb. 6.15**

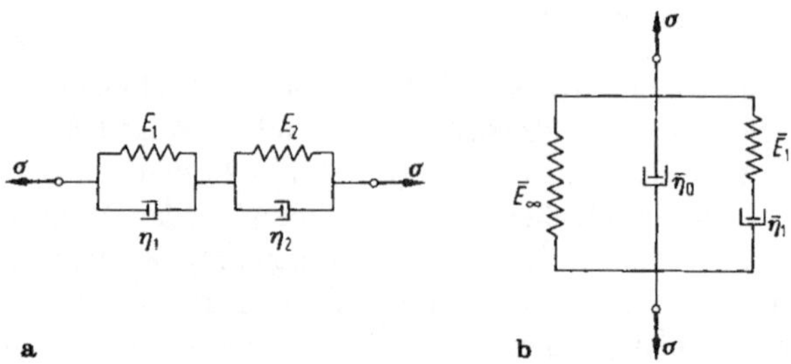


a b

**Abb. 6.16**

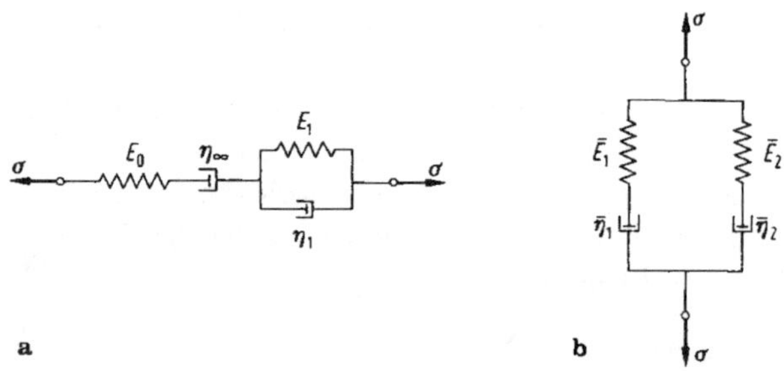


a b

**Abb. 6.17**

Es sei angemerkt, daß das Stoffgesetz für einen $N$-Element-Körper allgemein durch eine Gleichung der Form

$$\sum_j p_j \frac{\partial^j \sigma}{\partial t^j} = \sum_k q_k \frac{\partial^k \varepsilon}{\partial t^k} \tag{6.36}$$

gegeben ist.

Zur Ermittlung der Kriechfunktion eines $N$-Element-Körper ist das Kelvin-Voigt-Modell (Abb. 6.15a) besonders geeignet. Durch die Superposition der Dehnungen (Kriechfunktionen) erhalten wir unmittelbar (vgl. (6.29) und (6.32))

$$J(t) = \frac{1}{E_0} + \frac{t}{\eta_\infty} + \sum_{j=1}^{n} \frac{1}{E_j}(1 - \mathrm{e}^{-t/\tau_j}), \quad \tau_j = \frac{\eta_j}{E_j}. \tag{6.37a}$$

Mit den Nachgiebigkeiten $J_j = 1/E_j$ kann man die Gesamtheit der Wertepaare $(J_j, \tau_j)$ zur Kennzeichnung der Summe in (6.37a) verwenden und in einem *diskreten Retardationsspektrum* veranschaulichen (Abb. 6.18a).

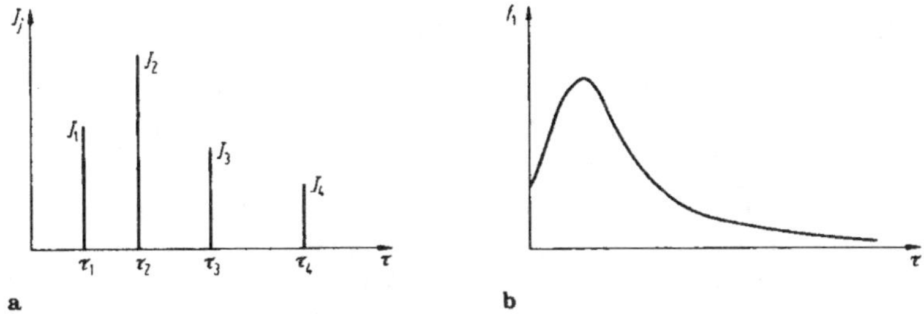

**Abb. 6.18**

Wenn man zu einer Kelvin-Voigt-Kette mit unendlich vielen Elementen und infinitesimal benachbarten Retardationszeiten $\tau_j$ übergeht ($n \to \infty$), dann wird aus dem diskreten Spektrum ein *kontinuierliches Spektrum* $f_1(\tau)$ (Abb. 6.18b). Die Kriechfunktion (6.37a) geht dabei in

$$J(t) = J_0 + \frac{t}{\eta_\infty} + \int\limits_{\tau=0}^{\infty} f_1(\tau)(1 - \mathrm{e}^{-t/\tau})\mathrm{d}\tau \tag{6.37b}$$

über. Sie ist dann durch die Anfangsnachgiebigkeit $J_0$, die „Endviskosität“ $\eta_\infty$ sowie das Retardationsspektrum $f_1(\tau)$ festgelegt.

Zur Ermittlung der Relaxationsfunktion eines $N$-Element-Körpers verwenden wir zweckmäßigerweise das Maxwell-Modell (Abb. 6.15b). Dann erhalten wir durch die Superposition der Spannungen (Relaxationsfunktionen)

$$G(t) = \bar{E}_\infty + \bar{\eta}_0\, \delta(t) + \sum_{j=1}^{n} \bar{E}_j\, \mathrm{e}^{-t/\tau}\,, \quad \bar{\tau}_j = \frac{\bar{\eta}_j}{\bar{E}_j} \tag{6.38a}$$

(beim Aufbringen eines Dehnungssprungs der Größe „1“ tritt im Einzeldämpfer eine „unendlich große“ Kraft $\bar{\eta}_0\delta(t)$ auf). Die Gesamtheit der Wertepaare $(\bar{E}_j, \bar{\tau}_j)$ wird zur Kennzeichnung der Summe in (6.38a) verwendet und in einem diskreten *Relaxationsspektrum* veranschaulicht. Beim Übergang zu unendlich vielen Elementen ($n \to \infty$) wird daraus ein kontinuierliches Relaxationsspektrum $f_2(\bar{\tau})$, und die Relaxationsfunktion (6.38a) geht in

$$G(t) = \bar{E}_\infty + \bar{\eta}_0\, \delta(t) + \int\limits_{\bar{\tau}=0}^{\infty} f_2(\bar{\tau})\, \mathrm{e}^{-t/\bar{\tau}}\mathrm{d}\bar{\tau} \tag{6.38b}$$

über. Sie ist also durch die Endelastizität $\bar{E}_\infty$, die „Anfangsviskosität“ $\bar{\eta}_0$ und das Relaxationsspektrum $f_2(\bar{\tau})$ gekennzeichnet.

### 6.2.2 Materialgesetz in integraler Form

Bisher haben wir den Zusammenhang zwischen der Spannung und der Dehnung auf der Basis von Modellen untersucht. Das Stoffgesetz besteht dann aus einer Gleichung, in der die Spannung und die Dehnung sowie Ableitungen dieser Größen auftreten (vgl. zum Beispiel (6.28)). Es stellt somit einen *differentiellen* Zusammenhang zwischen $\sigma$ und $\varepsilon$ dar. In diesem Abschnitt wollen wir das Materialverhalten nicht mit Hilfe von Modellen beschreiben, sondern nur die Kenntnis der Kriechfunktion $J(t)$ sowie der Relaxationsfunktion $G(t)$ zugrunde legen. Außerdem setzen wir wie bisher voraus, daß das Superpositionsprinzip gilt. Dann kann man das Materialgesetz auch in *integraler* Form angeben.

Zur Herleitung gehen wir von einem Spannungsverlauf $\sigma(t)$ nach Abb. 6.19a aus. Wir nähern zunächst den kontinuierlichen Verlauf durch einen stufenförmigen Verlauf an:

$$\sigma(t) \approx \sum_j \Delta\sigma_j H(t - \vartheta_j)\,.$$

Dabei stellt $\Delta\sigma_j$ den Spannungssprung an der Stelle $\vartheta_j$ dar. Dieser hat eine Dehnung $\varepsilon(t) = \Delta\sigma_j J(t - \vartheta_j)$ zur Folge. Die Superposition aller Spannungssprünge liefert damit für die Dehnung

$$\varepsilon(t) \approx \sum_j \Delta\sigma_j\, J(t - \vartheta_j)\,.$$

Dabei sind alle Spannungssprünge vom Belastungsbeginn ($t = 0$) bis zum aktuellen Zeitpunkt $t$ aufzusummieren. Durch den Übergang zum stetigen Verlauf $\sigma(t)$ wird daraus ($\Sigma \to \int$, $\Delta\sigma_j \to \mathrm{d}\sigma_j$)

$$\varepsilon(t) = \int J(t - \vartheta)\mathrm{d}\sigma\,.$$

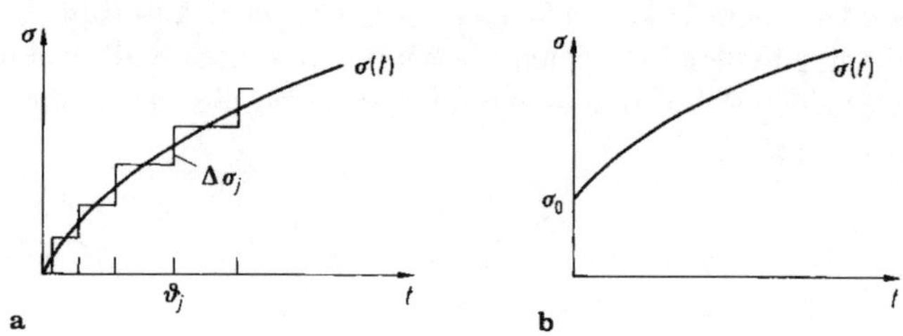


**Abb. 6.19**

Mit $\mathrm{d}\sigma = \dfrac{\mathrm{d}\sigma}{\mathrm{d}\vartheta}\,\mathrm{d}\vartheta$ folgt

$$\varepsilon(t) = \int\limits_0^t J(t-\vartheta)\frac{\mathrm{d}\sigma}{\mathrm{d}\vartheta}\,\mathrm{d}\vartheta\,. \tag{6.39}$$

Hieraus kann bei bekannter Kriechfunktion $J(t)$ und gegebenem Spannungsverlauf $\sigma(t)$ nach Abb. 6.19a die Dehnung $\varepsilon(t)$ bestimmt werden. Ein Integral der Form $\int\limits_0^t f(t-\vartheta)g\,(\vartheta)\mathrm{d}\vartheta$ nennt man *Faltungsintegral*.

Falls die Spannung zum Zeitpunkt $t = 0$ auf den Wert $\sigma(0) = \sigma_0$ springt (Abb. 6.19b), müssen wir diesen Sprung mitberücksichtigen und erhalten dann

$$\varepsilon(t) = \sigma(0)\,J(t) + \int\limits_0^t J(t-\vartheta)\frac{\mathrm{d}\sigma}{\mathrm{d}\vartheta}\,\mathrm{d}\vartheta\,. \tag{6.40}$$

Dabei ist als untere Grenze des Integrals der Wert $t = 0_+$ (unmittelbar nach dem Anfangssprung) zu wählen.

Wir wollen noch eine andere Darstellung von $\varepsilon(t)$ herleiten. Dazu führen wir zunächst in (6.40) eine partielle Integration durch:

$$\begin{aligned}\varepsilon(t) &= \sigma(0)\,J(t) + \big[J(t-\vartheta)\,\sigma(\vartheta)\big]_0^t - \int\limits_0^t \frac{\mathrm{d}J(t-\vartheta)}{\mathrm{d}\vartheta}\,\sigma(\vartheta)\,\mathrm{d}\vartheta\\ &= J(0)\,\sigma(t) - \int\limits_0^t \frac{\mathrm{d}J(t-\vartheta)}{\mathrm{d}\vartheta}\,\sigma(\vartheta)\,\mathrm{d}\vartheta\,.\end{aligned}$$

Mit der Substitution $t - \vartheta = s$ erhalten wir daraus

$$\varepsilon(t) = J(0)\,\sigma(t) + \int\limits_0^t \frac{\mathrm{d}J}{\mathrm{d}s}\,\sigma(t-s)\,\mathrm{d}s\,. \tag{6.41}$$

Insgesamt gilt daher

$$\varepsilon(t) = \sigma(0)\,J(t) + \int\limits_0^t \frac{\mathrm{d}\sigma}{\mathrm{d}\vartheta}\,J(t-\vartheta)\,\mathrm{d}\vartheta \tag{6.42a}$$

$$= \sigma(t)\,J\,(0) + \int\limits_0^t \sigma(t-s)\,\frac{\mathrm{d}J}{\mathrm{d}s}\,\mathrm{d}s\,. \tag{6.42b}$$

In entsprechender Weise kann man bei vorgegebener Dehnung $\varepsilon(t)$ und bekannter Relaxationsfunktion $G(t)$ die Spannung $\sigma(t)$ bestimmen:

$$\sigma(t) = \varepsilon(0)\, G(t) + \int_0^t \frac{\mathrm{d}\varepsilon}{\mathrm{d}\vartheta}\, G(t-\vartheta)\,\mathrm{d}\vartheta \tag{6.43a}$$

$$= \varepsilon(t)\, G(0) + \int_0^t \varepsilon(t-s)\,\frac{\mathrm{d}G}{\mathrm{d}s}\,\mathrm{d}s\,. \tag{6.43b}$$

Die Kriechfunktion $J(t)$ und die Relaxationsfunktion $G(t)$ sind nicht unabhängig voneinander. Zwischen ihnen besteht der Zusammenhang

$$\frac{\mathrm{d}}{\mathrm{d}t}\int_0^t J(t-\vartheta)\, G(\vartheta)\mathrm{d}\vartheta = H(t)\,. \tag{6.44}$$

Dies läßt sich folgendermaßen zeigen. Nach der Leibnizschen Differentiationsregel für Parameterintegrale mit veränderlichen Integrationsgrenzen folgt zunächst

$$\frac{\mathrm{d}}{\mathrm{d}t}\int_0^t J(t-\vartheta)\, G(\vartheta)\,\mathrm{d}\vartheta = \int_0^t \frac{\mathrm{d}J(t-\vartheta)}{\mathrm{d}t}\, G(\vartheta)\,\mathrm{d}\vartheta + J(0)\, G(t)\,.$$

Wegen $\dfrac{\mathrm{d}J(t-\vartheta)}{\mathrm{d}t} = -\dfrac{\mathrm{d}J(t-\vartheta)}{\mathrm{d}\vartheta}$ erhält man daraus

$$\frac{\mathrm{d}}{\mathrm{d}t}\int_0^t J(t-\vartheta)\, G(\vartheta)\,\mathrm{d}\vartheta = -\int_0^t \frac{\mathrm{d}J(t-\vartheta)}{\mathrm{d}\vartheta}\, G(\vartheta)\,\mathrm{d}\vartheta + J(0)\, G(t)\,.$$

Mit der Substitution $t - \vartheta = s$ im Integral auf der rechten Seite ergibt sich schließlich

$$\frac{\mathrm{d}}{\mathrm{d}t}\int_0^t J(t-\vartheta)\, G(\vartheta)\,\mathrm{d}\vartheta = \int_0^t \frac{\mathrm{d}J}{\mathrm{d}s}\, G(t-s)\,\mathrm{d}s + J(0)\, G(t)\,. \tag{6.45}$$

Die Relaxationsfunktion $G(t)$ stellt den Spannungsverlauf $\sigma(t)$ bei einer Dehnung $\varepsilon(t) = H(t)$ dar. Durch den Vergleich von (6.45) mit (6.42b) erhält man somit (6.44).

**Beispiel 6.5:** Ein Stab besteht aus einem Material, dessen Kriechfunktion durch $J(t) = (1/E)(1 - e^{-t/\tau})$ gegeben ist. Man bestimme die Dehnung $\varepsilon(t)$ für einen Spannungsverlauf nach Abb. 6.20a.

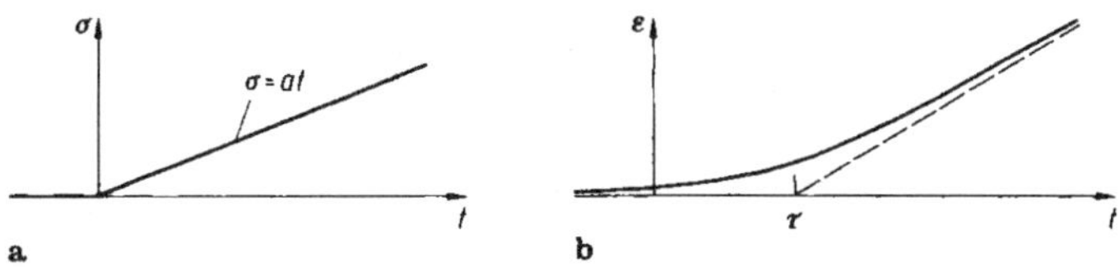


**Abb. 6.20**

*Lösung:* Zur Bestimmung von $\varepsilon(t)$ verwenden wir (6.42a). Mit $\sigma(0) = 0$ und $d\sigma/d\vartheta = a$ erhalten wir

$$\underline{\underline{\varepsilon(t)}} = \frac{a}{E}\int_0^t (1 - e^{-(t-\vartheta)/\tau})\, d\vartheta = \underline{\underline{\frac{a}{E}(t - \tau + \tau e^{-t/\tau})}}\,.$$

Der Verlauf von $\varepsilon$ ist in Abb. 6.20b dargestellt. Der Anstieg der Asymptote ist durch $a/E$ gegeben.

Es sei angemerkt, daß die gegebene Funktion $J(t)$ die Kriechfunktion eines Kelvin-Voigt-Körpers ist.

**Beispiel 6.6:** Ein Stab besteht aus einem Material, dessen Relaxationsfunktion durch $G(t) = E_\infty + E_1\, e^{-t/\bar{\tau}}$ mit $\bar{\tau} = \eta_1/E_1$ gegeben ist. Am Stab wird die Dehnung $\varepsilon(t) = \varepsilon_0(t/\bar{\tau})e^{-t/\bar{\tau}}$ gemessen (Abb. 6.21a). Welche Spannung wirkt im Stab?

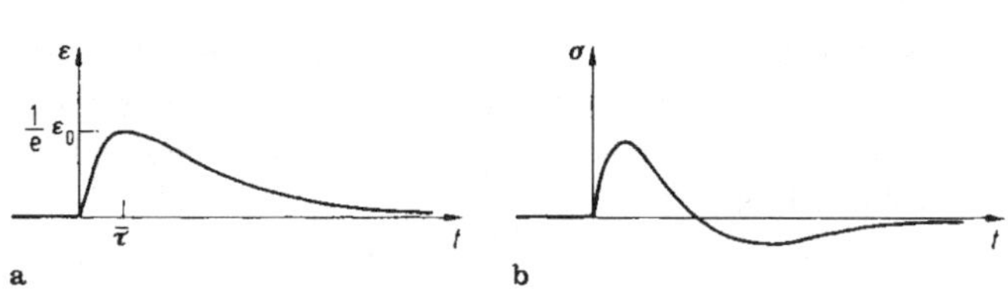


**Abb. 6.21**

*Lösung:* Wir bestimmen die Spannung mit Hilfe von (6.43b). Mit

$$G(0) = E_1 + E_\infty\,, \quad \frac{dG(s)}{ds} = -\frac{E_1}{\bar{\tau}}\, e^{-s/\bar{\tau}}$$

erhalten wir

$$\underline{\underline{\sigma(t)}} = \varepsilon_0(E_1 + E_\infty)\frac{t}{\bar{\tau}}\mathrm{e}^{-t/\bar{\tau}} - \varepsilon_0\frac{E_1}{\bar{\tau}^2}\int\limits_0^t (t-s)\mathrm{e}^{-(t-s)/\bar{\tau}}\mathrm{e}^{-s/\bar{\tau}}\mathrm{d}s$$

$$\underline{\underline{= \varepsilon_0\left[(E_1 + E_\infty)\frac{t}{\bar{\tau}} - \frac{E_1}{2}\frac{t^2}{\bar{\tau}^2}\right]\mathrm{e}^{-t/\bar{\tau}}}}\,. \qquad \text{(a)}$$

Der Spannungsverlauf ist in Abb. 6.21b dargestellt. Man erkennt aus (a), daß die Spannung für $t/\bar{\tau} > 2(1 + E_\infty/E_1)$ negativ wird, obwohl die Dehnung positiv ist.

## 6.3 Plastizität

### 6.3.1 Allgemeines

Wir betrachten nun noch einmal den Zugversuch und diskutieren ihn ausführlicher als in Abschnitt 6.1. Ein zylindrischer Probestab mit der Ausgangslänge $l_0$ und der Ausgangsquerschnittsfläche $A_0$ wird in einer Prüfmaschine gedehnt, wobei die Zugkraft $F$ gemessen wird. Dabei nimmt er die aktuelle Länge $l$ an. Im Spannungs-Dehnungs-Diagramm werden häufig die *nominelle (konventionelle)* Spannung $\sigma = F/A_0$ und die *konventionelle* Dehnung $\varepsilon = \Delta l/l_0 = (l - l_0)/l_0$ aufgetragen. Abbildung 6.22a zeigt das Diagramm schematisch für Stahl. Der Verlauf der Kurve ist bis zur Proportionalitätsgrenze $\sigma_P$ linear. Bei einer Erhöhung der Belastung wird der Zusammenhang zwischen $\sigma$ und $\varepsilon$ nichtlinear. Das Werkstoffverhalten ist dabei (für $\sigma < \sigma_F$) noch elastisch, d. h., bei einer vollständigen Entlastung geht die Dehnung entlang der Belastungskurve auf den Wert Null zurück. Es sei angemerkt, daß der nichtlinear-elastische Bereich für viele Metalle sehr klein und häufig vernachlässigbar ist.

Nach dem Erreichen der Fließspannung $\sigma_F$ setzt eine plastische Deformation ein. Zunächst kann die Dehnung bei praktisch gleichbleibender Spannung zunehmen. Anschließend erfordert eine zusätzliche Dehnung eine Erhöhung der Belastung. Diesen Bereich nennt man Verfestigungsbereich. Der Kurvenverlauf wird dabei deutlich flacher als im elastischen Bereich. Schließlich wird als Maximum der Spannung die *Zugfestigkeit* $\sigma_B$ erreicht (der maximalen Spannung entspricht ein Maximalwert $F_{\max} = \sigma_B A_0$ der Zugkraft). Mit zunehmender Dehnung fällt die Kraft $F$ dann aufgrund von starken Einschnürungen des Stabquerschnitts ab, und der Stab reißt bei der *Bruchspannung* $\sigma_Z$.

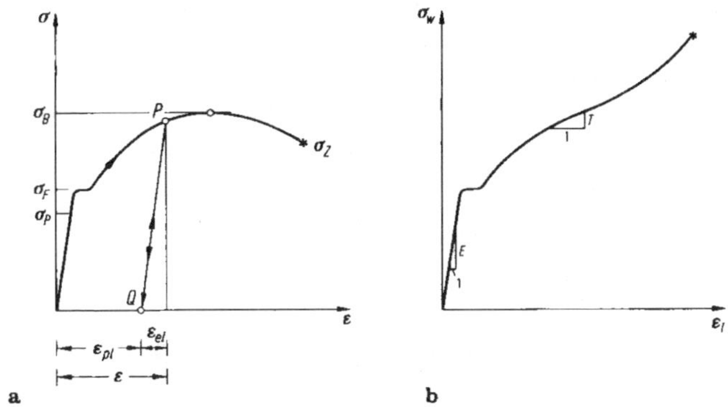


**Abb. 6.22**

Wenn man nach Erreichen eines beliebigen Punktes $P$ im Verfestigungsbereich entlastet (Abb. 6.22a), so verläuft die Entlastungskurve parallel zur Geraden im linear-plastischen Bereich, und man erhält eine bleibende (plastische) Dehnung $\varepsilon_{pl}$. Eine Wiederbelastung vom Punkt $Q$ aus findet entlang der Geraden $QP$ statt (in Wirklichkeit tritt zwar eine schmale Hystereseschleife auf; diese wird aber meist vernachlässigt). Plastisches Fließen setzt dann erst wieder im Punkt $P$ ein. Die entsprechende Spannung kann daher als neue Fließspannung für das bereits plastisch deformierte Material betrachtet werden. Bei einer weiteren Erhöhung der Belastung wird die Kurve über den Punkt $P$ hinaus so durchlaufen, als ob keine Entlastung stattgefunden hätte. Nach Abb. 6.22a kann man die Dehnung im Punkt $P$ als die Summe der elastischen Dehnung $\varepsilon_{el}$ und der plastischen Dehnung $\varepsilon_{pl}$ auffassen:

$$\varepsilon = \varepsilon_{el} + \varepsilon_{pl} \quad \text{bzw.} \quad \varepsilon = \sigma/E + \varepsilon_{pl} \,. \tag{6.46}$$

Bei vielen Metallen ist die Streckgrenze $\sigma_F$ so schwach ausgeprägt, daß man sie nicht genau erkennen kann. Man wählt als Materialkennwert dann eine Spannung, die zu einem bestimmten Wert der plastischen Dehnung gehört. So ist zum Beispiel $\sigma_{0,2}$ die Spannung, die zur plastischen Dehnung $\varepsilon_{pl} = 0,2\%$ gehört.

In Wirklichkeit behält die Querschnittsfläche bei einem Zugversuch nicht den Wert $A_0$, sondern sie nimmt wegen der Querkontraktion mit wachsender Dehnung ab. Dementsprechend wirkt im Stabquerschnitt nicht die konventionelle Spannung $\sigma = F/A_0$, sondern die *wirkliche (physikalische)* Spannung $\sigma_w = F/A$, wobei $A$ die aktuelle Querschnittsfläche ist. Die plastische Deformation ($\varepsilon_{pl}$) ist bei vielen Werkstoffen mit keiner Volumenänderung verbunden; diese ist dann nur auf die elastischen Dehnungen ($\varepsilon_{el}$) zurückzuführen. Vernachlässigt man die elastische Volumenänderung beim Zugversuch, dann kann man mit $A\,l = A_0\,l_0$ den Zusammenhang zwischen der konventionellen Spannung $\sigma$ und der wirklichen Spannung $\sigma_w$ angeben:

$$\sigma_w = \frac{F}{A} = \frac{Fl}{A_0\,l_0} = \sigma\frac{l}{l_0} = \sigma(1+\varepsilon)\,. \tag{6.47}$$

Für kleine Dehnungen ($|\varepsilon| \ll 1$) sind $\sigma$ und $\sigma_w$ näherungsweise gleich groß.

Um auch die Definition der Dehnung dem physikalischen Verhalten besser anzupassen, beziehen wir nun die Längenänderung des Stabes nicht auf die Ausgangslänge $l_0$, sondern auf die aktuelle Länge $l$. Dann ist ein Inkrement der Dehnung durch $\mathrm{d}\varepsilon = \mathrm{d}l/l$ gegeben. Die gesamte Dehnung bei einer Änderung der Länge von $l_0$ bis $l$ folgt durch Integration:

$$\varepsilon_l = \int\limits_{l_0}^{l} \frac{\mathrm{d}\bar{l}}{\bar{l}} = \ln l/l_0\,. \tag{6.48}$$

Die so definierte Dehnung wird als *logarithmische (natürliche)* Dehnung bezeichnet. Ihr Zusammenhang mit der konventionellen Dehnung $\varepsilon$ ist wegen $l/l_0 = 1+\varepsilon$ durch

$$\varepsilon_l = \ln(1+\varepsilon) \tag{6.49}$$

gegeben. Für kleine Dehnungen ($|\varepsilon| \ll 1$) gilt $\varepsilon_l \approx \varepsilon$.

Trägt man im Spannungs-Dehnungs-Diagramm die wirkliche Spannung $\sigma_w$ und die logarithmische Dehnung $\varepsilon_l$ auf (Abb. 6.22b), dann stimmt der Verlauf mit demjenigen nach Abb. 6.22a für Dehnungen $\varepsilon \lesssim 0{,}05$ im wesentlichen überein. Anschließend weichen die Kurvenverläufe aber deutlich voneinander ab. Die wirkliche Spannung ist nach (6.47) stets größer als die konventionelle Spannung, und sie wächst – auch im Bereich der starken Einschnürung, in dem die Kraft $F$ abnimmt – bis zum Reißen der Probe an. Der Anstieg $T$ der Kurve heißt *Tangentenmodul*. Es sei angemerkt, daß man in Spannungs-Dehnungs-Diagrammen häufig als Abszisse statt der Gesamtdehnung $\varepsilon$ (bzw. $\varepsilon_l$) die plastische Dehnung (vgl. 6.46) $\varepsilon_{pl} = \varepsilon - \varepsilon_{el}$ verwendet. Dann nennt man die entsprechende Steigung den *plastischen Tangentenmodul*.

Wenn man die Kurve des $\sigma_w$, $\varepsilon_l$ -Diagramms in einem doppeltlogarithmischen Maßstab aufträgt, so stellt man fest, daß sie – abgesehen von den Bereichen sehr kleiner bzw. sehr großer Dehnung – für viele Metalle näherungsweise gerade verläuft. Dies bedeutet, daß sie in einem großen Bereich durch ein Potenzgesetz der Form

$$\sigma = C\,\varepsilon^n\,, \quad 0 \leq n < 1 \tag{6.50a}$$

angenähert werden kann (dabei haben wir auf die Indizes $w$ und $l$ verzichtet). Die Parameter $C$ und $n$ werden so gewählt, daß der experimentell ermittelte Verlauf möglichst gut approximiert wird. Die Beziehung (6.50a) wurde 1909 von P. Ludwik vorgeschlagen.

Der Wert des Exponenten $n$ in (6.50a) liegt im allgemeinen zwischen Null und 0,5. Daher ist die Steigung der Kurve $\sigma = \sigma(\varepsilon)$ für $\varepsilon = 0$ unendlich groß (im Sonderfall $n = 0$ erhält man ein Spannungs-Dehnungs-Diagramm wie in Abb. 6.2b). Aus diesem Grund wird die Beziehung (6.50a) dann verwendet, wenn die elastische Dehnung vernachlässigbar ist. Sind dagegen die elastischen und die plastischen Dehnungen von gleicher Größenordnung, so muß $\varepsilon_{el} = \sigma/E$ berücksichtigt werden. Dies wird zum Beispiel mit dem verallgemeinerten Potenzgesetz

$$\varepsilon = \frac{\sigma}{E} + \alpha\frac{\sigma_0}{E}\left(\frac{\sigma}{\sigma_0}\right)^m = \frac{\sigma}{E}\left[1 + \alpha\left(\frac{\sigma}{\sigma_0}\right)^{m-1}\right] \tag{6.50b}$$

nach W. Ramberg und W.R. Osgood erreicht. Dabei sind $\alpha$ und $m = 1/n > 1$ dimensionslose Konstanten, und $\sigma_0$ ist eine Bezugsspannung. Hier hat die Spannungs-Dehnungs-Kurve im Ursprung den Anstieg $E$. Das Gesetz (6.50a) ist in (6.50b) bei vernachlässigbarer elastischer Dehnung als Sonderfall enthalten.

Wir betrachten nun statt eines Zugversuchs einen Druckversuch. Wenn man dafür den Zusammenhang zwischen der konventionellen Spannung und der konventionellen Dehnung aufträgt, erhält man eine Kurve, die anders verläuft als die des Zugversuchs. Dagegen ergeben sich im Zug- und im Druckversuch praktisch identische Verläufe, wenn man die physikalische Spannung und die logarithmische Dehnung benutzt. Insbesondere sind dann auch die Fließspannungen bei Zug bzw. bei Druck dem Betrag nach gleich groß. Belastet man dagegen eine Probe zuerst auf Zug, entlastet wieder und belastet anschließend auf Druck, so stellt man im Experiment fest, daß der Betrag der Fließspannung auf Druck nunmehr merklich gegenüber dem ursprünglichen Wert herabgesetzt ist. Dieses Phänomen nennt man *Bauschinger-Effekt* (J. Bauschinger, 1833–1893). Er spielt bei zyklischer Belastung eine wichtige Rolle.

Der Verlauf der Kurven im Spannungs-Dehnungs-Diagramm hängt von der Dehngeschwindigkeit $\dot{\varepsilon} = \dot{l}/l$ ab. Dieser Einfluß ist allerdings bei nicht zu großer Geschwindigkeit vernachlässigbar (geschwindigkeitsunabhängige Plastizität). Bei hohen Geschwindigkeiten (Plastodynamik) erhöht sich im allgemeinen die Fließspannung. Dabei kann sich auch die Steigung der Kurve im Verfestigungsbereich ändern.

Die Temperatur hat ebenfalls einen Einfluß auf die Eigenschaften von Metallen. So können Metalle zum Beispiel bei sehr niedrigen Temperaturen ihre Fähigkeit, plastisch zu fließen (*duktiles* Verhalten) verlieren. Sie verhalten sich dann bis zum Bruch elastisch. Solche Materialien nennt man *spröde*. Bei sehr hohen Temperaturen tritt dagegen Kriechen auf (vgl. Abschn. 6.1).

Bei praktischen Anwendungen ist es häufig zulässig, den gesamten elastischen Bereich als linear aufzufassen und den plastischen Bereich ebenfalls durch eine Gerade anzunähern. Man beschreibt dann das elastisch-plastische Materialverhalten statt durch die wirkliche Kurve durch eine bilineare Näherung (Abb. 6.23a). Wenn man den Anstieg der Kurve im plastischen Bereich – d.h. die Verfestigung – nicht berücksichtigt (Abb. 6.23b), so spricht man von einem *elastisch-ideal plastischen* Materialverhalten. Nehmen wir an, daß der Betrag der Fließspannung für Zug und Druck gleich ist, so lautet in diesem Fall das Stoffgesetz:

$$\sigma = \begin{cases} E\,\varepsilon\,, & |\varepsilon| \le \varepsilon_F \qquad\qquad (|\sigma| \le \sigma_F)\,, \\ \sigma_F\,, & |\varepsilon| \ge \varepsilon_F = \sigma_F/E\,. \end{cases} \tag{6.51}$$

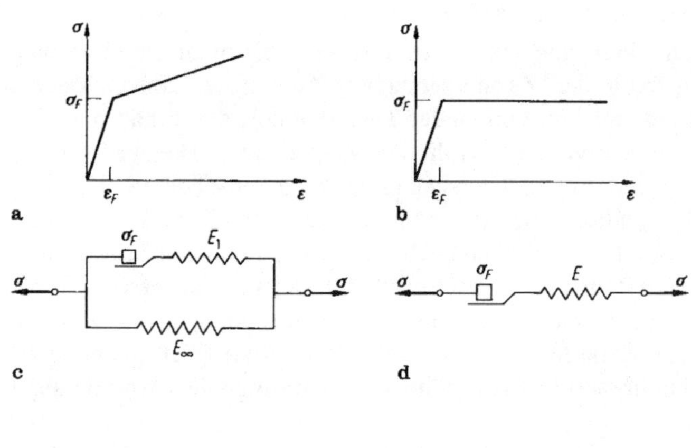


**Abb. 6.23**

Wird die elastische Dehnung im Vergleich zur plastischen Dehnung vernachlässigt ($E \to \infty$), so heißt das Verhalten *starr-plastisch*. Eine Idealisierung des Stoffverhaltens nach Abb. 6.2b wird *starr-ideal plastisch* genannt.

Nach Abschnitt 6.1 läßt sich das starr-ideal plastische Materialverhalten durch ein Reibelement (Abb. 6.2c) veranschaulichen. Modelle für die in den Abb. 6.23a, b dargestellten Stoffgesetze erhält man durch geeignete Kombinationen des Reibelements mit Federn. Eine Reihenschaltung nach Abb. 6.23d läßt auch für $\sigma < \sigma_F$ eine Dehnung zu und beschreibt somit ein elastisch-ideal plastisches Verhalten. Elastisch-plastisches Materialverhalten mit Verfestigung wird durch die Schaltung nach Abb. 6.23c modelliert.

Durch zusätzliches Einbeziehen von Dämpfern kann man Modelle erzeugen, die viskoses Verhalten einschließen. Der in Abb. 6.24a dargestellte Körper wird *Bingham-Körper* (E. C. Bingham, 1878–1945) genannt. Er ist ein Modell für *visko-plastische* Materialien (z.B. Zahnpasta). Um das Stoffgesetz für den Bingham-Körper zu bestimmen, treffen wir drei Fallunterscheidungen. Zuerst sei $|\sigma| < \sigma_F$. Dann verhindert das Reibelement eine Dehnung, und es gilt $\varepsilon = 0$. Wenn dagegen die aufgebrachte Zugspannung $\sigma$ die Fließspannung $\sigma_F$ überschreitet ($\sigma > \sigma_F$), dann wird das Modell auseinandergezogen. Dabei gilt (vgl. Abb. 6.24b):

$$\sigma = \eta \dot{\varepsilon} + \sigma_F$$

(Superposition der Spannungen). Ist schließlich bei einem Druckversuch der Betrag der Spannung $\sigma$ größer als die Fließspannung ($|\sigma| > \sigma_F \to \sigma < -\sigma_F$), dann wird das Modell zusammengeschoben, und der Zusammenhang zwischen der Spannung $\sigma$ und der Dehnung $\varepsilon$ lautet

$$\sigma = \eta \dot{\varepsilon} - \sigma_F$$

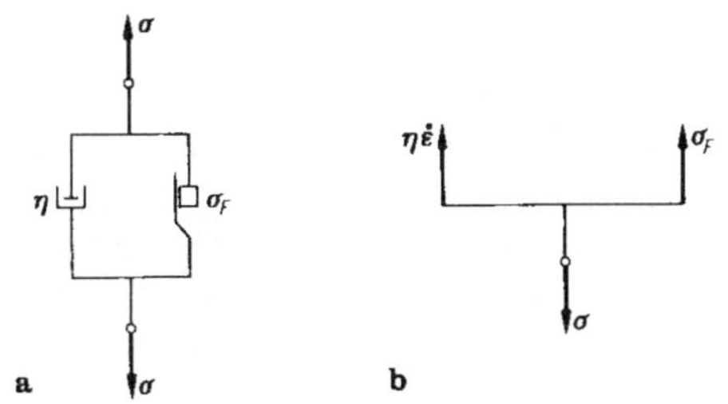


**Abb. 6.24**

(beim Zusammenschieben muß die Spannung im Reibelement in entgegengesetzter Richtung angesetzt werden).

Zusammenfassen der drei Fälle liefert das Stoffgesetz:

$$\dot{\varepsilon} = \begin{cases} \frac{1}{\eta}(\sigma + \sigma_F)\,, & \sigma < -\sigma_F\,, \\ 0\,, & -\sigma_F < \sigma < \sigma_F\,, \\ \frac{1}{\eta}(\sigma - \sigma_F)\,, & \sigma > \sigma_F\,. \end{cases} \tag{6.52}$$

Der Bingham-Körper verhält sich für Spannungen unterhalb der Fließgrenze wie ein starrer Körper und oberhalb der Fließgrenze wie eine Newtonsche Flüssigkeit.

### 6.3.2 Fachwerke

Bei einem statisch bestimmten Fachwerk kann man die Stabkräfte allein aus den Gleichgewichtsbedingungen ermitteln. Ist das Fachwerk dagegen statisch unbestimmt, so müssen zur Ermittlung der Stabkräfte auch das Stoffgesetz und die Verformung (Kompatibilität) einbezogen werden. In der Elastostatik wird dabei vorausgesetzt, daß alle Stäbe des Fachwerks nur elastisch gedehnt werden. Wir wollen in diesem Abschnitt das Verhalten von Fachwerken untersuchen, wenn in einem oder in mehreren Stäben die Fließspannung erreicht wird. Von großer praktischer Bedeutung ist dabei zum Beispiel die Bestimmung der Belastung, bei der die Tragfähigkeit des Fachwerks verloren geht. Diese Belastung bezeichnet man als *Traglast*. Wir beschränken uns auf elastisch-ideal plastisches Materialverhalten nach (6.51) (vgl. Abb. 6.23b). Instabilitäten (elastisches bzw. plastisches Knicken) werden ausgeschlossen.

Wir betrachten als einfaches Beispiel für ein statisch bestimmtes Fachwerk den Stabzweischlag nach Abb. 6.25a, der durch die Kräfte $F_H$ und $F_V$ belastet ist. Die beiden Stäbe bestehen aus dem gleichen Material (Fließspannung $\sigma_F$) und haben die Querschnittsflächen $A_1 = A$ und $A_2 = \sqrt{2}A$. Wir wollen untersuchen, bei welcher Belastung plastisches Fließen auftritt.

Zunächst bestimmen wir die Stabkräfte. Das Gleichgewicht am Knoten liefert

$$S_1 = \frac{\sqrt{2}}{2}(F_V + F_H)\,, \quad S_2 = \frac{\sqrt{2}}{2}(F_V - F_H)\,.$$

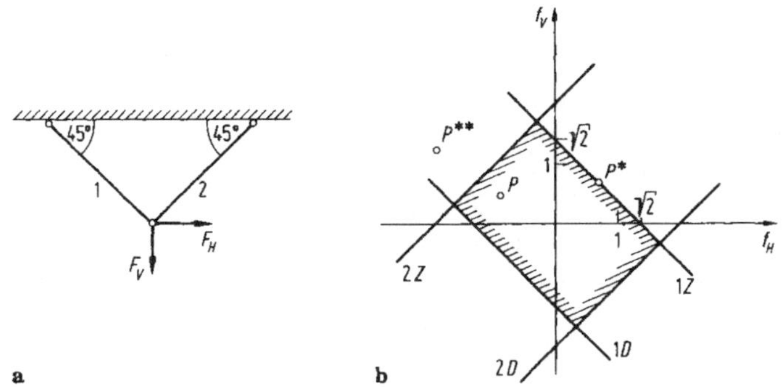


**Abb. 6.25**

Wenn die Spannungen in beiden Stäben dem Betrag nach kleiner als die Fließspannung sind, dann kann plastisches Fließen nicht auftreten. In diesem Fall sind die Ungleichungen

$$|\sigma_j| < \sigma_F \quad \rightarrow \quad -\sigma_F < \sigma_j < \sigma_F\,, \quad j = 1,2 \tag{6.53}$$

erfüllt. Mit $\sigma_1 = S_1/A_1$ und $\sigma_2 = S_2/A_2$ folgt daraus

$$-1 < \frac{\sqrt{2}(F_V + F_H)}{2A\,\sigma_F} < 1\,, \quad -1 < \frac{F_V - F_H}{2A\,\sigma_F} < 1\,.$$

Wir führen nun die Normalkraft $N_{pl} = \sigma_F\, A$ sowie die dimensionslosen Lastparameter $f_H = F_H/N_{pl}$ und $f_V = F_V/N_{pl}$ ein. Damit wird

$$-1 < \frac{\sqrt{2}}{2}(f_V + f_H) < 1\,, \quad -1 < \frac{1}{2}(f_V - f_H) < 1\,. \tag{6.54}$$

Wenn wir diese Ungleichungen durch die entsprechenden Gleichungen ersetzen, so werden dadurch in der Ebene der Lastparameter vier Geraden beschrieben (Abb. 6.25b). Die Ungleichungen legen den von den Geraden eingeschlossenen Bereich fest. Da wir vorausgesetzt haben, daß die Fließspannungen für Zug bzw. Druck betragsmäßig gleich sind, ist dieser Bereich punktsymmetrisch zum Koordinatenursprung. Wenn die Kräfte $F_H$ und $F_V$ so groß sind, daß sie einem Punkt $P$ im Innern des Bereichs entsprechen, dann ist die Spannung in beiden Stäben kleiner als die Fließspannung. Entspricht die Belastung dagegen einem Punkt $P^*$ auf einer Geraden, die den Bereich begrenzt, so wird im zugeordneten

Stab die Fließspannung erreicht, und der Stab fließt. Zum Beispiel führt eine Belastung mit $f_H = f_V = \sqrt{2}/2$ zum Fließen des Stabes 1 unter Zug. Dies ist in Abb. 6.25b durch das Symbol 1 Z an der entsprechenden Geraden angedeutet. Damit wird das Fachwerk beweglich (kinematisch unbestimmt), und seine Tragfähigkeit geht verloren. Bei einer Belastung, die einem Punkt $P^{**}$ außerhalb des Bereichs entspricht, würden aus den Gleichgewichtsbedingungen am Knoten Spannungen folgen, die größer als die Fließspannung $\sigma_F$ sind. Eine solche Belastung ist bei elastisch-ideal plastischem Materialverhalten nicht möglich (unzulässig). Aus diesem Grund nennt man den durch die Zulässigkeitsbedingungen

$$|\sigma_j| \leq \sigma_F \tag{6.55}$$

gegebenen abgeschlossenen Bereich den *Zulässigkeitsbereich.*

Die Überlegungen, die wir für den Stabzweischlag durchgeführt haben, können verallgemeinert werden. Für ein Fachwerk mit $n$ Stäben erhält man $n$ Ungleichungen $|\sigma_j| \leq \sigma_F$ . Bei zwei unabhängigen Lastparametern wird dann aus dem „Fließviereck" nach Abb. 6.25b ein „Fließpolygon". Wenn mehr als zwei unabhängige Lastparameter existieren, dann wird aus dem Fließpolygon ein „Fließpolyeder" (Fließfläche) in einem mehrdimensionalen Lastraum.

Wir betrachten nun das statisch unbestimmte Fachwerk nach Abb. 6.26a. Es besteht aus drei Stäben gleichen Materials (Fließspannung $\sigma_F$) und gleicher Querschnittsfläche $A$. Wir wollen auch hier untersuchen, wann plastisches Fließen auftritt.

Wenn die Kraft $F$ hinreichend klein ist, werden alle drei Stäbe rein elastisch gedehnt. Dann kann man die Stabkräfte zu

$$S_1 = S_3 = \frac{1}{2+\sqrt{2}}\,F\,, \quad S_2 = \frac{2}{2+\sqrt{2}}\,F \tag{6.56}$$

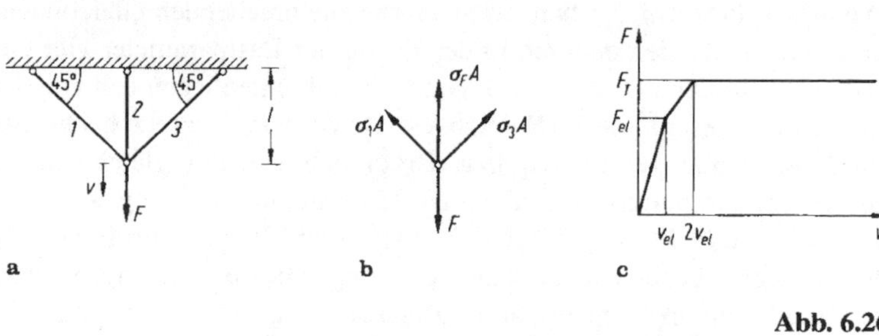


Abb. 6.26

bestimmen (Band 2, Abschn. 1.6). Die Spannung $\sigma_2 = S_2/A$ im Stab 2 ist größer als die Spannungen $\sigma_1 = \sigma_3 = S_1/A$ in den Stäben 1 und 3. Daher wird bei einer Erhöhung der Belastung die Fließspannung zuerst im Stab 2 erreicht:

$$\sigma_2 = \sigma_F \quad \to \quad F_{el} = (1 + \sqrt{2}/2)\, \sigma_F\, A\,. \tag{6.57}$$

Wir bezeichnen die Kraft $F = F_{el}$ als *elastische Grenzlast*. Bei einer Belastung durch $F_{el}$ ist die Tragfähigkeit des Stabes 2 erschöpft. Im Gegensatz zu einem statisch bestimmten Fachwerk muß allerdings bei einem statisch unbestimmten Fachwerk das Erreichen der Fließspannung in einem Stab nicht zum Verlust der Tragfähigkeit führen. Die Spannungen in den Stäben 1 und 3 haben für $F = F_{el}$ nämlich erst den Wert

$$\sigma_1 = \sigma_3 = \sigma_F/2 \tag{6.58}$$

erreicht. Daher fließen diese Stäbe unter der Wirkung der Kraft $F_{el}$ noch nicht, und das Gesamtfachwerk ist weiterhin unbeweglich (kinematisch bestimmt). Somit ist es möglich, die Belastung über den Wert $F_{el}$ hinaus zu steigern. Dabei kann die Spannung $\sigma_2$ die Fließspannung nicht überschreiten: $\sigma_2 = \sigma_F$. Aus dem Gleichgewicht am Knoten (Abb. 6.26b) folgen nun die Spannungen in den Stäben 1 und 3:

$$\uparrow: \quad 2\sigma_1 A \frac{1}{2}\sqrt{2} + \sigma_F A - F = 0 \quad \to \quad \sigma_1 = \sigma_3 = \frac{\sqrt{2}}{2}\left(\frac{F}{A} - \sigma_F\right).$$

Sie erreichen die Fließspannung für die Traglast

$$F_T = (1 + \sqrt{2})\, \sigma_F A\,. \tag{6.59}$$

Unter ihrer Wirkung fließen alle drei Stäbe, und das Fachwerk verliert seine Tragfähigkeit. Durch Vergleich mit (6.57) erkennt man, daß die zum endgültigen Versagen führende Traglast $F_T$ deutlich über der elastischen Grenzlast liegt.

Wir wollen abschließend noch die Absenkung $v$ des Knoten unter der Wirkung der Kraft $F$ ermitteln. Für $F \leq F_{el}$ gilt

$$v = \frac{S_2\, l}{EA} = \frac{2}{2 + \sqrt{2}} \frac{F\, l}{EA}\,.$$

Mit $F = F_{el}$ nach (6.57) ergibt sich daraus $v_{el} = \frac{\sigma_F}{E} l$. Für $F_{el} \leq F < F_T$ erhält man

$$v = \frac{\Delta l_1}{\cos(\pi/4)} = \sqrt{2}\,\varepsilon_1\, l_1 = 2\frac{\sigma_1\, l}{E} = \frac{\sqrt{2}\, l}{E}\left(\frac{F}{A} - \sigma_F\right) .$$

Dies liefert $v = 2\sigma_F l/E = 2v_{el}$ für die Traglast $F_T$. Der Zusammenhang zwischen der Last $F$ und der Absenkung $v$ ist in Abb. 6.26c dargestellt.

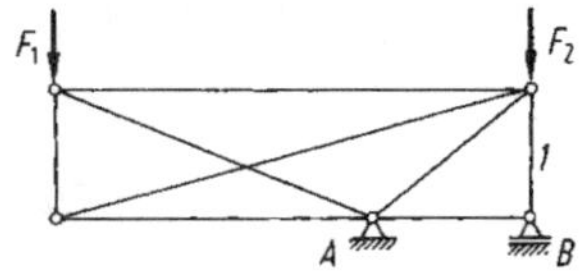

**Abb. 6.27**

Bei einem statisch bestimmten Fachwerk führt das Erreichen der Fließspannung in einem der Stäbe – ideal-plastisches Materialverhalten vorausgesetzt – immer zu kinematischer Unbestimmtheit und damit zum Verlust der Tragfähigkeit. Ein statisch unbestimmtes Fachwerk kann beim Erreichen der Fließspannung in einem Stab in Sonderfällen ebenfalls beweglich werden. Ein Beispiel dafür zeigt Abb. 6.27: wenn der Stab 1 plastisch fließt, kann sich das restliche Fachwerk um das Lager $A$ drehen. Man muß daher bei einem Fachwerk, bei dem einzelne Stäbe plastizieren, immer überprüfen, ob es noch kinematisch bestimmt ist.

**Beispiel 6.7:** Das Fachwerk nach Abb. 6.28a besteht aus fünf Stäben (Querschnittsfläche $A$, Fließspannung $\sigma_F$). Es wird durch die Kräfte $F_1$ und $F_2$ belastet.

Man bestimme das Fließpolygon. In welchem Stab wird für $F_1 = F_2$ die Fließspannung bei einer Laststeigerung zuerst erreicht? Wie groß sind dann die Kräfte?

*Lösung:* Das Fachwerk ist statisch bestimmt. Die Stabkräfte können zum Beispiel mit Hilfe des Knotenpunktverfahrens bestimmt werden. Man erhält

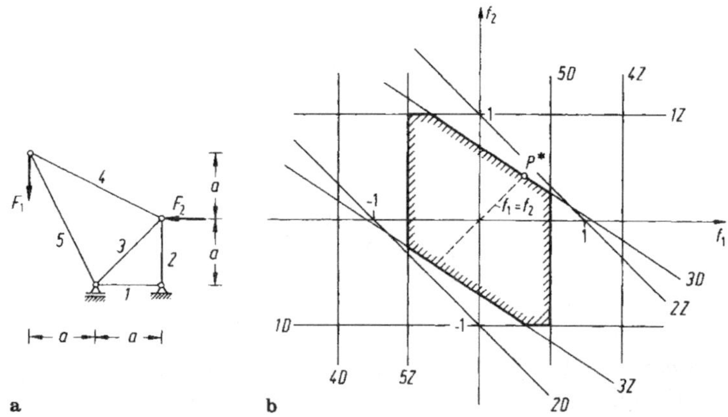


**Abb. 6.28**

$$S_1 = F_2\,, \qquad S_2 = F_1 + F_2\,, \quad S_3 = -\sqrt{2}\left(\frac{2}{3}F_1 + F_2\right),$$

$$S_4 = \frac{\sqrt{5}}{3}F_1\,, \quad S_5 = -\frac{2\sqrt{5}}{3}F_1\,.$$

Mit $N_{pl} = \sigma_F A$ und den dimensionslosen Lastparametern $f_1 = F_1/N_{pl}$ und $f_2 = F_2/N_{pl}$ lauten daher die Zulässigkeitsbedingungen (6.55)

$$-1 \le f_2 \le 1\,, \qquad -1 \le f_1 + f_2 \le 1\,,$$

$$-1 \le -\sqrt{2}\left(\frac{2}{3}f_1 + f_2\right) \le 1\,,$$

$$-1 \le \frac{\sqrt{5}}{3}f_1 \le 1\,, \quad -1 \le -\frac{2\sqrt{5}}{3}f_1 \le 1\,.$$

Das den zulässigen Bereich begrenzende Fließpolygon ist in Abb. 6.28b dargestellt. Da der Rand des Bereichs nur von denjenigen Geraden gebildet wird, die zu den Stäben 1, 3 und 5 gehören, kann die Fließspannung auch nur in diesen Stäben erreicht werden. Abbildung 6.28b zeigt, daß sie für $F_1 = F_2$ zuerst in Stab 3 erreicht wird ($P^*$). Dann gilt

$$S_3 = -\sigma_F A \;\rightarrow\; \underline{\underline{F_1 = F_2 = \frac{3\sqrt{2}}{10}\sigma_F A}}\,.$$

**Beispiel 6.8:** Man bestimme die elastische Grenzlast und die Traglast für das aus fünf gleichen Stäben bestehende Fachwerk nach Abb. 6.29a.

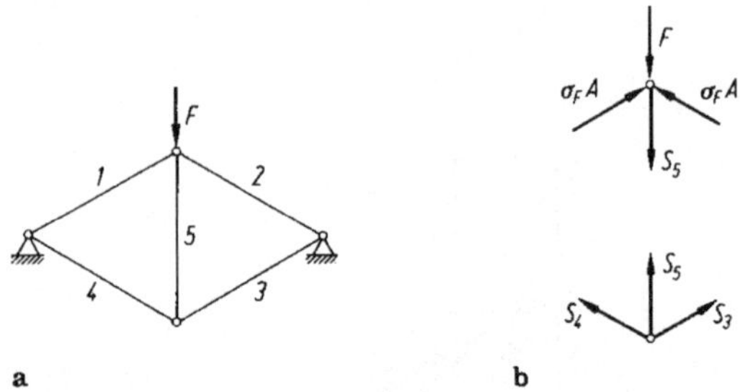


**Abb. 6.29**

*Lösung:* Das Fachwerk ist einfach statisch unbestimmt. Für $F \leq F_{el}$ können die Stabkräfte zum Beispiel mit Hilfe des Prinzips der virtuellen Kräfte (Band 2, Abschn. 6.2) bestimmt werden:

$$S_1 = S_2 = -\frac{3}{5}F\,, \quad S_3 = S_4 = \frac{2}{5}F\,, \quad S_5 = -\frac{2}{5}F\,.$$

Da die Spannung in den Stäben 1 und 2 größer ist als diejenige in den anderen Stäben, wird die Fließspannung zuerst in diesen beiden Stäben erreicht:

$$S_1 = S_2 = -\sigma_F A\,.$$

Die elastische Grenzlast $F_{el}$ lautet somit

$$-\frac{3}{5}F_{el} = -\sigma_F A \quad \rightarrow \quad \underline{\underline{F_{el} = \frac{5}{3}\sigma_F A\,.}}$$

Bei einer Laststeigerung erhält man mit $S_1 = S_2 = -\sigma_F A$ und $S_3 = S_4$ aus den Gleichgewichtsbedingungen an den Knoten (Abb. 6.29b)

$$\downarrow: \quad -2\sigma_F A\,\frac{1}{2} + S_5 + F = 0 \quad \rightarrow \quad S_5 = \sigma_F A - F\,,$$

$$\uparrow: \quad 2S_3\frac{1}{2} + S_5 = 0 \qquad\qquad \rightarrow \quad S_3 = S_4 = -S_5\,.$$

Die Traglast ist erreicht, wenn das Fachwerk kinematisch unbestimmt wird. Im Beispiel gilt dann

$$\sigma_3 = \sigma_4 = -\sigma_5 = \sigma_F \quad \rightarrow \quad \underline{\underline{F_T = 2\sigma_F A\,.}}$$

## 6.3.3 Balken

In der Elastostatik haben wir uns mit der Biegung von Balken bei elastischer Deformation befaßt (Band 2, Kap. 4). Wir wollen nun die Spannungsverteilung und die Durchbiegung bestimmen, wenn der Balken auch plastisch verformt wird. Dabei setzen wir wie in der Elastostatik voraus, daß Querschnitte, die vor der Deformation senkrecht auf der Balkenachse standen, bei der Deformation eben bleiben und auch danach senkrecht auf der deformierten Balkenachse stehen (Annahmen von Bernoulli für schlanke Balken). Das Materialverhalten für die Normalspannungen wird als elastisch-ideal plastisch angenommen; die Fließspannungen für Zug- bzw. Druckbelastung sollen dem Betrag nach gleich sein (vgl. (6.51)). Da die Schubspannungen in vielen Fällen klein sind, werden sie hier nicht berücksichtigt. Schließlich setzen wir noch voraus, daß die Normalkraft im Balken Null ist.

### *6.3.3.1 Spannungsverteilung*

Wir beschränken uns im folgenden auf Balken mit Querschnitten, die symmetrisch zur $z$-Achse sind (Abb. 6.30). Wegen der Hypothese vom

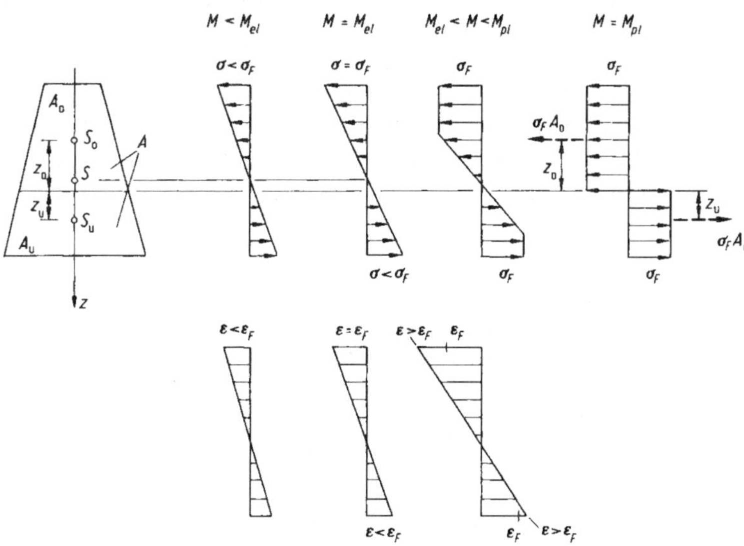


**Abb. 6.30**

Ebenbleiben der Querschnitte ist die Dehnung linear von $z$ abhängig: $\varepsilon = c\,z$. Dabei ist $c$ ein noch unbestimmter Parameter. Bei einer Belastung des Balkens, die nur elastische Dehnungen hervorruft ($|\varepsilon| < \varepsilon_F$, vgl. Abb. 6.23b), ist nach dem Hookeschen Gesetz die Spannungsverteilung ebenfalls linear, und es gilt $|\sigma| = E\,|\varepsilon| < \sigma_F$. Wenn man die Belastung erhöht, dann erreichen die Dehnung bzw. die Spannung in einer Randfaser die Werte $\varepsilon_F$ bzw. $\sigma_F$. Wir bezeichnen das zugehörige Biegemoment $M_{el}$ als *elastisches Grenzmoment*. Es ist durch

$$\sigma_F = \frac{M_{el}}{W} \quad \rightarrow \quad M_{el} = W\sigma_F \tag{6.60}$$

gegeben, wobei $W$ das Widerstandsmoment darstellt (Band 2, Gln. (4.27) und (4.28)).

Bei einer zusätzlichen Steigerung der Belastung ist zwar die Dehnung wegen des Ebenbleibens der Querschnitte weiterhin linear verteilt, es ändert sich jedoch die Spannungsverteilung. Zunächst von einem und dann auch vom anderen Rand her breitet sich je eine Zone aus, in der gilt: $|\varepsilon| > \varepsilon_F$, $|\sigma| = \sigma_F$ (bei elastisch-ideal plastischem Materialverhalten kann die Fließspannung $\sigma_F$ nicht überschritten werden). In diesen Zonen treten demnach plastische Dehnungen auf. Schließlich wird ein Zustand erreicht, bei dem die Spannung im gesamten Querschnitt gleich der Fließspannung ist. Man nennt dies den *vollplastischen Zustand*. Eine weitere Laststeigerung ist dann nicht mehr möglich.

Bei diesem Vorgang verschiebt sich die neutrale Faser. Ihre Lage kann aus der Bedingung $N = 0$ ermittelt werden. Im vollplastischen Zustand des Querschnitts folgt daraus mit den Teilflächen $A_o$ und $A_u$ (Abb. 6.30)

$$\sigma_F A_o - \sigma_F A_u = 0 \quad \rightarrow \quad A_o = A_u = A/2\,.$$

Die Nullinie des Querschnitts teilt dann die Fläche in zwei gleich große Teile. Das zugehörige Biegemoment $M_{pl}$ heißt *vollplastisches Moment*. Es ergibt sich als Resultierende der Spannungsverteilung zu

$$M_{pl} = \sigma_F \frac{A}{2}(z_o + z_u) = W_{pl}\,\sigma_F\,. \tag{6.61}$$

Dabei sind $z_o$ bzw. $z_u$ die Abstände der Schwerpunkte der oberen bzw. der unteren Teilfläche von der Nullinie. Die Größe

$$W_{pl} = \frac{A}{2}(z_o + z_u) \tag{6.62}$$

heißt *plastisches Widerstandsmoment*. Das Verhältnis

$$\alpha = \frac{M_{pl}}{M_{el}} = \frac{W_{pl}}{W} \tag{6.63}$$

hängt nur von der Geometrie des Querschnitts ab und wird daher als *Formfaktor* bezeichnet. Bei einem Rechteckquerschnitt (Breite $b$, Höhe $h$) ergibt sich wegen $z_o = z_u = h/4$ das plastische Widerstandsmoment zu $W_{pl} = b\,h^2/4$, und mit $W = b\,h^2/6$ erhalten wir den Formfaktor zu $\alpha = 3/2$. Im Falle eines Kreisquerschnitts (Radius $r$) folgt mit $z_o = z_u = 4r/3\pi$ zunächst $W_{pl} = 4r^3/3$, und mit $W = \pi\,r^3/4$ ergibt sich $\alpha = 16/3\,\pi = 1,70$.

Wenn das Biegemoment in einem Querschnitt das elastische Grenzmoment $M_{el}$ übersteigt, tritt zwar plastisches Fließen auf, die Tragfähigkeit des Balkens geht dabei jedoch noch nicht verloren. Erst wenn das vollplastische Moment $M_{pl}$ erreicht wird, d. h., der gesamte Querschnitt plastiziert ist, wird an dieser Stelle im Balken die Grenze der Tragfähigkeit erreicht. Dann wirkt der Querschnitt wie ein „Gelenk", welches das Moment $M_{pl}$ überträgt. Ein statisch bestimmt gelagerter Balken wird dann kinematisch unbestimmt. Man bezeichnet dieses Gelenk als *Fließgelenk*, und die Belastung, bei der der Balken kinematisch unbestimmt wird, heißt *Traglast*. Bei einem statisch unbestimmt gelagerten Balken führt die Ausbildung eines Fließgelenks im allgemeinen noch nicht zum Verlust der Tragfähigkeit.

Als illustratives Beispiel betrachten wir den statisch bestimmt gelagerten Balken nach Abb. 6.31. Das maximale Biegemoment $M_{\max} = Fl/4$ tritt in der Balkenmitte auf. Wenn $F = F_{el} = 4\,M_{el}/l = 4\,W\sigma_F/l$ ist, dann beginnt dort in einer Randfaser das plastische Fließen. Bei der Traglast $F = F_T = 4\,M_{pl}/l = 4\,W_{pl}\,\sigma_F/l$ ist der Querschnitt in der Balkenmitte vollständig plastiziert, und die Tragfähigkeit ist damit erschöpft.

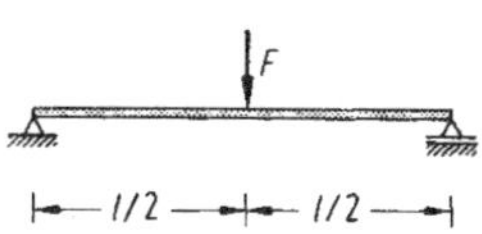


**Abb. 6.31**

Wir wollen nun untersuchen, wie weit sich in einem Balken mit Rechteckquerschnitt bei einem gegebenen Biegemoment $M > M_{el}$ die plastische Zone im Querschnitt ausbreitet. Bei einem Rechteckquerschnitt geht die neutrale Faser auch bei plastischer Verformung durch den Flächenschwerpunkt, und die Spannungsverteilung ist punktsym-

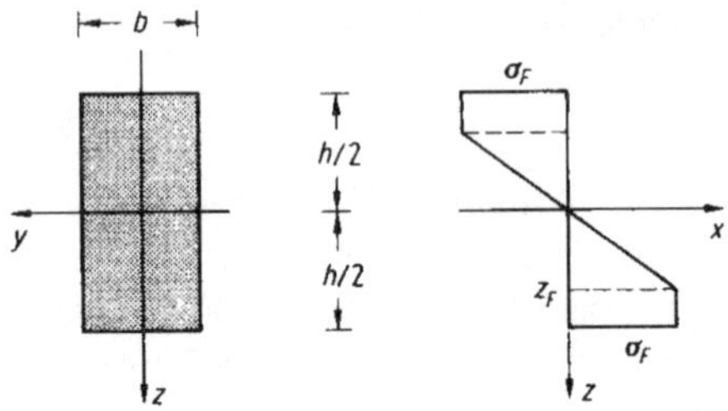


Abb. 6.32

metrisch (Abb. 6.32). Kennzeichnen wir die Grenze zwischen dem elastischen und dem plastischen Bereich durch den Abstand $z_F$, so können wir mit $\sigma = E\,\varepsilon$ und $\varepsilon = c\,z$ die Spannungsverteilung im Bereich $z > 0$ schreiben als

$$\sigma = E\,\varepsilon = E\,c\,z\,, \quad z < z_F \qquad \text{(elastischer Bereich)}\,,$$

$$\sigma = \sigma_F = E\,c\,z_F\,, \quad z_F < z < h/2 \quad \text{(plastischer Bereich)}\,.$$

Das Biegemoment folgt durch Integration (Band 2, Gl. (4.19a)) zu

$$M = \int_A \sigma\,z\,\mathrm{d}A = 2b\int_0^{z_F} E\,c\,z^2\,\mathrm{d}z + 2\,b\int_{z_F}^{h/2} E\,c\,z_F\,z\,\mathrm{d}z$$

$$= 2\,b\,E\,c\,z_F\left(\frac{h^2}{8} - \frac{z_F^2}{6}\right) = b\,\sigma_F\left(\frac{h^2}{4} - \frac{z_F^2}{3}\right).$$

Durch Auflösen erhalten wir daraus mit (6.60) und $W = b\,h^2/6$

$$z_F = \frac{h}{2}\sqrt{3 - 2\frac{M}{M_{el}}}\,. \tag{6.64}$$

Für $M = M_{el}$ ergibt sich $z_F = h/2$ (Fließen in beiden Randfasern), für $M/M_{el} = 3/2$ folgt $z_F = 0$ (vollplastischer Zustand).

Bei reiner Biegung ist das Biegemoment unabhängig von der Längskoordinate $x$. Dann hängt auch $z_F$ nicht von $x$ ab, d. h., die plastische Zone hat dann entlang der Balkenachse eine konstante Dicke. Wenn sich dagegen das Biegemoment mit dem Ort ändert, dann ändert sich auch die Dicke der plastischen Zone. Als Beispiel dafür betrachten wir den Balken nach Abb. 6.33a unter einer Gleichstreckenlast. Wenn wir die $x$-Koordinate von der Balkenmitte zählen, dann ist das Biegemoment durch

$$M(x) = \frac{q_0 l^2}{8}\left[1 - 4\left(\frac{x}{l}\right)^2\right]$$

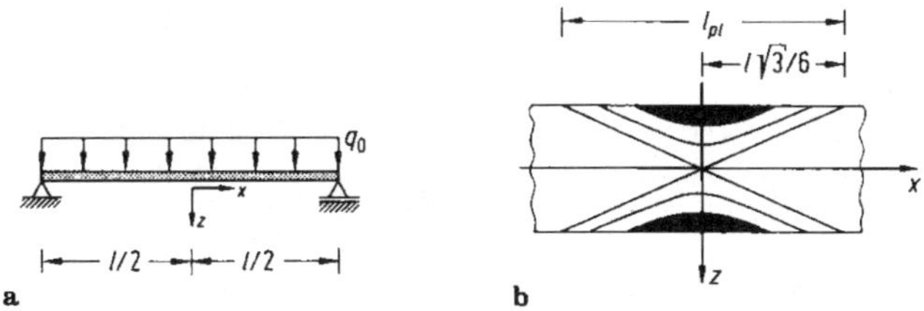


**Abb. 6.33**

gegeben. Das elastische Grenzmoment $M_{el}$ wird zuerst in der Balkenmitte erreicht. Die entsprechende Belastung bezeichnen wir mit $q_{el}$. Mit $M_{el} = q_{el} l^2/8$ sowie den dimensionslosen Größen $\xi = x/l$ und $\zeta = 2z_F/h$ führt dann (6.64) auf

$$\zeta^2 = 3 - 2\frac{q_0}{q_{el}}(1 - 4\xi^2)$$

$$\to \quad \zeta^2 - 8\frac{q_0}{q_{el}}\,\xi^2 = \frac{3\,q_{el} - 2\,q_0}{q_{el}}\,. \tag{6.65}$$

Demnach verläuft hier die Grenze zwischen dem elastischen und dem plastischen Bereich hyperbelförmig (Abb. 6.33b).

Für $q_0 = q_{el}$ folgt aus (6.65) $\zeta^2 - 8\,\xi^2 = 1$. Da $|\zeta| \leq 1$ sein muß, ist dies nur für $\zeta = \pm 1$, $\xi = 0$ erfüllt (Fließen in den Randfasern). Der vollplastische Zustand wird für die Traglast $q_0 = q_T = 3\,q_{el}/2$ erreicht. Dann geht (6.65) in

$$\zeta^2 - 12\,\xi^2 = 0 \quad \to \quad \zeta = \pm 2\,\sqrt{3}\,\xi$$

über. Hierdurch sind die Asymptoten der Hyperbel festgelegt. Für $\zeta = \pm 1$ wird $\xi = \pm\sqrt{3}/6$. Die Ausdehnung des plastischen Bereichs entlang der Balkenachse beim Entstehen des Fließgelenks (vollplastischer Zustand) ist damit durch $l_{pl} = \sqrt{3}\,l/3 = 0,58\,l$ gegeben.

Bei dem beidseitig gelenkig gelagerten Balken unter der Einzelkraft $F$ nach Abb. 6.34a lautet der Momentenverlauf

$$M(x) = \begin{cases} \dfrac{Fl}{4}\left(1 - 2\dfrac{x}{l}\right), & x > 0\,, \\[2ex] \dfrac{Fl}{4}\left(1 + 2\dfrac{x}{l}\right), & x < 0\,. \end{cases}$$

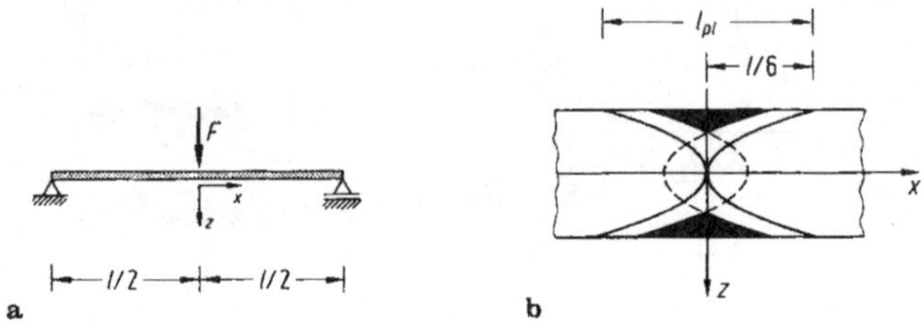


Abb. 6.34

Mit $M_{el} = F_{el}\, l/4$ führt (6.64) hier auf die Gleichung einer Parabel:

$$\zeta^2 = 3 - 2\frac{F}{F_{el}}(1 \pm 2\xi)\,. \tag{6.66}$$

Die parabelförmigen Grenzkurven sind in Abb. 6.34b dargestellt. Für die Traglast $F = F_T = 3F_{el}/2$ wird aus (6.66) $\zeta^2 = \pm 6\,\xi$. Mit $\zeta = \pm 1$ erhält man daraus im vollplastischen Zustand $\xi = \pm 1/6$. Die Ausdehnung des plastischen Bereichs in Balkenlängsrichtung ist dann durch $l_{pl} = l/3$ gegeben.

**Beispiel 6.9:** Man bestimme die Formfaktoren für einen dünnwandigen T-Querschnitt und für einen Dreieckquerschnitt nach Abb. 6.35a.

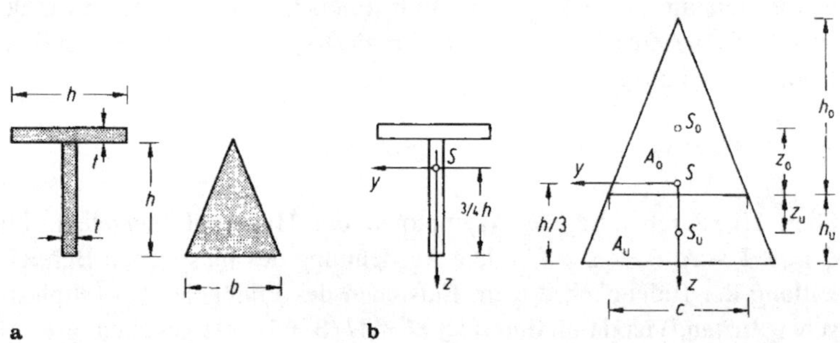


Abb. 6.35

*Lösung:* Wir bestimmen zunächst das Widerstandsmoment $W$ für den dünnwandigen T-Querschnitt. Mit dem Flächenträgheitsmoment

$$I_y = \frac{t\,h^3}{12} + \left(\frac{h}{4}\right)^2 t\,h + \left(\frac{h}{4}\right)^2 t\,h = \frac{5}{24}\,t\,h^3$$

bezüglich der $y$-Achse (Abb. 6.35b) und dem Randfaserabstand $|z|_{\max} = 3h/4$ erhalten wir (Band 2, Gl. (4.27))

$$W = \frac{I_y}{|z|_{\max}} = \frac{5}{18}\, t\, h^2 \,. \tag{a}$$

Das plastische Widerstandsmoment $W_{pl}$ folgt aus (6.62) mit $A/2 = t\, h$, $z_o = t/2 \approx 0$ und $z_u = h/2$ zu

$$W_{pl} = \frac{A}{2}(z_o + z_u) = \frac{1}{2}\, t\, h^2 \,. \tag{b}$$

Nach (6.63) ergibt sich mit (a) und (b) der Formfaktor für den dünnwandigen T-Querschnitt zu

$$\underline{\underline{\alpha}} = \frac{W_{pl}}{W} = \underline{\underline{1,8}} \,.$$

Für den Dreieckquerschnitt lautet das Flächenträgheitsmoment (Band 2, Tab. 4.1) $I_y = b\, h^3/36$, und wegen $|z|_{\max} = 2h/3$ erhält man das Widerstandsmoment zu

$$W = b\, h^2/24 \,. \tag{c}$$

Aus der Dreiecksfläche $A_o = b\, h/4 = c\, h_o/2$, der Trapezfläche $A_u = b\, h/4 = (b + c)h_u/2$ sowie $h_o + h_u = h$ folgen die Höhen $h_o = \sqrt{2}\, h/2$, $h_u = (2 - \sqrt{2})h/2$ und die Breite $c = \sqrt{2}\, b/2$ (Abb. 6.35b). Die Schwerpunkte $S_o$ bzw. $S_u$ werden durch

$$z_o = h_o/3 = \sqrt{2}\, h/6 \,, \quad z_u = \frac{h_u}{3} \frac{2\, b + c}{b + c} = \frac{8 - 5\sqrt{5}}{6}\, h$$

festgelegt. Damit gilt nach (6.62)

$$W_{pl} = \frac{2 - \sqrt{2}}{6}\, b\, h^2 \,, \tag{d}$$

und der Formfaktor ergibt sich zu

$$\underline{\underline{\alpha}} = \frac{W_{pl}}{W} = 4(2 - \sqrt{2}) = \underline{\underline{2,34}} \,.$$

#### *6.3.3.2 Biegelinie*

Die Differentialgleichung der Biegelinie für einen Balken, der rein elastisch verformt wird, lautet

$$w'' = -\frac{M}{EI}\,. \tag{6.67}$$

Wir wollen zunächst diese Gleichung in eine Form bringen, die zum Vergleich mit der – noch herzuleitenden – Differentialgleichung der Biegelinie für einen Balken mit plastischen Zonen besser geeignet ist. Dabei beschränken wir uns auf Balken mit Rechteckquerschnitt. Mit $M(x) = M_{el}\, m(x)$, $M_{el} = b\,h^2\,\sigma_F/6$ gemäß (6.60) und $I = b\,h^3/12$ wird aus (6.67)

$$\boxed{w''(x) = -\frac{2\sigma_F}{E\,h}\, m(x)}\,. \tag{6.68}$$

Da diese Gleichung nur bei elastischer Verformung gilt, unterliegt sie der Bedingung $|m(x)| \le 1$.

Wir nehmen nun an, daß im Balken plastische Verzerrungen auftreten. Wegen der Bernoullischen Annahmen gelten auch hier die kinematischen Beziehungen $\varepsilon = u' = \psi' z$ und $\psi' = -w''$, d. h. $w'' = -\varepsilon/z$ (Band 2, Gln. (4.22b) und (4.30)). Betrachten wir im Querschnitt die Grenze der plastischen Zone ($z = z_F$), so folgt daraus mit $\varepsilon = \varepsilon_F = \sigma_F/E$ zunächst die Beziehung $w'' = -\sigma_F/E z_F$. Setzen wir noch $z_F$ nach (6.64) ein, so erhalten wir schließlich für $1 \le |m(x)| < 3/2$ (Rechteckquerschnitt) die Differentialgleichung

$$\boxed{w'' = -\frac{2\sigma_F}{Eh}\frac{1}{\sqrt{3 - 2m(x)}}}\,. \tag{6.69}$$

Die Differentialgleichungen (6.68) und (6.69) stellen wegen $\kappa \approx w''$ (Band 2, Gl. (4.32b)) Beziehungen zwischen der Krümmung $\kappa$ des Balkens und dem Biegemoment dar. Mit der Krümmung $\kappa_{el} = 2\sigma_F/Eh$ beim Einsetzen des plastischen Fließens ($|m| = 1$) folgt bei elastischer Verformung aus (6.68)

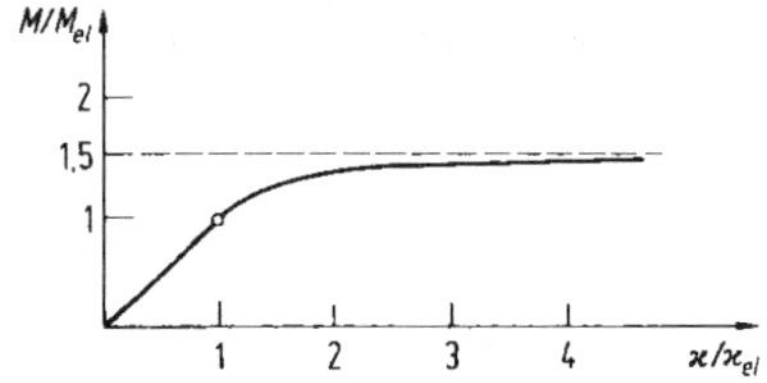


Abb. 6.36

$$\frac{|M|}{M_{el}} = \frac{|\kappa|}{\kappa_{el}} ,$$

und beim Auftreten von plastischen Zonen erhält man aus (6.69)

$$\frac{|M|}{M_{el}} = \frac{3}{2}\left[1 - \frac{1}{3}\left(\frac{\kappa_{el}}{\kappa}\right)^2\right] .$$

Der Zusammenhang zwischen dem Biegemoment und der Krümmung ist im elastischen Fall linear, während im plastischen Fall eine nichtlineare Abhängigkeit besteht und die Krümmung für $|M|/M_{el} \to 3/2$ gegen Unendlich geht (Abb. 6.36).

**Beispiel 6.10:** Ein beidseitig gelenkig gelagerter Balken mit Rechteckquerschnitt wird durch zwei Momente $M_0$ belastet (Abb. 6.37a).

Man bestimme die Biegelinie bei elastischer und bei plastischer Verformung.

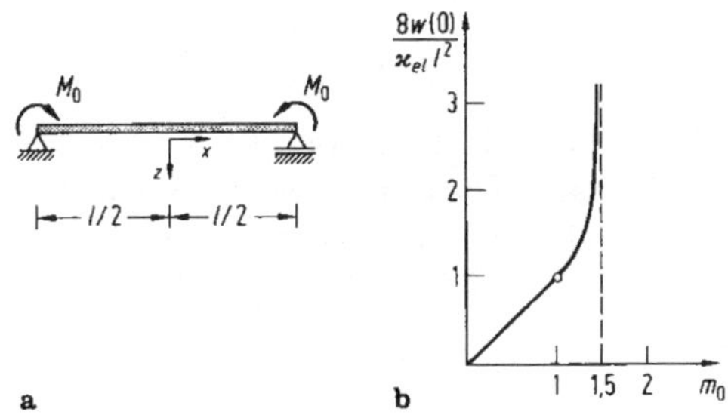


Abb. 6.37 a b

*Lösung:* Das Biegemoment im Balken ist konstant: $m_0 = M_0/M_{el}$. Bei elastischer Verformung gilt $0 < m_0 \leq 1$. Aus (6.68) erhält man mit $\kappa_{el} = 2\sigma_F/(Eh)$ durch Integration

$$w' = -\kappa_{el}\, m_0\, x + C_1\,,$$

$$w = -\kappa_{el}\, m_0\, x^2/2 + C_1\, x + C_2\,.$$

Aus den Randbedingungen folgen die Integrationskonstanten:

$$w'(0) = 0 \;\;\rightarrow\;\; C_1 = 0\,,$$

$$w(l/2) = 0 \;\;\rightarrow\;\; C_2 = \kappa_{el}\, m_0\, l^2/8\,.$$

Damit lautet die Biegelinie bei elastischer Deformation

$$\underline{\underline{w(x) = \frac{\kappa_{el}\, m_0\, l^2}{8}\left[1 - 4\left(\frac{x}{l}\right)^2\right]}}\,, \qquad 0 < m_0 \le 1\,.$$

Bei plastischer Verformung gilt $1 \le m_0 < 3/2$. Dann erhält man durch Integration von (6.69)

$$w' = -\frac{\kappa_{el}}{\sqrt{3 - 2m_0}}\, x + C_3\,,$$

$$w = -\frac{\kappa_{el}}{\sqrt{3 - 2m_0}}\, \frac{x^2}{2} + C_3\, x + C_4\,,$$

und die Integrationskonstanten folgen zu

$$C_3 = 0\,, \;\; C_4 = \frac{\kappa_{el}\, l^2}{8\sqrt{3 - 2m_0}}\,.$$

Daher lautet die Biegelinie bei plastischer Verformung

$$\underline{\underline{w = \frac{\kappa_{el}\, l^2}{8\sqrt{3 - 2m_0}}\left[1 - 4\left(\frac{x}{l}\right)^2\right]}}\,, \qquad 1 \le m_0 < 3/2\,.$$

Sie unterscheidet sich bis auf den Vorfaktor nicht von der elastischen Verformung. Die Durchbiegung $w(0)$ in der Balkenmitte ist in Abb. 6.37b dargestellt. Für $m_0 \rightarrow 3/2$ wächst sie unbeschränkt an.

# 7 Numerische Methoden in der Mechanik

## 7.1 Einleitung

Die mathematische Formulierung mechanischer Probleme führt auf Gleichungen, die für konkrete Aufgabenstellungen gelöst werden müssen. Diese Gleichungen können je nach Fragestellung von ganz unterschiedlichem Typ sein. Sie schließen algebraische Beziehungen, Differentialgleichungen oder Variationsgleichungen ein. Beispiele dafür finden sich in den ersten drei Bänden der Lehrbuchreihe und in den vorangegangenen Kapiteln dieses Buches. In der Elastostatik können wir die Gleichgewichtsbedingungen (algebraische Gleichungen) oder die Gleichung der Biegelinie eines Balkens (Differentialgleichung) nennen. In der Kinetik wird die Bewegung des Massenpunktes durch gewöhnliche Differentialgleichungen beschrieben. Die Gleichungen für die Scheibe in Kapitel 2 oder für die Membran in Kapitel 3 stellen partielle Differentialgleichungen dar. Variationsgleichungen für den Stab und den Balken sind in Abschnitt 2.7.3 angegeben.

In diesem Kapitel wollen wir uns auf die Lösung von Differential- und Variationsgleichungen beschränken und dafür numerische Näherungsmethoden verwenden. In den vorangegangenen Abschnitten wurden die entsprechenden Gleichungen mittels analytischer Verfahren gelöst, was aber oft nur für spezielle Geometrien und Randbedingungen gelingt. Da bei vielen praktischen Problemstellungen entweder komplizierte Geometrien oder z.B. auch Differentialgleichungen mit veränderlichen Koeffizienten vorliegen, ist ein rein analytisches Vorgehen häufig nicht möglich. Dies gilt sowohl für lineare als auch in besonderem Maße für nichtlineare Differentialgleichungen, bei denen geschlossene Lösungen nur selten auffindbar sind. Dann wird zur Bestimmung der Lösung bzw. zur guten Approximation der Lösung der Einsatz von numerischen Verfahren erforderlich. Entsprechende Methoden sollen in den folgenden Abschnitten vorgestellt werden.

## 7.2 Differentialgleichungen in der Mechanik

Am Beispiel von Aufgaben aus der Mechanik wollen wir unterschiedliche Problemtypen von Differentialgleichungen klassifizieren. Dabei beschränken wir uns hier auf gewöhnliche Differentialgleichungen. Die Unterscheidungen gelten dann sinngemäß auch für partielle Differentialgleichungen.

Eine gewöhnliche Differentialgleichung ist eine gegebene Beziehung der Form

$$F(x, y(x), y'(x), \ldots, y^{(n)}(x)) = r(x) \tag{7.1}$$

zwischen der Funktion $y(x)$ und deren Ableitung bis zur $n$-ten Ordnung. Bei den Aufgabenstellungen, die auf gewöhnliche Differentialgleichungen führen, unterscheiden wir die folgenden Typen.

Bei *Anfangswertaufgaben* sind diejenigen Lösungen zu ermitteln, für die an einer Stelle *n* Anfangsbedingungen für den Funktionswert und für seine Ableitungen bis zur Ordnung $n - 1$ gegeben sind. Als Beispiel sei die Differentialgleichung der erzwungenen, gedämpften Schwingung einer Punktmasse (Band 3, Abschn. 5.3.2)

$$\ddot{y}(t) + \frac{d}{m}\,\dot{y}(t) + \frac{c}{m}\,y(t) = \frac{1}{m}\,F(t)$$

mit den Anfangswerten zur Zeit $t_0$

$$y(t_0) = y_0 \qquad \text{und} \qquad \dot{y}(t_0) = v_0$$

angegeben, wobei $\dot{y} = \mathrm{d}y/\mathrm{d}t$ ist.

Bei *Randwertaufgaben* handelt es sich um Problemstellungen, bei denen die $n$ zusätzlichen Bedingungen, welche die Lösung festlegen, als Randbedingungen für die Funktionswerte bzw. die Ableitungen an zwei Stellen ($x_1$ und $x_2$) gegeben sind. Als Beispiel sei die Differentialgleichung der Biegelinie (Band 2, Gl. (4.34a))

$$(EI\,w'')'' = q$$

mit den Randbedingungen (Kragträger)

$$\begin{aligned} w(0) &= 0 \qquad \text{und} \qquad w'(0) = 0\,, \\ w''(l) &= 0 \qquad \text{und} \qquad w'''(l) = 0 \end{aligned}$$

genannt.

Bei *Eigenwertaufgaben* handelt es sich um homogene Randwertprobleme, die von einem reellen Parameter $\lambda$ abhängen. Man interessiert sich dabei für die Fälle, in denen die Aufgabenstellung nicht eindeutig lösbar ist, d.h. wenn neben der trivialen Lösung noch weitere Lösungen existieren. Dies ist nur für bestimmte Werte von $\lambda$ (Eigenwerte) möglich. Als Beispiel nehmen wir die Differentialgleichung der Stabknickung für $EI = \text{const}$ (Band 2, Abschn. 7.2)

$$w^{IV} + \lambda^2 w'' = 0, \qquad \lambda^2 = \frac{F}{EI}$$

mit den Randbedingungen (Euler-Fall III)

$$w(0) = 0 \quad \text{und} \quad w'(0) = 0,$$
$$w(l) = 0 \quad \text{und} \quad w''(l) = 0.$$

Hierin bestimmt der auftretende Parameter $\lambda$ die nichttrivialen Lösungen. Die zum Eigenwert $\lambda$ gehörige Lösung heißt Eigenfunktion.

Analog können wir auch Aufgabenstellungen, denen partielle Differentialgleichungen zugrunde liegen, klassifizieren. Ein Randwertproblem ist z.B. durch die Gleichung der vorgespannten Membran (3.34) und die zugehörigen Randbedingungen definiert. Zusätzlich gibt es bei partiellen Differentialgleichungen aber auch noch *Anfangsrandwertprobleme*, bei denen für eine Veränderliche (z.B. die Zeit) Anfangswerte und für die andere Veränderliche (z.B. die Ortskoordinate) Randbedingungen vorgegeben werden. Zu diesen Aufgabenstellungen gehören z.B. die Schwingungsgleichungen in Kapitel 4.

Für diese unterschiedlichen Aufgabentypen sollen nun numerische Methoden zur Approximation der Lösung angegeben werden. Wir unterscheiden dabei Verfahren, die direkt auf die Differentialgleichungen angewandt werden und Verfahren, die auf Arbeits- oder Energieprinzipien beruhen. So kann man, wie in Kapitel 2 gezeigt wurde, anstelle von der Differentialgleichung der Biegelinie auch von der zugehörigen Variationsformulierung (Prinzip vom Minimum des Gesamtpotentials)

$$\Pi(w) = \frac{1}{2}\int_0^l \{EIw''^2 - 2\,q\,w\}\,\mathrm{d}x \;\rightarrow\; \text{Minimum}$$

ausgehen und hierfür numerische Methoden entwickeln.

Direkt auf die Differentialgleichung werden bei Anfangswertproblemen z.B. sogenannte Ein- oder Mehrschrittverfahren oder bei Randwertproblemen das Differenzenverfahren angewendet. Weitere Verfahren für

Randwertaufgaben, wie das von Galerkin oder die Fehlerquadratmethode basieren auf der Minimierung des Fehlers (Defektes), der beim Einsetzen einer Näherungslösung in die Differentialgleichung entsteht. Sie erfordern – wie oben angesprochen – eine Umformulierung der Aufgabenstellung. Basierend auf Variations- oder Arbeitsprinzipien kann dann das Ritzsche Verfahren angegeben werden, das neben dem Galerkinschen Verfahren die Grundlage der heute weitverbreiteten Methode der finiten Elemente bildet.

## 7.3 Integrationsverfahren für Anfangswertprobleme

Wir wollen in diesem Abschnitt die Lösung von Anfangswertproblemen mittels numerischer Integrationsverfahren behandeln. Dabei beschränken wir uns auf die Behandlung gewöhnlicher Differentialgleichungen in Form der Bewegungsgleichungen der Dynamik:

$$\ddot{y} = f\left[t, y\left(t\right), \dot{y}\left(t\right)\right]. \tag{7.2}$$

Zur näherungsweisen Lösung dieser Probleme unterscheidet man *explizite* und *implizite* Integrationsverfahren. Aufgrund ihrer Konstruktion verhalten sich diese Verfahren grundsätzlich unterschiedlich. In den folgenden Abschnitten werden Vertreter dieser beiden Methoden behandelt.

### 7.3.1 Explizite Integrationsverfahren

Bevor wir verschiedene explizite Integrationsverfahren betrachten, wollen wir noch eine Umformung der Differentialgleichung (7.1) vornehmen, die in vielen Fällen Vorteile in der Formulierung bringt. Allgemein können wir jede Differentialgleichung $n$-ter Ordnung

$$y^{(n)}(x) = f[x, y(x), y'(x), \ldots, y^{(n-1)}(x)] \tag{7.3}$$

auf ein Differentialgleichungssystem erster Ordnung mit $n$ Differentialgleichungen transformieren. Das hat den Vorteil, daß die numerischen Verfahren nur für Differentialgleichungen 1-ter Ordnung entwickelt werden müssen. Wir erhalten dann mit den Hilfsfunktionen

$$\begin{aligned}
z_1(x) &= y(x) \\
z_2(x) &= y'(x) \\
\ldots &= \ldots \\
z_n(x) &= y^{(n-1)}(x)
\end{aligned}$$

anstelle von (7.3) das äquivalente Differentialgleichungssystem

$$\boldsymbol{z}' = \begin{bmatrix} z_1' \\ z_2' \\ \dots \\ z_n' \end{bmatrix} = \begin{bmatrix} z_2 \\ z_3 \\ \dots \\ f(x, z_1, z_2, \dots, z_n) \end{bmatrix}. \tag{7.4}$$

Als Beispiel sei die Differentialgleichung des Stabes $EA\,u''(x) = -n(x)$ umgeformt. Sie ist zweiter Ordnung und liefert mit $z_1(x) = u(x)$ und $z_2(x) = u'(x)$ die zwei Differentialgleichungen erster Ordnung

$$z_1'(x) = z_2(x),$$

$$z_2'(x) = -\frac{n(x)}{EA}.$$

Natürlich können auch zeitabhängige Differentialgleichungen in gleicher Weise in Form von (7.4) umgeschrieben werden. So liefert (7.2) mit $z_1 = y$ und $z_2 = \dot{y}$ das äquivalente Differentialgleichungssystem 1. Ordnung

$$\begin{aligned} \dot{z}_1(t) &= z_2(t), \\ \dot{z}_2(t) &= f[t, z_1(t), z_2(t)]. \end{aligned} \tag{7.5}$$

Um das Prinzip eines expliziten Integrationsverfahrens zu erläutern, betrachten wir zunächst nur die Gleichung

$$\dot{z} = f[t, z(t)]. \tag{7.6}$$

Das einfachste Verfahren wird *Eulersches Polygonzugverfahren* genannt. Wir entwickeln die Funktion $z(t)$ in eine Taylorreihe

$$z(t + \Delta t) = z(t) + \dot{z}(t)\Delta t + O((\Delta t)^2).$$

Mit der Beziehung (7.6) erhalten wir dann

$$z(t + \Delta t) = z(t) + f[t, z(t)]\Delta t + O((\Delta t)^2). \tag{7.7}$$

Wenn wir den Fehlerterm vernachlässigen, so können wir aus (7.7) ein Verfahren ableiten, bei dem aus der Näherungslösung $\tilde{z}_k$ zu einem Zeitpunkt $t_k = t_0 + k\Delta t$ die neue Lösung zum Zeitpunkt $t_{k+1} = t_k + \Delta t$

jeweils nach derselben Formel in einem Schritt berechnet wird (Näherungen werden im weiteren durch Tilden gekennzeichnet). Man nennt diese Methode *Einschrittverfahren*. Die hierzu gehörige Rekursionsformel lautet

$$\tilde{z}_{k+1} = \tilde{z}_k + f(t_k, \tilde{z}_k)\Delta t. \qquad (7.8)$$

Beginnend mit dem Anfangswert $\tilde{z}_0 = z(t_0)$ kann man die Lösungen zu den Zeitpunkten $t_k$ sukzessive für $k = 1, 2, \ldots$ bestimmen (Polygonzug). Man nennt dieses Verfahren explizit, weil die neue Lösung $\tilde{z}_{k+1}$ direkt aus den bekannten Werten $\tilde{z}_k$ folgt.

Für das System von Differentialgleichungen (7.5) können wir sinngemäß die gleiche Approximation machen. Dies führt auf die Rekursionsgleichungen

$$\begin{aligned} \tilde{z}_{1_{k+1}} &= \tilde{z}_{1_k} + \tilde{z}_{2_k}\Delta t, \\ \tilde{z}_{2_{k+1}} &= \tilde{z}_{2_k} + f(t_k, \tilde{z}_{1_k}, \tilde{z}_{2_k})\Delta t. \end{aligned} \qquad (7.9)$$

Als Anwendungsbeispiel betrachten wir einen Massenpunkt, der unter einem Winkel von $\alpha_0 = 50°$ mit der Geschwindigkeit $v_0 = 15$ m/s von der Position $x_0 = 0$, $z_0 = 5$ m abgeworfen wird. Der Luftwiderstand soll durch das Gesetz $F_w = \kappa v^2$ (vgl. Band 3, Gl. (1.48a)) beschrieben werden. Wir wollen die Rekursionsgleichungen für das Eulersche Polygonzugverfahren aufstellen und sie für die Parameter $m$ = 1 kg, $\kappa$ = 0,04 kg/m auswerten.

Abbildung 7.1 zeigt die auf den Massenpunkt wirkenden Kräfte. Die Widerstandskraft $F_w$ ist der Bewegung entgegengerichtet (tangential zur Bahn). Damit lauten die Bewegungsgleichungen

$$m\ddot{x} = -\kappa v^2 \cos\alpha,$$

$$m\ddot{z} = -m g - \kappa v^2 \sin\alpha.$$

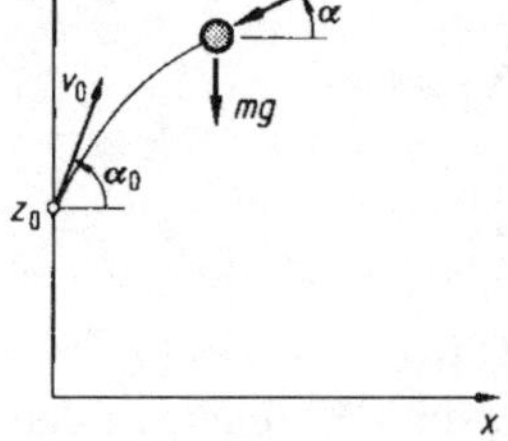


**Abb. 7.1**

Mit $\dot{x} = v \cos \alpha$, $\dot{z} = v \sin \alpha$ und $v^2 = \dot{x}^2 + \dot{z}^2$ erhalten wir das folgende System zweier gekoppelter nichtlinearer Differentialgleichungen:

$$\ddot{x} = -\frac{\kappa}{m} \dot{x} \sqrt{\dot{x}^2 + \dot{z}^2}\,,$$

$$\ddot{z} = -g - \frac{\kappa}{m} \dot{z} \sqrt{\dot{x}^2 + \dot{z}^2}\,.$$

Die Anfangsbedingungen sind durch den Abwurf ($t = 0$) festgelegt:

$$x(0) = 0, \quad z(0) = z_0, \quad \dot{x}(0) = v_0 \cos \alpha_0, \quad \dot{z}(0) = v_0 \sin \alpha_0.$$

Die Transformation des Systems von zwei Differentialgleichungen 2. Ordnung auf vier Differentialgleichungen 1. Ordnung erfolgt durch Einführung der Hilfsvariablen $u = \dot{x}$ und $w = \dot{z}$:

$$\left.\begin{aligned} \dot{x} &= u, \\ \dot{u} &= -\frac{\kappa}{m} u \sqrt{u^2 + w^2}\,, \\ \dot{z} &= w, \\ \dot{w} &= -g - \frac{\kappa}{m} w \sqrt{u^2 + w^2}\,. \end{aligned}\right\}$$

vgl. FEM; Zidaru

Damit erhalten wir analog zur Vorgehensweise in (7.9) die Rekursionsgleichungen

$$\begin{aligned} \tilde{x}_{k+1} &= \tilde{x}_k + \Delta t\, \tilde{u}_k, \\ \tilde{u}_{k+1} &= \tilde{u}_k - \Delta t \left[\frac{\kappa}{m} \tilde{u}_k \sqrt{\tilde{u}_k^2 + \tilde{w}_k^2}\right], \\ \tilde{z}_{k+1} &= \tilde{z}_k + \Delta t\, \tilde{w}_k, \\ \tilde{w}_{k+1} &= \tilde{w}_k - \Delta t \left[g + \frac{\kappa}{m} \tilde{w}_k \sqrt{\tilde{u}_k^2 + \tilde{w}_k^2}\right]. \end{aligned}$$

Sie können beginnend mit den Anfangswerten ($\tilde{x}_0 = 0$, $\tilde{z}_0 = z_0$, $\tilde{u}_0 = v_0 \cos \alpha_0$ und $\tilde{w}_0 = v_0 \sin \alpha_0$) sukzessive ausgewertet werden. Dies liefert Näherungslösungen für die Bahnkoordinaten $\tilde{x}_k, \tilde{z}_k$ und die Geschwindigkeitskomponenten $\tilde{u}_k, \tilde{w}_k$ zu den Zeitpunkten $t_k = t_0 + k\,\Delta t$. Die Rekursionsformeln lassen sich leicht auf einem PC programmieren.

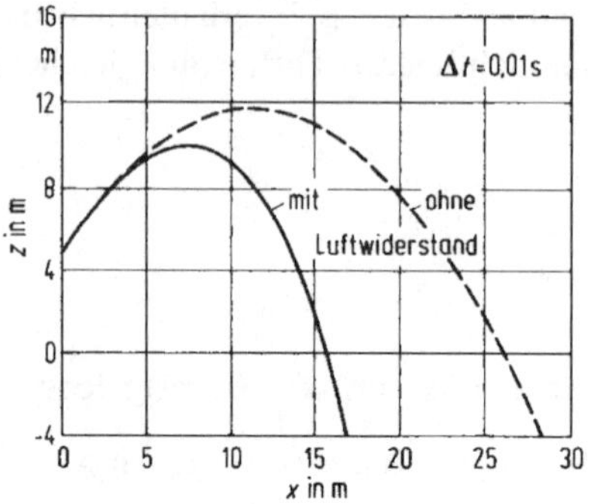


**Abb. 7.2**

Für die gegebenen Werte erhält man mit dem Zeitschritt $\Delta t = 0,01$ s die in Abb. 7.2 dargestellte Bahnkurve des Massenpunktes; hierfür werden 250 Zeitschritte benötigt. Die Lösung des schiefen Wurfes ohne Luftwiderstand ist zum Vergleich gestrichelt eingezeichnet.

Rechenzeit kann dadurch gespart werden, daß man einen größeren Zeitschritt verwendet. Vom Zeitschritt $\Delta t$ hängt jedoch die Güte der Approximation der Ableitung und damit die Genauigkeit der Näherungslösung ab. Dies dokumentiert die folgende Tabelle, in der die maximal erreichte Höhe des Massenpunktes, $\tilde{z}_{\max}$, und seine Wurfweite, $\tilde{x}_{\max}$, in Abhängigkeit vom gewählten Zeitschritt aufgetragen sind. Für $\Delta t < 0,031$ s ändert sich die Lösung nicht mehr: sie konvergiert.

| $\Delta t$ | 0,500 | 0,250 | 0,125 | 0,063 | 0,031 | 0,010 |
|---|---|---|---|---|---|---|
| $\tilde{z}_{\max}$ | 12,2 | 11,1 | 10,4 | 10,2 | 10,0 | 10,0 |
| $\tilde{x}_{\max}$ | 16,5 | 16,1 | 15,9 | 15,7 | 15,6 | 15,6 |

Das Eulersche Polygonzugverfahren zeichnet sich durch seine Einfachheit aus. Es hat jedoch nur eine Genauigkeit von der Ordnung der Schrittweite $\Delta t$, d.h. der Fehler des Verfahrens geht mit $O(\Delta t)$ gegen Null, wenn $\Delta t$ gegen Null geht. Praktisch bedeutet dies beim Polygonzugverfahren, daß für eine gute Näherungslösung eine große Anzahl von Zeitschritten notwendig ist. Will man zur Steigerung der Effizienz größere Zeitschritte bei gleicher Genauigkeit verwenden, so benötigt man Verfahren höherer Genauigkeit.

Aus der großen Anzahl der möglichen Einschrittverfahren sei hier das *Runge-Kutta-Verfahren* herausgegriffen, das aufgrund seiner hohen Genauigkeit häufig bei der numerischen Lösung von Anfangswertproblemen eingesetzt wird. Ihm liegt die Idee zugrunde, innerhalb der Taylorreihenentwicklung (7.7) noch weitere Glieder mitzunehmen und durch geeignetes Umformen den Abbruchfehler um mehrere Größenordnungen zu verkleinern, so daß sich eine Fehlerordnung von $(\Delta t)^4$ ergibt. Dabei sind dann die Funktionsauswertungen nicht mehr nur am Anfang oder am Ende eines Zeitschrittes $\Delta t$ durchzuführen, sondern auch innerhalb dieses Intervalls. Für die Gleichung (7.6) erhält man die Iterationsvorschrift

$$\begin{aligned} \tilde{z}_{k+1} &= \tilde{z}_k + k(t_k, \tilde{z}_k)\Delta t \\ \text{mit } k(t_k, \tilde{z}_k) &= \frac{1}{6}(k_1 + 2k_2 + 2k_3 + k_4) \end{aligned} \tag{7.10a}$$

und den Koeffizienten

$$\begin{aligned} k_1 &= f(t_k, \tilde{z}_k), \\ k_2 &= f\left(t_k + \frac{\Delta t}{2}, \tilde{z}_k + \frac{1}{2}k_1\right), \\ k_3 &= f\left(t_k + \frac{\Delta t}{2}, \tilde{z}_k + \frac{1}{2}k_2\right), \\ k_4 &= f(t_k + \Delta t, \tilde{z}_k + k_3). \end{aligned} \tag{7.10b}$$

Die Beziehung (7.10a) ist sinngemäß auf Systeme von Differentialgleichungen erster Ordnung (7.9) anzuwenden.

Das Runge-Kutta-Verfahren ist wie das Eulersche Polygonzugverfahren einfach zu programmieren. Es erfordert jedoch in jedem Zeitschritt $\Delta t$ vier Funktionsauswertungen von $f$ anstatt der einen Auswertung beim Polygonzugverfahren. Dieser Nachteil wird aber dadurch aufgewogen, daß nun ein erheblich größerer Zeitschritt verwendet werden kann, da das Verfahren genauer ist.

**Beispiel 7.1:** Der in Abb. 7.3a dargestellte masselose Balken ($EI = 83,33$ kNm$^2$, $l$ = 5 m) trägt an seinem Ende eine Punktmasse ($m = 10^3$ kg). Er wird durch den dreiecksförmigen Kraftverlauf nach Abb. 7.3b belastet.

Es sollen die Verschiebung der Masse als Funktion der Zeit und das maximale Biegemoment unter Verwendung des Runge-Kutta-Verfahrens bestimmt werden.

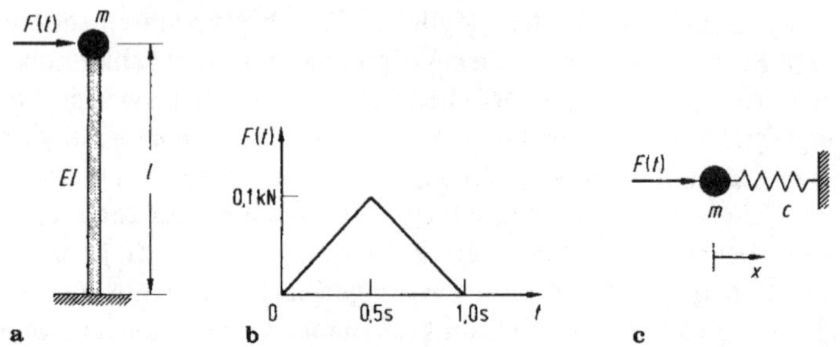


**Abb. 7.3**

*Lösung:* Da der Balken als masselos angenommen wird, kann er durch eine Feder ersetzt werden (Abb. 7.3c). Die Federsteifigkeit berechnet sich mit den gegebenen Parametern zu $c = 3EI/l^3 = 2$ kN/m (vgl. Band 3, Gl. (5.25)). Damit kann die Bewegung der Masse nun durch die Differentialgleichung des Einmassenschwingers $m\ddot{x} + cx = F(t)$ beschrieben werden (Band 3, Abschn. 5.3.1). Diese führen wir mit $x = z_1$ und $\dot{x} = z_2$ analog zu (7.5) auf zwei Differentialgleichungen erster Ordnung zurück:

$$\dot{z}_1 = z_2,$$

$$\dot{z}_2 = \frac{1}{m}[F(t) - c\,z_1].$$

Auf dieses System kann sinngemäß (7.10a) angewendet werden, und wir erhalten

$$\tilde{z}_{1_{k+1}} = \tilde{z}_{1_k} + \frac{1}{6}(k_{11} + 2\,k_{12} + 2\,k_{13} + k_{14})\Delta t,$$

$$\tilde{z}_{2_{k+1}} = \tilde{z}_{2_k} + \frac{1}{6}(k_{21} + 2\,k_{22} + 2\,k_{23} + k_{24})\Delta t$$

mit den Koeffizienten

$$\begin{aligned}
k_{11} &= \tilde{z}_{2_k}, & k_{21} &= [F(t_k) - c\,\tilde{z}_{1_k}]/m,\\
k_{12} &= \tilde{z}_{2_k} + k_{21}/2, & k_{22} &= [F(t_k + \Delta t/2) - c(\tilde{z}_{1_k} + k_{11}/2)]/m,\\
k_{13} &= \tilde{z}_{2_k} + k_{22}/2, & k_{23} &= [F(t_k + \Delta t/2) - c(\tilde{z}_{1_k} + k_{12}/2)]/m,\\
k_{14} &= \tilde{z}_{2_k} + k_{23}, & k_{24} &= [F(t_k + \Delta t) - c(\tilde{z}_{1_k} + k_{13})]/m.
\end{aligned}$$

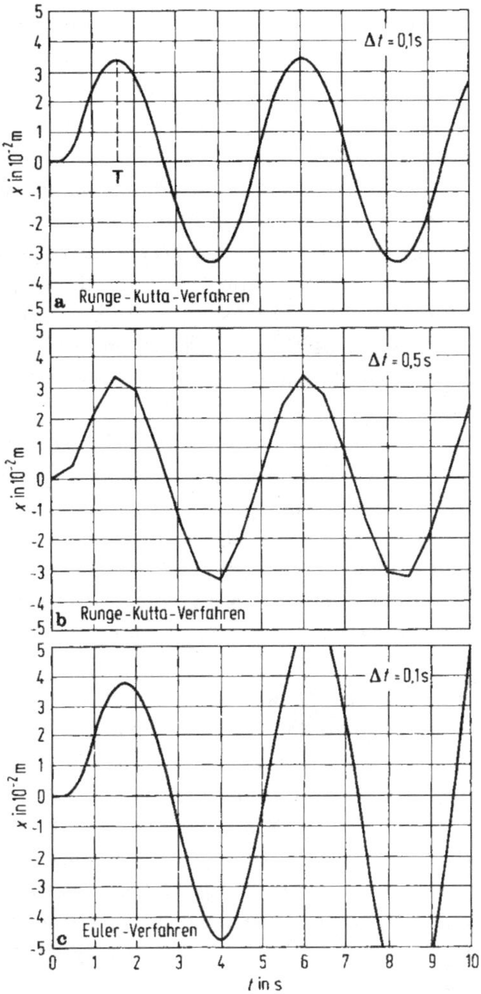


**Abb. 7.4**

Damit kann für die gegebenen Größen und die Anfangswerte $x_0 = 0$, $\dot{x}_0 = 0$ der zeitliche Verlauf der Lösung numerisch bestimmt werden. Er ist in Abb. 7.4a dargestellt, wobei mit einer Schrittweite von $\Delta t = 0{,}1$ s gerechnet wurde. Diese Lösung weist gegenüber der exakten Lösung keine sichtbare Abweichung auf. Die maximale Durchbiegung $z_{1\max} = 0{,}034$ m wird zur Zeit $T = 1{,}7$ s erreicht, also wenn die Kraft bereits wieder Null ist. Für den masselosen Balken sind die Biegelinie und der Momentenverlauf durch die Verschiebung $z_1$ des Balkenendes unter der am Ende angreifenden Kraft festgelegt. Man erhält für die Auslenkung $z_{1\text{max}} = F\,l^3/3EI$ und für das zugehörige maximale Biegemoment $|\,M\,| = F\,l = 3EI\, z_{1\text{max}}/l^2$ = 0,34 kNm (vgl. Band 2, Tabelle 4.3).

Eine Konvergenzstudie zeigt, daß selbst bei einer Schrittweite von $\Delta t = 0,5$ s (vier Zeitschritte während des gesamten zeitlichen Belastungsverlaufes) nur eine geringfügige Abweichung in den Lösungspunkten von der Lösung im betrachteten Zeitraum auftritt (Abb. 7.4b). Verfolgt man allerdings mit dieser Schrittweite den Lösungsverlauf weiter, so nimmt die Amplitude ab, obwohl im mechanischen Modell keine Dämpfung enthalten ist. Man nennt diesen Effekt *numerische Dämpfung*.

Wendet man das Eulersche Polygonzugverfahren mit der Schrittweite $\Delta t = 0{,}1$ s auf diese Aufgabe an, so sieht man in Abb. 7.4c, daß diese Methode divergiert. Hier muß also ein kleinerer Zeitschritt gewählt werden. Für $\Delta t = 0{,}001$ s erhalten wir im gezeigten Lösungsbereich keine sichtbaren Abweichungen mehr von der Lösung des Runge-Kutta-Verfahrens. Dennoch führt dieser Zeitschritt bei einer Betrachtung langer Zeiträume zu Abweichungen von der exakten Lösung. In Abb. 7.4c erkennen wir, daß mit wachsender Zeit auch die Lösung anwächst. Da die Abweichung nur durch das numerische Integrationsverfahren bedingt ist, wird dieses Phänomen als *numerische Instabilität* bezeichnet. Erst ein 200-fach kleinerer Zeitschritt ($\Delta t = 0{,}0005$ s) im Vergleich zum Runge-Kutta-Verfahren bringt eine zu diesem Verfahren gleich gute Lösung. Vergleicht man den numerischen Aufwand beider Methoden, dann stehen beim Runge-Kutta-Verfahren zwar vier Funktionsauswertungen einer einzigen Funktionsauswertung beim Euler-Verfahren gegenüber, dafür ist aber bei diesem Beispiel ein Zeitschritt von 200-facher Größe möglich. Damit ist das Runge-Kutta-Verfahren erheblich effizienter. (Als Newton-Polygonverfahren)

### 7.3.2 Implizite Integrationsverfahren

Als weitere Möglichkeit zur Integration von Bewegungsgleichungen betrachten wir nun implizite Integrationsverfahren. Dabei beschränken wir uns exemplarisch auf die Bewegungsgleichung der Form

$$\ddot{u}(t) + \frac{d}{m}\,\dot{u}(t) + \frac{c}{m}\,u(t) - \frac{1}{m}\,F(t) = 0. \tag{7.11}$$

Im Unterschied zu den expliziten Methoden beruhen diese Verfahren darauf, daß die Bewegungsgleichung nicht zum Zeitpunkt $t_k$, sondern im zunächst noch unbekannten Zustand zur Zeit $t_{k+1}$ ausgewertet wird. Daneben wird im Zeitintervall $\Delta t$ ein Ansatz für die unbekannte Geschwindigkeit und die Verschiebung in Abhängigkeit von der Beschleunigung gemacht. Je nach Ansatz erhalten wir unterschiedliche Methoden – wie z.B. das Wilson-$\theta$-, das Houbolt- oder das Newmark-Verfahren.

Wir wollen hier stellvertretend für die genannten Verfahren das *Newmark-Verfahren* vorstellen. Bei ihm werden folgende Ansätze für den unbekannten Geschwindigkeits- und den unbekannten Verschiebungsverlauf innerhalb eines Zeitschrittes gemacht:

$$\begin{aligned} \dot{u}_{k+1} &= \dot{u}_k + [(1-\delta)\ddot{u}_k + \delta\, \ddot{u}_{k+1}]\Delta t, \\ u_{k+1} &= u_k + \dot{u}_k \Delta t + [(0,5-\beta)\ddot{u}_k + \beta\, \ddot{u}_{k+1}](\Delta t)^2. \end{aligned} \tag{7.12}$$

Darin sind $\beta$ und $\delta$ zunächst noch freie Konstanten. Wählt man die Parameter $\beta = \frac{1}{4}$ und $\delta = \frac{1}{2}$, so entspricht dies einer konstanten Beschleunigung im Zeitintervall $\Delta t$. Ein linearer Beschleunigungsverlauf kann dagegen durch die Parameterwahl $\beta = \frac{1}{6}$ und $\delta = \frac{1}{2}$ berücksichtigt werden. Nehmen wir an, daß der Zustand $u_k, \dot{u}_k, \ddot{u}_k$ zum Zeitpunkt $t_k$ bekannt ist, dann treten in (7.12) insgesamt drei unbekannte Größen auf: $u_{k+1}, \dot{u}_{k+1}, \ddot{u}_{k+1}$. Als dritte Gleichung wird die Bewegungsgleichung (7.11) herangezogen und zur Zeit $t_{k+1}$ angeschrieben:

$$m\, \ddot{u}_{k+1} + d\, \dot{u}_{k+1} + c\, u_{k+1} = F(t_{k+1}). \tag{7.13}$$

Diese drei Gleichungen lassen sich nach jeder der drei Unbekannten auflösen. Wir wollen hier eine Gleichung für die Beschleunigung herleiten. Dazu schreiben wir (7.12) folgendermaßen um:

$$\begin{aligned} \dot{u}_{k+1} &= \bar{v}_{k+1} + \delta\, \Delta t\, \ddot{u}_{k+1} \quad \text{mit} \\ \bar{v}_{k+1} &= \dot{u}_k + (1-\delta)\Delta t\, \ddot{u}_k, \\ u_{k+1} &= \bar{u}_{k+1} + \beta(\Delta t)^2 \ddot{u}_{k+1} \quad \text{mit} \\ \bar{u}_{k+1} &= u_k + \dot{u}_k \Delta t + (0,5-\beta)(\Delta t)^2\, \ddot{u}_k. \end{aligned}$$

Das Einsetzen dieser Gleichungen in (7.13) liefert dann

$$[m + \delta\, \Delta t\, d + \beta(\Delta t)^2\, c]\, \ddot{u}_{k+1} = F(t_{k+1}) - d\, \bar{v}_{k+1} - c\, \bar{u}_{k+1}. \tag{7.14}$$

Aus dieser Beziehung kann die Beschleunigung berechnet werden, und damit sind nach (7.12) auch die Geschwindigkeit und die Verschiebung zum Zeitpunkt $t_{k+1}$ bekannt.

Man kann zeigen, daß das Newmark-Verfahren für $\delta \geq 0{,}5$ und $\beta \geq 0{,}25(\delta + 0{,}5)^2$ *unbedingt stabil* ist. Das bedeutet, daß die Lösung für beliebige Zeitschritte beschränkt bleibt. Je nach Wahl der Parameter $\delta$ und $\beta$ wird allerdings eine numerische Dämpfung in das System eingebracht, was zu einer Abnahme der Amplitude führt. Dieser oft unerwünschte Effekt kann jedoch durch die Wahl der Parameter $\delta = 0{,}5$ und $\beta = 0{,}25$ ($\widehat{=}$ konstanter Beschleunigung) vermieden werden, die gerade auf der Stabilitätsgrenze liegen.

**Beispiel 7.2:** Der in Beispiel 7.1 gesuchte zeitliche Verlauf der Auslenkung soll mittels des impliziten Newmark-Verfahrens berechnet werden. Man werte die entsprechenden Rekursionsgleichungen für die Parameterpaare $\beta = 0{,}25$, $\delta = 0{,}5$ und $\beta = 0{,}31$, $\delta = 0{,}6$ aus.

*Lösung:* Vereinbaren wir im weiteren für alle Längen, Kräfte und Zeiten die Einheiten m, kN, s, dann lautet die Bewegungsgleichung mit den Zahlenwerten nach Beispiel 7.1: $\ddot{x} + 2x = F(t)$. Damit ergibt sich nach (7.14) die Beziehung

$$[1 + 2\beta\,(\Delta t)^2]\,\ddot{u}_{k+1} = F(t_{k+1}) - 2\,\bar{u}_{k+1},$$

aus der die Beschleunigungen berechnet werden können. Die Verschiebungen und die Geschwindigkeiten folgen dann aus (7.12). In der nachstehenden Tabelle sind die Ergebnisse für eine Schrittweite von $\Delta t = 0,2$s und die Parameter $\beta = 0{,}25$, $\delta = 0{,}5$ zusammengestellt.

| $t$ | $u$ | $\dot{u}$ | $\ddot{u}$ | $\bar{u}$ | $\bar{v}$ |
|---|---|---|---|---|---|
| 0,0 | ,0000 | ,0000 | ,0000 | ,0000 | ,0000 |
| 0,2 | ,0004 | ,0039 | ,0392 | ,0000 | ,0000 |
| 0,4 | ,0023 | ,0154 | ,0754 | ,0016 | ,0078 |
| 0,6 | ,0068 | ,0296 | ,0664 | ,0062 | ,0229 |
| 0,8 | ,0135 | ,0375 | ,0130 | ,0134 | ,0362 |
| 1,0 | ,0207 | ,0346 | -,0415 | ,0211 | ,0388 |
| 1,2 | ,0267 | ,0251 | -,0534 | ,0272 | ,0305 |
| 1,4 | ,0306 | ,0137 | -,0612 | ,0312 | ,0198 |
| 1,6 | ,0321 | ,0012 | -,0642 | ,0327 | ,0076 |
| 1,8 | ,0310 | -,0115 | -,0621 | ,0317 | -,0053 |

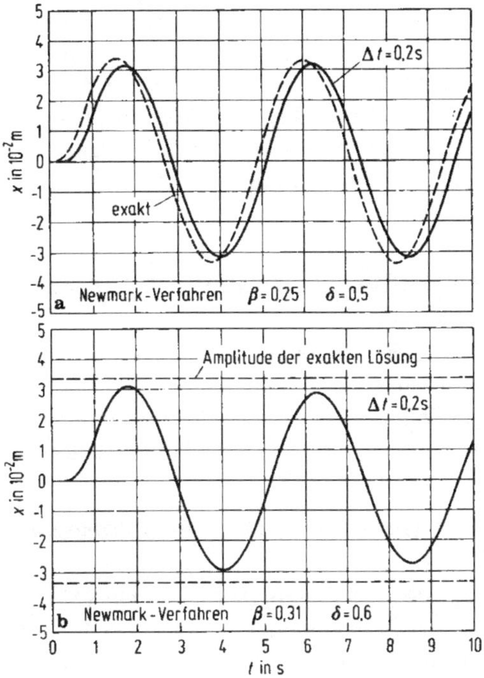


**Abb. 7.5**

Die Lösung ist in Abb. 7.5a dargestellt. Man sieht, daß sie zwar stabil ist, aber von der exakten Lösung abweicht. Keine erkennbaren Abweichungen liefert das Newmark-Verfahren erst mit dem Zeitschritt $\Delta t = 0{,}1$ s. Da das Parameterpaar $\delta$ und $\beta$ direkt auf der Stabilitätsgrenze liegt, ist keine numerische Dämpfung vorhanden. Die Parameter $\beta = 0{,}31, \delta = 0{,}6$ führen mit dem Zeitschritt $\Delta t = 0,2$ s auf die in Abb. 7.5b angegebene Lösung. Man erkennt eine numerische Dämpfung, die sich in der Abnahme der Amplitude widerspiegelt. Diese numerische Dämpfung ändert sich auch bei dem Zeitschritt $\Delta t = 0{,}1$ s nicht. Beide Lösungen bleiben allerdings stabil, weil die Parameter $\beta = 0{,}31, \delta = 0{,}6$ die oben genannte Stabilitätsbedingung erfüllen.

Bei einem Vergleich expliziter und impliziter Integrationsverfahren können wir jetzt folgendes feststellen. Explizite Verfahren sind *bedingt stabil*, d.h. für zu große Zeitschritte kann die Lösung exponentiell anwachsen und damit unbrauchbar werden. Dafür sind diese Verfahren einfach anwendbar und erfordern mit der Auswertung der rechten Seite von (7.4) nur wenige Rechenoperationen pro Zeitschritt. Implizite Verfahren können hingegen so konstruiert werden, daß sie *unbedingt stabil* sind. Damit ist es möglich, erheblich größere Zeitschritte als bei expliziten Verfahren zu wählen. Der Nachteil besteht darin, daß Gleichung (7.14) gelöst werden muß. Dies kann bei großen Differentialgleichungssystemen sehr aufwendig sein, da dann ein großes algebraisches Gleichungssystem zu lösen ist.

## 7.4 Differenzenverfahren für Randwertprobleme

In diesem Abschnitt soll die Lösung von Randwertproblemen mittels des Differenzenverfahrens diskutiert werden. Dabei werden wir zunächst gewöhnliche Differentialgleichungen behandeln. Danach wird dann das prinzipielle Vorgehen bei partiellen Differentialgleichungen erläutert.

### 7.4.1 Gewöhnliche Differentialgleichungen

Die Idee des *Differenzenverfahrens (Methode der finiten Differenzen)* ist, den Differentialquotienten direkt durch einen Differenzenquotienten zu approximieren. Um die Vorgehensweise zu erläutern, betrachten wir eine Funktion $y(x)$ und suchen Näherungen für die Ableitungen $\mathrm{d}y/\mathrm{d}x$, $\mathrm{d}^2y/\mathrm{d}x^2$, ... . Dazu bietet sich eine Taylorentwicklung an:

$$y(x_{l+1}) = y\,(x_l + \Delta x) = y\,(x_l) + \left.\frac{\mathrm{d}y}{\mathrm{d}x}\right|_{x_l} \Delta x + \left.\frac{\mathrm{d}^2y}{\mathrm{d}x^2}\right|_{x_l} \frac{(\Delta x)^2}{2} + \left.\frac{\mathrm{d}^3y}{\mathrm{d}x^3}\right|_{x_l} \frac{(\Delta x)^3}{6} + \dots \tag{7.15}$$

Wenn wir nur die ersten zwei Terme in dieser Reihe mitnehmen, so können wir nach dem gesuchten Differentialquotienten auflösen und erhalten mit den Bezeichnungen $y_l = y\,(x_l)$ und $y_{l+1} = y\,(x_{l+1})$ die Näherung

$$\left.\frac{\mathrm{d}y}{\mathrm{d}x}\right|_{x_l} \approx \frac{y_{l+1} - y_l}{\Delta x}\,. \tag{7.16}$$

Man kann zeigen, daß der hierbei entstehende Fehler von der Ordnung $\Delta x$ ist. Da hier die Werte an der Stelle $x_{l+1}$ auftreten, nennt man diesen Quotienten auch *vorderen Differenzenquotienten* ($v$). Analog kann man die Taylorreihenentwicklung verwenden, um nach „hinten“ zu schauen:

$$y(x_{l-1}) = y(x_l - \Delta x) = y(x_l) - \left.\frac{\mathrm{d}y}{\mathrm{d}x}\right|_{x_l} \Delta x$$
$$+ \left.\frac{\mathrm{d}^2 y}{\mathrm{d}x^2}\right|_{x_l} \frac{(\Delta x)^2}{2} - \left.\frac{\mathrm{d}^3 y}{\mathrm{d}x^3}\right|_{x_l} \frac{(\Delta x)^3}{6} + \ldots . \tag{7.17}$$

Dies liefert dann den *hinteren Differenzenquotienten* ($h$)

$$\left.\frac{\mathrm{d}y}{\mathrm{d}x}\right|_{x_l} \approx \frac{y_l - y_{l-1}}{\Delta x}. \tag{7.18}$$

Auch hier ist der Fehler in der Approximation der wirklichen Ableitung von der Ordnung $\Delta x$. Eine höhere Genauigkeit der Näherung kann durch die Mitnahme von weiteren Gliedern der Taylorreihe erreicht werden. Bei der Subtraktion der Gleichungen (7.15) und (7.17) fällt der Term mit den zweiten Ableitungen heraus. Vernachlässigen wir hier die Terme dritter Ordnung, so führt dies zu einer Fehlerordnung von $(\Delta x)^2$. Dieses Vorgehen liefert den für praktische Anwendungen des Differenzenverfahrens wichtigen *zentralen Differenzenquotienten* ($z$):

$$\boxed{\left.\frac{\mathrm{d}y}{\mathrm{d}x}\right|_{x_l} \approx \frac{y_{l+1} - y_{l-1}}{2\,\Delta x}}\,. \tag{7.19}$$

Die drei Differenzenquotienten sind in Abb. 7.6 veranschaulicht.

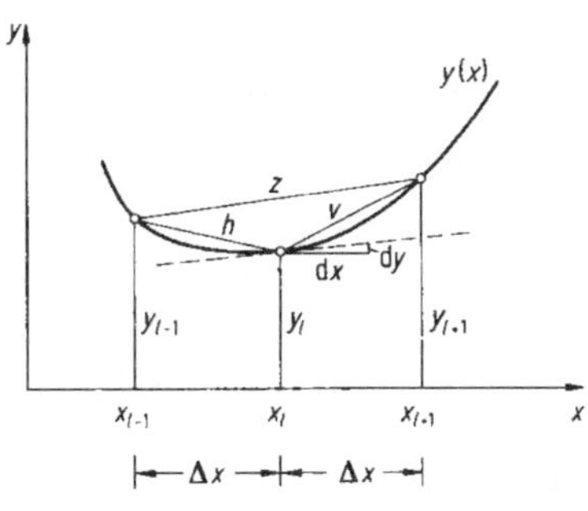


**Abb. 7.6**

Höhere Ableitungen lassen sich ebenfalls durch Differenzenquotienten approximieren. Wenn man (7.15) und (7.17) addiert, dann erhält man unter Vernachlässigung der Terme dritter und höherer Ordnung eine Näherung für die zweite Ableitung:

$$\boxed{\left.\frac{\mathrm{d}^2 y}{\mathrm{d}x^2}\right|_{x_l} \approx \frac{y_{l+1} - 2\,y_l + y_{l-1}}{(\Delta x)^2}}\,. \tag{7.20}$$

Diese Beziehung hat die Fehlerordnung $(\Delta x)^2$. Man kann allerdings die Fehlerordnung noch durch Hinzunahme von Termen höherer Ordnung in (7.15) oder (7.17) verbessern. Es gibt auch die Möglichkeit, weitere „Stützstellen" einzuführen; dies führt dann zu einem *Mehrstellenverfahren*.

Es sei hier noch angemerkt, daß sich explizite Integrationsverfahren, wie wir sie im Abschnitt 7.3 betrachtet haben, auch aus den hier angegebenen Differenzenformeln herleiten lassen. Dies wollen wir am Eulerschen Polygonzugverfahren erläutern. Dazu betrachten wir Gleichung (7.6) und ersetzen die Zeitableitung $\dot{z}$ durch den vorderen Differenzenquotienten (7.16):

$$\dot{z} \approx \frac{z_{l+1} - z_l}{\Delta t} = f\,(t, z_l).$$

Dies führt dann direkt auf die Rekursionsgleichung (7.8).

Um die mit dem Differenzenverfahren verbundene Vorgehensweise zu veranschaulichen, wollen wir diese Methode in einem Anwendungsbeispiel auf den Stab nach Abb. 7.7 anwenden. Seine Deformation wird durch die Differentialgleichung $EA\,u'' = -n$ mit den Randbedingungen $u(0) = u(l) = 0$ beschrieben. Mit (7.20) gilt dann die Beziehung

$$EA\,\frac{\tilde{u}_{l+1} - 2\,\tilde{u}_l + \tilde{u}_{l-1}}{(\Delta x)^2} = -n_l. \tag{7.21}$$

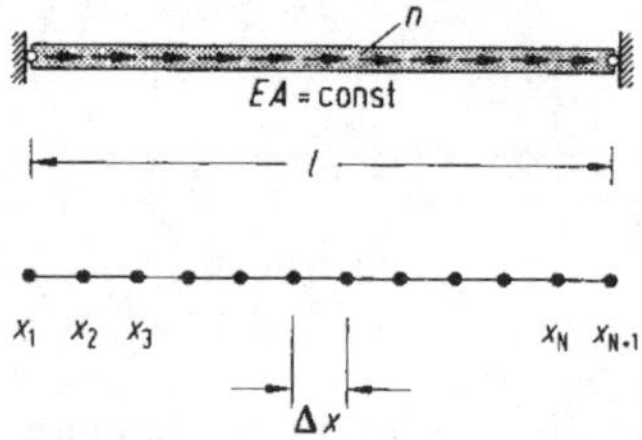


**Abb. 7.7**

Wir teilen nun den Stab in $N$ Abschnitte mit $N+1$ „Gitterpunkten" und wenden (7.21) auf jeden inneren Gitterpunkt an. Damit ergibt sich das Gleichungssystem

$$\begin{aligned} -\tilde{u}_1 + 2\,\tilde{u}_2 - \tilde{u}_3 &= \frac{(\Delta x)^2}{EA}\, n_2, \\ -\tilde{u}_2 + 2\,\tilde{u}_3 - \tilde{u}_4 &= \frac{(\Delta x)^2}{EA}\, n_3, \\ \ldots\ \ldots\ \ldots &= \ldots, \\ -\tilde{u}_{N-1} + 2\,\tilde{u}_N - \tilde{u}_{N+1} &= \frac{(\Delta x)^2}{EA}\, n_N. \end{aligned}$$

Hinzu kommen die Randbedingungen $\tilde{u}_1 = 0$ und $\tilde{u}_{N+1} = 0$. Damit fallen diese Unbekannten aus dem Gleichungssystem heraus. Dies liefert $N-1$ Gleichungen für $N-1$ Unbekannten $\tilde{u}_2, \ldots, \tilde{u}_N$. Das Gleichungssystem läßt sich übersichtlicher und vorteilhafter für eine numerische Behandlung in Matrizenschreibweise angeben:

$$\begin{bmatrix} 2 & -1 & 0 & 0 \ldots & 0 & 0 & 0 \\ -1 & 2 & -1 & 0 \ldots & 0 & 0 & 0 \\ 0 & -1 & 2 & -1 \ldots & 0 & 0 & 0 \\ . & . & . & . \ldots & -1 & 0 & 0 \\ . & . & . & . \ldots & . & . & . \\ . & . & . & . \ldots & 2 & -1 & 0 \\ . & . & . & . \ldots & -1 & 2 & -1 \\ . & . & . & . \ldots & 0 & -1 & 2 \end{bmatrix} \begin{bmatrix} \tilde{u}_2 \\ \tilde{u}_3 \\ \tilde{u}_4 \\ \cdots \\ \cdots \\ \cdots \\ \tilde{u}_{N-1} \\ \tilde{u}_N \end{bmatrix} = \begin{bmatrix} n_2 \\ n_3 \\ n_4 \\ \cdots \\ \cdots \\ \cdots \\ n_{N-1} \\ n_N \end{bmatrix} \frac{(\Delta x)^2}{EA}. \tag{7.22}$$

Gleichung (7.22) liefert die Verschiebungen $\tilde{u}_l$ an den diskreten Gitterpunkten $x_l$, aber nicht an beliebigen Stellen $x$.

Für $N = 4$ und $n = \text{const}$ erhalten wir mit $\Delta x = l/4$ und dem Faktor $\gamma = \dfrac{n\,l^2}{16\,EA}$

$$\begin{bmatrix} 2 & -1 & 0 \\ -1 & 2 & -1 \\ 0 & -1 & 2 \end{bmatrix} \begin{bmatrix} \tilde{u}_2 \\ \tilde{u}_3 \\ \tilde{u}_4 \end{bmatrix} = \gamma \begin{bmatrix} 1 \\ 1 \\ 1 \end{bmatrix}.$$

Dieses Gleichungssystem hat die Lösung $\tilde{u}_2 = 1{,}5\gamma$, $\tilde{u}_3 = 2\gamma$, $\tilde{u}_4 = 1{,}5\gamma$. Das Differenzenverfahren liefert hier in den Gitterpunkten die exakte Lösung. Man beachte, daß damit aber nicht der Verlauf der Lösung als Funktion von $x$ bekannt ist. Will man diesen genauer bestimmen, so sind mehr Abschnitte zu wählen.

**Beispiel 7.3:** Gegeben ist ein durch eine Kraft $F = 50$ kN belasteter Pfahl ($l = 20$ m, $EA = 10\,000$ kN), der elastisch am Boden (Federkonstante pro Längeneinheit $k = 100$ kN/m$^2$) gebettet ist (Abb. 7.8a). Das Eigengewicht des Pfahles kann vernachlässigt werden.

Mittels des Differenzenverfahrens soll eine Näherungslösung für die Verschiebung ermittelt werden. Man vergleiche die Näherungslösung bei einer Unterteilung in 4, 8 bzw. 16 gleichgroße Abschnitte mit der exakten Lösung

$$u = \frac{F}{\lambda EA}\,\frac{1}{1-\mathrm{e}^{-2\lambda l}}(\mathrm{e}^{-\lambda x} + \mathrm{e}^{-2\,\lambda l}\,\mathrm{e}^{\lambda x}), \quad \lambda = \sqrt{\frac{k}{EA}}.$$

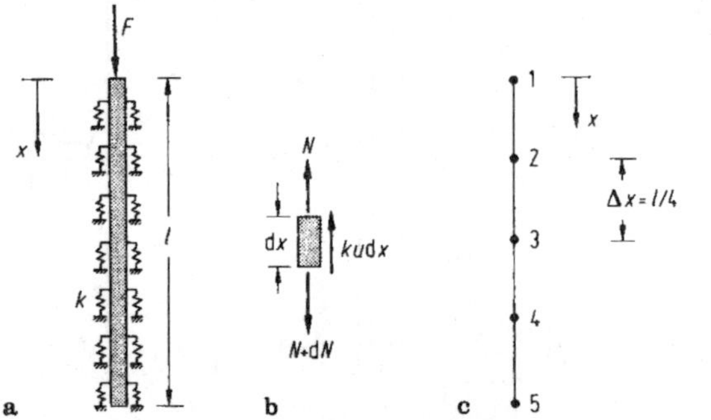


**Abb. 7.8**

*Lösung:* Die Gleichgewichtsbedingung formulieren wir am Element nach Abb. 7.8b:

$$N + \mathrm{d}N - N - k\,u\,\mathrm{d}x = 0 \quad \rightarrow \quad \frac{\mathrm{d}N}{\mathrm{d}x} - k\,u = 0.$$

Mit dem Stoffgesetz $N = EA\,u'$ ergibt sich dann für die Längsverschiebung $u$ die Differentialgleichung

$$EA\,u'' - k\,u = 0.$$

Hinzu kommen die Randbedingungen:

$$N(0) = EA\,u'(0) = -F, \quad N(l) = EA\,u'(l) = 0.$$

Die Anwendung des Differenzenschemas (7.20) liefert für den Gitterpunkt $i$

$$EA\,\frac{\tilde{u}_{i+1} - 2\,\tilde{u}_i + \tilde{u}_{i-1}}{(\Delta x)^2} - k\,\tilde{u}_i = 0$$

$$\rightarrow \quad -\tilde{u}_{i+1} + \left[2 + \frac{k(\Delta x)^2}{EA}\right]\tilde{u}_i - \tilde{u}_{i-1} = 0.$$

Wir wollen hier nur das Gleichungssystem für 4 Abschnitte angeben (Abb. 7.8c). Mit $\Delta x = l/4$ und den gegebenen Zahlenwerten erhält man

$$-\tilde{u}_{i+1} + 2{,}25\,\tilde{u}_i - \tilde{u}_{i-1} = 0.$$

Diese Gleichung gilt an den inneren Gitterpunkten $i = 2, 3, 4$. In die Randbedingungen gehen die Ableitungen von $u$ ein; daher muß man eine Approximation für $u'$ einsetzen. Wir wählen zu diesem Zweck für den Punkt $i = 1$ den vorderen Differenzenquotienten (7.16) und erhalten

$$EA\,\frac{\tilde{u}_2 - \tilde{u}_1}{l/4} = -F \quad \rightarrow \quad \tilde{u}_1 - \tilde{u}_2 = 0{,}025.$$

Für den Punkt 5 nehmen wir den hinteren Differenzenquotienten (7.18):

$$EA\,\frac{\tilde{u}_5 - \tilde{u}_4}{l/4} = 0 \quad \rightarrow \quad -\tilde{u}_4 + \tilde{u}_5 = 0.$$

Bei dieser Wahl der Differenzenquotienten für die Randbedingungen geht eine Ordnung in der Genauigkeit verloren. Dies könnte durch die Verwendung des zentralen Differenzenquotienten verhindert werden. Dann erhält man aber eine unsymmetrische Koeffizientenmatrix des Gleichungssystems für $\tilde{u}_i$, was bei vielen Unbekannten einen erheblichen Mehraufwand bei der Lösung mit sich bringt.

Die Gleichungen für die inneren Gitterpunkte und die Randpunkte lassen sich jetzt in Matrizenschreibweise zusammenfassen:

$$\begin{bmatrix} 1 & -1 & 0 & 0 & 0 \\ -1 & 2{,}25 & -1 & 0 & 0 \\ 0 & -1 & 2{,}25 & -1 & 0 \\ 0 & 0 & -1 & 2{,}25 & -1 \\ 0 & 0 & 0 & -1 & 1 \end{bmatrix} \begin{bmatrix} \tilde{u}_1 \\ \tilde{u}_2 \\ \tilde{u}_3 \\ \tilde{u}_4 \\ \tilde{u}_5 \end{bmatrix} = \begin{bmatrix} 0{,}025 \\ 0 \\ 0 \\ 0 \\ 0 \end{bmatrix} .$$

Die Lösung des Gleichungssystems liefert die unbekannten Verschiebungen $\tilde{u}_1, \ldots, \tilde{u}_5$. Analog läßt sich das Gleichungssystem für 8 bzw. 16 Abschnitte darstellen und lösen. Die Ergebnisse sind in der folgenden Tabelle den exakten Werten gegenübergestellt.

| $x$ | 4 Abschnitte | 8 Abschnitte | 16 Abschnitte | exakt |
|---|---|---|---|---|
| 0 | 0,0696 | 0,0598 | 0,0556 | 0,0537 |
| $l/4$ | 0,0446 | 0,0378 | 0,0349 | 0,0324 |
| $l/2$ | 0,0308 | 0,0253 | 0,0231 | 0,0213 |
| $3\,l/4$ | 0,0246 | 0,0198 | 0,0173 | 0,0155 |
| $l$ | 0,0246 | 0,0181 | 0,0158 | 0,0138 |

Dem Vergleich der Lösungen entnehmen wir, daß sich mit zunehmender Anzahl der Abschnitte die Näherungslösung der exakten Lösung immer mehr annähert. Dies läßt auf die Konvergenz des Verfahrens schließen.

### 7.4.2 Partielle Differentialgleichungen

Randwertprobleme mit partiellen Differentialgleichungen treten in der Mechanik häufig auf. Beispiele hierfür finden sich in Kapitel 2 (Scheibengleichung, Torsion, usw.) oder in Kapitel 3 (Platte, Membran, usw.). Diesen Gleichungen ist gemeinsam, daß Funktionen von mehreren Veränderlichen und deren (partielle) Ableitungen wie z.B. $u(x, y)$, $\partial u/\partial x$ und $\partial^2 u/\partial x^2$ auftreten. Partielle Differentialgleichungen können ebenfalls mittels des Verfahrens der finiten Differenzen numerisch gelöst werden. Die Vorgehensweise ähnelt der bei den gewöhnlichen Differentialgleichungen angewandten Methodik: man ersetzt die (jetzt partiellen) Ableitungen durch entsprechende Differenzenquotienten.

Zunächst wollen wir die Differenzenquotienten für die partiellen Ableitungen angeben. Da bei einer partiellen Ableitung nach einer Veränderlichen jeweils die andere Veränderliche festgehalten wird, können wir auf die im vorigen Abschnitt hergeleiteten Formeln zurückgreifen. Indem wir z.B. die Variable $y$ festhalten und für die Änderung bezüglich $x$ die Taylorreihe

$$u(x + \Delta x, y) = u(x, y) + \frac{\partial u(x, y)}{\partial x}\Delta x + \frac{\partial^2 u(x, y)}{\partial x^2}\frac{(\Delta x)^2}{2} + \dots$$

anschreiben, erhalten wir den vorderen Differenzenquotienten

$$\frac{\partial u(x, y)}{\partial x} \approx \frac{u(x + h_x, y) - u(x, y)}{h_x} \tag{7.23a}$$

und analog

$$\frac{\partial u(x, y)}{\partial y} \approx \frac{u(x, y + h_y) - u(x, y)}{h_y}, \tag{7.23b}$$

worin $h_x = \Delta x$ und $h_y = \Delta y$ die Schrittweiten in $x$- bzw. $y$-Richtung darstellen. Entsprechend folgen die zentralen Differenzenquotienten (vgl. (7.19))

$$\begin{aligned}\frac{\partial u(x, y)}{\partial x} &\approx \frac{u(x + h_x, y) - u(x - h_x, y)}{2\,h_x},\\ \frac{\partial u(x, y)}{\partial y} &\approx \frac{u(x, y + h_y) - u(x, y - h_y)}{2\,h_y}.\end{aligned} \tag{7.24}$$

Bei der näherungsweisen Lösung von Randwertproblemen betrachten wir der Einfachheit halber nur rechteckige Gebiete (Abb. 7.9). Damit haben wir die Möglichkeit, ein kantenparalleles Netz von Gitterpunkten zu erzeugen. Um die Schreibweise zu vereinfachen, wollen wir im weiteren einen Punkt $(x_0 + k\,h_x, y_0 + l\,h_y)$ durch $(k, l)$ bezeichnen. Dann vereinfachen sich die Ausdrücke für die zentralen Differenzenquotienten in folgender Weise:

$$\begin{aligned}\frac{\partial u}{\partial x} &\approx \frac{1}{2\,h_x}(u_{k+1,l} - u_{k-1,l}),\\ \frac{\partial u}{\partial y} &\approx \frac{1}{2\,h_y}(u_{k,l+1} - u_{k,l-1}).\end{aligned} \tag{7.25}$$

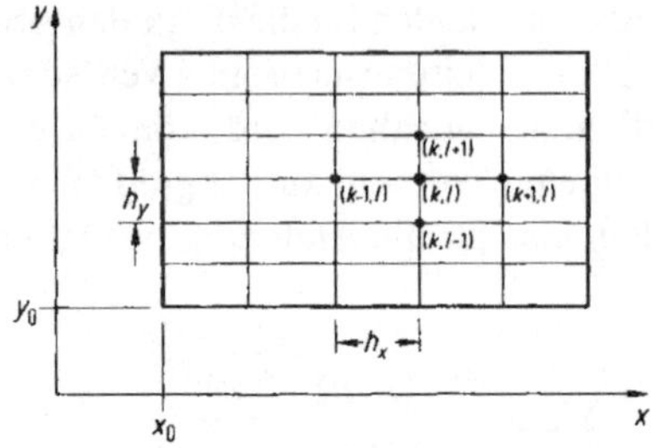


**Abb. 7.9**

Für die zweiten partiellen Ableitungen nach $x$ bzw. $y$ erhalten wir analog zum zentralen Differenzenquotienten (vgl. (7.20))

$$\begin{aligned}\frac{\partial^2 u}{\partial x^2} &\approx \frac{1}{h_x^2}(u_{k+1,l} - 2\,u_{k,l} + u_{k-1,l}),\\ \frac{\partial^2 u}{\partial y^2} &\approx \frac{1}{h_y^2}(u_{k,l+1} - 2\,u_{k,l} + u_{k,l-1}).\end{aligned} \tag{7.26}$$

Entsprechende Differenzenquotienten lassen sich auch für höhere Ableitungen bzw. für gemischte Ableitungen gewinnen.

In einem Anwendungsbeispiel wollen wir die partielle Differentialgleichung des Torsionsproblems (2.120)

$$\Delta\Phi = \frac{\partial^2\,\Phi(x,y)}{\partial x^2} + \frac{\partial^2\,\Phi(x,y)}{\partial y^2} = 1$$

mit der Randbedingung $\Phi = 0$ für einen Rechteckquerschnitt näherungsweise lösen. Für einen Gitterpunkt des Gebietes liefern die zentralen Differenzenquotienten (7.26)

$$\frac{1}{h_x^2}(\Phi_{k+1,l} - 2\,\Phi_{k,l} + \Phi_{k-1,l}) + \frac{1}{h_y^2}(\Phi_{k,l+1} - 2\,\Phi_{k,l} + \Phi_{k,l-1}) = 1. \tag{7.27}$$

Wählen wir in $x$- und in $y$-Richtung die gleiche Schrittweite $h = h_x = h_y$, dann folgt

$$\frac{1}{h^2}(4\,\Phi_{k,\,l} - \Phi_{k+1,\,l} - \Phi_{k-1,\,l} - \Phi_{k,\,l+1} - \Phi_{k,\,l-1}) = -1. \tag{7.28}$$

Da dieser Ausdruck für den Differenzenquotienten des $\Delta$-Operators jetzt Differenzen von $\Phi$ sowohl in $x$- als auch in $y$-Richtung hat, spricht man auch von einem *Differenzenstern*. Er wird häufig in Matrixform angegeben:

$$\frac{1}{h^2}\begin{bmatrix} 0 & -1 & 0 \\ -1 & 4 & -1 \\ 0 & -1 & 0 \end{bmatrix} . \tag{7.29}$$

Im weiteren wollen wir (7.28) auf den in Abb. 7.10a gegebenen quadratischen Querschnitt mit dem dargestellten Gitter anwenden. Unter Berücksichtigung der Randbedingungen erhalten wir folgendes Gleichungssystem in Matrixform:

$$\begin{bmatrix} 4 & -1 & 0 & -1 & 0 & 0 & 0 & 0 & 0 \\ -1 & 4 & -1 & 0 & -1 & 0 & 0 & 0 & 0 \\ 0 & -1 & 4 & 0 & 0 & -1 & 0 & 0 & 0 \\ -1 & 0 & 0 & 4 & -1 & 0 & -1 & 0 & 0 \\ 0 & -1 & 0 & -1 & 4 & -1 & 0 & -1 & 0 \\ 0 & 0 & -1 & 0 & -1 & 4 & 0 & 0 & -1 \\ 0 & 0 & 0 & -1 & 0 & 0 & 4 & -1 & 0 \\ 0 & 0 & 0 & 0 & -1 & 0 & -1 & 4 & -1 \\ 0 & 0 & 0 & 0 & 0 & -1 & 0 & -1 & 4 \end{bmatrix} \begin{bmatrix} \Phi_{11} \\ \Phi_{21} \\ \Phi_{31} \\ \Phi_{12} \\ \Phi_{22} \\ \Phi_{32} \\ \Phi_{13} \\ \Phi_{23} \\ \Phi_{33} \end{bmatrix} = - \begin{bmatrix} 1 \\ 1 \\ 1 \\ 1 \\ 1 \\ 1 \\ 1 \\ 1 \\ 1 \end{bmatrix} h^2 . \tag{7.30}$$

Dieses Gleichungssystem kann nach den unbekannten Knotengrößen $\Phi_{ik}$ aufgelöst werden. Die Koeffizientenmatrix läßt sich auch als

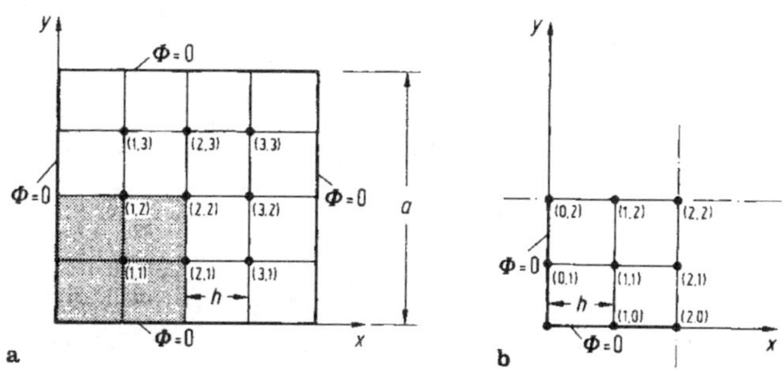


**Abb. 7.10**

$$\begin{bmatrix} \boldsymbol{K} & -\boldsymbol{I} & \boldsymbol{O} \\ -\boldsymbol{I} & \boldsymbol{K} & -\boldsymbol{I} \\ \boldsymbol{O} & -\boldsymbol{I} & \boldsymbol{K} \end{bmatrix} \quad \text{mit} \tag{7.31}$$

$$\boldsymbol{K} = \begin{bmatrix} 4 & -1 & 0 \\ -1 & 4 & -1 \\ 0 & -1 & 4 \end{bmatrix}, \quad \boldsymbol{I} = \begin{bmatrix} 1 & 0 & 0 \\ 0 & 1 & 0 \\ 0 & 0 & 1 \end{bmatrix}$$

schreiben. Wir erkennen, daß die Dimension der Untermatrizen genau der Anzahl der Knoten pro Reihe entspricht. Auch ein Gitter mit größerer Knotenzahl liefert dieselbe Struktur wie (7.31). Lediglich die Untermatrizen $\boldsymbol{K}$ und $\boldsymbol{I}$ ändern dann ihre Dimension entsprechend der Zahl der Knoten pro Reihe.

Da der quadratische Querschnitt doppeltsymmetrisch ist, sollte man zweckmäßig diese Symmetrie ausnutzen. Wir erzielen das gleiche Ergebnis wie mit (7.30), wenn wir nur ein Viertel des Querschnitts betrachten (Abb. 7.10b). In das zugehörige Gleichungssystem sind hier allerdings die Symmetriebedingungen einzuarbeiten. Wir erhalten

$$\begin{bmatrix} 4 & -1 & -1 & 0 \\ -2 & 4 & 0 & -1 \\ -2 & 0 & 4 & -1 \\ 0 & -2 & -2 & 4 \end{bmatrix} \begin{bmatrix} \Phi_{11} \\ \Phi_{21} \\ \Phi_{12} \\ \Phi_{22} \end{bmatrix} = - \begin{bmatrix} 1 \\ 1 \\ 1 \\ 1 \end{bmatrix} h^2 .$$

Hieraus ergibt sich die Lösung

$$\begin{bmatrix} \Phi_{11} \\ \Phi_{21} \\ \Phi_{12} \\ \Phi_{22} \end{bmatrix} = - \begin{bmatrix} 0{,}6875 \\ 0{,}8750 \\ 0{,}8750 \\ 1{,}1250 \end{bmatrix} h^2 .$$

Damit ist die Torsionsfunktion $\Phi$ in den Gitterpunkten bekannt. Nach (2.119) folgt die Spannung $\tau_{yz}$ aus $\tau_{yz} = -2\,G\,\kappa_T\,\partial\Phi/\partial x$. Der Differentialquotient läßt sich hierin durch den vorderen Differenzenquotienten ersetzen, und wir erhalten für die maximale Randspannung ($x = 0$, $y = a/2$):

$$\tau_{yz} = \frac{\Phi_{12} - \Phi_{02}}{h} \, 2\,G\,\kappa_T = \frac{0{,}8750 - 0}{h} \, 2\,G\,\kappa_T\,h^2 = 0{,}438\;G\,\kappa_T\,a.$$

Diese Spannung ist erheblich geringer als die exakte Randspannung $\tau_{yz} = 0{,}675\;G\,\kappa_T\,a$ nach Abschnitt 2.1.3. Das Ergebnis läßt sich verbessern, wenn man eine Interpolation der Funktion $\Phi$ in $x$-Richtung bei festgehaltenem $y = a/2$ durchführt. Dies soll hier jedoch nicht weiter ausgeführt werden.

## 7.5 Methode der gewichteten Residuen

### 7.5.1 Vorbemerkungen

Bisher sind wir bei der Konstruktion von numerischen Methoden direkt von den gewöhnlichen oder partiellen Differentialgleichungen ausgegangen, die dem zu behandelnden mechanischen Problem zugrunde lagen. In diesem Abschnitt wollen wir dagegen Formulierungen verwenden, bei denen der Fehler, der durch das Einsetzen einer Näherungslösung in die Differentialgleichung entsteht, minimiert wird. Dabei gibt es unterschiedliche Vorgehensweisen, die in den folgenden Abschnitten erläutert werden.

Setzen wir in die Differentialgleichung (7.1) eine Näherungslösung $\tilde{y}$ ein, so wird der Fehler

$$R(\tilde{y}) = F(x, \tilde{y}, \tilde{y}', \ldots, \tilde{y}^{(n)}) - r \neq 0 \tag{7.32}$$

auftreten. Diesen Fehler bezeichnet man auch als *Residuum*. Analog erhalten wir einen Fehler in den Randbedingungen, die im allgemeinen von der Näherungslösung $\tilde{y}$ ebenfalls nicht exakt erfüllt werden: $R_r(\tilde{y}) \neq 0$.

Die Lösung $y(x)$ der Differentialgleichung können wir im allgemeinen durch ein vollständiges Funktionensystem aus linear unabhängigen Funktionen $\Phi_k(x)$ darstellen:

$$y(x) = \sum_{k=1}^{\infty} a_k\,\Phi_k(x).$$

Brechen wir die Reihe bei $n$ ab, so ist die entstehende Näherung $\tilde{y}(x)$ bis zur Ordnung $n$ vollständig:

$$\tilde{y}(x) = \sum_{k=1}^{n} a_k\,\Phi_k(x). \tag{7.33}$$

Dabei setzen wir voraus, daß die Funktionen $\Phi_k$ hinreichend stetig sind und die homogenen Randbedingungen erfüllen. Zur Bestimmung der unbekannten Koeffizienten $a_k$ wollen wir im folgenden die Kollokationsmethode, die Methode der gewichteten Residuen und das Galerkinsche Verfahren näher betrachten.

### 7.5.2 Kollokationsverfahren

Bei dieser Methode werden die Koeffizienten $a_k$ aus der Forderung berechnet, daß das Residuum an bestimmten Punkten, den sogenannten *Kollokationspunkten*, verschwindet ($R = 0$). Hierbei wählen wir die Ansatzfunktionen $\Phi_k$ so, daß sie alle Randbedingungen erfüllen. Die $a_k$ bestimmen wir dann durch die Wahl von $n$ Kollokationspunkten $x_1, x_2, \ldots, x_n$, wobei wir (7.33) in (7.32) einsetzen und an den Kollokationspunkten auswerten:

$$\begin{aligned} R[\tilde{y}(x_1)] &= F[x_1, \sum a_k \Phi_k(x_1), \sum a_k \Phi_k'(x_1), \ldots] - r(x_1) = 0, \\ R[\tilde{y}(x_2)] &= F[x_2, \sum a_k \Phi_k(x_2), \sum a_k \Phi_k'(x_2), \ldots] - r(x_2) = 0, \\ \ldots &= \ldots \\ R[\tilde{y}(x_n)] &= F[x_n, \sum a_k \Phi_k(x_n), \sum a_k \Phi_k'(x_n), \ldots] - r(x_n) = 0. \end{aligned} \tag{7.34}$$

Dies ist ein System von $n$ Gleichungen für die $n$ Unbekannten $a_k$.

### 7.5.3 Galerkin-Verfahren

Eine andere Vorgehensweise bei der Konstruktion von Näherungslösungen besteht in der Idee, daß der Fehler – im Gegensatz zur Kollokationsmethode – nicht in ausgewählten Punkten, sondern im Mittel über das gesamte Gebiet zu Null gesetzt wird: $\int R(\tilde{y})\,dx = 0$. Noch allgemeiner können wir fordern, daß das Residuum in einem gewichteten Mittel Null ist: $\int R(\tilde{y})\,\eta\,dx = 0$ (*Methode der gewichteten Residuen*). Es ist dabei zweckmäßig, die Wichtungsfunktion $\eta\,(x)$ mit Hilfe eines zweiten Satzes linear unabhängiger Funktionen $\Psi_j(x)$ darzustellen:

$$\eta(x) = \sum_{j=1}^{n} b_j\,\Psi_j(x). \tag{7.35}$$

Wir wollen im weiteren voraussetzen, daß die $\Psi_j$ die homogenen Randbedingungen erfüllen. Dies ist nicht unbedingt notwendig, vereinfacht aber die Schreibweise. Mit der zusätzlichen Annahme, daß die Ansatzfunktionen $\Phi_k$ alle Randbedingungen erfüllen, erhalten wir

$$\int_0^l R[\tilde{y}(x)] \sum_{j=1}^n b_j \, \Psi_j(x) \, \mathrm{d}x = 0. \tag{7.36}$$

Da die Faktoren $b_j$ beliebig und die Funktionen $\Psi_j(x)$ linear unabhängig voneinander sind, folgen aus (7.36) $n$ Gleichungen für die $n$ unbekannten Koeffizienten $a_k$ im Ansatz (7.33):

$$\boxed{\int_0^l R[\tilde{y}(x)] \Psi_j(x) \, \mathrm{d}x = 0, \quad j = 1, \ldots, n} \,. \tag{7.37}$$

Dieses allgemeine Vorgehen ist die Grundlage vieler Methoden. Selbst das Kollokationsverfahren kann hieraus hergeleitet werden, wenn als Funktionen $\Psi_j$ Diracsche Delta-Funktionen gewählt werden.

Im folgenden wollen wir das *Galerkin-Verfahren* näher betrachten, bei dem als Besonderheit derselbe Ansatz für die Näherungsfunktion $\tilde{y}$ und die Wichtungsfunktion $\eta$ gewählt wird. Aus (7.37) erhält man dann mit (7.33)

$$\int_0^l R\left[\sum_{i=1}^n a_i \, \Phi_i(x)\right] \Phi_j(x) \, \mathrm{d}x = 0. \tag{7.38}$$

Damit die Methode funktioniert, muß der Näherungsansatz $\tilde{y}$ alle Randbedingungen erfüllen. Weiterhin muß die Näherungslösung für eine Differentialgleichung $2m$-ter Ordnung $(2m-1)$-mal stetig differenzierbar sein. Am Beispiel des eingespannten Balkens unter einer Endlast $F$ und einem Endmoment $M_0$ wollen wir dies veranschaulichen. Mit der Differentialgleichung der Biegelinie $EI\, w^{IV} - q = 0$ und den Ansatzfunktionen $\Phi_i(x) = \tilde{w}_i(x)$ liefert (7.38)

$$\sum_{i=1}^n \int_0^l [EI\, a_i \, \tilde{w}_i^{IV} - q] \, \tilde{w}_j \, \mathrm{d}x = 0. \tag{7.39}$$

Dabei müssen die Ansatzfunktionen die kinematischen Randbedingungen $w(0) = 0$, $w'(0) = 0$ (wesentliche Randbedingungen) *und* die dynamischen Randbedingungen $EIw''(l) = -M_0$ und $EIw'''(l) = -F$

(restliche Randbedingungen) erfüllen. Die Differentialgleichung hat die Ordnung $2m = 4$, so daß die Ansatzfunktionen $(2m-1)=3$-mal stetig differenzierbar sein müssen (man sagt auch, $\tilde{w}$ muß die Bedingung der $C^3$-Stetigkeit erfüllen).

Diese strengen Bedingungen an die Stetigkeit und an die Randbedingungen erschweren oft die Wahl der Ansatzfunktionen. Um hier Abhilfe zu schaffen, wendet man die partielle Integration auf (7.38) an und berücksichtigt dabei die dynamischen Randbedingungen. Dann sind vom Näherungsansatz nur noch die wesentlichen Randbedingungen zu erfüllen. Weiterhin muß dieser jetzt nur noch $(m-1)$-mal stetig differenzierbar sein ($C^{m-1}$-Stetigkeit).

Am Beispiel des Balkens wollen wir die Umformung erläutern. Fordern wir, daß der Näherungsansatz die wesentlichen, nicht aber die restlichen Randbedingungen erfüllt, so liefert dies die Fehler

$$R = EI\,\tilde{w}^{IV} - q, \quad R_1 = EI\,\tilde{w}''(l) + M_0, \quad R_2 = EI\,\tilde{w}'''(l) + F.$$

Wir multiplizieren die Fehler mit der Gewichtsfunktion $\eta$. Da $R_1$ und $R_2$ nur an der Stelle $l$ definiert sind, werden sie mit den Gewichten $\eta_1$ und $\eta_2$ versehen. Durch Aufsummieren der Fehler erhalten wir

$$\int_0^l (EI\,\tilde{w}^{IV} - q)\,\eta\,\mathrm{d}x + [EI\,\tilde{w}''(l) + M_0]\,\eta_1 + [EI\,\tilde{w}'''(l) + F]\,\eta_2 = 0.$$

Zweimalige partielle Integration liefert

$$\begin{aligned}\int_0^l (EI\,\tilde{w}''\,\eta'' - q\,\eta)\,\mathrm{d}x + \big[EI\,\tilde{w}'''\,\eta\big]_0^l - \big[EI\,\tilde{w}''\,\eta'\big]_0^l \\ + \big[EI\,\tilde{w}''(l) + M_0\big]\eta_1 + \big[EI\,\tilde{w}'''(l) + F\big]\eta_2 = 0.\end{aligned}$$

Da die Gewichtsfunktion $\eta$ voraussetzungsgemäß die wesentlichen Randbedingungen erfüllt, gilt $\eta(0) = \eta'(0) = 0$. Es folgt damit

$$\begin{aligned}\int_0^l (EI\,\tilde{w}''\,\eta'' - q\,\eta)\,\mathrm{d}x + EI\,\tilde{w}'''\,(l)[\eta(l) + \eta_2] + \eta_2\,F \\ - EI\,\tilde{w}''(l)[\eta'(l) - \eta_1] + \eta_1\,M_0 = 0.\end{aligned}$$

Wählen wir $\eta_1 = \eta'(l)$ und $\eta_2 = -\eta(l)$, so verschwinden die eckigen Klammern:

$$\int_0^l (EI\,\tilde{w}''\,\eta'' - q\,\eta)\,\mathrm{d}x - \eta(l)\,F + \eta'(l)\,M_0 = 0. \tag{7.40}$$

Damit haben wir (7.39) so umgeformt, daß der Näherungsansatz nur die wesentlichen Randbedingungen zu erfüllen hat. Hierbei müssen $\tilde{w}$ und $\eta$ nur $(m-1) = 1$-mal stetig differenzierbar sein ($C^1$-Stetigkeit). Beide Formen, (7.39) und (7.40), werden als Galerkin-Verfahren bezeichnet. Wählt man in (7.40) für $\eta$ und $\tilde{w}$ jedoch unterschiedliche Ansatzfunktionen, so spricht man vom *Petrov-Galerkin-Verfahren*.

### 7.5.4 Numerische Integration

Wie wir im vorigen Abschnitt gesehen haben, sind bei der Anwendung des Galerkinschen Verfahrens Integrale auszuwerten. Diese können in manchen Fällen noch analytisch berechnet werden. Oft ist dies aber nicht möglich, so daß dann eine numerische Integration zu erfolgen hat. Außerdem ist es häufig konsistenter und auch effizienter, wenn man schon numerisch rechnet, dann auch die Integration numerisch durchzuführen, selbst wenn diese analytisch vorgenommen werden könnte. In diesem Abschnitt sollen zwei gebräuchliche Verfahren zur numerischen Integration angegeben werden. Dabei beschränken wir uns auf Einfachintegrale der Form

$$\int_0^l f(x)\mathrm{d}x.$$

Um die Integrationsformeln einfacher schreiben zu können, transformieren wir auf ein Intervall der Länge 2. Mit $x = x(\xi) = (\xi+1)l/2$ erhalten wir

$$\int_{-1}^{+1} f[x(\xi)]\frac{\mathrm{d}x}{\mathrm{d}\xi}\,\mathrm{d}\xi = \int_{-1}^{+1} g(\xi)\mathrm{d}\xi.$$

Man kann zeigen, daß sich dieses Integral näherungsweise aus einer Summe berechnen läßt, indem man den Integranden $g(\xi)$ an vorgegebenen Stützstellen $\xi_p$ auswertet und dort mit Wichtungsfaktoren $w_p$ multipliziert:

$$\boxed{\int_{-1}^{+1} g(\xi)\,\mathrm{d}\xi \approx \sum_{p=1}^{n} g(\xi_p)w_p}\,. \tag{7.41}$$

Die Wahl dieser Stützstellen und der Wichtungsfaktoren erfordert zusätzliche mathematische Überlegungen, auf die wir hier verzichten. Wir wollen an dieser Stelle nur die Stützstellen und die Wichtungsfaktoren für zwei Methoden angeben.

Wegen ihrer hohen Genauigkeit ist die sogenannte *Gauß-Integration* von großer Bedeutung. Durch sie werden Polynome vom Grad $q \leq 2n - 1$ exakt integriert. Die Tabelle 7.1 enhält für $n = 1, 2, 3$ die Werte für die Stützstellen $\xi_p$ ($\widehat{=}$ Gaußpunkte) und die Wichtungsfaktoren $w_p$. Man erkennt, daß die Gaußpunkte innerhalb des Integrationsgebiets liegen und nicht äquidistant verteilt sind.

**Tabelle 7.1.** Gauß-Integration

| $n$ | $\xi_p$ | $w_p$ | exakt für $q$ |
|---|---|---|---|
| 1 | 0 | 2 | 1 |
| 2 | $\pm 1/\sqrt{3}$ | 1 | 3 |
| 3 | $\begin{cases} 0 \\ \pm\sqrt{3/5} \end{cases}$ | 8/9<br>5/9 | 5 |

**Tabelle 7.2.** Newton-Cotes-Integration

| $n$ | $\xi_p$ | $w_p$ | exakt für $q$ |
|---|---|---|---|
| 2 | $\pm 1$ | 1 | 1 |
| 3 | $\begin{cases} 0 \\ \pm 1 \end{cases}$ | 4/3<br>1/3 | 3 |
| 5 | $\begin{cases} 0 \\ \pm 1/2 \\ \pm 1 \end{cases}$ | 12/45<br>32/45<br>7/45 | 5 |

Manche Probleme erfordern Integrationsverfahren, bei denen die Randpunkte mit in die Berechnung eingehen. Dann kann man z.B. die Methode von *Newton-Cotes* wählen, die in gleicher Weise wie die Gauß-Integration angewendet werden kann. Das Verfahren bleibt dabei gleich, nur die Stützstellen und die Wichtungsfaktoren in (7.41) sind geändert. Sie sind in der Tabelle 7.2 zusammengefaßt. Man erkennt, daß die Newton-Cotes-Integration eine erheblich geringere Genauigkeit aufweist. So integriert die Gaußsche Regel mit 3 Punkten ein Polynom bis zum Grad 5 exakt, während die Newton-Cotes-Regel mit gleicher Punktzahl ein exaktes Ergebnis nur für ein Polynom bis zum Grad 3 liefert. Die sich bei der Verwendung von drei Punkten ergebende Newton-Cotes-Formel ist auch unter dem Namen *Simpson-Regel* bekannt.

### 7.5.5 Beispiele

In diesem Abschnitt werden die besprochenen Methoden auf Aufgabenstellungen aus der Mechanik angewendet.

Als erstes Beispiel sei der beidseits gelenkig gelagerte Balken unter linear veränderlicher Streckenlast $q(x) = q_0 x/l$ gewählt (Abb. 7.11). Die Differentialgleichung der Biegelinie lautet $EI\, w^{IV} - q = 0$. Mit den Randbedingungen $w(0) = w(l) = M(0) = M(l) = 0$ können wir in diesem Fall die exakte Lösung angeben (Band 2, Tabelle 4.3). Eine einfache Näherungslösung läßt sich mit dem Kollokationsverfahren nach Abschnitt 7.5.2 gewinnen. Wir wählen zu diesem Zweck einen zweigliedrigen Näherungsansatz, der die Randbedingungen erfüllt ($R_r = 0$):

$$\tilde{w} = a_1 \sin\frac{\pi x}{l} + a_2 \sin\frac{2\pi x}{l}.$$

Um die unbekannten Koeffizienten $a_1$ und $a_2$ zu bestimmen, bilden wir mit dem Ansatz das Residuum:

$$\begin{aligned} R &= EI\, \tilde{w}^{IV} - q \\ &= EI\left(a_1 \frac{\pi^4}{l^4}\sin\frac{\pi x}{l} + 16\, a_2 \frac{\pi^4}{l^4}\sin\frac{2\pi x}{l}\right) - q_0 \frac{x}{l}. \end{aligned}$$

Mit der Kollokation an den zwei Stellen $x = l/2$ und $x = 3l/4$ folgt das Gleichungssystem

$$\begin{aligned} R\left[\tilde{w}\left(\frac{l}{2}\right)\right] &= EI\left(a_1\frac{\pi^4}{l^4}\sin\frac{\pi}{2} + 16\, a_2\frac{\pi^4}{l^4}\sin\pi\right) - q_0\frac{1}{2} = 0, \\ R\left[\tilde{w}\left(\frac{3l}{4}\right)\right] &= EI\left(a_1\frac{\pi^4}{l^4}\sin\frac{3\pi}{4} + 16\, a_2\frac{\pi^4}{l^4}\sin\frac{3\pi}{2}\right) - q_0\frac{3}{4} = 0. \end{aligned}$$

Hieraus ergeben sich die Koeffizienten

$$a_1 = \frac{q_0}{2\,EI}\frac{l^4}{\pi^4}, \quad a_2 = -\frac{q_0}{64\,EI}\frac{l^4}{\pi^4}(3 - \sqrt{2}),$$

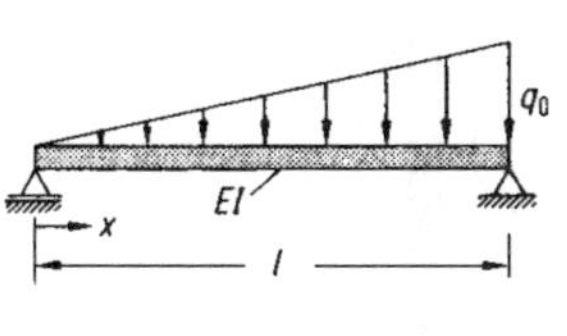


**Abb. 7.11**

und damit lautet die Näherungslösung

$$\tilde{w} = \frac{q_0\, l^4}{\pi^4\, EI}\left(\frac{1}{2}\sin\frac{\pi\, x}{l} - \frac{3-\sqrt{2}}{64}\sin\frac{2\,\pi\, x}{l}\right).$$

Im Kollokationspunkt $x = 3l/4$ weicht die Näherungslösung $\tilde{w}(3l/4) = 0{,}00388\, q_0\, l^4/EI$ von der exakten Lösung $w(3l/4) = 0{,}00484\, q_0\, l^4/EI$ um -19,8 % ab (man beachte, daß im Kollokationspunkt zwar das Residuum der Differentialgleichung gleich Null ist, nicht aber der Fehler der Näherungslösung $\tilde{w}$). Eine Verbesserung der Näherungslösung kann man durch Hinzunahme weiterer Terme (z.B. $a_3 \sin 3\,\pi\, x/l$) oder durch die Wahl anderer Ansatzfunktionen (z.B. Polynome) erzielen.

Als zweites Anwendungsbeispiel betrachten wir den am Fußpunkt eingespannten Stab nach Abb. 7.12, der durch sein Eigengewicht $\mu\, g$ (Gewicht pro Längeneinheit) belastet ist. Wir wollen mit Hilfe des Galerkin-Verfahrens die Knicklast bestimmen. Nach (5.32) lautet die Differentialgleichung für das Knickproblem

$$EI\, w^{IV} + \mu\, g(l-x)w'' - \mu\, g\, w' = 0.$$

In diesem konkreten Fall liegen die Randbedingungen $w(0) = w'(0) = 0$, $Q(l) = -EI\, w'''(l) = 0$ und $M(l) = -EI\, w''(l) = 0$ vor. Die Lösung wird mittels einer Näherungsfunktion $\tilde{w}$ approximiert und der gewichtete Fehler gemäß (7.36) zu Null gesetzt:

$$\int_0^l [EI\, \tilde{w}^{IV} + \mu\, g(l-x)\tilde{w}'' - \mu\, g\, \tilde{w}']\, \eta\, \mathrm{d}x = 0.$$

Wir formen die Gleichung durch partielle Integration wie in Abschnitt 7.5.3 um. Damit sind dann von den Ansatzfunktionen nur noch die wesentlichen Randbedingungen zu erfülllen. Die Umformung des ersten Terms und die Einarbeitung der dynamischen Randbedingungen wurden in Abschnitt 7.5.3 schon beschrieben. Wir beschränken uns daher auf die Umformung der letzten beiden Terme. Mit

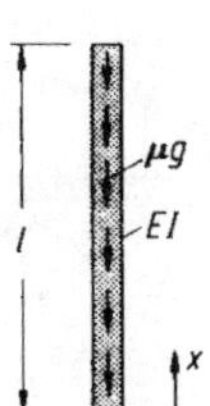


**Abb. 7.12**

$$\int_0^l \mu\, g(l-x)\tilde{w}''\,\eta\,\mathrm{d}x = -\int_0^l \tilde{w}'\left[\mu\, g(l-x)\eta' - \mu\, g\,\eta\right]\mathrm{d}x + \underbrace{\left[\tilde{w}'\,\mu\, g(l-x)\eta\right]_0^l}_{=0}$$

folgt für die endgültige Form

$$\int_0^l EI\,\tilde{w}''\,\eta''\,\mathrm{d}x - \int_0^l \mu\, g(l-x)\,\tilde{w}'\,\eta'\,\mathrm{d}x = 0.$$

Wir wählen jetzt für $\tilde{w}$ und $\eta$ einen eingliedrigen Ansatz, der die wesentlichen Randbedingungen erfüllt. Die Eigenform für die Knicklast des eingespannten Balkens unter Einzellast ist durch $w(x) = a\left(1 - \cos\dfrac{\pi\, x}{2\, l}\right)$ gegeben. Es liegt nahe, diese Funktion für die Näherung $\tilde{w}$ bzw. $\eta$ anzusetzen. Das Einsetzen liefert

$$\int_0^l EI\left(\frac{\pi}{2\,l}\right)^4 \cos^2\frac{\pi\, x}{2\, l}\,\mathrm{d}x - \int_0^l \mu\, g(l-x)\left(\frac{\pi}{2\,l}\right)^2 \sin^2\frac{\pi\, x}{2\, l}\,\mathrm{d}x = 0.$$

In diesem Fall können die Integrale analytisch ausgewertet werden. Damit erhält man

$$EI\left(\frac{\pi}{2\,l}\right)^4 \frac{l}{2} - \mu\, g\left(\frac{\pi}{2\,l}\right)^2\left[\frac{l^2}{4} - \frac{l^2}{\pi^2}\right] = 0$$

$$\rightarrow\quad (\mu\, g\, l)_{\mathrm{krit}} = 0{,}841\pi^2\frac{EI}{l^2}.$$

Der Vergleich mit der exakten Lösung der Differentialgleichung (5.32) $(\mu\, g\, l)_{\mathrm{krit}} = 0{,}795\, EI\,\pi^2\,/l^2$ (vgl. (5.35)) zeigt, daß die Näherungslösung einen um 5,5% zu großen Wert liefert. Sie ist damit für viele praktische Belange ausreichend genau.

Wir wollen an dieser Stelle noch die numerische Integration mittels der Gaußschen Formel (7.41) anwenden und beispielhaft das zweite Integral auswerten. Dazu transformieren wir das Integral mit $x = (\xi + 1)l/2$ und erhalten mit $\mathrm{d}x = \mathrm{d}\xi\, l/2$

$$I_2 = \int_0^l (l-x)\sin^2\frac{\pi\, x}{2\, l}\,\mathrm{d}x = \frac{l^2}{4}\int_{-1}^{+1}(1-\xi)\sin^2\frac{\pi}{4}(\xi+1)\,\mathrm{d}\xi.$$

Zur Auswertung verwenden wir die 3-Punkt-Formel, siehe Tabelle 7.1:

$$
\begin{aligned}
I_2 = \frac{l^2}{4}\Big\{&(1+\sqrt{3/5})\sin^2\left[\frac{\pi}{4}(-\sqrt{3/5}+1)\right]\frac{5}{9} \\
&+(1-\sqrt{3/5})\sin^2\left[\frac{\pi}{4}(\sqrt{3/5}+1)\right]\frac{5}{9} \\
&+(1-0)\sin^2\left[\frac{\pi}{4}(0+1)\right]\frac{8}{9}\Big\} = 0,1491\, l^2.
\end{aligned}
$$

Wir erkennen durch Vergleich mit dem exakten Wert $I_2 = 0,1487\, l^2$ des Integrals, daß die numerische Integration trotz der geringen Stützstellenzahl sehr genau ist.

In einem dritten Anwendungsbeispiel wollen wir für den Balken in Abb. 7.13a die Auslenkung $w_{\mathrm{max}}$ oberhalb der kritischen Last mit Hilfe des Galerkinschen Verfahrens berechnen.

Die Differentialgleichung für die Elastica lautet nach (5.21) $\mathrm{d}^2\varphi/\mathrm{d}s^2 + \lambda^2 \sin\varphi = 0$ mit $\lambda^2 = F/EI$. Da sie in dieser Form zur direkten Bestimmung der Durchbiegung nicht geeignet ist, leiten wir zunächst eine Differentialgleichung für $w$ her. Zwischen der Durchbiegung $w$ und dem Winkel $\varphi$ besteht nach (5.23) der Zusammenhang

$$
\frac{\mathrm{d}w}{\mathrm{d}s} = \sin\varphi. \tag{a}
$$

Aus der Gleichgewichtsbedingung (5.19) und dem Elastizitätsgesetz (5.20) folgt

$$
\frac{\mathrm{d}\varphi}{\mathrm{d}s} + \lambda^2 w = 0.
$$

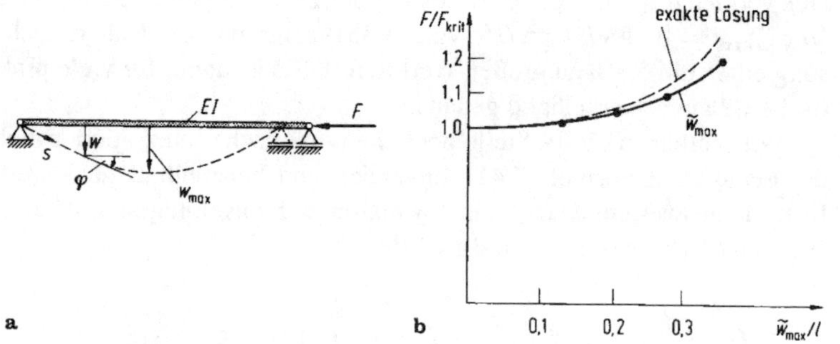


**Abb. 7.13**

Die Differentiation von (a) liefert $\mathrm{d}^2 w/\mathrm{d}s^2 = \cos\varphi \,\mathrm{d}\varphi/\mathrm{d}s$, womit in der vorangegangenen Gleichung $\mathrm{d}\varphi/\mathrm{d}s$ eliminiert werden kann:

$$\frac{\mathrm{d}^2 w}{\mathrm{d}s^2} + \lambda^2 \, w \, \cos\varphi = 0.$$

Mit $\cos\varphi = \sqrt{1 - \sin^2\varphi}$ und (a) läßt sich die Gleichung der Elastica in der Form

$$\frac{\mathrm{d}^2 w}{\mathrm{d}s^2} + \lambda^2 \, w \sqrt{1 - \left(\frac{\mathrm{d}w}{\mathrm{d}s}\right)^2} = 0. \tag{b}$$

schreiben. Unter der Voraussetzung $|\mathrm{d}w/\mathrm{d}s| \le 1$ können wir den Wurzelausdruck in eine Potenzreihe entwickeln und für kleine $\mathrm{d}w/\mathrm{d}s$ näherungsweise nach dem zweiten Term abbrechen. Damit lautet die genäherte Differentialgleichung der Elastica (für nicht zu große Auslenkungen)

$$\frac{\mathrm{d}^2 w}{\mathrm{d}s^2} + \lambda^2 \, w - \frac{1}{2}\lambda^2 \left(\frac{\mathrm{d}w}{\mathrm{d}s}\right)^2 w = 0.$$

Wenden wir auf diese nichtlineare Differentialgleichung das Galerkin-Verfahren an, so liefert (7.38)

$$\int_0^l \left[\frac{\mathrm{d}^2 \tilde{w}}{\mathrm{d}s^2} + \lambda^2 \, \tilde{w} - \frac{1}{2}\lambda^2 \left(\frac{\mathrm{d}\tilde{w}}{\mathrm{d}s}\right)^2 \tilde{w}\right] \eta \, \mathrm{d}s = 0. \tag{c}$$

Für $w$ und $\eta$ wählen wir einen eingliedrigen Ansatz, welcher die Randbedingungen erfüllt. Dabei verwenden wir die Knickfigur des linearisierten Problems (vgl. Band 2, Abschn. 7.2):

$$\tilde{w}(s) = a_1 \sin\frac{\pi\, s}{l}, \quad \eta(s) = b_1 \sin\frac{\pi\, s}{l}.$$

Das Einsetzen in (c) ergibt

$$-\int_0^l a_1 \, b_1 \left(\frac{\pi}{l}\right)^2 \cos^2\frac{\pi\, s}{l} \, \mathrm{d}s + \lambda^2 \int_0^l a_1 \, b_1 \sin^2\frac{\pi\, s}{l} \, \mathrm{d}s$$
$$-\frac{\lambda^2}{2} \int_0^l a_1^3 \, b_1 \left(\frac{\pi}{l}\right)^2 \cos^2\frac{\pi\, s}{l} \sin^2\frac{\pi\, s}{l} \, \mathrm{d}s = 0.$$

Die Auswertung führt auf eine nichtlineare algebraische Gleichung für $a_1$:

$$a_1\left[-\left(\frac{\pi}{l}\right)^2\frac{l}{2}+\lambda^2\frac{l}{2}-\lambda^2 a_1^2\left(\frac{\pi}{l}\right)^2\frac{l}{16}\right]=0$$

$$\rightarrow\quad a_1^2=8\left(\frac{l}{\pi}\right)^2\left[\lambda^2-\left(\frac{\pi}{l}\right)^2\right]\frac{1}{\lambda^2}.$$

Eine elementare Umformung liefert mit der kritischen Last des Eulerfalles $F_{\text{krit}}=EI(\pi/l)^2$ die gesuchte Auslenkung:

$$a_1^2=\frac{8}{\pi^2}\,l^2\left(1-\frac{F_{\text{krit}}}{F}\right)$$

$$\rightarrow\quad \tilde{w}_{\max}=\tilde{w}\left(\frac{l}{2}\right)=a_1=\frac{\sqrt{8}}{\pi}\,l\sqrt{1-\frac{F_{\text{krit}}}{F}}.$$

Für $F<F_{\text{krit}}$ wird die Wurzel imaginär; dann tritt kein Ausknicken auf. Auch bei der Knicklast $F=F_{\text{krit}}$ verschwindet die Durchbiegung. Für einige Lastparameter ist das Ergebnis in der folgenden Tabelle angegeben und in Abb. 7.13b dargestellt. Zum Vergleich der Güte der Näherung sind zusätzlich die Werte angegeben, die auf einer exakten Lösung der Differentialgleichung (b) beruhen.

| $F/F_{\text{krit}}$ | 1,001 | 1,005 | 1,01 | 1,02 | 1,05 | 1,10 | 1,20 |
|---|---|---|---|---|---|---|---|
| $\tilde{w}(l/2)/l$ | 0,029 | 0,064 | 0,090 | 0,126 | 0,197 | 0,272 | 0,368 |
| $w(l/2)/l$ | 0,029 | 0,064 | 0,090 | 0,125 | 0,195 | 0,258 | 0,327 |

Man sieht, daß schon für sehr kleine Überschreitungen der kritischen Last große Durchbiegungen auftreten. Weiterhin erkennen wir, daß bis zum Lastparameter 1,05 eine sehr gute Übereinstimmung zwischen der Näherungslösung und der exakten Lösung von (b) vorliegt. Dies ist umso erstaunlicher, als dann am Lager bereits eine Neigung $\mathrm{d}w/\mathrm{d}s|_{s=0}=a_1\,\pi/l=0{,}61$ vorliegt, die eigentlich das Abbrechen der Potenzreihe für den Wurzelausdruck in (b) nicht rechtfertigt.

### 7.5.6 Verfahren von Ritz

Dem *Ritzschen Verfahren* (W. Ritz, 1878–1909) liegen Energieprinzipien wie z.B. das Prinzip vom Stationärwert des Gesamtpotentials zugrunde, die wir allgemein als

$$\Pi(y) = \int_0^l F(x, y, y', y'')\mathrm{d}x \;\rightarrow\; \text{stationär} \tag{7.42}$$

schreiben können. Einige Beispiele für das Gesamtpotential (Funktional) aus der Mechanik sind in Tabelle 7.3 angegeben (vgl. Abschn. 2.7.3 und 4.5).

**Tabelle 7.3.** Differentialgleichungen und zugehörige Funktionale

| Problem | Differentialgleichung | Funktional |
|---|---|---|
| Stab | $(EA\,u')' + n = 0$ | $\frac{1}{2}\int_0^l (EA\,u'^{\,2} - 2\,n\,u)\mathrm{d}x$ |
| Balken | $(EI\,w'')'' - q = 0$ | $\frac{1}{2}\int_0^l (EI\,w''^{\,2} - 2\,q\,w)\mathrm{d}x$ |
| Stabknicken | $(EI\,w'')'' + F\,w'' = 0$ | $\frac{1}{2}\int_0^l (EI\,w''^{\,2} - F\,w'^{\,2})\mathrm{d}x$ |
| Balken-schwingung | $(E\,I\,w'')'' - \omega^2 \varrho\,A\,w = 0$ | $\frac{1}{2}\int_0^l (E\,I\,w''^{\,2} - \omega^2 \varrho\,A\,w^2)\mathrm{d}x$ |

Wie schon beim Galerkinschen Verfahren wird eine Näherung für die gesuchte Funktion $u$ oder $w$ angesetzt. Der Unterschied zum Galerkinschen Verfahren besteht darin, daß wir hier nicht von der Differentialgleichung ausgehen, sondern die Variationsfunktionale, wie sie z.B. in Tabelle 7.3 angegeben sind, zugrunde legen. Die Freiwerte der Näherungsfunktion bestimmen wir hier aus der Forderung, daß das Funktional extremal werden muß.

Wir machen also wie beim Galerkinschen Verfahren einen vollständigen Näherungsansatz

$$\tilde{y}(x) = \sum_{i=1}^{n} \phi_i(x) a_i, \tag{7.43}$$

wobei die $\phi_i$ nun nur die wesentlichen Randbedingungen erfüllen müssen (um diesen Unterschied deutlich zu machen, verwenden wir im weiteren das Symbol $\phi_i$ anstelle von $\Phi_i$). Diesen setzen wir in das Funktional (7.42) ein und erhalten

$$\Pi(\tilde{y}) = \int_0^l F(x, \tilde{y}, \tilde{y}', \tilde{y}'')\mathrm{d}x \;\rightarrow\; \text{stat.} \tag{7.44}$$

Da die Ansatzfunktionen $\phi_i$ in (7.43) gegebene Funktionen von $x$ sind, können wir die Integration ausführen. Damit ist $\Pi$ jetzt nur noch eine Funktion der unbekannten Freiwerte $a_i$ des Näherungsansatzes: $\Pi(\tilde{y}) \to \Pi(a_i)$. Die notwendige Bedingung für die Annahme eines Extremums von $\Pi(a_i)$ ist dann

$$\boxed{\frac{\partial \Pi}{\partial a_i} = 0, \quad i = 1, \ldots, n} \,. \tag{7.45}$$

Dies liefert $n$ Gleichungen für die $n$ unbekannten Koeffizienten $a_i$.

Wir wollen nun die Vorgehensweise des Ritzschen Verfahrens bei Randwert- bzw. Eigenwertproblemen beispielhaft für einen Balken darstellen. Bei einem Randwertproblem gehen wir vom Prinzip des Stationärwertes der potentiellen Energie

$$\Pi(w) = \frac{1}{2}\int_0^l (EI\, w''^{\,2} - 2\, q\, w)\mathrm{d}x \;\to\; \text{stat.} \tag{7.46}$$

aus (vgl. Beispiel 2.12). Für $w$ wird ein vollständiger Ansatz

$$\tilde{w}(x) = \sum_{i=1}^{n} \phi_i(x)\, w_i \tag{7.47}$$

mit den unbekannten Koeffizienten $w_i$ gewählt. Hierin haben die Ansatzfunktionen $\phi_i$ die wesentlichen Randbedingungen zu erfüllen. Damit erhalten wir aus (7.46)

$$\Pi(\tilde{w}) = \frac{1}{2}\int_0^l \left[ EI \left( \sum_{i=1}^{n} \phi_i''\, w_i \right)^2 - 2\, q \left( \sum_{i=1}^{n} \phi_i\, w_i \right) \right] \mathrm{d}x \to \text{stat.} \tag{7.48}$$

Die Freiwerte $w_i$ bestimmen wir aus der Extremalbedingung (7.45):

$$\frac{\partial \Pi}{\partial w_k} = \int_0^l \left[ EI \left( \sum_{i=1}^{n} \phi_i''\, w_i \right) \phi_k'' - q\, \phi_k \right] \mathrm{d}x = 0, \quad k = 1, 2, \ldots, n. \tag{7.49}$$

Dies stellt ein lineares Gleichungssystem für die $n$ unbekannten Koeffizienten $w_i$ dar, das sich mit der Einführung von

$$k_{ik} = k_{ki} = \int_0^l EI\, \phi_i''\, \phi_k''\, \mathrm{d}x, \quad P_k = \int_0^l q\, \phi_k\, \mathrm{d}x \tag{7.50}$$

in folgende Form bringen läßt:

$$\begin{bmatrix} k_{11} & k_{12} & k_{13} & \dots & k_{1n} \\ k_{21} & k_{22} & k_{23} & \dots & k_{2n} \\ k_{31} & k_{32} & k_{33} & \dots & k_{3n} \\ . & . & . & \dots & . \\ . & . & . & \dots & . \\ . & . & . & \dots & . \\ k_{n1} & k_{n2} & k_{n3} & \dots & k_{nn} \end{bmatrix} \begin{bmatrix} w_1 \\ w_2 \\ w_3 \\ . \\ . \\ . \\ w_n \end{bmatrix} = \begin{bmatrix} P_1 \\ P_2 \\ P_3 \\ . \\ . \\ . \\ P_n \end{bmatrix} . \tag{7.51}$$

Diese Gleichung kann auch in der symbolischen Matrixnotation

$$\boldsymbol{K}\,\boldsymbol{w} = \boldsymbol{P} \tag{7.52}$$

geschrieben werden. Ihre Lösung lautet: $\boldsymbol{w} = \boldsymbol{K}^{-1}\boldsymbol{P}$. Dazu ist es notwendig, daß die Inverse von $\boldsymbol{K}$ existiert. Dies ist immer dann gegeben, wenn die Ansatzfunktionen $\phi_i$ keine linearen Abhängigkeiten aufweisen (vollständiger Ansatz). Mit den Koeffizienten $\boldsymbol{w}$ ist dann die Näherungsfunktion (7.47) vollständig bestimmt. Haben wir einen Ansatz mit nur einem Koeffizienten $w_1$ gemacht, so ergibt sich dieser einfach zu $w_1 = P_1/k_{11}$.

Um die Näherungslösung mit Hilfe des Ritzschen Verfahrens für den zweiten Aufgabentyp – das Eigenwertproblem – zu veranschaulichen, wollen wir als Beispiel die Balkeneigenschwingung betrachten. Nach Tabelle 7.3 lautet hierfür (7.42) (vgl. auch Abschn. 4.5)

$$\Pi(w) = \frac{1}{2}\int_0^l (EI\,w''^2 - \omega^2\,\varrho\,A\,w^2)\mathrm{d}x \;\rightarrow\; \text{stat.} \tag{7.53}$$

Darin ist $\omega$ die gesuchte Eigenkreisfrequenz. Dieses Funktional kann auch noch für $n_E$ Einzelfedern ($c_j$) bzw. -massen ($M_j$), die an den Stellen $x_j$ angebracht sind, erweitert werden. Dann sind die jeweiligen Energieanteile zu berücksichtigen, was auf

$$\begin{aligned}\Pi(w) = \frac{1}{2}\Big\{ &\int_0^l (EI\,w''^2 - \omega^2\,\varrho\,A\,w^2)\mathrm{d}x \\ &+ \sum_{j=1}^{n_E} \left[c_j\,w(x_j)^2 - \omega^2\,M_j\,w(x_j)^2\right]\Big\} \;\rightarrow\; \text{stat.}\end{aligned} \tag{7.54}$$

führt. Diese zusätzlichen Anteile werden zur Vereinfachung der Schreibweise zunächst nicht weiter mitgeführt. Für $w$ wird nun der vollständige Ansatz nach (7.47) gewählt. Das Einsetzen in (7.53) liefert

$$\Pi(\tilde{w}) = \frac{1}{2} \int_0^l \left[ EI \left( \sum_{i=1}^n \phi_i'' \, w_i \right)^2 - \tilde{\omega}^2 \, \varrho \, A \left( \sum_{i=1}^n \phi_i \, w_i \right)^2 \right] \mathrm{d}x \rightarrow \text{stat.}, \tag{7.55}$$

wobei $\tilde{\omega}$ die Näherung für die Eigenkreisfrequenz ist. Die Freiwerte $w_i$ bestimmen wir wieder aus der Extremalforderung:

$$\frac{\partial \Pi}{\partial w_k} = \int_0^l \left[ EI \left( \sum_{i=1}^n \phi_i'' \, w_i \right) \phi_k'' - \tilde{\omega}^2 \, \varrho \, A \left( \sum_{i=1}^n \phi_i \, w_i \right) \phi_k \right] \mathrm{d}x = 0, \qquad k = 1, 2, \ldots, n. \tag{7.56}$$

Im Gegensatz zu (7.49) stellt (7.56) ein *homogenes Gleichungssystem* für die Unbekannten $w_i$ dar, das sich mit der Einführung von

$$k_{ik} = k_{ki} = \int_0^l EI \, \phi_i'' \, \phi_k'' \, \mathrm{d}x, \quad m_{ik} = m_{ki} = \int_0^l \varrho \, A \, \phi_i \, \phi_k \, \mathrm{d}x \tag{7.57}$$

folgendermaßen schreiben läßt:

$$\left( \begin{bmatrix} k_{11} & k_{12} & \ldots & k_{1n} \\ k_{21} & k_{22} & \ldots & k_{2n} \\ . & . & \ldots & . \\ . & . & \ldots & . \\ . & . & \ldots & . \\ k_{n1} & k_{n2} & \ldots & k_{nn} \end{bmatrix} - \tilde{\omega}^2 \begin{bmatrix} m_{11} & m_{12} & \ldots & m_{1n} \\ m_{21} & m_{22} & \ldots & m_{2n} \\ . & & & \\ . & & & \\ . & & & \\ m_{n1} & m_{n2} & \ldots & m_{nn} \end{bmatrix} \right) \begin{bmatrix} w_1 \\ w_2 \\ . \\ . \\ . \\ w_n \end{bmatrix} = \begin{bmatrix} 0 \\ 0 \\ . \\ . \\ . \\ 0 \end{bmatrix}. \tag{7.58}$$

In symbolischer Matrixnotation führt dies auf

$$(\boldsymbol{K} - \tilde{\omega}^2 \, \boldsymbol{M}) \tilde{\boldsymbol{w}} = \boldsymbol{0}. \tag{7.59}$$

Gleichung (7.58) bzw. (7.59) beschreibt das *Eigenwertproblem* für die unbekannten Eigenwerte $\tilde{\omega}$ und die zugehörigen Eigenvektoren $\tilde{\boldsymbol{w}}$. Durch letztere lassen sich mit (7.47) die Eigenfunktionen näherungsweise bestimmen. Man erhält im Gegensatz zu der analytischen Vorgehensweise in Abschnitt 4.3.2.1 nicht unendlich viele, sondern nur $n$ Eigenwerte und -funktionen. Diese nichttrivialen Lösungen bestimmt man durch Nullsetzen der Determinante der Koeffizientenmatrix: $\det(\boldsymbol{K} - \tilde{\omega}^2 \boldsymbol{M}) = 0$. Deren Berechnung ist bei großen Gleichungssystemen (viele Ansatzfunktionen) sehr aufwendig, was dann die Anwendung spezieller Techniken erfordert.

Wird nur ein eingliedriger Näherungsansatz $\tilde{w} = \phi_1(x)\, w_1$ gewählt, dann können wir den zugehörigen Eigenwert direkt angeben. Wir erhalten $\tilde{\omega}^2 = k_{11}/m_{11}$, oder mit $\phi = \phi_1$ ausgeschrieben:

$$\boxed{\tilde{\omega}^2 = \frac{\int_0^l EI\,\phi''^{\,2}\,\mathrm{d}x}{\int_0^l \varrho\, A\,\phi^2\,\mathrm{d}x}}\,. \tag{7.60}$$

Man nennt diesen Quotienten auch *Rayleigh-Quotient* (vgl. (4.129)). Wenn zusätzlich Federn oder Punktmassen zu berücksichtigen sind, dann sind Zähler oder Nenner sinngemäß nach (7.54) zu erweitern. Der Rayleigh-Quotient läßt sich auch für andere Eigenwertaufgaben angeben. Für das Knickproblem des Stabes lautet er

$$\boxed{\tilde{F}_{\text{krit}} = \frac{\int_0^l EI\,\phi''^{\,2}\,\mathrm{d}x}{\int_0^l \phi'^{\,2}\,\mathrm{d}x}}\,. \tag{7.61}$$

Wenn dem zugehörigen Funktional ein Minimalprinzip ($\Pi \rightarrow$ Minimum) zugrundeliegt, so kann gezeigt werden, daß für die Eigenwerte folgende Ungleichung besteht:

$$\tilde{\omega}^2 \geq \omega^2, \quad \tilde{F}_{\text{krit}} \geq F_{\text{krit}}. \tag{7.62}$$

Hierin sind $\omega$ bzw. $F_{\text{krit}}$ die exakten Eigenwerte; sie stellen eine untere Schranke für die Näherungslösung dar. Das Gleichheitszeichen gilt dann, wenn in den Rayleigh-Quotienten die exakte Eigenfunktion eingesetzt wird.

Zusammenfassend stellen wir fest, daß man mit Hilfe des Ritzschen Verfahrens recht einfach Näherungslösungen bestimmen kann, die auch noch Schrankeneigenschaften aufweisen. Ein Nachteil dieser Methode liegt jedoch darin begründet, daß der Näherungsansatz für jedes neue Problem den entsprechenden Randbedingungen angepaßt werden muß, was eine vollständig neue Aufbereitung bedeutet. Zum anderen werden die Koeffizientenmatrizen in (7.51) und (7.58) in der Regel vollbesetzt sein, was bei vielen Freiwerten $w_i$ zu hohem Rechenaufwand führt. Abhilfe schaffen hier Methoden, die von bereichsweisen Ansätzen ausgehen. Sie werden im nächsten Abschnitt besprochen.

**Beispiel 7.4:** Der Balken nach Abb. 7.14 ist durch eine konstante Linienlast $q_0$ belastet.

Man bestimme näherungsweise die Biegelinie mit einem dreigliedrigen Ansatz und werte sie an der Stelle $x = l/2$ aus.

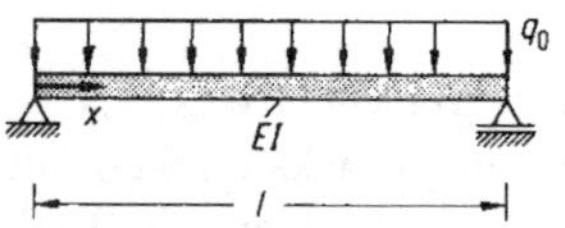


**Abb. 7.14**

*Lösung:* Der Näherungsansatz muß die wesentlichen Randbedingungen erfüllen. Wir wählen einen vollständigen Poynomansatz der Form

$$\tilde{w}(x) = \underbrace{\frac{x}{l}\left(1-\frac{x}{l}\right)}_{\phi_1} w_1 + \underbrace{\left(\frac{x}{l}\right)^2\left(1-\frac{x}{l}\right)}_{\phi_2} w_2 + \underbrace{\left(\frac{x}{l}\right)^2\left(1-\frac{x}{l}\right)^2}_{\phi_3} w_3. \quad \text{(a)}$$

Die unbekannten Freiwerte $w_i$ folgen aus dem Gleichungssystem (7.51). Wir erhalten mit

$$\tilde{w}'' = -\frac{2}{l^2}\, w_1 + \frac{1}{l^2}\left(2 - 6\frac{x}{l}\right) w_2 + \frac{2}{l^2}\left[1 - 6\frac{x}{l} + 6\left(\frac{x}{l}\right)^2\right] w_3$$

die Koeffizienten $k_{ik}$ des Gleichungssystems und die Komponenten $P_k$ des Lastvektors:

$$k_{11} = \int_0^l EI\left(-\frac{2}{l^2}\right)^2 \mathrm{d}x = \frac{4\,EI}{l^3},$$

$$k_{12} = k_{21} = \int_0^l EI\left(-\frac{2}{l^4}\right)\left(2 - 6\frac{x}{l}\right) \mathrm{d}x = \frac{2\,EI}{l^3},$$

$$k_{22} = \int_0^l EI \frac{1}{l^4} \left(2 - 6\frac{x}{l}\right)^2 \mathrm{d}x = \frac{4\,EI}{l^3},$$

$$k_{13} = k_{31} = \int_0^l EI \left(-\frac{2}{l^2}\right)^2 \left[1 - 6\frac{x}{l} + 6\left(\frac{x}{l}\right)^2\right] \mathrm{d}x = 0,$$

$$k_{23} = k_{32} = \int_0^l EI \frac{2}{l^4} \left(2 - 6\frac{x}{l}\right) \left[1 - 6\frac{x}{l} + 6\left(\frac{x}{l}\right)^2\right] \mathrm{d}x = 0,$$

$$k_{33} = \int_0^l EI \left(\frac{2}{l^2}\right)^2 \left[1 - 6\frac{x}{l} + 6\left(\frac{x}{l}\right)^2\right]^2 \mathrm{d}x = \frac{4\,EI}{5\,l^3},$$

$$P_1 = \int_0^l q_0 \left[\frac{x}{l} - \left(\frac{x}{l}\right)^2\right] \mathrm{d}x = \frac{q_0\, l}{6},$$

$$P_2 = \int_0^l q_0 \left[\left(\frac{x}{l}\right)^2 \left(1 - \frac{x}{l}\right)\right] \mathrm{d}x = \frac{q_0\, l}{12},$$

$$P_3 = \int_0^l q_0 \left[\left(\frac{x}{l}\right)^2 \left(1 - \frac{x}{l}\right)^2\right] \mathrm{d}x = \frac{q_0\, l}{30}.$$

Damit ergibt sich das Gleichungssystem

$$\frac{EI}{5\,l^3} \begin{bmatrix} 20 & 10 & 0 \\ 10 & 20 & 0 \\ 0 & 0 & 4 \end{bmatrix} \begin{bmatrix} w_1 \\ w_2 \\ w_3 \end{bmatrix} = \frac{q_0\, l}{60} \begin{bmatrix} 10 \\ 5 \\ 2 \end{bmatrix}.$$

Es liefert die Lösung

$$w_1 = w_3 = \frac{q_0\, l^4}{24\,EI}, \quad w_2 = 0.$$

Wir erkennen, daß sich der Freiwert $w_2$ zu Null ergibt, d.h. die bezüglich der Balkenmitte unsymmetrischen Anteile fallen aus der Lösung heraus. Mit den Koeffizienten $w_i$ ist die Näherungsfunktion $\tilde{w}(x)$ für die Biegelinie bekannt. An der Stelle $x = l/2$ erhalten wir

$$\underline{\underline{\tilde{w}\left(\frac{l}{2}\right)}} = \frac{q_0\, l^4}{24\,EI} \left[\frac{1}{4} + \frac{1}{16}\right] = \underline{\underline{\frac{5\,q_0\, l^4}{384\,EI}}}.$$

Dies stimmt mit dem exakten Ergebnis überein. Der Grund hierfür ist, daß der vollständige Ansatz (a) für diese Belastung die Differentialgleichung erfüllt. Hätte man einen eingliedrigen Ansatz mit nur dem ersten Glied in (a) gewählt, so wäre das Resultat mit

$$\tilde{w}\left(\frac{l}{2}\right) = \frac{5\,q_0\,l^4}{480\,EI}$$

eine echte Näherung gewesen.

**Beispiel 7.5:** Der in Abb. 7.15 dargestellte Balken ist links eingspannt und rechts gelenkig gelagert. An der Stelle $x = 2l/3$ ist eine Einzelmasse der Größe $M = \varrho\, Al/2$ angebracht.

Man bestimme mit Hilfe des Rayleigh-Quotienten eine Näherung $\tilde{\omega}$ für die Grundfrequenz.

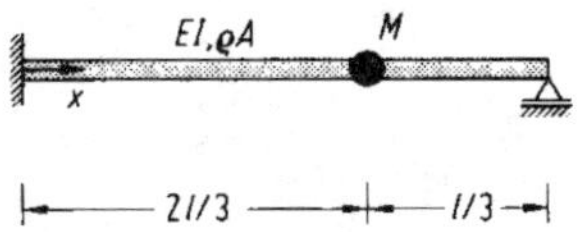


**Abb. 7.15**

*Lösung:* Zur Anwendung des Rayleigh-Quotienten müssen wir einen Näherungsansatz für die unbekannte Eigenfunktion $\phi$ wählen, der die wesentlichen Randbedingungen $\tilde{w}(0) = \tilde{w}'(0) = \tilde{w}(l) = 0$ erfüllt. Damit der Ansatz die Eigenschwingungsform der Grundschwingung (knotenfrei) möglichst gut annähert, setzen wir

$$\tilde{w}(x) = \phi(x)\,w_1 = \left(\frac{x}{l}\right)^2\left(1 - \frac{x}{l}\right)w_1$$

und erhalten mit $\phi'' = 2(1 - 3x/l)/l^2$ für den Rayleigh-Quotienten

$$\tilde{\omega}^2 = \frac{\int\limits_0^l EI\left[\frac{2}{l^2}\left(1 - 3\frac{x}{l}\right)\right]^2 \mathrm{d}x}{\int\limits_0^l \varrho A\left[\left(\frac{x}{l}\right)^2\left(1 - \frac{x}{l}\right)\right]^2 \mathrm{d}x + M\left[\phi\left(\frac{2}{3}l\right)\right]^2}\,.$$

Die Auswertung liefert

$$\underline{\underline{\tilde{\omega}^2}} = \frac{\dfrac{4\,EI}{l^3}}{\dfrac{\varrho\,A\,l}{105} + \dfrac{8\,\varrho\,A\,l}{729}} = 195{,}1\frac{EI}{\varrho\,A\,l^4} \quad\rightarrow\quad \underline{\underline{\tilde{\omega} = 14{,}0\sqrt{EI/(\varrho\,A\,l^4)}}}\,.$$

Der Einfluß der Einzelmasse ist in diesem Beispiel recht groß. Ist sie nicht vorhanden, so ergibt sich die Grundfrequenz zu $\tilde{\omega} = 20{,}5\sqrt{EI/(\varrho\, A\, l^4)}$. Der exakte Wert beträgt in diesem Fall $\omega = 15{,}4\sqrt{EI/(\varrho\, A\, l^4)}$ (vgl. Tabelle 4.1).

# 7.6 Methode der finiten Elemente

## 7.6.1 Einführung

Nachdem wir in den vorausgegangenen Abschnitten das Ritzsche und das Galerkinsche Verfahren zur Lösung von Randwertproblemen kennengelernt haben, ist die Ableitung der *Methode der finiten Elemente* (FEM) auf einfache Weise möglich. Die wesentliche Idee beruht darauf, anstelle eines Näherungsansatzes für das gesamte Gebiet nun Näherungsansätze zu wählen, die nur auf Teilbereichen von Null verschieden sind. Dies wurde zuerst von dem Mathematiker R. Courant (1888–1972) vorgeschlagen.

Am Beispiel des Stabes soll die grundsätzliche Vorgehensweise erläutert werden. Wir teilen gemäß Abb. 7.16a den zu approximierenden Bereich ($0 \leq x \leq l$) in $n$ Teilbereiche – die finiten Elemente – auf. Der Einfachheit halber werden zunächst Näherungsansätze gemäß Abb. 7.16b definiert. Damit läßt sich die Näherungsfunktion $\tilde{u}$ für die Verschiebung als Polygonzug mit $n + 1$ zunächst noch unbekannten *Knotenverschiebungen* $u_i$ angeben:

$$\tilde{u}(x) = \sum_{i=1}^{n+1} N_i(x)\, u_i . \tag{7.63}$$

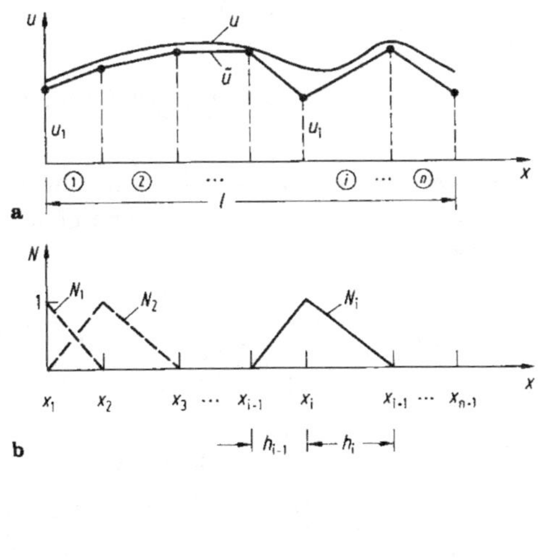


**Abb. 7.16**

Dabei stellen die Funktionen $N_i(x)$ die *Ansatzfunktionen* dar, die abschnittsweise definiert sind:

$$\begin{aligned} N_i(x) &= 1 - \frac{x_i - x}{h_{i-1}}, \quad x_i - h_{i-1} \leq x \leq x_i, \\ N_i(x) &= 1 - \frac{x - x_i}{h_i}, \quad x_i \leq x \leq x_i + h_i. \end{aligned} \tag{7.64}$$

Die Ansatzfunktionen $N_1$ bzw. $N_{n+1}$ (Ränder) sind nur für $x \geq 0$ bzw. $x \leq l$ definiert. Für die Ableitung $\tilde{u}'(x)$ erhält man aus (7.63)

$$\tilde{u}'(x) = \sum_{i=1}^{n+1} N_i'(x)\, u_i \quad \text{mit}$$

$$N_i'(x) = \frac{1}{h_{i-1}}, \qquad x_i - h_{i-1} \leq x \leq x_i, \tag{7.65}$$

$$N_i'(x) = -\frac{1}{h_i}, \qquad x_i \leq x \leq x_i + h_i.$$

Im Potential des Stabes nach Tabelle 7.3 treten nur erste Ableitungen auf. Da dann die wesentlichen Rand- und Übergangsbedingungen nur Aussagen für die Funktion selbst sind, genügt der Ansatz (7.64) den zugehörigen Stetigkeitsanforderungen ($C^0$-Stetigkeit), siehe auch Abschnitt 7.5.3. Setzen wir (7.63) und (7.65) in das Potential ein, so ergibt sich

$$\begin{aligned} \Pi(\tilde{u}) = \frac{1}{2} \int_0^l EA \left( \sum_{i=1}^{n+1} N_i'(x)\, u_i \right)^2 \mathrm{d}x \\ - \int_0^l n(x) \left( \sum_{i=1}^{n+1} N_i(x)\, u_i \right)^2 \mathrm{d}x. \end{aligned} \tag{7.66}$$

Die Gleichgewichtsbedingungen folgen aus $\delta\Pi = 0$ (Abschn. 2.7.3), wobei die Variation bezüglich der freien Parameter $u_i$ durchzuführen ist. Sie liefert

$$\begin{aligned} \delta\Pi(\tilde{u}) = \int_0^l EA \left( \sum_{i=1}^{n+1} N_i'(x)\, u_i \right) \left( \sum_{k=1}^{n+1} N_k'(x)\, \delta u_k \right) \mathrm{d}x \\ - \int_0^l n(x) \left( \sum_{k=1}^{n+1} N_k(x)\, \delta u_k \right) \mathrm{d}x = 0 \end{aligned}$$

oder, wenn wir $\delta u_k$ ausklammern

$$\sum_{k=1}^{n+1} \delta u_k \Big[ \int_0^l EA\, N_k'(x) \left( \sum_{i=1}^{n+1} N_i'(x)\, u_i \right) \mathrm{d}x - \int_0^l n(x) N_k(x) \mathrm{d}x \Big] = 0. \tag{7.67}$$

Da die virtuellen Verschiebungen $\delta u_k$ beliebig sind, muß für jedes $k$ der eckige Klammerausdruck zu Null werden. Dies liefert $n+1$ Gleichungen für die Unbekannten $u_1, u_2, \ldots, u_{n+1}$:

$$\sum_{i=1}^{n+1} \left[ \int_0^l EA\, N_k'(x) N_i'(x) \mathrm{d}x \right] u_i - \int_0^l n(x) N_k(x) \mathrm{d}x = 0,$$
$$k = 1, 2, \ldots, n+1. \tag{7.68}$$

Man beachte, daß aufgrund der Definition der Ansatzfunktionen die Integration bereichsweise stattzufinden hat.

Als Anwendungsbeispiel betrachten wir den gleichförmig belasteten Stab nach Abb. 7.17a. Für eine Unterteilung in zwei finite Elemente der Elementlängen $h_1$ und $h_2$ wollen wir das Gleichungssystem für die unbekannten Knotenverschiebungen bestimmen. Gemäß der in Abb. 7.17b definierten Ansatzfunktionen kann der Näherungsansatz (7.63) als

$$\tilde{u}(x) = N_1(x)\, u_1 + N_2(x)\, u_2 + N_3(x)\, u_3 \tag{a}$$

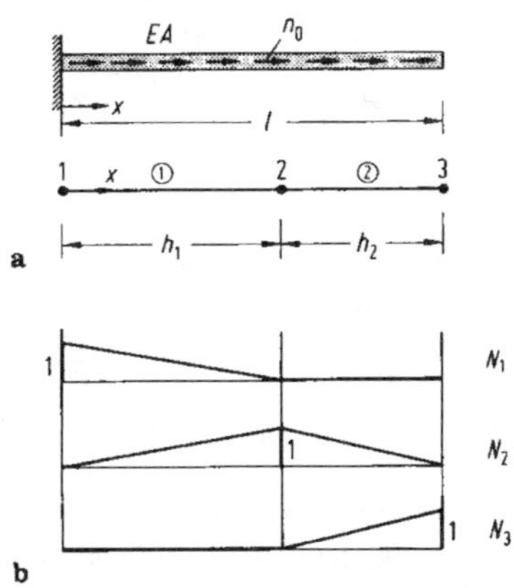


**Abb. 7.17**

geschrieben werden. Als Unbekannte treten die drei Knotenverschiebungen $u_1, u_2$ und $u_3$ auf. Für die Ableitungen $N_i'(x)$ ergibt sich nach (7.65):

$$\text{Bereich 1}: \; N_1' = -\frac{1}{h_1}, \; N_2' = \frac{1}{h_1},$$

$$\text{Bereich 2}: \; N_2' = -\frac{1}{h_2}, \; N_3' = \frac{1}{h_2}.$$

Das Einsetzen dieser Beziehungen in (7.68) liefert nach Integration für $k = 1$:

$$\frac{EA}{h_1}(u_1 - u_2) - \frac{n_0}{2}h_1 = 0. \tag{b}$$

Analog verfahren wir für $k = 2$ und $k = 3$, was auf die Gleichungen

$$\frac{EA}{h_1}(-u_1 + u_2) + \frac{EA}{h_2}(u_2 - u_3) - \frac{n_0}{2}(h_1 + h_2) = 0,$$
$$\frac{EA}{h_2}(-u_2 + u_3) - \frac{n_0}{2}h_2 = 0$$

führt. Dieses Gleichungssystem läßt sich in der Matrixform

$$EA \begin{bmatrix} \frac{1}{h_1} & -\frac{1}{h_1} & 0 \\ -\frac{1}{h_1} & \frac{1}{h_1} + \frac{1}{h_2} & -\frac{1}{h_2} \\ 0 & -\frac{1}{h_2} & \frac{1}{h_2} \end{bmatrix} \begin{bmatrix} u_1 \\ u_2 \\ u_3 \end{bmatrix} = \frac{n_0}{2} \begin{bmatrix} h_1 \\ h_1 + h_2 \\ h_2 \end{bmatrix} \tag{c}$$

zusammenfassen. Man sieht, daß sich die Koeffizientenmatrix aus den zwei Untermatrizen

$$\frac{EA}{h_1}\begin{bmatrix} 1 & -1 \\ -1 & 1 \end{bmatrix}, \quad \frac{EA}{h_2}\begin{bmatrix} 1 & -1 \\ -1 & 1 \end{bmatrix}$$

zusammensetzt, die jeweils nur von der Geometrie und der Steifigkeit des Teilbereiches 1 bzw. 2 abhängen. Da diese Untermatrizen den einzelnen

Teilbereichen oder Elementen direkt zugeordnet sind, nennen wir sie *Elementmatrizen (Steifigkeitsmatrizen)*; wir werden sie im folgenden mit dem Buchstaben $\boldsymbol{k}_e$ bezeichnen.

Die Einträge dieser beiden Matrizen werden dort addiert, wo die Kompatibilitätsbedingung erfüllt werden muß (Verschiebung $u_{2\,\text{links}} = u_{2\,\text{rechts}}$ am Knoten 2). Diese Tatsache nutzt man für eine allgemeine, problemunabhängige Vorgehensweise zur Formulierung der Koeffizientenmatrix aus, wie wir im nächsten Abschnitt sehen werden.

Im obigen Gleichungssystem ist in diesem Beispiel nun noch die Randbedingung $u(0) = 0$ zu berücksichtigen, was gleichbedeutend mit $u_1 = 0$ ist. Mit dieser Bedingung läßt sich die erste Spalte im Gleichungssystem streichen. Wegen $\delta u_1 = 0$ entfällt die Gleichung (b) und damit die erste Zeile in (c). Dies führt auf das reduzierte Gleichungssystem

$$EA \begin{bmatrix} \dfrac{1}{h_1} + \dfrac{1}{h_2} & -\dfrac{1}{h_2} \\ -\dfrac{1}{h_2} & \dfrac{1}{h_2} \end{bmatrix} \begin{bmatrix} u_2 \\ u_3 \end{bmatrix} = \frac{n_0}{2} \begin{bmatrix} h_1 + h_2 \\ h_2 \end{bmatrix}.$$

Hieraus erhalten wir die zwei unbekannten Knotenverschiebungen, deren Einsetzen in den Ansatz (a) die Näherungslösung im gesamten Gebiet des Stabes liefert. Im Spezialfall $h_1 = h_2 = l/2$ lautet die Lösung

$$u_2 = \frac{3}{8}\frac{n_0\, l^2}{EA}, \qquad u_3 = \frac{1}{2}\frac{n_0\, l^2}{EA}.$$

Diese Verschiebungen stimmen mit der exakten Lösung (Band 2, Abschn. 1.4) überein. Man kann zeigen, daß beim Stab unter der Voraussetzung $EA = \text{const}$ auch für allgemeine Belastungen die mit der FEM ermittelten Knotenverschiebungen exakt sind.

### 7.6.2 Aufstellung der Gleichungssysteme

Üblicherweise geht man bei der Methode der finiten Elemente nicht so vor wie im vorangegangenen Beispiel, sondern man berechnet zunächst die zu einem Element gehörigen Matrizen. Diese baut man dann so zu einem globalen Gleichungssystem zusammen, daß die Kompatibilität (geometrische Verträglichkeit) über ein Element hinweg gewährleistet ist. Die Vorgehensweise ist im folgenden Ablauf zusammengestellt:

1. Wahl von Ansatzfunktionen für ein Element, die den Stetigkeitsanforderungen der Variationsaufgabe genügen,
2. Berechnung der zum mechanischen Problem gehörenden Elementmatrizen mit den gewählten Ansätzen,
3. Zusammenbau der Matrizen unter Beachtung der Kompatibilität,
4. Lösung des Gleichungssystems.

Die ersten beiden Punkte hängen direkt mit dem mechanischen Problem zusammen. Die Punkte 3 und 4 können vollständig von der speziellen Aufgabe getrennt werden. Daher werden in FE-Programmen die Punkte 3 und 4 durch Programmteile realisiert, die unabhängig von der eigentlichen mechanischen Problemstellung sind.

Wir wollen zunächst Punkt 3 – Aufstellung der Koeffizientenmatrix des Gesamtgleichungssystems (= *Zusammenbau*) – genauer erläutern. Wenn wir z.B. einen Stab durch mehrere finite Elemente diskretisieren, so können wir durch den Zusammenbau aus den einzelnen Elementmatrizen $\boldsymbol{k}_e$ das gesamte Gleichungssystem für den unbekannten Verschiebungsvektor $\boldsymbol{V}$ (Verschiebungen aller Knoten = *globale* Verschiebungen) aufbauen. Diesem Vorgang liegt die Erfüllung der Kompatibilität zugrunde, die ja bedeutet, daß die Verschiebungen an den Elementgrenzen stetig sein müssen. Hierzu führen wir *Boolesche* Matrizen $\boldsymbol{b}_e$ ein, die es ermöglichen, aus dem globalen Unbekanntenvektor $\boldsymbol{V}$ die zu einem bestimmten Element $e$ gehörenden Knotenverschiebungen $\boldsymbol{v}_e$ (= *lokale* Verschiebungen) herauszufinden. Damit haben wir folgenden Zusammenhang in Matrizenform:

$$\boldsymbol{v}_e = \boldsymbol{b}_e \, \boldsymbol{V} . \tag{7.69}$$

Zum Beispiel ist die Boolesche Matrix für das Element 2 des vorangegangenen Anwendungsbeispiels durch folgende Beziehung festgelegt:

$$\boldsymbol{v}_2 = \begin{bmatrix} u_2 \\ u_3 \end{bmatrix} = \begin{bmatrix} 0 & 1 & 0 \\ 0 & 0 & 1 \end{bmatrix} \begin{bmatrix} u_1 \\ u_2 \\ u_3 \end{bmatrix} = \boldsymbol{b}_2 \, \boldsymbol{V} .$$

Benutzen wir diese Art der Zuordnung zur Beschreibung der Gesamtenergie, so erhalten wir für die Energie eines Elementes (Teilbereich der Länge $l_e$)

$$\Pi_e = \frac{1}{2}\int\limits_0^{l_e} EA\,u'^2\,\mathrm{d}x - \int\limits_0^{l_e} n\,u\,\mathrm{d}x = \frac{1}{2}\boldsymbol{v}_e^T\,\boldsymbol{k}_e\,\boldsymbol{v}_e - \boldsymbol{v}_e^T\,\boldsymbol{p}_e$$

(vgl. auch Abschn. 7.6.3). Die Summation über alle $n_e$ Elemente liefert

$$\Pi(\tilde{u}) = \sum_{e=1}^{n_e} \Pi_e = \frac{1}{2}\sum_{e=1}^{n_e} \boldsymbol{V}^T[\boldsymbol{b}_e^T\,\boldsymbol{k}_e\,\boldsymbol{b}_e\,\boldsymbol{V} - 2\boldsymbol{b}_e^T\,\boldsymbol{p}_e]$$

$$= \frac{1}{2}\boldsymbol{V}^T\boldsymbol{K}\boldsymbol{V} - \boldsymbol{V}^T\boldsymbol{P}. \qquad (7.70)$$

Hierin stellen

$$\boxed{\boldsymbol{K} = \sum_{e=1}^{n_e} \boldsymbol{b}_e^T\,\boldsymbol{k}_e\,\boldsymbol{b}_e} \quad \text{und} \quad \boxed{\boldsymbol{P} = \sum_{e=1}^{n_e} \boldsymbol{b}_e^T\,\boldsymbol{p}_e} \qquad (7.71)$$

die *globale Steifigkeitsmatrix* $\boldsymbol{K}$ und den *globalen Lastvektor* $\boldsymbol{P}$ dar. Die Größen $\boldsymbol{k}_e$ und $\boldsymbol{p}_e$ sind die entsprechenden Elementmatrizen und -lastvektoren, die wir in den folgenden Abschnitten für unterschiedliche Problemstellungen angeben werden.

Die Variation des Gesamtpotentials liefert (weil $\boldsymbol{K}$ symmetrisch ist, gilt: $\boldsymbol{V}^T\,\boldsymbol{K}\,\delta\boldsymbol{V} = \delta\boldsymbol{V}^T\,\boldsymbol{K}\,\boldsymbol{V}$)

$$\delta\Pi = \frac{1}{2}\delta\boldsymbol{V}^T\,\boldsymbol{K}\,\boldsymbol{V} + \frac{1}{2}\boldsymbol{V}^T\,\boldsymbol{K}\,\delta\boldsymbol{V} - \delta\boldsymbol{V}^T\,\boldsymbol{P} = \delta\boldsymbol{V}^T[\boldsymbol{K}\,\boldsymbol{V} - \boldsymbol{P}] = 0.$$

Da $\delta\boldsymbol{V}$ beliebig ist, folgt hieraus das lineare Gleichungssystem

$$\boxed{\boldsymbol{K}\,\boldsymbol{V} = \boldsymbol{P}}\,. \qquad (7.72)$$

Dieses ermöglicht bei bekanntem Lastvektor $\boldsymbol{P}$ und bekannter Steifigkeitsmatrix $\boldsymbol{K}$ die Ermittlung der Knotenverschiebungen $\boldsymbol{V}$. In den folgenden Abschnitten werden wir für verschiedene Bauteile die Elementmatrizen $\boldsymbol{k}_e$ und die Elementlastvektoren $\boldsymbol{p}_e$ herleiten, mit denen $\boldsymbol{K}$ und $\boldsymbol{P}$ nach (7.71) bestimmt werden können.

Für ein Element hat die Boolesche Matrix $\boldsymbol{b}_e$ die Größe $m \times n$, wobei $m$ die Anzahl der unbekannten Knotengrößen am Element und $n$ die Anzahl der globalen Unbekannten ist. Da diese Matrix für jedes Element nur $m$ von Null verschiedene Einträge hat, ist es nicht sinnvoll, sie überhaupt im Rechner aufzubauen. Man führt vielmehr für die Prozedur des Zusammenbaus ein sogenanntes Indexfeld ein, das die Zuordnung zwischen den lokalen Knoten der einzelnen Elemente und den globalen Knotennummern herstellt. Für das Anwendungsbeispiel in Abb. 7.17a würde diese Zuordnung wie folgt lauten:

| Elementnummer | $\text{Knoten}_{\text{links}}$ | $\text{Knoten}_{\text{rechts}}$ |
|---|---|---|
| 1 | 1 | 2 |
| 2 | 2 | 3 |

Damit hat z.B. der rechte lokale Knoten des Elementes 1 die globale Knotennummer 2. Ein solches Indexfeld ist ausreichend, um den in (7.71) beschriebenen Zusammenbau zur Gesamtmatrix $\boldsymbol{K}$ programmtechnisch zu realisieren. Wegen der Allgemeinheit dieser Prozedur erhalten wir immer ein Gleichungssystem der Form (7.72). Wir gehen im folgenden davon aus, daß ein Algorithmus zur Lösung dieses Gleichungssystems vorhanden ist. Da die Effizienz der Methode der finiten Elemente wesentlich vom Lösungsalgorithmus abhängt, existieren eine große Anzahl von speziellen Techniken, deren Beschreibung den Rahmen dieses Buches sprengen würde.

### 7.6.3 Stabelement

Um die Elementmatrix eines Stabes herzuleiten, stellen wir uns ein Element der Länge $h$ vor, für das wir die variierte Form des Potentials nach Tabelle 7.3 anschreiben:

$$\delta \Pi_e(u) = \int_0^h \{\delta u'(x)\, EA(x)\, u'(x) - \delta u(x)\, n(x)\}\, \mathrm{d}x. \tag{7.73}$$

Nun wählen wir den linearen Verschiebungsansatz

$$\tilde{u}(x) = N_1(x)\, u_1 + N_2(x)\, u_2 = \left(1 - \frac{x}{h}\right) u_1 + \frac{x}{h}\, u_2$$

(Abb. 7.18), den wir in Matrizenform als

$$\tilde{u}(x) = \left[ \left(1 - \frac{x}{h}\right), \frac{x}{h} \right] \begin{bmatrix} u_1 \\ u_2 \end{bmatrix} = \boldsymbol{N}\, \boldsymbol{v}_e \tag{7.74}$$

schreiben können. Darin enthält die Matrix $\boldsymbol{N}$ die Ansatzfunktionen und die Spaltenmatrix $\boldsymbol{v}_e$ die unbekannten Knotenverschiebungen. Für die virtuelle Verschiebung gilt danach $\delta\tilde{u}(x) = \boldsymbol{N}\delta\boldsymbol{v}_e$. In (7.73) benötigen

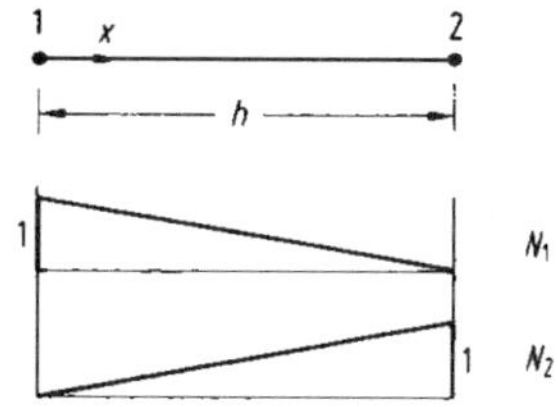


**Abb. 7.18**

wir noch die Ableitungen der Ansatzfunktionen, die sich in entsprechender Weise darstellen lassen:

$$\tilde{u}'(x) = \left[-\frac{1}{h}, \frac{1}{h}\right] \begin{bmatrix} u_1 \\ u_2 \end{bmatrix} = \boldsymbol{B}\,\boldsymbol{v}_e, \quad \delta\tilde{u}'(x) = \boldsymbol{B}\,\delta\boldsymbol{v}_e. \tag{7.75}$$

Dabei enthält die Matrix $\boldsymbol{B}$ die Ableitungen der Ansatzfunktionen $N_i$. Setzen wir diese Matrizenbeziehungen in (7.73) ein, so folgt

$$\delta\Pi_e(\tilde{u}) = \delta\boldsymbol{v}_e^T \Bigg[ \underbrace{\int_0^h \boldsymbol{B}^T EA(x)\,\boldsymbol{B}\,\mathrm{d}x}_{\boldsymbol{k}_e}\,\boldsymbol{v}_e - \underbrace{\int_0^h \boldsymbol{N}^T n(x)\,\mathrm{d}x}_{\boldsymbol{p}_e} \Bigg]. \tag{7.76}$$

Nach Ausmultiplizieren der Matrizen in dieser Gleichung und anschließender Integration können die Elementmatrizen angegeben werden. Dabei ist zu beachten, daß beim Integrieren von Matrizen jedes einzelne Matrixelement zu integrieren ist. Für $EA = \text{const}$ und $n = \text{const}$ erhalten wir die *Elementsteifigkeitsmatrix*

$$\boxed{\boldsymbol{k}_e = \int_0^h \boldsymbol{B}^T EA\,\boldsymbol{B}\,\mathrm{d}x = \frac{EA}{h}\begin{bmatrix} 1 & -1 \\ -1 & 1 \end{bmatrix}} \tag{7.77}$$

und den *Elementlastvektor*

$$\boxed{\boldsymbol{p}_e = \int_0^h \boldsymbol{N}^T n\,\mathrm{d}x = \frac{n\,h}{2}\begin{bmatrix} 1 \\ 1 \end{bmatrix}}. \tag{7.78}$$

Bei einem Fachwerk werden die Stäbe beliebig im Raum oder in der Ebene angeordnet (Abb. 7.19a). Bisher haben wir das Stabelement

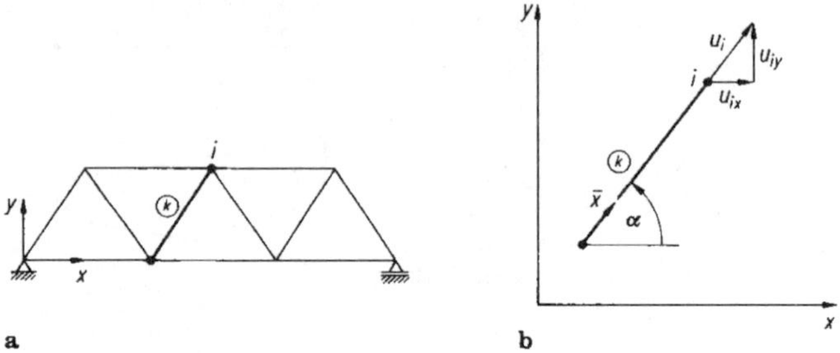


**Abb. 7.19**

durch eine in Achsrichtung verlaufende Koordinate (lokale Koordinate) beschrieben, die wir hier mit $\bar{x}$ bezeichnen. Bei einer allgemeinen Anordnung des Elementes in der Ebene beziehen wir uns auf ein globales kartesisches Koordinatensystem nach Abb. 7.19b. Die Knotenverschiebung $u_i$ muß dann in diesem Koordinatensystem ausgedrückt werden. Nach Abb. 7.19b gilt für die Transformation

$$u_i = u_{ix} \cos\alpha + u_{iy} \sin\alpha .$$

Da das Element gerade ist, sind die Winkel an beiden Knoten gleich. Damit können wir die Transformationsbeziehung für beide Knotenverschiebungen zusammenfassen:

$$\boldsymbol{v}_e = \begin{bmatrix} u_1 \\ u_2 \end{bmatrix} = \begin{bmatrix} \cos\alpha & \sin\alpha & 0 & 0 \\ 0 & 0 & \cos\alpha & \sin\alpha \end{bmatrix} \begin{bmatrix} u_{1x} \\ u_{1y} \\ u_{2x} \\ u_{2y} \end{bmatrix} = \boldsymbol{T}\,\boldsymbol{v} . \tag{7.79}$$

Sie stellt den Zusammenhang zwischen den zwei Knotenverschiebungen im lokalen und im globalen Koordinatensystem dar. Setzen wir diese Transformationsbeziehung, die auch für die virtuellen Verschiebungen gilt ($\delta\boldsymbol{v}_e = \boldsymbol{T}\,\delta\boldsymbol{v}$), in (7.76) ein, so erhalten wir

$$\begin{aligned} \delta\Pi_e(\tilde{u}) &= \delta\boldsymbol{v}^T \Big[\boldsymbol{T}^T \int_0^h \boldsymbol{B}^T EA(\bar{x})\,\boldsymbol{B}\,\mathrm{d}\bar{x}\,\boldsymbol{T}\,\boldsymbol{v} - \boldsymbol{T}^T \int_0^h \boldsymbol{N}^T n(\bar{x})\,\mathrm{d}\bar{x}\Big] \\ &= \delta\boldsymbol{v}^T (\boldsymbol{T}^T \boldsymbol{k}_e \boldsymbol{T}\,\boldsymbol{v} - \boldsymbol{T}^T \boldsymbol{p}_e) = \delta\boldsymbol{v}^T (\hat{\boldsymbol{k}}_e\,\boldsymbol{v} - \hat{\boldsymbol{p}}_e) . \end{aligned} \tag{7.80}$$

Die Auswertung dieser Beziehung liefert mit $EA$ = const und $n$ = const die Elementsteifigkeitsmatrix und den Lastvektor des Stabes für ebene Fachwerke

$$\hat{\boldsymbol{k}}_e = \frac{EA}{h}\begin{bmatrix} a & b & -a & -b \\ b & c & -b & -c \\ -a & -b & a & b \\ -b & -c & b & c \end{bmatrix}, \quad \hat{\boldsymbol{p}}_e = \frac{n\,h}{2}\begin{bmatrix} \cos\alpha \\ \sin\alpha \\ \cos\alpha \\ \sin\alpha \end{bmatrix}, \tag{7.81}$$

wobei die Abkürzungen

$$a = cos^2\alpha, \qquad c = \sin^2\alpha, \qquad b = \cos\alpha\sin\alpha$$

verwandt wurden.

### 7.6.4 Balkenelement

Analog zum Stab gehen wir beim Balken vom Potential der Balkenbiegung (Tabelle 7.3) aus, dessen variierte Form wir für ein einzelnes Element der Länge $h$ anschreiben:

$$\delta\Pi_e(w) = \int_0^h (\delta w'' EI\, w'' - \delta w\, q)\,\mathrm{d}x. \tag{7.82}$$

Hierin treten zweifache Ableitungen der Durchbiegung $w$ nach $x$ auf. Beim Balken sind daher die wesentlichen Randbedingungen für die Durchbiegungen und für die Neigungen zu formulieren. Demnach müssen die Ansatzfunktionen Übergangsbedingungen für $w$ und $w'$ erfüllen, d.h. sie müssen stetig bezüglich der Funktion und ihrer ersten Ableitung sein ($C^1$-Stetigkeit). In dieser Forderung besteht ein Unterschied zu dem vorher behandelten Fachwerkstab, bei dem die Ansatzfunktionen nur die $C^0$-Stetigkeit zu erfüllen hatten.

Um die geforderten Übergangsbedingungen erfüllen zu können, müssen wir für ein Balkenelement mit zwei Knoten vier unbekannte Knotengrößen (zwei Verschiebungen und zwei Neigungen) einführen. Der niedrigst mögliche Polynomansatz besteht daher aus einem kubischen Polynom, das durch vier Konstanten vollständig beschrieben wird. Wir wollen hier die *Hermiteschen* Polynome dritter Ordnung verwenden, die in Abb. 7.20 dargestellt sind. Mit der Einführung einer Koordinate

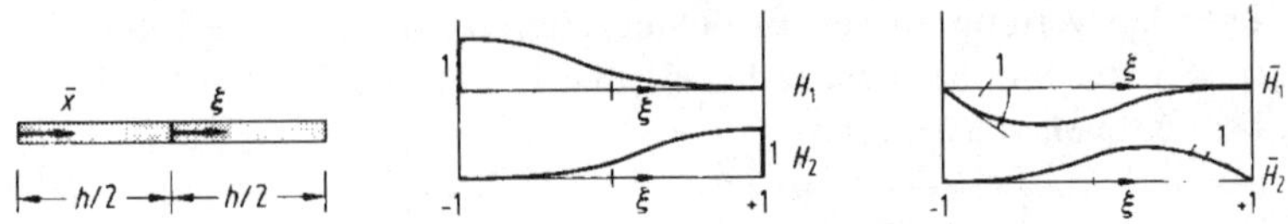


**Abb. 7.20**

$-1 \leq \xi \leq 1$ (es gilt die Transformation $\bar{x} = (\xi + 1)h/2$) lauten die Polynome

$$
\begin{aligned}
H_1 &= \frac{1}{4}(2 - 3\,\xi + \xi^3), & \bar{H}_1 &= \frac{1}{4}(1 - \xi - \xi^2 + \xi^3), \\
H_2 &= \frac{1}{4}(2 + 3\,\xi - \xi^3), & \bar{H}_2 &= \frac{1}{4}(-1 - \xi + \xi^2 + \xi^3).
\end{aligned}
\tag{7.83}
$$

Aus Abb. 7.20 entnehmen wir, daß $H_1$ bzw. $H_2$ mit den Durchbiegungen an den Knoten 1 bzw. 2 verknüpft sind, während $\bar{H}_1$ bzw. $\bar{H}_2$ den Knotenverdrehungen an den Knoten 1 bzw. 2 zugeordnet sind. Die Hermite-Funktionen besitzen die Eigenschaften $H_1(-1) = 1$, $\bar{H}_1(-1) = H_2(-1) = \bar{H}_2(-1) = 0$, $\bar{H}_1'(-1) = 1$, $H_1'(-1) = H_2'(-1) = \bar{H}_2'(-1) = 0$ usw.. Danach besitzt die Funktion $H_1$ am linken Knoten $\xi = -1$ den Wert 1, während alle anderen Funktionen dort Null sind. Dies gilt sinngemäß auch für die weiteren Funktionen. Damit können wir die Ansatzfunktion als Funktion von $\xi$ angeben:

$$
\tilde{w}(\xi) = H_1(\xi)\,w_1 + \bar{H}_1(\xi)\left(\frac{\mathrm{d}w}{\mathrm{d}\xi}\right)_1 + H_2(\xi)\,w_2 + \bar{H}_2(\xi)\left(\frac{\mathrm{d}w}{\mathrm{d}\xi}\right)_2.
$$

Hierin ist die Knotenneigung noch auf $x$ zu transformieren. Mit $\mathrm{d}\bar{x} = (h/2)\mathrm{d}\xi$ erhalten wir $\mathrm{d}\tilde{w}/\mathrm{d}\xi = \mathrm{d}\tilde{w}/\mathrm{d}\bar{x}(\mathrm{d}\bar{x}/\mathrm{d}\xi) = \tilde{w}'\,h/2$ und damit in Matrixform

$$
\tilde{w}(\xi) = \left[H_1(\xi), \bar{H}_1(\xi)\frac{h}{2}, H_2(\xi), \bar{H}_2(\xi)\frac{h}{2}\right] \begin{bmatrix} w_1 \\ w_1' \\ w_2 \\ w_2' \end{bmatrix} = \boldsymbol{N}(\xi)\boldsymbol{w}_e. \tag{7.84}
$$

Von dieser Gleichung haben wir nun die zweite Ableitung nach $\bar{x}$ zu bilden:

$$\tilde{w}'' = \frac{4}{h^2}\frac{\mathrm{d}^2\tilde{w}}{\mathrm{d}\xi^2} = \frac{1}{h^2}\Big[6\,\xi,\ h(3\,\xi-1),\ -6\,\xi,\ h(3\,\xi+1)\Big]\begin{bmatrix} w_1 \\ w_1' \\ w_2 \\ w_2' \end{bmatrix} = \boldsymbol{B}(\xi)\boldsymbol{w}_e. \tag{7.85}$$

Setzen wir diese Beziehung in (7.82) ein, so erhalten wir

$$\delta\Pi_e(\tilde{w}) = \delta\boldsymbol{w}_e^T\Big\{\underbrace{\int_{-1}^{+1}\boldsymbol{B}^T(\xi)\,EI(\xi)\,\boldsymbol{B}(\xi)\,\frac{h}{2}\,\mathrm{d}\xi}_{\boldsymbol{k}_e}\,\boldsymbol{w}_e - \underbrace{\int_{-1}^{+1}\boldsymbol{N}^T(\xi)\,q(\xi)\,\frac{h}{2}\,\mathrm{d}\xi}_{\boldsymbol{p}_e}\Big\}. \tag{7.86}$$

Die beiden Integrale können bei veränderlichem $EI(\xi)$ bzw. $q(\xi)$ durch numerische Integration berechnet werden. Für $EI = \text{const}$ treten im ersten Integral nur Polynome bis zur Ordnung 2 auf. Dann ist eine Gauß-Integration mit 2 Stützstellen exakt, siehe Abschnitt 7.5.4. In diesem Fall läßt sich die Integration aber auch leicht analytisch durchführen. So erhält man z.B. für den Term $k_{23}$ in der Steifigkeitsmatrix

$$k_{23} = \int_{-1}^{+1} EI\,\frac{1}{h}(3\,\xi-1)\left(-\frac{6\,\xi}{h^2}\right)\frac{h}{2}\,\mathrm{d}\xi = -6\,\frac{EI}{h^2}.$$

Entsprechend ergeben sich die weiteren Terme der Elementsteifigkeitsmatrix $\boldsymbol{k}_e$ bzw. des Lastvektors $\boldsymbol{p}_e$ für $q = \text{const}$:

$$\boxed{\boldsymbol{k}_e = \frac{EI}{h^3}\begin{bmatrix} 12 & 6\,h & -12 & 6\,h \\ 6\,h & 4\,h^2 & -6\,h & 2\,h^2 \\ -12 & -6\,h & 12 & -6\,h \\ 6\,h & 2\,h^2 & -6\,h & 4\,h^2 \end{bmatrix},\ \boldsymbol{p}_e = \frac{q\,h}{2}\begin{bmatrix} 1 \\ h/6 \\ 1 \\ -h/6 \end{bmatrix}}\,. \tag{7.87}$$

Bei ebenen Rahmentragwerken treten im allgemeinen sowohl Verschiebungen infolge Längskraft als auch Durchbiegungen infolge Querbelastung auf. Zusätzlich können die Tragwerksteile beliebig zu einem kartesischen Koordinatensystem $x, y$ geneigt sein (Abb. 7.21a). Das zugehörige Tragverhalten kann im Rahmen der finiten Elemente erfaßt werden, indem man das Stabelement (7.77) mit dem Balkenelement (7.87) koppelt.

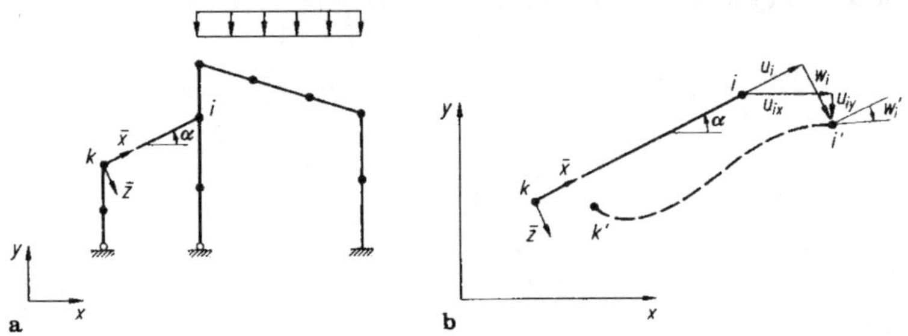


**Abb. 7.21**

Bezüglich des Lagewinkels $\alpha = 0$ sind die Deformationen von Stab und Balken entkoppelt. Wir können dann die erweiterte Steifigkeitsmatrix und den zugehörigen Lastvektor direkt angeben:

$$\boldsymbol{k}_e = \frac{E}{h}\begin{bmatrix} A & 0 & 0 & -A & 0 & 0 \\ 0 & 12\,I/h^2 & 6\,I/h & 0 & -12\,I/h^2 & 6\,I/h \\ 0 & 6\,I/h & 4\,I & 0 & -6\,I/h & 2\,I \\ -A & 0 & 0 & A & 0 & 0 \\ 0 & -12\,I/h^2 & -6\,I/h & 0 & 12\,I/h^2 & -6\,I/h \\ 0 & 6\,I/h & 2\,I & 0 & -6\,I/h & 4\,I \end{bmatrix}, \tag{7.88}$$

$$\boldsymbol{p}_e = \frac{h}{2}\begin{bmatrix} n \\ q \\ q\,h/6 \\ n \\ q \\ -q\,h/6 \end{bmatrix}.$$

Die erste und die vierte Zeile bzw. Spalte entsprechen hier dem Stabelement, während die restlichen Spalten und Zeilen dem Balkenelement zugeordnet sind.

Für eine allgemeine Lage dieses Rahmenelementes ($\alpha \neq 0$) ist nach Abb. 7.21b noch eine ebene Transformation der auf die Elementachse ($\bar{x}$, $\bar{z}$-Koordinatensystem) bezogenen Verschiebungen $u_i$ und $w_i$ auf die Verschiebungen $u_{ix}$ und $u_{iy}$ im $x, y$-Koordinatensystem durchzuführen. Mit der ebenen Transformation für die Verschiebungen und Verdrehungen am Knoten $i$

$$\boldsymbol{v}_e = \begin{bmatrix} u_i \\ w_i \\ w_i' \end{bmatrix} = \begin{bmatrix} \cos\alpha & \sin\alpha & 0 \\ \sin\alpha & -\cos\alpha & 0 \\ 0 & 0 & 1 \end{bmatrix} \begin{bmatrix} u_{ix} \\ u_{iy} \\ w_i' \end{bmatrix} = \boldsymbol{t}\,\boldsymbol{v}_i$$

kann dann die Transformationsmatrix für das Rahmenelement mit zwei Knoten aufgestellt werden:

$$\boldsymbol{T} = \begin{bmatrix} \boldsymbol{t} & \boldsymbol{0} \\ \boldsymbol{0} & \boldsymbol{t} \end{bmatrix}. \tag{7.89}$$

Analog zur Steifigkeitsmatrix für das Fachwerkelement erhalten wir nun mit (7.88) und (7.89) für das Rahmenelement in allgemeiner Lage die Elementsteifigkeitsmatrix und den Elementlastvektor

$$\boxed{\hat{\boldsymbol{k}}_e = \boldsymbol{T}^T\,\boldsymbol{k}_e\,\boldsymbol{T}, \quad \hat{\boldsymbol{p}}_e = \boldsymbol{T}^T\,\boldsymbol{p}_e}. \tag{7.90}$$

**Beispiel 7.6:** Der in Abb. 7.22a dargestellte Balken besteht aus zwei unterschiedlichen I-Profilen, die in der Balkenmitte zusammengeschweißt

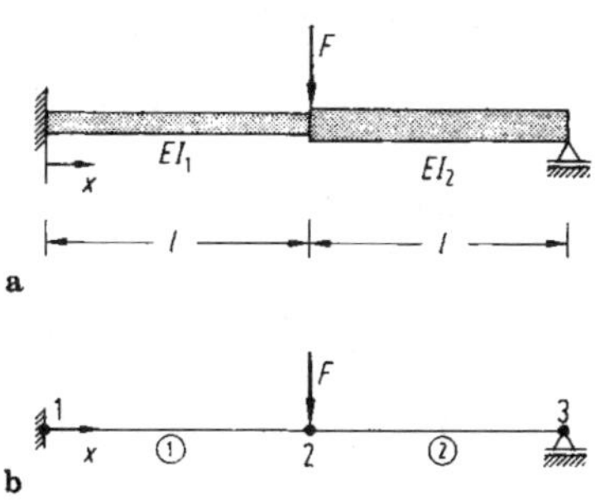


**Abb. 7.22**

sind. Das Verhältnis der Steifigkeiten beträgt $I_2 = 4\,I_1$. Folgende Zahlenwerte sind gegeben: $E = 210\ 000$ MPa, $I_1 = 318\,\text{cm}^4$ und $l = 300\,\text{cm}$.

Es sind die Gesamtsteifigkeitsmatrix und der Gesamtlastvektor aufzustellen und die Durchbiegung und das Biegemoment an der Angriffsstelle der Einzellast $F$ = 5 kN zu bestimmen.

*Lösung:* Wir teilen den Balken nach Abb. 7.22b in zwei Elemente ein. Mit (7.87) können wir die Elementsteifigkeitsmatrizen für die beiden Elemente aufstellen. Diese liefern dann unter Beachtung der Kompatibilitätsbedingung $w_{2\,l} = w_{2\,r}$ und $w'_{2\,l} = w'_{2\,r}$ (vgl. Abschn. 7.6.1) das Gleichungssystem

$$\frac{EI_1}{l^3}\begin{bmatrix} 12 & 6\,l & -12 & 6\,l & 0 & 0 \\ 6\,l & 4\,l^2 & -6\,l & 2\,l^2 & 0 & 0 \\ -12 & -6\,l & 12+48 & -6\,l+24\,l & -48 & 24\,l \\ 6\,l & 2\,l^2 & -6\,l+24\,l & 4\,l^2+16\,l^2 & -24\,l & 8\,l^2 \\ 0 & 0 & -48 & -24\,l & 48 & -24\,l \\ 0 & 0 & 24\,l & 8\,l^2 & -24\,l & 16\,l^2 \end{bmatrix}\begin{bmatrix} w_1 \\ w'_1 \\ w_2 \\ w'_2 \\ w_3 \\ w'_3 \end{bmatrix} = \begin{bmatrix} 0 \\ 0 \\ F \\ 0 \\ 0 \\ 0 \end{bmatrix}$$

Da auf den Knoten 2 eine Einzelkraft wirkt, muß diese in der entsprechenden Zeile berücksichtigt werden. In das Gleichungssystem sind jetzt die Randbedingungen $w(0) = w'(0) = w(2\,l) = 0$ einzubauen. Dies ist gleichbedeutend mit $w_1 = w'_1 = w_3 = 0$. Damit können wir im obigen Gleichungssystem die ersten beiden Zeilen und Spalten sowie die fünfte Zeile und Spalte streichen. Das so reduzierte Gleichungssystem entspricht dem globalen Gleichungssystem (7.72); es lautet:

$$\begin{bmatrix} 60 & 18\,l & 24\,l \\ 18\ \ l & 20\,l^2 & 8\,l^2 \\ 24\ \ l & 8\,l^2 & 16\,l^2 \end{bmatrix}\begin{bmatrix} w_2 \\ w'_2 \\ w'_3 \end{bmatrix} = \frac{l^3}{EI_1}\begin{bmatrix} F \\ 0 \\ 0 \end{bmatrix}.$$

Nach Einsetzen der Zahlenwerte und Lösung des Gleichungssystems erhalten wir

$$\begin{bmatrix} w_2 \\ w'_2 \\ w'_3 \end{bmatrix} = \begin{bmatrix} 9{,}29 \cdot 10^{-1} \\ -1{,}16 \cdot 10^{-3} \\ -4{,}06 \cdot 10^{-3} \end{bmatrix} \quad \rightarrow \quad \underline{\underline{w_2 = 0{,}929\ \text{cm}.}}$$

Man beachte, daß hier die Verschiebung $w_2$ die Einheit cm besitzt, während die Neigungen $w_2'$ und $w_3'$ dimensionslos sind.

Zur Bestimmung des Biegemoments in Balkenmitte gehen wir vom Stoffgesetz $M = -EI\,w''$ aus. Die Krümmung $w''$ können wir mittels Gleichung (7.85) für das Element 1 an der Stelle $\xi = +1$ berechnen:

$$\tilde{w}''(1) = \frac{1}{l^2}\,[6,\ 2l,\ -6,\ 4\,l] \begin{bmatrix} w_1 \\ w_1' \\ w_2 \\ w_2' \end{bmatrix} .$$

Mit dem Stoffgesetz und den Zahlenwerten erhalten wir

$$\underline{\underline{M_2}} = -EI_1\,\tilde{w}'' = -\frac{21\,000 \cdot 318}{300^2}\,[-6\,(9{,}29 \cdot 10^{-1}) \\ +1200\,(-1{,}16 \cdot 10^{-3})] = \underline{\underline{517\,\mathrm{kNcm}}}.$$

Die gewonnene Lösung ist an den Knotenpunkten exakt. Dies liegt daran, daß beim Balkenelement der Näherungsansatz (7.84) die homogene Differentialgleichung erfüllt.

### 7.6.5 Element für die Kreisplatte

Im Abschnitt 3.5.4 wurde die Kreisplatte unter rotationssymmetrischer Belastung behandelt. Wir wollen hier das zugehörige finite Kreisringelement herleiten. Dazu gehen wir in diesem Fall vom Prinzip der virtuellen Arbeiten für eine Kreisplatte aus (Abb. 7.23):

$$\delta W = 2\pi \int_a^b (M_r\,\delta\kappa_r + M_\varphi\,\delta\kappa_\varphi)\,r\,\mathrm{d}r - 2\pi \int_a^b p\,\delta w\,r\,\mathrm{d}r = 0$$

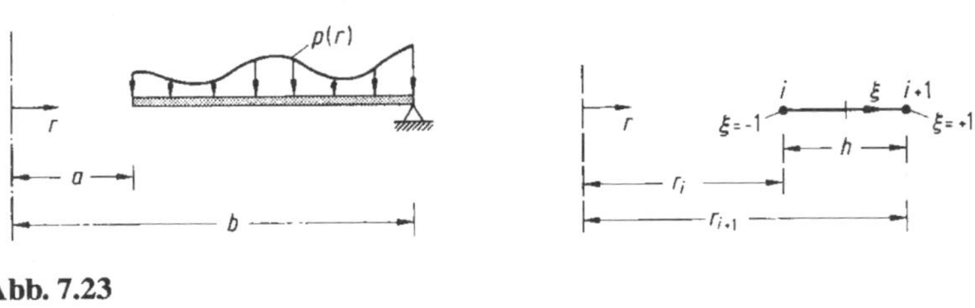


**Abb. 7.23**

bzw.

$$\delta W = 2\pi \int_a^b \delta \boldsymbol{\kappa}^T \boldsymbol{M}\, r\, \mathrm{d}r - 2\pi \int_a^b \delta w\, p\, r\, \mathrm{d}r = 0. \tag{7.91}$$

Darin werden durch

$$\boldsymbol{M} = \begin{bmatrix} M_r \\ M_\varphi \end{bmatrix}, \quad \boldsymbol{\kappa} = \begin{bmatrix} \kappa_r \\ \kappa_\varphi \end{bmatrix} = \begin{bmatrix} -\dfrac{\mathrm{d}^2 w}{\mathrm{d}r^2} \\ -\dfrac{1}{r}\dfrac{\mathrm{d}w}{\mathrm{d}r} \end{bmatrix} \tag{7.92}$$

die Momente bzw. die Verkrümmungen beschrieben. Das Elastizitätsgesetz für die Schnittmomente lautet (vgl. auch (3.61))

$$\boldsymbol{M} = \begin{bmatrix} M_r \\ M_\varphi \end{bmatrix} = \frac{E\, t^2}{12(1-\nu^2)} \begin{bmatrix} 1 & \nu \\ \nu & 1 \end{bmatrix} \begin{bmatrix} \kappa_r \\ \kappa_\varphi \end{bmatrix} = \boldsymbol{C}\,\boldsymbol{\kappa}. \tag{7.93}$$

Im Rahmen der Methode der finiten Elemente wählen wir einen Ansatz für die unbekannte Verschiebung $w$. Wie schon beim Balken treten in (7.91) zwei Ableitungen der Durchbiegung $w$ auf. Dies erfordert einen Ansatz, der die $C^1$-Stetigkeit erfüllt. Wir wenden deshalb wieder kubische Hermitesche Polynome an. Mit der Umformung

$$\frac{\mathrm{d}w}{\mathrm{d}r} = w' = \frac{\mathrm{d}w}{\mathrm{d}\xi}\frac{\mathrm{d}\xi}{\mathrm{d}r} = \frac{2}{h}\frac{\mathrm{d}w}{\mathrm{d}\xi}, \quad h = r_{i+1} - r_i$$

können wir direkt die Gleichung (7.84) benutzen. Wir haben dabei nur die Transformation $\bar{x} \to \xi$ durch $r \to \xi$ ersetzt (Abb. 7.23). Hiermit berechnet sich $\kappa_r$ wie beim Balken. Die Verkrümmung $\kappa_\varphi$ enthält nur erste Ableitungen. Nach Einsetzen des Näherungsansatzes in (7.92) können wir die Ableitungsmatrix $\boldsymbol{B}$ für die Verkrümmungen angeben:

$$\boldsymbol{\kappa} = \begin{bmatrix} -\dfrac{6}{h^2}\xi & \dfrac{1}{h}(1-3\xi) & \dfrac{6}{h^2}\xi & -\dfrac{1}{h}(3\xi+1) \\ \dfrac{3}{2hr}(1-\xi^2) & \dfrac{1}{4r}(1+2\xi-3\xi^2) & \dfrac{3}{2hr}(\xi^2-1) & \dfrac{1}{4r}(1-2\xi-3\xi^2) \end{bmatrix} \begin{bmatrix} w_i \\ w_i' \\ w_{i+1} \\ w_{i+1}' \end{bmatrix}$$

$$= \boldsymbol{B}(\xi)\boldsymbol{w}_e. \tag{7.94}$$

Man beachte, daß sowohl in (7.94) als auch in (7.91) die Koordinate $r$ auftritt. Wir müssen also noch $r$ durch die Koordinate des Anfangsknotens $r_i$ und die Koordinate des Endknotens $r_{i+1}$ ausdrücken:

$$r = \frac{1}{2}(1+\xi)\,r_{i+1} + \frac{1}{2}(1-\xi)\,r_i. \tag{7.95}$$

Hiermit gilt dann $\mathrm{d}r = \frac{1}{2}(r_{i+1} - r_i)\mathrm{d}\xi = \frac{1}{2}h\mathrm{d}\xi$. Mit (7.95) können wir nun die Koordinate $r$ in (7.94) als Funktion von $\xi$ angeben. Die Matrixelemente stellen dann im Gegensatz zu (7.85) kein Polynom in $\xi$ dar.

Die Elementsteifigkeitsmatrix erhalten wir aus dem Einsetzen von (7.94) und (7.93) in das erste Integral von (7.91) mit $a = r_i$ und $b = r_{i+1}$:

$$\boldsymbol{k}_e = 2\pi \int\limits_{-1}^{+1} \boldsymbol{B}^T(\xi)\,\boldsymbol{C}\,\boldsymbol{B}(\xi) \left[\frac{1}{2}(1+\xi)r_{i+1} + \frac{1}{2}(1-\xi)r_i\right] \frac{h}{2}\mathrm{d}\xi. \tag{7.96}$$

Da eine analytische Bestimmung dieses Integrals aufwendig ist, benutzen wir die numerische Integration nach Abschnitt 7.5.4:

$$\boxed{\boldsymbol{k}_e \approx \pi\frac{h}{2}\sum_{p=1}^{n} \boldsymbol{B}^T(\xi_p)\,\boldsymbol{C}\,\boldsymbol{B}(\xi_p)[(1+\xi_p)\,r_{i+1} + (1-\xi_p)\,r_i]\,w_p}\ . \tag{7.97}$$

Es zeigt sich, daß eine Drei-Punkt Gauß-Integration ausreichend genau ist. Analog verfahren wir mit dem Lastvektor, der sich aus

$$2\pi \int\limits_{r_i}^{r_{i+1}} \delta w\, p\, r \mathrm{d}r = \frac{\pi}{2}\delta\boldsymbol{w}_e^T \int\limits_{-1}^{+1} \boldsymbol{N}^T(\xi)\,p\,(\xi)[(1+\xi)r_{i+1} + (1-\xi)r_i]h\,\mathrm{d}\xi \tag{7.98}$$

berechnet. Im Sonderfall $p = \text{const}$ ist die höchste in diesem Integral vorkommende Polynomordnung vom Grad vier. Dann ist eine Drei-Punkt Gauß-Integration exakt:

$$\boxed{\boldsymbol{p}_e = \pi\,\frac{p\,h}{2}\sum_{p=1}^{3} \boldsymbol{N}^T(\xi_p)[(1+\xi_p)\,r_{i+1} + (1-\xi_p)r_i]\,w_p}\ . \tag{7.99}$$

Die entsprechenden Gaußpunktkoordinaten $\xi_p$ und Wichtungen $w_p$ finden sich in Abschnitt 7.5.4.

**Beispiel 7.7:** In Abb. 7.24a ist eine gelenkig gelagerte Kreisplatte dargestellt ($E = 200\,000$ MPa, $\nu = 0{,}3$, $a = 100$ mm, $t = 1$ mm), die durch eine Einzellast $F = 10$ N belastet ist.

Man berechne die Absenkung in der Plattenmitte für 2, 4 (Abb. 7.24b), 8 und 16 Elemente und vergleiche mit der analytischen Lösung nach Abschnitt 3.6.3.

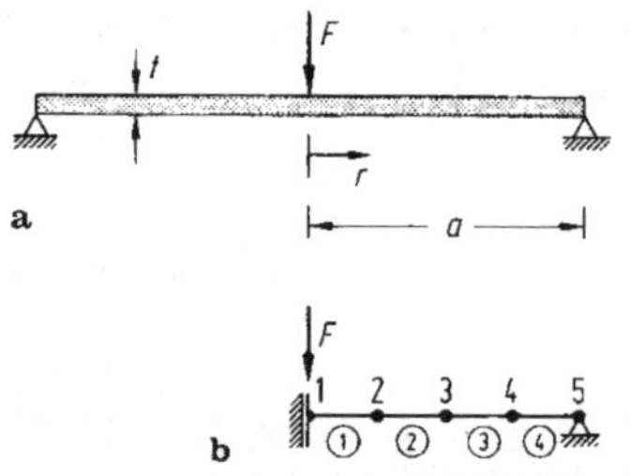


**Abb. 7.24**

*Lösung:* Die Verschiebung unter der Last wurde mittels eines FE-Programmes berechnet, da eine Handrechnung bei der hier benötigten numerischen Integration mit 3 Gauß-Punkten zu umfangreich ist. Als Ergebnis erhalten wir:

| Elementanzahl $n_e$ | 2 | 4 | 8 | 16 |
|---|---|---|---|---|
| Absenkung $\tilde{w}$ in [mm] | 0,2727 | 0,2750 | 0,2755 | 0,2757 |

Aus dem Vergleich mit der analytischen Lösung $w = 0{,}2757$ mm erkennt man, daß die Verschiebung schon bei nur zwei Elementen sehr gut approximiert wird und die Näherungslösung $\tilde{w}$ schnell konvergiert. Es sei angemerkt, daß die Angabe von 4 Nachkommastellen technisch unsinnig ist. Sie wurde hier nur verwendet, um die Konvergenz des Verfahrens zu zeigen.

### 7.6.6 Finite Elemente für zweidimensionale Probleme

Die Lösung von ebenen bzw. räumlichen Problemen der Festkörpermechanik gelingt nur in den wenigsten Fällen noch analytisch. Besonders wenn kompliziert berandete Gebiete vorliegen, sind Näherungsverfahren oft das einzige Werkzeug des Berechnungsingenieurs, um Einsicht in das Tragverhalten der Bauteile zu bekommen.

In der Regel werden ebene bzw. räumliche Probleme der Festkörpermechanik durch partielle Differentialgleichungen beschrieben. Beispiele hierfür sind die Bipotentialgleichung für die Spannungsfunktion $\Delta\Delta F = 0$ (Abschn. 2.5.2) oder die Membrangleichung $\Delta w = -p/(\sigma_0 t)$ (Abschn. 3.5.2). Die Methode der finiten Elemente basiert allerdings nicht auf Differentialgleichungen, sondern auf der zugehörigen Variationsformulierung bzw. auf einer schwachen Formulierung. Wir wollen sie im folgenden beispielhaft auf die Membran und die Scheibe anwenden.

### *7.6.6.1 Membranelement*

Die Absenkung einer Membran wird durch die Poissongleichung (3.34) beschrieben. Dieser partiellen Differentialgleichung liegen eine ganze Reihe weiterer mechanischer und physikalischer Problemstellungen zugrunde. Ein Beispiel hierfür ist die St. Venantsche Torsion, vgl. Abschnitt 2.6.3. Zu nennen sind aber auch noch die Wärmeleitung oder die Potentialströmung. Daher können mit einer für diese Gleichung entwickelten numerischen Methode eine große Anzahl von physikalischen Problemen gelöst werden.

Wir betrachten eine beliebig berandete Membran mit dem Gebiet $\Omega$ und dem Rand $\Gamma$. Das Gebiet $\Omega$ wird in $n_e$ finite Elemente $\Omega_e$ eingeteilt und damit geometrisch approximiert (Abb. 7.25). Wir wollen dies durch die mathematische Symbolik

$$\Omega \approx \tilde{\Omega} = \bigcup_{e=1}^{n_e} \Omega_e \tag{7.100}$$

darstellen, welche die Vereinigung aller Elementflächen $\Omega_e$ zum Gesamtgebiet $\tilde{\Omega}$ bedeutet. Bei diesem Diskretisierungsprozeß können unterschiedliche Elementformen verwendet werden. Wir unterscheiden Dreiecks- und Viereckselemente mit geraden oder krummen Rändern

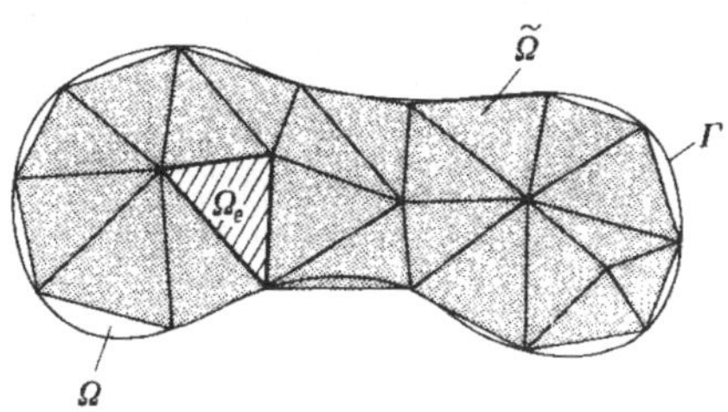


**Abb. 7.25**

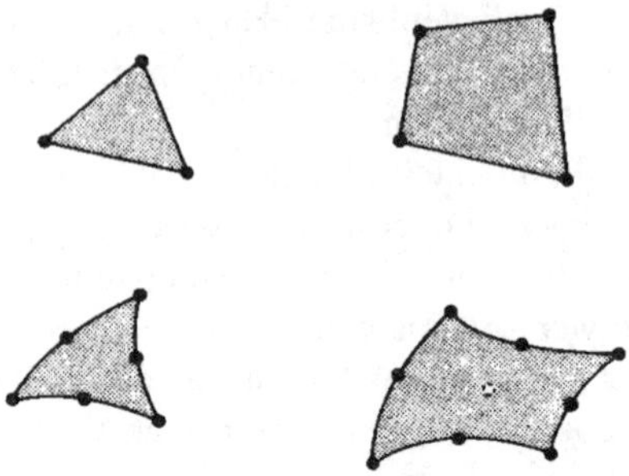

**Abb. 7.26**

(Abb. 7.26). Die Anzahl der Knoten in einem Element hängt vom gewählten Ansatz ab. So entstehen 3- und 6-knotige Dreiecks- oder 4-, 8- und 9-knotige Viereckselemente. Je nach Problemstellung sind für diese geometrischen Formen unterschiedliche Ansatzfunktionen zu wählen, die von den Stetigkeitsanforderungen der Ausgangsgleichung (schwache Formulierung, Variationsprinzip) abhängen.

Die Differentialgleichung der vorgespannten Membran lautet gemäß (3.34)

$$\frac{\partial^2 w}{\partial x^2} + \frac{\partial^2 w}{\partial y^2} = -\bar{p} \qquad \text{mit} \qquad \bar{p} = \frac{p}{\sigma_0 \, t}. \tag{7.101}$$

Darin sind $w$ die Durchsenkung, $\sigma_0$ die Vorspannung, $t$ die Dicke und $p$ die Querlast. Wir wollen jetzt die schwache Formulierung dieser partiellen Differentialgleichung herleiten. Dazu wird (7.101) mit einer Wichtungsfunktion $\eta(x, y)$ multipliziert, die so gewählt ist, daß auf dem Rand, auf dem die Durchsenkung $w$ vorgegeben ist, $\eta = 0$ gilt. Wir integrieren dann über das Gebiet $\Omega$ und erhalten

$$\int\limits_{\Omega} \left[ \left( \frac{\partial^2 w}{\partial x^2} + \frac{\partial^2 w}{\partial y^2} \right) + \bar{p} \right] \eta \, \mathrm{d}\Omega = 0. \tag{7.102}$$

Die Anwendung des Gaußschen Integralsatzes liefert

$$\int\limits_{\Omega} \left[ \left( \frac{\partial w}{\partial x} \frac{\partial \eta}{\partial x} + \frac{\partial w}{\partial y} \frac{\partial \eta}{\partial y} \right) - \bar{p} \, \eta \right] \mathrm{d}\Omega - \int\limits_{\Gamma} \left( \frac{\partial w}{\partial x} n_x + \frac{\partial w}{\partial y} n_y \right) \eta \, \mathrm{d}\Gamma = 0. \tag{7.103}$$

Wenn wir annehmen, daß die Absenkung $w$ auf dem gesamten Rand der Membran vorgegeben ist, entfällt wegen $\eta = 0$ das Randintegral. Die reduzierte Form

$$\int\limits_{\Omega} \left[ \left( \frac{\partial w}{\partial x} \frac{\partial \eta}{\partial x} + \frac{\partial w}{\partial y} \frac{\partial \eta}{\partial y} \right) - \bar{p}\, \eta \right] \mathrm{d}\Omega = 0 \tag{7.104}$$

legen wir der Diskretisierung mittels finiter Elemente zugrunde.

Wir wählen nun für ein Element mit $n$ Knoten Ansätze gleicher Form für die unbekannte Verschiebung und für die Wichtungsfunktion:

$$\begin{aligned} \tilde{w} &= \sum_{i=1}^{n} N_i(x,y)\, w_i, \\ \tilde{\eta} &= \sum_{i=1}^{n} N_i(x,y)\, \eta_i. \end{aligned} \tag{7.105}$$

Darin sind $w_i$ die Knotenverschiebungen und $\eta_i$ die Knotengrößen der Wichtungsfunktion. Die Ansatzfunktionen $N_i$ sind zunächst noch beliebig. Sie hängen von der Elementgeometrie und von der Anzahl der Knoten am Element ab. Die Ansätze $N_i$ werden häufig in einer Matrix $\boldsymbol{N} = [N_1, N_2, \ldots, N_n]$ zusammengefaßt, so daß sich dann mit $\mathbf{w}_e = [w_1, w_2, \ldots, w_n]^T$ und $\boldsymbol{\eta}_e = [\eta_1, \eta_2, \ldots, \eta_n]^T$ auch die Matrixschreibweise

$$\tilde{w} = \boldsymbol{N}(x,y)\, \boldsymbol{w}_e, \quad \tilde{\eta} = \boldsymbol{N}(x,y)\, \boldsymbol{\eta}_e \tag{7.106}$$

einführen läßt.

Da in der schwachen Formulierung (7.104) nur erste Ableitungen auftreten, genügt es, wenn die Funktion $\tilde{w}$ stetig über die Elementgrenzen hinweg verläuft ($C^0$-Stetigkeit). Mit (7.105) können die benötigten Ableitungen berechnet werden:

$$\begin{aligned} \frac{\partial \tilde{w}}{\partial x} &= \sum_{i=1}^{n} \frac{\partial N_i}{\partial x} w_i, & \frac{\partial \tilde{w}}{\partial y} &= \sum_{i=1}^{n} \frac{\partial N_i}{\partial y} w_i, \\ \frac{\partial \tilde{\eta}}{\partial x} &= \sum_{i=1}^{n} \frac{\partial N_i}{\partial x} \eta_i, & \frac{\partial \tilde{\eta}}{\partial y} &= \sum_{i=1}^{n} \frac{\partial N_i}{\partial y} \eta_i. \end{aligned} \tag{7.107}$$

Zum Einsetzen in (7.104) ist es nützlich, wieder eine $\boldsymbol{B}$-Matrix einzuführen, die sich aus den einzelnen – an jedem Knoten $i$ definierten – Matrizen $\boldsymbol{B}_i$ zusammensetzt:

$$\boldsymbol{B} = [\boldsymbol{B}_1, \boldsymbol{B}_2, \ldots, \boldsymbol{B}_n] \text{ mit } \boldsymbol{B}_i = \begin{bmatrix} \dfrac{\partial N_i}{\partial x} \\ \dfrac{\partial N_i}{\partial y} \end{bmatrix} . \tag{7.108}$$

Nun kann die schwache Formulierung approximiert werden. Unter Verwendung der Symbolik für die Vereinigung der Elemente zum Gesamtgebiet, die auch den geometrischen Zusammenbau enthalten soll, können wir eine Matrizendarstellung von (7.104) angeben:

$$\bigcup_{e=1}^{n_e} \boldsymbol{\eta}_e^T \Bigg( \underbrace{\int_{\Omega_e} \boldsymbol{B}^T \boldsymbol{B} \, \mathrm{d}\Omega \, \boldsymbol{w}_e}_{\boldsymbol{k}_e} - \underbrace{\int_{\Omega_e} \boldsymbol{N}^T \bar{p} \, \mathrm{d}\Omega}_{\boldsymbol{p}_e} \Bigg) = 0. \tag{7.109}$$

Damit ist die Formulierung für die Methode der finiten Elemente vorbereitet. Wir müssen jetzt noch geeignete Ansatzfunktionen wählen, um ein spezielles finites Element explizit herzuleiten.

Die einfachste Diskretisierung mittels finiter Elemente basiert auf einem Dreieckselement mit drei Knoten nach Abb. 7.27. Für die Durchsenkung $w$ der Membran machen wir den Näherungsansatz

$$\tilde{w} = c_1 + c_2\, x + c_3\, y = [1,\ \mathrm{x},\ \mathrm{y}] \begin{bmatrix} c_1 \\ c_2 \\ c_3 \end{bmatrix} = \boldsymbol{p}\,(x, y)\, \boldsymbol{c}, \tag{7.110}$$

worin $\boldsymbol{p}\,(x, y)$ ein lineares Polynom in $x$ und $y$ darstellt. Da wir in (7.105) die Ansatzfunktionen $N_i$ für die unbekannten Knotenabsenkungen $w_i$ benötigen, müssen wir (7.110) noch umformen. Dazu setzen wir die Koordinaten der drei Knoten ein und erhalten

$$\begin{bmatrix} w_1 \\ w_2 \\ w_3 \end{bmatrix} = \begin{bmatrix} 1 & x_1 & y_1 \\ 1 & x_2 & y_2 \\ 1 & x_3 & y_3 \end{bmatrix} \begin{bmatrix} c_1 \\ c_2 \\ c_3 \end{bmatrix} \quad \rightarrow \quad \boldsymbol{w}_e = \boldsymbol{H}\, \boldsymbol{c}. \tag{7.111}$$

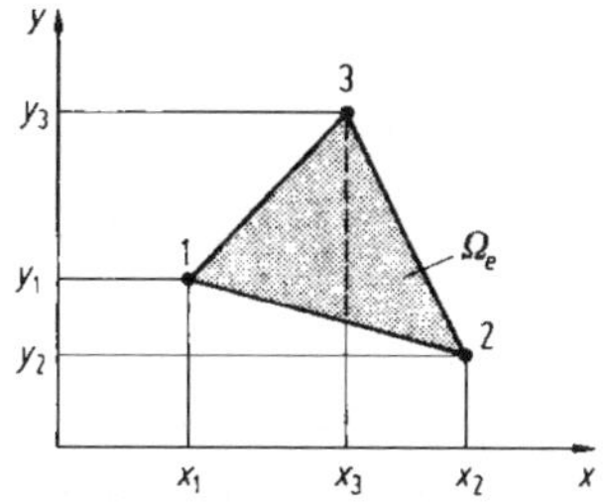


**Abb. 7.27**

Wenn die drei Knoten nicht auf einer Geraden liegen, ist $\boldsymbol{H}$ nichtsingulär, und wir können nach $\boldsymbol{c}$ auflösen: $\boldsymbol{c} = \boldsymbol{H}^{-1}\,\boldsymbol{w}_e$. Mit (7.110) ergibt sich dann die gesuchte Form (7.106):

$$\tilde{w} = \boldsymbol{p}(x,y)\boldsymbol{H}^{-1}\boldsymbol{w}_e = \boldsymbol{N}(x,y)\boldsymbol{w}_e. \tag{7.112}$$

Damit ist der Ansatz $\boldsymbol{N}$ explizit bestimmt. Die Ausrechnung liefert mit $2\Omega_e = \det \boldsymbol{H}$

$$\boldsymbol{N}(x,y) = \frac{1}{2\,\Omega_e}\{\boldsymbol{b}_0 + \boldsymbol{b}_x\,x + \boldsymbol{b}_y\,y\} \tag{7.113}$$

mit den Matrizen

$$\boldsymbol{b}_0 = \begin{bmatrix} x_2\,y_3 - x_3\,y_2 \\ x_3\,y_1 - x_1\,y_3 \\ x_1\,y_2 - x_2\,y_1 \end{bmatrix}, \quad \boldsymbol{b}_x = \begin{bmatrix} y_2 - y_3 \\ y_3 - y_1 \\ y_1 - y_2 \end{bmatrix}, \quad \boldsymbol{b}_y = \begin{bmatrix} x_3 - x_2 \\ x_1 - x_3 \\ x_2 - x_1 \end{bmatrix}. \tag{7.114}$$

Damit können jetzt auch die Ableitungen der Ansatzfunktion nach $x$ und $y$ angegeben werden:

$$\frac{\partial \boldsymbol{N}}{\partial x} = \frac{1}{2\,\Omega_e}\,\boldsymbol{b}_x, \quad \frac{\partial \boldsymbol{N}}{\partial y} = \frac{1}{2\,\Omega_e}\,\boldsymbol{b}_y. \tag{7.115}$$

Wir erhalten für die $\boldsymbol{B}$-Matrix

$$\boldsymbol{B} = \frac{1}{2\,\Omega_e}\begin{bmatrix} \boldsymbol{b}_x^T \\ \boldsymbol{b}_y^T \end{bmatrix}. \tag{7.116}$$

Für die Elementsteifigkeitsmatrix folgt damit nach (7.109)

$$\boldsymbol{k}_e = \int\limits_{\Omega_e} \boldsymbol{B}^T \boldsymbol{B} \, \mathrm{d}\Omega = \int\limits_{\Omega_e} \frac{1}{4\,\Omega_e^2} (\boldsymbol{b}_x \boldsymbol{b}_x^T + \boldsymbol{b}_y \boldsymbol{b}_y^T) \, \mathrm{d}\Omega. \tag{7.117}$$

Da sowohl $\boldsymbol{b}_x$ als auch $\boldsymbol{b}_y$ konstant sind, ist die Integration elementar. Sie liefert für das dreiknotige Membranelement die Steifigkeitsmatrix

$$\boxed{\boldsymbol{k}_e = \frac{1}{4\,\Omega_e} (\boldsymbol{b}_x \boldsymbol{b}_x^T + \boldsymbol{b}_y \boldsymbol{b}_y^T)}\,. \tag{7.118}$$

Auch den Lastvektor $\boldsymbol{p}_e = \int \boldsymbol{N}^T \bar{p} \, \mathrm{d}\Omega$ können wir für $\bar{p} = \text{const}$ exakt integrieren und erhalten mit (7.113)

$$\boxed{\boldsymbol{p}_e = \frac{\bar{p}\,\Omega_e}{3} \begin{bmatrix} 1 \\ 1 \\ 1 \end{bmatrix}}\,. \tag{7.119}$$

In einem Anwendungsbeispiel berechnen wir die Absenkung einer L-förmigen Membran (Dicke $t$ = 0,01 m) unter einer gleichförmigen Flächenpressung $p = 0{,}1$ kPa (Abb. 7.28a). Sie ist am gesamten Rand unverschieblich gelagert. Die konstante Vorspannung in der Membran beträgt $\sigma_0 = 5$ kPa.

Wir wählen unterschiedliche Elementaufteilungen und diskutieren die zugehörigen numerischen Ergebnisse. Dabei soll auch die Konvergenz der Methode betrachtet werden. Dazu lösen wir das Problem für die in den Abbildungen 7.28b–f gegebenen Netze. Die Durchsenkung wurde mittels eines Finite-Element-Programms berechnet, in dem das vorgestellte Element implementiert ist. Die Diskretisierungen in Abb. 7.28b (Typ A) und Abb. 7.28c (Typ B) unterscheiden sich weder in der Element- noch in der Knotenanzahl, sondern nur in der Art der Aufteilung. Die L-förmige Membran ist aus vier Quadraten der Kantenlänge 5 m zusammengesetzt. Als Verfeinerungsparameter ist die Anzahl $N$ der Elementseiten pro Kante eines Quadrats verwendet worden. In Tabelle 7.4 ist die maximale Absenkung $w$ für die unterschiedlichen Netze angegeben. Dabei wurde jeweils eine Verdoppelung der Elementanzahl pro Kante gewählt, um sicherzustellen, daß die Lösung mit geringerer Element-

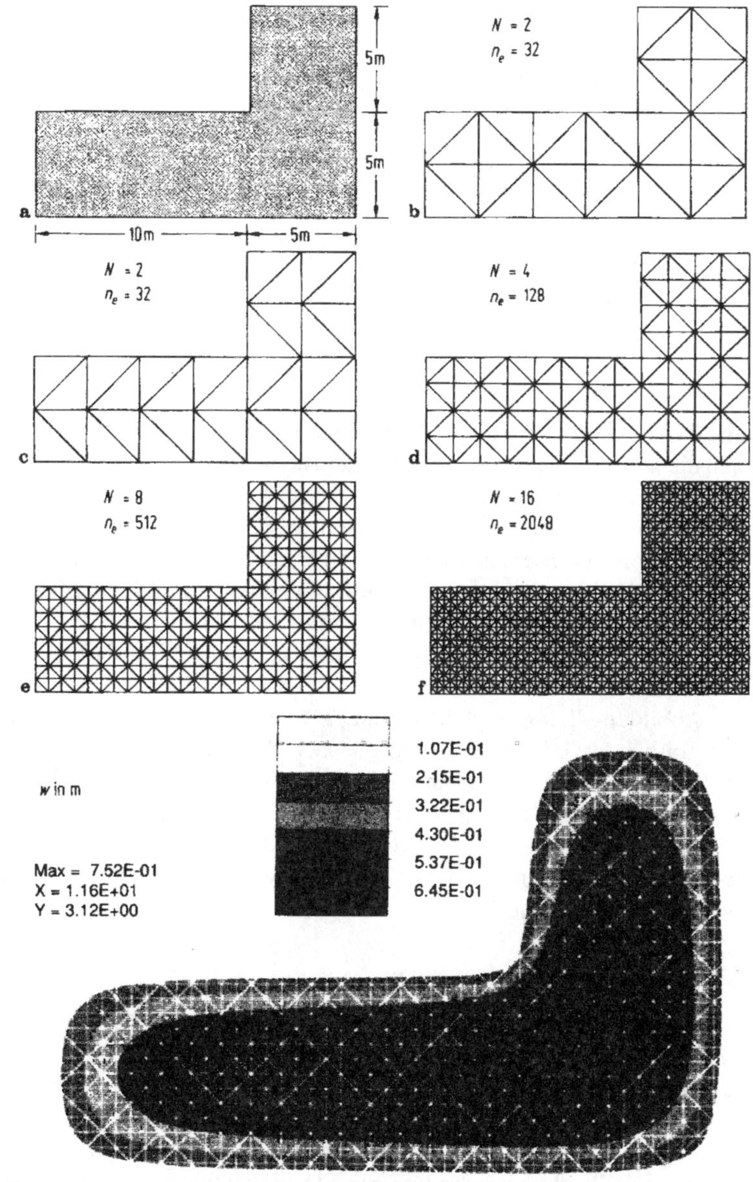
5m
5m
10m
5m
a
b
N = 2
$n_e$ = 32
c
N = 2
$n_e$ = 32
d
N = 4
$n_e$ = 128
e
N = 8
$n_e$ = 512
f
N = 16
$n_e$ = 2048
w in m
1.07E-01
2.15E-01
3.22E-01
4.30E-01
5.37E-01
6.45E-01
Max = 7.52E-01
X = 1.16E+01
Y = 3.12E+00
g

**Abb. 7.28**

**Tabelle 7.4.** Maximale Durchsenkung der L-förmigen Membran

| Verfeinerungsparameter $N$ | Typ A<br>max $w$ [m] | Typ B<br>max $w$ [m] |
|---|---|---|
| 2 | $6{,}87 \cdot 10^{-1}$ | $6{,}19 \cdot 10^{-1}$ |
| 4 | $7{,}15 \cdot 10^{-1}$ | $7{,}01 \cdot 10^{-1}$ |
| 8 | $7{,}45 \cdot 10^{-1}$ | $7{,}42 \cdot 10^{-1}$ |
| 16 | $7{,}52 \cdot 10^{-1}$ | $7{,}52 \cdot 10^{-1}$ |

anzahl im Ansatzraum des verfeinerten Netzes enthalten ist. Man sieht, daß die Dreieckselemente trotz gleicher Elementanzahl bei Typ A und B unterschiedliche Ergebnisse liefern. Die Lösung hängt also von der Orientierung der Dreieckselemente im Netz ab. Dieses Verhalten korrigiert sich erst mit wachsender Elementanzahl, bei der dann die Lösung gegen einen Endwert konvergiert. Damit stellen wir fest, daß die Methode zwar unabhängig von der Diskretisierung konvergiert, aber für geringere Elementanzahl eine Abhängigkeit der Lösung von der Orientierung vorhanden ist.

Abbildung 7.28g zeigt die Lösung auf der Basis des feinsten Netzes als *Konturplot*, bei dem Flächen gleicher Durchsenkung mit gleichen Grautönen gefärbt sind. Damit kann man sich den Verlauf der Durchsenkung im gesamten Gebiet der Membran veranschaulichen.

Es soll noch angemerkt werden, daß die Berechnung der Durchsenkung auch beim feinsten Netz (2048 Elemente, 945 Unbekannte) nur wenige Sekunden dauert.

### *7.6.6.2 Finite Elemente in der Elastizitätstheorie*

In diesem Abschnitt wird die FE-Formulierung für Randwertprobleme der Elastostatik beschrieben, deren theoretischer Hintergrund im Kapitel 2 behandelt wurde. Wir beschränken uns hier der Einfachheit halber auf den ebenen Spannungszustand und isotropes Materialverhalten.

Bevor wir mit der FE-Formulierung beginnen, wollen wir hier noch einmal die Gleichungen der linearen Elastizitätstheorie zusammenstellen, die in die FEM eingehen. Neben der kinematischen Beziehung (2.46)

$$\varepsilon_{ij} = \frac{1}{2}(u_{i,j} + u_{j,i}) \qquad (7.120)$$

benötigen wir das Elastizitätsgesetz (2.58)

$$\sigma_{ij} = E_{ijkl}\,\varepsilon_{kl} \tag{7.121}$$

und die schwache Formulierung des Gleichgewichts (vgl. (2.143))

$$\delta\Pi = \int_\Omega \delta\varepsilon_{ij}\,\sigma_{ij}\,\mathrm{d}\Omega - \int_\Omega \delta u_i\, f_i\,\mathrm{d}\Omega - \int_\Gamma \delta u_i\, t_i^*\,\mathrm{d}\Gamma = 0. \tag{7.122}$$

Hinzu kommen noch die Randbedingungen für die Verschiebungen $u_i = u_i^*$, falls diese auf Teilen des Randes vorgegeben sind.

Für die FE-Formulierung ist es zweckmäßig, diese Gleichungen in Matrixform zu schreiben. Wir erhalten dann für die kinematische Beziehung (2.87)

$$\boldsymbol{\varepsilon} = \begin{bmatrix} \varepsilon_{xx} \\ \varepsilon_{yy} \\ \gamma_{xy} \end{bmatrix} = \begin{bmatrix} \dfrac{\partial u}{\partial x} \\ \dfrac{\partial v}{\partial y} \\ \dfrac{\partial u}{\partial y} + \dfrac{\partial v}{\partial x} \end{bmatrix} \tag{7.123}$$

und für das Elastizitätsgesetz (2.86b)

$$\begin{bmatrix} \sigma_{xx} \\ \sigma_{yy} \\ \tau_{xy} \end{bmatrix} = \frac{E}{1-\nu^2} \begin{bmatrix} 1 & \nu & 0 \\ \nu & 1 & 0 \\ 0 & 0 & \dfrac{1-\nu}{2} \end{bmatrix} \quad \rightarrow \quad \boldsymbol{\sigma} = \boldsymbol{E}\,\boldsymbol{\varepsilon}. \tag{7.124}$$

Mit dem Verschiebungsvektor $\boldsymbol{u} = [u, v]^T$, den Volumenkräften $\boldsymbol{f} = [f_x, f_y]^T$ und den Oberflächenbelastungen $\boldsymbol{t}^* = [t_x^*, t_y^*]^T$ lautet dann die schwache Form des Gleichgewichts

$$\delta\Pi = \int_\Omega \delta\boldsymbol{\varepsilon}^T \boldsymbol{\sigma}\,\mathrm{d}\Omega - \int_\Omega \delta\boldsymbol{u}^T \boldsymbol{f}\,\mathrm{d}\Omega - \int_\Gamma \delta\boldsymbol{u}^T \boldsymbol{t}^*\,\mathrm{d}\Gamma = 0. \tag{7.125}$$

Wir gehen wieder davon aus, daß das der Aufgabenstellung zugrundeliegende Gebiet $\Omega$ durch $n_e$ finite Elemente der Fläche $\Omega_e$ diskretisiert wird:

$$\Omega \approx \tilde{\Omega} = \bigcup_{e=1}^{n_e} \Omega_e. \tag{7.126}$$

Da in (7.125) nur erste Ableitungen der Verschiebungen auftreten, haben wir die gleichen Stetigkeitsanforderungen an die Ansatzfunktionen wie bei der Membrangleichung. Die $C^0$-Stetigkeit erlaubt uns als niedrigste Ansatzordnung die Wahl von Polynomen, die linear in $x$ und $y$ sind. Wir könnten als einfachstes Element wieder das Dreieckselement mit drei Knoten verwenden. Da es sich jedoch herausgestellt hat, daß dieses Element nur sehr schlechte Näherungen liefert, wollen wir diese Möglichkeit nicht betrachten. Wir wollen hier vielmehr ein allgemeines Viereckselement herleiten, welches in der Lage ist, beliebige Geometrien zu approximieren. Dies ist möglich, wenn man das sogenannte *isoparametrische* Konzept zugrunde legt. Hierbei werden alle Feldgrößen und die Geometrie auf ein quadratisches Referenzelement $\bar{\Omega}$ mit dem lokalen $\xi, \eta$-Koordinatensystem abgebildet (Abb. 7.29a). Es werden sowohl die Geometrie als auch das Verschiebungsfeld durch gleiche Ansätze approximiert:

$$\tilde{\boldsymbol{x}} = \sum_{i=1}^{4} N_i(\xi, \eta)\, \boldsymbol{x}_i, \qquad \tilde{\boldsymbol{u}} = \sum_{i=1}^{4} N_i(\xi, \eta)\, \boldsymbol{v}_i. \tag{7.127}$$

Darin sind $\boldsymbol{x}_i$ die Ortskoordinaten der Knotenpunkte und $\boldsymbol{v}_i$ die Knotenverschiebungen. Die Funktionen $N_i$ sind Ansatzfunktionen, die auf dem Referenzelement $\bar{\Omega}$ definiert sind. Unter den verschiedenen Möglichkeiten, isoparametrische Ansatzfunktionen einzuführen, wird hier die bilineare Ansatzfunktion

$$N_i = \frac{1}{4}(1 + \xi_i\, \xi)(1 + \eta_i\, \eta), \qquad i = 1, 2, 3, 4 \tag{7.128}$$

angegeben. Darin sind $\xi_i, \eta_i$ die Knotenkoordinaten im Referenzelement. Die Ansatzfunktion $N_1 = \frac{1}{4}(1 - \xi)(1 - \eta)$ ist exemplarisch in Abb. 7.29b dargestellt. Eine Transformation zwischen dem Koordinaten-

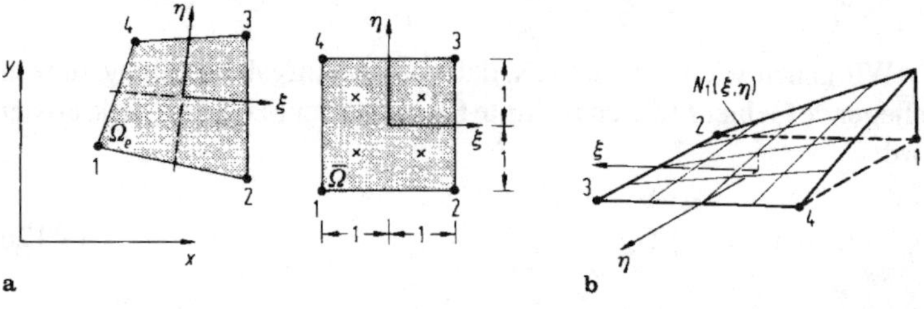


**Abb. 7.29**

system $\xi, \eta$ und dem Koordinatensystem $x, y$, in dem die Theorie formuliert wurde, kann mittels (7.127) durchgeführt werden (siehe Abb. 7.29a). In (7.125) werden für $\varepsilon$ die Ableitungen des Verschiebungsfeldes benötigt. Innerhalb des isoparametrischen Konzeptes kann z.B.

$$\frac{\partial \tilde{\boldsymbol{u}}}{\partial x} = \sum_{i=1}^{4} \frac{\partial N_i(\xi, \eta)}{\partial x} \boldsymbol{v}_i \tag{7.129}$$

jedoch nicht direkt berechnet werden, da $N_i$ eine Funktion von $\boldsymbol{\xi} = [\xi, \eta]$, aber nicht von $\boldsymbol{x} = [x, y]$ ist. Man wendet daher die Kettenregel an, um die partiellen Ableitungen von $N_i$ nach $x$ oder $y$ zu bestimmen. Es gilt zunächst

$$\left.\begin{aligned} \frac{\partial N_i}{\partial \xi} &= \frac{\partial N_i}{\partial x}\frac{\partial x}{\partial \xi} + \frac{\partial N_i}{\partial y}\frac{\partial y}{\partial \xi} \\ \frac{\partial N_i}{\partial \eta} &= \frac{\partial N_i}{\partial x}\frac{\partial x}{\partial \eta} + \frac{\partial N_i}{\partial y}\frac{\partial y}{\partial \eta} \end{aligned}\right\} \quad \to \quad \frac{\partial N_i}{\partial \boldsymbol{\xi}} = \boldsymbol{J}\frac{\partial N_i}{\partial \boldsymbol{x}} .$$

Da die Ableitungen nach $x$ und nach $y$ gesucht sind, müssen wir diese Beziehung invertieren. Dies liefert

$$\frac{\partial N_i}{\partial \boldsymbol{x}} = \boldsymbol{J}^{-1}\frac{\partial N_i}{\partial \boldsymbol{\xi}}$$

$$\to \quad \begin{bmatrix} \dfrac{\partial N_i}{\partial x} \\ \dfrac{\partial N_i}{\partial y} \end{bmatrix} = \frac{1}{\det \boldsymbol{J}} \begin{bmatrix} \dfrac{\partial y}{\partial \eta} & -\dfrac{\partial y}{\partial \xi} \\ -\dfrac{\partial x}{\partial \eta} & \dfrac{\partial x}{\partial \xi} \end{bmatrix} \begin{bmatrix} \dfrac{\partial N_i}{\partial \xi} \\ \dfrac{\partial N_i}{\partial \eta} \end{bmatrix}, \tag{7.130}$$

wobei $\boldsymbol{J}$ die Jacobimatrix der Transformation zwischen den Linienelementen $\mathrm{d}\xi$, $\mathrm{d}\eta$ und $\mathrm{d}x$, $\mathrm{d}y$ in den beiden Koordinatensystemen ist. Für das Flächenelement gilt $\mathrm{d}x\ \mathrm{d}y = \det \boldsymbol{J}\ \mathrm{d}\xi\ \mathrm{d}\eta$. Man beachte, daß die Ableitungen z.B. von $x$ nach $\xi$ in (7.130) berechenbar sind, da wir für die Koordinate $x$ im Element $\Omega_e$ den Ansatz (7.127) gewählt haben:

$$\frac{\partial x}{\partial \xi} = \sum_{i=1}^{4} \frac{\partial N_i(\xi, \eta)}{\partial \xi} x_i .$$

Hiermit und mit (7.127) und (7.130) können wir $\varepsilon$ nach (7.123) approximieren:

$$\tilde{\boldsymbol{\varepsilon}} = \sum_{i=1}^{4} \boldsymbol{B}_i\, \boldsymbol{v}_i \quad \text{mit} \quad \boldsymbol{B}_i = \begin{bmatrix} \dfrac{\partial N_i}{\partial x} & 0 \\ 0 & \dfrac{\partial N_i}{\partial y} \\ \dfrac{\partial N_i}{\partial y} & \dfrac{\partial N_i}{\partial x} \end{bmatrix} . \tag{7.131}$$

Analog erhält man für die virtuellen Verzerrungen

$$\delta\tilde{\boldsymbol{\varepsilon}} = \sum_{i=1}^{4} \boldsymbol{B}_i\, \delta\boldsymbol{v}_i\, . \tag{7.132}$$

Mit der Einführung der Matrix

$$\boldsymbol{B} = [\boldsymbol{B}_1,\ \boldsymbol{B}_2,\ \boldsymbol{B}_3,\ \boldsymbol{B}_4]$$

und der Matrix der Knotenverschiebungen am Element

$$\boldsymbol{v}_e = [u_1, v_1, u_2, v_2, u_3, v_3, u_4, v_4]^T$$

läßt sich (7.132) auch als

$$\delta\tilde{\boldsymbol{\varepsilon}} = \boldsymbol{B}\, \delta\boldsymbol{v}_e \tag{7.133}$$

schreiben. Ebenso können die Ansatzfunktionen in der Matrix

$$\boldsymbol{N} = \begin{bmatrix} N_1 & 0 & N_2 & 0 & N_3 & 0 & N_4 & 0 \\ 0 & N_1 & 0 & N_2 & 0 & N_3 & 0 & N_4 \end{bmatrix}$$

zusammengefaßt werden. Damit kann die Approximation (7.127) der Verschiebungen im Element kurz durch

$$\tilde{\boldsymbol{u}} = \boldsymbol{N}\, \boldsymbol{v}_e \tag{7.134}$$

ausgedrückt werden. Das Einsetzen von (7.133) und (7.134) in (7.125) liefert mit (7.126)

$$\bigcup_{e=1}^{n_e} \delta\boldsymbol{v}_e^T \left\{ \int_{\Omega_e} \boldsymbol{B}^T \boldsymbol{\sigma}\, \mathrm{d}\Omega - \int_{\Omega_e} \boldsymbol{N}^T \boldsymbol{f}\, \mathrm{d}\Omega - \int_{\Gamma_e} \boldsymbol{N}^T \boldsymbol{t}^*\, \mathrm{d}\Gamma \right\} = 0\, . \tag{7.135}$$

In dieser Gleichung kann $\boldsymbol{\sigma}$ mit dem Elastizitätsgesetz (7.124) durch $\varepsilon$ ausgedrückt werden. Dann ergibt das erste Integral in (7.135) die Elementsteifigkeitsmatrix:

$$\boxed{\boldsymbol{k}_e = \int_{\Omega_e} \boldsymbol{B}^T \boldsymbol{E} \boldsymbol{B} \, \mathrm{d}\Omega} \,. \tag{7.136}$$

Die letzten beiden Terme in (7.135) stellen den Elementlastvektor dar:

$$\boxed{\boldsymbol{p}_e = \int_{\Omega_e} \boldsymbol{N}^T \boldsymbol{f} \, \mathrm{d}\Omega + \int_{\Gamma_e} \boldsymbol{N}^T \boldsymbol{t}^* \, \mathrm{d}\Gamma} \,. \tag{7.137}$$

Die Integration in (7.136) läßt sich nur noch für Rechteckelemente analytisch durchführen. Aus diesem Grund wird in der Regel die numerische Integration zur Berechnung der Steifigkeitsmatrix und des Lastvektors angewandt. Wegen ihrer hohen Genauigkeit verwendet man die Gauß-Integration (Abschn. 7.5.4), die sich auf zweidimensionale Integrale erweitern läßt:

$$\int_{-1}^{+1} \int_{-1}^{+1} g(\xi, \eta) \, \mathrm{d}\xi \, \mathrm{d}\eta = \sum_{p=1}^{n_p} \sum_{q=1}^{n_q} g(\xi_p, \eta_q) \, w_p \, w_q .$$

Hierin sind $n_p$ bzw. $n_q$ die Zahl der Gauß-Punkte in $\xi$- bzw. $\eta$-Richtung. Fehlerbetrachtungen zeigen, daß für die bilinearen isoparametrischen Vierknotenelemente eine $2 \times 2$ Integration ausreicht, so daß die Steifigkeitsmatrix an den vier Gauß-Punkten $\xi_p = \pm 1/\sqrt{3}$ und $\eta_q = \pm 1/\sqrt{3}$ mit $w_p = w_q = 1$ auszuwerten ist. Mit $\mathrm{d}\Omega = \mathrm{d}x \, \mathrm{d}y = \det \boldsymbol{J} \, \mathrm{d}\xi \, \mathrm{d}\eta$ erhalten wir zunächst aus (7.136)

$$\boldsymbol{k}_e = \int_{-1}^{+1} \int_{-1}^{+1} \boldsymbol{B}^T(\xi, \eta) \, \boldsymbol{E} \, \boldsymbol{B}(\xi, \eta) \, \det \boldsymbol{J}(\xi, \eta) \, \mathrm{d}\xi \; d\eta .$$

Hieraus folgt durch numerische Integration die Elementsteifigkeitsmatrix:

$$\boxed{\boldsymbol{k}_e \approx \sum_{p=1}^{2} \sum_{q=1}^{2} \boldsymbol{B}^T(\xi_p, \eta_q) \, \boldsymbol{E} \, \boldsymbol{B}(\xi_p, \eta_q) \, \det \boldsymbol{J}(\xi_p, \eta_q)} \,. \tag{7.138}$$

In gleicher Weise können wir beim Elementlastvektor vorgehen.

Wenn wir ein Scheibenproblem mit dieser Elementformulierung lösen wollen, so wird zunächst die zu berechnende Struktur diskretisiert. Der anschließende Zusammenbau der Elementsteifigkeitsmatrizen und -lastvektoren nach (7.71) liefert dann das Gleichungssystem (7.72) für die unbekannten Verschiebungen. In den meisten Fällen ist der Ingenieur jedoch mehr an den Spannungen als an den Verschiebungen interessiert. Die Spannungen lassen sich mittels (7.131) und (7.124) aus der Knotenverschiebung bestimmen (*Rückrechnung*):

$$\boldsymbol{\sigma}(\xi,\eta) = \boldsymbol{E}\,\boldsymbol{B}(\xi,\eta)\,\boldsymbol{v}_e. \tag{7.139}$$

Untersuchungen haben gezeigt, daß es hinsichtlich der Genauigkeit optimale Punkte zur Auswertung der Spannungen innerhalb eines Elementes gibt. Im Falle des Vierknotenelementes ist dies der Mittelpunkt:

$$\boldsymbol{\sigma}(0,0) = \boldsymbol{E}\,\boldsymbol{B}(0,0)\,\boldsymbol{v}_e.$$

In einem Anwendungsbeispiel wollen wir die gelochte Scheibe unter Zugbeanspruchung nach Abb. 7.30a behandeln. Es sollen die maximale Verschiebung in $y$-Richtung und die maximale Spannung $\sigma_{yy}$ bestimmt werden. Als Materialkonstanten werden $E = 21\,000$ MPa und $\nu = 0{,}3$ gewählt.

Da die Geometrie doppelte Symmetrie aufweist, brauchen wir nur ein Viertel der Scheibe zu diskretisieren. Dabei müssen allerdings die sich aus der Symmetrie ergebenden Randbedingungen ($u(0,y) = 0$ und $v(x,0) = 0$) beachtet werden. Aus der analytischen Lösung für die unendlich ausgedehnte Scheibe mit Loch wissen wir, daß in der Nähe des Loches die größten Spannungen auftreten (Abschn. 2.5.3.4). Da sich die Spannungen in diesem Bereich außerdem stark ändern, ist es sinnvoll, in der Nähe des Loches eine feinere Elementaufteilung zu wählen. Dies liefert dann eine bessere Näherungslösung.

Wir wollen fünf verschiedene FE-Lösungen vergleichen, die sich aus einer regelmäßigen Verfeinerung des Netzes ergeben. Dazu unterteilen wir die Viertelscheibe in 8, 32 (Abb. 7.30b), 128 (Abb. 7.30c), 512 und 2048 finite Elemente. Die verformte Scheibe ist für die Elementeinteilung mit 128 Elementen in Abb. 7.30d dargestellt, wobei die Verschiebungen stark vergrößert sind. Man sieht, daß aufgrund der Querkontraktion die Verschiebung $u$ rechts von der vertikalen Symmetrieachse überall negativ ist und sich das Loch ovalisiert. Die maximale Verschiebung $v$ tritt in der Mitte des oberen (unteren) Scheibenrandes auf. Abb. 7.30e zeigt einen Konturplot der Spannung $\sigma_{yy}$ und die Konzentration der

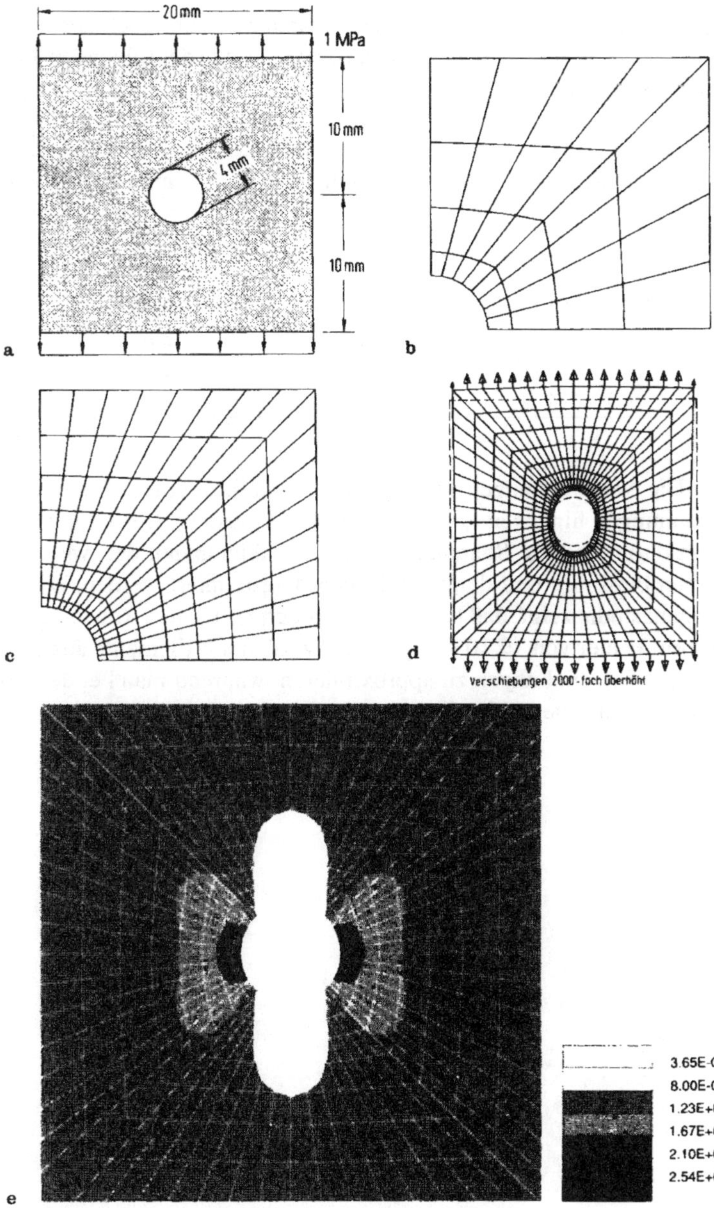
20 mm
1 MPa
10 mm
4 mm
10 mm
a
b
c
d
Verschiebungen 2000-fach überhöht
e
3.65E-01
8.00E-01
1.23E+00
1.67E+00
2.10E+00
2.54E+00

**Abb. 7.30**

Spannung am Loch. Die maximale Spannung tritt am Lochrand auf. Die Ergebnisse für die unterschiedlichen Netze sind in der folgenden Tabelle zusammengestellt.

| Elemente | max $v$ [mm] | max $\sigma_{yy}$ [MPa] |
|---|---|---|
| 8 | $5{,}60 \cdot 10^{-4}$ | 1,59 |
| 32 | $5{,}74 \cdot 10^{-4}$ | 2,23 |
| 128 | $5{,}81 \cdot 10^{-4}$ | 2,78 |
| 512 | $5{,}83 \cdot 10^{-4}$ | 3,09 |
| 2048 | $5{,}83 \cdot 10^{-4}$ | 3,25 |

Die Verschiebungen konvergieren schnell zu einem Endwert. Die Spannungen hingegen konvergieren viel langsamer. Der Grund hierfür liegt darin, daß die Spannungen aus den Ableitungen der Ansatzfunktionen bestimmt und damit schlechter approximiert werden. Die Konvergenzstudie zeigt, daß bei einer ingenieurpraktischen Anwendung, bei der ein Fehler von $\approx 10\%$ zugelassen wird, nur 8 Elemente ausreichen, um die Verschiebungen zu approximieren, während man bei den Spannungen mindestens 128 Elemente benötigt.

# Englische Fachausdrücke

| Englisch | Deutsch |
|---|---|
| acceleration | Beschleunigung |
| accuracy | Genauigkeit |
| anisotropy | Anisotropie |
| approximate solution | Näherungslösung |
| approximating interpolation | Näherungsansatz |
| arch | Bogen |
| Archimedes' principle | Archimedisches Prinzip |
| area | Fläche |
| axisymmetric | rotationssymmetrisch |
| backward differences | hinterer Differenzenquotient |
| bar | Stab |
| barometer | Barometer |
| basic equations | Grundgleichungen |
| beam | Balken |
| beam element | Balkenelement |
| beam theory | Balkentheorie |
| bending stiffness of a plate | Plattensteifigkeit |
| Bernoulli's equation | Bernoullische Gleichung |
| bifurcation | Verzweigung |
| bifurcation point | Verzweigungspunkt |
| biharmonic equation | Bipotentialgleichung |
| body force | Volumenkraft |
| boundary conditions | Randbedingungen |
| boundary layer | Grenzschicht |
| boundary value problem | Randwertproblem |
| branching | Verzweigung |
| branching point | Verzweigungspunkt |
| brittle | spröde |
| buckling | Beulen, Knicken |
| buckling load | Beulwert, Knicklast |
| buoyant force | Auftrieb |
| cable | Seil, Kabel |
| Carnot's shock loss | Carnotscher Stoßverlust |
| catenary | Kettenlinie |

| | |
|---|---|
| center of pressure | Druckmittelpunkt |
| central differences | zentraler Differenzenquotient |
| chain rule | Kettenregel |
| circular frequency | Kreisfrequenz |
| circular plate | Kreisplatte |
| circumferential stress | Umfangsspannung |
| collocation method | Kollokationsverfahren |
| collocation point | Stützstelle |
| column | Druckstab |
| compatibility condition | Kompatibilitätsbedingung, Verträglichkeitsbedingung |
| compliance | Nachgiebigkeit |
| constitutive law | Materialgesetz, Stoffgesetz |
| continuity | Stetigkeit |
| continuity equation | Kontinuitätsgleichung |
| continuous system | kontinuierliches System |
| control volume | Kontrollvolumen |
| convective acceleration | konvektive Beschleunigung |
| conventional strain | konventionelle Dehnung |
| convergence | Konvergenz |
| convolution integral | Faltungsintegral |
| creep | Kriechen |
| creep function | Kriechfunktion |
| critical load | kritische Last, Beulwert |
| curved beam | Bogen |
| deformation | Deformation |
| degree of freedom | Freiheitsgrad |
| density | Dichte |
| derivative | Ableitung |
| determinant | Determinante |
| deviator | Deviator |
| difference approximation | Differenzenquotient |
| dilatation | Volumendehnung |
| discrete system | diskretes System |
| discretization | Elementaufteilung |
| dispersion | Dispersion |
| displacement | Verschiebung |
| displacement element | Verschiebungselement |
| displacement gradient | Verschiebungsgradient |
| distorsion | Verwölbung |
| ductile | duktil, zäh |
| dynamic pressure | dynamischer Druck |
| dynamic viscosity | dynamische Viskosität, dynamische Zähigkeit |

| | |
|---|---|
| effective shear force | Ersatzquerkraft |
| eigenfrequency | Eigenfrequenz |
| eigenfunction | Eigenform |
| eigenvaluc | Eigenwert |
| eigenvalue problem | Eigenwertproblem |
| elastic | elastisch |
| elastic constants | Elastizitätskonstanten |
| elastic potential | elastisches Potential |
| elastica | Elastica |
| elasticity tensor | Elastizitätstensor |
| element stiffness matrix | Elementsteifigkeitsmatrix |
| elliptic integral | elliptisches Integral |
| energy | Energie |
| energy conservation | Energieerhaltung |
| energy method | Energiemethode |
| energy principles | Energieprinzipien |
| engineering strain | konventionelle Dehnung |
| equation system | Gleichungssystem |
| equilibrium conditions | Gleichgewichtsbedingungen |
| equilibrium method | Gleichgewichtsmethode |
| equilibrium modulus | Gleichgewichtsmodul |
| equipotential surface | Äquipotentialfläche |
| Euler load | Eulerlast |
| excentricity | Exzentrizität |
| excitation frequency | Erregerfrequenz |
| finite elements | finite Elemente |
| flexural vibration | Biegeschwingung |
| flow | Strömung |
| fluid | Fluid, Flüssigkeit |
| fluid element | Flüssigkeitsteilchen |
| fluid particle | Flüssigkeitsteilchen |
| forced vibrations | erzwungene Schwingungen |
| forward differences | vorderer Differenzenquotient |
| frame of reference | Bezugssystem |
| free vibrations | freie Schwingungen |
| friction factor | Widerstandszahl |
| Gauß quadrature | Gauß-Integration |
| global | global |
| Green's function | Greensche Funktion |
| grid point | Gitterpunkt |
| harmonic equation | Potentialgleichung |
| harmonic operator | Laplace Operator |
| harmonic waves | harmonische Wellen |

| | |
|---|---|
| heat conduction | Wärmeleitung |
| hereditary integral | Faltungsintegral |
| homogeneous | homogen |
| Hooke's law | Hookesches Gesetz |
| hoop stress | Umfangsspannung |
| hydraulic jump | Wassersprung |
| hydraulics | Hydraulik |
| hydrodynamics | Hydrodynamik |
| hydrostatic stress state | hydrostatischer Spannungszustand |
| hydrostatics | Hydrostatik |
| ideal fluid | ideale Flüssigkeit |
| imperfection | Imperfektion |
| imperfection method | Imperfektionsmethode |
| incident wave | einfallende Welle |
| incompressible | inkompressibel |
| index notation | Indexnotation |
| inertia force | Trägheitskraft |
| inhomogeneous | inhomogen |
| initial condition | Anfangsbedingung |
| initial value problem | Anfangswertproblem |
| integration by parts | partielle Integration |
| integration method | Integrationsverfahren |
| interpolation function | Ansatzfunktion |
| invariants | Invarianten |
| inviscid fluid | reibungsfreie Flüssigkeit |
| irrotational flow | wirbelfreie Strömung |
| isoparametric element | isoparametrisches Element |
| isoparametric shape functions | isoparametrische Ansatzfunktionen |
| isotropy | Isotropie |
| kinematic relation | kinematische Beziehung |
| kinematically admissible | kinematisch zulässig |
| kinematics | Kinematik |
| kinetic energy | kinetische Energie |
| kinetic method | kinetische Methode |
| laminar flow | laminare Strömung |
| Laplace's operator | Laplace Operator |
| limit load | Grenzlast, Traglast |
| liquid | Flüssigkeit |
| load vector | Lastvektor |
| load-deflection curve | Last-Verformungskurve |
| local | lokal |
| logarithmic strain | logarithmische Dehnung, natürliche Dehnung |

| | |
|---|---|
| longitudinal vibration | Longitudinalschwingung |
| mapping | Abbildung |
| mass flux | Massenstrom |
| material acceleration | materielle Beschleunigung, substantielle Bescheunigung |
| material coordinate | materielle Koordinate |
| material point | materieller Punkt |
| matrix | Matrix |
| membrane | Membran |
| membrane stress | Membranspannung |
| metacenter | Metazentrum |
| Mohr's circle | Mohrscher Kreis |
| momentum | Impuls |
| multi-step method | Mehrschrittverfahren |
| natural frequency | Eigenfrequenz |
| natural strain | natürliche Dehnung, logarithmische Dehnung |
| Newtonian fluid | Newtonsche Flüssigkeit |
| nodal displacements | Knotenverschiebungen |
| nodal rotation | Knotenverdrehung |
| nodal value | Knotenfreiwert |
| node | Knoten |
| nominal stress | nominelle Spannung, konventionelle Spannung |
| nonlinear | nichtlinear |
| normal stress | Normalspannung |
| numerical damping | numerische Dämpfung |
| numerical integration | numerische Integration |
| one-step method | Einschrittverfahren |
| open channel | Gerinne |
| ordinary differential equation | gewöhnliche Differentialgleichung |
| orthogonal relation | Orthogonalitätsrelation |
| orthotropy | Orthotropie |
| oscillation | Schwingung |
| partial differential equation | partielle Differentialgleichung |
| Pascal's paradox | hydrostatisches Paradoxon |
| pathline | Bahnlinie |
| period | Periode, Schwingungsdauer |
| phase velocity | Phasengeschwindigkeit |
| plane strain | ebener Verzerrungszustand |
| plane stress | ebener Spannungszustand |
| plastic flow | plastisches Fließen |

| | |
|---|---|
| plastic hinge | Fließgelenk |
| plastic moment | vollplastisches Moment |
| plastic strain | plastische Dehnung |
| plastic tangent modulus | plastischer Tangentenmodul |
| plasticity | Plastizität |
| plate | Platte |
| plate element | Plattenelement, Scheibenelement |
| Poisson's equation | Poissonsche Differentialgleichung |
| Poisson's ratio | Querkontraktionszahl |
| postbuckling behaviour | Nachbeulverhalten, Nachknickverhalten |
| potential energy | potentielle Energie |
| pressure | Druck |
| pressure loss | Druckverlust |
| principal axis | Hauptachse |
| principal axis transformation | Hauptachsentransformation |
| principal strain | Hauptdehnung |
| principal stress | Hauptspannung |
| principle of energy | Energiesatz |
| principle of linear momentum | Impulssatz |
| principle of work and energy | Arbeitssatz |
| quadrilateral element | Viereckselement |
| reflected wave | reflektierte Welle |
| relaxation function | Relaxationsfunktion |
| relaxation spectrum | Relaxationsspektrum |
| relaxation time | Relaxationszeit |
| resonance | Resonanz |
| retardation function | Retardationsfunktion |
| retardation spectrum | Retardationsspektrum |
| retardation time | Retardationszeit |
| Reynolds number | Reynoldszahl |
| rope | Seil |
| rotation tensor | Drehtensor |
| rotational flow | wirbelbehaftete Strömung |
| shape function | Ansatzfunktion |
| shear flow | Scherströmung, Schubfluß |
| shear stiffness | Schubsteifigkeit |
| shear stress | Schubspannung |
| shear viscosity | Scherzähigkeit |
| shell | Schale |
| shock loss | Stoßverlust |
| sign convention | Vorzeichenkonvention |
| snap-through | Durchschlagen |

| | |
|---|---|
| snap-through buckling | Durchschlagproblem |
| solution | Lösung |
| stability | Stabilität |
| stable | stabil |
| stagnation point | Staupunkt |
| stagnation pressure | Staudruck, Gesamtdruck |
| standard linear solid | linearer Standardkörper |
| static pressure | statischer Druck |
| statically admissible | statisch zulässig |
| steady flow | stationäre Strömung |
| stiffness | Steifigkeit |
| stiffness matrix | Steifigkeitsmatrix |
| strain | Dehnung |
| strain energy | Formänderungsenergie |
| strain hardening | Verfestigung |
| strain rate | Dehnungsgeschwindigkeit |
| strain tensor | Verzerrungstensor |
| stream filament | Stromfaden |
| streamline | Stromlinie |
| streamtube | Stromröhre |
| stress components | Spannungskomponenten |
| stress function | Spannungsfunktion |
| stress state | Spannungszustand |
| stress tensor | Spannungstensor |
| stress vector | Spannungsvektor |
| string | Saite |
| summation convention | Summationskonvention |
| surface traction | Oberflächenbelastung |
| system of equations | Gleichungssystem |
| tangent modulus | Tangentenmodul |
| Taylor series | Taylorreihe |
| tension test | Zugversuch |
| thermal strains | Temperaturdehnungen |
| thermal stresses | Temperaturspannungen |
| three-parameter solid | linearer Standardkörper |
| time step | Zeitschritt |
| torsion | Torsion |
| torsional vibration | Torsionsschwingung |
| triangular element | Dreieckselement |
| truss element | Stabelement |
| turbulent flow | turbulente Strömung |
| unconditional stable method | unbedingt stabiles Verfahren |
| unidirectional flow | Schichtenströmung |

| | |
|---|---|
| unit vector | Einheitsvektor |
| unstable | instabil |
| unsteady flow | instationäre Strömung |
| variational formulation | Variationsformulierung |
| velocity | Geschwindigkeit |
| velocity field | Geschwindigkeitsfeld |
| vibration | Schwingung |
| vibration period | Schwingungsdauer |
| virtual displacement | virtuelle Verschiebung |
| virtual work | virtuelle Arbeit |
| viscoelastic | viskoelastisch |
| viscosity | Viskosität, Zähigkeit |
| viscous fluid | zähe Flüssigkeit |
| volume flux | Volumenstrom |
| volume strain | Volumendehnung |
| vorticity vector | Wirbelvektor |
| warping | Verwölbung |
| wave | Welle |
| wave equation | Wellengleichung |
| wave length | Wellenlänge |
| wave velocity | Wellenfortpflanzungsgeschwindigkeit |
| weighted residuals | gewichtete Residuen |
| weighting function | Wichtungsfunktion |
| work | Arbeit |
| work hardening | Verfestigung |
| yield stress | Fließspannung |
| yield surface | Fließfläche |
| Young's modulus | Elastizitätsmodul |

| Deutsch | Englisch |
|---|---|
| Abbildung | mapping |
| Ableitung | derivative |
| Anfangsbedingung | initial condition |
| Anfangswertproblem | initial value problem |
| Anisotropie | anisotropy |
| Ansatzfunktion | interpolation function, shape function |
| Äquipotentialfläche | equipotential surface |
| Arbeit | work |
| Arbeitssatz | principle of work and energy |
| Archimedisches Prinzip | Archimedes' principle |
| Auftrieb | buoyant force |
| Bahnlinie | pathline |
| Balken | beam |
| Balkenelement | beam element |
| Balkentheorie | beam theory |
| Barometer | barometer |
| Bernoullische Gleichung | Bernoulli's equation |
| Beschleunigung | acceleration |
| Beulen | buckling |
| Beulwert | buckling load, critical load |
| Bezugssystem | frame of reference |
| Biegeschwingung | flexural vibration |
| Bipotentialgleichung | biharmonic equation |
| Bogen | curved beam, arch |
| Carnotscher Stoßverlust | Carnot's shock loss |
| Deformation | deformation |
| Dehnung | strain |
| Dehnungsgeschwindigkeit | strain rate |
| Determinante | determinant |
| Deviator | deviator |
| Dichte | density |
| Differenzenquotient | difference approximation |
| diskretes System | discrete system |
| Dispersion | dispersion |
| Drehtensor | rotation tensor |
| Dreieckselement | triangular element |
| Druck | pressure |
| Druckmittelpunkt | center of pressure |
| Druckstab | column |
| Druckverlust | pressure loss |
| duktil | ductile |

| | |
|---|---|
| Durchschlagen | snap-through |
| Durchschlagproblem | snap-through buckling |
| dynamische Viskosität | dynamic viscosity |
| dynamische Zähigkeit | dynamic viscosity |
| dynamischer Druck | dynamic pressure |
| ebener Spannungszustand | plane stress |
| ebener Verzerrungszustand | plane strain |
| Eigenform | eigenfunction |
| Eigenfrequenz | natural frequency, eigenfrequency |
| Eigenfunktion | eigenfunction |
| Eigenwert | eigenvalue |
| Eigenwertproblem | eigenvalue problem |
| einfallende Welle | incident wave |
| Einheitsvektor | unit vector |
| Einschrittverfahren | one-step method |
| Elastica | elastica |
| elastisch | elastic |
| elastisches Potential | elastic potential |
| Elastizitätskonstanten | elastic constants |
| Elastizitätsmodul | Young's modulus |
| Elastizitätstensor | elasticity tensor |
| Elementaufteilung | discretization |
| Elementsteifigkeitsmatrix | element stiffness matrix |
| elliptisches Integral | elliptic integral |
| Energie | energy |
| Energieerhaltung | energy conservation |
| Energiemethode | energy method |
| Energieprinzipien | energy principles |
| Energiesatz | principle of energy |
| Erregerfrequenz | excitation frequency |
| Ersatzquerkraft | effective shear force |
| erzwungene Schwingungen | forced vibrations |
| Eulerlast | Euler load |
| Exzentrizität | excentricity |
| Faltungsintegral | convolution integral, hereditary integral |
| finite Elemente | finite elements |
| Fläche | area |
| Fließfläche | yield surface |
| Fließgelenk | plastic hinge |
| Fließspannung | yield stress |
| Fluid | fluid |
| Flüssigkeit | fluid, liquid |

| | |
|---|---|
| Flüssigkeitsteilchen | fluid particle, fluid element |
| Formänderungsenergie | strain energy |
| freie Schwingungen | free vibrations |
| Freiheitsgrad | degree of freedom |
| Gauß-Integration | Gauß quadrature |
| Genauigkeit | accuracy |
| Gerinne | open channel |
| Gesamtdruck | stagnation pressure |
| Geschwindigkeit | velocity |
| Geschwindigkeitsfeld | velocity field |
| gewichtete Residuen | weighted residuals |
| gewöhnliche Differentialgleichung | ordinary differential equation |
| Gitterpunkt | grid point |
| Gleichgewichtsbedingungen | equilibrium conditions |
| Gleichgewichtsmethode | equilibrium method |
| Gleichgewichtsmodul | equilibrium modulus |
| Gleichungssystem | equation system, system of equations |
| global | global |
| Greensche Funktion | Green's function |
| Grenzlast | limit load |
| Grenzschicht | boundary layer |
| Grundgleichungen | basic equations |
| harmonische Wellen | harmonic waves |
| Hauptachse | principal axis |
| Hauptachsentransformation | principal axis transformation |
| Hauptdehnung | principal strain |
| Hauptspannung | principal stress |
| hinterer Differenzenquotient | backward differences |
| homogen | homogeneous |
| Hookesches Gesetz | Hooke's law |
| Hydraulik | hydraulics |
| Hydrodynamik | hydrodynamics |
| Hydrostatik | hydrostatics |
| hydrostatischer Spannungszustand | hydrostatic stress state |
| hydrostatisches Paradoxon | Pascal's paradox |
| ideale Flüssigkeit | ideal fluid |
| Imperfektion | imperfection |
| Imperfektionsmethode | imperfection method |
| Impuls | momentum |
| Impulssatz | principle of linear momentum |
| Indexnotation | index notation |
| inhomogen | inhomogeneous |
| inkompressibel | incompressible |

| | |
|---|---|
| instabil | unstable |
| instationäre Strömung | unsteady flow |
| Integrationsverfahren | integration method |
| Invarianten | invariants |
| isoparametrische Ansatzfunktionen | isoparametric shape functions |
| isoparametrisches Element | isoparametric element |
| Isotropie | isotropy |
| Kettenlinie | catenary |
| Kettenregel | chain rule |
| Kinematik | kinematics |
| kinematisch zulässig | kinematically admissible |
| kinematische Beziehung | kinematic relation |
| kinetische Energie | kinetic energy |
| kinetische Methode | kinetic method |
| Knicken | buckling |
| Knoten | node |
| Knotenfreiwert | nodal value |
| Knotenverdrehung | nodal rotation |
| Knotenverschiebungen | nodal displacements |
| Kollokationsverfahren | collocation method |
| Kompatibilitätsbedingung | compatibility condition |
| kontinuierliches System | continuous system |
| Kontinuitätsgleichung | continuity equation |
| Kontrollvolumen | control volume |
| konvektive Beschleunigung | convective acceleration |
| konventionelle Dehnung | conventional strain, engineering strain |
| konventionelle Spannung | nominal stress |
| Konvergenz | convergence |
| Kreisfrequenz | circular frequency |
| Kreisplatte | circular plate |
| Kriechen | creep |
| Kriechfunktion | creep function |
| kritische Last | critical load |
| laminare Strömung | laminar flow |
| Laplace Operator | harmonic operator, Laplace's operator |
| Lastvektor | load vector |
| Last-Verformungskurve | load-deflection curve |
| linearer Standardkörper | standard linear solid, three-parameter solid |
| logarithmische Dehnung | logarithmic strain |
| lokal | local |
| Longitudinalschwingung | longitudinal vibration |
| Lösung | solution |

| | |
|---|---|
| Massenstrom | mass flux |
| Materialgesetz | constitutive law |
| materielle Beschleunigung | material acceleration |
| materielle Koordinate | material coordinate |
| materieller Punkt | material point |
| Matrix | matrix |
| Mehrschrittverfahren | multi-step method |
| Membran | membrane |
| Membranspannung | membrane stress |
| Metazentrum | metacenter |
| Mohrscher Kreis | Mohr's circle |
| Nachbeulverhalten | postbuckling behaviour |
| Nachgiebigkeit | compliance |
| Näherungsansatz | approximating interpolation |
| Näherungslösung | approximate solution |
| natürliche Dehnung | natural strain, logarithmic strain |
| Newtonsche Flüssigkeit | Newtonian fluid |
| nichtlinear | nonlinear |
| nominelle Spannung | nominal stress |
| Normalspannung | normal stress |
| numerische Dämpfung | numerical damping |
| numerische Integration | numerical integration |
| Oberflächenbelastung | surface traction |
| Orthogonalitätsrelation | orthogonal relation |
| Orthotropie | orthotropy |
| partielle Differentialgleichung | partial differential equation |
| partielle Integration | integration by parts |
| Phasengeschwindigkeit | phase velocity |
| plastische Dehnung | plastic strain |
| plastischer Tangentenmodul | plastic tangent modulus |
| plastisches Fließen | plastic flow |
| Plastizität | plasticity |
| Platte | plate |
| Plattenelement | plate element |
| Plattensteifigkeit | bending stiffness of a plate |
| Poissonsche Differentialgleichung | Poisson's equation |
| Potentialgleichung | harmonic equation |
| potentielle Energie | potential energy |
| Querkontraktionszahl | Poisson's ratio |
| Randbedingungen | boundary conditions |
| Randwertproblem | boundary value problem |

| | |
|---|---|
| reflektierte Welle | reflected wave |
| reibungsfreie Flüssigkeit | inviscid fluid |
| Relaxationsfunktion | relaxation function |
| Relaxationsspektrum | relaxation spectrum |
| Relaxationszeit | relaxation time |
| Resonanz | resonance |
| Retardationsfunktion | retardation function |
| Retardationsspektrum | retardation spectrum |
| Retardationszeit | retardation time |
| Reynoldszahl | Reynolds number |
| rotationssymmetrisch | axisymmetric |
| Saite | string |
| Schale | shell |
| Scheibenelement | plate element |
| Scherströmung | shear flow |
| Scherzähigkeit | shear viscosity |
| Schichtenströmung | unidirectional flow |
| Schubfluß | shear flow |
| Schubspannung | shear stress |
| Schubsteifigkeit | shear stiffness |
| Schwingung | vibration, oscillation |
| Schwingungsdauer | vibration period, period |
| Seil | rope, cable |
| Spannungsfunktion | stress function |
| Spannungskomponenten | stress components |
| Spannungstensor | stress tensor |
| Spannungsvektor | stress vector |
| Spannungszustand | stress state |
| spröde | brittle |
| Stab | bar |
| Stabelement | truss element |
| stabil | stable |
| Stabilität | stability |
| stationäre Strömung | steady flow |
| statisch zulässig | statically admissible |
| statischer Druck | static pressure |
| Staudruck | stagnation pressure |
| Staupunkt | stagnation point |
| Steifigkeit | stiffness |
| Steifigkeitsmatrix | stiffness matrix |
| Stetigkeit | continuity |
| Stoffgesetz | constitutive law |
| Stoßverlust | shock loss |

| | |
|---|---|
| Stromfaden | stream filament |
| Stromlinie | streamline |
| Stromröhre | streamtube |
| Strömung | flow |
| Stützstelle | collocation point |
| substantielle Bescheunigung | material acceleration |
| Summationskonvention | summation convention |
| Tangentenmodul | tangent modulus |
| Taylorreihe | Taylor series |
| Temperaturdehnungen | thermal strains |
| Temperaturspannungen | thermal stresses |
| Torsion | torsion |
| Torsionsschwingung | torsional vibration |
| Trägheitskraft | inertia force |
| Traglast | limit load |
| turbulente Strömung | turbulent flow |
| Umfangsspannung | circumferential stress, hoop stress |
| unbedingt stabiles Verfahren | unconditional stable method |
| Variationsformulierung | variational formulation |
| Verfestigung | strain hardening, work hardening |
| Verschiebung | displacement |
| Verschiebungselement | displacement element |
| Verschiebungsgradient | displacement gradient |
| Verträglichkeitsbedingung | compatibility condition |
| Verwölbung | warping, distorsion |
| Verzerrungstensor | strain tensor |
| Verzweigung | bifurcation, branching |
| Verzweigungspunkt | bifurcation point, branching point |
| Viereckselement | quadrilateral element |
| virtuelle Arbeit | virtual work |
| virtuelle Verschiebung | virtual displacement |
| viskoelastisch | viscoelastic |
| Viskosität | viscosity |
| vollplastisches Moment | plastic moment |
| Volumendehnung | volume strain, dilatation |
| Volumenkraft | body force |
| Volumenstrom | volume flux |
| vorderer Differenzenquotient | forward differences |
| Vorzeichenkonvention | sign convention |
| Wärmeleitung | heat conduction |
| Wassersprung | hydraulic jump |
| Welle | wave |

| | |
|---|---|
| Wellenfortpflanzungsgeschwindigkeit | wave velocity |
| Wellengleichung | wave equation |
| Wellenlänge | wave length |
| Wichtungsfunktion | weighting function |
| Widerstandszahl | friction factor |
| wirbelbehaftete Strömung | rotational flow |
| wirbelfreie Strömung | irrotational flow |
| Wirbelvektor | vorticity vector |
| zäh | tough, viscous, ductile |
| zähe Flüssigkeit | viscous fluid |
| Zähigkeit | viscosity |
| Zeitschritt | time step |
| zentraler Differenzenquotient | central differences |
| Zugversuch | tension test |

# Sachverzeichnis

Druck: Druckhaus Berlin-Mitte GmbH
Verarbeitung: Buchbinderei Stein & Lehmann, Berlin